Springer-Lehrbuch

Weitere Bände siehe
www.springer.com/series/1183

Jürgen Zimmermann
Christoph Stark
Julia Rieck

Projektplanung

Modelle, Methoden, Management

Zweite, überarbeitete und erweiterte Auflage

Mit 204 Abbildungen und 95 Tabellen

 Springer

Prof. Dr. Jürgen Zimmermann
Dr. Christoph Stark
Dr. Julia Rieck

Technische Universität Clausthal
Institut für Wirtschaftswissenschaft
Julius-Albert-Str. 2
38678 Clausthal-Zellerfeld

juergen.zimmermann@tu-clausthal.de
christoph.stark@gmx.de
julia.rieck@tu-clausthal.de

ISSN 0937-7433
ISBN 978-3-642-11878-4   e-ISBN 978-3-642-11879-1
DOI 10.1007/978-3-642-11879-1
Springer Heidelberg Dordrecht London New York

Die Deutsche Nationalbibliothek verzeichnet diese Publikation in der Deutschen Nationalbibliografie; detaillierte bibliografische Daten sind im Internet über http://dnb.d-nb.de abrufbar.

Einbandentwurf: WMXDesign GmbH, Heidelberg

Gedruckt auf säurefreiem Papier

Springer ist Teil der Fachverlagsgruppe Springer Science+Business Media (www.springer.com)

Vorwort

Unser im Jahre 2006 erstmals erschienenes Lehrbuch wurde erfreulich gut angenommen. Die Grundkonzeption und die bewährte Darstellung blieben daher unverändert, wir haben lediglich einige Korrekturen und Anpassungen zur besseren Verständlichkeit vorgenommen. Ferner wurde Kapitel 1 um einige Ausführungen zur Projektkonzeption bzw. -spezifikation ergänzt und in Kapitel 4 die skizzenhafte Darstellung für das Verfahren zur Kostenplanung unter allgemeinen Zeitbeziehungen konkretisiert. Zudem haben wir eine Fallstudie zum Time-Cost-Tradeoff-Problem eingefügt, um das Kapitel zur Kostenplanung transparenter und damit lebendiger werden zu lassen.

Für eine Reihe wertvoller Verbesserungsvorschläge danken wir Herrn Dr. Jan-Hendrik Bartels, Herrn Prof. Dr. Stefan Dempe, Herrn Dipl.-Wirt.-Ing. Carsten Ehrenberg, Herrn Dipl.-Wirt.-Inf. Thorsten Gather, Herrn Prof. Dr. Martin Josef Geiger, Herrn Dipl.-Math. Claas Hemig, Frau Prof. Dr. Sigrid Knust, Herrn Prof. Dr. Rainer Kolisch, Herrn Dipl.-Wirt.-Ing. Marco Schulze, Herrn Prof. Dr. Christoph Schwindt, Herrn Dipl.-Wirt.-Ing. Mathias Walter sowie den Teilnehmern der Vorlesungen Projektmanagement und Projektplanung der Technischen Universität Clausthal.

Clausthal-Zellerfeld, Dezember 2009

Jürgen Zimmermann
Christoph Stark
Julia Rieck

Vorwort zur ersten Auflage

Das vorliegende Lehrbuch ist aus Vorlesungen zum Projektmanagement und zur Projektplanung für Studierende der Betriebswirtschaftslehre, des Wirtschaftsingenieurwesens sowie der Wirtschaftsinformatik und -mathematik an der Technischen Universität Clausthal sowie der Universität Karlsruhe (TH) entstanden.

Seit Jahrzehnten spielen das Projektmanagement und die Projektplanung eine wichtige Rolle bei der Aufgabenabwicklung in Wirtschaft und Verwaltung. Unter einem Projekt versteht man dabei ein einmaliges Vorhaben, das in Teilprojekte und Vorgänge zerlegt werden kann. Zwischen den Vorgängen eines Projektes sind Zeitbeziehungen gegeben, die die Reihenfolge, in der die Vorgänge ausgeführt werden, spezifizieren. Für die Ausführung eines Vorgangs werden im Allgemeinen Zeit und Ressourcen benötigt, und die Durchführung eines Projektes ist daher i.d.R. mit Kosten verbunden. Als Projektmanagement bezeichnet man die Gesamtheit aller Planungs-, Steuerungs-, Koordinierungs- und Überwachungsaufgaben zur sach-, termin- und kostengerechten Realisierung von Projekten. Besondere Bedeutung kommt hierbei der Projektplanung zu, deren Aufgabe es ist, allen Vorgängen eines Projektes einen Startzeitpunkt zuzuweisen, so dass die Zeitbeziehungen zwischen den Vorgängen eingehalten und knappe Ressourcenkapazitäten nicht überschritten werden. Dabei verfolgt ein Projektverantwortlicher ein bestimmtes Ziel, wie z.B. die Minimierung der Projektdauer, die Maximierung des aus der Projektdurchführung resultierenden Kapitalwertes oder die gleichmäßige Auslastung der zugrunde liegenden Ressourcen.

Schon seit den 50er Jahren existieren zahlreiche Modelle und Methoden, die einen Entscheidungsträger bei der Projektplanung unterstützen. Auf dem Gebiet der Projektplanung unter Zeit- und Ressourcenrestriktionen wurden in den vergangenen 15 Jahren jedoch enorme Fortschritte gemacht, die die effiziente Planung großer, praxisrelevanter Projekte ermöglichen. Die Ergebnisse dieser Forschungsbemühungen wurden in Form zahlreicher Fachbücher und Artikel publiziert, die sich aber vor allem an ein Fachpublikum wenden und in für Studierende und Praktiker geeigneten Lehrbüchern so gut wie nicht aufgegriffen wurden. Genau diese Lücke wollen wir mit dem vorliegenden Buch schließen.

Unser Ziel war es, ein einführendes Lehrbuch zu schreiben, das sich an mathematisch vorgebildete, die Projektplanung betreffend aber unbedarfte Leser wendet und einen fundierten Überblick über die wichtigsten aktuellen Modelle und Methoden der Projektplanung gibt. Im Vordergrund steht nicht die Darstellung der neuesten Forschungsergebnisse, sondern eine didaktisch günstige Aufbereitung grundlegender und aktueller quantitativer Modelle und Methoden. Wichtig war uns ferner, dass der behandelte Stoff auch in einer für das Selbststudium geeigneten Form dargestellt wird, so dass zahlreiche Beispiele und Abbildungen die mathematischen und algorithmischen Beschreibungen ergänzen.

Für die kritische Durchsicht des Manuskripts und zahlreiche Verbesserungsvorschläge sind wir insbesondere Herrn Prof. Dr. Klaus Neumann, Herrn Dipl.-Math. Claas Hemig, Herrn Dipl.-Wirt.-Ing. Jan-Hendrik Bartels und Frau Dipl.-Math. Andrea Zimmermann zu Dank verpflichtet. Herrn Prof. Dr. Christoph Schwindt danken wir für viele inhaltliche Anregungen und fruchtbare Diskussionen. Für seine wertvolle Unterstützung bei der Vorbereitung des 5. Kapitels danken wir ferner Herrn cand. Inf. Gernot Kuhns. Fehler,

die das vorliegende Buch trotz der umfangreichen Unterstützung, die wir er-
fahren durften, noch enthält, haben allerdings ausschließlich die Autoren zu
verantworten.

Unserer besonderer Dank gilt ferner den Mitarbeitern des Springer Verla-
ges, insbesondere Herrn Dr. Werner Müller für die Aufnahme dieses Buches
in die Reihe der Springer-Lehrbücher und Frau Ruth Milewski sowie Herrn
Frank Holzwarth für ihre tatkräftige Unterstützung bei der Gestaltung des
Manuskripts und der Erzeugung einer ansprechenden Druckvorlage.

Lautenthal,	Jürgen Zimmermann
August 2005	Christoph Stark
	Julia Rieck

Inhaltsverzeichnis

Symbolverzeichnis

Verschiedenes

$\emptyset$	Leere Menge
$|A|$	Elementanzahl der endlichen Menge A
$A \cup B$	Vereinigungsmenge der Mengen A und B
$A \cap B$	Schnittmenge der Mengen A und B
$A \subseteq B$	A ist Teilmenge von B
$A \setminus B$	Menge A ohne die Elemente aus B
$\mathcal{O}$	Landausches Symbol; für $f, g : \mathbb{N} \to \mathbb{R}_{\geq 0}$ ist $g \in \mathcal{O}(f)$, falls eine Konstante $c > 0$ und eine positive ganze Zahl n_0 existieren, so dass $g(n) \leq cf(n)$ für alle $n \geq n_0$
$\mathbb{R}$	Menge der reellen Zahlen
$\mathbb{R}^m$	Menge der m–Tupel reeller Zahlen
$\mathbb{R}_{\geq 0}$	Menge der nichtnegativen reellen Zahlen
$\lceil z \rceil$	Kleinste ganzzahlige Zahl größer oder gleich z
$(z)^+$	Maximum von 0 und z
$\mathbb{Z}$	Menge der ganzen Zahlen
$\mathbb{Z}_{\geq 0}$	Menge der nichtnegativen ganzen Zahlen

Netzpläne

$\bar{d}$	Vorgegebene maximale Projektdauer
δ_{ij}	Bewertung des Pfeils $\langle i, j \rangle$
E	Pfeilmenge
e_i	Startereignis von Vorgang i
$\bar{e}_i$	Endereignis von Vorgang i
$\langle i, j \rangle$	Pfeil mit Anfangsknoten i und Endknoten j
$G = \langle V_G, E_G \rangle$	(Teil-)Gerüst mit Knotenmenge V_G und Pfeilmenge E_G
n	Anzahl der realen Vorgänge eines Projektes
$N - \langle V, E; \delta \rangle$	Netzplan mit Knotenmenge V, Pfeilmenge E und Pfeilbewertungen δ
p_i	Dauer des Vorgangs i

$Pred(i)$	Menge der unmittelbaren Vorgänger von Vorgang i
$Succ(i)$	Menge der unmittelbaren Nachfolger von Vorgang i
T_{ij}^{max}	Zeitlicher Höchstabstand zwischen den Startzeitpunkten der Vorgänge i und j
T_{ij}^{min}	Zeitlicher Mindestabstand zwischen den Startzeitpunkten der Vorgänge i und j
V	Knotenmenge

Zeitplanung

C_i	Endzeitpunkt des Vorgangs i
d_{ij}	Länge eines längsten Weges von Knoten i zu Knoten j im Netzplan N
EC_i	Frühester Endzeitpunkt des Vorgangs i
EFF_i	Freie Pufferzeit des Vorgangs i
ES_i	Frühester Startzeitpunkt des Vorgangs i
EZ_e	Frühester Eintrittszeitpunkt des Ereignisses e
LC_i	Spätester Endzeitpunkt des Vorgangs i
LFF_i	Freie Rückwärtspufferzeit des Vorgangs i
LS_i	Spätester Startzeitpunkt des Vorgangs i
LZ_e	Spätester Eintrittszeitpunkt des Ereignisses e
S_i	Startzeitpunkt des Vorgangs i
S	Schedule (Vektor von Startzeitpunkten)
$S^{\mathcal{C}}$	Teilschedule (Vektor von Startzeitpunkten der Vorgänge $i \in \mathcal{C}$)
TF_i	Gesamte Pufferzeit des Vorgangs i
Z_e	Eintrittszeitpunkt des Ereignisses e
W_i	Zeitfenster, in dem Vorgang i starten kann
$\overline{W}_i$	Menge der diskreten Startzeitpunkte von Vorgang i
x_{it}	Binärvariable: 1, wenn Vorgang i zum Zeitpunkt t startet; 0, sonst

Zielfunktionen

α	Zinssatz
β^t	Diskontfaktor für Periode t
c_i^E	Verfrühungskosten des Vorgangs i
c_i^F	Mit der Ausführung von Vorgang i verbundene, auf den Zeitpunkt S_i diskontierte Zahlung
c_i^T	Verspätungskosten des Vorgangs i
c_k^P	Beschaffungskosten für Ressource k
c_k^D	Überschreitungskosten für Ressource k
d_i	Fälligkeitstermin von Vorgang $i \in V$
$(E + T)$	Zielfunktion des Earliness-Tardiness-Problems
$f(S)$	Zielfunktionswert von Schedule S
(MFT)	Zielfunktion für die Minimierung der mittleren Durchlaufzeit

(NPV)	Zielfunktion des Kapitalwertmaximierungsproblems
(PD)	Zielfunktion des Projektdauerminimierungsproblems
(RD)	Zielfunktion des Ressourcenabweichungsproblems
(RI)	Zielfunktion des Ressourceninvestmentproblems
(RL)	Zielfunktion des Ressourcennivellierungsproblems
w_i	Reellwertiger Gewichtungsfaktor von Vorgang i
(WST)	Zielfunktion der Minimierung der Summe gewichteter Startzeitpunkte
Y_k	Ressourcenniveau für Ressource $k \in \mathcal{R}$

Ressourcen

r_{ik}	Ressourcenbedarf von Vorgang i an Ressource k
$r_k(S,t)$	Menge an Ressource k, die zum Zeitpunkt t zur Ausführung der Vorgänge $i \in \mathcal{A}(S,t)$ benötigt wird
$r_k^b(S,t)$	Menge an Ressource k, die zum Zeitpunkt t zur Ausführung der Vorgänge $i \in \mathcal{A}^b(S,t)$ benötigt wird
$\mathcal{R}$	Menge der erneuerbaren Ressouren
R_k	Kapazität der erneuerbaren Ressource k

Relationen und strenge Ordnungen

$N(O)$	Ordnungsnetzplan der strengen Ordnung O
$O, \prec$	Strenge Ordnungen auf der Knotenmenge V
$\mathcal{S}_T(O)$	Ordnungspolytop der strengen Ordnung O
$\mathcal{S}_T(O(S))$	Schedulepolytop des Schedules S
$\mathcal{S}_T^=(O(S))$	Isoordnungsmenge des Schedules S
$tr(\varrho)$	Transitive Hülle der Relation ϱ

Lösungsverfahren für die Zeit- und Ressourcenplanung

$\mathcal{A}(S,t)$	Menge der zum Zeitpunkt t in Ausführung befindlichen Vorgänge für gegebenen Schedule S
$\mathcal{A}^b(S,t)$	Menge der zum Zeitpunkt t in Ausführung befindlichen Vorgänge für gegebenen Schedule S und unter Berücksichtigung teilfixierter Vorgänge
$\mathcal{A}l$	Menge aller minimalen Verzögerungsalternativen
A	Verzögerungsalternative
A^{min}	Minimale Verzögerungsalternative
$\mathcal{C}$	Menge der eingeplanten Vorgänge
$\overline{\mathcal{C}}$	Menge der noch nicht eingeplanten Vorgänge
$CT(S)$	Menge aller Zeitpunkte, zu denen gemäß S mindestens ein Vorgang endet
$\mathcal{D}_j(S^{\mathcal{C}})$	Menge der bzgl. $\mathcal{S}_T$ zulässigen Entscheidungszeitpunkte von Vorgang j bei gegebenem Teilschedule $S^{\mathcal{C}}$
$\widetilde{\mathcal{D}}_j(S^{\mathcal{C}})$	Menge der bzgl. $\mathcal{S}$ zulässigen Entscheidungszeitpunkte von Vorgang j bei gegebenem Teilschedule $S^{\mathcal{C}}$

$ES_i(S^C)$	Planungsabhängiger frühester Startzeitpunkt von Vorgang i
$\mathcal{E}$	Menge der einplanbaren Vorgänge
f^a	Erweiterungskostenfunktion
f^b	Erweiterungskostenfunktion unter Berücksichtigung teilfixierter Vorgänge
F	Verbotene Menge
(i, A^{min})	Minimaler Verzögerungsmodus mit schiebendem Vorgang i
$LB, LB0, LBA,$ LBD, LBR, LBW	Untere Schranken für den optimalen Zielfunktionswert
$LS_i(S^C)$	Planungsabhängiger spätester Startzeitpunkt von Vorgang i
S	Zulässiger Bereich eines Projektplanungsproblems
S_T	Zeitzulässiger Bereich eines Projektplanungsproblems
$R(S^C, j, t)$	Ressourcenüberschreitung, die durch die Einplanung von Vorgang j zum Zeitpunkt t verursacht wird
S^+	Minimalstelle einer Funktion f
$ST(S)$	Menge aller Zeitpunkte, zu denen gemäß S mindestens ein Vorgang startet
UB	Obere Schranke für den optimalen Zielfunktionswert
$\mathcal{U} \subseteq \mathcal{C}$	Menge der auszuplanenden Vorgänge
$W_i(S^C)$	Planungsabhängiges Einplanungszeitfenster von Vorgang i

Kostenplanung

a_i	Zusatzkosten, die für die Beschleunigung des Vorgangs i um eine Zeiteinheit anfallen
a_i^K	Aus der Verkürzung bzw. Verlängerung eines Vorgangs $i \in K$ resultierende Kosten pro Zeiteinheit
a^K	Kostenfaktor der Verkürzungsmenge K
$c_i(p_i)$	Kostenfunktion des Vorgangs i in Abhängigkeit von der Vorgangsdauer p_i
$C(p)$	Zielfunktion des Time-Cost-Tradeoff-Problems
$\bar{d}^{min}$	Kürzestmögliche Projektdauer bei Wahl der Vorgangsdauern p_i^{min} für alle Vorgänge i des Projektes
$\bar{d}^n$	Kürzestmögliche Projektdauer, bei Wahl der Vorgangsdauern p_i^n für alle Vorgänge i des Projektes
δ^K	Verkürzungsfaktor der Verkürzungsmenge K
K	Verkürzungsmenge
$K^- \subseteq K$	Menge der zu verkürzenden Vorgänge
$K^+ = K \setminus K^-$	Menge der zu verlängernden Vorgänge
p_i^{max}	Obere Schranke für die Vorgangsdauer p_i
p_i^{min}	Untere Schranke für die Vorgangsdauer p_i
p_i^n	Kostenminimale Vorgangsdauer p_i

1

Projektmanagement

Als Fachdisziplin, aber auch als Aufgabenbereich in Unternehmen erfährt das Projektmanagement zunehmend an Bedeutung. In vielen Branchen ist die Projektarbeit zur vorherrschenden Arbeitsform geworden. Dieser Prozess wird noch durch den immer kürzer werdenden Lebenszyklus von Produkten und den immer schnelleren technologischen Wandel der Umwelt- und Wettbewerbsbedingungen beschleunigt. Für die erfolgreiche Durchführung eines Projektes ist ein systematisches und methodengestütztes Vorgehen notwendig. In diesem Kapitel beschäftigen wir uns nach der Erläuterung einiger grundlegender Begriffe und Konzepte in Abschnitt 1.1 mit den einzelnen Schritten, die notwendig sind, um ein Projekt erfolgreich zum Abschluss zu bringen. Dabei orientieren wir uns aus didaktischen Gründen an einer Darstellung, die sich an den generischen Lebenszyklus eines Projektes anlehnt. Zunächst gehen wir in Abschnitt 1.2 auf wesentliche Überlegungen ein, die der verbindlichen Entscheidung über die Durchführung eines Projektes vorausgehen. In Abschnitt 1.3 werden dann die Aufbau- und die Ablauforganisation von Projekten sowie die Identifikation von Projektzielen thematisiert, die im Anschluss an die Entscheidung über die Durchführung eines Projektes von besonderer Bedeutung sind. Einen Schwerpunkt unserer Ausführungen bilden so genannte Netzplantechniken als Methoden zur konkreten Planung von Projekten im Sinne einer gedanklichen Vorwegnahme zukünftiger Handlungen (vgl. Abschnitt 1.4). Im Anschluss an die Projektplanung beschäftigen wir uns in Abschnitt 1.5 mit den wesentlichen Aufgaben bei der Realisierung und dem Abschluss von Projekten.

1.1 Grundlagen des Projektmanagements

Im Folgenden stellen wir einige Grundlagen des Projektmanagements vor. In Abschnitt 1.1.1 definieren und erläutern wir unter anderem die Begrifflichkeiten Projekt und Projektmanagement, die umgangssprachlich zwar häufig verwendet werden, deren präzise Festlegung jedoch unerwartete Schwierigkeiten bereitet. In Abschnitt 1.1.2 gehen wir auf die einzelnen Phasen ein, die ein Projekt von seiner Initiierung bis zu seiner Abwicklung durchläuft.

1.1.1 Begriffe und Aufgaben

Der Begriff *Projekt* wird als Plan, Vorhaben oder Absicht umschrieben und entstammt dem lateinischen Begriff „proiectum", der mit „nach vorne geworfen" übersetzt werden kann. Nach DIN 69 901 ist ein Projekt definiert als

> „Vorhaben, das im Wesentlichen durch Einmaligkeit der Bedingungen in ihrer Gesamtheit gekennzeichnet ist, wie z.B.
> - Zielvorgabe
> - zeitliche, finanzielle, personelle oder andere Begrenzungen
> - Abgrenzung gegenüber anderen Vorhaben
> - projektspezifische Organisation".

In der Literatur finden sich eine Reihe weiterer Definitionen und Charakteristika eines Projektes. Allen Definitionen ist gemein, dass ein Projekt als ein Vorhaben beschrieben wird, welches zur Erreichung bestimmter Ziele in einem vorgegebenen Zeitraum durchgeführt werden soll und zu dessen Durchführung eine Menge knapper Ressourcen benötigt wird. Gegenstand eines Projektes ist z.B. die Entwicklung eines neuen Produktes, der Bau eines Flughafens, die Entwicklung und Einführung einer Software, die Erstellung eines Jahresabschlusses oder die Montage einer Anlage. Es lassen sich also viele heterogene Vorhaben unter dem Begriff Projekt subsumieren. Gemeinsam ist allen Projekten, dass sie einmalige Vorhaben darstellen, d.h. ein Projekt besitzt immer mindestens eine Eigenschaft, die es von anderen Projekten unterscheidet. Da Projekte i.d.R. nicht standardisierbar sind und sich häufig durch eine ausgeprägte interdisziplinäre und interorganisationale Zusammenarbeit der Projektbeteiligten auszeichnen, handelt es sich meist um besonders komplexe Vorhaben. Projekte sind daher häufig mit einem erhöhten Risiko in technischer, wirtschaftlicher oder terminlicher Hinsicht verbunden und für die beteiligten Unternehmen von großer Bedeutung. Tabelle 1.1 zeigt beispielhaft den typischen Umfang (gebundene Mitarbeiter und Budgets) unterschiedlicher Produktentwicklungsprojekte und verdeutlicht damit die besondere Bedeutung von Projekten.

Da Projekte ganz unterschiedlicher Natur sein können, erläutern wir zunächst zwei Klassifizierungsschemata zur Einordnung von Projekten. Einige der in den folgenden Abschnitten behandelten Projektmanagementmethoden eignen sich für gewisse Projekttypen besser als für andere, so dass nachfolgend ausgewählte Merkmale der einzelnen Projekttypen dargestellt werden.

Man kann Projekte zunächst danach unterscheiden, ob ihr Auftraggeber unternehmensintern oder -extern ist. *Interne Projekte*, wie z.B. die Optimierung von Produktionsprozessen, werden üblicherweise von der Unterneh-

Tabelle 1.1. Typischer Umfang von Produktentwicklungsprojekten

Branche	Projektdauer [Jahre]	F&E-Kapazität [Mannjahre]	Budget [Mio. €]
Ziviler Flugzeugbau	4 − 7	5.000 − 10.000	2.500 − 5.000
Automobilindustrie	2,5 − 5	1.000 − 2.000	500 − 2.000
Stationäre Gasturbinen	3 − 5	500 − 1.000	300 − 500
Konsumgüter (Elektronik)	0,5 − 1	10 − 100	5 − 50

mensführung in Auftrag gegeben. Bei *externen Projekten* ist das Projekter-
gebnis eine Marktleistung und der Auftraggeber ist ein Kunde. Ein typisches
externes Projekt ist die Entwicklung einer maßgeschneiderten Software durch
ein Softwareunternehmen aufgrund eines Kundenauftrages. Externe Projekte zeichnen sich unter anderem dadurch aus, dass die durch das Projekt zu
erbringende Leistung in Form eines Pflichtenheftes konkret spezifiziert ist,
während der Konkretisierungsgrad bei internen Projekten sehr unterschiedlich sein kann. Bei internen Projekten ist der Projektauftrag grundsätzlich
veränderbar und eine Intervention möglich, wenn die Notwendigkeit dazu besteht. Bei externen Projekten hingegen sind Interventionsmöglichkeiten i.d.R.
vertraglich geregelt und nachträgliche Veränderungen des Projektauftrages
bedürfen der Zustimmung aller Projektpartner. Letztlich besteht bei externen Projekten eine Gewährleistungspflicht mit juristischer Relevanz, was für
interne Projekte oft nicht der Fall ist.

Projekte sind zwar als einmalige Vorhaben gekennzeichnet, dennoch können sie Ähnlichkeit mit anderen Projekten bzw. Wiederholungscharakter haben. Entsprechend kann zwischen *einmalig durchzuführenden Projekten* und
Routineprojekten unterschieden werden. Einmalig durchzuführende Projekte
sind beispielsweise Reorganisationsprojekte oder Forschungs- und Entwick-
lungsprojekte. Sie sind durch einen hohen Innovationsgrad gekennzeichnet und
meist mit großen Unsicherheiten belastet, die z.B. die Identifikation möglicher
Risiken bei der Projektdurchführung oder die Schätzung der mit dem Projekt
verbundenen Kosten erschweren. Routineprojekte zeichnen sich dadurch aus,
dass die Gesamtheit der Rahmenbedingungen zwar nicht identisch, aber sehr
ähnlich zu den Rahmenbedingungen vergangener Projekte ist. So ist für ein
Unternehmen der Softwarebranche die Einführung einer Software bei einem
Kunden mit Sicherheit ein Routineprojekt (aus Sicht des Kunden mag das
natürlich ganz anders sein). Routineprojekte haben den großen Vorteil, dass
bei ihrer Durchführung i.d.R. auf Erfahrungswerte aus vergangenen Projekten
zurückgegriffen werden kann. Typische Beispiele für Routineprojekte sind im
Anlagen-, Schiffs- und Hochbau zu finden.

Der Begriff *Projektmanagement* hat grundsätzlich zweierlei Bedeutung.
Aus organisationaler bzw. institutioneller Sicht bezeichnet man als Projektmanagement die Organisationseinheit bzw. Institution, von der die zur
Projektdurchführung notwendigen Führungsaufgaben übernommen werden
(vgl. hierzu auch Abschnitt 1.3.1). Andererseits versteht man unter Projekt-

management die Gesamtheit aller Planungs-, Steuerungs-, Koordinierungs-
und Überwachungsaufgaben zur sach-, termin- und kostengerechten Realisierung von Projekten sowie die hierfür benötigten Konzepte und Methoden.
Aufgabe der Projektplanung ist die Vorbereitung der Projektdurchführung im
Sinne einer gedanklichen Vorwegnahme zukünftiger Handlungen. Steuerung
und Koordinierung dienen der zielorientierten und reibungslosen Realisierung
des geplanten Projektes. Da es bei der Umsetzung einer Planung jedoch regelmäßig zu Planabweichungen kommt, ist es Aufgabe der Projektüberwachung, diese Abweichungen zu identifizieren und geeignete Gegenmaßnahmen
einzuleiten. Zur Unterstützung dieser zentralen Aufgaben des Projektmanagements existieren eine Reihe von Konzepten und Verfahren, auf die wir im
vorliegenden Kapitel eingehen werden.

Für die Planung von Projekten ist ein Projekt zunächst in seine *Strukturelemente* zu zerlegen. Um das Verständnis der folgenden Ausführungen zu
erleichtern, schicken wir eine kurze Erläuterung der wichtigsten Strukturelemente eines Projektes voraus. Ein *Vorgang* (Arbeitsgang, Aktivität, Operation) ist ein zeiterforderndes Geschehen, dessen Durchführung i.d.R. Ressourcen
beansprucht und Kosten verursacht. Ein *Ereignis* bezeichnet einen Zeitpunkt,
der das Eintreten eines ausgezeichneten Projektzustands repräsentiert. Der
zeitliche Ablauf eines Projektes wird durch eine bestimmte Reihenfolge der
zugehörigen Vorgänge und Ereignisse beschrieben. Eine solche Reihenfolge
wird durch *Zeitbeziehungen* zwischen zwei Vorgängen bzw. Ereignissen impliziert. In Abschnitt 1.4 werden Vorgänge, Ereignisse und Zeitbeziehungen
detailliert beschrieben.

1.1.2 Phasenmodelle

Jedes Projekt durchläuft – ebenso wie ein Produkt – von seiner Initiierung bis
zu seiner Abwicklung eine Reihe von Phasen, die als Lebenszyklus bezeichnet
werden. In der betriebswirtschaftlichen Literatur herrscht weitgehend Einig-
keit über die einzelnen von einem Produkt zu durchlaufenden Phasen und
deren Inhalte. Ein Produktlebenszyklus besteht aus den folgenden Phasen

- Entwicklungsphase,
- Wachstumsphase,
- Reifephase,
- Sättigungsphase,
- Rückgangsphase
- und gegebenenfalls Nachlaufphase.

In der Literatur zum Projektmanagement hat sich ein entsprechender Konsens
bislang nicht herausgebildet. Stattdessen existiert eine Vielzahl von spezia-
lisierten Lebenszyklusmodellen für einzelne Projekttypen, die sich meist nur
schwer verallgemeinern lassen. In EDV-Projekten werden beispielsweise häufig
die Phasen Projektdefinition, Projektplanung, Ist-Analyse, Soll-Konzept, Sys-
tementwicklung, Systembeschreibung, Programmierung, Aufgabenorganisati-

on, Durchführungsvorbereitung und Umstellung unterschieden (vgl. LITKE, 1995, Kapitel 1.5). In industriellen Forschungs- und Entwicklungsprojekten hingegen besteht der Projektlebenszyklus oft aus den Hauptphasen Definition, Entwurf, Realisierung, Erprobung und Einsatz (vgl. BURGHARDT, 2000, Kapitel 1.2 und 1.3). Bei einem typischen „Six Sigma" Projekt zur Qualitätsverbesserung von Prozessen folgt man dem so genannten DMAIC Phasenmodell, bestehend aus den Schritten Define (Definition der Leistungsmerkmale eines Prozesses), Measure (Messung der derzeitigen Ausprägung der Leistungsmerkmale), Analyze (Analyse der Ursachen von Leistungsabweichungen in der Prozessausführung), Improve (Identifizieren von Verbesserungsmöglichkeiten), Control (Umsetzung der Verbesserung und Überwachung des veränderten Prozessablaufs).

Wie diese Beispiele zeigen, gibt es eine große Anzahl möglicher Lebenszyklusmodelle für unterschiedliche Projekttypen. Dennoch lassen sich eine Reihe von Gemeinsamkeiten feststellen (vgl. zur Illustration Abb. 1.1 – 1.4):

- Die Unsicherheit über den erfolgreichen Projektausgang ist im Allgemeinen zu Beginn eines Projektes am größten. Je weiter ein Projekt im Verlauf fortschreitet, desto größer ist die Sicherheit über die sach-, termin- und kostengerechte Projektfertigstellung.
- Der laufende Ressourcenbedarf und die resultierenden Kosten eines Projektes sind zu Beginn gering, steigen dann stetig an und sinken zum Projektende zügig.
- Die Einflussnahme des Projektauftraggebers oder anderer Projektstakeholder auf den Projektverlauf und -ausgang ist zu Beginn eines Projektes im Allgemeinen hoch und nimmt zum Projektende deutlich ab.
- Dies hängt auch damit zusammen, dass der benötigte Aufwand bei der Berücksichtigung von Änderungen im Projektauftrag bzw. anderer wesentlicher Projektmerkmale zu Beginn sehr niedrig ist, aber im Projektverlauf deutlich ansteigt, so dass Projektänderungen ggf. wirtschaftlich nicht mehr vertretbar sind.

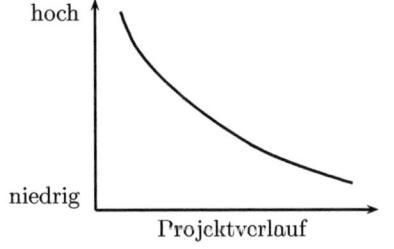

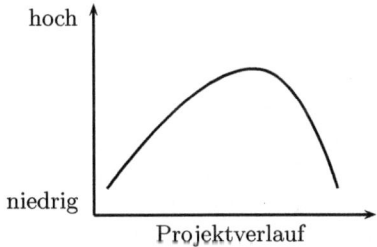

Abb. 1.1. Unsicherheit über erfolgreichen Projektausgang

Abb. 1.2. Laufende Projektkosten und Ressourcenbedarf

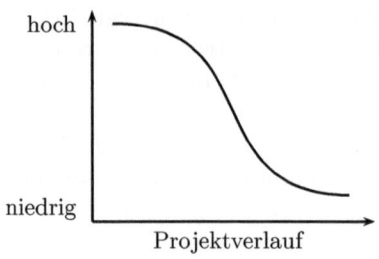

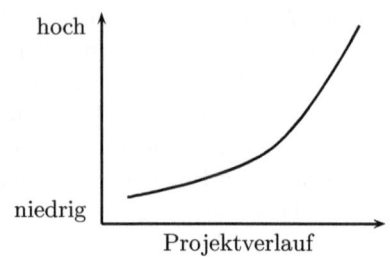

Abb. 1.3. Möglichkeit der Einflussnahme in den Projektablauf

Abb. 1.4. Aufwand bei Projektänderungen

Im Folgenden wollen wir ein eher generisches *Phasenmodell* beschreiben,
wobei wir unsere Betrachtungen auf die Phasen

- Projektkonzeption,
- Projektspezifikation,
- Projektplanung sowie
- Projektrealisation und -abschluss

eines Projektlebenszyklus beschränken, die nachfolgend kurz erläutert werden.
Eine detaillierte Erläuterung ausgewählter Aspekte der einzelnen Phasen findet sich in den Abschnitten 1.2 bis 1.5.

Projekte werden durch eine Projektidee initiiert, d.h. sie werden z.B. von
Mitarbeitern (internes Projekt) oder durch einen Kundenauftrag (externes
Projekt) angeregt. In diesem Stadium liegen i.d.R. zunächst nur ungenaue
Informationen über das Projektvorhaben vor. Im Rahmen der *Projektkonzeption* wird daher zunächst gemeinsam mit dem Auftraggeber der *Projektauftrag* formuliert (vgl. Abschnitt 1.2.1). In Form eines Pflichtenheftes werden die Aufgabenstellung, die mit der Durchführung des Projektes verfolgten Ziele sowie eine Beschreibung der zu erbringenden Leistungen festgehalten. Insbesondere bei externen Projekten kommt der sorgfältigen Erstellung
des Pflichtenheftes besondere Bedeutung zu. Es bildet die Grundlage für den
Projektauftrag und die Vertragsverhandlungen. Da es bei der Planung und
Durchführung von Projekten regelmäßig zu Planrevisionen kommt, sollte außerdem zwischen den Projektbeteiligten festgehalten werden, in welcher Art
und Weise auf notwendige Änderungen des Projektes reagiert werden soll.
Im Anschluss sind eine *Machbarkeitsstudie* (vgl. Abschnitt 1.2.2), eine *Aufwandsschätzung* und *Wirtschaftlichkeitsanalyse* (vgl. Abschnitt 1.2.3) sowie
eine *Risikoanalyse* (vgl. Abschnitt 1.2.4) durchzuführen. Die Machbarkeitsstudie gibt Aufschluss darüber, ob die für die erfolgreiche Projektdurchführung
benötigten Ressourcen – z.B. qualifizierte Mitarbeiter, erforderliche Technologien oder finanzielle Mittel – vorhanden sind oder rechtzeitig bereitgestellt
werden können. Im Rahmen einer Aufwandsschätzung wird der aus der Projektdurchführung resultierende mengen- und wertmäßige *Aufwand* bestimmt.
Das Ergebnis der Aufwandsschätzung ist gerade bei externen Projekten von

großer Bedeutung, da der ermittelte Projektaufwand als Grundlage für Preisverhandlungen mit dem Auftraggeber dient. Die Wirtschaftlichkeitsanalyse gibt Auskunft über den bei einer erfolgreichen Projektabwicklung zu erwartenden Gewinn und ist somit für interne Projekte, denen kein vertraglich vereinbarter „Erlös" gegenübersteht, besonders bedeutsam. Schließlich werden im Zuge einer Risikoanalyse potentielle Risiken identifiziert, die einem sach-, termin- und kostengerechten Projektabschluss entgegenstehen. Zur Reduzierung von Risiken werden geeignete Gegenmaßnahmen erarbeitet. Häufig gibt es außerdem unterschiedliche Möglichkeiten, den Projektauftrag zu erfüllen. In diesem Fall sollte jede Projektalternative in Bezug auf ihre Machbarkeit, den voraussichtlich damit verbundenen Aufwand, ihre Wirtschaftlichkeit sowie die mit ihrer Durchführung verbundenen Risiken untersucht werden. Auf Grundlage dieser Informationen wird dann im Rahmen der *Projektselektion* (vgl. Abschnitt 1.2.5) darüber entschieden, ob ein Projekt durchgeführt werden soll bzw. welche von mehreren Projektalternativen durchgeführt werden sollen.

Sobald verbindlich über die Durchführung eines Projektes entschieden wurde, erfolgt die *Projektspezifikation* (vgl. Abschnitt 1.3). Hier muss zunächst über die *Aufbauorganisation* des Projektes entschieden werden (vgl. Abschnitt 1.3.1), d.h. es muss festgelegt werden, welche Mitarbeiter aus welchen Abteilungen an der Durchführung des Projektes beteiligt sein werden und wie das Projektmanagement und das Projektteam in die Organisationsstruktur des ausführenden Unternehmens eingebettet werden sollen. Anschließend muss eine geeignete *Ablauforganisation* gefunden werden, die den weiteren Projektablauf spezifiziert (vgl. Abschnitt 1.3.2). Dazu werden meist zentrale Meilensteine im Projektablauf und Reihenfolgebeziehungen zwischen einzelnen Meilensteinen identifiziert. Ein *Meilenstein* stellt dabei ein Ereignis von besonderer Bedeutung dar, wie beispielsweise den Abschluss eines wichtigen Teilprojektes. Schließlich werden die mit der Durchführung des Projektes verbundenen *Ziele* konkretisiert (vgl. Abschnitt 1.3.3). Auf der Grundlage des Projektauftrages und des zugehörigen Pflichtenheftes werden die vom Auftraggeber vorgegebenen und den Gegenstand bzw. die Leistungen des Projektes betreffenden Ziele (so genannte produktbezogene Ziele) in Unterziele heruntergebrochen. Bei Forschungs- und Entwicklungsprojekten in der Automobilindustrie ist ein Projektauftraggeber z.B. an bestimmten Eigenschaften eines Aggregates interessiert. Im Rahmen der Zielanalyse werden dann die Unterziele identifiziert, deren Erfüllung zu den gewünschten Eigenschaften führt. Weiterhin werden in diesem Stadium die den zeitlichen Projektablauf betreffenden Ziele spezifiziert, wie z.B. die Minimierung der Projektdauer oder die gleichmäßige Auslastung bestimmter für das Projekt benötigter Ressourcen. Hierbei ist wichtig, dass diese Ziele so weit als möglich operationalisiert sind, um eine effektive Projektsteuerung und -überwachung zu ermöglichen.

Die *Projektplanung* (vgl. Abschnitt 1.4) dient der detaillierten Planung des Projektablaufs. Zu diesem Zweck wird das Projekt im Rahmen einer *Strukturanalyse* (vgl. Abschnitt 1.4.1) zunächst systematisch in Teilprojekte, Unterprojekte, Arbeitspakete und Projektvorgänge disaggregiert. Anschließend werden logisch oder technologisch bedingte Zeitbeziehungen zwischen einzelnen Vorgängen identifiziert. Diese Zeitbeziehungen bestimmen den zeitlichen Ablauf des Projektes. In der nachfolgenden *Zeit-, Ressourcen- und Kostenanalyse* (vgl. Abschnitt 1.4.2) werden zunächst die Ausführungsdauern der einzelnen Projektvorgänge sowie die Zeitbeziehungen zwischen den Vorgängen quantifiziert. Ferner werden die zur Durchführung eines Vorgangs benötigten Ressourcen – z.B. Mitarbeiter, Maschinen oder Materialien – sowie die Kosten bestimmt, die aus der Durchführung der einzelnen Projektvorgänge resultieren. Nachdem alle Strukturelemente eines Projektes identifiziert und quantifiziert wurden, können mit Hilfe so genannter *Netzplantechniken* Informationen über den zeitlichen Ablauf eines Projektes extrahiert werden, wie beispielsweise die frühest- und spätestmöglichen Start- und Fertigstellungszeitpunkte der Projektvorgänge. Die am weitesten verbreitete Netzplantechnik ist die *Metra-Potential-Methode* (MPM), die in Abschnitt 1.4.3 ausführlich erläutert wird. Neben der MPM-Netzplantechnik werden in der Praxis häufig *weitere Netzplantechniken* eingesetzt, auf die wir in Abschnitt 1.4.4 eingehen. Ergebnis einer Projektanalyse mit Hilfe von Netzplantechniken ist ein Zeitintervall für jeden Vorgang, innerhalb dessen der betrachtete Vorgang aufgrund der gegebenen Zeitbeziehungen starten muss. Um einen verbindlichen Plan für den Projektablauf zu erhalten, muss nun jedem Vorgang genau ein Startzeitpunkt aus diesem (planungsabhängigen) Zeitintervall zugewiesen werden, d.h. jeder Vorgang muss terminiert werden (vgl. Abschnitt 1.4.5). Diese *Terminierung* der Vorgänge erfolgt unter Berücksichtigung der Zeitbeziehungen sowie der vorhandenen Ressourcenkapazitäten. Die einzelnen Vorgänge werden so fixiert, dass ein im Rahmen der Zielanalyse spezifiziertes Zielkriterium möglichst gut erfüllt wird. In der Praxis werden die Vorgänge beispielsweise häufig so terminiert, dass ein Projekt möglichst frühzeitig beendet wird oder der aus der Projektdurchführung resultierende Kapitalwert maximiert wird.

Im Anschluss an die Projektplanung erfolgen schließlich die *Projektrealisation* und der *Projektabschluss* (vgl. Abschnitt 1.5). Die sach-, termin- und kostengerechte Durchführung eines Projektes erfordert eine ständige Überwachung des Projektablaufs (vgl. Abschnitt 1.5.1). Dazu werden laufend die tatsächlichen Über- oder Unterschreitungen der im Rahmen der Projektplanung ermittelten Eckdaten – d.h. insbesondere der Start- und Endzeitpunkte der Projektvorgänge und der kumulierten Kosten – bestimmt. Werden Abweichungen vom ursprünglichen Plan festgestellt, so müssen geeignete Maßnahmen getroffen werden, um die Planabweichungen zu korrigieren oder ihre Auswirkungen zu minimieren. Nach Abschluss des Projektes findet schließlich eine *Projektrückschau* statt (vgl. Abschnitt 1.5.2), wobei das Projekt ex-post analysiert wird und Verbesserungspotentiale für zukünftige Projektvorhaben erarbeitet werden.

Abbildung 1.5 zeigt zusammenfassend die vier beschriebenen Phasen des Projektlebenszyklus sowie die wichtigsten Teilschritte innerhalb der einzelnen Phasen. Dieses Phasenmodell ist dabei jedoch nicht so zu verstehen, dass die einzelnen Phasen strikt sequentiell durchlaufen werden. Vielmehr können bei fortschreitendem Detaillierungsgrad der Planung einzelne Phasen oder ausgewählte Schritte einzelner Phasen wiederholt durchlaufen werden, d.h. es finden Rückkopplungen zwischen den Phasen statt.

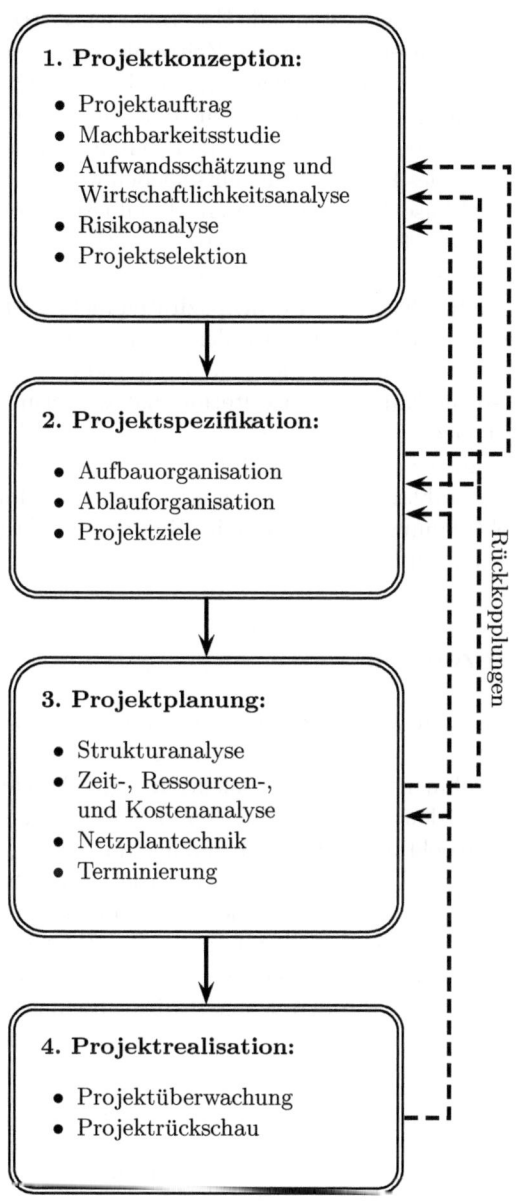

Abb. 1.5. Rückkopplungen zwischen den Phasen des Projektlebenszyklus

In der zweiten Phase (Projektspezifikation) wird z.B. der zeitliche Ablauf des Projektes auf der Grundlage wesentlicher Meilensteine spezifiziert. Stellt sich heraus, dass einzelne Meilensteine erst sehr spät erreicht werden, hat diese Information u.U. Auswirkungen auf die erste Phase (Projektkonzeption). So könnte sich beispielsweise der aus der Durchführung des Projektes resultierende Gewinn verringern, da das ausführende Unternehmen vertraglich vereinbarte Abschlagszahlungen zu einem späteren Zeitpunkt erhält, als ursprünglich im Rahmen der Projektkonzeption angenommen. Unter Umständen ergeben sich durch eine Verspätung wichtiger Meilensteine auch terminliche Risiken, die in der Risikoanalyse berücksichtigt werden sollten. Eventuell muss sogar über die Durchführung des Projektes neu entschieden werden. Nach Abschluss der Projektplanung (Phase 3) stehen erstmals detaillierte Informationen über den zeitlichen Ablauf des Projektes sowie über resultierende kumulierte Ressourcenbedarfe und Kosten zur Verfügung. Stellt sich dann z.B. heraus, dass die zur Verfügung stehenden Ressourcenkapazitäten nicht ausreichen, um das betrachtete Projekt pünktlich fertigzustellen, so könnten beispielsweise die Ressourcenkapazitäten erweitert werden, um den avisierten Projektendtermin einzuhalten. Eine solche Kapazitätserweiterung hat wiederum Auswirkungen auf die der Projektkonzeption zugrunde liegende Aufwandsschätzung. Kommt es schließlich während der Projektdurchführung (Phase 4) zu Abweichungen vom geplanten Projektablauf, dann müssen entsprechende Modifikationen im Rahmen der Projektplanung und teilweise im Rahmen der Projektspezifikation und Projektkonzeption berücksichtigt werden.

1.2 Projektkonzeption

Im Folgenden betrachten wir ausgewählte Aspekte von Projekten bzw. des Projektmanagements, die vor der Entscheidung über die Durchführung eines Projektes im Rahmen der Projektselektion (vgl. Abschnitt 1.2.5) eingehend untersucht werden müssen. Dabei handelt es sich im Einzelnen um die Gestaltung des Projektauftrages als Grundlage für Vertragsverhandlungen (vgl. Abschnitt 1.2.1), die Untersuchung eines Projektes im Hinblick auf seine Durchführbarkeit (vgl. Abschnitt 1.2.2), die Ermittlung des mit einem Projekt verbundenen Aufwandes und die Bestimmung seiner Wirtschaftlichkeit (vgl. Abschnitt 1.2.3). Abschließend beschäftigen wir uns mit der Untersuchung möglicher Risiken, die einem erfolgreichen Projektabschluss entgegenstehen (vgl. Abschnitt 1.2.4).

1.2.1 Projektauftrag

Initiiert wird ein Projekt entweder durch das (unternehmensinterne) Management oder aber durch einen (unternehmensexternen) Kundenauftrag, wenn der Gegenstand des Projektes eine Marktleistung darstellt, wie z.B. bei der Kundenauftragsfertigung. In jedem Fall wird ein *Projektauftrag* formuliert und erteilt, der meist ein Pflichtenheft enthält und weitere für die Projektplanung und -durchführung wesentliche Aspekte thematisiert. So sollte z.B. festgelegt werden, wie auf Änderungsanforderungen des Projektauftrages bzw. Pflichtenheftes reagiert wird und – bei externen Projekten – wie die Zahlungsmodalitäten ausgestaltet werden.

Ein *Pflichtenheft* enthält alle den Projektablauf und die Leistung bzw. den Gegenstand des Projektes betreffenden Ziele und Anforderungen sowie alle für die Projektplanung notwendigen Rahmenbedingungen und Vorgaben. Insbesondere enthält ein Pflichtenheft die Aufgabenstellung des Auftraggebers sowie – daraus abgeleitet – eine detaillierte Beschreibung der Leistung, die mit der Durchführung des Projektes erbracht werden soll. Diese Anforderungen des Auftraggebers dienen der Festlegung dessen, was erreicht werden soll, ohne jedoch dabei einzelne Lösungsmöglichkeiten auszuschließen, d.h. die Anforderungen sollten lösungsneutral formuliert sein. Für ein Softwareprojekt enthält ein Pflichtenheft beispielsweise Informationen über die Einsatzumgebung, die geforderten Funktionen und Eigenschaften, die Benutzeroberfläche und -schnittstellen, die Datenbasis und das Mengengerüst, Qualitätsanforderungen, Realisierungsvorgaben und Dokumentationsanforderungen (vgl. BURGHARDT, 2000, Kapitel 2.2). Sind an einem Projekt Dritte beteiligt, dann ist ein Pflichtenheft verbindliche Grundlage für spätere Vertragsvereinbarungen. Es ist daher zweckmäßig, schon früh im Rahmen der Projektkonzeption ein Pflichtenheft anzulegen. Mit fortschreitender Planung wird das Pflichtenheft dann schrittweise detailliert.

Bei der Planung von Projekten werden regelmäßig bereits erarbeitete Zwischenergebnisse aufgrund neuer oder veränderter Informationen in Frage gestellt, d.h. es kommt zu so genannten Änderungsanforderungen. Je grundlegender dabei die notwendige Änderung ist, desto schwerwiegender ist i.d.R. ihre Auswirkung auf das zugrunde liegende Projekt. Ändern sich in einem sehr späten Stadium beispielsweise wesentliche Elemente des Pflichtenheftes, dann kann dies zu einer deutlichen Verzögerung, Verteuerung (vgl. die Ausführungen in Abschnitt 1.1.2) oder gar einem Abbruch des Projektes führen. Aus diesem Grund sollten sich die Projektbeteiligten im Rahmen des Projektauftrages auf ein *Änderungsverfahren* einigen, das spezifiziert, wie Änderungsanforderungen in das laufende Projekt eingearbeitet werden. Nachfolgend beschreiben wir drei wesentliche Änderungsverfahren: das so genannte kontinuierliche, das eingeschobene und das begleitende Änderungsverfahren (vgl. BURGHARDT, 2000, Kapitel 2.2.4).

Bei *kontinuierlichen Änderungsverfahren* werden die Änderungsanforderungen synchron mit dem Projektablauf in der Projektplanung berücksichtigt. Ein solches Änderungsverfahren eignet sich nur für wenige und verhältnismäßig kleine Änderungsanforderungen, da der Projektablauf dadurch verzögert wird und es aufgrund der resultierenden intransparenten Entwicklungsstände des Projektes zu einem deutlich erhöhten Kommunikationsaufwand kommt. *Eingeschobene Änderungsverfahren* zeichnen sich dadurch aus, dass der Projektablauf bei Vorliegen von Änderungsanforderungen oder zu vorher spezifizierten Terminen unterbrochen wird. Während einer solchen Unterbrechung werden sämtliche Änderungsanforderungen in die bereits vorliegenden Planungsergebnisse eingearbeitet. Da meist nicht alle an einem Projekt beteiligten Mitarbeiter bzw. Organisationseinheiten von einer Änderungsanforderung betroffen sind, kann es während einer Unterbrechung auch zu einem „Leerlauf" in einzelnen Abteilungen kommen. Außerdem führen die Unterbrechungen des Projektablaufs zu einer meist deutlichen Verzögerung des Projektes. *Begleitende Änderungsverfahren* finden vor allem in hochinnovativen und zeitkritischen Projekten Anwendung. Dabei werden parallel zur ursprünglichen Planung die Änderungsanforderungen im Rahmen einer „Schattenplanung" berücksichtigt. Die Ergebnisse dieser parallelen Planungen werden anschließend konsolidiert. Dem beträchtlichen Mehraufwand bei einem solchen begleitenden Änderungsverfahren steht ein im Vergleich zu den anderen Verfahren kürzerer Projektentwicklungsprozess entgegen, da der ursprüngliche Planungszweig zielstrebig vorangetrieben werden kann, ohne auf Änderungsanforderungen reagieren zu müssen.

Im Anschluss an die Aufstellung eines Pflichtenheftes und die Spezifikation des zu implementierenden Änderungsverfahrens müssen sich die Projektpartner im Rahmen der Vertragsverhandlungen auf die dem Projektauftrag zugrunde liegenden *Zahlungsmodalitäten* einigen. Den Zahlungsvereinbarungen kommt insbesondere bei langfristigen und kapitalintensiven Projekten, die sich oft über mehrere Jahre hinziehen, große Bedeutung zu. In der Praxis trifft man im Prinzip fünf Typen von Verträgen an, die sich hinsichtlich ihrer zugrunde liegenden Zahlungsvereinbarungen unterscheiden (vgl. KERZNER, 2003, Kapitel 21.6):

- Lump-sum contract *(Pauschalpreisvertrag)*: Bei Pauschalpreisverträgen vereinbaren Auftraggeber und Auftragnehmer einen fixen Preis – den Pauschalpreis – für die Erbringung der im Rahmen des Projektauftrages vereinbarten Leistung. Somit trägt der Auftragnehmer, d.h. das ausführende Unternehmen, das volle Risiko für die dem Vertrag zugrunde liegende Kalkulation. Eine Überschreitung der ursprünglich kalkulierten Kosten schmälert den Gewinn des Auftragnehmers. Der Auftraggeber trägt kein preisliches Risiko.

- Cost-plus-fixed-fee contract – CPFF (*Kostenzuschlagsvertrag mit Gewinnaufschlag auf Selbstkosten*): Bei CPFF-Verträgen verpflichtet sich der Auftragnehmer, die vereinbarte Leistung „möglichst kostengünstig" zu erbringen. Die tatsächlich angefallenen Kosten werden vom Auftraggeber getragen und der Auftragnehmer erhält einen im Vorhinein fest vereinbarten Betrag als Gewinn. Der Auftraggeber trägt somit ein hohes Kostenrisiko. Die einzigen Anreize für den Auftragnehmer, möglichst kostengünstig zu arbeiten, sind die Aussicht auf eventuelle Nachfolgeaufträge sowie das Bestreben, seine Kapitalbindungskosten zu minimieren.

- Cost-plus-percentage-fee contract – CPPF (*Kostenzuschlagsvertrag mit Prozentzuschlag auf Selbstkosten*): Ähnlich wie bei CPFF-Verträgen trägt bei CPPF-Verträgen der Auftraggeber das volle Kostenrisiko. Der Auftragnehmer erhält als Gewinnmarge einen im Vorhinein fest vereinbarten Prozentsatz der insgesamt angefallenen Kosten.

- Guaranteed maximum-share savings contract – GMSS (*Kostenzuschlagsvertrag mit garantiertem Maximum und Berücksichtigung der Einsparungen*): GMSS-Verträge sind den CPFF-Verträgen sehr ähnlich. Der Auftragnehmer erhält als Gewinn einen fixen Betrag, jedoch trägt der Auftraggeber die anfallenden Kosten nur bis zu einer vorher vereinbarten Höhe. Kosten darüber hinaus hat der Auftragnehmer zu verantworten. Etwaige Einsparungen werden nach einer vorher vereinbarten Regel zwischen dem Auftraggeber und dem Auftragnehmer aufgeteilt.

- Cost-plus-incentive-fee contract – CPIF (*Kostenzuschlagsvertrag mit Anreiz*): Ein CPIF-Vertrag unterscheidet sich von CPFF- oder CPPF-Verträgen dadurch, dass der Gewinnanteil des Auftragnehmers von der Höhe der tatsächlich angefallenen Kosten abhängt. Unterschreitet das ausführende Unternehmen die prognostizierten Kosten, so erhöht sich der Gewinnanteil, bei einer Überschreitung vermindert sich der Gewinnanteil gemäß einer vertraglich festgelegten Berechnungsvorschrift.

Bei kleinen, überschaubaren Projekten, bei denen sich die Kosten für die Projektausführung relativ exakt abschätzen lassen, herrschen Pauschalpreisverträge vor. Bei großen Projekten hingegen, wie z.B. dem Bau eines Flughafens oder eines Staudamms, dem Schiff- oder Anlagenbau, wird häufig einer der vier anderen Vertragstypen gewählt. Neben den beschriebenen Vertragstypen und ihren Kombinationen finden sich in der Praxis weitere wichtige Vertragskonstrukte. Um die Einhaltung vertraglich vereinbarter Projekttermine zu gewährleisten, werden häufig *Konventionalstrafen* vereinbart, die der Auftragnehmer bei Überschreitungen vorgeschriebener Fertigstellungstermine zu entrichten hat. Im umgekehrten Fall, d.h. bei Terminunterschreitungen, erhält das ausführende Unternehmen oft eine zusätzliche Prämie. Bei großen und langwierigen Projekten werden außerdem meist *Fortschrittszahlungen* vereinbart, d.h. der Auftragnehmer erhält bei Abschluss wichtiger Teilprojekte eine Abschlagszahlung oder vor Beginn eines Teilprojektes einen Kredit in Form einer entsprechenden Vorauszahlung.

Der weitere Ablauf der Projektkonzeption hängt teilweise von den jeweils vertraglich vereinbarten Zahlungsmodalitäten ab. So ist bei Pauschalpreisverträgen für das ausführende Unternehmen die in Abschnitt 1.2.3 beschriebene Aufwandsschätzung und Wirtschaftlichkeitsanalyse von großer Bedeutung, da das Unternehmen für die Höhe des eigenen Gewinns maßgeblich eigenverantwortlich ist. Bei Kostenzuschlagsverträgen hingegen fällt der Wirtschaftlichkeitsanalyse eine eher untergeordnete Rolle zu, da der aus einem Projekt resultierende Gewinn grundsätzlich feststeht.

1.2.2 Machbarkeitsstudie

Die Durchführung von Projekten ist i.d.R. mit einem hohem Aufwand verbunden und hat für ein Unternehmen weitreichende Konsequenzen sowohl bei erfolgreicher als auch bei erfolgloser Projektdurchführung. Aus diesem Grund ist es wichtig, sich zu Beginn eines Projektes im Rahmen einer *Machbarkeitsstudie* von der Realisierbarkeit eines Projektes zu überzeugen. Wichtige Aspekte einer solchen Machbarkeitsstudie werden z.B. in DIETHELM (2000, Kapitel II.3.3), KLEIN (2000, Kapitel 1.3.1) oder SCHWARZE (2001, Kapitel 5) behandelt. Der konkrete Inhalt einer Machbarkeitsstudie hängt wesentlich vom zugrunde liegenden Projekt ab, so dass an dieser Stelle nur kurz einige ausgewählte Kriterien für die Durchführung einer solchen Studie besprochen werden.

Zunächst muss die technische Machbarkeit eines Projektes erwogen werden. Es ist sicherzustellen, dass die für die Durchführung des Projektes benötigten Technologien und das korrespondierende Wissen im Unternehmen vorhanden sind oder aber im Projektverlauf beschafft werden können. Weiterhin muss personelle Machbarkeit gewährleistet sein, d.h. die für das Projekt benötigten Mitarbeiter müssen sowohl in qualitativer als auch quantitativer Hinsicht zur Verfügung stehen oder akquiriert werden können. Selbiges muss für die zur Durchführung eines Projektes benötigten Ressourcen gelten. Im Projektverlauf müssen beispielsweise die benötigten Maschinen oder Laboreinrichtungen verfügbar sein. Die finanziellen Mittel zur Durchführung des Projektes bzw. der einzelnen Teilprojekte müssen sowohl in hinreichender Höhe als auch zu den Zeitpunkten zur Verfügung stehen, zu denen sie voraussichtlich benötigt werden, um die Liquidität des Unternehmens zu wahren.[1] Von Bedeutung sind ferner Untersuchungen im Hinblick auf die soziale, rechtliche und psychologische Machbarkeit eines Projektes. Dabei ist zu eruieren, ob die Projektdurchführung zu sozialen Härten und Unzumutbarkeiten führt (z.B. bei einer Unternehmensreorganisation, die in enger Abstimmung mit dem Betriebsrat durchgeführt wird), welche juristischen Konsequenzen aus einem Projekt erwachsen können (bspw. steuerliche Aspekte, die aus Transferpreisregelungen im Rahmen eines Kostensenkungsprojekt in der Beschaffung erwachsen können) und ob bei der Projektdurchführung psychologische Hürden wie beispielsweise Akzeptanzprobleme bei Mitarbeitern (etwa bei der Einführung einer neuen Software) zu bewältigen sind.

Im Anschluss an die Machbarkeitsstudie muss die Unternehmensführung basierend auf den Ergebnissen der Untersuchungen darüber entscheiden, ob das betrachtete Projekt weiter verfolgt werden soll oder nicht.

---

[1] Über die Zeitpunkte, zu denen die aus einem Projekt resultierenden Ein- und Auszahlungen anfallen, gibt der im Rahmen der Ablauforganisation erstellte Meilensteinplan (vgl. Abschnitt 1.3.2) sowie der Projektplan (vgl. Abschnitt 1.4.5) nähere Auskünfte.

1.2.3 Aufwandsschätzung und Wirtschaftlichkeitsanalyse

Die nachfolgend beschriebene Aufwandsschätzung und die Wirtschaftlichkeitsanalyse stellen zwei zentrale Schritte der Projektkonzeption dar. Dabei dient die Aufwandsschätzung der Quantifizierung des mit der Realisierung eines Projektes verbundenen mengen- oder wertmäßigen Aufwandes. Die anschließende Wirtschaftlichkeitsanalyse, die auf den Ergebnissen der Aufwandsschätzung aufbaut, dient zur Beurteilung der Wirtschaftlichkeit eines Projektes. Ihr Ergebnis ist eine wesentliche Einflussgröße bei der Entscheidung über die Durchführung oder Nicht-Durchführung von Projekten im Rahmen der Projektselektion (vgl. Abschnitt 1.2.5).

Als *Aufwand* eines Projektes wird der gesamte mengenmäßige oder der bewerte Einsatz von Ressourcen und finanziellen Mitteln bezeichnet, der zur Realisierung eines Projektes notwendig ist.[2] Die *Aufwandsschätzung* dient der möglichst genauen Schätzung des Projektaufwandes. Der so ermittelte Projektaufwand wird z.B. für die Ermittlung von Preisuntergrenzen bei Vertragsverhandlungen, die innerbetriebliche Budgetplanung, die Steuerung, Überwachung und Kontrolle eines Projektes oder als Grundlage für Projektvergleiche benötigt. Da der Projektaufwand a priori ermittelt wird, handelt es sich naturgemäß um eine (unsichere) Schätzgröße, die vom später tatsächlich realisierten Aufwand abweichen wird. Bei Routineprojekten werden in dem ausführenden Unternehmen Erfahrungen mit ähnlichen Projekten vorhanden sein, die eine relativ zuverlässige Aufwandsschätzung ermöglichen. Bei besonders innovativen, einmaligen Projekten hingegen ist der geschätzte Aufwand meist mit großen Unsicherheiten belastet. Allgemein gilt, dass mit fortschreitendem Planungsstand die Schätzung des Projektaufwandes zunehmend genauer erfolgt. Eine erste Aufwandsschätzung für ein Projekt wird meist auf der Basis der noch recht ungenauen Daten aus der Projektkonzeption durchgeführt. In späteren Projektphasen wird diese Schätzung fortgeschrieben bzw. aktualisiert. Die Höhe des Aufwandes eines Projektes hängt dabei von einer Vielzahl von Einflussgrößen ab, die möglichst vollständig berücksichtigt werden sollten. Beispiele für solche Einflussgrößen sind der Leistungsumfang bzw. die „Größe" eines Projektes, die Komplexität bzw. der Schwierigkeitsgrad eines Projektes, die angestrebte Qualität der durch das Projekt zu erbringenden Leistung oder die Qualifikation, Erfahrung und Motivation der Projektmitarbeiter. Zur Schätzung des Projektaufwandes wird in der Praxis häufig eines der vier nachfolgend in ihren Grundzügen dargestellten Verfahren angewendet.

Bei der *Analogiemethode* ermittelt man zunächst sämtliche für die Höhe des Projektaufwandes maßgeblichen Einflussgrößen. Anschließend vergleicht man das betrachtete Projekt mit bereits durchgeführten Projekten, die in

---

[2] Wir wollen den Begriff „Aufwand" im Folgenden nicht im Sinne seiner engeren betriebswirtschaftlichen Definition als Stromgröße, sondern weiter gefasst verstehen.

Bezug auf die vorher identifizierten Einflussgrößen unter ähnlichen Rahmenbedingungen realisiert wurden. Dann wird von dem tatsächlich realisierten Aufwand der Vergleichsprojekte auf den Aufwand des betrachteten Projektes geschlossen, wobei Unterschiede der Projekte berücksichtigt werden müssen. Die Analogiemethode wird häufig bei Bauprojekten verwendet. Der Bauträger eines Einfamilienhauses kann z.b. aus vergangenen Projekten meist recht genau den Aufwand für ein neues Bauprojekt ermitteln, indem er auf Grundlage vergleichbarer Bauprojekte, die dem betrachteten Projekt z.B. bezüglich der Anzahl der Stockwerke oder des Baugrundes ähneln, einen durchschnittlichen Kostensatz je Kubikmeter umbauten Raumes bestimmt. Ein großer Vorteil der Analogiemethode ist ihre einfache Anwendbarkeit. Allerdings hängt die Güte der resultierenden Schätzwerte ganz wesentlich von den Erfahrungswerten des ausführenden Unternehmens mit vergleichbaren Projekten ab. Betrachten wir ein kleines Beispiel zur Analogiemethode.

Beispiel 1.1. Ein Energieversorgungsunternehmen plant den Bau einer Ölpipeline von insgesamt 1000 km Länge. Die geplante Trasse führt über ca. 300 km durch dicht bewaldetes Gebiet und für ca. 700 km durch unbewohntes, gut zugängliches Gebiet. Aus vergangenen Projekten ist dem Unternehmen bekannt, dass je Kilometer gebauter Pipeline in gut zugänglichem Gebiet Kosten in Höhe von 850 000 € anfallen. Führt die Pipeline durch bewaldetes Gebiet, so fallen je Kilometer erfahrungsgemäß zusätzlich 150 000 € für Rodungsarbeiten an. Insgesamt schätzt das Unternehmen den monetären Aufwand für den Bau der neuen Pipeline daher auf 300 km·1 000 000 €/km+700 km·850 000 €/km = 895 000 000 €.

Bei der Schätzung des Projektaufwandes mit Hilfe der *Prozentsatzmethode* wird das betrachtete Projekt zunächst in einzelne Teilprojekte unterteilt. Ausgehend von Erfahrungswerten mit vergleichbaren Projekten bestimmt man dann eine prozentuale Verteilung des gesamten Projektaufwandes auf die einzelnen Teilprojekte. Anschließend wird ein repräsentatives Teilprojekt realisiert oder der Aufwand dieses Teilprojektes detailliert geschätzt, z.B. mit Hilfe von Expertenbefragungen, Stücklisten oder Arbeitsgangbeschreibungen. Mittels der eingangs vorgenommenen Aufwandsverteilung auf die einzelnen Teilprojekte kann dann auf der Grundlage des ermittelten Aufwands des untersuchten Teilprojektes auf den Gesamtaufwand geschlossen werden. Die Prozentsatzmethode ist ähnlich einfach anzuwenden wie die Analogiemethode und die Güte der resultierenden Schätzung hängt ebenso von der vorhandenen Erfahrung mit ähnlichen Projekten ab. Bei der Schätzung des Aufwands für das repräsentative Teilprojekt muss besonders sorgfältig vorgegangen werden, da sich Schätzfehler im Ergebnis multiplikativ niederschlagen. Zur Verdeutlichung der Prozentsatzmethode betrachten wir wieder ein kleines Beispiel.

Beispiel 1.2. Ein Unternehmen der chemischen Industrie entwickelt einen neuen Produktionsprozess zur Herstellung von Plastikgranulat aus Kunststoffabfällen. Das entsprechende Projekt lässt sich in vier Teilprojekte untergliedern. In einem ersten Schritt muss ein geeigneter Sortierprozess zur farblichen

Trennung der Kunststoffabfälle entwickelt werden (Sortieren). Anschließend müssen die Prozesse zur Reinigung der Kunststoffabfälle (Waschen) sowie für deren Einschmelzung (Schmelzen) gestaltet werden. Im vierten Schritt ist dann der Produktionsprozess zur Erzeugung des Plastikgranulats aus der Kunststoffschmelze zu entwerfen (Produktion). Da das Unternehmen ähnliche Projekte schon mehrfach durchgeführt hat, kann relativ gesichert davon ausgegangen werden, dass sich der zeitliche Aufwand für die Durchführung des Projektes im Verhältnis 20% : 10% : 40% : 30% auf die Teilprojekte Sortieren, Waschen, Schmelzen und Produktion verteilt. Eine detaillierte Aufwandsschätzung für das Teilprojekt Waschen ergibt, dass für den Abschluss dieses Teilprojektes etwa 15 Tage veranschlagt werden müssen. Daraus ergibt sich dann beispielsweise für das Teilprojekt Sortieren ein geschätzter zeitlicher Aufwand von $15 \cdot (20\%/10\%) = 30$ Tagen. Der resultierende Aufwand in Tagen für die beiden verbleibenden Teilprojekte ist in Tabelle 1.2 angegeben.

Tabelle 1.2. Aufwandsverteilung und zeitlicher Aufwand der einzelnen Teilprojekte

Teilprojekt	Aufwandsverteilung	zeitlicher Aufwand
Sortieren	20%	30 Tage
Waschen	10%	15 Tage
Schmelzen	40%	60 Tage
Produktion	30%	45 Tage

Faktorenverfahren stellen den Gesamtaufwand eines Projektes als lineare Funktion der für den Aufwand maßgeblichen Einflussgrößen dar. Sei x_i der Wert bzw. die Ausprägung der Einflussgröße i, $i = 1, \ldots, n$, dann ergibt sich der Gesamtaufwand A zu

$$A = b + a_1 x_1 + a_2 x_2 + \ldots + a_n x_n = b + \sum_{i=1}^{n} a_i x_i \, . \tag{1.1}$$

Der Parameter b stellt einen konstanten Term dar, der den fixen Aufwandsanteil am Gesamtaufwand widerspiegelt. Die Parameter a_i, $i = 1, \ldots, n$, sind Koeffizienten, die den Einfluss der Größe x_i auf den Gesamtaufwand A repräsentieren. b und $a_1, \ldots, a_n$ sind zunächst unbekannt und können mit Hilfe einer linearen Regressionsanalyse basierend auf Erfahrungswerten aus vergangenen Projekten geschätzt werden.[3] Dazu werden die Parameter b und $a_1, \ldots, a_n$ so festgelegt, dass der quadratische Abstand der Hyperebene (1.1) von den beobachteten Werten $(x_{1p}, \ldots, x_{np}, A_p)$ der vergleichbaren, bereits durchgeführten Projekte $p = 1, \ldots, m$ minimal ist. Sind die Größen b und $a_1, \ldots, a_n$ festgelegt, kann der Gesamtaufwand für das betrachtete Projekt

---

[3] Für eine Einführung in die Regressionsrechnung verweisen wir z.B. auf BAMBERG und BAUR (2001) oder SCHLITTGEN (1998).

ermittelt werden, indem die entsprechenden Werte x_i der relevanten Einfluss-größen in Gleichung (1.1) eingesetzt werden. Die Güte der Aufwandsschätzung hängt beim Faktorenverfahren wie bei den vorgenannten Schätzmethoden von der Menge vorhandener Vergleichsprojekte ab. Anders als bei den vorgenannten Verfahren und abgesehen von der Wahl der zu berücksichtigenden Einflussgrößen ist die Schätzung aber frei von subjektiven Einflüssen, die das Ergebnis verzerren könnten.[4] Wir betrachten im Folgenden ein Beispiel zur Demonstration des Faktorenverfahrens.

Beispiel 1.3. Ein Softwareunternehmen entwickelt im Kundenauftrag eine Individualsoftware. Ein zentrales Teilprojekt dieses Entwicklungsprojektes besteht in der Implementierung geeigneter Schnittstellen zur Einbettung der Software in eine bestehende DV-Infrastruktur. Erfahrungsgemäß hängt der monetäre Aufwand für die notwendigen Implementierungsarbeiten näherungsweise linear von der Anzahl der beim Kunden vorhandenen Softwaresysteme ab. Die entsprechenden Erfahrungswerte sind in Tabelle 1.3 angegeben. Dabei bezeichne der Index p jeweils das bereits abgeschlossene Teilprojekt, x_p die Anzahl der zu berücksichtigenden Softwaresysteme und A_p den aus der Realisierung des Teilprojektes p folgenden Aufwand in Euro.[5]

Tabelle 1.3. Anzahl benötigter Schnittstellen und zugehöriger Aufwand

Teilprojekt p	1	2	3	4
Anzahl Schnittstellen (x_p)	7	9	6	12
Aufwand in 1 000 Euro (A_p)	30	37	29,5	43

Das betrachtete Softwareunternehmen will nun im Rahmen eines Projektes eine Individualsoftware entwickeln, die über $x = 10$ Schnittstellen zu anderen Softwaresystemen verfügt und interessiert sich für den hieraus resultierenden monetären Aufwand A. Die zugehörige lineare Regressionsgleichung, die den Aufwand als Funktion der Anzahl zu implementierender Schnittstellen angibt, lautet

$$A = b + ax \ .$$

Zur Schätzung der Parameter a und b wird die Summe der Abweichungsquadrate minimiert, d.h. wir lösen das Optimierungsproblem

$$\text{Minimiere } Q(b, a) = \sum_{p=1}^{4} (A_p - (b + ax_p))^2 \ .$$

Nullsetzen der partiellen Ableitungen von Q ergibt

---

[4] Die geeignete Wahl der relevanten Einflussgrößen kann jedoch methodisch durch eine statistische Korrelationsanalyse unterstützt werden.

[5] Da nur eine Einflussgröße berücksichtigt wird, nämlich die Anzahl benötigter Schnittstellen zu anderen DV-Systemen, kann auf den Index i verzichtet werden.

$$a = \frac{\sum_{p=1}^{4}(x_p - \overline{x})(A_p - \overline{A})}{\sum_{p=1}^{4}(x_p - \overline{x})^2}$$

und

$$b = \overline{A} - a\overline{x} \ ,$$

wobei $\overline{x}$ und $\overline{A}$ das arithmetische Mittel der jeweiligen Beobachtungen x_p und A_p für alle p darstellen.[6]

Durch Einsetzen der Werte aus Tabelle 1.3 erhalten wir für $\overline{x} = 8{,}5$ und $\overline{A} = 34\,875\,€$. Damit ist $b = 14\,535{,}7$ und $a = 2\,392{,}9$. Für $x = 10$ ergibt sich der geschätzte Aufwand zur Implementierung der Schnittstellen dann zu $A \approx 38\,464\,€$.

Die *Function-Point-Methode* ist ein Verfahren zur Aufwandsschätzung, das vor allem bei Softwareprojekten angewendet wird. Ein Softwaresystem, das Gegenstand eines solchen Projektes ist, zerlegen wir dabei zunächst in einzelne Softwaremodule. Dabei nehmen wir an, dass ein beliebiges Softwaremodul sich prinzipiell aus einer Menge grundlegender Funktionstypen zusammensetzt, z.B. Eingabefunktionen, Ausgabefunktionen oder Berechnungsfunktionen. Nun bestimmen wir über alle Module hinweg für das gesamte Softwaresystem und jeden Funktionstyp die Anzahl der benötigten Funktionen. Die einzelnen Funktionen lassen sich dabei hinsichtlich ihrer Komplexität unterscheiden, d.h. wir differenzieren z.B. zwischen einem niedrigen, durchschnittlichen oder hohen Komplexitätsniveau einer jeden Funktion. Ordnen wir jedem Komplexitätsniveau ein positives, mit zunehmender Komplexität wachsendes Gewicht zu, dann erhalten wir die so genannten Function-Points eines Funktionstyps und eines zugehörigen Komplexitätsgrades als Produkt der Anzahl der Funktionen und des Komplexitätsniveaus. Die Summe aller Function-Points ist ein erstes Indiz für den mit einem Projekt verbundenen Aufwand. Anschließend werden eine Menge projektspezifischer Einflussgrößen identifiziert, die sich auf den Projektaufwand auswirken und die Summe der Function-Points entsprechend vermindern oder erhöhen. Die Summe der resultierenden modifizierten Function-Points repräsentiert schließlich den gesamten Aufwand des Projektes in einer aggregierten, dimensionslosen Größe. Um Informationen über den Projektaufwand in Tagen oder Euro zu erhalten, vergleichen wir die Summe der modifizierten Function-Points mit den Function-Points vergangener Projekte, für die der mengen- oder wertmäßige Aufwand bekannt ist. Um das Prinzip der Function-Point-Methode zu verdeutlichen, betrachten wir das nachfolgende Beispiel.

---

[6] Die beschriebene Vorgehensweise beruht auf der Annahme, dass die Beobachtungen x_i nicht identisch sind, d.h. die Summe der quadratischen Abweichungen $\sum_{p=1}^{m}(x_p - \overline{x})^2$ ist positiv. Unter dieser Voraussetzung ist gewährleistet, dass $Q(b, a)$ genau eine Minimalstelle besitzt (vgl. BAMBERG und BAUR, 2001, Kapitel 4.3).

Beispiel 1.4. In Tabelle 1.4 wird die Bestimmung der modifizierten Function-Points beispielhaft aufgezeigt. Dazu betrachten wir ein Softwareentwicklungsprojekt, bei dem zwischen drei Funktionstypen (Eingabe, Ausgabe, Berechnung) sowie drei Komplexitätsniveaus (niedrig, durchschnittlich, hoch) mit zugehöriger Gewichtung unterschieden wird. Die Summe A der Function-Points erhalten wir durch Multiplikation der Anzahl der jeweiligen Funktionen mit den zugehörigen Gewichten und Addition der entsprechenden Zeilensummen (vgl. Tab. 1.4, $A = 570$). Weiterhin nehmen wir an, dass drei zentrale Einflussgrößen identifiziert werden können (Verflechtung mit anderen Anwendungssystemen, Datenbestandskonvertierungen, Wiederverwendbarkeit), die sich jeweils im gleichen Maße auf die Höhe des Projektaufwandes auswirken. Der vorläufige Function-Point-Wert A soll durch diese Einflussgrößen um insgesamt höchstens $\pm 30\%$ modifiziert werden, d.h. die modifizierten Function-Points ergeben sich gemäß $A \cdot C$ mit $C \in [0{,}7; 1{,}3]$. Daher ordnen wir jeder der drei Einflussgrößen einen Wert zwischen 0 und 20 Punkten zu, der das Ausmaß der Veränderung der vorläufigen Function-Points durch die betrachtete Größe widerspiegelt. Die Summe B dieser Werte spiegelt die Veränderung von A durch die betrachteten Einflussgrößen wider und geht in die Ermittlung von C gemäß $C = B/100 + 0{,}7$ ein. Für $B = 30$ entsprechen die modifizierten Function-Points gerade A, für $B < 30$ sind die modifizierten Function-Points niedriger und für $B > 30$ sind die modifizierten Function-Points größer als A. Der Aufwand des betrachteten Projektes beträgt 581,4 Function-Points. Hat das ausführende Unternehmen in der Vergangenheit bereits eine Vielzahl von Projekten ausgeführt, für die die zugehörigen modifizierten Function-Points sowie der tatsächliche mengen- oder wertmäßige Aufwand bekannt sind, dann können wir daraus auf den erwarteten Aufwand des betrachteten Projektes schließen.

Obgleich die Function-Point-Methode vor allem im Rahmen von Softwareprojekten eingesetzt wird, ist sie grundsätzlich auch für andere Arten von Projekten anwendbar. Voraussetzung dafür ist jedoch, dass die betrachteten Projekte sich in mehr oder minder standardisierte Tätigkeiten bzw. Arbeitsgänge (Funktionen) disaggregieren lassen, wie es beispielsweise häufig in der Kundenauftragsfertigung der Fall ist. Für hoch innovative und wenig standardisierbare Projekte, z.B. in der Produktentwicklung oder Forschungsprojekte, ist die Function-Point-Methode dagegen weniger geeignet.

Die beschriebenen Verfahren zur Aufwandsschätzung stellen recht einfache Verfahren dar, die sich auf eine Vielzahl von Projekten anwenden lassen. Für spezielle Projekttypen existieren in der Literatur meist spezialisierte Methoden zur Schätzung des Projektaufwandes, die projektspezifische Besonderheiten besser berücksichtigen, als dies ein generisches Verfahren vermag. Bei der Entwicklung und Implementierung von Soft- und Hardware hat die quantitative methodische Unterstützung bei der Aufwandsschätzung eine lange Tradition. BURGHARDT (2000, Kapitel 3.2) beschreibt für solche Projekte eine Vielzahl spezialisierter Schätzverfahren, die in den wesentlichen Grundzügen

Tabelle 1.4. Berechnungsformular zur Function-Point Methode

Funktion	Anzahl	Komplexität	Gewichtung	Zeilensumme
	30	niedrig	$\cdot 3$	$= 90$
Eingabe	20	durchschnittlich	$\cdot 4$	$= 80$
	10	hoch	$\cdot 6$	$= 60$
	20	niedrig	$\cdot 3$	$= 60$
Ausgabe	10	durchschnittlich	$\cdot 4$	$= 40$
	15	hoch	$\cdot 6$	$= 90$
	10	niedrig	$\cdot 4$	$= 40$
Berechnung	8	durchschnittlich	$\cdot 5$	$= 40$
	10	hoch	$\cdot 7$	$= 70$
Summe			A	$= 570$
Einflussgrößen (modifizieren die Function-Points A um $\pm 30\%$)		Verflechtung mit anderen Anwendungssystemen (0–20)		$= 15$
		Datenbestands- konvertierungen (0–20)		$= 7$
		Wiederverwendbarkeit (0 –20)		$= 10$
Summe		B		$= 32$
Modifikationsfaktor $C = B/100 + 0,7$				$= 1,02$
Modifizierte Function-Points: $A \cdot C$				$= 581,4$

auf dem Verfahrensprinzip der Analogiemethode, Prozentsatzmethode, des Faktorenverfahrens oder der Function-Point-Methode beruhen.

Im Anschluss an die Ermittlung des Projektaufwandes wenden wir uns im Rahmen der *Wirtschaftlichkeitsanalyse* den aus der Projektdurchführung resultierenden „Erlösen" zu. Aufgabe einer Wirtschaftlichkeitsanalyse ist es, ein Projektvorhaben unter wirtschaftlichen Gesichtspunkten zu betrachten. Das Wirtschaftlichkeitsprinzip als betriebswirtschaftliche Handlungsmaxime sollte grundsätzlich auch bei Projekten Anwendung finden, d.h. ein Projekt sollte nur dann durchgeführt werden, wenn hieraus ein monetär messbarer Nutzen resultiert. Zu diesem Zweck wird in geeigneter Form stets der mit der Durchführung eines Projektes verbundene monetäre „Aufwand" dem prognostizierten „Erlös" bei erfolgreichem Projektabschluss gegenübergestellt. Es ist jedoch zu beachten, dass nicht jedes Projekt uneingeschränkt und unmittelbar am Wirtschaftlichkeitsprinzip orientiert werden kann. Das betrifft beispielsweise Public-Relations-Projekte, die der Förderung der Reputation eines Unternehmens dienen, oder Reorganisationsprojekte, die aufgrund strategischer Entscheidungen der Geschäftsleitung durchgeführt werden und deren Nutzen sich bisweilen nur schwer monetär messen lässt.

Im Gegensatz zur Aufwandsschätzung werden bei der Wirtschaftlichkeitsanalyse ausschließlich monetär quantifizierbare Größen berücksichtigt. Hierunter fallen insbesondere die betriebswirtschaftlichen Stromgrößen Einbzw. Auszahlungen sowie Kosten bzw. Leistungen.[7] Ein- und Auszahlungen erhöhen bzw. vermindern den Bestand an liquiden Mitteln in einem Unternehmen und lassen sich (ex post) eindeutig einem bestimmten Zeitpunkt zuordnen. Kosten bzw. Leistungen entsprechen dem Wert aller verbrauchten bzw. erbrachten Güter im Rahmen der betrieblichen Tätigkeit, und sie vermindern bzw. erhöhen das betriebsnotwendige Vermögen eines Unternehmens. Anders als Ein- und Auszahlungen lassen sich Leistungen und Kosten i.d.R. nicht exakt einem Zeitpunkt zuordnen, sondern lediglich einem bestimmten Zeitraum, da es sich um periodenbezogene Größen handelt.

Bevor mit einer Wirtschaftlichkeitsanalyse begonnen werden kann, müssen zunächst alle Ein- und Auszahlungen bzw. Leistungen und Kosten ermittelt werden, die unmittelbar oder mittelbar aus der Durchführung des betrachteten Projektes resultieren. Auszahlungen oder Kosten lassen sich aus dem im Zuge der Aufwandsschätzung ermittelten Projektaufwand herleiten. Handelt es sich dabei um einen mengenmäßigen oder zeitlichen Aufwand, so wird dieser z.B. mit Marktpreisen, Wiederbeschaffungspreisen, Anschaffungs- und Herstellkosten, Opportunitätskosten oder Kostensätzen pro Arbeits- oder Maschinenstunde bewertet, um eine monetäre Größe zu erhalten. Einzahlungen bzw. Leistungen ergeben sich i.d.R. aus vertraglich fixierten Abschlags- oder Vorauszahlungen für die Fertigstellung einzelner Teilprojekte oder aus prognostizierten Absatzpreisen und -mengen für ein marktgängiges Endprodukt.

Sind sämtliche relevanten Zahlungen bzw. Kosten und Leistungen ermittelt worden, kann mit Hilfe der bekannten Verfahren der Wirtschaftlichkeits- bzw. Investitionsrechnung eine Wirtschaftlichkeitsanalyse durchgeführt werden. Einen entsprechenden Überblick findet man z.B. in PERRIDON und STEINER (2004) oder KRUSCHWITZ (2005). Üblicherweise wird dabei zwischen so genannten statischen und dynamischen Verfahren der Wirtschaftlichkeitsrechnung unterschieden.

Bei den *statischen Verfahren* zur Wirtschaftlichkeitsrechnung werden i.d.R. sämtliche Kosten und Leistungen einer repräsentativen Periode eines Projektes ermittelt und, gegliedert nach Kosten- und Leistungsarten, einander gegenübergestellt. Der Saldo dieser Gegenüberstellung entspricht dem aus der Durchführung des Projektes resultierenden Gewinn oder Verlust. Da Kosten und Leistungen periodenbezogene Größen sind, wird eine solche statische Wirtschaftlichkeitsrechnung für eine repräsentative, durchschnittliche Periode durchgeführt oder für den gesamten Projektlebenszyklus. Zu den statischen Verfahren wird auch die Amortisationsdauerrechnung gezählt, die ausgehend von den mit einem Projekt assoziierten Ein- und Auszahlungen ermittelt, ob bzw. wann sich ein Projekt amortisiert. Die Amortisationsdauer ist also die Zeitspanne, die benötigt wird, damit die kumulierte Summe der mit einem

---

[7] Für einen Überblick und eine einführende Darstellung über die zentralen betriebswirtschaftlichen Bestands- und Stromgrößen verweisen wir z.B. auf HABERSTOCK (2004) oder COENENBERG (2003).

Projekt verbundenen laufenden Einzahlungen die Höhe der kumulierten Auszahlungen übersteigt.

Statische Verfahren der Wirtschaftlichkeitsrechnung sind im Allgemeinen sehr einfach zu handhaben. Sie haben jedoch den entscheidenden Nachteil, dass sie die zeitliche Struktur der mit einem Projekt verbundenen Ein- und Auszahlungen nicht hinreichend berücksichtigen. *Dynamische Verfahren* der Wirtschaftlichkeitsrechnung, wie z.B. die Kapitalwertmethode oder die Methode des internen Zinsfußes, berücksichtigen hingegen die zeitliche Struktur der Projektzahlungen. Bei der Kapitalwertmethode werden sämtliche Ein- und Auszahlungen, die sich aus einem Projekt ergeben, unter Zuhilfenahme eines geeigneten Kalkulationszinsfußes auf einen einheitlichen Zeitpunkt auf- oder abgezinst. Die Zeitpunkte, zu denen eine Zahlung stattfindet, sind dabei Gegenstand der Projektplanung (vgl. Abschnitt 1.4.5). Der Einfachheit halber nehmen wir im Folgenden jedoch an, dass sich für alle Zahlungen die korrespondierenden Zahlungszeitpunkte im Vorhinein schätzen lassen, z.B. auf der Grundlage eines Meilensteinplans, wie wir ihn in Abschnitt 1.3.2 erläutern. Bezeichne z_t die Summe der Ein- und Auszahlungen zum Zeitpunkt $t = 0, \ldots, T$ und r den einheitlichen Soll- bzw. Habenzins, so wird mit

$$NPV = \sum_{t=0}^{T} z_t (1 + r)^{-t}$$

der *Kapitalwert* (Barwert, net present value) eines Projektes bezeichnet.[8] Ist der Kapitalwert eines Projektes positiv, so ist die Durchführung des Projektes im Vergleich zur alternativen Geldanlage zum Kalkulationszins vorteilhaft. Bei der Methode des internen Zinsfußes ist das Ergebnis der Wirtschaftlichkeitsrechnung der Zinssatz r, für den der Kapitalwert *NPV* eines Projektes gerade den Wert 0 hat. Der interne Zinsfuß ist somit ein Maßstab für die Verzinsung eines Projektes. Ist der interne Zinsfuß positiv und größer als ein Vergleichszinssatz, so gilt die Durchführung des Projektes als wirtschaftlich. Problematisch an dieser Methode ist, dass sich für viele Projekte entweder kein oder aber viele verschiedene interne Zinsfüße ergeben können, da die Kapitalwertfunktion *NPV* in Abhängigkeit vom Zinssatz r ein Polynom darstellt, für das keine, eine oder mehrere Nullstellen existieren können.

Beispiel 1.5. Ein Unternehmen analysiert ein Projekt, für das vier wesentliche Meilensteine identifiziert wurden. Tabelle 1.5 zeigt die geplanten Eintrittszeitpunkte dieser Meilensteine sowie die saldierten Ein- bzw. Auszahlungen,

---

[8] Ist der Sollzins s größer als der Habenzins h, dann wird der so genannte Endwert anstelle des Barwertes (Kapitalwertes) bestimmt. Der Endwert C_T ergibt sich aus den Rekursionsgleichungen

$$C_t := \begin{cases} C_{t-1}(1 + s) + z_t & \text{für } C_{t-1} < 0 \\ C_{t-1}(1 + h) + z_t & \text{für } C_{t-1} \geq 0 \end{cases}$$

für $t = 1, \ldots, T$ und mit $C_0 := z_0$, indem alle Zahlungen auf den Zeitpunkt T aufgezinst werden.

die bei Erreichen eines Meilensteins anfallen. Es werde weiter angenommen, dass die Zahlungen gerade zu Vielfachen der Zinszuschlagstermine anfallen und der gängige Marktzins für eine Zinsperiode 3% betrage. Der Kapitalwert des Projektes ist dann

$$NPV = \frac{-30\,000}{1{,}03^0} + \frac{15\,000}{1{,}03^{15}} + \frac{7\,000}{1{,}03^{27}} + \frac{16\,000}{1{,}03^{42}} = -12\,597{,}40\,\text{€}\;.$$

Da der Kapitalwert negativ ist, ist die Durchführung des Projektes für das Unternehmen unter wirtschaftlichen Gesichtspunkten nicht lohnenswert. Das Unternehmen wäre besser gestellt, wenn es die Anfangsauszahlung i.H.v. 30 000 € zum Zinssatz von 3% am Kapitalmarkt anlegen würde.

Tabelle 1.5. Zahlungen eines Projektes und zugehörige antizipierte Zahlungszeitpunkte

Meilenstein	1	2	3	4
Zeitpunkt (Zinsperioden)	0	15	27	42
Zahlung	−30 000 €	15 000 €	7 000 €	16 000 €

Die klassischen statischen und dynamischen Verfahren der Investitions- und Wirtschaftlichkeitsrechnung sind bei der Wirtschaftlichkeitsanalyse von Projekten bisweilen nur eingeschränkt verwendungsfähig, da die erforderlichen Daten, wie beispielsweise die Höhe der mit einem Projekt verbundenen Ein- und Auszahlungen, häufig nicht in der erforderlichen Genauigkeit beschafft oder geschätzt werden können. Ebenso verhält es sich mit der (planungsabhängigen) Terminierung der Ein- und Auszahlungen. Eine genaue Terminierung der Zahlungen ist vor Durchführung der Projektplanung meist nicht möglich und selbst wenn die genauen Startzeitpunkte der Projektvorgänge gegeben sind, kann es beispielsweise aufgrund von Störungen während der Projektrealisation zu Abweichungen kommen. Unsicherheit besteht in der Praxis häufig auch hinsichtlich der Wahl eines geeigneten Kalkulationszinssatzes, der die Grundlage für die Ermittlung des Barwertes eines Projektes darstellt. Aus den genannten Gründen ist es wichtig darauf hinzuweisen, dass es sich bei dem Ergebnis einer im Vorfeld eines Projektes durchgeführten Wirtschaftlichkeitsanalyse stets um eine Schätzgröße handelt, die teils beträchtlich von der tatsächlich realisierten Größe abweichen kann.

Zur Durchführung einer Wirtschaftlichkeitsanalyse bei unbekannten oder unsicheren Daten (z.B. hinsichtlich der Höhe der anfallenden Zahlungen) existieren stochastische Ansätze, auf die hier nicht näher eingegangen wird; vgl. hierzu bspw. PERRIDON und STEINER (2004) oder BREUER (2001). Für den Fall, dass ein geeigneter Kalkulationszins nicht ermittelt werden kann, bietet sich ein von SCHWINDT und ZIMMERMANN (2002) entwickelter Ansatz der parametrischen Optimierung an, mit dessen Hilfe man den Barwert eines Projektes in Abhängigkeit vom (endogenen) Kalkulationszins bestimmen kann. In der Praxis bedient man sich in solchen Fällen häufig einer Szenarioanalyse, d.h. es wird eine Reihe von „wahrscheinlichen" Projektverläufen in Abhängigkeit von unsicheren Umwelteinflüssen skizziert und jeder davon separat wirtschaftlich bewertet. Kann man dann die Eintrittswahrscheinlichkeit der verschiedenen Szenarien einschätzen, so entspricht die Summe der Produkte aus Eintrittswahrscheinlichkeiten eines Szenarios und der jeweils ermittelten Wirtschaftlichkeit der „erwarteten" Wirtschaftlichkeit.

1.2.4 Risikoanalyse

Jedes Projekt ist mit einer Reihe von Risiken behaftet, die einem sach-, termin- und kostengerechten Projektabschluss entgegenstehen. Ganz allgemein verstehen wir unter einem Risiko den Eintritt eines bestimmten Umweltzustandes, der dazu führt, dass eines oder mehrere der vorgegebenen Projektziele nicht erreicht werden können bzw. einzelne der Planung zugrunde liegende Restriktionen verletzt werden. Nach der Art ihrer Auswirkung lassen sich drei Arten von Risiken unterscheiden: sachliche Risiken, terminliche Risiken und wirtschaftliche Risiken.

Sachliche Risiken sind solche Risiken, die den Gegenstand eines Projektes betreffen, also bei einem Entwicklungsprojekt z.B. das zu entwickelnde Produkt. Solche Risiken resultieren etwa aus Fehlern des Engineering oder fehlerhaften Materiallieferungen. Unter *terminlichen Risiken* versteht man alle Risiken, die dazu führen können, dass geplante Projekttermine, wie Fertigstellungszeitpunkte wichtiger Teilprojekte, nicht eingehalten werden können. Derartige Verspätungen haben u.U. auch monetäre Konsequenzen, wenn beispielsweise Konventionalstrafen für die Überschreitung eines gegebenen Meilensteins vereinbart wurden. Ein *wirtschaftliches Risiko* liegt vor, wenn die Gefahr besteht, dass ein Projekt mit höheren als den veranschlagten Kosten oder einem niedrigeren als dem geplanten Erlös abgeschlossen wird. Neben diesen zentralen Risiken werden in der Literatur auch häufig andere Risikotypen wie z.B. psychologische oder organisatorische Risiken aufgeführt, die sich im Hinblick auf ihre Konsequenzen jedoch i.d.R. einem der drei vorgenannten Risikotypen zuordnen lassen.

Eine wichtige Aufgabe des Projektmanagements besteht darin, potentielle Risiken zu identifizieren, zu bewerten, geeignete Gegenmaßnahmen zur Vermeidung oder Minderung der möglichen Risiken zu erarbeiten und den Risikostatus eines Projektes laufend zu kontrollieren. Häufig wird das gesamte Projekt dabei zunächst in geeignete „Subsysteme" unterteilt, wobei für jedes Subsystem eine Risikoanalyse vorzunehmen ist. Auf diese Weise kann die Risikoanalyse parallel von den jeweilig verantwortlichen Mitarbeitern durchgeführt werden, die über das für eine solche Analyse zwingend notwendige Fachwissen verfügen. Ein Subsystem kann eine bestimmte Phase des Projektlebenszyklus darstellen, eines der Teilprojekte des betrachteten Projektes oder aber einen bestimmten Aspekt des Projektgegenstandes.

Im ersten Schritt einer Risikoanalyse werden nun für jedes Subsystem die potentiellen Risiken identifiziert und analysiert. Hierbei bedient man sich insbesondere zur Identifizierung sachlicher Risiken häufig qualitativer Verfahren wie Expertenbefragungen oder gemeinsamer Workshops mit den Projektbeteiligten und Stakeholdern sowie verschiedener Kreativitätstechniken (Brainstorming, Mindmapping, etc.). Zur Analyse terminlicher Risiken existieren besondere Verfahren, die in Abschnitt 1.4.4 betrachtet werden. Die diesen Verfahren zugrunde liegenden Konzepte sind zum einen stochastische Vorgangsdauern (PERT) und zum anderen stochastische Ablaufstrukturen mit bedingten Ausführungswahrscheinlichkeiten für einzelne Projektvorgänge (GERT). Wirtschaftliche Risiken können häufig mit Hilfe stochastischer Methoden analysiert werden, indem man z.B. im Rahmen der Wirtschaftlichkeitsanalyse (vgl. Abschnitt 1.2.3) nicht mit deterministischen, sondern stochastischen Parametern arbeitet. Besteht z.B. Unklarheit über den Zeitpunkt, zu dem bestimmte Einzahlungen anfallen, so bestimmt man für diese Zahlungszeitpunkte geeignete Wahrscheinlichkeitsverteilungen und ermittelt analytisch oder mit Hilfe einer Simulation die (empirische) Wahrscheinlichkeitsverteilung des resultierenden Kapitalwertes.

Der zweite Schritt einer Risikoanalyse beinhaltet eine Bewertung der Risiken, d.h. es ist das Ausmaß der identifizierten Risiken zu bestimmen. Das Ausmaß eines Risikos hängt von der Ausprägung zweier Komponenten ab, nämlich der Eintrittswahrscheinlichkeit des Risikos und seiner Konsequenzen für das Projekt. Die Schätzung von Eintrittswahrscheinlichkeiten für einzelne Risiken kann durch Experten mit hinreichenden Erfahrungswerten erfolgen oder mit Hilfe der im ersten Schritt der Risikoanalyse verwendeten stochastischen Methoden. So erlaubt die Netzplantechnik PERT beispielsweise eine Quantifizierung der Wahrscheinlichkeit dafür, dass ein Projekt nicht rechtzeitig beendet wird. Des Weiteren müssen die Konsequenzen beim Eintritt eines Risikos beziffert werden. Im Allgemeinen wird die Konsequenz eines Risikos in Geldeinheiten ausgedrückt. Wird das Projekt nicht rechtzeitig abgeschlossen, so muss z.B. eine Konventionalstrafe bezahlt werden, es fallen zusätzliche Kapitalbindungskosten an oder es kommt zu Opportunitätskosten beispielsweise durch entgangene Nachfolgeaufträge. Zusammenfassend kann man sich das Ausmaß eines Risikos daher als eine (monoton wachsende) Funktion seiner Eintrittswahrscheinlichkeit und seiner Konsequenzen vorstellen, z.B. als Produkt der Eintrittswahrscheinlichkeit und der Konsequenzen. Wird die Eintrittswahrscheinlichkeit eines Risikos beispielsweise mit 15% beziffert und seine monetären Konsequenzen mit $1\,000\,000\,€$, so wird das Ausmaß des Risikos auf $0{,}15 \cdot 1\,000\,000\,€ = 150\,000\,€$ geschätzt. Da eine exakte Schätzung des Ausmaßes von Risiken in der Praxis oft nicht möglich ist, werden Risiken häufig lediglich in A-, B- und C-Risiken unterteilt, wobei A-Risiken ein besonders hohes Risikoausmaß und eine besonders hohe wirtschaftliche Konsequenz aufweisen (vgl. zur Illustration Abb. 1.6).

Nachdem alle möglichen Risiken mitsamt ihres Ausmaßes identifiziert und bewertet wurden, müssen im dritten Schritt der Risikoanalyse geeignete Maß-

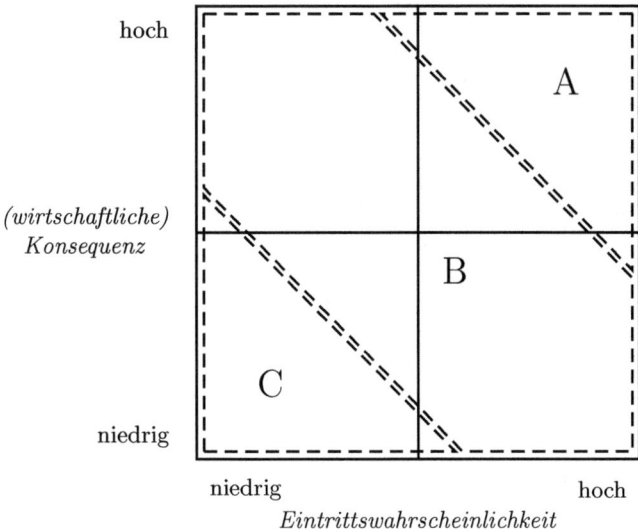

hoch

(wirtschaftliche) Konsequenz

niedrig

niedrig   hoch

Eintrittswahrscheinlichkeit

Abb. 1.6. Risikoklassifizierung in A-, B- und C-Risiken

nahmen zur Vermeidung ihres Eintritts oder zur Minderung ihres Ausmaßes formuliert werden. Einige Risiken lassen sich unter Umständen weitestgehend ausschließen oder zumindest vermindern. Dazu gehören beispielsweise technische Mängel in Zulieferteilen, die sich durch verstärkte Qualitätskontrollen ausschließen lassen. Für Risiken, die nicht durch das projektierende Unternehmen beeinflusst werden können, muss anderweitig Vorsorge getroffen werden. Manche Risiken lassen sich versichern, so z.B. der Untergang von Wirtschaftsgütern durch Katastrophen (Feuer, Überschwemmung). Andere Risiken lassen sich auf dem Wege einer Risikodiversifikation in ihrem möglichen Ausmaß vermindern. So können in internationalen Projekten Wechselkursrisiken durch entsprechende Gegengeschäfte („hedging", z.B. in Form von Währungs-Swaps) ausgeglichen werden. In einem Multiprojektumfeld könnte ferner durch die Zusammenfassung von Projekten mit nicht vollständig miteinander korrelierten oder gar negativ korrelierten Risiken in Anlehnung an die Portfolio-Theorie von Markowitz das Gesamtrisiko des projektierenden Unternehmens begrenzt und gesteuert werden. Aus diesem Grund ist es beispielsweise für ein Bauunternehmen sehr riskant, wenn ein Großteil aller durchgeführten Bauprojekte für denselben Kunden oder in demselben (Schwellen-)Land stattfindet. Käme es zu einer Insolvenz des Kunden oder zu politischen Instabilitäten im betrachteten Schwellenland, dann wäre auch das projektierende Unternehmen unmittelbar in seiner Existenz bedroht. Ist eine Risikoversicherung oder -diversifikation nicht möglich, kann einem Risiko aber dennoch in Form kalkulatorischer Wagniskosten im Rahmen der Aufwandsschätzung und der Wirtschaftlichkeitsanalyse Rechnung getragen werden. Letztendlich kann auf einige Risiken, insbesondere C-Risiken geringen Ausmaßes, auch überhaupt nicht reagiert werden. In diesem Fall ist sich das Projektmanagement dieser Risiken zwar bewusst, ignoriert sie jedoch für den Verlauf der weiteren Planung und reagiert erst kurzfristig bei Eintritt des Risikos in geeigneter Weise.

Abschließend sind potentielle Risiken im Projektverlauf genau zu beobachten und Informationen über Veränderungen eines Risikos (z.B. Eintrittswahrscheinlichkeiten oder mögliche Schadenshöhen) offenzulegen. Hierzu bietet es sich an, dass die Projektleitung ein standardisiertes Berichtswesen etabliert, in dem geeignete Kennzahlen zur Verfolgung von Risiken definiert und verantwortliche Personen zur Überwachung und Durchführung von Gegenmaßnahmen benannt werden. Ein solcher Risikobericht, der über den aktuellen Status der identifizierten Risiken und Gegenmaßnahmen informiert, sollte dann Bestandteil der regelmäßigen (z.B. monatlichen) Projektsitzungen sein.

1.2.5 Projektselektion

Im Zuge der Projektkonzeption werden häufig parallel mehrere Projekte konzipiert, die in Frage kommen, um den Projektauftrag zu erfüllen. Die *Projektselektion* dient zur Entscheidung darüber, ob ein Projekt bzw. welches Projekt letztlich realisiert wird. Im Kontext der Projektselektion unterscheidet man grundsätzlich drei Entscheidungssituationen:

1. Es ist über die Durchführung eines einzelnen Projektes zu entscheiden (Einzelentscheidung).
2. Aus einer Menge alternativer, einander ausschließender Projekte ist genau eines zur Durchführung auszuwählen (Wahlentscheidung).
3. Aus einer Menge einander nicht ausschließender Projekte ist eine Teilmenge von Projekten zur Durchführung auszuwählen (Programmentscheidung).

Die Entscheidung über die Durchführung oder Nicht-Durchführung eines Projektes (*Einzelentscheidung*) sollte sich grundsätzlich am Wirtschaftlichkeitsprinzip orientieren. Hierzu sind die Ergebnisse der Wirtschaftlichkeitsanalyse (vgl. Abschnitt 1.2.3) heranzuziehen. Ist über die Durchführung eines einzelnen Projektes zu entscheiden, so sollte das Projekt somit grundsätzlich nur dann durchgeführt werden, wenn es – mit im Hinblick auf die Ergebnisse der Risikoanalyse (vgl. Abschnitt 1.2.4) hinreichender Sicherheit – zu einem Gewinn (als Ergebnis einer statischen Wirtschaftlichkeitsrechnung) für das ausführende Unternehmen führt bzw. über einen positiven Kapitalwert (als Ergebnis einer dynamischen Wirtschaftlichkeitsrechnung) verfügt. In der Praxis werden im Rahmen der Entscheidung über die Projektdurchführung jedoch bisweilen zusätzliche „weiche" Faktoren berücksichtigt. So ist das zugrunde liegende Projekt für sich betrachtet vielleicht nicht rentabel, aber bei erfolgversprechender Projektdurchführung ist beispielsweise mit rentablen Folgeaufträgen zu rechnen. Für einige Projekte, wie z.B. Public-Relations-Projekte

oder strategische Reorganisationen, ist eine sinnvolle Wirtschaftlichkeitsanalyse u.U. gar nicht oder nur sehr schwer möglich, aber das ausführende Unternehmen verspricht sich von ihrer Realisierung anderweitige Vorteile. Letztlich
muss daher die Unternehmensführung eine Entscheidung auf Grundlage der
Wirtschaftlichkeit und sonstiger Einflussgrößen treffen, die sich nur schwer
methodisch unterstützen lässt.

Im Rahmen einer *Wahlentscheidung* ist genau eines von mehreren möglichen Projekten (Projektalternativen) zur Realisierung auszuwählen. Kennt
man den Kapitalwert, den Gewinn oder die Amortisationsdauer aller Projektalternativen, so sollte analog zur Einzelentscheidung eine Entscheidung für
diejenige Projektalternative erfolgen, welche den höchsten (positiven) Kapitalwert besitzt, den höchsten Gewinn verspricht oder zur kürzesten Amortisationsdauer führt. Wie bei der Einzelentscheidung sind u.U. weitere Einflussgrößen bei der Entscheidung zu berücksichtigen. Dabei unterscheidet man
zwischen qualitativen Einflussgrößen und quantifizierbaren Einflussgrößen, die
sich nicht monetär bewerten lassen.

Quantifizierbare, aber nicht monetär messbare Einflussgrößen lassen sich
metrisch messen und vergleichen. Beispiele für solche Einflussgrößen sind
kürzere Wartezeiten der Anrufer in einem Call Center oder eine höhere Ser-
vicequalität, die sich etwa als Anteil der vollständig und rechtzeitig ausgeführten Kundenaufträge ausdrücken lässt. *Qualitative Einflussgrößen* sind hingegen nicht quantifizierbar, d.h. sie lassen sich nicht unmittelbar in Form
von Zahlen ausdrücken. Dazu gehören beispielsweise übersichtlichere Orga-
nisationsstrukturen oder eine verbesserte Wahrnehmung des Unternehmens
durch die Öffentlichkeit. Für die weiteren Ausführungen nehmen wir an, dass
sich die verschiedenen Ausprägungen einer qualitativen Einflussgröße ordi-
nal messen lassen, d.h. sie lassen sich hinsichtlich ihrer „Güte" sortieren. Zur
Unterstützung des Entscheidungsträgers bei der Entscheidung für eine der
Projektalternativen unter Berücksichtigung der nicht monetär messbaren und
qualitativen Einflussgrößen wird in der Praxis häufig eine Nutzwertanalyse
angewendet.

Zur Durchführung einer *Nutzwertanalyse* müssen zunächst alle für die
Entscheidungsfindung maßgeblichen monetären und nicht monetären Einflussgrößen identifiziert werden. Jede dieser Einflussgrößen wird anschließend
mit einem Gewicht versehen, das die relative Bedeutung der entsprechenden
Einflussgröße für die Entscheidungsfindung widerspiegelt. Dabei wird angenommen, dass ein hohes Gewicht eine große Bedeutung impliziert. Anschließend wird für jede der n Projektalternativen und jede Einflussgröße festgestellt, inwiefern die entsprechende Alternative das den jeweiligen Einflussgrößen zugrunde liegende Bewertungskriterium erfüllt (Bewertung). Dies kann
grundsätzlich auf zweierlei Arten erfolgen. Zum einen kann man die Projektalternativen nach ihrem Erfüllungsgrad sortieren. Die „beste" Projektalternative erhält dann die Bewertung n, die zweitbeste $n-1$, usw. Zum anderen
kann man eine fixe Bewertungsskala vorgeben, z.B. die Zahlen von 1 bis 10, wobei die Bewertung 10 bedeutet, dass die entsprechende Projektalternative im

Hinblick auf die betrachtete Einflussgröße als „sehr gut" bewertet wird. Jeder Projektalternative wird dann je nach ihrem Erfüllungsgrad ein Wert zwischen 1 und 10 zugewiesen. Anschließend wird für jede Alternative und jede Einflussgröße der so genannte Punktwert, d.h. das Produkt aus dem Gewicht der Einflussgröße und der Bewertung der betrachteten Projektalternative, gebildet. Die Summe der Punktwerte einer Alternative entspricht schließlich dem Nutzwert des entsprechenden Projektes. Tabelle 1.6 verdeutlicht das beschriebene Vorgehen zur Ermittlung der projektbezogenen Nutzwerte. Schließlich wird diejenige Projektalternative zur Durchführung ausgewählt, welche den größten Nutzwert aufweist. Unterscheiden sich die Nutzwerte zweier Projektalternativen nur geringfügig, dann sollte man die endgültige Entscheidung nicht von einer nur geringen Differenz der Nutzwerte abhängig machen, sondern die betreffenden Alternativen noch einmal sorgfältig miteinander vergleichen (bspw. im Hinblick auf die zugrunde liegenden Risiken).

Tabelle 1.6. Tabellarische Ermittlung der Nutzwerte

	Gewicht	Alternative 1		Alternative 2	
		Bewertung	Punktwert	Bewertung	Punktwert
Einflussgröße 1	g_1	p_{11}	$g_1 \cdot p_{11}$	p_{21}	$g_1 \cdot p_{21}$
Einflussgröße 2	g_2	p_{12}	$g_2 \cdot p_{12}$	p_{22}	$g_2 \cdot p_{22}$
Einflussgröße 3	g_3	p_{13}	$g_3 \cdot p_{13}$	p_{23}	$g_3 \cdot p_{23}$
Nutzwert			$\sum_{i=1}^{3} g_i \cdot p_{1i}$		$\sum_{i=1}^{3} g_i \cdot p_{2i}$

Beispiel 1.6. Ein Unternehmen plant die Durchführung eines IT-Projektes zur Erweiterung der ERP-Systeme[9] um eine neue Funktionalität. Hierzu wurden zwei externe Softwarehersteller in die engere Auswahl genommen, deren Produkte sich in einigen Punkten voneinander unterscheiden, so dass über zwei mögliche einander ausschließende Projektalternativen entschieden werden muss. Im Rahmen der Vorauswahl wurden drei wesentliche Punkte identifiziert, in denen sich die Softwareprodukte unterscheiden:

- Zukunftssicherheit: Regelmäßige Pflege und zeitnahe Updates der Software auch in späteren Jahren,
- Datenmigration: Einfache Anbindung an die existierenden Datenstrukturen,

---

[9] In einem ERP-System werden unternehmensweit alle wesentlichen Prozesse, Geschäftsfälle und Abläufe abgebildet. Unternehmen setzen solche Systeme zur Planung, Durchführung, Kontrolle und Steuerung des gesamten Geschäftsablaufs ein.

- Mitarbeiterschulung: Schulungsbedarf für die eigenen Mitarbeiter in Abhängigkeit der unterschiedlichen Bedienkonzepte.

Die Bewertung dieser Einflussgrößen auf die Entscheidung ist in Tabelle 1.7 zusammengefasst, wobei der Punktwert 10 eine hohe Bewertung repräsentiert (d.h. hohe Zukunftssicherheit, geringer Aufwand für die Datenanbindung und geringer Schulungsaufwand) und der Punktwert 1 eine niedrige Bewertung.

Tabelle 1.7. Bewertung der unterschiedlichen Einflussgrößen

Einflussgrößen	Projektalternative 1	Projektalternative 2
Zukunftssicherheit	9	10
Datenmigration	10	8
Mitarbeiterschulung	9	8

Für die Entscheidung gewichtet das projektierende Unternehmen die drei Einflussgrößen im Verhältnis 50 : 30 : 20. Tabelle 1.8 zeigt das entsprechende Ergebnis der Nutzwertanalyse und eine Präferenz für Projektalternative 1 mit einem Nutzwert von 9,3 gegenüber 9,0 für Projektalternative 2.

Tabelle 1.8. Beispiel zur Ermittlung der Nutzwerte

	Gewicht	Alternative 1		Alternative 2	
		Bewertung	Punktwert	Bewertung	Punktwert
Zukunftssicherheit	50%	9	4,5	10	5,0
Datenmigration	30%	10	3,0	8	2,4
Mitarbeiterschulung	20%	9	1,8	8	1,6
Nutzwert			9,3		9,0

In der Praxis wird ein Unternehmen nicht gleichzeitig immer nur ein Projekt bearbeiten, sondern es werden meist zahlreiche Projekte gleichzeitig ausgeführt. Da die Realisation eines Projektes aber stets knappe betriebliche Ressourcen wie beispielsweise finanzielle Mittel oder Projektmitarbeiter in Anspruch nimmt, können nicht alle vorteilhaften Projekte ausgeführt werden. Stattdessen muss im Zuge einer *Programmentscheidung* aus einer Menge möglicher Projekte eine Teilmenge einander nicht ausschließender Projekte zur Durchführung ausgewählt werden. Das Ziel der Unternehmensleitung sollte dabei sein, die Projekte so auszuwählen, dass der aus der Durchführung der Projekte resultierende Gewinn bzw. Kapitalwert oder der resultierende Nutzen (z.B. gemessen als Nutzwert) maximal ist. Gleichzeitig muss gewährleistet sein, dass die vorhandenen Ressourcen zur Realisation der Projekte ausreichen. Liegen keine Ressourcenkapazitäten vor, so werden sämtliche Projekte mit einem positiven Kapitalwert bzw. Gewinn durchgeführt. Eine Näherungslösung dieses Problems der Programmentscheidung kann man mit Hilfe eines einfachen rangbasierten Verfahrens bestimmen. Dazu werden sämtliche in Frage kommenden Projekte in einer gemäß ihres Gewinns bzw. Nutzens nichtwachsenden Reihenfolge sortiert. Sodann werden die Projekte gemäß dieser Reihenfolge sukzessive zur Realisierung ausgewählt, bis schließlich die vorhandenen Ressourcen zur Realisierung des in der Reihenfolge nächsten Projektes nicht mehr ausreichen. Das auf diese Weise ausgewählte Portfolio von Projekten ist jedoch im Allgemeinen nicht optimal hinsichtlich des erzielten Gesamtgewinns bzw. -nutzens, wie man anhand des folgenden Beispiels sieht.

Beispiel 1.7. Ein Unternehmen möchte aus einer Menge von vier einander nicht ausschließender Projekte eine Teilmenge von Projekten realisieren. Zu diesem Zweck verfügt das Unternehmen im betrachteten Zeitraum über ein Budget i.H.v. 100 000 € und insgesamt 10 Mitarbeiter. Für jedes der vier Projekte sind in Tabelle 1.9 die benötigten Kosten und Mitarbeiter sowie der aus der Durchführung der jeweiligen Projekte resultierende Nutzen angegeben. Wir nehmen außerdem an, dass Mitarbeiter, die einem Projekt zugeordnet sind, für ein anderes Projekt nicht mehr zur Verfügung stehen.

Tabelle 1.9. Beispiel zur Programmentscheidung

Projekt i	1	2	3	4
Nutzen u_i	10	8	5	4
benötigte Mitarbeiter	1	2	3	6
Kosten	50 000 €	50 000 €	20 000 €	30 000 €
Rang	1.	2.	3.	4.

Werden die Projekte nach nichtwachsenden Nutzenwerten ausgewählt, so entscheidet sich das Unternehmen für die Realisierung der Projekte 1 und 2 und erzielt damit einen Gesamtnutzen von 18. Weitere Projekte können nicht ausgeführt werden, da das Budget mit diesen beiden Projekten zur Gänze ausgefüllt ist. Wie man an diesem kleinen Beispiel jedoch leicht sieht, handelt es sich dabei nicht um eine optimale Lösung des Programmentscheidungsproblems. Für das betrachtete Unternehmen wäre es nämlich besser, die Projekte 1, 3 und 4 durchzuführen, die gemeinsam zu einem Gesamtnutzen i.H.v. 19 Einheiten führen.

Das vorhergehende Beispiel zeigt deutlich, dass das weiter oben beschriebene rangbasierte Verfahren schon für kleine Probleme häufig nicht in der Lage ist, eine optimale Lösung zu bestimmen. Wir beschreiben daher im Folgenden ein einfaches ganzzahliges lineares Optimierungsproblem zur Bestimmung einer optimalen Programmentscheidung. Wir nehmen an, dass aus einer Menge von Projekten $i = 1, \ldots, n$ eine Teilmenge zur Durchführung ausgewählt werden soll und dass zu diesem Zweck m Ressourcen $r = 1, \ldots, m$ zur Verfügung stehen. Von Ressource r stehen im Planungszeitraum insgesamt b_r Einheiten zum Verbrauch bereit. Der Nutzen eines Projektes i sei mit u_i bezeichnet, und für die Durchführung von Projekt i werden a_{ir} Einheiten der Ressource r benötigt. Weiter führen wir binäre Entscheidungsvariablen x_i ein, die genau dann 1 sind, wenn Projekt i durchgeführt wird und 0 sonst. Wir erhalten damit das Optimierungsproblem[10]

$$\text{Maximiere } \sum_{i=1}^{n} u_i x_i$$

$$\text{u.d.N.} \quad \sum_{i=1}^{n} a_{ir} x_i \leq b_r \ (r = 1, \ldots, m)$$

$$x_i \in \{0, 1\} \quad (i = 1, \ldots, n)$$

Zur Lösung solcher ganzzahliger linearer Optimierungsprobleme existieren zahlreiche Verfahren und Standardsoftwarepakete, wie z.B. der in Microsoft Excel enthaltene Solver. Detaillierte Informationen zur Lösung solcher Optimierungsprobleme finden sich beispielsweise in DOMSCHKE und DREXL (2005).

1.3 Projektspezifikation

Im Rahmen der *Projektspezifikation* beschäftigen wir uns mit der organisatorischen Einbettung des Projektmanagements und der Projektmitarbeiter in die betriebliche Organisationsstruktur (vgl. Abschnitt 1.3.1) sowie mit der Gestaltung der Ablauforganisation eines Projektes (vgl. Abschnitt 1.3.2). Schließlich widmen wir uns in Abschnitt 1.3.3 der Spezifikation und Analyse der mit der Durchführung eines Projektes verfolgten produktbezogenen Ziele. Ferner beschreiben wir einige den zeitlichen Projektablauf betreffenden Ziele und betten diese in einen hierarchischen Planungsrahmen ein.

1.3.1 Aufbauorganisation von Projekten

Zur erfolgreichen Durchführung eines Projektes muss das Projektmanagement geeignet in die bestehende betriebliche Organisationsstruktur eingebettet werden. Da es sich bei Projekten um einmalige Vorhaben handelt, ist die resultierende um das Projektmanagement erweiterte Betriebsorganisation als temporär zu erachten und nur für die Dauer des Projektes aufrecht zu erhalten. In Unternehmen, in denen häufig Projekte durchzuführen sind, oder bei großen Projekten empfiehlt sich ferner die Einrichtung eines *Projektbüros*, welches etwa für eine einheitliche Dokumentierung mehrerer (Teil-)Projekte Sorge

---

[10] Das beschriebene Problem ist in der Literatur auch als „mehrperiodiges Rucksackproblem" bekannt.

trägt, bei der Präsentation von Projektständen und -ergebnissen in regelmäßigen Lenkungsausschüssen unterstützt, den Projektverlauf überwacht und bei Termin- oder Budgetüberschreitungen interveniert. Im Folgenden skizzieren wir drei wesentliche Organisationsformen zur Einbettung des Projektmanagements in die bestehende Unternehmensstruktur. Für eine ausführliche Darstellung sei z.B. auf KERZNER (2003, Kapitel 3) verwiesen.

Bei der so genannten *reinen Projektorganisation* wird der Verantwortungsbereich Projektmanagement gleichrangig neben andere Organisationseinheiten des ausführenden Unternehmens eingegliedert (vgl. Abb. 1.7). Das Projektmanagement stellt eine autonome Organisationseinheit dar, d.h. alle an der Durchführung des Projektes beteiligten Mitarbeiter sind für die Dauer des Projektes unmittelbar dem Projektmanagement zugeordnet. Der Projektmanager besitzt gegenüber den Projektmitarbeitern uneingeschränkte Weisungsbefugnis und ist für die erfolgreiche Durchführung des Projektes unmittelbar verantwortlich. Wesentlicher Vorteil dieser Organisationsform ist, dass sie aufgrund der kurzen Kommunikationswege zusammen mit der klaren Verteilung der Verantwortlichkeiten eine Konzentration auf die Realisierung des betrachteten Projektes erlaubt. Gleichzeitig besteht jedoch die Gefahr, dass es aufgrund fehlender Absprachen zwischen verschiedenen Projektteams bzw. dem Projektteam und den Fachabteilungen zu Parallelentwicklungen kommt. Die reine Projektorganisation eignet sich für außerordentliche Vorhaben mit großem Umfang, die relativ wenig Berührung zu den herkömmlichen Aufgaben des Unternehmens haben, wie z.B. die Entwicklung einer völlig neuen Produktlinie.

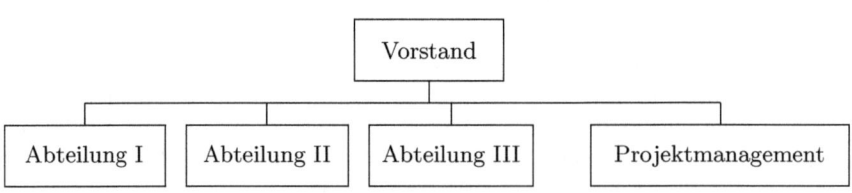

Abb. 1.7. Reine Projektorganisation

Bei der *Stabsstellen-Projektorganisation* (Einfluss-Projektorganisation) ist das Projektmanagement direkt der Unternehmensführung als Stabsstelle unterstellt (vgl. Abb. 1.8). Die Projektmitarbeiter bleiben für die Dauer des Projektes den jeweiligen Fachabteilungen zugeordnet. Der Projektmanager besitzt keinerlei Weisungs- und Entscheidungsbefugnisse, er führt nur Koordinierungsaufgaben durch und steht dem Vorstand beratend zur Seite. Die unmittelbare Verantwortung für das Projekt verbleibt bei den beteiligten Fachabteilungen. Diese Organisationsform erfordert zwar nur geringfügige Veränderungen der bestehenden Organisationsstruktur, führt jedoch zu einem erhöhten Koordinierungsaufwand seitens des Projektmanagers. Aufgrund der verteilten Verantwortung können ferner Zieldivergenzen und Abstimmungsprobleme auftreten. Die Stabsstellen-Projektorganisation ist in der Praxis häufig anzutreffen, wenn etwa einzelne Projekte durch Referenten einer Stabsabteilung oder Vorstandsassistenten geleitet und betreut werden. Sie eignet sich für Projekte, deren Umfang den Rahmen der herkömmlichen Aufgaben im Unternehmen nicht wesentlich übersteigt, wie beispielsweise die Abwicklung großer Kundenaufträge oder Projekte zur Prozessoptimierung.

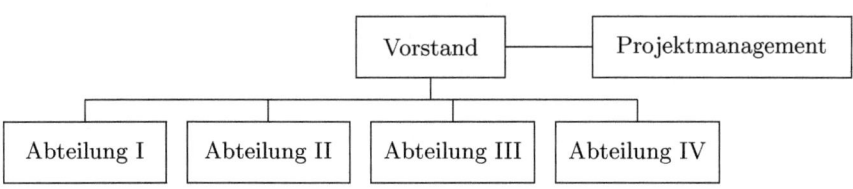

Abb. 1.8. Stabsstellen-Projektorganisation

Die so genannte *Matrix-Projektorganisation* stellt eine Mischform der beiden vorgenannten Organisationsformen dar. Das Projektmanagement wird wie bei der Stabsstellen-Projektorganisation dem Vorstand als Stabsstelle zugeordnet und die Projektmitarbeiter unterstehen disziplinarisch den Abteilungsleitern ihrer jeweiligen Fachabteilungen (vgl. Abb. 1.9). Das Projektmanagement trägt allerdings wie bei der reinen Projektorganisation die volle Verantwortung für das Gelingen der auszuführenden Projekte. Daher wird dem jeweiligen Projektleiter die Weisungsbefugnis über die am Projekt beteiligten Mitarbeiter aus den einzelnen Fachabteilungen übertragen. Diese Organisationsform ist sehr flexibel einsetzbar und zeichnet sich durch ein hohes Maß an Interdisziplinarität sowie ein beträchtliches Synergiepotential aus. Als nachteilig erweist sich, dass es häufig zu Konflikten zwischen der Projektarbeit und dem Tagesgeschäft kommt, da die Projektmitarbeiter sich gegenüber zweier Vorgesetzter verantworten müssen. Wesentliche Voraussetzung für die erfolgreiche Implementierung der Matrix-Projektorganisation ist, dass durch klare Befugnisregelungen und Zieldefinitionen Kompetenzstreitigkeiten zwischen dem Projektmanagement und den Leitern der Fachabteilungen vermieden werden.

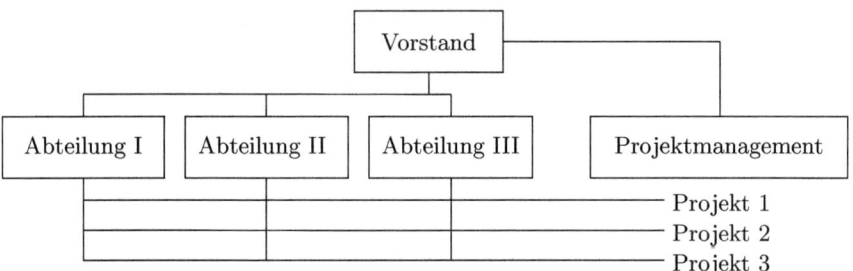

Abb. 1.9. Matrix-Projektorganisation

Zur Planung und Steuerung eines Projektes sind neben dem Projektmanagement noch eine Reihe weiterer Personengruppen bzw. Gremien erforderlich (vgl. Abb. 1.10). Der Projektleitung direkt zugeordnet sind beispielsweise Arbeitsgruppen, die häufig auf Linienebene angesiedelt sind und die Projektarbeit innerhalb eines durch die Projektleitung vorgegebenen Rahmens vorantreiben. Ein Lenkungsausschuss überwacht den sach-, termin- und kostengerechten Projektverlauf (z.B. im Rahmen periodisch stattfindender Projektstandsberichte zu wichtigen Meilensteinterminen) und ist für wesentliche Richtungsentscheidungen verantwortlich. Bei sehr komplexen oder innovativen Projekten gibt es ggf. eine Gruppe von Fachleuten und Experten, die der Projektleitung beratend zur Seite steht (Beratungsgremium). Daneben existiert i.d.R. noch ein Projektbüro, das für die Projektleitung und den Lenkungsausschuss unterstützend tätig ist. Hier werden beispielsweise administrative Aufgaben, wie die Vorbereitung der Lenkungsausschusssitzungen, die Gewährleistung einer einheitlichen Projektdokumentation oder die operative Überwachung des Projektverlaufs, durchgeführt. In größeren Projektbüros werden außerdem die Projektressourcen und Budgets koordiniert und Tätigkeiten wie Schulungen der Projektmitarbeiter (z.B. zu Themen des Projektmanagements) durchgeführt oder projektplanerische Aufgaben (z.B. die Optimierung der Terminplanung bei großen Projekten) durch Fachleute übernommen.

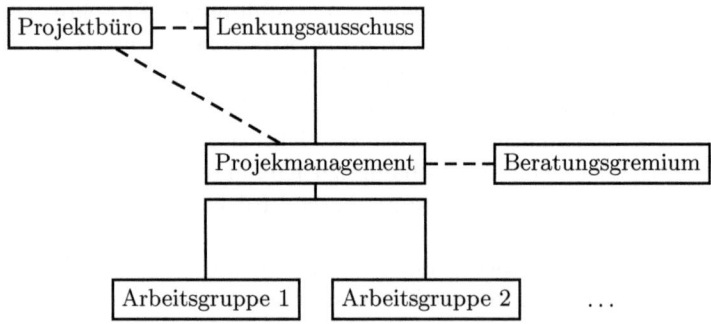

Abb. 1.10. Typische Projektorganisation

1.3.2 Ablauforganisation von Projekten

Zur Spezifizierung der *Ablauforganisation* eines Projektes wird das betrachtete Projekt zunächst in einzelne Projektphasen bzw. Teilprojekte zerlegt. Hierbei kann u.U. auf der im Rahmen einer Aufwandsschätzung (vgl. hierzu die Prozentsatzmethode in Abschnitt 1.2.3) vorgenommenen Zerlegung des Projektes aufgebaut werden. Die Disaggregation des Projektes in Teilprojekte erfolgt so, dass ein einzelnes Teilprojekt einen genau abgegrenzten Abschnitt des Projektablaufs darstellt, der sich sachlich von anderen Teilprojekten unterscheidet. Häufig wird auch gefordert, dass sich für ein Teilprojekt stets ein verantwortlicher Mitarbeiter benennen lässt, der in besonderem Maße für die sach-, kosten- und termingerechte Abwicklung des Teilprojektes verantwortlich ist. Zwischen einzelnen Teilprojekten werden ferner Vorrangbeziehungen identifiziert, die Auskunft über die zeitliche Ablaufstruktur der einzelnen Teilprojekte geben. Eine solche Disaggregation und zeitliche Anordnung eines Projektes dient dazu, den Projektablauf für das Projektmanagement überschaubar und somit kontrollierbar darzustellen.

In Abbildung 1.11 ist beispielhaft die Zerlegung eines Softwareentwicklungsprojektes in sieben Teilprojekte dargestellt. Zunächst wird ein Entwurf für das zu entwickelnde Softwaresystem angefertigt. Im Anschluss werden die wesentlichen Funktionalitäten der Software prototypisch implementiert. Nach erfolgreicher Erstellung des Prototypen werden die drei Softwaremodule A, B und C, aus denen die Software besteht, programmiert und anschließend getestet. Wurden die Tests erfolgreich abgeschlossen, kann das fertige System in die bestehende DV-Infrastruktur eingebettet werden. Die einzelnen Teilprojekte sind in Abbildung 1.11 als Blockpfeile dargestellt. Mit der Bearbeitung eines Teilprojektes kann erst dann begonnen werden, wenn alle vorangehenden Teilprojekte abgeschlossen wurden. Es ist zu beachten, dass die Teilprojekte nicht notwendigerweise seriell, d.h. sukzessive nacheinander, bearbeitet werden müssen. Meist können einzelne voneinander unabhängige Teilprojekte parallel zueinander durchgeführt werden, wie die Programmierung der drei Softwaremodule im vorliegenden Beispiel, oder die einzelnen Phasen können sich überlappen.

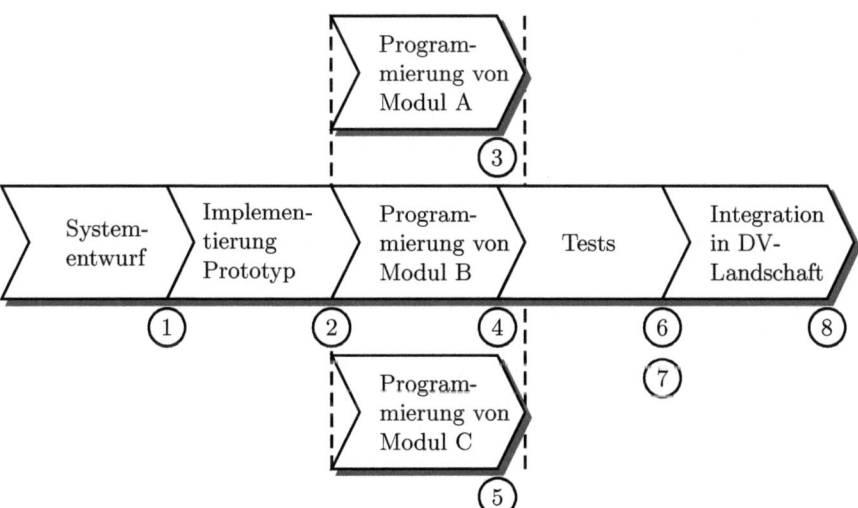

Abb. 1.11. Phasenorientierte Darstellung eines Projektes

Eine teilprojektorientierte Betrachtung eines Projektes, wie sie in Abbildung 1.11 skizziert ist, hat den Nachteil, dass sie bei größeren Projekten schnell unübersichtlich wird und komplexere Abhängigkeiten der einzelnen Projektphasen schlecht abgebildet werden können. Aus diesem Grund ist es sinnvoll, einer ereignis- bzw. meilensteinorientierten Betrachtung eines Projektes zu folgen. Ein Projekt wird dabei nicht als eine „Phasenkette" wie in Abbildung 1.11, sondern vielmehr als ein „Phasennetz" dargestellt, dessen Konstruktion wir im Folgenden beschreiben.

Jedem Teilprojekt werden dazu ein oder mehrere Meilensteine zugeordnet. Typischerweise werden z.B. dem Abschluss eines Teilprojektes oder wichtigen Arbeitspaketen innerhalb eines Teilprojektes Meilensteine zugewiesen. Für jeden Meilenstein ist ferner festzuhalten, welche Ergebnisse bei Erreichen des entsprechenden Meilensteins vorliegen müssen. Solche Ergebnisse sind z.B. Zwischenprodukte, Testergebnisse oder Dokumentationen. Bei Erreichen eines Meilensteins muss dann die Projektleitung oder der Lenkungsausschuss über die Qualität der erzielten Ergebnisse befinden und falls nötig Nachbesserungen anstoßen.

In Abbildung 1.11 sind acht Meilensteine in Form eines Kreises dargestellt, die den einzelnen Projektphasen zugeordnet sind. Wir nehmen an, dass für das Teilprojekt „Tests" zwei Meilensteine mit den Nummern 6 und 7 identifiziert wurden. Meilenstein 6 kennzeichnet das erfolgreiche Ende der Tests von Softwaremodul A und Meilenstein 7 das Ende der gemeinsamen Tests der Module B und C. Für die anderen Teilprojekte existiert jeweils nur ein Meilenstein, der den Abschluss des jeweiligen Teilprojektes repräsentiert. Der Ablauf des betrachteten Projektes lässt sich nun wie in Abbildung 1.12 dargestellt als so genannter Meilensteinplan repräsentieren. Ein Meilensteinplan besteht aus drei Komponenten. Die Knoten repräsentieren Ereignisse (z.B. das Ereignis „Meilenstein 4 und 5 erreicht") und die nummerierten Knoten entsprechen den Meilensteinen, die herausragende Projektereignisse darstellen. Die Pfeile zwischen den Knoten entsprechen den Teilprojekten bzw. einzelnen Arbeitspaketen und induzieren somit eine Reihenfolgebeziehung zwischen den entsprechenden Ereignissen. So bedeutet der Pfeil zwischen den Meilensteinen 1 und 2, dass das Ereignis „Prototyp fertiggestellt" erst dann eintreten kann, wenn das Ereignis „Systementwurf entwickelt" eingetreten ist und das Teilprojekt „Implementierung des Prototypen" abgeschlossen wurde. Anders als bei der teilprojektorientierten Darstellung sieht man im Meilensteinplan sofort, dass ein Teil der Tests (Test 1) unmittelbar im Anschluss an die Implementierung von Modul A durchgeführt werden kann, unabhängig vom Implementierungsfortschritt der Softwaremodule B und C.

Mit Hilfe so genannter Netzplantechniken lassen sich aus einem Meilensteinplan für das Projektmanagement relevante Informationen extrahieren. Dies sind insbesondere die frühesten und spätesten Eintrittszeitpunkte der Meilensteine und damit die frühesten und spätesten Zeitpunkte, zu denen ein Teilprojekt begonnen bzw. fertiggestellt werden kann, sowie verschiedene Pufferzeiten, die beispielsweise angeben, wie lange die Durchführung eines

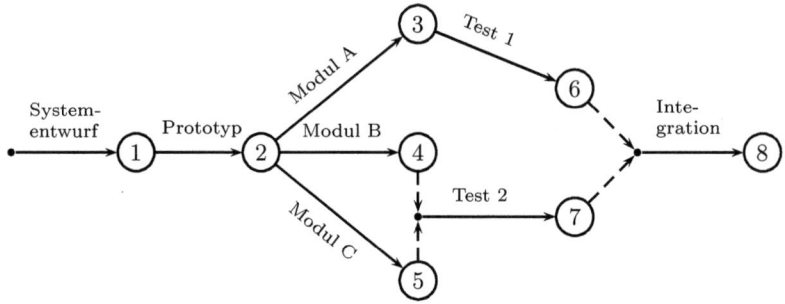

Abb. 1.12. Meilensteinplan für ein Projekt

Teilprojektes hinausgezögert werden darf, ohne dass der avisierte Projektendtermin überschritten wird. Eine detaillierte Übersicht über verschiedene Netzplantechniken geben wir in den Abschnitten 1.4.3 und 1.4.4 im Rahmen der
Projektplanung. Die dort dargelegten Methoden lassen sich ohne weiteres auf
einen Meilensteinplan übertragen.[11]

1.3.3 Projektziele

Im Rahmen einer Zielanalyse werden die mit der Durchführung eines Projektes verfolgten *Ziele* systematisch strukturiert und formuliert sowie in einer für
alle Projektbeteiligten verbindlichen Form festgehalten. Dabei ist zu beachten, dass Ziele soweit als möglich operational formuliert sein sollten, d.h. der
Grad der Zielerreichung muss eindeutig feststellbar sein. Diese Forderung ist
für eine effektive Projektkontrolle und -steuerung, wie sie in Abschnitt 1.5.1
beschrieben wird, unabdingbar. Insbesondere bei größeren Projekten werden
die Projektziele außerdem in den persönlichen Zielvereinbarungen der Projekt-
verantwortlichen verankert. Grundsätzlich lassen sich zwei Arten von Zielen
unterscheiden: produkt- und projektbezogene Ziele.

Produktbezogene Ziele sind Ziele, die sich auf den Gegenstand eines Projektes beziehen, also beispielsweise bei einem Produktentwicklungsprojekt auf
das zu entwickelnde Produkt. Derartige Ziele lassen sich unmittelbar aus dem
Pflichtenheft (vgl. Abschnitt 1.2.1) ableiten, das eine detaillierte Beschreibung

---

[11] Für die weitergehende Analyse eines Meilensteinplans, wie er hier beschrieben
ist, d.h. die Ereignisse entsprechen Knoten und Pfeile stellen Teilprojekte (Me-
tavorgänge) bzw. Scheinvorgänge dar, verwendet man die so genannte CPM-
Netzplantechnik (vgl. Abschnitt 1.4.4). Ein Meilensteinplan ließe sich jedoch auch
so formulieren, dass die einzelnen Teilprojekte und die Meilensteine den Knoten
und die Pfeile den Zeitbeziehungen zwischen den Teilprojekten und Meilensteinen
entsprechen. In diesem Fall findet die MPM-Netzplantechnik aus Abschnitt 1.4.3
Anwendung. Sollen außerdem Unsicherheiten im Projektverlauf abgebildet werden, die beispielsweise die Dauer einer Projektphase betreffen, so verweisen wir
auf die stochastischen Netzplantechniken PERT und GERT in Abschnitt 1.4.4.

der Anforderungen an die durch das Projekt zu erbringende Leistung enthält. Die Anforderungen an die Projektleistung ergeben sich unmittelbar aus den Zielvorstellungen des Auftraggebers und man kann zwischen restriktiven und ergebnisoffenen Anforderungen unterscheiden. Bei restriktiven Anforderungen hat der Auftraggeber idealerweise eine konkrete Ausprägung eines Aspektes der Projektleistung vor Augen, die er erfüllt wissen möchte. Bei der Entwicklung eines Automobils ist die Forderung, dass der Motor eine bestimmte Abgasnorm erfüllt, ein Beispiel für eine solche restriktive Anforderung. Bei einer ergebnisoffenen Anforderung möchte der Auftraggeber, dass ein einzelner Aspekt einer Projektleistung von möglichst hoher Güte ist, ohne jedoch einen konkreten Zielwert für die Güte vorzugeben. Bei der Entwicklung eines Sportwagens möchte der Auftraggeber vielleicht, dass der Wagen über möglichst viel Leistung verfügt oder möglichst wenig Treibstoff verbraucht. Kombinationen dieser beiden Arten von Anforderungen sind auch möglich (z.B. möglichst viel, aber wenigstens 150 kW). Ferner wird häufig zwischen Muss- und Soll-Anforderungen unterschieden. Ziel des ausführenden Unternehmens ist es, die Muss-Anforderungen in jedem Fall und die Soll-Anforderungen soweit als möglich zu erfüllen.

Nachdem die produktbezogenen Ziele identifiziert wurden, werden sie hierarchisch in Unterziele und Detailziele zerlegt (vgl. Abb. 1.13). Eine solche systematische Zerlegung der Ziele in Detailziele hilft der Projektleitung dabei, Zielkonflikte und Zielsynergien zu identifizieren und liefert u.U. zusätzliche Anregungen für bislang unberücksichtigt gebliebene Maßnahmen zur Zielerreichung. Eine solche Zieldekomposition sollte „MECE" (mutually exclusive, completely exhaustive) sein, d.h. die Detailziele sollten eine vollständige Zerlegung der Hauptziele darstellen und voneinander unabhängig sein. Wir betrachten nachfolgend eines kleines Beispiel für eine solche *Zieldekomposition*.

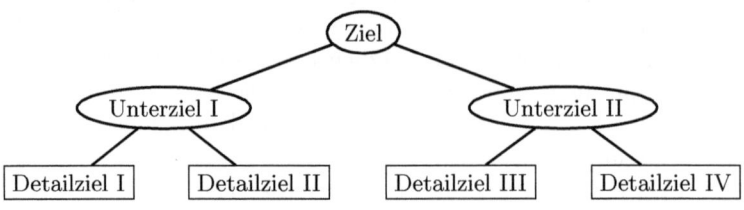

Abb. 1.13. Dekomposition von Zielen

Beispiel 1.8. Bei der Entwicklung eines Sportwagens bestehe eines der Ziele darin, dass der Wagen möglichst gute Beschleunigungswerte erreicht. Man kann dann zwei Unterziele formulieren, die zur Erreichung des betrachteten Zieles beitragen (vgl. Abb. 1.14). Zum einen kann man das Leistungsgewicht des Wagens und zum anderen seine Aerodynamik geeignet verbessern. Disaggregiert man die Unterziele abermals, dann ließen sich beispielsweise die folgenden Detailziele identifizieren: Sowohl eine Erhöhung der Motorleistung (in kW) als auch eine Reduzierung des Fahrzeuggewichts führen zu einer Verbesserung des Leistungsgewichts. Zur Verbesserung der Fahrzeugaerodynamik bietet es sich ferner an, den Luftwiderstands-Beiwert der Karosserie zu vermindern sowie durch die geeignete Konstruktion der Bodengruppe und zusätzlicher Spoiler für einen stärkeren Anpressdruck bzw. Abtrieb des Fahrzeugs zu sorgen.

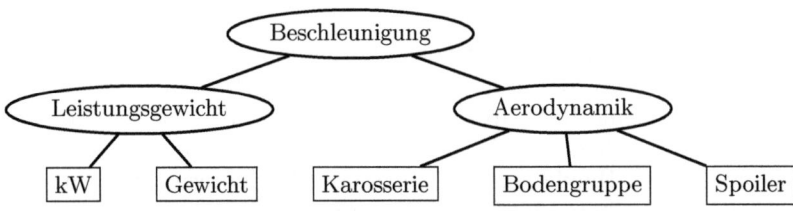

Abb. 1.14. Beispiel für eine Zieldekomposition

Besteht ein weiteres Ziel bei der Fahrzeugentwicklung darin, möglichst wenig Treibstoff zu verbrauchen, dann resultieren hieraus z.B. die Detailziele, einen Motor mit geringer Motorleistung zu entwickeln und das Gewicht des Fahrzeugs zu minimieren. Das erste Detailziel führt offensichtlich zu einem Konflikt mit dem Ziel der Leistungssteigerung, um das Beschleunigungsvermögen des Autos zu verbessern. Da das Unterziel „Gewicht reduzieren" jedoch zur Erfüllung beider vom Auftraggeber formulierten Ziele beiträgt, kommt es bei der Verfolgung dieses Detailziels zu Synergieeffekten, die es auszunutzen gilt.

Neben den produktbezogenen Zielen werden bei der Durchführung von Projekten stets auch *projektbezogene Ziele* verfolgt, die i.d.R. vom ausführenden Unternehmen vorgegeben werden. Unter projektbezogenen Zielen verstehen wir Ziele, die mittelbar oder unmittelbar den zeitlichen Ablauf eines Projektes betreffen.[12] Je nach Planungshorizont eines Projektes werden bei der Planung unterschiedliche Zielsetzungen verfolgt.

Eine *langfristige (strategische) Projektplanung* erstreckt sich über einen Zeitraum von mehreren Jahren und berücksichtigt nur ausgewählte Schlüsselressourcen (z.B. Experten oder spezielle Maschinen und Anlagen), die kurz- bzw. mittelfristig nicht am Markt beschafft werden können. Andere Ressourcen sind unter strategischen Gesichtspunkten i.d.R. nicht als knapp zu erachten und bedürfen daher bei der Planung keiner besonderen Berücksichtigung. Gegenstand der langfristigen Projektplanung sind nicht einzelne Arbeitsgänge bzw. Vorgänge eines Projektes, sondern hoch aggregierte Vorgänge oder Teilprojekte. Können dem Abschluss jedes dieser Teilprojekte Ein- und

---

[12] Handelt es sich bei dem einem Projekt zugrunde liegenden Produkt um eine Dienstleistung, so ist anzumerken, dass produkt- und projektbezogene Ziele häufig zusammenfallen.

Auszahlungen zugeordnet werden, so besteht das wesentliche Ziel der Projektplanung darin, die einzelnen Teilprojekte so zu terminieren, dass der aus der Durchführung des Projektes resultierende Kapitalwert maximal ist.

Bei der *mittelfristigen (taktischen) Projektplanung* mit einem Planungshorizont zwischen einigen Monaten und wenigen Jahren werden neben Schlüsselressourcen auch solche Ressourcen berücksichtigt, die mittel- bis kurzfristig am Markt beschafft werden können, wie z.B. qualifizierte Facharbeiter, Maschinenparks oder Fahrzeugflotten. Muss die für die Projektdurchführung benötigte Ressourcenkapazität erst noch aufwändig besorgt werden, dann ist man in der Praxis i.d.R. daran interessiert, die Projektvorgänge so einzuplanen, dass die maximale Ressourceninanspruchnahme über die Projektdauer und somit die notwendige Investition minimal ist (so genanntes Ressourceninvestmentproblem)[13]. Häufig sind die benötigten Ressourcen hingegen schon mit gegebenen Kapazitäten im Unternehmen vorhanden, und es können notfalls zusätzliche Kapazitäten kurzfristig angemietet werden. In diesem Fall sind die Projektvorgänge so zu terminieren, dass die zur Verfügung stehenden Ressourcenkapazitäten zur Projektdurchführung ausreichen bzw. die variablen Kosten für die Miete zusätzlicher Ressourceneinheiten minimal sind (so genanntes Ressourcenabweichungsproblem). Die dritte typische taktische Zielsetzung ist die so genannte Ressourcennivellierung. Dabei ist man bestrebt, die Vorgänge eines Projektes so einzuplanen, dass die Ressourceninanspruchnahme der benötigten Ressourcen möglichst wenigen Schwankungen im Zeitverlauf unterliegt. Solche Ziele sind z.B. bei personellen Ressourcen von Bedeutung oder wenn bei einer Maschine hohe Anpassungskosten oder Qualitätsverluste mit einer Änderung der Betriebsstufe einhergehen.

Der *kurzfristigen (operativen) Projektplanung* liegt ein Planungszeitraum von wenigen Wochen zugrunde. In der kurzen Frist werden die Ressourcenkapazitäten im Allgemeinen als fix angenommen. Daher werden bei der operativen Projektplanung meist zeitbezogene Ziele betrachtet. Am häufigsten wird in der Praxis das Ziel der Projektdauerminimierung verfolgt, d.h. die einzelnen Projektvorgänge werden so eingeplant, dass das Projekt frühestmöglich beendet wird. Auf diese Weise verschafft sich das ausführende Unternehmen einen zeitlichen Puffer für den Fall unvorhergesehener Störungen im Projektablauf. Ein anderes Ziel besteht darin, die Vorgänge so einzuplanen, dass alle Vorgänge möglichst früh beendet sind. Ein solches Vorgehen führt dazu, dass die zur Projektdurchführung benötigten Ressourcen frühzeitig be- und folglich auch entlastet werden und somit möglichst früh für andere Projekte wieder zur Verfügung stehen. In anderen Fällen sollen bestimmte Vorgänge eines Projektes möglichst früh und andere Vorgänge möglichst spät ausgeführt werden. Sind für einzelne Projektvorgänge Fertigstellungs- bzw. Bereitstellungszeitpunkte vorgegeben und fallen für deren Über- oder Unterschreitung Ver-

---

[13] Für das allgemeine Ressourceninvestmentproblem (vgl. Abschnitt 2.1.1) werden mehrere Ressourcen betrachtet. Dabei wird dann die kumulierte (gewichtete) Ressourceninanspruchnahme über den Zeitablauf minimiert.

spätungs- oder Verfrühungskosten an, so sind alle Projektvorgänge möglichst so zu terminieren, dass die vorgegebenen Termine gerade eingehalten werden. Verspätungskosten können sich beispielsweise aus vertraglich vereinbarten Strafen ergeben und zu Verfrühungskosten kann es kommen, wenn etwa Zwischenprodukte gelagert werden müssen, bevor sie weiterverarbeitet werden können.

Bei der Planung größerer Projekte ist es sinnvoll, einen hierarchischen Planungsansatz zu wählen. Dabei wird das zugrunde liegende Projekt zunächst auf einer hohen Aggregationsstufe unter kapitalwertorientierten Gesichtspunkten geplant (strategische Projektplanung). Mit fortschreitendem Projektverlauf wird dann für die einzelnen Teilprojekte eine zunehmend detaillierte taktische und schließlich operative Planung durchgeführt. Wir gehen im Folgenden davon aus, dass auf jeder Planungsstufe stets nur eines der oben genannten Ziele verfolgt wird. Eine mathematische Formulierung der genannten Ziele geben wir ferner in Abschnitt 2.1.1.

1.4 Projektplanung

Voraussetzung für eine effiziente *Projektplanung* sind detaillierte Informationen über das Projekt, z.B. über die einzelnen Vorgänge, die sich aus den Arbeitspaketen eines so genannten Projektstrukturplans ableiten lassen, sowie über die Zeitbeziehungen zwischen den Vorgängen, die sich aufgrund von technisch oder ablauforganisatorisch bedingten Anordnungsbeziehungen ergeben. Außerdem werden Informationen über die Dauern der Vorgänge, die für deren Ausführung erforderlichen Ressourcen sowie die mit der Durchführung der Vorgänge verbundenen Kosten benötigt. Diese Informationen werden im Rahmen der Struktur-, Zeit-, Ressourcen- und Kostenanalyse erhoben (vgl. Abschnitte 1.4.1 und 1.4.2). So genannte Netzplantechniken (vgl. Abschnitte 1.4.3 und 1.4.4) dienen zur Visualisierung von Projekten mit Hilfe von Netzplänen und zur Zeit- bzw. Terminplanung, die für alle Vorgänge eines Projektes die frühest- und spätestmöglichen Start- und Endzeitpunkte sowie die Pufferzeiten ermittelt. Mit der Terminierung aller Projektvorgänge, d.h. der Festlegung eines Startzeitpunktes für jeden Vorgang, ist die Projektplanung abgeschlossen (vgl. Abschnitt 1.4.5).

1.4.1 Strukturanalyse

Im Rahmen der *Strukturanalyse* werden die Strukturelemente eines Projektes identifiziert. Wesentliche Strukturelemente sind die einzelnen Vorgänge des Projektes, die Zeitbeziehungen zwischen den Vorgängen sowie Ereignisse, die bestimmte Projektzustände markieren.

Vorgänge

Bei den *Vorgängen* eines Projektes handelt es sich um zeitbeanspruchende Geschehen mit ausgezeichneten Start- und Endereignissen, bei deren Ausführung i.d.R. Ressourcen (z.B. Arbeitskräfte, Maschinen, Material) ge- oder verbraucht und Kosten verursacht werden. Zur Ermittlung der Projektvorgänge wird zunächst ein *Projektstrukturplan* erstellt, indem ein Projekt hierarchisch in Arbeitspakete disaggregiert wird. Dabei unterscheidet man i.d.R. zwischen einem projektorientierten und einem produktorientierten Vorgehen. Bei einem projektorientierten Strukturplan werden die Teilprojekte, die bereits im Rahmen der Ablauforganisation ermittelt wurden (vgl. Abschnitt 1.3.2), weiter in Unterprojekte und schließlich in Arbeitspakete zerlegt (vgl. Abb. 1.15). Ein Arbeitspaket stellt dabei eine selbständige Teilaufgabe dar, die eindeutig einem verantwortlichen Mitarbeiter bzw. einer Mitarbeitergruppe zugeordnet werden kann. Bei einem produktbezogenen Projektstrukturplan beginnt man mit dem Produkt als Gegenstand des Projektes und zerlegt dieses in seine einzelnen Teilprodukte und Module bzw. Aggregate (vgl. Abb. 1.16). Für jedes dieser Module werden dann wieder sämtliche Arbeitspakete identifiziert, die zur Entwicklung und Herstellung des betrachteten Moduls notwendig sind. Diese Informationen lassen sich z.B. recht einfach aus den technischen Spezifikationen eines Moduls erheben, sofern eine solche Dokumentation bereits vorliegt.

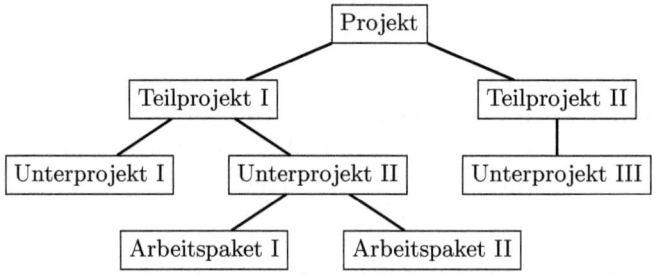

Abb. 1.15. Projektorientierter Projektstrukturplan

Hat man sämtliche Arbeitspakete eines Projektes bestimmt, werden aus diesen Arbeitspaketen die Projektvorgänge abgeleitet. Dabei kann ein Arbeitspaket gerade einem Vorgang entsprechen, ein Arbeitspaket kann in mehrere Vorgänge zerlegt werden, oder es lassen sich mehrere Arbeitspakete zu einem Vorgang zusammenfassen. Bei einer detaillierten Planung, d.h. für eine kurzfristige Projektplanung (vgl. Abschnitt 1.3.3), wird das zugrunde liegende Projekt in eher kleine Vorgänge untergliedert, die beispielsweise jeweils nur aus einem einzelnen Arbeitsschritt bestehen. Aus wirtschaftlichen Gründen sollte die Zerlegung des Projektes allerdings nicht zu detailliert sein, da sonst die Planung, Steuerung und Kontrolle des Projektes sehr aufwändig werden.

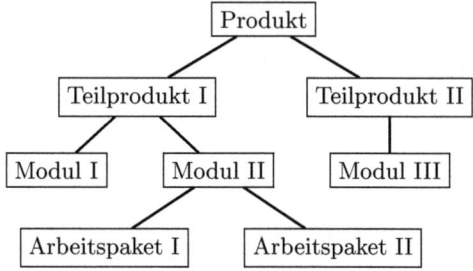

Abb. 1.16. Produktorientierter Projektstrukturplan

Andererseits birgt eine zu grobe Planung die Gefahr, dass wichtige Aspekte des Projektablaufs nicht mehr abgebildet werden können und somit das Ergebnis der Projektplanung nur ein allzu sehr vereinfachtes Abbild der Realität darstellt. Die Zerlegung eines Projektes in einzelne Vorgänge sollte je nach Einsatzzweck und unter Berücksichtigung eines ausgewogenen Kosten-Nutzen-Verhältnisses erfolgen. In der Praxis erfolgt bei großen Projekten daher im Rahmen einer rollierenden Planung zunächst eine grobe Planung für das Gesamtprojekt, während lediglich für nahe in der Zukunft liegende Teilprojekte eine Detailplanung durchgeführt wird. Im Zeitverlauf werden somit nach und nach alle Teilprojekte einer Detailplanung unterzogen. Die Festlegung des optimalen Detaillierungsgrades, d.h. der optimalen Vorgangsgrößen, ist eine wichtige, aber häufig auch schwierige Aufgabe der Projektplanung. Übliche Faustregeln zur Festlegung des Detaillierungsgrades sind:

- Der Ressourcenbedarf eines Vorgangs sollte während seiner Durchführung konstant sein, d.h. er sollte hinsichtlich der Art und Menge der benötigten Ressourcen nicht variieren.
- Ein Vorgang sollte nicht unterbrechbar sein, d.h. er sollte gerade so klein gewählt werden, dass er ein nicht sinnvoll unterbrechbares zeiterforderndes Geschehen darstellt. Die meisten Modelle und Verfahren der Projektplanung setzen voraus, dass die Projektvorgänge nicht unterbrechbar sind. Sofern nichts anderes gesagt wird, werden wir im Folgenden daher davon ausgehen, dass diese Voraussetzung stets erfüllt ist.
- Ein Vorgang sollte nicht weniger als eine Zeiteinheit dauern. Je nach Art des Projektes und Detaillierungsgrad ist als Zeiteinheit z.B. eine Minute, eine Stunde, ein Tag, eine Woche oder gar ein Monat zu wählen.
- Ein Vorgang sollte eindeutig einer verantwortlichen Stelle oder Abteilung zugeordnet werden können. Dies erleichtert insbesondere die Projektsteuerung und -überwachung.

Kommen Vorgänge in gleicher oder ähnlicher Form in mehreren Projekten vor, dann ist der Aufbau einer Projektdatenbank sinnvoll, in der alle relevanten Informationen über einzelne Vorgänge abgelegt werden. Eine solche Projektdatenbank erleichtert die Identifizierung und Charakterisierung von Vorgängen für zukünftige Projekte. Nachdem alle Vorgänge des Projektes identifiziert wurden, werden die Dauern, Ressourceninanspruchnahmen und Kosten der Vorgänge im Rahmen der Zeit-, Ressourcen- und Kostenanalyse (vgl. Abschnitt 1.4.2) ermittelt.

Ereignisse

Neben der Bestimmung der Vorgänge eines Projektes werden im Rahmen der Strukturanalyse wichtige Ereignisse identifiziert. Ein *Ereignis* kennzeichnet das Erreichen eines bestimmten Projektzustands. Beispielsweise ist dem Beginn und dem Ende eines Projektes jeweils ein Ereignis zugeordnet, das als *Projektstart* bzw. *Projektende* bezeichnet wird. Meilensteine, die wir im Rahmen der ablauforganisatorischen Betrachtung eines Projektes in Abschnitt 1.3.2 bereits identifiziert haben, stellen ebenfalls Ereignisse dar. In den folgenden Ausführungen subsumieren wir Ereignisse unter den Vorgängen und bezeichnen sie als *fiktive Vorgänge*. Anders als reale Vorgänge verbrauchen fiktive Vorgänge (Ereignisse) aber weder Zeit und Ressourcen noch verursachen sie Kosten.

Zeitbeziehungen

Sind alle Vorgänge des Projektes ermittelt, werden die Zeitbeziehungen zwischen den Vorgängen spezifiziert. Eine *Zeitbeziehung* wird durch eine Anordnungsbeziehung und einen Zeitabstand charakterisiert. Eine *Anordnungsbeziehung* beschreibt die Reihenfolge zweier Vorgänge. Anordnungsbeziehungen können technisch bedingt sein, d.h. es ist eine technisch bzw. logisch zwingende Reihenfolge zwischen den Vorgängen einzuhalten. So muss man bei einem Hausbau immer erst das Fundament gießen, dann die Wände und anschließend den Dachstuhl errichten. Daneben können Anordnungsbeziehungen auch ablauforganisatorische Gründe haben, d.h. sie ergeben sich aufgrund von Terminrestriktionen oder sonstiger ablauforganisatorischer Gegebenheiten. Jeder Vorgang besitzt zwei feste Bezugspunkte, nämlich ein *Start-* und ein *Endereignis*. Insgesamt unterscheidet man daher vier mögliche Arten von Anordnungsbeziehungen *(Verknüpfungstypen)* zwischen zwei Vorgängen i und j:

1. Ende-Start-Beziehung (es): Vorgang j kann begonnen werden, sobald Vorgang i beendet wurde.
2. Start-Start-Beziehung (ss): Vorgang j kann begonnen werden, sobald Vorgang i begonnen wurde.
3. Start-Ende-Beziehung (se): Vorgang j kann beendet werden, sobald Vorgang i begonnen wurde.
4. Ende-Ende-Beziehung (ee): Vorgang j kann beendet werden, sobald Vorgang i beendet wurde.

In Abbildung 1.17 sind die vier Verknüpfungstypen grafisch veranschaulicht. Jeder Vorgang ist durch einen Knoten (Quadrat) dargestellt, wobei die

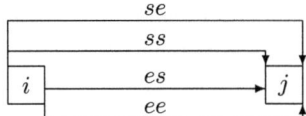

Abb. 1.17. Vier Verknüpfungstypen

linke Seite des Knotens das Startereignis und die rechte Seite das Endereignis des Vorgangs symbolisiert. In jedem der vier Fälle wird eine Vorgänger-Nachfolger-Beziehung zwischen den Vorgängen i und j impliziert, die durch einen Pfeil von i nach j dargestellt wird. Man bezeichnet Vorgang i als *Vorgänger* von j und Vorgang j als *Nachfolger* von i.

Um die Zeitbeziehungen zwischen den Vorgängen eines Projektes vollständig beschreiben zu können, müssen neben den Anordnungsbeziehungen die *Zeitabstände* zwischen zwei Vorgängen spezifiziert werden. Es werden zwei Arten von Zeitabständen unterschieden. *Mindestabstände* kennzeichnen zeitliche Abstände, die nicht unterschritten, wohl aber überschritten werden dürfen. *Höchstabstände* sind zeitliche Abstände, die unterschritten, nicht aber überschritten werden dürfen.[14] Insgesamt lassen sich damit acht verschiedene Arten von *Zeitbeziehungen* unterscheiden:

1. Mindestabstand zwischen i und j vom Typ Ende-Start ($^{es}T_{ij}^{min}$): Vorgang j kann frühestens $^{es}T_{ij}^{min}$ Zeiteinheiten (ZE) nach Beendigung von Vorgang i beginnen, der Start von j kann aber auch später erfolgen.
2. Mindestabstand zwischen i und j vom Typ Start-Start ($^{ss}T_{ij}^{min}$): Vorgang j kann frühestens $^{ss}T_{ij}^{min}$ ZE nach dem Start von Vorgang i beginnen, der Start von j kann aber auch später erfolgen.
3. Mindestabstand zwischen i und j vom Typ Start-Ende ($^{se}T_{ij}^{min}$): Vorgang j kann frühestens $^{se}T_{ij}^{min}$ ZE nach dem Start von Vorgang i beendet werden, das Ende von j kann aber auch später eintreten.
4. Mindestabstand zwischen i und j vom Typ Ende-Ende ($^{ee}T_{ij}^{min}$): Vorgang j kann frühestens $^{ee}T_{ij}^{min}$ ZE nach Beendigung von Vorgang i beendet werden, das Ende von j kann aber auch später eintreten.
5. Höchstabstand zwischen i und j vom Typ Ende-Start ($^{es}T_{ij}^{max}$): Vorgang j muss spätestens $^{es}T_{ij}^{max}$ ZE nach dem Ende von Vorgang i beginnen, der Start von j kann aber auch früher erfolgen.
6. Höchstabstand zwischen i und j vom Typ Start-Start ($^{ss}T_{ij}^{max}$): Vorgang j muss spätestens $^{ss}T_{ij}^{max}$ ZE nach dem Start von Vorgang i beginnen, der Start von j kann aber auch früher erfolgen.
7. Höchstabstand zwischen i und j vom Typ Start-Ende ($^{se}T_{ij}^{max}$): Vorgang j muss spätestens $^{se}T_{ij}^{max}$ ZE nach dem Start von Vorgang i beendet werden, das Ende von j kann aber auch früher eintreten.

---

[14] Die Ermittlung der konkreten zeitlichen Abstände, die nicht unter- bzw. überschritten werden dürfen, ist im Rahmen der Zeitanalyse in Abschnitt 1.4.2 dargelegt.

8. Höchstabstand zwischen i und j vom Typ Ende-Ende ($^{ee}T_{ij}^{max}$): Vorgang j muss spätestens $^{ee}T_{ij}^{max}$ ZE nach Beendigung von Vorgang i beendet werden, das Ende von j kann aber auch früher eintreten.

Oft soll für einen der Verknüpfungstypen $v \in \{es, ss, se, ee\}$ ein Zeitabstand τ zwischen zwei Vorgängen i und j exakt eingehalten werden. Dies kann durch die Einführung eines Mindest- und eines Höchstabstandes mit $^{v}T_{ij}^{min} := {}^{v}T_{ij}^{max} := \tau$ realisiert werden.

Die vier möglichen Verknüpfungstypen zwischen zwei Vorgängen können leicht ineinander überführt werden. Zur Demonstration betrachten wir einen zeitlichen Mindestabstand vom Typ Start-Start, der in einen zeitlichen Mindestabstand vom Typ Ende-Start überführt werden soll. Sei $p_i \in \mathbb{Z}_{\geq 0}$ die Bearbeitungsdauer (processing time) von Vorgang i. Da zwischen dem Start und dem Ende von Vorgang i somit gerade p_i Zeiteinheiten vergehen, entspricht ein zeitlicher Mindestabstand vom Typ Ende-Start zwischen den Vorgängen i und j einem zeitlichen Mindestabstand vom Typ Start-Start abzüglich der Dauer von Vorgang i, d.h. $^{es}T_{ij}^{min} = {}^{ss}T_{ij}^{min} - p_i$ (vgl. Abb. 1.18). Für einen zeitlichen Höchstabstand wird analog vorgegangen, d.h. $^{es}T_{ij}^{max} = {}^{ss}T_{ij}^{max} - p_i$.

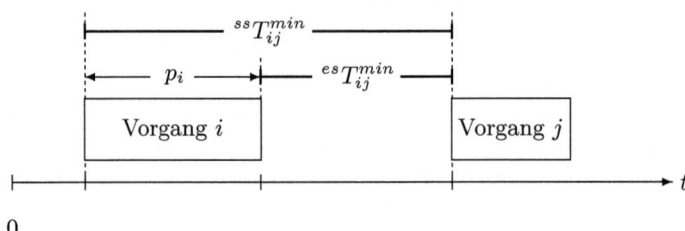

Abb. 1.18. Start-Start- und Ende-Start-Beziehungen

Eine Übersicht über die Umrechnungsregeln aller Verknüpfungstypen für den Fall zeitlicher Mindestabstände ist in Tabelle 1.10 gegeben. Liegen zeitliche Höchstabstände vor, so gelten die Umrechnungsregeln analog.

Tabelle 1.10. Umrechnungsregeln aller Verknüpfungstypen

$$
\begin{array}{l|l}
^{es}T_{ij}^{min} = {}^{ss}T_{ij}^{min} - p_i & ^{ss}T_{ij}^{min} = {}^{es}T_{ij}^{min} + p_i \\
^{es}T_{ij}^{min} = {}^{se}T_{ij}^{min} - p_i - p_j & ^{ss}T_{ij}^{min} = {}^{se}T_{ij}^{min} - p_j \\
^{es}T_{ij}^{min} = {}^{ee}T_{ij}^{min} - p_j & ^{ss}T_{ij}^{min} = {}^{ee}T_{ij}^{min} + p_i - p_j \\
\hline
^{se}T_{ij}^{min} = {}^{ss}T_{ij}^{min} + p_j & ^{ee}T_{ij}^{min} = {}^{ss}T_{ij}^{min} - p_i + p_j \\
^{se}T_{ij}^{min} = {}^{es}T_{ij}^{min} + p_i + p_j & ^{ee}T_{ij}^{min} = {}^{es}T_{ij}^{min} + p_j \\
^{se}T_{ij}^{min} = {}^{ee}T_{ij}^{min} + p_i & ^{ee}T_{ij}^{min} = {}^{se}T_{ij}^{min} - p_i
\end{array}
$$

Da die vier Verknüpfungstypen einfach ineinander umgerechnet werden können, ist es üblich, mit nur einem dieser Verknüpfungstypen zu arbeiten. Im Rahmen der MPM-Netzplantechnik, die wir in Abschnitt 1.4.3 näher erläutern, werden beispielsweise ausschließlich zeitliche Mindest- und Höchstabstände vom Typ Start-Start ($^{ss}T_{ij}^{min}$ und $^{ss}T_{ij}^{max}$) betrachtet und wir bezeichnen diese in verkürzter Schreibweise mit T_{ij}^{min} und T_{ij}^{max}. Bei der CPM-Netzplantechnik hingegen (vgl. Abschnitt 1.4.4) werden nur zeitliche Mindestabstände $^{es}T_{ij}^{min} = 0$ vom Typ Ende-Start, so genannte *Vorrangbeziehungen*, verwendet.

Beispiel 1.9 (Bau eines Hauses). Zur Veranschaulichung der Strukturanalyse betrachten wir ein kleines Bauprojekt. Zu Beginn des Projektes ist das Fundament des Hauses bereits gegossen und es soll sofort mit den Arbeiten am Rohbau begonnen werden. Zwischen dem Projektstart und dem Beginn der Maurerarbeiten darf daher keine Zeit verstreichen. An die Maurerarbeiten schließt sich unmittelbar die Errichtung des Dachstuhls an. Auf die Fertigstellung des Dachstuhls folgt mit dem Richtfest unmittelbar ein Meilenstein des Bauprojekts. Nach dem Richtfest muss sofort das Dach gedeckt werden, damit der Rohbau bei schlechtem Wetter nicht feucht wird. Frühestens nach Errichtung des Dachstuhls sollen außerdem die Fenster des Hauses eingesetzt werden. Damit mit dem Innenausbau begonnen werden kann, muss allerdings, spätestens eine Woche nachdem das Dach gedeckt wurde, mit dem Einsetzen der Fenster begonnen werden. Die Sanitärinstallationen können erst beginnen, wenn der beauftragte Installateur mit seinen Arbeiten auf einer anderen Baustelle fertig ist. Es ist somit frühestens fünf Wochen nach dem Projektstart mit dem Einbau der Sanitärinstallation zu rechnen. Mit den Elektroinstallationen kann frühestens eine Woche nach Beginn der Sanitärinstallationen begonnen werden. Da die Handwerker viel beschäftigt sind, müssen die Elektroinstallationen spätestens zwölf Wochen nach Baubeginn abgeschlossen sein. Unmittelbar nach Abschluss der sanitären Installationsarbeiten soll mit den Arbeiten am Innenputz des Hauses begonnen werden. Frühestens eine Woche nach Beginn und spätestens zwei Wochen nach dem Ende der Putzarbeiten muss die Malerfirma mit ihren Arbeiten anfangen. Sobald die Elektroinstallationen und die Malerarbeiten abgeschlossen sind, kann mit der Montage der Küche begonnen werden. Das Projektende kann erst eintreten, wenn das Dach gedeckt, die Fenster eingesetzt und die Küche montiert wurden. Außerdem wurde mit dem Auftraggeber vereinbart, dass das Haus spätestens 18 Wochen nach Projektbeginn fertiggestellt sein muss.

Tabelle 1.11 zeigt die realen und fiktiven Vorgänge des Bauprojekts, die sich aus der verbalen Beschreibung des Bauprojektes ableiten lassen. Jedem Vorgang ist dabei eine eindeutige Vorgangsnummer zugeordnet, und für jeden Vorgang ist die Menge seiner unmittelbaren Vorgänger und Nachfolger angegeben. Weiterhin werden die sich ergebenden Zeitbeziehungen zwischen den Vorgängen des Projektes in Abbildung 1.19 veranschaulicht. Jeder Vorgang wird durch einen Knoten mit der entsprechenden Vorgangsnummer dargestellt

und die Mindest- und Höchstabstände vom Typ Start-Start zwischen je zwei
Vorgängen werden durch eine Kante zwischen den entsprechenden Knoten
symbolisiert.

Tabelle 1.11. Vorgänge mit jeweiligen Vorgängern und Nachfolgern

Nr.	Vorgang	Vorgänger	Nachfolger
0	Projektstart	—	1, 6, 7, 11
1	Maurerarbeiten	0	2
2	Errichtung des Dachstuhls	1	3, 5
3	Richtfest	2	4
4	Dachdeckerarbeiten	3	5, 11
5	Fenster einsetzen	2, 4	11
6	Sanitärinstallationen	0	7, 8
7	Elektroinstallationen	0, 6	10
8	Innenputzarbeiten	6	9
9	Malerarbeiten	8	10
10	Montage der Küche	7, 9	11
11	Projektende	0, 4, 5, 10	—

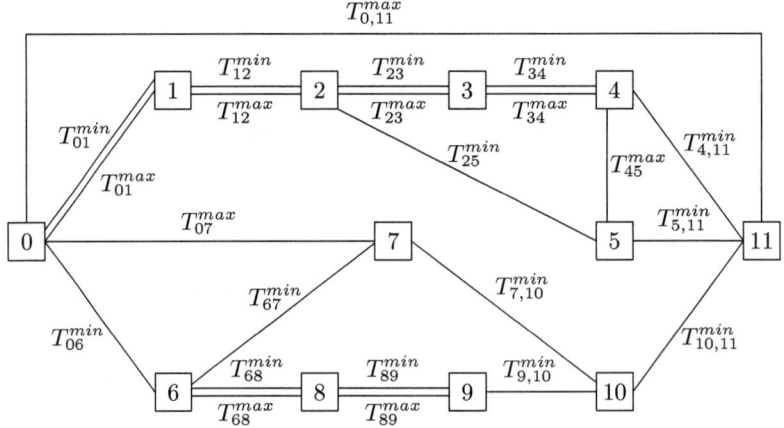

Abb. 1.19. Zeitbeziehungen zwischen den Vorgängen

1.4.2 Zeit-, Ressourcen- und Kostenanalyse

Im Rahmen der Projektplanung werden Informationen über die Vorgangsdauern, die Zeitabstände der Zeitbeziehungen sowie die für die Ausführung
eines Vorgangs erforderlichen Ressourcen und die aus seiner Ausführung resultierenden Kosten benötigt. Diese Informationen werden im Rahmen der

Zeit-, Ressourcen- und Kostenanalyse erhoben. Es ist zu beachten, dass dabei in der Zukunft liegende Werte ermittelt oder geschätzt werden müssen. Die Ergebnisse der Zeit-, Ressourcen- und Kostenanalyse sind daher stets mit Unsicherheiten behaftet.

Zeitanalyse

Im Rahmen der *Zeitanalyse* werden die Vorgangsdauern bestimmt und die Mindest- und Höchstabstände zwischen den Vorgängen quantifiziert. Die *Ausführungsdauern der Vorgänge* können je nach den spezifischen Gegebenheiten des zugrunde liegenden Projektes bzw. seiner Projektvorgänge auf verschiedene Arten ermittelt werden.

In großen Projekten werden einzelne Vorgänge und Teilprojekte häufig von unternehmensexternen Dritten durchgeführt, z.B. von Subunternehmern oder Zulieferern. Die Vorgangsdauern solcher Vorgänge können auf der Grundlage von *Lieferzeitangaben* oder *Terminzusagen* der externen Projektpartner erhoben werden. Diese Art der Erhebung von Vorgangsdauern ist zwar sehr einfach, hat aber den Nachteil, dass der Planer keine Informationen über die Güte der Zeitangaben hat, die von der Termintreue des Projektpartners abhängen.

Sowohl für unternehmensinterne als auch -externe Vorgänge kann die Schätzung der Ausführungsdauern auf der Grundlage von *Erfahrungen* des Planers erfolgen. Die Qualität einer solchen Schätzung hängt dabei ganz wesentlich von der Erfahrung des Planers ab und ist überhaupt nur möglich, wenn der Planer aus vorausgegangenen Projekten über Erfahrungswerte mit vergleichbaren Vorgängen verfügt. Für diese Art der Schätzung empfiehlt es sich, für alle häufiger vorkommenden Vorgänge sowohl die Zeitschätzungen als auch die letztlich realisierten Zeiten in einer Projektdatenbank festzuhalten, so dass später darauf zurückgegriffen werden kann. Fehlen dem Planer notwendige Informationen über Detailfragen, dann ist die Gefahr von Fehleinschätzungen groß. Wenn möglich, sollten die Zeitschätzungen daher nicht allein durch den Projektplaner vorgenommen werden, sondern es sollte stets die Meinung qualifizierter Dritter eingeholt werden. Dabei kann es sich z.B. um andere Mitglieder des Projektplanungsstabes, die für einen Vorgang verantwortlichen Personen oder die mit der Ausführung eines Vorgangs betrauten Mitarbeiter handeln. Bei der Schätzung von Vorgangsdauern durch letztere ist allerdings zu berücksichtigen, dass es zu Überschätzungen der eigentlichen Dauern kommen kann, um sich Zeitreserven zu verschaffen.

Für häufig vorkommende, insbesondere unternehmensinterne, Vorgänge (Arbeitsgänge) können die Vorgangsdauern außerdem mit Hilfe arbeitswissenschaftlicher *Arbeitszeitstudien* ermittelt werden; vgl. hierzu bspw. Luczak (1998, Kapitel 23). Dabei wird zwischen analytischen und synthetischen Verfahren unterschieden. Bei *analytischen Verfahren*, wie z.B. der *REFA-Methode* des Verbandes für Arbeitsstudien und Betriebsorganisation e.V., findet für eine repräsentative Anzahl von Wiederholungen desselben Arbeitsganges eine Arbeitszeitmessung am Arbeitsplatz statt. Gleichzeitig wird für jede dieser

Wiederholungen der Leistungsgrad geschätzt, d.h. es wird geschätzt, ob der beobachtete Arbeitnehmer besonders zügig, besonders langsam oder mit einer durchschnittlichen Geschwindigkeit arbeitet. Damit können die empirisch erhobenen Ist-Zeiten zu einer Vorgabezeit aggregiert werden, die auf einen repräsentativen Leistungsgrad bezogen und dann als entsprechende Vorgangsdauer angesetzt wird. Bei *synthetischen Verfahren* zur Arbeitszeitermittlung, wie beispielsweise der *MTM-Methode* (Methods Time Measurement), wird ein Arbeitsgang in einfachste grundlegende Bewegungsabläufe disaggregiert. Jeder dieser Bewegungsabläufe wird dann in Abhängigkeit von unterschiedlichen Einflussfaktoren (bspw. die Komplexität eines Werkstücks) mit einer Vorgabezeit bewertet. Die Summe aller Vorgabezeiten ergibt schließlich die gesuchte Vorgangsdauer. Die Verwendung von Arbeitszeitstudien zur Ermittlung der Vorgangsdauern eignet sich jedoch nur für manuelle und teilautomatisierte Arbeiten, nicht aber für Arbeiten die – wie etwa bei Forschungs- und Entwicklungsprojekten – überwiegend künstlerischer, kreativer oder geistiger Natur sind.

In der Praxis wird zumeist ignoriert, dass die ermittelten Vorgangsdauern mit Unsicherheiten behaftet sind. Die Zeitplanung und Terminierung der Projektvorgänge erfolgt so, als ob die geschätzten Dauern tatsächlich eingehalten würden. Dies gilt auch für die am weitesten verbreitete Netzplantechnik MPM, die in Abschnitt 1.4.3 ausführlich erläutert wird. Bei einigen Netzplantechniken (PERT und Weiterentwicklungen, vgl. Abschnitt 1.4.4) wird der Unsicherheit bei der Zeitanalyse durch die Verwendung stochastischer Vorgangsdauern Rechnung getragen. Dabei ist die Vorgangsdauer eine Zufallsvariable, die einer vorzugebenden Wahrscheinlichkeitsverteilung gehorcht. Aus Gründen der Praktikabilität wird meist keine genaue Kenntnis der entsprechenden Wahrscheinlichkeitsverteilungen gefordert. Stattdessen wird i.d.R. mit drei Zeitgrößen je Vorgang gearbeitet, die die Verteilung der Vorgangsdauer charakterisieren. Bei einer solchen *Dreizeitenschätzung* ermittelt man für einen Vorgang die wahrscheinlichste oder häufigste Vorgangsdauer sowie eine pessimistische und eine optimistische Vorgangsdauer. Die *wahrscheinlichste* oder *häufigste Dauer* ist die Zeit, die unter normalen Bedingungen für die Ausführung eines Vorgangs benötigt wird. Sie kommt bei wiederholter Durchführung des Vorgangs am häufigsten vor (Modalwert der Verteilung). Die *pessimistische Dauer* wird unter ungünstigsten Bedingungen benötigt, d.h. in allen Fällen, in denen sich die zur Zeitverlängerung beitragenden Störfaktoren stark häufen. Die *optimistische Dauer* ist die kürzestmögliche Zeit, in der ein Vorgang ausgeführt werden kann. Allgemein spricht man von einer *Mehrzeitenschätzung*, wenn mit mehreren Zeitgrößen je Vorgang gearbeitet wird. Eine Mehrzeitenschätzung erfordert naturgemäß einen größeren Aufwand als eine Einzeitenschätzung, da für jeden Vorgang mehrere Schätzwerte zu ermitteln sind. Jeder der einzelnen Schätzwerte ist jedoch unsicher, so dass das Unsicherheitsproblem zwar reduziert, aber nicht ausgeschaltet wird.

Neben der Ermittlung der Ausführungsdauern der Vorgänge werden im Rahmen der Zeitanalyse auch die *Zeitabstände* der Zeitbeziehungen quantifiziert, die in Form von Mindest- und Höchstabständen vorliegen. Ebenso wie die Anordnungsbeziehungen zwischen je zwei Vorgängen (vgl. Abschnitt 1.4.1) kann man auch die Zeitabstände zwischen diesen Vorgängen hinsichtlich ihrer Ursachen unterscheiden, d.h. sie können technisch bzw. logisch bedingt sein oder sich aufgrund ablauforganisatorischer Umstände ergeben. Beispielsweise muss eine Fahrzeugkarosserie, nachdem sie lackiert wurde, mindestens zwei Stunden trocknen, bevor sie weiterbearbeitet werden kann, oder aber ein Teilprojekt muss aufgrund vertraglicher Verpflichtungen eine vorgegebene Zeitspanne nach Projektbeginn beendet werden.

Die Erhebung von Zeitabständen ist in hohem Maße abhängig vom vorliegenden Projekt. Konkrete Zeitabstände werden z.B. auf der Grundlage von Produkt- und Fertigungsspezifikationen, intern oder extern vorgegebener Fristen sowie spätesten Fertigstellungs- oder frühesten Bereitstellungszeitpunkten ermittelt. In der Regel sind auch die Dauern der einzelnen Projektvorgänge bei der Bestimmung der Zeitabstände zu berücksichtigen. Soll beispielsweise ein Vorgang j frühestens nach dem Ende von Vorgang i mit der Dauer p_i starten können, dann hat der korrespondierende Mindestabstand zwischen den beiden Startzeitpunkten der Vorgänge i und j die Länge ${}^{ss}T_{ij}^{min} = p_i$ (vgl. hierzu auch Tab. 1.10).

Beispiel 1.10 (Fortsetzung von Beispiel 1.9). Zur Veranschaulichung der Zeitanalyse betrachten wir wieder unser Bauprojekt aus Abschnitt 1.4.1. Wir nehmen an, dass die Ausführungsdauern der Vorgänge aufgrund von Erfahrungswerten und Terminzusagen der Subunternehmer wie in Tabelle 1.12 angegeben geschätzt werden können. Die fiktiven Vorgänge Projektstart, Richtfest (Meilenstein) und Projektende haben die Dauer 0.

Tabelle 1.12. Ausführungsdauern der Vorgänge

Nr.	Vorgang	Dauer (in Wochen)
0	Projektstart	0
1	Maurerarbeiten	3
2	Errichtung des Dachstuhls	2
3	Richtfest	0
4	Dachdeckerarbeiten	1
5	Fenster einsetzen	1
6	Sanitärinstallationen	4
7	Elektroinstallationen	3
8	Innenputzarbeiten	2
9	Malerarbeiten	2
10	Montage der Küche	1
11	Projektende	0

Mit Hilfe der Vorgangsdauern und der in der Projektbeschreibung in Beispiel 1.9 angegebenen Termine und Zeitabstände zwischen einzelnen Vorgängen können die zeitlichen Mindest- und Höchstabstände vom Typ Start-Start quantifiziert werden. Da beispielsweise Vorgang 1 unmittelbar nach Projektbeginn starten soll, gilt $T_{01}^{min} := T_{01}^{max} := 0$. Mit der Bearbeitung von Vorgang 8 soll sofort nach dem Ende von Vorgang 6 begonnen werden. Daher gilt $T_{68}^{min} := T_{68}^{max} := p_6 = 4$. Da Vorgang 9 frühestens eine Woche nach dem Beginn von Vorgang 8 starten darf und spätestens 2 Wochen nach dem Ende von 8 starten muss, gilt $T_{89}^{min} := 1$ und $T_{89}^{max} := p_8 + 2 = 4$. Vorgang 5 kann frühestens nach Beendigung von Vorgang 2 begonnen werden und muss spätestens eine Woche nach dem Ende von Vorgang 4 gestartet werden, d.h. $T_{25}^{min} := p_2 = 2$ und $T_{45}^{max} := p_4 + 1 = 2$. Vorgang 7 muss spätestens 12 Wochen nach Projektbeginn beendet sein, d.h. $T_{07}^{max} := 12 - p_7 = 9$. Die übrigen Zeitbeziehungen (vgl. Abb. 1.20) ergeben sich analog.

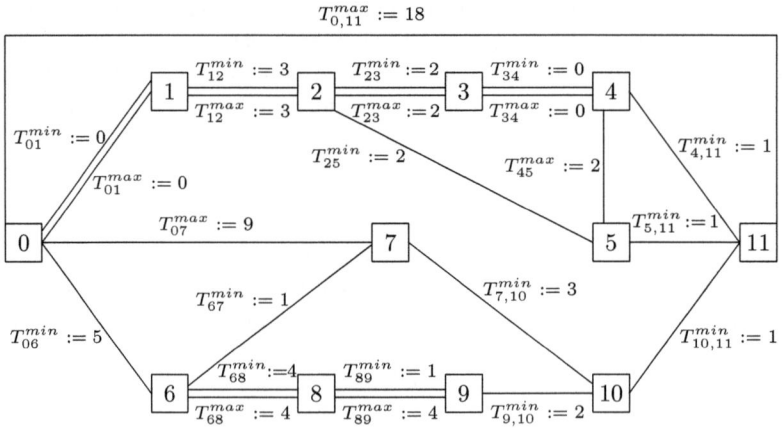

Abb. 1.20. Mindest- und Höchstabstände zwischen den Vorgängen

Ressourcenanalyse

Bei der Bestimmung der für die Durchführung eines Vorgangs benötigten Ressourcen unterscheiden wir zwischen zwei grundlegenden Arten von Ressourcen: erneuerbaren und nicht-erneuerbaren Ressourcen.

Nicht-erneuerbare Ressourcen sind klassische Verbrauchsgüter wie z.B. Rohstoffe oder Materialien, die nur einmal verwendet werden können und danach nicht mehr zur Verfügung stehen. Zu den nicht-erneuerbaren Ressourcen i.w.S. werden auch finanzielle Mittel gezählt. Wird nämlich ein vorgegebenes Budget durch einen Vorgang in Anspruch genommen, dann stehen diese finanziellen Mittel für nachfolgende Vorgänge nicht mehr zur Verfügung. Die für einen Vorgang benötigten Verbrauchsgüter können meist recht genau anhand von Stücklisten bzw. Produktbeschreibungen (bedarfsgesteuerte

Materialbedarfsprognose) oder mit Hilfe verbrauchsgesteuerter Prognoseverfahren ermittelt werden. Bei der Herstellung eines PKW kann der Stückliste
unmittelbar entnommen werden, dass für den Vorgang „Räder montieren"
vier Kompletträder benötigt werden. Verbrauchsgesteuerte Prognoseverfahren hingegen, wie z.B. Verfahren der exponentiellen Glättung, kommen vor
allem bei der Bedarfsprognose geringwertiger Wirtschaftsgüter (z.B. Schrauben oder Schmiermittel) zum Einsatz, für die eine bedarfsgesteuerte Disposition zu aufwändig wäre.

Nicht-erneuerbare Ressourcen sind vor allem für die Kostenplanung (vgl.
Kapitel 4) von Interesse, bei der die einzelnen Vorgänge durch den vermehrten bzw. verminderten Einsatz von Ressourcen beschleunigt bzw. verzögert
werden können. Im Rahmen der Projektplanung unter Zeitrestriktionen (vgl.
Kapitel 2) bzw. der Projektplanung unter Zeit- und Ressourcenrestriktionen
(vgl. Kapitel 3) spielen nicht-erneuerbare Ressourcen eine untergeordnete Rolle, da wir annehmen, dass die zur Ausführung eines Vorgangs benötigten
nicht-erneuerbaren Ressourcen stets zu Beginn des Vorgangs in ausreichender
Menge zur Verfügung stehen. Kann dies einmal nicht gewährleistet werden, so
können früheste Bereitstellungstermine mit Hilfe zeitlicher Mindestabstände
zwischen dem Projektstart und dem zugrunde liegenden Vorgang abgebildet
werden. Zur Behandlung nicht-erneuerbarer Ressourcen für die Projektplanung im Mehrmodusfall, bei der für die Ausführung von Vorgängen verschiedene Ausführungsmodi zu betrachten sind, verweisen wir auf NEUMANN ET AL.
(2003, Kap. 2.15) und DEMEULEMEESTER und HERROELEN (2002, Kap. 8).

Erneuerbare Ressourcen wie Maschinen, Prozessoren, Laboreinrichtungen
oder Personal sind Ressourcen, die für die Dauer eines Vorgangs durch diesen
ganz oder teilweise belegt werden und während dieses Zeitraums für andere
Vorgänge nicht bzw. nicht in voller Höhe zur Verfügung stehen. Sobald der
beanspruchende Vorgang endet, kann eine erneuerbare Ressource von anderen Vorgängen wieder belegt werden. Unter Umständen sind vor der Belegung einer solchen Ressource jedoch noch (reihenfolgeabhängige) Rüstzeiten
zu berücksichtigen, z.B. um neue Werkzeuge in ein Bohrfutter einzuspannen
oder einen chemischen Reaktor zu reinigen. Wir nehmen an, dass erneuerbare Ressourcen zu jedem Zeitpunkt des Planungszeitraums in konstanter
Höhe zur Verfügung stehen, unabhängig davon, ob sie zuvor bereits verwendet wurden oder nicht. Zur Bestimmung der Höhe der Inanspruchnahme einer erneuerbaren Ressource durch einen Vorgang kann man beispielsweise eine
technische Beschreibung des zugrunde liegenden Arbeitsgangs heranziehen. In
einem solchen Arbeitsplan ist i.d.R. genau spezifiziert, welcher Maschinentyp
zur Bearbeitung eines Werkstücks benötigt wird oder über welche Qualifikationen ein Mitarbeiter verfügen muss und wie viele Mitarbeiter notwendig
sind. Für alle benötigten erneuerbaren Ressourcen müssen außerdem die im
Planungszeitraum verfügbaren Ressourcenkapazitäten bestimmt werden. Es
muss also beispielsweise geklärt werden, wie viele Mitarbeiter für das betrachtete Projekt verfügbar sind oder freigestellt werden können oder wie viele der
benötigten Maschinen im betrachteten Zeitraum nicht belegt sind. Die knap-

pen Ressourcen stellen aus Sicht der Projektplanung Restriktionen dar, da für jeden beliebigen Zeitpunkt während der Ausführung eines Projektes die gesamte Inanspruchnahme einer Ressource durch die in Ausführung befindlichen Vorgänge die verfügbare Ressourcenkapazität nicht überschreiten darf.

Für einen Überblick über weitere im Rahmen der Projektplanung häufig thematisierte Ressourcentypen verweisen wir auf weiterführende Literatur, da deren Behandlung den Rahmen dieser Monographie übersteigt. In NEUMANN ET AL. (2003, Kap. 2.12 und 2.13) werden z.B. so genannte kumulative und synchronisierende Ressourcen behandelt, BÖTTCHER ET AL. (1999) beschreiben partiell erneuerbare Ressourcen und in SCHWINDT und TRAUTMANN (2003) werden so genannte allozierende Ressourcen betrachtet.

Zwischen der Dauer eines Vorgangs und der Menge der durch seine Ausführung in Anspruch genommenen erneuerbaren oder nicht-erneuerbaren Ressourcen besteht in vielen Fällen ein unmittelbarer Zusammenhang. Die Vorgangsdauern hängen meist von den eingesetzten Ressourcenkapazitäten ab und sind damit in einem gewissen Rahmen variabel. So kann z.B. ein Vorgang in einem Bauprojekt beschleunigt werden, indem man mehr Mitarbeiter oder Baukräne zur Verfügung stellt, oder ein chemischer Prozess wird dadurch beschleunigt, dass ihm mehr Energie zugeführt wird. Dieser Zusammenhang erschwert die Ermittlung der für die Projektplanung anzusetzenden Vorgangsdauern bzw. der zu veranschlagenden Ressourceninanspruchnahmen. In der Praxis wird daher häufig die unter normalen Projektablaufbedingungen wahrscheinlichste oder häufigste Dauer für einen Vorgang sowie der hieraus resultierende Ressourcenverbrauch vorgegeben. Es ist jedoch empfehlenswert, sich bei der Festlegung einer Vorgangsdauer und der resultierenden Ressourceninanspruchnahmen am ökonomischen Prinzip, d.h. an der Minimierung der resultierenden Kosten, zu orientieren.

Kostenanalyse

Im Rahmen der *Kostenanalyse* werden die Kosten ermittelt, die bei der Durchführung eines Projektes anfallen. Dazu wird zwischen *Vorgangseinzelkosten* (Einzelkosten), d.h. Kosten, die den einzelnen Vorgängen unmittelbar zurechenbar sind, und *Vorgangsgemeinkosten* (Gemeinkosten), d.h. Kosten, die den einzelnen Vorgängen nicht unmittelbar zugeordnet werden können, unterschieden.

Die *Einzelkosten* eines Vorgangs ergeben sich im Allgemeinen unmittelbar aus der Ressourceninanspruchnahme eines Vorgangs, indem die beanspruchte Ressourcenkapazität mit Preisen bzw. Kostensätzen bewertet wird. Eine solche Bewertung ist für nicht-erneuerbare Ressourcen einfach; z.B. können die für einen Vorgang benötigten Rohstoffe und Materialien mit aktuellen Marktpreisen oder historischen Anschaffungskosten bewertet werden. Die Berücksichtigung erneuerbarer Ressourcen erweist sich als komplizierter, da sie einem Unternehmen i.d.R. über einen längeren Zeitraum hinaus zur Verfügung stehen und ihre Zurechnung zu einem einzelnen Vorgang meist über bestimmte

Kostenschlüssel erfolgt. Wird z.B. eine Spezialmaschine von nur einem einzigen Projektvorgang benötigt, so können die anteiligen kalkulatorischen Abschreibungen dieser Maschine zusammen mit etwaigen Bereitstellungskosten (bspw. Transportkosten eines Krans zu einer Baustelle) als Einzelkosten des betrachteten Vorgangs angesehen werden.[15]

Die Vorgangseinzelkosten sind nicht als fix zu erachten, da ihre Höhe wesentlich von der Höhe der Ressourceninanspruchnahme und damit von der Vorgangsdauer abhängt. Eine Veränderung der Vorgangsdauer kann durch eine

- quantitative Anpassung (z.B. Änderung der Anzahl eingesetzter Maschinen oder Mitarbeiter),
- intensitätsmäßige Anpassung (z.B. Erhöhung bzw. Verminderung der Produktionsgeschwindigkeit),
- zeitliche Anpassung (z.B. Über- bzw. Unterstunden der Mitarbeiter) oder
- qualitative Anpassung (z.B. Anwendung anderer Technologien oder Verfahren)

erfolgen. Wird ein Vorgang beschleunigt, dann fallen beispielsweise Überstundenkosten für die eingesetzten Arbeitskräfte oder Löhne für zusätzlich benötigte Arbeitskräfte an. Werden Maschinen in einer höheren Betriebsstufe betrieben, dann führt dies meist zu einem höheren Verschleiß und einem höheren Energieverbrauch. Man kann sich die Gesamtkosten eines Vorgangs daher als eine Funktion in Abhängigkeit von der Vorgangsdauer denken. Eine solche Kostenfunktion kann, wie aus der Produktions- und Kostentheorie bekannt, grundsätzlich verschiedene Verläufe haben; sie kann beispielsweise konstant, progressiv, degressiv, s- oder u-förmig verlaufen sowie stetig oder diskret definiert sein. Häufig wird der in Abbildung 1.21 dargestellte u-förmige Verlauf der Vorgangskostenfunktion angenommen.

In der Regel empfiehlt es sich, für die Dauer eines Vorgangs diejenige Dauer anzunehmen, für die die Kostenfunktion minimal ist (vgl. Abb. 1.21). Aus dieser kostenminimalen Vorgangsdauer ergeben sich dann die entsprechenden Ressourceninanspruchnahmen und die Vorgangskosten. Ist allerdings ein Projektendtermin vorgegeben, dann müssen u.U. einige Vorgänge beschleunigt werden, um das Projekt rechtzeitig beenden zu können. Eine derartige beschleunigte Projektdurchführung führt jedoch meist zu höheren Kosten. Häufig ist in der Praxis für die Durchführung eines Projektes auch ein Budget vorgegeben, das nicht überschritten werden darf. In diesem Fall ist man daran interessiert, das zugrunde liegende Projekt so schnell wie möglich durchzuführen unter der Bedingung, dass die aus der Projektdurchführung resultierenden Kosten das gegebene Budget nicht überschreiten. Dieses so genannte Time-Cost-Tradeoff-Problem der Ermittlung geeigneter Vorgangsdau-

---

[15] Bei kalkulatorischen Abschreibungen handelt es sich in der klassischen Kostenrechnung um (Kostenträger-)Gemeinkosten. Aus Projektsicht können diese Abschreibungen Vorgangseinzel- oder -gemeinkosten darstellen, je nach ihrer Zurechenbarkeit zu einem einzelnen Vorgang.

Vorgangskosten

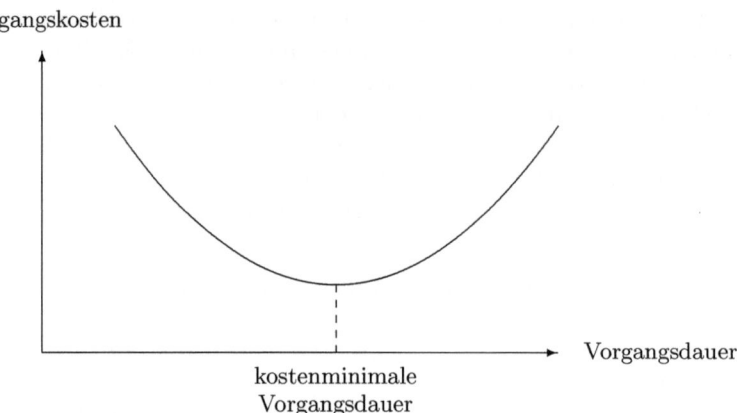

Abb. 1.21. Idealtypischer Kostenverlauf in Abhängigkeit von der Vorgangsdauer

ern zur Berücksichtigung einer vorgegebenen maximalen Projektdauer bzw. zur Einhaltung gegebener Budgetrestriktionen wird in Kapitel 4 ausführlich behandelt.

Bei den *Gemeinkosten* handelt es sich um Kosten, die einer Menge von Vorgängen, einem Teilprojekt oder gar dem ganzen Projekt unmittelbar zurechenbar sind. Hierzu zählen beispielsweise Kosten für die Bauleitung bei einem Bauprojekt, Versicherungsbeiträge, kalkulatorische Zinsen oder kalkulatorische Abschreibungen für Wertgegenstände des Anlagevermögens, die von mehreren Vorgängen beansprucht werden. Um die Gesamtkosten eines Vorgangs zu bestimmen, müssen die Gemeinkosten mit Hilfe eines geeigneten Schlüssels verursachungsgerecht auf die einzelnen Vorgängen des Projektes umgelegt werden. Eine solche Schlüsselung kann mit Hilfe von *Mengenschlüsseln* erfolgen, d.h. unter Verwendung von Zeitgrößen wie Fertigungs-, Rüst-, Lagerzeiten, Maschinen- oder Mannstunden oder unter Verwendung physikalisch-technischer Größen wie die Anzahl installierter Anlagen, Flächen- oder Rauminhalte. Die Kosten für den Einsatz eines Schwerlastkrans auf einer Baustelle können beispielsweise auf die einzelnen Vorgänge umgelegt werden, indem man die gesamten Gemeinkosten des Kraneinsatzes durch die Anzahl Tage, die der Kran auf der Baustelle eingesetzt wird, teilt und diesen Tagessatz dann mit der Inanspruchnahme (in Tagen) der einzelnen Vorgänge multipliziert.[16] Nicht immer ist eine Schlüsselung jedoch so einfach möglich. Es ist beispielsweise nicht sofort ersichtlich, wie man die Kosten für die Bauleitung auf die einzelnen Vorgänge umlegen sollte. Eine Möglichkeit wäre, die Kosten auf Grundlage der jeweiligen Vorgangsdauern zu verrechnen. Diese Art der Umlage ist jedoch häufig nicht sonderlich verursachungsgerecht, da der An-

---

[16] Dabei wird angenommen, dass der Kran pro Tag nur genau einem Vorgang zur Verfügung steht.

teil der Gemeinkosten an den Gesamtkosten eines Projektes häufig deutlich höher ist als der Anteil der Einzelkosten und wenig arbeitsintensive, aber langwierige Vorgänge stärker belastet würden als sehr arbeitsintensive, komplexe Vorgänge, deren Ausführung relativ wenig Zeit in Anspruch nimmt. In solchen Fällen bietet sich die Verwendung eines *Wertschlüssels* zur Umlage einzelner Gemeinkostenpositionen an, wie z.B. die Einzelkosten eines Vorgangs, wenn man davon ausgeht, dass die Höhe der Einzelkosten eines Vorgangs die relative Inanspruchnahme der Gemeinkosten im Vergleich zu anderen Vorgängen widerspiegelt. Abschließend ist festzuhalten, dass eine wirklich verursachungsgerechte Umlage der Gemeinkosten auf die einzelnen Vorgänge i.d.R. nicht exakt möglich ist. Wichtig bei der Wahl eines geeigneten Schlüssels zur Umlage der Gemeinkosten ist jedoch, dass die Höhe des Kostenanfalls möglichst proportional von dem gewählten Schlüssel abhängt.

1.4.3 Metra-Potential-Methode

Nach DIN 69900 (Teil 1, August 1987) umfasst eine *Netzplantechnik*

> „alle Verfahren zur Analyse, Beschreibung, Planung, Steuerung, Überwachung von Abläufen auf der Grundlage der Graphentheorie, wobei Zeit, Kosten, Einsatzmittel und weitere Einflussgrößen berücksichtigt werden können."

Die *Metra-Potential-Methode (MPM)* ist die derzeit in Theorie und Praxis am weitesten verbreitete Netzplantechnik. Ein Überblick über weitere Netzplantechniken wird in Abschnitt 1.4.4 gegeben.

Die MPM-Netzplantechnik stellt Projekte als *Vorgangsknotennetze* dar, d.h. jedem Projektvorgang entspricht im MPM-Netzplan ein Knoten (Quadrat), der durch die Vorgangsnummer eindeutig bezeichnet ist. Ein Pfeil zwischen zwei Vorgängen repräsentiert eine Zeitbeziehung zwischen diesen beiden Vorgängen. Bei MPM-Netzplänen werden alle Anordnungsbeziehungen als Start-Start-Beziehungen modelliert (vgl. Abschnitt 1.4.1), d.h. wir unterscheiden nur zeitliche Mindest- und Höchstabstände zwischen den Startzeitpunkten zweier Vorgänge. Jeder Pfeil des Netzplans hat eine Bewertung, die dem zeitlichen Abstand zwischen den beiden mit dem Pfeil inzidenten Vorgängen entspricht. Der Pfeil zwischen den Vorgängen a und i in Abbildung 1.22 repräsentiert beispielsweise einen Mindestabstand und besagt, dass Vorgang i frühestens drei Zeiteinheiten nach dem Start von Vorgang a starten kann.

Konstruktion von MPM-Netzplänen

Sei $V := \{0, 1, \ldots, n, n+1\}$ mit $n \geq 1$ die Menge aller (nicht unterbrechbaren) Vorgänge eines Projektes. Vorgang 0 entspricht dem fiktiven Vorgang *Projektstart* und $n + 1$ dem fiktiven Vorgang *Projektende*. Da jeder Projektvorgang durch einen Knoten im Projektnetzplan repräsentiert wird, ist V gleichzeitig

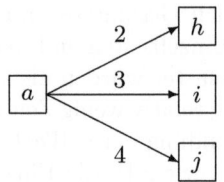

Abb. 1.22. Teil eines MPM-Netzplans

die Menge aller Knoten des Netzplans. $p_i \geq 0$ bezeichnet die als deterministisch angenommene Dauer (processing time) eines Vorgangs $i \in V$. Da es sich bei den Vorgängen Projektstart und Projektende um fiktive Vorgänge (Ereignisse) handelt, gilt $p_0 = p_{n+1} = 0$. Wir bezeichnen den Startzeitpunkt eines Vorgangs i mit $S_i \geq 0$ und setzen ohne Beschränkung der Allgemeinheit $S_0 := 0$, d.h. das Projekt beginnt immer zum Zeitpunkt 0. Damit entspricht der Eintrittszeitpunkt des Projektendes S_{n+1} gerade der *Projektdauer*, d.h. der Zeitspanne, die zwischen dem Beginn und dem Ende des Projektes verstreicht.

Ein *zeitlicher Mindestabstand* (minimum time lag) T_{ij}^{min}, oder ausführlicher

$$S_j - S_i \geq T_{ij}^{min}, \tag{1.2}$$

zwischen dem Beginn zweier Vorgänge i und j besagt, dass Vorgang j frühestens eine vorgegebene Zeitspanne T_{ij}^{min} nach Beginn von Vorgang i gestartet werden kann (vgl. Abb. 1.23).[17] Falls Vorgang j begonnen werden kann, bevor Vorgang i beendet worden ist, können sich die Vorgänge überlappen und es gilt $T_{ij}^{min} < p_i$. Kann Vorgang j frühestens unmittelbar nach dem Ende von Vorgang i beginnen, so gilt $T_{ij}^{min} := p_i$. Liegt ein Mindestabstand $T_{ij}^{min} = 0$ vor, so kann Vorgang j frühestens gleichzeitig mit dem Start von Vorgang i begonnen werden.

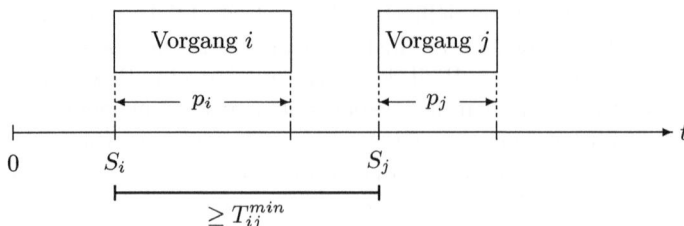

Abb. 1.23. Zeitlicher Mindestabstand

---

[17] Aus Gründen der einfacheren Darstellung verwenden wir im Folgenden das Symbol T_{ij}^{min} synonym für Ungleichung (1.2) und für die rechte Seite der Ungleichung. Sollte die Bedeutung von T_{ij}^{min} einmal nicht aus dem Kontext klar werden, so weisen wir deutlich auf die jeweilige Bedeutung hin.

Häufig kann ein Vorgang erst begonnen werden, wenn die zu seiner Ausführung notwendigen Materialien bereitgestellt wurden. Nehmen wir an, für einen Vorgang i sei aufgrund gegebener Bereitstellungstermine ein frühester Startzeitpunkt $t_i \geq 0$ vorgegeben. Dann kann dies durch die Einführung eines zeitlichen Mindestabstands $T_{0i}^{min} := t_i$ gewährleistet werden (vgl. Abb. 1.24).

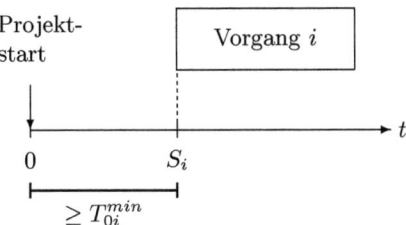

Abb. 1.24. Mindestabstand zwischen Projektstart und Vorgang i

Soll ein Vorgang i spätestens $\tau_i \geq 0$ Zeiteinheiten vor Projektende beendet sein, d.h. das Projektende darf frühestens τ_i Zeiteinheiten nach dem Ende von i eintreten, dann führen wir einen zeitlichen Mindestabstand $T_{i,n+1}^{min} := p_i + \tau_i$ ein (vgl. Abb. 1.25).

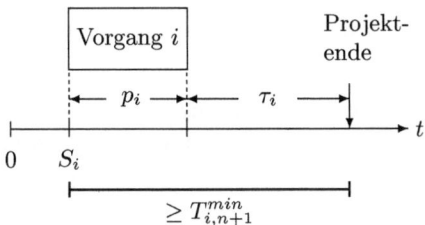

Abb. 1.25. Mindestabstand zwischen Vorgang i und Projektende

Ein *zeitlicher Höchstabstand* (maximum time lag) T_{ij}^{max}, bzw. ausführlicher

$$S_j - S_i \leq T_{ij}^{max}, \tag{1.3}$$

zwischen dem Beginn zweier Vorgänge i und j besagt, dass Vorgang j spätestens T_{ij}^{max} Zeiteinheiten nach Beginn von Vorgang i gestartet werden muss (vgl. Abb. 1.26).[18]

Für einige Vorgänge können aufgrund vertraglicher Vorgaben späteste Abschlusszeitpunkte vorgegeben sein. Sei beispielsweise $t_i \geq p_i$ ein spätester Abschlusszeitpunkt für Vorgang i, d.h. Vorgang i muss spätestens zum Zeitpunkt t_i beendet werden. Somit muss Vorgang i spätestens $t_i - p_i$ Zeiteinheiten

---

[18] Analog zu T_{ij}^{min} verwenden wir im Folgenden das Symbol T_{ij}^{max} synonym für Ungleichung (1.3) und für die rechte Seite der Ungleichung.

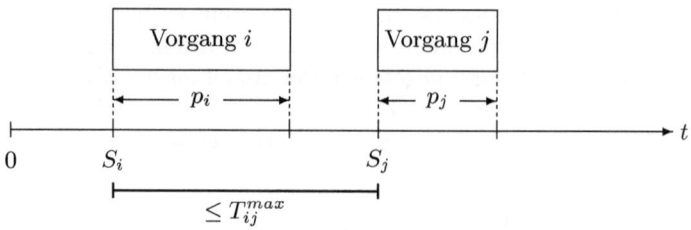

Abb. 1.26. Zeitlicher Höchstabstand

nach Beginn des Projektes begonnen werden und wir führen den zeitlichen Höchstabstand $T_{0i}^{max} := t_i - p_i$ ein (vgl. Abb. 1.27).

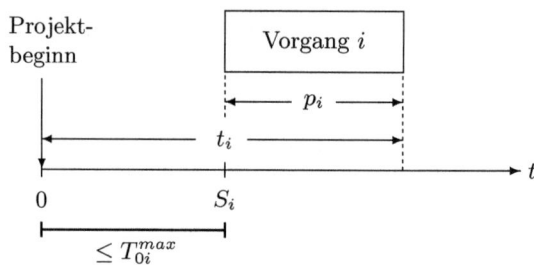

Abb. 1.27. Höchstabstand zwischen Projektstart und Vorgang i

Kann mit der Ausführung eines Vorgangs i frühestens $\tau_i \geq p_i$ Zeiteinheiten vor Ende des Projektes begonnen werden, d.h. das Projektende darf spätestens τ_i Zeiteinheiten nach Beginn von Vorgang i eintreten, dann führen wir einen zeitlichen Höchstabstand $T_{i,n+1}^{max} := \tau_i$ ein (vgl. Abb. 1.28).

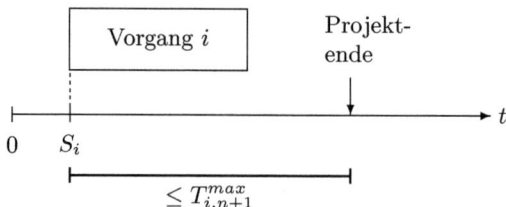

Abb. 1.28. Höchstabstand zwischen Vorgang i und Projektende

Neben den bereits genannten Möglichkeiten zur Modellierung praktischer Zeitbeziehungen mit Hilfe zeitlicher Mindest- und Höchstabstände lassen sich eine Reihe weiterer Zeitbeziehungen abbilden:

- Soll ein Vorgang j unmittelbar im Anschluss an einen Vorgang i ausgeführt werden, d.h. $S_j - S_i = p_i$, dann werden Mindest- und Höchstabstände $T_{ij}^{min} := p_i$ und $T_{ij}^{max} := p_i$ eingeführt.

- Sollen m Vorgänge $i_1, i_2, \ldots, i_{m-1}, i_m$ zur gleichen Zeit beginnen, d.h. $S_{i_1} = S_{i_2} = \ldots = S_{i_{m-1}} = S_{i_m}$, dann müssen $m-1$ Mindestabstände $T^{min}_{i_1,i_2} := \ldots := T^{min}_{i_{m-1},i_m} := 0$ und ein Höchstabstand $T^{max}_{i_1,i_m} := 0$ eingeführt werden. Sollen also beispielsweise die Vorgänge i_1 und i_2 gleichzeitig starten, so setzen wir $T^{min}_{i_1,i_2} := T^{max}_{i_1,i_2} := 0$.
- Soll ein Vorgang i zu einem vorgegebenen Zeitpunkt t_i starten (enden), d.h. $S_i = t_i$ ($S_i = t_i - p_i$), dann werden Mindest- und Höchstabstände $T^{min}_{0i} := T^{max}_{0i} := S_i$ eingeführt.
- Soll ein Vorgang i frühestens zum Zeitpunkt $t'_i \geq 0$ und spätestens zum Zeitpunkt $t''_i > t'_i$ beginnen, werden die zeitlichen Mindest- und Höchstabstände $T^{min}_{0i} := t'_i$ und $T^{max}_{0i} := t''_i$ eingeführt.

Wir erläutern nun den Zusammenhang zwischen zeitlichen Mindest- und Höchstabständen. Ein zeitlicher Höchstabstand T^{max}_{ji} zwischen dem Beginn zweier Vorgänge j und i ist definiert als

$$S_i - S_j \leq T^{max}_{ji}.$$

Multiplizieren wir diese Ungleichung mit -1, so erhalten wir die äquivalente Ungleichung

$$S_j - S_i \geq -T^{max}_{ji}.$$

Diese Ungleichung spezifiziert gerade einen zeitlichen Mindestabstand T^{min}_{ij} zwischen i und j mit $T^{min}_{ij} = -T^{max}_{ji}$. Ein zeitlicher Höchstabstand zwischen dem Beginn der Vorgänge j und i entspricht somit einem negativen zeitlichen Mindestabstand zwischen dem Beginn der Vorgänge i und j, d.h. zeitliche Höchstabstände können in zeitliche Mindestabstände überführt werden. Zur Plausibilisierung betrachten wir ein kleines Beispiel.

Beispiel 1.11. Zwischen zwei Vorgängen j und i ist ein zeitlicher Höchstabstand $T^{max}_{ji} = 5$ gegeben (vgl. Abb. 1.29). Das ist äquivalent zu den Aussagen

„Vorgang i muss spätestens 5 Zeiteinheiten nach dem Start von Vorgang j starten."

„Vorgang j kann frühestens 5 Zeiteinheiten vor dem Start von Vorgang i starten."

„Vorgang j kann frühestens -5 Zeiteinheiten nach dem Start von Vorgang i gestartet werden."

Die letzte Aussage wiederum entspricht einem zeitlichen Mindestabstand $T^{min}_{ij} = -5$.

Die Tatsache, dass zeitliche Höchstabstände einfach in Mindestabstände überführt werden können, machen wir uns bei der Konstruktion eines MPM-Netzplans zunutze. Wir formulieren unter Verwendung der Gleichung

$$T^{max}_{ji} = -T^{min}_{ij}$$

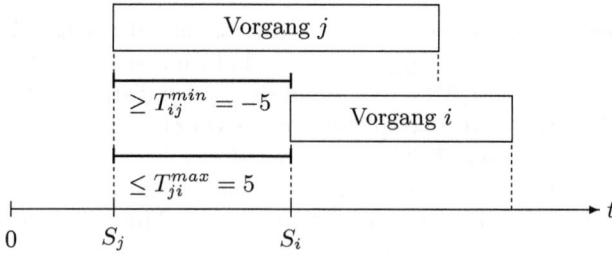

Abb. 1.29. Zusammenhang von zeitlichen Mindest- und Höchstabständen

alle (nichtnegativen bzw. negativen) Höchstabstände zwischen zwei Vorgängen j und i als (nichtpositive bzw. positive) Mindestabstände zwischen i und j (vgl. Beispiel 1.11). Somit können wir uns bei der Visualisierung eines Projektnetzplans auf die Darstellung von zeitlichen Mindestabständen beschränken.

Ist ein zeitlicher Mindestabstand zwischen dem Beginn zweier Vorgänge $i, j \in V$, $i \neq j$, gegeben, so führen wir einen Pfeil $\langle i, j \rangle$ zwischen diesen beiden Vorgängen (Knoten) mit der Bewertung $\delta_{ij} = T_{ij}^{min}$ ein. Für einen zeitlichen Höchstabstand T_{ij}^{max} zwischen dem Beginn zweier Vorgänge i und j, $i \neq j$, der, wie wir gesehen haben, einem Mindestabstand T_{ji}^{min} zwischen j und i entspricht, führen wir einen Pfeil $\langle j, i \rangle$ mit der Bewertung $\delta_{ji} = T_{ji}^{min} = -T_{ij}^{max}$ in entgegengesetzter Richtung ein (vgl. Abb. 1.30). Existieren $k > 1$ Pfeile $\langle i, j \rangle^1, \ldots, \langle i, j \rangle^k$ mit zugehörigen Pfeilbewertungen $\delta_{ij}^1, \ldots, \delta_{ij}^k$ zwischen den Vorgängen i und j, so muss nur ein Pfeil $\langle i, j \rangle$ mit der Bewertung $\delta_{ij} = \max(\delta_{ij}^1, \ldots, \delta_{ij}^k)$ eingeführt werden. Die übrigen Pfeile sind redundant und können für alle weiteren Betrachtungen ignoriert werden.

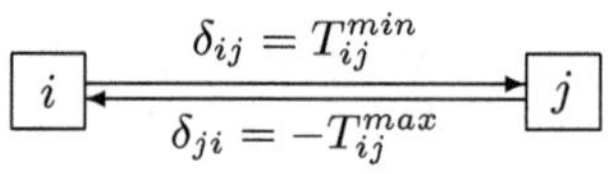

$$i \xleftarrow[\delta_{ji} = -T_{ij}^{max}]{\delta_{ij} = T_{ij}^{min}} j$$

Abb. 1.30. Zeitliche Mindest- und Höchstabstände im Netzplan

Beispiel 1.12 (Fortsetzung von Beispiel 1.10). Ausgehend von den Zeitbeziehungen, die wir in Beispiel 1.10 spezifiziert haben, können wir unser Beispielprojekt, wie in Abbildung 1.31 dargestellt, als MPM-Netzplan veranschaulichen. An den Knoten des Netzplans, die die Projektvorgänge repräsentieren, notieren wir neben der Vorgangsnummer zusätzlich die entsprechende Vorgangsdauer. Die Mindestabstände T_{ij}^{min} zwischen zwei Knoten i und j entsprechen gerade einem Pfeil $\langle i, j \rangle$ mit der Bewertung $\delta_{ij} = T_{ij}^{min}$, und die Höchstabstände T_{ij}^{max} werden wie beschrieben als Pfeile $\langle j, i \rangle$ mit der Bewertung $\delta_{ji} = -T_{ij}^{max}$ repräsentiert.

Sei $E \subseteq V \times V$ die Menge aller Pfeile eines Projektnetzplans, dann können die Zeitbeziehungen des Projektes analog zu (1.2) als Ungleichungen der Form

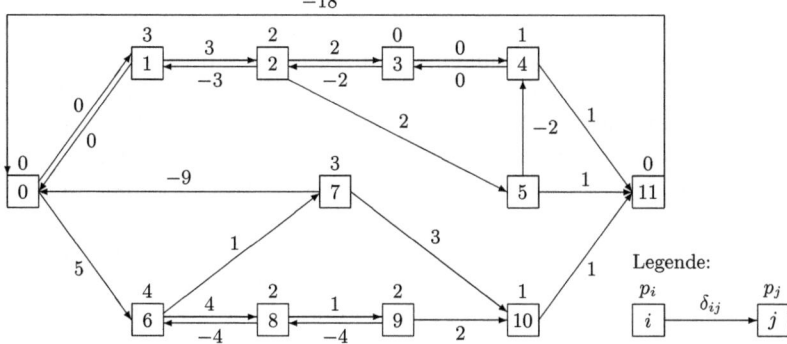

Abb. 1.31. MPM-Netzplan für das Beispielprojekt

$$S_j - S_i \geq \delta_{ij} \quad (\langle i, j \rangle \in E) \tag{1.4}$$

zusammengefasst werden.

Anmerkung 1.13. Die Startzeitpunkte $S_i \geq 0$ der Vorgänge $i \in V$ können als Knotengewichte eines MPM-Netzplans aufgefasst werden. Eine Abbildung $S : V \to \mathbb{R}_{\geq 0}$, die die Zeitrestriktionen (1.4) erfüllt, nennt man ein *Potential* des zugrunde liegenden Netzplans. Aus dieser Sichtweise rührt die Bezeichnung Metra-Potential-Methode für die Zeitplanung auf Vorgangsknotennetzen.

Ein MPM-Netzplan N entspricht einem bewerteten Digraphen, der durch die Menge seiner Knoten V und seiner Pfeilmenge E mit zugehörigen Bewertungen δ_{ij} für alle $\langle i, j \rangle \in E$ eindeutig spezifiziert ist. Wir schreiben kurz $N = \langle V, E; \delta \rangle$. Zur weiteren Charakterisierung eines MPM-Netzplans benötigen wir einige grundlegende Begriffe der Graphentheorie, die wir im Folgenden kurz erläutern. Für eine ausführliche Darstellung verweisen wir z.B. auf NEUMANN und MORLOCK (2002).

Eine Folge $i_0, \langle i_0, i_1 \rangle, i_1, \ldots, i_{r-1}, \langle i_{r-1}, i_r \rangle, i_r$ von Knoten und Pfeilen in $N = \langle V, E; \delta \rangle$ heißt *Pfeilfolge* mit Anfangsknoten i_0 und Endknoten i_r und wird mit dem Symbol $\langle i_0, i_1, \ldots, i_r \rangle$ bezeichnet. Sind alle Knoten einer solchen Pfeilfolge unterschiedlich, d.h. $i_k \neq i_l$ $(k, l = 0, \ldots, r, \ k \neq l)$, so bezeichnen wir eine Pfeilfolge als *Weg*. Für $i_0 = i_r$ sowie $i_k \neq i_l$ $(k, l = 1, \ldots, r, \ k \neq l)$ heißt eine Pfeilfolge *Zyklus*. Die *Länge eines Weges* bzw. die *Länge eines Zyklus* $\langle i_0, i_1, \ldots, i_r \rangle$ entspricht der Summe $\sum_{k=1}^{r} \delta_{i_{k-1} i_k}$ der Pfeilbewertungen auf diesem Weg bzw. Zyklus. Die Länge eines Weges von Knoten i nach Knoten j bezeichnen wir im Folgenden mit l_{ij}.

In einem MPM-Netzplan hat die Länge eines Weges zwischen zwei Knoten eine wichtige Implikation, denn ein Weg der Länge l_{ij} von Knoten i zu Knoten j induziert einen zeitlichen Mindestabstand $T_{ij}^{min} = l_{ij}$. Beispielsweise enthält der Digraph in Abbildung 1.32 einen Weg von Knoten i zu Knoten j mit $l_{ij} = 2$. Dieser induziert einen zeitlichen Mindestabstand $T_{ij}^{min} = 2$ zwischen dem Start der Vorgänge i und j, d.h. j kann frühestens zwei Zeiteinheiten nach dem Start von i beginnen. Nehmen wir an, dass Vorgang i zum Zeitpunkt S_i startet, dann kann h frühestens zum Zeitpunkt $S_i + 2$ beginnen. Vorgang l wiederum kann frühestens 1 Zeiteinheit vor dem Beginn von h starten. Wenn h also zum frühestmöglichen Zeitpunkt begonnen wird, dann kann l frühestens zum Zeitpunkt $S_i + 1$ starten. Der frühestmögliche Startzeitpunkt von j ergibt sich dann analog zu $S_i + 2$, was gerade einem Mindestabstand $T_{ij}^{min} = 2$ entspricht. Existieren $k > 1$ Wege zwischen zwei Vorgängen i und j mit den zugehörigen Längen $l_{ij}^1, \ldots, l_{ij}^k$, so bezeichnen wir mit $d_{ij} = \max\{l_{ij}^1, \ldots, l_{ij}^k\}$ die Länge eines längsten Weges zwischen i und j.

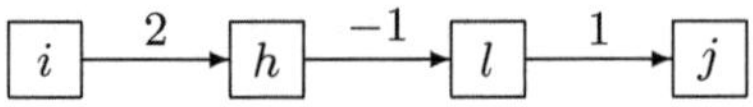

$$\boxed{i} \xrightarrow{\ 2\ } \boxed{h} \xrightarrow{-1} \boxed{l} \xrightarrow{\ 1\ } \boxed{j}$$

Abb. 1.32. Weg zwischen den Vorgängen i und j

Ganz ähnlich verhält es sich mit der Länge eines Zyklus. Ein Zyklus der Länge l_{ii} mit Anfangs- und Endknoten i induziert einen zeitlichen Mindestabstand $T_{ii}^{min} := l_{ii}$. Für $l_{ii} > 0$ besagt der resultierende Mindestabstand, dass mit der Ausführung eines Vorgangs i frühestens l_{ii} Zeiteinheiten nach seinem eigenen Start begonnen werden könnte. Eine derartige Zeitbeziehung kann niemals erfüllt sein. Somit kann ein MPM-Netzplan niemals einen Zyklus positiver Länge enthalten.

Ein MPM-Netzplan zeichnet sich ferner dadurch aus, dass er stets genau eine Quelle (Projektstart), d.h. einen Knoten, in den keine Pfeile einmünden, und eine Senke (Projektende), d.h. einen Knoten, von dem keine Pfeile ausgehen, enthält. Um zu gewährleisten, dass kein Vorgang vor dem Projektstart (Knoten 0) begonnen werden und kein Vorgang sich nach dem Projektende (Knoten $n+1$) noch in Ausführung befinden kann, gehen wir stets davon aus, dass ein MPM-Netzplan wohldefiniert ist.

Vereinbarung 1.14. Ein MPM-Netzplan $N = \langle V, E; \delta \rangle$ heißt *wohldefiniert*, wenn die folgenden Eigenschaften erfüllt sind:

1. Kein Vorgang kann vor dem Projektstart begonnen werden, d.h.

$$d_{0i} \geq 0 \quad \text{für alle } i \in V \setminus \{0\}.$$

2. Kein Vorgang kann sich nach dem Projektende noch in Ausführung befinden, d.h.

$$d_{i,n+1} \geq p_i \quad \text{für alle } i \in V \setminus \{n+1\}.$$

Ist Eigenschaft 1 in Vereinbarung 1.14 für einen Vorgang $i \in V \setminus \{0\}$ nicht erfüllt, so muss ein zeitlicher Mindestabstand $T_{0i}^{min} := 0$ eingeführt werden, d.h. ein Pfeil $\langle 0, i \rangle$ mit $\delta_{0i} := 0$. Falls Eigenschaft 2 für ein $i \in V \setminus \{n+1\}$ nicht erfüllt ist, so muss ein zeitlicher Mindestabstand $T_{i,n+1}^{min} := p_i$, d.h. ein Pfeil $\langle i, n+1 \rangle$ mit $\delta_{i,n+1} := p_i$, hinzugefügt werden.

Zeitplanung mit MPM-Netzplänen

Im Rahmen der *Zeit- bzw. Terminplanung* von Projekten mit Hilfe einer Netz-plantechnik werden die frühest- und spätestmöglichen Startzeitpunkte der Projektvorgänge ermittelt. Ferner bestimmen wir für alle Vorgänge unter-schiedliche Pufferzeiten, die z.B. angeben, inwieweit ein Vorgang verzögert werden kann, ohne dass das geplante Projektende verzögert wird. Die Be-stimmung dieser Startzeitpunkte und Pufferzeiten beruht auf einigen grundle-genden aus der Graphentheorie bekannten Algorithmen, die wir nachfolgend erläutern. Eine ausführliche Darstellung findet sich beispielsweise in NEU-MANN und MORLOCK (2002).

Zwischen zwei Knoten $i, j \in V$ existieren oft mehrere Wege, die meist ver-schiedene Längen aufweisen. Zur *Bestimmung längster Wege* in einem Netz-plan N existieren in der Literatur eine Reihe von Algorithmen. Wir skizzieren im Folgenden einen so genannten *Label-Correcting-Algorithmus* zur Bestim-mung längster Wege zwischen einem ausgezeichneten Knoten $r \in V$ und allen anderen Knoten $i \in V$ in einem Netzplan. Das Verfahren basiert auf dem Bell-manschen Optimalitätsprinzip, welches besagt, dass Teilwege längster Wege selbst wieder längste Wege darstellen. Zur Illustration betrachten wir den Ausschnitt eines Digraphen in Abbildung 1.33. Wir nehmen an, dass wir die längsten Wege vom ausgezeichneten Knoten r zu den beiden Knoten h und i bereits bestimmt haben. Die Länge eines solchen längsten Weges von Knoten r zu einem beliebigen Knoten i bezeichnen wir mit d_{ri}. Gelangt man von Kno-ten r zu einem Knoten j nur über die beiden Knoten h und i, so ergibt sich nach dem *Bellmanschen Optimalitätsprinzip* die Länge eines längsten Weges von r nach j zu $d_{rj} := \max\{d_{rh} + \delta_{hj}, d_{ri} + \delta_{ij}\}$. In Abbildung 1.33 sind die Knoten entsprechend mit den Längen längster Wege bewertet.

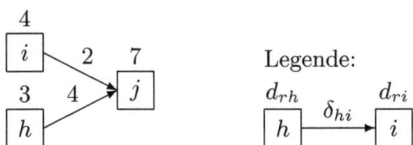

Abb. 1.33. Illustration des Bellmanschen Optimalitätsprinzips

Sei p_{ri} der unmittelbare Vorgänger von i auf einem längsten Weg von r nach i. Ferner bezeichne $Succ(i)$ die Menge der unmittelbaren Nachfolger (suc-cessors) von Knoten $i \in V$ in N. Zu Beginn des Label-Correcting-Algorithmus ist $d_{rr} := 0$ und $d_{ri} := -\infty$ für alle Knoten $i \in V \setminus \{r\}$. Knoten r ist einziges Element einer Schlange (Queue) Q. Unter einer Schlange versteht man eine FIFO-Liste (first-in first-out), d.h. neue Elemente werden an das Ende von Q angefügt, während Elemente vom Kopf der Schlange entnommen werden. In jeder Iteration des Algorithmus wird ein Knoten i aus Q entnommen und für jeden seiner Nachfolger $j \in Succ(i)$ geprüft, ob ein Weg $\langle r, \ldots, i, j \rangle$ von

r nach i und anschließend j länger ist als der aktuelle längste Weg $\langle r, \ldots, j \rangle$ von r nach j, der nicht über i führt. Es wird also geprüft, ob $d_{ri} + \delta_{ij}$ größer ist als d_{rj}. Ist dies der Fall, so wird d_{rj} entsprechend angepasst und Knoten j in Q aufgenommen. Das Verfahren terminiert, wenn Q leer ist. Enthält der Netzplan einen Zyklus positiver Länge, d.h. es gilt $d_{ii} > 0$ für mindestens ein $i \in V$, dann terminiert der Label-Correcting-Algorithmus nicht, so dass für diesen Fall ein geeignetes Abbruchkriterium zu implementieren ist. Für $|V| = n$ und $|E| = m$ hat der Algorithmus eine Zeitkomplexität von $\mathcal{O}(mn)$, d.h. der Aufwand zur Bestimmung eines längsten Weges von r zu allen anderen Knoten im Netzplan hat die durch die Funktion mn angegebene Größenordnung. Algorithmus 1.15 zeigt eine Beschreibung des Verfahrens in Pseudo-Code. Der Label-Correcting-Algorithmus liefert als Ergebnis den Vektor $(d_{ri})_{i \in V}$ der Längen längster Wege vom ausgezeichneten Knoten r zu allen anderen Knoten des Netzplans. Ist für ein $i \in V$ $d_{ri} = -\infty$, so gibt es keinen Weg von r nach i. Mit Hilfe des Vektors $(p_{ri})_{i \in V}$ kann – sofern vorhanden – ein längster Weg von r nach i von i ausgehend rekursiv entwickelt werden.

Algorithmus 1.15 (Label-Correcting-Algorithmus).

Initialisierung:

Setze $d_{rr} := 0$, $p_{rr} := r$ und $Q := \{r\}$.

Für alle $i \in V \setminus \{r\}$:

Setze $d_{ri} := -\infty$ und $p_{ri} := -1$.

Hauptschritt:

Solange $Q \neq \emptyset$:

Entferne i vom Kopf von Q.

Für alle $j \in Succ(i)$ mit $d_{rj} < d_{ri} + \delta_{ij}$:

Setze $d_{rj} := d_{ri} + \delta_{ij}$, $p_{rj} := i$.

Falls $j \notin Q$: Füge j am Ende von Q ein.

Beispiel 1.16 (Fortsetzung von Beispiel 1.12). Wir betrachten den in Abbildung 1.31 dargestellten Projektnetzplan. Zur Ermittlung der längsten Wege von Knoten $r = 0$ zu allen anderen Knoten wenden wir den Label-Correcting-Algorithmus (vgl. Algorithmus 1.15) an. In Tabelle 1.13 sind einige Iterationen des Algorithmus ausführlich dargestellt.

Zu Beginn des Verfahrens (Iteration 0) setzen wir $d_{00} := 0$ und $p_{00} := 0$ sowie $d_{0i} := -\infty$ und $p_{0i} := -1$ für $i = 1, \ldots, 11$. Schlange Q enthält nur das Element 0, d.h. $Q := \{0\}$.

In der ersten Iteration wird Knoten 0 vom Anfang von Q entfernt und wir betrachten die beiden unmittelbaren Nachfolger 1 und 6 von 0. Da $d_{01} = -\infty < d_{00} + \delta_{01} = 0$ setzen wir $d_{01} := d_{00} + \delta_{01} = 0$, d.h. es gibt einen Weg der Länge $d_{01} = 0$ von 0 nach 1. Der unmittelbare Vorgänger von 1 auf diesem Weg ist Knoten 0, wir setzen daher $p_{01} := 0$. Da wir die Markierung d_{01} verbessern konnten, wird Knoten 1 an das Ende von Q angefügt. Wegen

Tabelle 1.13. Ermittlung längster Wege von Knoten 0 zu allen anderen Knoten

Iteration	0		1		2		3		$\cdots$		
$Q =$	$\{0\}$		$\{1,6\}$		$\{6,2\}$		$\{2,7,8\}$		$\cdots$	$\emptyset$	
Vorgang i	d_{0i}	p_{0i}	d_{0i}	p_{0i}	d_{0i}	p_{0i}	d_{0i}	p_{0i}	$\cdots$	d_{0i}	p_{0i}
0	0	0	0	0	0	0	0	0	$\cdots$	0	0
1	$-\infty$	-1	0	0	0	0	0	0	$\cdots$	0	0
2	$-\infty$	-1	$-\infty$	-1	3	1	3	1	$\cdots$	3	1
3	$-\infty$	-1	$-\infty$	-1	$-\infty$	-1	$-\infty$	-1	$\cdots$	5	2
4	$-\infty$	-1	$-\infty$	-1	$-\infty$	-1	$-\infty$	-1	$\cdots$	5	3
5	$-\infty$	-1	$-\infty$	-1	$-\infty$	-1	$-\infty$	-1	$\cdots$	5	2
6	$-\infty$	-1	5	0	5	0	5	0	$\cdots$	5	0
7	$-\infty$	-1	$-\infty$	-1	$-\infty$	-1	6	6	$\cdots$	6	6
8	$-\infty$	-1	$-\infty$	-1	$-\infty$	-1	9	6	$\cdots$	9	6
9	$-\infty$	-1	$-\infty$	-1	$-\infty$	-1	$-\infty$	-1	$\cdots$	10	8
10	$-\infty$	-1	$-\infty$	-1	$-\infty$	-1	$-\infty$	-1	$\cdots$	12	9
11	$-\infty$	-1	$-\infty$	-1	$-\infty$	-1	$-\infty$	-1	$\cdots$	13	10

$d_{06} = -\infty < d_{00} + \delta_{06} = 5$ setzen wir analog $d_{06} := 5$, $p_{06} := 0$ und fügen Knoten 6 in Q ein.

Zu Beginn der zweiten Iteration ist $Q = \{1, 6\}$. Wir entfernen Knoten 1 aus Q und betrachten seine Nachfolger 0 und 2. Da $d_{00} = 0 \not< d_{01} + \delta_{10} = 0$, wird die Markierung von Knoten 0 nicht aktualisiert. Wegen $d_{02} = -\infty < d_{01} + \delta_{12} = 3$ setzen wir $d_{02} := 3$, $p_{02} := 1$ und fügen Knoten 2 in Q ein.

In Iteration 3 gilt $Q = \{6, 2\}$ und wir entfernen 6 aus Q. Die Nachfolger von Knoten 6 sind 7 und 8. Wegen $d_{07} = -\infty < d_{06} + \delta_{67} = 6$ setzen wir $d_{07} := 6$, $p_{07} := 6$ und $Q := Q \cup \{7\}$. Weil $d_{08} = -\infty < d_{06} + \delta_{68} = 9$ gilt, setzen wir $d_{08} := 9$, $p_{08} := 6$ und $Q := Q \cup \{8\}$.

Fahren wir auf diese Art und Weise mit dem Algorithmus fort, bis $Q = \emptyset$ gilt, so erhalten wir als Ergebnis die Werte $(d_{0i})_{i \in V}$ und $(p_{0i})_{i \in V}$, wie sie in der letzten Spalte von Tabelle 1.13 angegeben sind. Beispielsweise hat ein längster Weg von Knoten 0 zu 11 die Länge $d_{0,11} = 13$. Direkter Vorgänger von Knoten 11 auf einem solchen Weg ist $p_{0,11} = 10$. Vorgänger von 10 ist $p_{0,10} = 9$, dessen unmittelbarer Vorgänger wiederum $p_{09} = 8$ ist. Der unmittelbare Vorgänger von 8 ist $p_{08} = 6$ und der Vorgänger von 6 ist $p_{06} = 0$, also gerade der ausgezeichnete Knoten. Ein längster Weg von 0 nach 11 ist somit der Weg $\langle 0, 6, 8, 9, 10, 11 \rangle$.

Die Eigenschaft, dass ein längster Weg der Länge d_{ij} einen zeitlichen Mindestabstand $T_{ij}^{min} := d_{ij}$ induziert, können wir nutzen, um den *frühesten Startzeitpunkt* (earliest start time) ES_i eines Vorgangs i zu ermitteln. Wir bestimmen ausgehend vom Projektstart die Längen längster Wege d_{0i} zu allen Knoten $i \in V \setminus \{0\}$. Da ein längster Weg von 0 nach i einen Mindestabstand $T_{0i}^{min} := d_{0i}$ zwischen dem Projektbeginn und Vorgang i induziert und da $ES_0 := S_0 = 0$ ist, folgt, dass Vorgang i nicht vor dem Zeitpunkt d_{0i} starten kann, d.h.

$$ES_i := d_{0i} \qquad \text{für alle } i \in V \setminus \{0\}.$$

Die kürzeste Projektdauer, d.h. die kürzeste Zeitspanne, in der alle zum Projekt gehörigen Vorgänge ausgeführt werden können, ist somit $ES_{n+1} := d_{0,n+1}$.

In Abbildung 1.34 wird der beschriebene Sachverhalt verdeutlicht. Wir nehmen an, dass zwischen Knoten 0 und einem Knoten i genau drei unterschiedliche Wege mit den Längen 17, 12 und 11 existieren, die in der Abbildung durch drei gestrichelte Pfeile gekennzeichnet sind. Jeder dieser Pfeile entspricht einem zeitlichen Mindestabstand zwischen den Vorgängen 0 und i, von denen zwei redundant sind. Vorgang i kann folglich frühestens 17 Zeiteinheiten nach dem Start von Vorgang 0 starten. Unter der Annahme, dass Vorgang 0 zum Zeitpunkt 0 startet, entspricht dieser Mindestabstand gerade der Länge eines längsten Weges von 0 nach i.

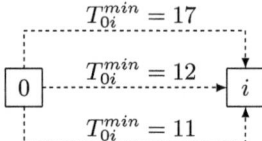

Abb. 1.34. Längste Wege und früheste Startzeitpunkte von Vorgängen

Der *früheste Endzeitpunkt* (earliest completion time) EC_i eines Vorgangs $i \in V$ ergibt sich unmittelbar aus dem frühesten Startzeitpunkt von i zuzüglich seiner Vorgangsdauer, d.h.

$$EC_i := ES_i + p_i \qquad \text{für alle } i \in V.$$

Beispiel 1.17 (Fortsetzung von Beispiel 1.16). Wir haben bereits in Beispiel 1.16 für den MPM-Netzplan unseres Beispielprojektes die Längen längster Wege von Knoten 0 zu allen anderen Knoten bestimmt. Zusammen mit den Dauern der Projektvorgänge erhalten wir somit die in Tabelle 1.14 angegebenen frühesten Start- und Endzeitpunkte für die Vorgänge $0, \ldots, 11$.

Tabelle 1.14. Früheste Start- und Endzeitpunkte für das Beispielprojekt

i	0	1	2	3	4	5	6	7	8	9	10	11
ES_i	0	0	3	5	5	5	5	6	9	10	12	13
EC_i	0	3	5	5	6	6	9	9	11	12	13	13

Der *späteste Startzeitpunkt* (latest start time) LS_i eines Vorgangs $i \in V$ gibt den Zeitpunkt an, zu dem mit der Durchführung von Vorgang i spätestens begonnen werden muss. Da ein Mindestabstand T_{ji}^{min} einem Höchstabstand

$T_{ij}^{max} = -T_{ji}^{min}$ entspricht, induziert ein längster Weg von Knoten $i \in V \setminus \{0\}$ zu Knoten 0 mit der Länge d_{i0} einen Höchstabstand $T_{0i}^{max} = -d_{i0}$. Existiert also ein solcher Weg im Projektnetzplan N, dann muss Vorgang i spätestens $-d_{i0}$ Zeiteinheiten nach dem Projektbeginn starten, d.h. $LS_i' = -d_{i0}$. Für die übrigen Vorgänge, für die kein Weg zum Knoten 0 existiert, kann zunächst kein spätester Startzeitpunkt angegeben werden. In der Praxis wird jedoch meist eine *maximale Projektdauer* $\bar{d} \geq ES_{n+1}$ vorgeschrieben, die nicht überschritten werden darf. Ist $\bar{d}$ nicht vorgegeben, so nimmt man i.d.R. $\bar{d} := ES_{n+1}$ an, d.h. das Projekt muss zum frühestmöglichen Termin abgeschlossen werden. Da von jedem Knoten $i \in V \setminus \{n+1\}$ ein Weg zu Knoten $n+1$ existiert, ergibt sich ausgehend von $S_0 := 0$ und dem daraus resultierenden spätestmöglichen Projektendtermin $LS_{n+1} := \bar{d}$ ein spätester Startzeitpunkt der Vorgänge $i \in V \setminus \{0, n+1\}$ gemäß $LS_i'' := LS_{n+1} - d_{i,n+1}$, d.h. aus dem spätesten Projektendtermin abzüglich der Zeit, die zwischen dem Beginn des Vorgangs i und dem Eintritt des Projektendes mindestens verstreichen muss. Für Vorgänge i, für die zusätzlich ein Weg zu Knoten 0 existiert, der den spätesten Startzeitpunkt LS_i' impliziert, gilt $LS_i := \min\{LS_i', LS_i''\}$.

Zur Ermittlung der spätesten Startzeitpunkte LS_i ist es hilfreich, einen Pfeil $\langle n+1, 0 \rangle$ mit der Bewertung $\delta_{n+1,0} = -\bar{d}$, der einem zeitlichen Höchstabstand $T_{0,n+1}^{max} := \bar{d}$ entspricht, in den Netzplan einzufügen. Ein solcher Pfeil gewährleistet, dass kein Vorgang so spät gestartet wird, dass die vorgegebene maximale Projektdauer $\bar{d}$ überschritten wird. Wir nehmen im Folgenden an, dass ein Projektnetzplan stets einen solchen Pfeil $\langle n+1, 0 \rangle$ enthält. Unter dieser Voraussetzung ergibt sich der späteste Startzeitpunkt eines Vorgangs $i \in V \setminus \{0\}$ zu

$$LS_i := -d_{i0}.$$

Da ein Projekt stets zum Zeitpunkt 0 startet, gilt $LS_0 := S_0 = 0$.

Anmerkung 1.18. Enthält ein wohldefinierter MPM-Netzplan den Pfeil $\langle n+1, 0 \rangle$ mit $\delta_{n+1,0} := -\bar{d}$, so ist er *stark zusammenhängend*, d.h. von jedem Knoten i des Netzplans existiert ein gerichteter Weg zu allen anderen Knoten j, da stets ein Weg von Vorgang i über die Vorgänge $n+1$ und 0 zu Vorgang j existiert. Dennoch bezeichnen wir im Folgenden Knoten 0 weiterhin als Quelle und Knoten $n+1$ weiterhin als Senke eines solchen MPM-Netzplans.

Abbildung 1.35 illustriert den Zusammenhang zwischen den Längen längster Wege und dem spätesten Startzeitpunkt eines Vorgangs. Angenommen zwischen Knoten i und Knoten 0 existieren drei unterschiedliche Wege mit den Längen -10, -8 und -15, wobei es unwesentlich ist, ob diese Wege den Pfeil $\langle n+1, 0 \rangle$ enthalten oder nicht. Die skizzierten Wege implizieren dann drei Höchstabstände zwischen 0 und i mit den Zeitabständen 10, 8 und 15. Vorgang i muss somit spätestens 8 Zeiteinheiten nach dem Start von Vorgang 0 starten. Wegen $S_0 = 0$ ist der späteste Startzeitpunkt von Vorgang i gerade $LS_i = 8$.

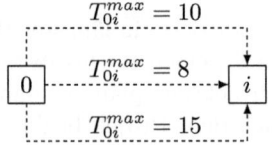

Abb. 1.35. Längste Wege und späteste Startzeitpunkte von Vorgängen

Der *späteste Endzeitpunkt* (latest completion time) LC_i von Vorgang $i \in V$ entspricht dem spätesten Startzeitpunkt von i zuzüglich der Vorgangsdauer, d.h.

$$LC_i := LS_i + p_i \quad \text{für alle } i \in V.$$

Die für die Ermittlung der spätesten Start- und Endzeitpunkte benötigten Längen längster Wege d_{i0} von Vorgang i zu Vorgang 0 können wir mit Hilfe von Algorithmus 1.15 bestimmen, indem wir den Label-Correcting-Algorithmus n mal ausführen, einmal für jeden ausgezeichneten Knoten $i \in V \setminus \{0\}$. Geschickter ist es allerdings, wie folgt zu verfahren. Wir bestimmen zunächst den zu Netzplan N *inversen Netzplan* $\tilde{N}$. Wir erhalten $\tilde{N} = \langle V, \tilde{E}; \tilde{\delta} \rangle$ aus $N = \langle V, E; \delta \rangle$, indem wir die Richtung jedes Pfeils in N umdrehen; die Pfeilbewertung bleibt unverändert. Für jeden Pfeil $\langle i, j \rangle \in E$ enthält $\tilde{E}$ somit einen Pfeil $\langle j, i \rangle$ mit der Pfeilbewertung $\delta_{ji} = \delta_{ij}$. Die Länge eines längsten Weges d_{i0} von i nach 0 in N entspricht dann gerade der Länge eines längsten Weges $\tilde{d}_{0i}$ von 0 nach i in $\tilde{N}$. Zur Bestimmung der spätesten Startzeitpunkte LS_i ist es somit ausreichend, genau einmal die Längen längster Wege von 0 nach i im inversen Netzplan $\tilde{N}$ zu bestimmen.

Beispiel 1.19 (Fortsetzung von Beispiel 1.17). Für den MPM-Netzplan des Bauprojektes aus Abbildung 1.31 erhalten wir die in Tabelle 1.15 angegeben spätesten Start- und Endzeitpunkte für die Vorgänge $0, \ldots, 11$. Zur Bestimmung der spätesten Startzeitpunkte ist in Abbildung 1.36 der inverse Netzplan zu unserem Beispielprojekt angegeben.

Tabelle 1.15. Späteste Start- und Endzeitpunkte für das Beispielprojekt

i	0	1	2	3	4	5	6	7	8	9	10	11
LS_i	0	0	3	5	5	7	8	9	12	15	17	18
LC_i	0	3	5	5	6	8	12	12	14	17	18	18

Da der Label-Correcting-Algorithmus lediglich die längsten Wege von einem ausgezeichneten Knoten i zu den anderen Knoten des Netzplans bestimmt, muss Algorithmus 1.15 mindestens zweimal ausgeführt werden, um die frühesten und spätesten Startzeitpunkte aller Vorgänge zu bestimmen. Die gleichzeitige Ermittlung der ES_i- und LS_i-Werte aller Vorgänge $i \in V$ erlaubt der so genannte *Tripel-Algorithmus* (Algorithmus 1.20), der simultan die Längen längster Wege $(d_{ij})_{i,j \in V}$ zwischen allen Knoten eines Netzplans

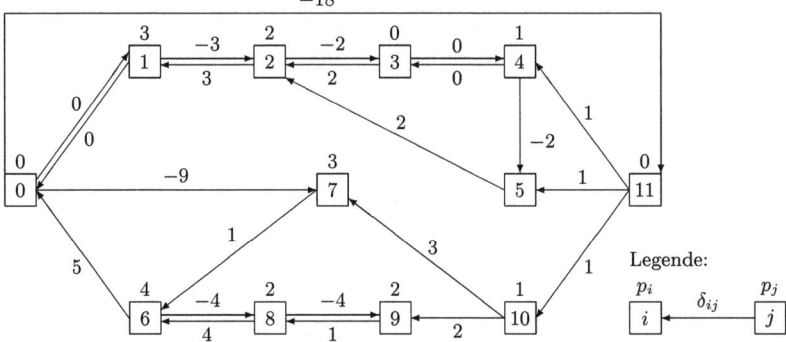

Abb. 1.36. Inverser Netzplan für das Beispielprojekt

sowie die unmittelbaren Vorgänger $(p_{ij})_{i,j \in V}$ von j auf einem längsten Weg von i nach j ermittelt. Im Laufe des Verfahrens werden systematisch alle Tripel von Knoten (ν, i, j) dahingehend überprüft, ob ein Weg $\langle i, \dots, \nu, \dots, j \rangle$ von i nach j über ν größer ist als der bisher längste Weg $\langle i, \dots, j \rangle$ von i nach j, der nicht über ν führt. Wir prüfen also, ob d_{ij} durch den evtl. größeren Wert $d_{i\nu} + d_{\nu j}$ ersetzt werden kann. Ist das der Fall, dann wird der unmittelbare Vorgänger p_{ij} von j auf einem längsten Weg von i nach j durch den unmittelbaren Vorgänger $p_{\nu j}$ von j auf einem längsten Weg von ν nach j ersetzt. Im Gegensatz zum Label-Correcting-Algorithmus terminiert der Tripel-Algorithmus auch dann, wenn N einen Zyklus positiver Länge enthält. Ein Zyklus positiver Länge liegt vor, wenn wir $d_{ii} > 0$ für mindestens ein $i \in V$ erhalten. Mit $|V| = n$ hat der Tripel-Algorithmus eine Zeitkomplexität von $\mathcal{O}(n^3)$.

Algorithmus 1.20 (Tripel-Algorithmus).

Initialisierung:

    Für alle $i \in V$:

        Setze $d_{ii} := 0$ und $p_{ii} := i$.

        Für alle $j \in V \setminus \{i\}$:

            Setze $d_{ij} := \begin{cases} \delta_{ij} & \text{falls } \langle i, j \rangle \in E \\ -\infty & \text{sonst} \end{cases}$

            Setze $p_{ij} := \begin{cases} i & \text{falls } d_{ij} > -\infty \\ -1 & \text{sonst} \end{cases}$

Hauptschritt:

    Für alle $\nu \in V$:

        Für alle $i \in V \setminus \{\nu\}$ mit $d_{i\nu} > -\infty$:

            Für alle $j \in V \setminus \{\nu\}$ mit $d_{ij} < d_{i\nu} + d_{\nu j}$:

                Setze $d_{ij} := d_{i\nu} + d_{\nu j}$ und $p_{ij} := p_{\nu j}$.

Beispiel 1.21. Zur Demonstration der Funktionsweise des Tripel-Algorithmus betrachten wir ein Projekt mit vier realen Vorgängen (vgl. Abb. 1.37).

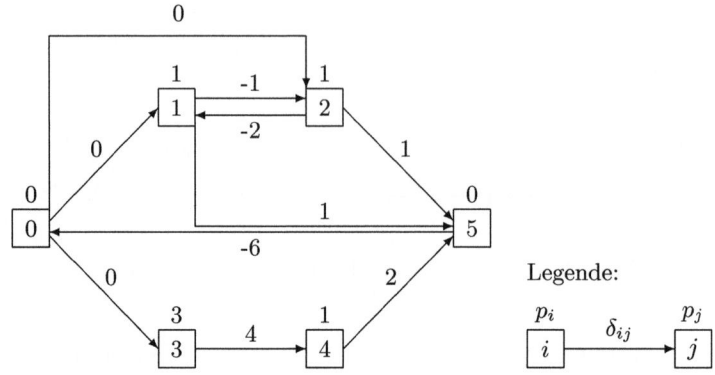

Abb. 1.37. MPM-Netzplan mit sechs Vorgängen

Zu Beginn des Verfahrens (Iteration 0, vgl. Tab. 1.16) setzen wir $d_{ii} := 0$ und $p_{ii} := i$ für alle $i \in V = \{0, \ldots, 5\}$ sowie $d_{ij} := \delta_{ij}$ und $p_{ij} := i$ für alle $\langle i, j \rangle \in E$. Für alle übrigen $i, j \in V$ setzen wir $d_{ij} := -\infty$ und $p_{ij} := -1$.

Tabelle 1.16. Iteration 0 des Tripel-Algorithmus

j	0		1		2		3		4		5	
i	d_{ij}	p_{ij}	d_{ij}	p_{ij}	d_{ij}	p_{ij}	d_{ij}	p_{ij}	d_{ij}	p_{ij}	d_{ij}	p_{ij}
0	0	0	0	0	0	0	0	0	$-\infty$	-1	$-\infty$	-1
1	$-\infty$	-1	0	1	-1	1	$-\infty$	-1	$-\infty$	-1	1	1
2	$-\infty$	-1	-2	2	0	2	$-\infty$	-1	$-\infty$	-1	1	2
3	$-\infty$	-1	$-\infty$	-1	$-\infty$	-1	0	3	4	3	$-\infty$	-1
4	$-\infty$	-1	$-\infty$	-1	$-\infty$	-1	$-\infty$	-1	0	4	2	4
5	-6	5	$-\infty$	-1	$-\infty$	-1	$-\infty$	-1	$-\infty$	-1	0	5

Wir betrachten nun zunächst den Knoten $\nu = 0$ und prüfen, ob wir eine der Markierungen d_{ij} verbessern können, indem wir uns im Netzplan von einem Knoten i über Knoten 0 zu Knoten j bewegen, d.h. wir überprüfen ob $d_{ij} < d_{i0} + d_{0j}$ ist. Dies ist offensichtlich für die Markierungen d_{51}, d_{52} und d_{53} der Fall und wir setzen $d_{51} := d_{52} := d_{53} := -6$. Nun wird der unmittelbare Vorgänger der Knoten 1, 2 und 3 entsprechend aktualisiert und wir setzen $p_{5j} := p_{0j} = 0$ für $j = 1, 2, 3$. Weitere Markierungen können nicht verbessert werden. Wir erhalten somit die in Tabelle 1.17 angegebenen Werte $(d_{ij})_{i,j \in V}$ und $(p_{ij})_{i,j \in V}$.

Tabelle 1.17. Iteration 1 des Tripel-Algorithmus

j i	0 d_{ij} p_{ij}	1 d_{ij} p_{ij}	2 d_{ij} p_{ij}	3 d_{ij} p_{ij}	4 d_{ij} p_{ij}	5 d_{ij} p_{ij}
0	0 0	0 0	0 0	0 0	$-\infty$ -1	$-\infty$ -1
1	$-\infty$ -1	0 1	-1 1	$-\infty$ -1	$-\infty$ -1	1 1
2	$-\infty$ -1	-2 2	0 2	$-\infty$ -1	$-\infty$ -1	1 2
3	$-\infty$ -1	$-\infty$ -1	$-\infty$ -1	0 3	4 3	$-\infty$ -1
4	$-\infty$ -1	$-\infty$ -1	$-\infty$ -1	$-\infty$ -1	0 4	2 4
5	-6 5	-6 0	-6 0	-6 0	$-\infty$ -1	0 5

Fahren wir auf diese Weise für $\nu = 1, \ldots, 5$ fort, so erhalten wir schließlich die in Tabelle 1.18 gezeigten Werte für d_{ij} und p_{ij}, $i, j \in V$. Für den Projektnetzplan in Abbildung 1.37 können wir unmittelbar die frühesten und spätesten Startzeitpunkte $ES_i = d_{0i}$ und $LS_i = -d_{i0}$ für alle Vorgänge $i \in V$ ablesen (vgl. Tab. 1.19). Den längsten Weg zwischen zwei Knoten i und j erhalten wir, indem wir ausgehend von Vorgang j systematisch die Vorgängermatrix $(p_{ij})_{i,j \in V}$ auswerten. Für einen längsten Weg von 0 nach 5 mit $d_{05} = 6$ beispielsweise ist der unmittelbare Vorgänger von 5 auf einem solchen Weg $p_{05} = 4$. Der unmittelbare Vorgänger von Knoten 4 auf einem Weg von 0 nach 4 ist Knoten $p_{04} = 3$, und dessen Vorgänger wiederum ist Knoten $p_{03} = 0$. Ein längster Weg von 0 nach 5 ist somit durch $\langle 0, 3, 4, 5 \rangle$ gegeben.

Tabelle 1.18. Letzte Iteration des Tripel-Algorithmus

j i	0 d_{ij} p_{ij}	1 d_{ij} p_{ij}	2 d_{ij} p_{ij}	3 d_{ij} p_{ij}	4 d_{ij} p_{ij}	5 d_{ij} p_{ij}
0	0 0	0 0	0 0	0 0	4 3	6 4
1	-5 5	0 1	-1 1	-5 0	-1 3	1 1
2	-5 5	-2 2	0 2	-5 0	-1 3	1 2
3	0 5	0 0	0 0	0 3	4 3	6 4
4	-4 5	-4 0	-4 0	-4 0	0 4	2 4
5	-6 5	-6 0	-6 0	-6 0	-2 3	0 5

Tabelle 1.19. Früheste und späteste Startzeitpunkte

i	0	1	2	3	4	5
ES_i	0	0	0	0	4	6
LS_i	0	5	5	0	4	6

Neben den frühesten und spätesten Start- und Endzeitpunkten sind für die Durchführung des Projektes die Pufferzeiten der Vorgänge von Interesse. Wir unterscheiden drei Arten von Pufferzeiten.

Die *gesamte Pufferzeit* (Gesamtpufferzeit) TF_i (total float) eines Vorgangs $i \in V \setminus \{0\}$ gibt die Zeitspanne an, um die der Start von Vorgang i maximal verzögert werden kann, ohne die maximale Projektdauer LS_{n+1} zu erhöhen. Die gesamte Pufferzeit von Vorgang $i \in V$ ergibt sich somit aus der Differenz des spätesten und frühesten Startzeitpunktes von Vorgang i, d.h.

$$TF_i := LS_i - ES_i.$$

Die Menge der Vorgänge $\{i \in V \mid TF_i = \min_{j \in V \setminus \{0\}}\{TF_j\}\}$ mit minimaler Gesamtpufferzeit heißen *kritische Vorgänge*. Insbesondere sind alle Vorgänge, die auf einem längsten Weg von 0 nach $n+1$ liegen, kritisch. Wird einer der kritischen Vorgänge verzögert, so verzögert sich das früheste Projektende ES_{n+1} um die entsprechende Zeitspanne. Gilt $ES_{n+1} = LS_{n+1}$, d.h. das Projekt soll so früh wie möglich beendet werden, so haben alle kritischen Vorgänge eine Gesamtpufferzeit von $TF_i = 0$ und sind somit fixiert.

Die *freie Pufferzeit* EFF_i (early free float) eines Vorgangs $i \in V \setminus \{0\}$ gibt die maximale Zeitspanne an, um die der Start von Vorgang i von ES_i ausgehend verzögert werden kann unter der Bedingung, dass alle unmittelbaren Nachfolger $j \in Succ(i)$ von Vorgang i in N zu ihrem frühesten Startzeitpunkt starten. Die freie Pufferzeit für einen Vorgang $i \in V$ entspricht der Differenz aus dem frühesten Zeitpunkt, an dem mindestens ein Nachfolger j von i beginnen kann abzüglich des Mindestabstandes zwischen i und j, und dem frühesten Startzeitpunkt von Vorgang i, d.h.

$$EFF_i := \min_{j \in Succ(i)} (ES_j - \delta_{ij}) - ES_i.$$

Die *freie Rückwärtspufferzeit* LFF_i (late free float) eines Vorgangs $i \in V$ gibt die maximale Zeitspanne an, um die der Start von i ausgehend vom spätesten Startzeitpunkt LS_i nach vorne verschoben werden kann unter der Bedingung, dass alle unmittelbaren Vorgänger (predecessor) $h \in Pred(i)$ von Vorgang i in N zu ihrem spätesten Startzeitpunkt starten. Die freie Rückwärtspufferzeit ergibt sich somit als Differenz aus dem spätesten Startzeitpunkt von Vorgang i und dem spätesten Zeitpunkt, zu dem alle Vorgänger h von i starten müssen zuzüglich des Mindestabstands zwischen h und i, d.h.

$$LFF_i := LS_i - \max_{h \in Pred(i)} (LS_h + \delta_{hi}).$$

Für alle Vorgänge i mit $TF_i = 0$ gilt stets $EFF_i = LFF_i = 0$, insbesondere ist für Vorgang 0 $TF_0 := EFF_0 := LFF_0 := 0$.

Die Bestimmung der verschiedenen Pufferzeiten wird nachfolgend anhand unseres Beispielprojektes verdeutlicht.

Beispiel 1.22 (Fortsetzung von Beispiel 1.19). Die gesamte Pufferzeit, die freie Pufferzeit und die freie Rückwärtspufferzeit sind für alle Vorgänge $i \in V$ des Beispielprojektes in Tabelle 1.20 angegeben. So kann beispielsweise Vorgang 10 um $TF_{10} = 5$ Zeiteinheiten verzögert werden, ohne dass sich der späteste Projektendtermin LS_{11} verschiebt. Vorgang 7 kann vom $ES_7 = 6$ aus um maximal $EFF_7 = 3$ Zeiteinheiten verzögert werden, bevor sich der früheste Start des Vorgangs 0 verzögert. Vorgang 9 kann vom $LS_9 = 15$ ausgehend höchstens $LFF_9 = 2$ Zeiteinheiten früher gestartet werden, bevor sich der späteste Startzeitpunkt von Vorgang 8 verschiebt.

Tabelle 1.20. Gesamtpufferzeit, freie Pufferzeit und freie Rückwärtspufferzeit

i	0	1	2	3	4	5	6	7	8	9	10	11
TF_i	0	0	0	0	0	2	3	3	3	5	5	5
EFF_i	0	0	0	0	0	2	0	3	0	0	0	5
LFF_i	0	0	0	0	0	2	0	0	0	2	0	0

Abschließend merken wir an, dass MPM-Netzpläne, die ausschließlich fiktive Vorgänge enthalten, in der Literatur auch als *Ereignisknotennetze* anstelle von Vorgangsknotennetzen bezeichnet werden. In einem solchen Netzplan stellen die Knoten ausschließlich Ereignisse (z.B. Meilensteine) dar und die Pfeile des Netzplans repräsentieren Zeitbeziehungen zwischen diesen Ereignissen.

1.4.4 Weitere Netzplantechniken

Neben der in Abschnitt 1.4.3 behandelten MPM-Netzplantechnik werden in der Praxis häufig noch eine Reihe anderer Netzplantechniken verwendet. So z.B. die *Critical-Path-Methode (CPM)*, die wie die MPM-Netzplantechnik zu den deterministischen Netzplantechniken zählt. Bei der CPM-Netzplantechnik wird jedoch ein so genanntes Vorgangspfeilnetz zugrunde gelegt, d.h. die einzelnen Projektvorgänge werden jeweils durch einen Pfeil repräsentiert, während die Knoten des Netzplans Ereignisse darstellen. Die bekanntesten stochastischen Netzplantechniken sind die *Program Evaluation and Review Technique (PERT)* sowie die *Graphical Evaluation and Review Technique (GERT)*. Bei PERT-Netzplänen wird die Unsicherheit bei der Ermittlung der Vorgangsdauern berücksichtigt. Ausgehend von einer Dreizeitenschätzung (vgl. Abschnitt 1.4.2) wird die Ausführungsdauer eines Vorgangs als Zufallsvariable mit geeigneter Wahrscheinlichkeitsverteilung modelliert. Die Verwendung von GERT-Netzplänen bietet sich an, wenn die zeitliche Ablaufstruktur eines Projektes a priori nicht eindeutig bestimmt werden kann. Zum Beispiel kann der weitere Projektverlauf von dem Ergebnis einer Qualitätskontrolle eines bestimmten Bauteils abhängen. Je nach Ergebnis der Qualitätskontrolle muss ein solches Bauteil u.U. nachgearbeitet werden oder auch nicht. In GERT-Netzplänen werden verschiedene Knotentypen verwendet, um stochastische Ablaufstrukturen eines Projektes zu modellieren.

CPM-Netzplantechnik

Die *CPM-Netzplantechnik* verwendet als Darstellungsform ein *Vorgangspfeilnetz*, d.h. jedem Vorgang eines Projektes wird ein Pfeil zugeordnet, wobei aufeinander folgende Pfeile aufeinander folgende Vorgänge repräsentieren. Die Bewertung eines Pfeils entspricht gerade der Dauer des zugehörigen Vorgangs. CPM-Netzpläne gehen von zeitlichen Mindestabständen des Typs Ende-Start aus (Vorrangbeziehungen), d.h. ein Vorgang kann frühestens beginnen, sobald seine Vorgänger abgeschlossen wurden.[19] Die Knoten (Kreise) eines CPM-Netzplans stellen Ereignisse dar. Jeder Vorgang (Pfeil) ist stets mit genau zwei Ereignissen (Knoten) inzident, die den Beginn und das Ende des Vorgangs repräsentieren. Betrachten wir hierzu den Ausschnitt eines CPM-Netzplans in Abbildung 1.38. Die Vorgänge h, i und j haben einen gemeinsamen Vorgänger (Vorgang a), d.h. sie können frühestens dann starten, wenn Vorgang a beendet wurde. Knoten 1 repräsentiert das Start- und Knoten 2 das Endereignis von Vorgang a.[20] Gleichzeitig stellt Knoten 2 das Startereignis der Vorgänge h, i und j dar.

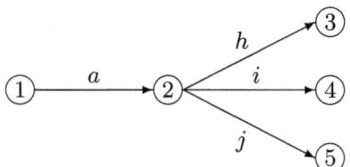

Abb. 1.38. Ausschnitt eines CPM-Netzplans

Ein CPM-Netzplan besitzt genau eine Quelle (den Projektstart) und eine Senke (das Projektende). Im Gegensatz zu MPM-Netzplänen sind CPM-Netzpläne zyklenfrei, d.h. sie enthalten keine Zyklen. Da in einem CPM-Netzplan die Pfeilbewertungen den Vorgangsdauern entsprechen, die für alle realen Vorgänge positiv sind, müsste ansonsten ein Vorgang, der auf einem Zyklus liegt, beendet werden, bevor er starten könnte. Ferner ist in einem CPM-Netzplan jeder Knoten von der Quelle aus erreichbar und von jedem Knoten aus kann die Senke des Netzplans erreicht werden. Folglich existiert immer mindestens ein Weg von der Quelle zur Senke im Netzplan. Ein CPM-Netzplan ist daher schwach zusammenhängend, d.h. je zwei Knoten des Netzplans sind durch einen Semiweg (ungerichtete Pfeilfolge) miteinander verbunden.

---

[19] Die Verwendung zeitlicher Höchstabstände ist in CPM-Netzplänen prinzipiell nicht möglich. ELMAGHRABY und KAMBUROWSKI (1992) diskutieren eine Erweiterung von CPM-Netzplänen mit mehreren Quellen und Senken, bei der es zwei Arten von Pfeilen gibt, nämlich Pfeile, die Vorgänge darstellen, und Pfeile, die allgemeine Mindest- und Höchstabstände repräsentieren. In der Literatur werden solche Netzpläne meist als Ereignisknotennetze bezeichnet; vgl. beispielsweise SCHWINDT (2005).

[20] Da Vorgänge in CPM-Netzplänen Pfeilen im Netzplan entsprechen, wird ein Vorgang i häufig in Pfeilnotation mit Hilfe seines Start- und Endereignisses e bzw. $\bar{e}$ eindeutig als $\langle e, \bar{e} \rangle$ benannt. Vorgang a in Abbildung 1.38 beispielsweise wird daher synonym als Vorgang $\langle 1, 2 \rangle$ bezeichnet.

Die Konstruktion von CPM-Netzplänen ist im Gegensatz zu MPM-Netzplänen nicht kanonisch, da Anordnungsbeziehungen existieren, die sich nur
unter Zuhilfenahme weiterer Bausteine (so genannter Scheinvorgänge) modellieren lassen. *Scheinvorgänge* stellen hierbei fiktive Vorgänge mit Dauer Null
dar. Da sich ein und derselbe Sachverhalt (Anordnungsbeziehung) auf unterschiedliche Art und Weise durch Scheinvorgänge modellieren lässt, ist die
Konstruktion von CPM-Netzplänen i.d.R. nicht eindeutig. Die nachfolgenden Regeln beschreiben einige besondere Anordnungsbeziehungen zwischen
Vorgängen und wie diese in einem CPM-Netzplan, teilweise unter Zuhilfenahme von Scheinvorgängen, abgebildet werden können.

1. Können zwei Vorgänge i und j begonnen werden, sobald zwei andere
   Vorgänge a und b beendet worden sind, dann entspricht dem Ende von a
   und b und dem (frühestmöglichen) Beginn von i und j ein und dasselbe
   Ereignis e (vgl. Abb. 1.39).
2. Setzt der Beginn von Vorgang i die Beendigung der beiden Vorgänge a
   und b voraus, während Vorgang j bereits gestartet werden kann, sobald
   lediglich Vorgang b beendet wurde, so müssen wir einen Scheinvorgang
   s einführen. In Abbildung 1.40 wird s durch einen gestrichelten Pfeil im
   Netzplan repräsentiert, diese Darstellungsform wird im Folgenden beibehalten.

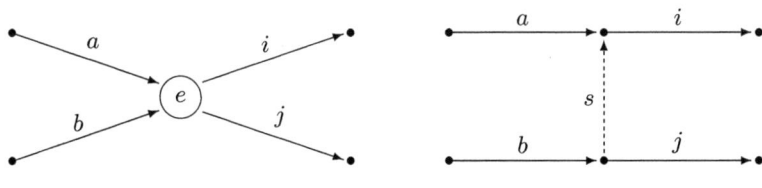

Abb. 1.39. Erste Regel   **Abb. 1.40.** Zweite Regel

3. Werden dem Beginn und dem Abschluss zweier Vorgänge a und b jeweils ein und derselbe Knoten zugeordnet, so ist ein Scheinvorgang s einzuführen, um parallele Pfeile zu vermeiden (vgl. Abb. 1.41). Der Scheinvorgang s kann wahlweise auch vom Startereignis von Vorgang a (b) zum
   Startereignis von Vorgang b (a) oder vom Endereignis von Vorgang b zum
   Endereignis von a eingefügt werden.

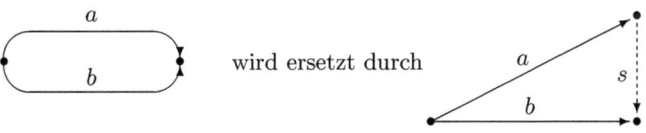

Abb. 1.41. Dritte Regel

4. Dem Beginn aller Startvorgänge, d.h. Vorgänge, die unmittelbar nach Projektstart begonnen werden können, wird ein und derselbe Knoten zugeordnet, der dem Startereignis des Projektes entspricht und die Quelle des Netzplans darstellt (vgl. Abb. 1.42 mit Startvorgängen a, b und c). Entsprechend wird dem Ende aller Zielvorgänge, d.h. Vorgänge, nach deren Abschluss unmittelbar das Projektende eintreten kann, ein und derselbe Knoten zugeordnet, der die Senke des Netzplans darstellt (vgl. Abb. 1.42 mit Zielvorgängen d, e und f).

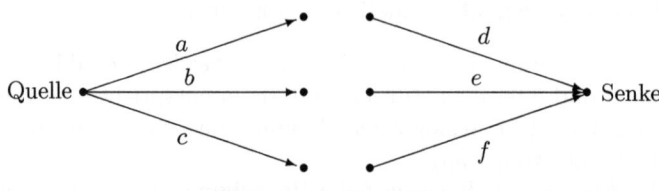

Abb. 1.42. Vierte Regel

5a. Soll ein Vorgang b frühestens $\tau > 0$ Zeiteinheiten nach dem Ende von Vorgang a begonnen werden (d.h. es ist ein zeitlicher Mindestabstand zwischen den Vorgängen a und b vorgegeben), so fügen wir einen zusätzlichen Vorgang i zwischen a und b mit der Dauer τ ein (vgl. Abb. 1.43).

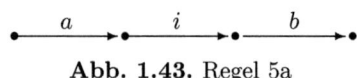

Abb. 1.43. Regel 5a

5b. Soll ein Vorgang a frühestens $\tau > 0$ Zeiteinheiten nach Projektbeginn starten dürfen, dann fügen wir vor a einen zusätzlichen Vorgang i mit der Dauer τ ein, dessen Beginn der Quelle des Netzplans entspricht (vgl. Vorgang i in Abb. 1.44). Soll ein Vorgang b spätestens $\tau > 0$ Zeiteinheiten vor dem Projektende abgeschlossen sein, fügen wir nach b einen Vorgang j mit der Dauer τ ein, dessen Ende gerade der Senke des Netzplans entspricht (vgl. Vorgang j in Abb. 1.44).

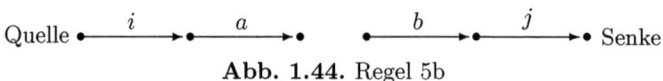

Abb. 1.44. Regel 5b

In der Literatur findet man neben den genannten fünf Regeln zur Konstruktion von CPM-Netzplänen auch häufig weitere Regeln, beispielsweise die folgende:

Kann ein Vorgang j bereits gestartet werden, sobald ein Teil eines Vorgangs i beendet worden ist, dann ist i so in zwei Teilvorgänge i' und i'' zu zerlegen, dass j unmittelbar nach Beendigung von i' gestartet werden kann (vgl. Abb. 1.45).

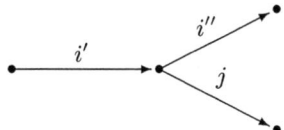

Abb. 1.45. Überlappen von Vorgängen

Diese Regel besagt, dass Vorgang i'' (frühestens) nach dem Ende von Vorgang i' beginnen kann, aber nicht muss. Die unmittelbar aufeinander folgende Ausführung der Vorgänge i' und i'' ist jedoch nicht gewährleistet. Falls Vorgänge nicht unterbrechbar sind, was wir hier stets annehmen, kann das Überlappen von Vorgängen mit einem CPM-Netzplan nicht modelliert werden.

Hat man mit Hilfe der Regeln 1 bis 5 für ein Projekt einen bewerteten Digraphen (CPM-Netzplan) $N = \langle V, E; \delta \rangle$ mit Knotenmenge (Ereignismenge) V und Pfeilmenge (Menge der Vorgänge) $E \subset V \times V$ konstruiert, so ordnet man den Pfeilen $\langle e, f \rangle \in E$ eine Pfeilbewertung δ_{ef} zu, die gerade der Dauer des zugehörigen Vorgangs entspricht. Wir gehen davon aus, dass n reale Vorgänge in den Netzplan eingehen, wobei $n \leq |E|$ gilt. Die Anzahl der Ereignisse im Netzplan bezeichnen wir mit $m = |V|$. Da die Einführung der Scheinvorgänge gemäß den Regeln 2 und 3 im Allgemeinen nicht eindeutig ist, kann ein Projekt durch verschiedene CPM-Netzpläne dargestellt werden. Für die Berechnung der im Rahmen der Termin- bzw. Zeitplanung relevanten Größen kann aber ohne Beschränkung der Allgemeinheit irgendein dem Projekt entsprechender CPM-Netzplan zugrunde gelegt werden.

Für große Projekte mit vielen Vorgängen ist die manuelle Konstruktion eines CPM-Netzplans mit Hilfe der Regeln 1 bis 5 nicht empfehlenswert. Im Folgenden wollen wir deshalb ein Verfahren zur automatisierten Erstellung von CPM-Netzplänen vorstellen; vgl. hierzu auch BRUCKER (1973) und NEUMANN (1999). Dazu sind zunächst für jeden Vorgang die unmittelbaren Vorläufer zu bestimmen. Ein Vorgang i wird *Vorläufer* von Vorgang j genannt, wenn Vorgang i beendet sein muss, bevor Vorgang j beginnen kann. Bei der Vorläuferbeziehung handelt es sich im Gegensatz zur Vorgängerbeziehung nicht um eine Knoten- sondern um eine Pfeilabfolge (vgl. Abb. 1.46). Vorgang i ist *unmittelbarer Vorläufer* von Vorgang j, wenn i Vorläufer von j ist und kein anderer Vorgang h existiert, so dass h Vorläufer von j und i Vorläufer von h ist. Die Menge der unmittelbaren Vorläufer eines Vorgangs lässt sich mit Hilfe eines so genannten *Vorranggraphen* ermitteln. In einem solchen Vorranggraphen wird jeder Vorgang durch einen Knoten repräsentiert und Vorrangbeziehungen zwischen zwei Vorgängen i und j werden durch einen Pfeil $\langle i, j \rangle$ im Graphen modelliert. Entfernt man alle redundanten Pfeile im Vorranggraphen, so ist die unmittelbare Vorläufermenge eines Vorgangs j durch die Menge aller Vorgänge i gegeben, für die der Vorranggraph einen Pfeil $\langle i, j \rangle$ enthält. In HABIB ET AL. (1993) ist ein effizientes Verfahren zur Bestimmung der unmittelbaren Vorläufermengen, d.h. zur Entfernung redundanter Pfeile, beschrieben.

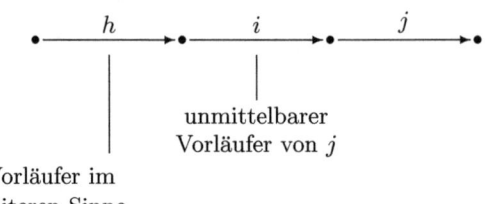

Abb. 1.46. Vorläufer von Vorgang j

Sind die unmittelbaren Vorläufermengen für die realen Projektvorgänge gegeben, so kann für alle Vorgänge, die die gleiche Vorläufermenge besitzen, die zu dieser Vorläufermenge gehörige Nachläufermenge angegeben werden. Besitzen beispielsweise die Vorgänge $1, \ldots, 4$ die in Tabelle 1.21 dargestellten unmittelbaren Vorläufermengen, so ergibt sich für die Vorläufermenge $\emptyset$ die zugehörige Nachläufermenge $\{1, 2\}$. Insgesamt lassen sich die in Tabelle 1.22 angegebenen Vorläufer- und Nachläufermengen identifizieren.

Tabelle 1.21. Projektvorgänge mit ihren Vorläufermengen

Vorgang	1	2	3	4
unmittelbare Vorläufer	$\emptyset$	$\emptyset$	$\{1\}$	$\{1,2\}$

Mit Hilfe der unmittelbaren Vorläufer- und Nachläufermengen lässt sich die Einführung von Scheinvorgängen auf die drei folgenden Fälle zurückführen.

a) Seien $\mathcal{V}$ und $\mathcal{V}'$ zwei Vorläufermengen mit $\emptyset \neq \mathcal{V} \subset \mathcal{V}'$, d.h. ein Vorgang besitzt dieselben unmittelbaren Vorläufer wie ein anderer Vorgang und gleichzeitig einige weitere Vorläufer. Beispielsweise seien die Vorläufermengen $\mathcal{V}_1 = \emptyset$, $\mathcal{V}_2 = \{1\}$, $\mathcal{V}_3 = \{1, 2\}$ und zugehörige Mengen $\mathcal{N}_1 = \{1, 2\}$, $\mathcal{N}_2 = \{3\}$, $\mathcal{N}_3 = \{4\}$ gegeben (vgl. Tab. 1.22). Offensichtlich ist $\emptyset \neq \mathcal{V}_2 \subset \mathcal{V}_3$. Ersetzen wir Vorgang 1 in der Menge $\mathcal{V}_3$ durch den Scheinvorgang 5 und fügen Vorgang 5 in die Menge $\mathcal{N}_2$ ein, so erhalten wir die in Tabelle 1.23 dargestellten Vorläufer- und Nachläufermengen.

Vorläufer	Nachläufer
∅	{1, 2}
{1}	{3}
{1, 2}	{4}

Tabelle 1.22. Vorläufermengen vor Anwendung von Regel a)

Vorläufer ($\mathcal{V}_e$)	Nachläufer ($\mathcal{N}_e$)	e
∅	{1, 2}	1
{1}	{3, 5}	2
{1, 2, 5}	{4}	3

Tabelle 1.23. Vorläufermengen nach Anwendung von Regel a)

Ausgehend von Tabelle 1.23 können wir den resultierenden CPM-Netzplan zeichnen, indem wir für jede Zeile in der Tabelle einen Knoten e (Ereignis) einfügen, in den die Vorgänge der zugehörigen Vorläufermenge einmünden und aus dem die Vorgänge der zugehörigen Nachläufermenge ausgehen (vgl. Abb. 1.47). Dann bezeichnet man die entsprechende Vorläufer- bzw. Nachläufermenge auch als die zu diesem Ereignis e zugehörige Vorläufermenge $\mathcal{V}_e$ bzw. Nachläufermenge $\mathcal{N}_e$.

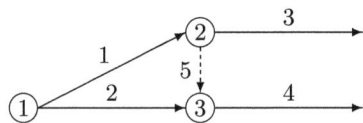

Abb. 1.47. CPM-Netzplan nach Anwendung von Regel a)

b) Seien $\mathcal{V}$ und $\mathcal{V}'$ zwei Vorläufermengen mit $\mathcal{V} \not\subset \mathcal{V}'$ und $\mathcal{V} \cap \mathcal{V}' \neq \emptyset$, d.h. zwei Vorgänge haben zum Teil gemeinsame und zum Teil unterschiedliche unmittelbare Vorläufer. Zum Beispiel seien die Vorläufermengen $\mathcal{V}_e$ und zugehörige Mengen $\mathcal{N}_e$ in Tabelle 1.24 mit $\mathcal{V}_2 \not\subset \mathcal{V}_3$ und $\mathcal{V}_2 \cap \mathcal{V}_3 \neq \emptyset$ gegeben. Wir fügen eine neue Vorläufermenge $\mathcal{V}_4 = \mathcal{V}_2 \cap \mathcal{V}_3 = \{2\}$ ein sowie die zugehörige Menge $\mathcal{N}_4 = \{6, 7\}$. Anschließend ersetzen wir den Vorgang 2 in der Menge $\mathcal{V}_2$ durch den Scheinvorgang 6 und in der Menge $\mathcal{V}_3$ durch den Scheinvorgang 7 (vgl. Tab. 1.25). Der resultierende CPM-Netzplan ist in Abbildung 1.48 dargestellt.

$\mathcal{V}_e$	$\mathcal{N}_e$	e
∅	{1, 2, 3}	1
{1, 2}	{4}	2
{2, 3}	{5}	3

Tabelle 1.24. Vorläufermengen vor Anwendung von Regel b)

$\mathcal{V}_e$	$\mathcal{N}_e$	e
∅	{1, 2, 3}	1
{1, 2, 6}	{4}	2
{2, 3, 7}	{5}	3
{2}	{6, 7}	4

Tabelle 1.25. Vorläufermengen nach Anwendung von Regel b)

c) Seien eine Vorläufermenge $\mathcal{V}$ und eine Menge $\mathcal{N}'$ mit $|\mathcal{V} \cap \mathcal{N}'| > 1$ gegeben, d.h. mindestens zwei Vorgänge haben identische Vorläufer und verlaufen

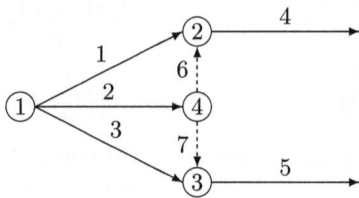

Abb. 1.48. CPM-Netzplan nach Anwendung von Regel b)

parallel zueinander. Für die Mengen $\mathcal{V}_e$ und $\mathcal{N}_e$ in Tabelle 1.26 gilt beispielsweise $|\mathcal{V}_3 \cap \mathcal{N}_1| > 1$. Wir ersetzen einen Vorgang aus $\mathcal{V}_3 \cap \mathcal{N}_1$ in der Menge $\mathcal{V}_3$ durch einen Scheinvorgang, z.B. ersetzen wir Vorgang 1 in $\mathcal{V}_3$ durch den Scheinvorgang 5. Dann fügen wir eine neue Vorläufermenge $\mathcal{V}_4 = \{1\}$ und die zugehörige Menge $\mathcal{N}_4 = \{5\}$ ein (vgl. Tab. 1.27). Der resultierende CPM-Netzplan ist in Abbildung 1.49 dargestellt.

$\mathcal{V}_e$	$\mathcal{N}_e$	e
$\{3\}$	$\{1,2\}$	1
$\emptyset$	$\{3\}$	2
$\{1,2\}$	$\{4\}$	3

Tabelle 1.26. Vorläufermengen vor Anwendung von Regel c)

$\mathcal{V}_e$	$\mathcal{N}_e$	e
$\{3\}$	$\{1,2\}$	1
$\emptyset$	$\{3\}$	2
$\{\cancel{1},2,5\}$	$\{4\}$	3
$\{1\}$	$\{5\}$	4

Tabelle 1.27. Vorläufermengen nach Anwendung von Regel c)

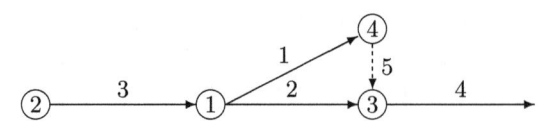

Abb. 1.49. CPM-Netzplan nach Anwendung von Regel c)

Greift für gegebene Mengen $\mathcal{V}_e$ und $\mathcal{N}_e$, $e = 1, \ldots, l$, keiner der drei oben genannten Fälle, so kann dem zugehörigen Projekt ein CPM-Netzplan ohne Scheinvorgänge zugeordnet werden. Ansonsten müssen, wie in den Regeln a) bis c) angegeben, Scheinvorgänge in den Netzplan eingefügt und die Mengen $\mathcal{V}_e$ und $\mathcal{N}_e$ entsprechend aktualisiert werden. Der folgende Algorithmus fasst das Vorgehen zur automatisierten Bestimmung eines CPM-Netzplans bei gegebenen unmittelbaren Vorläufermengen $\mathcal{V}_e$, $e = 1, \ldots, l$, sowie zugehöriger Mengen $\mathcal{N}_e$ zusammen.

Algorithmus 1.23 (Konstruktion eines CPM-Netzplans).

Schritt 1:

Setze $s := n + 1$.

Schritt 2:

Falls zwei Vorläufermengen $\mathcal{V}$ und $\mathcal{V}'$ mit $\emptyset \neq \mathcal{V} \subset \mathcal{V}'$ existieren, gehe zu Schritt 3.

Falls zwei Vorläufermengen $\mathcal{V}$ und $\mathcal{V}'$ mit $\mathcal{V} \not\subset \mathcal{V}'$, $\mathcal{V} \cap \mathcal{V}' \neq \emptyset$ existieren, gehe zu Schritt 4.

Falls für zwei Mengen $\mathcal{V}$ und $\mathcal{N}'$ gilt $|\mathcal{V} \cap \mathcal{N}'| > 1$, dann gehe zu Schritt 5.

Andernfalls gehe zu Schritt 6.

Schritt 3:

Es gilt $\emptyset \neq \mathcal{V} \subset \mathcal{V}'$. Ersetze alle Vorgänge $i \in \mathcal{V}$ in der Menge $\mathcal{V}'$ durch den Scheinvorgang s. Füge s zu $\mathcal{N}$ hinzu und setze $s := s + 1$. Gehe zu Schritt 2.

Schritt 4:

Sei $\mathcal{V} \not\subset \mathcal{V}'$, $\mathcal{V} \cap \mathcal{V}' = \{j^1, \ldots, j^r\} \neq \emptyset$. Füge r neue Vorläufermengen $\{j^k\}$ mit $k = 1, \ldots, r$ hinzu. Ersetze alle r Vorgänge der Menge $\mathcal{V} \cap \mathcal{V}'$ in der Menge $\mathcal{V}$ durch r Scheinvorgänge $s, s + 1, \ldots, s + r - 1$ und in der Menge $\mathcal{V}'$ durch r Scheinvorgänge $s + r, s + r + 1, \ldots, s + 2r - 1$. Füge jeder neuen Vorläufermenge $\{j^k\}$ die zugehörige Nachläufermenge $\mathcal{N} = \{s + k - 1, s + r + k - 1\}$ hinzu. Setze $s := s + 2r$ und gehe zu Schritt 2.

Schritt 5:

Sei $|\mathcal{V} \cap \mathcal{N}'| = r > 1$. Ersetze $r - 1$ Vorgänge aus $\mathcal{V} \cap \mathcal{N}'$, etwa $j^1, \ldots, j^{r-1}$, in der Menge $\mathcal{V}$ durch die Scheinvorgänge $s, \ldots, s + r - 2$. Füge $r - 1$ Paare zusammengehöriger Mengen $\mathcal{V}^p := \{j^{p+1}\}$, $\mathcal{N}^p := \{s + p\}$, $(p = 0, \ldots, r - 2)$ hinzu. Setze $s := s + r - 1$ und gehe zu Schritt 2.

Schritt 6:

Führe einen Knoten e für jedes zusammengehörige Paar von Mengen $(\mathcal{V}_e, \mathcal{N}_e)$ mit den einmündenden Vorgängen $i \in \mathcal{V}_e$ und den wegführenden Vorgängen $j \in \mathcal{N}_e$ ein.

Die Vorgehensweise von Algorithmus 1.23 zur Konstruktion von CPM-Netzplänen wird nun anhand eines Beispiels verdeutlicht. Wir gehen wieder von dem Bauprojekt aus Abschnitt 1.4.1 aus. Da in CPM-Netzplänen i.d.R. jedoch keine zeitlichen Höchstabständen abgebildet werden, wird die Aufgabenstellung von Beispiel 1.9 leicht modifiziert.

Beispiel 1.24 (Modifikation von Beispiel 1.9). Zu Beginn des Bauprojektes ist das Fundament des Hauses bereits gegossen und es kann sofort mit den Arbeiten am Rohbau begonnen werden. An die Maurerarbeiten kann sich unmittelbar die Errichtung des Dachstuhls anschließen. Das zugehörige Endereignis dieses Vorgangs repräsentiert das Richtfest. Nach Errichtung des Dachstuhls kann sofort mit dem Decken des Dachs begonnen werden. Sobald das Dach gedeckt ist, können die Fenster des Hauses eingesetzt werden. Mit den Sanitärinstallationen kann frühestens fünf Wochen nach Projektstart begonnen werden, da die gewählte Installationsfirma noch auf einer anderen Baustelle beschäftigt ist. Allerdings ist zu beachten, dass vor Beginn der Sanitärinstallationen der Dachstuhl errichtet sein muss. Die Elektroinstallationen im Haus können frühestens gleichzeitig mit dem Beginn der Sanitärinstallationen begonnen werden. An die Sanitär- und Elektroinstallationen können sich unmittelbar die Innenputzarbeiten anschließen. Frühestens nach Abschluss der Putzarbeiten und des Einsetzens der Fenster kann die Malerfirma mit ihren Arbeiten beginnen. Sobald die Malerarbeiten abgeschlossen sind, kann mit der Montage der Küche begonnen werden. Das Projekt soll so früh wie möglich beendet werden.

In Tabelle 1.28 sind alle Vorgänge des Projektes sowie die zugehörigen Ausführungsdauern angegeben. Um den Mindestabstand zwischen dem Projektstart und den Sanitärinstallationen zu modellieren, führen wir außerdem einen weiteren Vorgang 10 mit einer Dauer von fünf Wochen ein.

Tabelle 1.28. Die Projektvorgänge mit ihren jeweiligen Dauern

Nr.	Vorgang	Dauer (in Wochen)
1	Maurerarbeiten	3
2	Errichten des Dachstuhls	2
3	Dachdeckerarbeiten	1
4	Fenster einsetzen	1
5	Sanitärinstallationen	4
6	Elektroinstallationen	3
7	Innenputzarbeiten	2
8	Malerarbeiten	2
9	Montage der Küche	1
10	Bereitstellungstermin Sanitärinstallationen	5

Algorithmus 1.23 vollzieht sich für das vorliegende Projekt wie folgt. Die unmittelbaren Vorläufermengen $\mathcal{V}_e$ und zugehörigen Mengen $\mathcal{N}_e$ zu Beginn des Algorithmus sind in Tabelle 1.29 angegeben.

Schritt 1: Setze $s := n + 1 = 11$.

Schritt 2: Für $\mathcal{V}_3 = \{2\}$ und $\mathcal{V}_5 = \{2, 10\}$ gilt $\emptyset \neq \mathcal{V}_3 \subset \mathcal{V}_5$. Wir gehen daher zu Schritt 3.

Schritt 3: Vorgang $\{2\} \in \mathcal{V}_3$ wird in der Menge $\mathcal{V}_5$ durch den Scheinvorgang $s = 11$ ersetzt. Wir setzen daher $\mathcal{V}_5 := \{10, 11\}$, $\mathcal{N}_3 := \{3, 11\}$, $s := 12$ und fahren mit Schritt 2 fort.

Schritt 2: Für $\mathcal{V}_6 = \{5,6\}$ und $\mathcal{N}_5 = \{5,6\}$ gilt $|\mathcal{V}_6 \cap \mathcal{N}_5| = 2 > 1$. Wir fahren also mit Schritt 5 fort.

Schritt 5: Wir ersetzen einen Vorgang aus $\mathcal{V}_6 \cap \mathcal{N}_5 = \{5,6\}$, beispielsweise Vorgang 6, in der Menge $\mathcal{V}_6$ durch den Scheinvorgang $s = 12$, d.h. $\mathcal{V}_6 := \{5,12\}$. Außerdem fügen wir eine Menge $\mathcal{V}_{10} := \{6\}$ mit zugehöriger Menge $\mathcal{N}_{10} := \{12\}$ hinzu. Anschließend setzen wir $s := 13$ und gehen zu Schritt 2.

Schritt 2: Da keiner der angegebenen drei Fälle zutrifft, gehen wir zu Schritt 6.

Schritt 6: Für jedes zusammengehörige Paar von Mengen $(\mathcal{V}_e, \mathcal{N}_e)$ wird ein Knoten e mit den einmündenden Vorgängen $i \in \mathcal{V}_e$ und den wegführenden Vorgängen $j \in \mathcal{N}_e$ eingeführt.

In Tabelle 1.30 sind die Vorläufermengen $\mathcal{V}_e$ sowie die zugehörigen Mengen $\mathcal{N}_e$ des Projektes nach Ende des Algorithmus angegeben. Es ergibt sich somit der in Abbildung 1.50 dargestellte Netzplan. Die Pfeile des Netzplans sind mit der jeweiligen Vorgangsnummer und der Vorgangsdauer beschriftet.

$\mathcal{V}_e$	$\mathcal{N}_e$	e
$\emptyset$	$\{1,10\}$	1
$\{1\}$	$\{2\}$	2
$\{2\}$	$\{3\}$	3
$\{3\}$	$\{4\}$	4
$\{2,10\}$	$\{5,6\}$	5
$\{5,6\}$	$\{7\}$	6
$\{4,7\}$	$\{8\}$	7
$\{8\}$	$\{9\}$	8
$\{9\}$	$\emptyset$	9

Tabelle 1.29. Mengen $\mathcal{V}_e$ und $\mathcal{N}_e$ sowie Knoten e vor Anwendung des Algorithmus

$\mathcal{V}_e$	$\mathcal{N}_e$	e
$\emptyset$	$\{1,10\}$	1
$\{1\}$	$\{2\}$	2
$\{2\}$	$\{3,11\}$	3
$\{3\}$	$\{4\}$	4
$\{2,10,11\}$	$\{5,6\}$	5
$\{5,6,12\}$	$\{7\}$	6
$\{4,7\}$	$\{8\}$	7
$\{8\}$	$\{9\}$	8
$\{9\}$	$\emptyset$	9
$\{6\}$	$\{12\}$	10

Tabelle 1.30. Mengen $\mathcal{V}_e$ und $\mathcal{N}_e$ sowie Knoten e nach Anwendung des Algorithmus

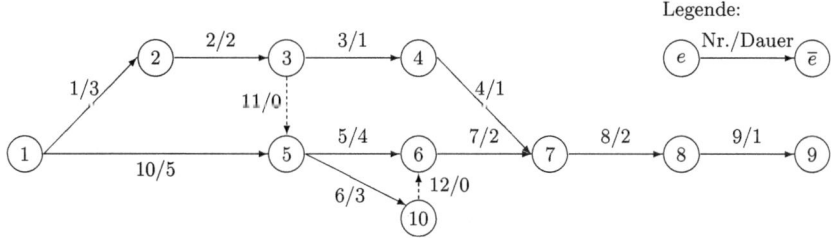

Abb. 1.50. Netzplan des Projektes „Haus bauen"

Die Bestimmung frühester und spätester Start- und Endzeitpunkte in CPM-Netzplänen erfolgt ähnlich wie bei der MPM-Netzplantechnik (vgl. Abschnitt 1.4.3). Früheste und späteste Start- und Endzeitpunkte sind hierbei nur für reale Vorgänge von Interesse, d.h. für Vorgänge, die keine Scheinvorgänge darstellen. Nehmen wir an, dass alle n realen Vorgänge (Pfeile) $\langle e, f \rangle \in E$ aufsteigend nummeriert sind, d.h. wir können die reale Vorgangsbzw. Pfeilmenge alternativ in der Form $E = \{1, \ldots, n\}$ schreiben. Sei ferner $V = \{1, \ldots, m\}$ die Knoten- bzw. Ereignismenge eines CPM-Netzplans, insbesondere sei Knoten 1 die Quelle und Knoten m die Senke des Netzplans. Jeder Vorgang $i \in E$ ist mit zwei Ereignissen inzident, einem *Startereignis* $e_i \in V$ und einem *Endereignis* $\bar{e}_i \in V$ (vgl. Abb. 1.51).

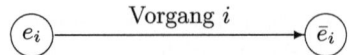

Abb. 1.51. Start- und Endereignis von Vorgang i

Der früheste Startzeitpunkt ES_i des realen Vorgangs i ist gleich dem frühesten Eintrittszeitpunkt des Ereignisses $e_i \in V$. Analog ist der späteste Startzeitpunkt LS_i des realen Vorgangs i gleich dem spätesten Zeitpunkt für den Eintritt des Ereignisses $\bar{e}_i$ abzüglich der Vorgangsdauer p_i. Die frühesten und spätesten Endzeitpunkte EC_i und LC_i des realen Vorgangs i ergeben sich unmittelbar aus den entsprechenden Startzeitpunkten zuzüglich der Vorgangsdauer p_i. Früheste und späteste Start- und Endzeitpunkte der Projektvorgänge können somit mit Hilfe der Ereigniszeitpunkte

EZ_e: *frühester Zeitpunkt* (earliest time) für den Eintritt des Ereignisses $e \in V$
LZ_e: *spätester Zeitpunkt* (latest time) für den Eintritt des Ereignisses $e \in V$

ermittelt werden.

Wir nehmen ohne Beschränkung der Allgemeinheit an, dass das zugrunde liegende Projekt zum Zeitpunkt 0 beginnt, d.h. der Eintrittszeitpunkt für den Projektstart (Quelle bzw. Knoten 1) ist $EZ_1 := 0$. Der früheste Zeitpunkt für den Eintritt eines Ereignisses $e \in \{2, \ldots, m\} \subset V$ entspricht dann gerade der Länge eines längsten Weges von der Quelle zu Ereignis e, d.h.

$$EZ_e := d_{1e} \quad \text{für alle } e \in \{2, \ldots, m\}.$$

Zur Bestimmung der frühesten Eintrittszeitpunkte kann das Label-Correcting Verfahren (vgl. Algorithmus 1.15) verwendet werden. Da ein CPM-Netzplan jedoch keine Zyklen enthält und sich die Knoten des Netzplans somit topologisch sortieren lassen, kann mit dem Bellman-Algorithmus ein effizienteres Verfahren zur Bestimmung längster Wege von einem zu allen anderen Knoten benutzt werden. Ein Netzplan heißt *topologisch sortiert*, wenn für einen Knoten $f \in V$ und alle Vorgängerknoten $e \in V$ von f gilt, dass $e < f$ ist. Wir gehen daher ohne Beschränkung der Allgemeinheit davon aus, dass die Knotenmenge V topologisch sortiert ist.

Sei $\langle e, f \rangle$ ein Pfeil (Vorgang) mit der Bewertung (Vorgangsdauer) δ_{ef} zwischen zwei Knoten (Ereignissen) $e, f \in V$ und bezeichne $Pred(f)$ die Menge der unmittelbaren Vorgängerknoten von Knoten f im zugrunde liegenden CPM-Netzplan. Dann ermittelt der Bellman-Algorithmus mit $d_{11} := 0$ und $d_{1f} := -\infty$ für $f = 2, \ldots, m$ die Längen längster Wege von 1 zu allen anderen Knoten f gemäß der Bellmanschen Funktionalgleichung

$$d_{1f} := \max_{e \in Pred(f)} (d_{1e} + \delta_{ef}).$$

Da jeder Pfeil (Vorgang) nur genau einmal inspiziert wird, beträgt die Zeitkomplexität des Bellman-Algorithmus $\mathcal{O}(n)$.

Zur Bestimmung der spätesten Zeitpunkte LZ_e für den Eintritt der Ereignisse $e \in \{1, \ldots, m-1\} \subset V$ ist ein spätester Abschlusstermin $LZ_m := \bar{d}$ für das Projektende, d.h. die Senke des CPM-Netzplans, vorzugeben. Ist $\bar{d}$ nicht vorgegeben, so setzen wir $LZ_m := EZ_m$, d.h. das Projekt endet so früh als möglich. Der späteste Zeitpunkt für den Eintritt eines Ereignisses $e \in \{1, \ldots, m-1\} \subset V$ entspricht dann gerade der Differenz aus dem spätestmöglichen Eintrittszeitpunkt des Projektendes und der Länge eines längsten Weges von e zum Projektende m, d.h.

$$LZ_e := LZ_m - d_{em} \qquad \text{für alle } e \in \{1, \ldots, m-1\}.$$

Analog zu Abschnitt 1.4.3 bestimmen wir die Werte d_{em} für alle Knoten $e \in \{1, \ldots, m-1\}$, indem wir die Längen $\tilde{d}_{me}$ längster Wege von Knoten m zu allen anderen Knoten im inversen Netzplan $\tilde{N}$ bestimmen, da $\tilde{d}_{me}$ gerade gleich d_{em} ist.

Haben wir die frühesten und spätesten Eintrittszeitpunkte aller Ereignisse bestimmt, so ergeben sich für einen Vorgang $i \in E$ mit Startereignis $e_i \in V$ und Endereignis $\bar{e}_i \in V$ die frühesten und spätesten Start- und Endzeitpunkte zu

$$ES_i := EZ_{e_i}$$
$$EC_i := EZ_{e_i} + p_i$$
$$LS_i := LZ_{\bar{e}_i} - p_i$$
$$LC_i := LZ_{\bar{e}_i}.$$

Beispiel 1.25 (Fortsetzung von Beispiel 1.24). Wir berechnen die frühesten und spätesten Start- und Endzeitpunkte aller Vorgänge des Projektes aus Beispiel 1.24. Der zugehörige CPM-Netzplan ist in Abbildung 1.50 angegeben. Zunächst ermitteln wir die frühesten und spätesten Ereigniszeitpunkte EZ_e und LZ_e für alle Knoten $e \in V$, indem wir mit dem Bellman-Algorithmus die Längen längster Wege von Knoten 1 zu allen anderen Knoten berechnen sowie die Längen längster Wege von Knoten m zu allen anderen Knoten im inversen Netzplan. Beispielsweise ist $EZ_7 := \max\{EZ_4 + 1, EZ_6 + 2\} = \max\{6 + 1, 9 + 2\} = 11$. Da das Projekt so früh wie möglich beendet werden soll, gilt

$LZ_9 := EZ_9 = 14$. Für Ereignis 4 z.B. erhalten wir somit $LZ_4 := LZ_9 - d_{49} = LZ_9 - \tilde{d}_{94} = 14 - 4 = 10$. In Tabelle 1.31 sind sämtliche frühesten und spätesten Ereigniszeitpunkte angegeben.

Tabelle 1.31. Früheste und späteste Ereigniszeitpunkte

$e \in V$	1	2	3	4	5	6	7	8	9	10
EZ_e	0	3	5	6	5	9	11	13	14	8
LZ_e	0	3	5	10	5	9	11	13	14	9

Aus den ermittelten Ereigniszeitpunkten können unmittelbar die frühesten und spätesten Start- und Endzeitpunkte für alle realen Vorgänge $i = 1, \ldots, 10$ bestimmt werden (vgl. Tab. 1.32). Vorgang $6 \in E$ ist z.B. inzident mit den Ereignissen $5, 10 \in V$, Ereignis 5 ist das Startereignis und 10 das Endereignis von Vorgang 6. Daher ist $ES_6 := EZ_5 = 5$ und $LS_6 := LZ_{10} - p_6 = 6$ sowie $EC_6 := EZ_5 + p_6 = 8$ und $LC_6 := LZ_{10} = 9$.

Tabelle 1.32. Früheste und späteste Start- und Endzeitpunkte

$i \in E$	1	2	3	4	5	6	7	8	9	10
ES_i	0	3	5	6	5	5	9	11	13	0
EC_i	3	5	6	7	9	8	11	13	14	5
LS_i	0	3	9	10	5	6	9	11	13	0
LC_i	3	5	10	11	9	9	11	13	14	5

Analog zur MPM-Netzplantechnik können auch für die Vorgänge in CPM-Netzplänen Pufferzeiten ermittelt werden. Die *gesamte Pufferzeit* (Gesamtpufferzeit) TF_i eines Vorgangs $i \in E$, die die Zeitspanne angibt, um die der Start von Vorgang i maximal verzögert werden kann, ohne dass die vorgegebene maximale Projektdauer LZ_m überschritten wird, ergibt sich zu

$$TF_i := LS_i - ES_i \qquad \text{für alle } i \in E.$$

Ein Vorgang $i \in E$ heißt *kritisch* genau dann, wenn $TF_i = \min_{j \in E} TF_j - LZ_1$ gilt. Insbesondere sind alle Vorgänge auf einem längsten Weg (*kritischen Weg*) von Knoten 1 zu Knoten m kritisch. Ist $LZ_m = EZ_m$, d.h. das Projekt soll so früh wie möglich beendet werden, dann gilt für alle kritischen Vorgänge $TF_i = 0$.

Für die Bestimmung der freien Pufferzeit sowie der freien Rückwärtspufferzeit in CPM-Netzplänen benötigen wir die beiden *modifizierten Eintrittszeitpunkte* EZ_e^+ und LZ_e^+. EZ_e^+ ist der früheste Zeitpunkt, zu dem mindestens ein realer Vorgang mit Startereignis e beginnen kann. LZ_e^+ ist der späteste Zeitpunkt, zu dem alle realen Vorgänge vor Ereignis e beendet sein müssen.

Also ist $EZ_e^+ := EZ_e$, falls von Knoten e mindestens ein realer Vorgang ausgeht, und $EZ_e^+ := \min_{f \in Succ(e)} EZ_f^+$, falls von Knoten e nur Scheinvorgänge ausgehen. Analog dazu ist $LZ_f^+ := LZ_f$, falls in Knoten f mindestens ein realer Vorgang einmündet und $LZ_f^+ := \max_{e \in Pred(f)} LZ_e^+$, falls in Knoten f nur Scheinvorgänge einmünden. Offensichtlich gilt $EZ_e^+ \geq EZ_e$ und $LZ_e^+ \leq LZ_e$ für jeden Knoten $e \in V$. $EZ_e^+ > EZ_e$ gilt genau dann, wenn alle von Knoten e ausgehenden Vorgänge Scheinvorgänge sind und keiner dieser Scheinvorgänge auf einem längsten Weg von der Quelle zur Senke liegt. $LZ_e^+ < LZ_e$ gilt genau dann, wenn alle in den Knoten e einmündenden Vorgänge Scheinvorgänge sind und keiner dieser Scheinvorgänge auf einem längsten Weg von der Quelle zur Senke liegt.

Beispiel 1.26 (Fortsetzung von Beispiel 1.25). Für die Ereignisse $e = 1, \ldots, 8$ gilt $EZ_e^+ = EZ_e$, da von ihnen mindestens ein realer Vorgang ausgeht. Von Ereignis 10 geht nur ein Scheinvorgang aus; daher gilt $EZ_{10}^+ = 9$. Für die Ereignisse $e = 2, \ldots, 10$ gilt $LZ_e^+ = LZ_e$, da in sie mindestens ein realer Vorgang einmündet. Die modifizierten Ereigniszeitpunkte EZ_e^+ und LZ_e^+ sind für alle Knoten $e \in V$ in Tabelle 1.33 angegeben.

Tabelle 1.33. Modifizierte früheste und späteste Eintrittszeitpunkte

$e \in V$	1	2	3	4	5	6	7	8	9	10
EZ_e^+	0	3	5	6	5	9	11	13	14	9
LZ_e^+	0	3	5	10	5	9	11	13	14	9

Die *freie Pufferzeit* EFF_i eines Vorgangs $i \in E$ mit Endereignis $\bar{e}_i$ gibt die maximale Zeitspanne an, um die der Start von Vorgang i ausgehend vom ES_i verzögert werden kann unter der Bedingung, dass alle unmittelbaren Nachfolger von i zu ihrem frühesten Startzeitpunkt starten, d.h.

$$EFF_i := EZ_{\bar{e}_i}^+ - EC_i \qquad \text{für alle } i \in E.$$

Die *freie Rückwärtspufferzeit* LFF_i eines Vorgangs $i \in E$ mit Startereignis e_i gibt die maximale Zeitspanne an, um die der Start von i ausgehend vom LS_i nach vorn geschoben werden kann unter der Bedingung, dass alle unmittelbaren Vorgänger von i zu ihrem spätesten Startzeitpunkt starten, d.h.

$$LFF_i := LS_i - LZ_{e_i}^+ \qquad \text{für alle } i \in E.$$

Beispiel 1.27 (Fortsetzung von Beispiel 1.26). Die gesamte Pufferzeit, die freie Pufferzeit und die freie Rückwärtspufferzeit sind für alle realen Vorgänge $i = 1, \ldots, 10$ unseres Beispielprojektes in Tabelle 1.34 angegeben.

Tabelle 1.34. Gesamtpufferzeit, freie Pufferzeit und freie Rückwärtspufferzeit

$i \in E$	1	2	3	4	5	6	7	8	9	10
TF_i	0	0	4	4	0	1	0	0	0	0
EFF_i	0	0	0	4	0	1	0	0	0	0
LFF_i	0	0	4	0	0	1	0	0	0	0

PERT-Netzplantechnik

In MPM- und CPM-Netzplänen wird die Dauer p_i eines Vorgangs i als deterministisch angenommen. Häufig kann die Dauer eines Vorgangs jedoch nicht genau beziffert werden. Stattdessen wird angenommen, dass die tatsächlich realisierte Dauer eines Vorgangs zufälligen Schwankungen unterliegt. Die *PERT-Netzplantechnik* berücksichtigt solche zufälligen Schwankungen der Vorgangsdauern. Dies ist insbesondere für Projekte, bei denen die Schätzung der Vorgangsdauern mit großen Unsicherheiten verbunden ist, wie beispielsweise bei Forschungs- und Entwicklungsprojekten, von großem Vorteil.

PERT-Netzpläne sind ebenso wie CPM-Netzpläne Vorgangspfeilnetze, d.h. jedem Projektvorgang entspricht ein Pfeil und Knoten entsprechen Ereignissen. Analog zu den CPM-Netzplänen enthalten PERT-Netzpläne genau eine Quelle und eine Senke, sie sind schwach zusammenhängend und es werden nur zeitliche Mindestabstände des Verknüpfungstyps Ende-Start betrachtet. Der wesentliche Unterschied zwischen CPM- und PERT-Netzplänen ist, dass die Dauer eines Vorgangs in einem PERT-Netzplan als Zufallsgröße erachtet wird. Anstelle einer deterministischen Dauer wird jedem Vorgang bei der Modellierung eines PERT-Netzplans eine Zufallsvariable zugeordnet, die einer geeignet zu bestimmenden Wahrscheinlichkeitsverteilung gehorcht. Aufgrund praktischer Erfahrungen empfiehlt es sich, eine Verteilung der Vorgangsdauern zu wählen, die folgenden Bedingungen genügt:

1. Die Verteilungsfunktion für die Dauer p_i eines Vorgangs i ist auf einem abgeschlossenen Intervall $[p_i^O, p_i^P]$ mit $p_i^O \geq 0$ und $p_i^O < p_i^P$ definiert.
2. Die Realisationen der Vorgangsdauern p_i konzentrieren sich um einen Wert.

Eine diesen Forderungen genügende Verteilung ist die *Betaverteilung*[21], deren stetige und unimodale Dichte durch

$$f(p_i) := \begin{cases} \frac{(p_i - p_i^O)^\alpha (p_i^P - p_i)^\beta}{(p_i^P - p_i^O)^{\alpha+\beta+1} B(\alpha+1, \beta+1)} & \text{für } p_i^O \leq p_i \leq p_i^P \\ 0 & \text{sonst} \end{cases}$$

mit $\alpha, \beta > -1$ definiert ist. B repräsentiert dabei die *Betafunktion*

---

[21] Grundsätzlich können im Rahmen der PERT-Netzplantechnik beliebige Wahrscheinlichkeitsverteilungen für die Vorgangsdauern angenommen werden. Andere im Rahmen der PERT-Netzplantechnik häufig verwendete Wahrscheinlichkeitsverteilungen sind beispielsweise die Gleichverteilung oder die Dreiecksverteilung.

$$B(u,v) := \frac{\Gamma(u)\Gamma(v)}{\Gamma(u+v)} \qquad \text{für } u,v > 0$$

und Γ die durch

$$\Gamma(z) := \int_0^\infty \tau^{z-1} e^{-\tau} d\tau \qquad \text{für } z > 0$$

festgelegte *Gammafunktion*. Speziell ist $\Gamma(1) = 1$ und $\Gamma(n) = (n-1)!$ für $n \in \mathbb{N}$. In Abbildung 1.52 ist die Dichtefunktion der Betaverteilung für eine Vorgangsdauer $p_i \in [p_i^O = 1, p_i^P = 4]$ in Abhängigkeit verschiedener Werte für α und β abgebildet.

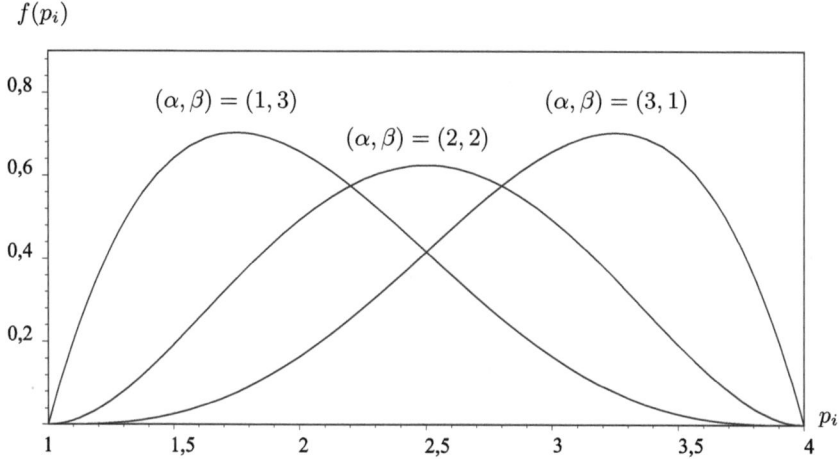

Abb. 1.52. Dichte der Betaverteilung für $p_i \in [p_i^O = 1, p_i^P = 4]$ in Abhängigkeit von α und β

Wir bestimmen nun die Verteilungsparameter Modalwert, Erwartungswert und Varianz der Betaverteilung.[22] Der *Modalwert* p_i^H (Maximalstelle der Funktion $f(p_i)$) ist Lösung der Gleichung

$$\frac{df(p_i)}{dp_i} = \frac{\alpha(p_i - p_i^O)^{\alpha-1}(p_i^P - p_i)^\beta - \beta(p_i - p_i^O)^\alpha(p_i^P - p_i)^{\beta-1}}{(p_i^P - p_i^O)^{\alpha+\beta+1} B(\alpha+1, \beta+1)} = 0,$$

für die unter der Annahme $\alpha, \beta > 0$ und $p_i^P > p_i^O \geq 0$ eine eindeutige Lösung

$$p_i^H = \frac{\beta p_i^O + \alpha p_i^P}{\alpha + \beta} \tag{1.5}$$

existiert. Weiter ist der *Erwartungswert* $\bar{p}_i$

---

[22] Eine ausführliche Herleitung des Erwartungswertes und der Varianz der Betaverteilung ist beispielsweise in NEUMANN (1975, S. 215 ff.) angegeben.

$$\bar{p}_i = \int_{p_i^O}^{p_i^P} p_i f(p_i) \, dp_i$$

$$= \frac{\int_{p_i^O}^{p_i^P} p_i (p_i - p_i^O)^\alpha (p_i^P - p_i)^\beta \, dp_i}{(p_i^P - p_i^O)^{\alpha+\beta+1} B(\alpha+1, \beta+1)}$$

$$= \frac{p_i^O(\beta+1) + p_i^P(\alpha+1)}{\alpha + \beta + 2}.$$

Unter Berücksichtigung von (1.5) lässt sich $\bar{p}_i$ auch in der Form

$$\bar{p}_i = \frac{p_i^O + (\alpha + \beta)p_i^H + p_i^P}{\alpha + \beta + 2} \qquad (1.6)$$

schreiben. Für die *Varianz* σ_i^2 gilt

$$\sigma_i^2 = \overline{(p_i^2)} - (\bar{p}_i)^2,$$

wobei

$$\overline{(p_i^2)} = \int_{p_i^O}^{p_i^P} p_i^2 f(p_i) \, dp_i.$$

Nach Substitution und Umformung erhalten wir schließlich

$$\sigma_i^2 = \frac{(\alpha+1)(\beta+1)}{(\alpha+\beta+2)^2(\alpha+\beta+3)} (p_i^P - p_i^O)^2. \qquad (1.7)$$

Zur eindeutigen Spezifizierung der Verteilung der Vorgangsdauern p_i eines Vorgangs i in einem PERT-Netzplan müssen die vier Parameter p_i^O, p_i^P, α und β geeignet festgelegt werden. Als obere Grenze des Intervalls $[p_i^O, p_i^P]$ innerhalb dessen die Dauer p_i schwanken kann, wird die im Rahmen der in Abschnitt 1.4.2 durchgeführten *Dreizeitenschätzung* ermittelte *pessimistische Dauer* angesetzt. p_i^P entspricht somit der Dauer des Vorgangs i unter besonders ungünstigen Umständen. Analog dazu entspricht p_i^O der *optimistischen Dauer* von Vorgang i, d.h. der Dauer des Vorgangs unter besonders günstigen Umständen. Für die Parameter α und β hat es sich bei PERT-Netzplänen als günstig erwiesen, α und β so zu wählen, dass

$$\alpha + \beta = 4. \qquad (1.8)$$

Weiterhin geht man davon aus, dass der Modalwert p_i^H gerade der wahrscheinlichsten oder *häufigsten Dauer*, d.h. der Dauer des Vorgangs i, die unter „normalen" Umständen am häufigsten eintritt, entspricht. Für gegebene Werte für p_i^O, p_i^P und p_i^H lassen sich aus (1.5) zusammen mit (1.8) α und β eindeutig bestimmen. Gilt beispielsweise $p_i^O = 1$, $p_i^P = 4$ und $p_i^H = 2$, so erhalten

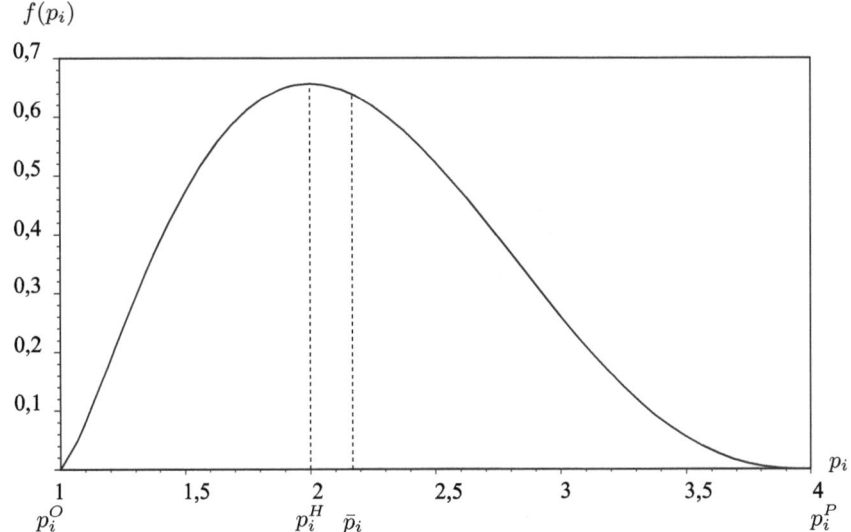

Abb. 1.53. Dichte der Betaverteilung für $p_i^O = 1$, $p_i^P = 4$, $p_i^H = 2$, $\alpha = 4/3$ und $\beta = 8/3$

wir aus (1.5) und (1.8) ein lineares Gleichungssystem mit zwei Gleichungen und zwei Unbekannten, dessen eindeutige Lösung $\alpha = 4/3$ und $\beta = 8/3$ ist. Ein Plot der resultierenden Betaverteilung ist in Abbildung 1.53 angegeben.

Aus (1.6) und (1.8) folgt für den Erwartungswert $\bar{p}_i$ eines Vorgangs i in einem PERT-Netzplan[23]

$$\bar{p}_i = \frac{p_i^O + 4p_i^H + p_i^P}{6}. \tag{1.9}$$

Für die Betaverteilung aus Abbildung 1.53 ist beispielsweise $\bar{p}_i = 13/6$. Nach (1.7) ergibt sich unter der Annahme $\alpha + \beta = 4$ für die Varianz σ_i^2 eines Vorgangs i in einem PERT-Netzplan

$$\sigma_i^2 = \frac{(\alpha+1)(\beta+1)}{252}(p_i^P - p_i^O)^2 = \frac{(5-\beta)(\beta+1)}{252}(p_i^P - p_i^O)^2.$$

Für die Betaverteilung aus Abbildung 1.53 erhalten wir $\sigma_i^2 = 11/36$. In der Praxis wird die Varianz jedoch meist mit Hilfe der näherungsweise gültigen Beziehung

$$\hat{\sigma}_i^2 = \frac{(p_i^P - p_i^O)^2}{36} \tag{1.10}$$

bestimmt. Für die in Abbildung 1.53 dargestellte Verteilung erhalten wir mit Hilfe von (1.10) den Wert $\hat{\sigma}_i^2 = 1/4$.

---

[23] Es sei angemerkt, dass $\bar{p}_i$ genau p_i^H entspricht, wenn p_i^H gerade in der Mitte des Intervalls $[p_i^O, p_i^P]$ liegt, d.h. wenn $p_i^H - p_i^O = p_i^P - p_i^H$. In diesem Fall ist die resultierende Dichtefunktion $f(p_i)$ symmetrisch.

Die frühesten und spätesten Eintrittszeitpunkte EZ_e und LZ_e der Ereignisse (Knoten) $e \in V$ in einem PERT-Netzplan stellen anders als in CPM-Netzplänen Zufallsgrößen dar. Die Erwartungswerte $\overline{EZ}_e$ und $\overline{LZ}_e$ dieser Zufallsgrößen bestimmt man bei PERT ähnlich wie die deterministischen Größen bei der CPM-Netzplantechnik, indem man in den betreffenden Formeln (vgl. S. 88 ff.) die deterministischen Größen p_i, EZ_e und LZ_e, $i \in E$ und $e \in V$, durch die entsprechenden Erwartungswerte $\bar{p}_i$, $\overline{EZ}_e$ bzw. $\overline{LZ}_e$ ersetzt. Der *erwartete früheste Eintrittszeitpunkt* $\overline{EZ}_e$ eines Ereignisses $e \in V$ entspricht also der Summe der erwarteten Vorgangsdauern $\bar{p}_i$ auf einem längsten Weg vom Projektstart zu Ereignis e. Vorgänge, die auf einem bezüglich der Erwartungswerte $\bar{p}_i$ längsten Weg vom Projektstart zum Projektende liegen, heißen *kritische Vorgänge* und ein korrespondierender längster Weg heißt *kritischer Weg*. Der *erwartete späteste Eintrittszeitpunkt* $\overline{LZ}_e$ eines Ereignisses e ist gleich dem vorgegebenen Projektendtermin abzüglich der Summe der erwarteten Vorgangsdauern $\bar{p}_i$ auf einem längsten Weg von e zum Projektende. Für einen Vorgang $i \in E$ mit Startereignis $e_i \in V$ und Endereignis $\bar{e}_i \in V$ ergeben sich die erwarteten frühesten und spätesten Start- und Endzeitpunkte zu

$$\overline{ES}_i := \overline{EZ}_{e_i}$$
$$\overline{EC}_i := \overline{EZ}_{e_i} + \bar{p}_i$$
$$\overline{LS}_i := \overline{LZ}_{\bar{e}_i} - \bar{p}_i$$
$$\overline{LC}_i := \overline{LZ}_{\bar{e}_i} \ .$$

Als Varianz für die Länge eines Weges legt man die Summe der Varianzen der einzelnen Vorgangsdauern auf diesem Weg fest. Die Streuung (Varianz) $EZ_e^{\hat{\sigma}^2}$ des frühesten Eintrittszeitpunktes eines Ereignisses e wird daher bestimmt, indem die Varianzen $\hat{\sigma}_i^2$ aller Vorgangsdauern i auf einem bezüglich $\bar{p}_i$ längsten Weg vom Projektstart zu Ereignis e addiert werden. Existieren mehrere längste Wege mit unterschiedlichen Varianzen, so wird im Sinne einer worst-case Betrachtung die größte dieser Varianzen als Varianz des zugrunde liegenden Ereignisses festgelegt. Analog dazu ist die Varianz $LZ_e^{\hat{\sigma}^2}$ der spätesten Eintrittszeitpunkte von Ereignis e gerade die Summe der Varianzen $\hat{\sigma}_i^2$ der Vorgänge i auf einem längsten Weg von Ereignis e zum Projektende. Die beschriebene additive Vorgehensweise zur Ermittlung der Varianzen einzelner Ereignisse setzt voraus, dass die Vorgangsdauern nicht korreliert sind, d.h. dass die einzelnen Vorgangsdauern stochastisch unabhängig voneinander sind. Diese Annahme ist in der Praxis jedoch nur selten erfüllt. Bei einem Bauprojekt beispielsweise hängt die Dauer vieler Vorgänge von identischen Einflussgrößen wie den Wetterbedingungen zum Zeitpunkt der Projektdurchführung oder den beteiligten Projektmitarbeitern ab.

Bei der beschriebenen Ermittlung der erwarteten Eintrittszeitpunkte $\overline{EZ}_e$ und $\overline{LZ}_e$ ist zu beachten, dass die frühesten Eintrittszeitpunkte $\overline{EZ}_e$ im Allgemeinen unterschätzt werden, während späteste Eintrittszeitpunkte $\overline{LZ}_e$ überschätzt werden. Ursächlich hierfür ist die Tatsache, dass bei der Bestimmung

eines bezüglich der erwarteten Vorgangsdauern längsten Weges zwischen zwei
Ereignissen e und f nur die kritischen Vorgänge Berücksichtigung finden,
während die „unkritischen" Vorgänge auf alternativen Wegen von e nach f
unberücksichtigt bleiben. Je nach Realisation der Zufallsgröße „Vorgangsdauer" können aber ganz andere Wege als der von PERT bestimmte kritisch sein.
Um das Problem deutlich zu machen, betrachten wir das folgende Beispiel.

Beispiel 1.28. Wir betrachten den PERT-Netzplan in Abbildung 1.54 mit
drei Vorgängen $i \in E$. Die Dauern der Vorgänge 2 und 3 werden mit $p_2 = \bar{p}_2 = 1$ und $p_3 = \bar{p}_3 = 1$ als deterministisch angenommen. Die Dauer des
Vorgangs 1 sei stochastisch mit $\bar{p}_1 = 2$ und gehorche der Einfachheit halber
der in Tabelle 1.35 angegebenen diskreten Wahrscheinlichkeitsverteilung.

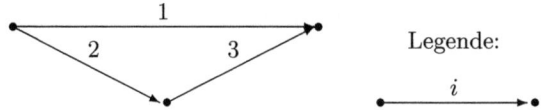

Abb. 1.54. PERT-Netzplan mit drei Vorgängen

Tabelle 1.35. Diskrete Verteilung der Vorgangsdauer p_1

Vorgangsdauer	Wahrscheinlichkeit
1	1/3
2	1/3
3	1/3

Unter Verwendung der PERT-Methodik ergibt sich 2 als erwartete Länge
eines längsten Weges vom Projektstart zum Projektende, d.h. es wird erwartet, dass das Projekt frühestens zum Zeitpunkt 2 beendet werden kann.
Tatsächlich hängt der früheste Eintrittszeitpunkt des Projektendes aber von
den drei möglichen Realisationen der Dauer p_1 ab. Ist $p_1 = 1$ oder $p_1 = 2$, so
kann das Projektende frühestens zum Zeitpunkt 2 eintreten. Für $p_1 = 3$ hingegen ist der Projektabschluss frühestens zum Zeitpunkt 3 möglich. Da jede dieser Realisationen von p_1 mit Wahrscheinlichkeit 1/3 gleich wahrscheinlich ist,
ist der tatsächliche erwartete früheste Projektendtermin $\frac{1}{3} \cdot 2 + \frac{1}{3} \cdot 2 + \frac{1}{3} \cdot 3 = 7/3$.
Die PERT-Methode unterschätzt das erwartete früheste Projektende somit
um 1/3 Zeiteinheiten.

Tendenziell ist die beschriebene Unterschätzung der erwarteten Länge eines Weges von e nach f in einem PERT-Netzplan umso größer, je mehr alternative Wege es zwischen e und f gibt und je näher die erwarteten Längen
dieser Wege an der erwarteten Länge eines kritischen Wegs liegen.

Um für einen gegebenen PERT-Netzplan den Schätzfehler bei der Ermittlung der erwarteten Länge eines längsten Weges zwischen zwei Knoten beziffern zu können, muss die tatsächlich erwartete Weglänge analytisch bestimmt werden. Dies ist schon für kleine Netzpläne und einfache, diskrete Wahrscheinlichkeitsverteilungen der Vorgangsdauern sehr aufwändig, da für alle möglichen Realisationen der Vorgangsdauern ein längster Weg bestimmt werden muss. Bei stetigen Verteilungen der Vorgangsdauern ist die analytische bzw. numerische Ermittlung der erwarteten Weglänge zwischen zwei Knoten mit Hilfe von Faltungsintegralen i.d.R. noch deutlich schwieriger als im diskreten Fall.

Mit Hilfe einer *Monte-Carlo-Simulation* kann für die erwartete Länge eines Weges zwischen zwei Knoten e und f recht einfach eine i.d.R. gute Näherung bestimmt werden. Dabei wird für jeden Vorgang eines PERT-Netzplans mit Hilfe eines für die vorliegende Wahrscheinlichkeitsverteilung geeigneten Zufallszahlengenerators eine zufällige Vorgangsdauer erzeugt; vgl. hierzu bspw. LAW und KELTON (2000). Auf Grundlage der zufällig erzeugten Vorgangsdauern wird dann der längste Weg zwischen e und f bestimmt. Werden diese Schritte sehr oft wiederholt, so stellt die Summe aller Längen der jeweils längsten Wege geteilt durch die Anzahl der Wiederholungen eine Näherung für die erwartete Weglänge zwischen e und f dar. Ebenso lässt sich die erwartete Varianz der Länge eines Weges zwischen e und f aus den Ergebnissen der Stichprobengesamtheit ermitteln. Speichert man im Verlaufe einer solchen Simulation außerdem, wie oft ein Vorgang Bestandteil eines kritischen Weges von e nach f war, so wird diese Größe geteilt durch die Anzahl der Wiederholungen als *kritischer Index* eines Vorgangs bezeichnet. Der kritische Index ist ein Maß für die Wahrscheinlichkeit, dass ein Vorgang Bestandteil eines kritischen Weges von e nach f ist. Für die Projektsteuerung empfiehlt es sich daher, allen Vorgängen mit einem hohen kritischen Index und nicht bloß den gemäß PERT kritischen Vorgängen besondere Aufmerksamkeit zu widmen, um ein rechtzeitiges Projektende zu gewährleisten.

Die für die Monte-Carlo-Simulation erforderlichen betaverteilten Zufallszahlen lassen sich mit Hilfe eines Rechners in zwei Schritten erzeugen:

1. Erzeugen einer Folge $u_1, u_2, u_3, \ldots$, von $(0,1)$-gleichverteilten Zufallszahlen[24]

2. Transformation der $(0,1)$-gleichverteilten Zufallszahlen[25], so dass sie der gewünschten Betaverteilung einer Zufallsvariablen X mit der Verteilungs-

---

[24] Dies kann z.B. mit einem multiplikativen Kongruenzgenerator gemäß der Vorschrift

$$\begin{cases} v_\nu \equiv (a v_{\nu-1}) \mod m \\ u_\nu := \frac{v_\nu}{m} \end{cases} \qquad (\nu = 1, 2, \ldots)$$

erfolgen (für detaillierte Ausführungen verweisen wir auf LAW und KELTON, 2000). Dabei sind a, v_0, $m \in \mathbb{N}$ vorzugebende Größen.

[25] Für die Transformation eignet sich die im nachfolgend beschriebene so genannte Inversionsmethode, da $P(X \le x) = F(x) = P(U \le F(x)) = P(F^{-1}(U) \le x)$ gilt.

funktion F entsprechen. Die gewünschte Verteilungsfunktion $F(x)$ muss hierzu in Form tabellierter Werte $(x_i, F(x_i))$ vorliegen. Der Wert der Umkehrfunktion F^{-1} an der Stelle u_ν wird durch lineare Interpolation in zwei Schritten berechnet (vgl. Abb. 1.55 zur Illustration):

a) Bestimme x_i und x_{i+1}, so dass $F(x_i) \leq u_\nu \leq F(x_{i+1})$ gilt.

b) Die Zufallszahl z_ν, die zu der Verteilungsfunktion F gehört, wird nun wie folgt berechnet:

$$z_\nu := x_i + (x_{i+1} - x_i) \frac{u_\nu - F(x_i)}{F(x_{i+1}) - F(x_i)} \quad (\nu = 1, 2, \ldots)$$

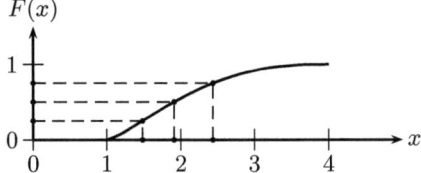

Abb. 1.55. Transformation mit der Inversionsmethode

Gemäß des *zentralen Grenzwertsatzes* der Wahrscheinlichkeitsrechnung ist die Summe unabhängiger Zufallsgrößen für eine große Anzahl von Summanden näherungsweise normalverteilt; vgl. bspw. BAMBERG und BAUR (2001, Kapitel 10.2). In Anlehnung an diesen Satz werden bei PERT die frühesten und spätesten Eintrittszeitpunkte EZ_e und LZ_e der Ereignisse $e \in V$ (und damit die frühesten und spätesten Start- und Endzeitpunkte der Projektvorgänge) als normalverteilt mit den Erwartungswerten $\overline{EZ}_e$ bzw. $\overline{LZ}_e$ und den Varianzen $EZ_e^{\hat{\sigma}^2}$ bzw. $LZ_e^{\hat{\sigma}^2}$ angenommen, d.h.

$$EZ_e \sim N\left(\overline{EZ}_e, EZ_e^{\hat{\sigma}^2}\right) \quad \text{oder} \quad \frac{EZ_e - \overline{EZ}_e}{\sqrt{EZ_e^{\hat{\sigma}^2}}} \sim N(0,1)$$

und

$$LZ_e \sim N\left(\overline{LZ}_e, LZ_e^{\hat{\sigma}^2}\right) \quad \text{oder} \quad \frac{LZ_e - \overline{LZ}_e}{\sqrt{LZ_e^{\hat{\sigma}^2}}} \sim N(0,1)$$

für alle $e \in V$. Aufgrund der angenommen Normalverteilung der Eintrittszeitpunkte der Ereignisse kann die Wahrscheinlichkeit, dass vorgegebene Termine einzelner Ereignisse eingehalten werden, abgeschätzt werden. So ist etwa

$$P(EZ_e > \theta) = 1 - P(EZ_e \leq \theta) = 1 - \Phi\left(\frac{\theta - \overline{EZ}_e}{\sqrt{EZ_e^{\hat{\sigma}^2}}}\right)$$

die Wahrscheinlichkeit, dass ein Ereignis e frühestens zu einem vorgegebenen Zeitpunkt θ eintritt, wobei Φ die Verteilungsfunktion der Standardnormalverteilung bezeichnet.

Beispiel 1.29 (Fortsetzung von Beispiel 1.24). Wir betrachten unser Beispielprojekt „Bau eines Hauses", für das wir bereits einen CPM-Netzplan konstruiert haben. Wir nehmen an, dass die Erwartungswerte und Varianzen der einzelnen Vorgangsdauern bereits ermittelt wurden. Die Werte $\bar{p}_i$ und $\hat{\sigma}_i^2$ sind für jeden Vorgang in Abbildung 1.56 angegeben. Die Dauern der Scheinvorgänge 11 und 12 sind deterministisch, daher gilt $\bar{p}_{11} = \bar{p}_{12} = 0$ und $\hat{\sigma}_{11}^2 = \hat{\sigma}_{12}^2 = 0$.

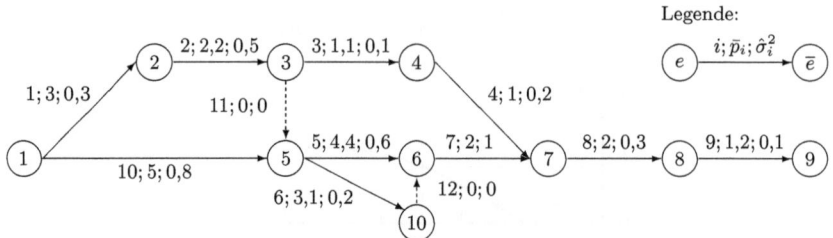

Abb. 1.56. PERT-Netzplan des Projektes „Haus bauen"

Der bezüglich der erwarteten Vorgangsdauern $\bar{p}_i$ längste Weg vom Projektstart zum Projektende im Netzplan in Abbildung 1.56 hat die Länge 14,8. Somit ist der erwartete früheste Projektendtermin $\overline{EZ}_9 = 14,8$ und die Vorgänge 1, 2, 11, 5, 7, 8 und 9 sind kritisch. Die zugehörige Varianz des frühesten Projektendtermins ist $EZ_9^{\hat{\sigma}^2} = 2,8$.

Wollen wir nun beispielsweise bestimmen, wie groß die Wahrscheinlichkeit ist, dass das früheste Projektende zwischen $\theta_1 = 14$ und $\theta_2 = 17$ Wochen liegen wird, so berechnen wir

$$
\begin{aligned}
P(\theta_1 \leq EZ_9 \leq \theta_2) &= \Phi\left(\frac{\theta_2 - \overline{EZ}_9}{\sqrt{EZ_9^{\hat{\sigma}^2}}}\right) - \Phi\left(\frac{\theta_1 - \overline{EZ}_9}{\sqrt{EZ_9^{\hat{\sigma}^2}}}\right) \\
&= \Phi\left(\frac{17 - 14,8}{\sqrt{2,8}}\right) - \Phi\left(\frac{14 - 14,8}{\sqrt{2,8}}\right) \\
&= \Phi(1,31) - \Phi(-0,48) = \Phi(1,31) - (1 - \Phi(0,48)) \\
&= 0,90 - (1 - 0,68) = 0,58\,.
\end{aligned}
$$

Das früheste Projektende wird also mit Wahrscheinlichkeit 0,58 innerhalb des Intervalls $[14, 17]$ eintreten.

Stellen wir uns weiterhin vor, dass ein Solltermin $\theta = 18$ für den Projektabschluss vorgegeben ist, bei dessen Überschreitung eine Konventionalstrafe gezahlt werden muss. Ferner seien aber die Anpassungsmaßnahmen zur Gewährleistung dieses Solltermins mit so hohen Kosten verbunden, dass sie nur dann ergriffen werden sollen, wenn die Wahrscheinlichkeit, dass der Solltermin überschritten wird, größer als 5% ist. Die Wahrscheinlichkeit für die Überschreitung des Solltermins ist

$$P(EZ_9 > \theta) = 1 - P(EZ_9 \le \theta)$$
$$= 1 - \Phi\left(\frac{18 - 14{,}8}{\sqrt{2{,}8}}\right)$$
$$= 1 - \Phi(1{,}91) = 1 - 0{,}97 = 0{,}03\,.$$

Auf eine kostspielige Beschleunigung des Projektes kann daher verzichtet werden.

GERT-Netzpläne

Mit Hilfe der in den Netzplantechnik-Methoden CPM und PERT verwendeten zyklenfreien Vorgangspfeilnetze können nur Projekte modelliert werden, deren logischer bzw. zeitlicher Ablauf im Vorhinein eindeutig festgelegt ist (gleiches gilt für MPM-Netzpläne). Dabei wird während einer Projektausführung jedes Ereignis des Projektes genau einmal realisiert, und es treten während des Projektablaufs keine Rücksprünge zu bereits zuvor einmal ausgeführten Vorgängen auf.

Viele praktische Projekte erfüllen diese Bedingungen jedoch nicht. Bei Projekten der Kundenauftragsfertigung etwa werden Zwischenerzeugnisse gewöhnlich einer Qualitätskontrolle unterzogen. Die weiteren Bearbeitungsschritte, denen ein Zwischenerzeugnis zugeführt wird, hängen dann von dem Ausgang der vorhergehenden Überprüfung ab. Nehmen wir z.B. an, dass ein Bauteil in einem Arbeitsgang aus einem Rohling gefertigt wird (vgl. Abb. 1.57). Anschließend erfolgt eine Qualitätskontrolle. 70% der überprüften Bauteile erfüllen die vorgegebene Spezifikation und können für den Einbau an die Montage weitergeleitet werden. 25% der Bauteile werden überarbeitet und nochmals geprüft. Dabei entstehen Bauteile mit derselben Güte wie bei der Erstbearbeitung. Die jeweils verbleibenden 5% der Bauteile stellen Ausschuss dar und werden verschrottet. Es fällt auf, dass einzelne Vorgänge (z.B. die Verschrottung von Bauteilen) einerseits nur mit einer gewissen Wahrscheinlichkeit $0 < p < 1$ ausgeführt werden, andererseits aber mehrmals während einer Projektausführung realisiert werden können (bspw. die Qualitätskontrolle, wenn ein überarbeitetes Bauteil abermals geprüft wird).

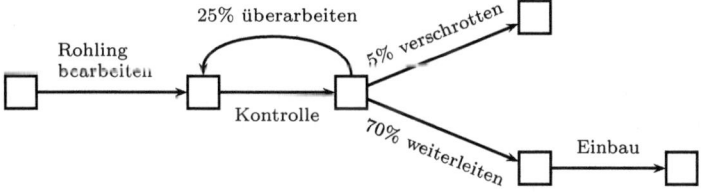

Abb. 1.57. Beispiel eines stochastischen Projektes

Für die Planung und Überwachung der Ausführung solcher Projekte mit stochastischen Elementen ist die *GERT-Netzplantechnik* entwickelt worden. Eine ausführliche Betrachtung von GERT-Netzplänen findet sich in NEUMANN (1990). Wie CPM- und PERT-Netzpläne stellen GERT-Netzpläne Vorgangspfeilnetze dar, d.h. die Projektvorgänge werden im Netzplan durch Pfeile dargestellt. Des Weiteren werden nur Zeitbeziehungen vom Typ Ende-Start berücksichtigt. Im Gegensatz zu den vorgenannten Netzplantechniken zeichnen sich GERT-Netzpläne jedoch durch verschiedene Knotentypen und allgemeinere Pfeilbewertungen aus. Einem Pfeil (Vorgang) ist als Bewertung neben einer stochastischen Vorgangsdauer bzw. der Verteilungsfunktion der Dauer des betreffenden Vorgangs die Ausführungswahrscheinlichkeit des Vorgangs zugeordnet. Diese Ausführungswahrscheinlichkeit kann kleiner als 1 sein; sie stellt streng genommen die bedingte Wahrscheinlichkeit dar, dass der betreffende Vorgang ausgeführt wird unter der Bedingung, dass sein Startereignis eingetreten ist. Ferner besitzt ein GERT-Netzplan im Allgemeinen Zyklen. Diese dienen der Modellierung von möglichen Rücksprüngen (Rückkopplungen) während des Projektablaufs. Ein GERT-Netzplan kann außerdem mehrere Senken (Projektausgänge) besitzen, z.B. die beiden Ereignisse „Projekterfolg" und „Projektmisserfolg", er hat jedoch, wie bei Vorgangspfeilnetzen üblich, genau eine Quelle (Projektstart).

Ein Knoten eines GERT-Netzplans besteht aus einer Eingangsseite und einer Ausgangsseite. Bei CPM- und PERT-Netzplänen besitzt jeder Knoten einen so genannten Und-Eingang. Das bedeutet, das betreffende Projektereignis tritt ein, sobald alle in den Knoten einmündenden Vorgänge beendet worden sind. Bei GERT-Netzplänen sind zusätzlich Knoten mit Inklusiv-Oder-Eingang (IOR-Eingang) und Exklusiv-Oder-Eingang (EOR-Eingang) spezifiziert. Besitzt ein Knoten einen Inklusiv-Oder-Eingang, so tritt das zugehörige Projektereignis ein, sobald der (zeitlich) erste der einmündenden Vorgänge beendet ist. Wir sprechen von einem Exklusiv-Oder-Eingang, wenn das betreffende Projektereignis jedes Mal dann eintritt, sobald ein einmündender Vorgang beendet ist. Knoten, die in einem Zyklus enthalten sind, sollen stets einen Exklusiv-Oder-Eingang besitzen.

Jeder Knoten eines CPM- oder PERT-Netzplans besitzt einen deterministischen Ausgang, d.h. nach Eintritt des zugehörigen Projektereignisses können alle vom Knoten wegführenden Vorgänge unmittelbar gestartet werden. GERT-Netzpläne können außerdem Knoten mit so genanntem stochastischem Ausgang enthalten. Nach Eintritt des einem solchen Knoten entsprechenden Ereignisses kann genau einer der ausgehenden Vorgänge gestartet werden. Ein Knoten mit höchstens einem Nachfolger habe stets einen stochastischen Ausgang. Tabelle 1.36 gibt einen Überblick über die Eingangs- und Ausgangsseiten eines Knotens, wobei die *Aktivierung* eines Knotens i bedeutet, dass alle Vorgänge mit dem Startereignis i (d.h. alle Vorgänge, die von Knoten i ausgehen) ausgeführt werden können.

Tabelle 1.36. Die Eingangs- und Ausgangsseiten eines GERT-Knotens

Eingangsseiten:	Ausgangsseiten:
UND-Eingang: Ein Knoten mit UND-Eingang wird aktiviert, sobald alle einmündenden Vorgänge abgeschlossen sind.	**DET**-Ausgang: Wird ein Knoten mit DET-Ausgang (deterministischer Ausgang) aktiviert, so können alle ausgehenden Vorgänge unmittelbar anschließend ausgeführt werden.
IOR-Eingang: Ein Knoten mit IOR-Eingang wird aktiviert, sobald ein einmündender Vorgang abgeschlossen ist (Inklusives Oder).	**ST**-Ausgang: Wird ein Knoten mit ST-Ausgang (stochastischer Ausgang) aktiviert, so kann genau ein ausgehender Vorgang ausgeführt werden.
EOR-Eingang: Ein Knoten mit EOR-Eingang wird jedes Mal aktiviert, sobald genau ein einmündender Vorgang abgeschlossen ist (Exklusives Oder).	

Im Folgenden stellen wir die sechs verschiedenen Knotentypen eines GERT-Netzplans wie in Abbildung 1.58 illustriert dar. Ein DETUND-Knoten ist hierbei ein Knoten mit einem UND-Eingang und einem DET-Ausgang usw.

DETUND   STUND   DETIOR   STIOR   DETEOR   STEOR

Abb. 1.58. Darstellung der sechs Knotentypen eines GERT-Netzplans

Für jeden Vorgang (Pfeil) $i \in E$ mit Startereignis e_i und Endereignis $\bar{e}_i$ eines GERT-Netzplans $N = \langle V, E; w, F \rangle$ ist eine Bewertung (w_i, F_i) gegeben. Dabei ist w_i die (bedingte) Wahrscheinlichkeit für die Ausführung des Vorgangs i unter der Bedingung, dass das zugehörige Startereignis e_i eintritt bzw. Knoten e_i aktiviert wird. F_i ist die (bedingte) Verteilungsfunktion der für die Ausführung von Vorgang i benötigten Dauer p_i unter der Bedingung, dass i ausgeführt wird. Da wir voraussetzen, dass die einzelnen Ausführungen eines Vorgangs voneinander unabhängig sind, bezeichne p_i im Weiteren die Zufallsvariable für die Dauer einer beliebigen Ausführung des Vorgangs i.

Aus der Definition der Ausgangsseiten eines Knotens folgt, dass für einen DET-Knoten e und für alle Vorgänge $i \in E$ mit Startereignis e die (bedingte) Ausführungswahrscheinlichkeit $w_i = 1$ ist. Für einen ST-Knoten e gilt analog für alle Vorgänge i mit Startereignis e, dass $\sum_i w_i = 1$ ist. Somit wird mit Wahrscheinlichkeit 1 nach der Aktivierung eines ST-Knotens, der keine Senke darstellt, genau ein von diesem Knoten ausgehender Vorgang ausgeführt.

Ein *(zulässiger) GERT-Netzplan* $N = \langle V, E; w, F \rangle$ ist nun ein Netzplan, in dem jeder Knoten zu einem der beschriebenen sechs Knotentypen gehört, jedem Vorgang $i \in E$ ein Paar (w_i, F_i) zugeordnet ist und der ferner den folgenden sechs Voraussetzungen genügt:

1. w_i und F_i seien unabhängig von der Anzahl der (bisherigen) Aktivierungen des zugehörigen Startknotens e und der Anzahl der (bisherigen) Ausführungen des Vorgangs i. Außerdem seien alle Zufallsvariablen p_i voneinander unabhängig. Wir gehen im Folgenden stets davon aus, dass diese so genannte Markov-Eigenschaft erfüllt ist.

2. Alle (bedingten) Ausführungswahrscheinlichkeiten seien positiv, d.h. $w_i > 0$ für alle $i \in E$, und die erwarteten Dauern seien $\bar{p}_i < \infty$ $(P(p_i < \infty) = 1)$ für alle $i \in E$. Nehmen wir ferner an, dass jede Zyklenstruktur[26] einen Ausgangspfeil besitzt, so wird gewährleistet, dass jede Zyklenstruktur mit positiver Wahrscheinlichkeit verlassen wird.

3. Jeder Knoten mit mindestens zwei Vorgängern, der nicht in einer Zyklenstruktur liegt, habe einen UND- oder IOR-Eingang. Jeder Knoten außerhalb einer Zyklenstruktur eines GERT-Netzplans wird daher höchstens einmal aktiviert.

4. Jeder Knoten in einer Zyklenstruktur sei ein STEOR-Knoten. Somit kann jeder Knoten einer Zyklenstruktur mehrmals aktiviert werden.

5. Bei jeder Realisation des Netzplans werde höchstens ein Eingangspfeil einer Zyklenstruktur ausgeführt und dieser genau einmal. Unter Beachtung von Voraussetzung 4 besagt diese Voraussetzung, dass zu jedem Zeitpunkt der Projektausführung höchstens ein Knoten einer jeden Zyklenstruktur aktiv ist, d.h. der Knoten ist aktiviert worden, aber es wurde noch kein ausgehender Vorgang begonnen. Somit wird in jeder Projektausführung höchstens ein Ausgangspfeil einer jeden Zyklenstruktur genau einmal ausgeführt.

6. Bezeichne Ω die Menge aller möglichen Realisationen eines GERT-Netzplans, dann existiere für jeden UND-Knoten $e \in V$ eine Netzplanrealisation $\omega \in \Omega$, bei der e aktiviert wird. Diese Voraussetzung stellt sicher, dass jeder Vorgang des Projektes bei mindestens einer Projektrealisierung ausgeführt wird.

Um die Zuweisung der Knotentypen bei der Darstellung von GERT-Netzplänen zu vereinheitlichen, treffen wir die folgende bereits erwähnte Vereinbarung. Ein Knoten e mit $|Pred(e)| \leq 1$ habe stets einen EOR-Eingang, und ein Knoten f mit $|Succ(f)| \leq 1$ habe stets einen ST-Ausgang.

Nachfolgend demonstrieren wir die Konstruktion eines GERT-Netzplans für ein Bauprojekt.

---

[26] Unter einer Zyklenstruktur in einem Netzplan $N = \langle V, E; w, F \rangle$ versteht man eine starke Zusammenhangskomponente von N, d.h. einen maximal stark zusammenhängenden Teildigraphen von N für den gilt, dass für je zwei Knoten i und j des Teildigraphen i von j aus erreichbar ist und j von i aus (vgl. NEUMANN und MORLOCK, 2002, S. 183).

Beispiel 1.30 (Modifikation von Beispiel 1.24). Zu Beginn des Bauprojektes ist das Fundament des Hauses bereits gegossen und es kann sofort mit den Arbeiten am Rohbau begonnen werden. An die Maurerarbeiten schließen sich unmittelbar der Einbau der Fenster sowie die Errichtung des Dachstuhls an. Sobald der Dachstuhl fertiggestellt wurde, kann das Dach des Hauses gedeckt werden. Wenn alle Fenster eingebaut wurden und das Dach gedeckt wurde, können die Heizungs- und Sanitärinstallationen vorgenommen werden. Im Anschluss daran wird die korrekte Funktionsweise der Heizung überprüft. Erfahrungsgemäß muss eine neu eingebaute Heizung in 10% aller Fälle nochmals aufwändig justiert werden, um die vorgegebenen Abgasnormen einzuhalten. In den restlichen 90% der Fälle, d.h. wenn die Heizung einwandfrei funktioniert, kann sofort mit dem Innenausbau des Hauses begonnen werden. Zuletzt wird die Küche eingebaut. Grundsätzlich kann zwischen zwei Typen von Küchen unterschieden werden. Die Eigentümer des Hauses haben neben der Standardbauweise (Küche A) auch die Möglichkeit, eine Küche im amerikanischen Stil einzubauen (Küche B), bei der der Herd, die Spüle, der Backofen usw. freistehend im Raum montiert werden. Erfahrungsgemäß entscheiden sich etwa die Hälfte aller Bauherren für die modernere Küche B.

In Tabelle 1.37 sind alle Vorgänge des Projektes sowie die zugehörigen deterministischen Ausführungsdauern angegeben. Der zugehörige GERT-Netzplan ist in Abbildung 1.59 dargestellt, wobei an den Pfeilen des Netzplans die entsprechende Vorgangsnummer und gegebenenfalls die (bedingte) Ausführungswahrscheinlichkeit des betreffenden Vorgangs angegeben sind.

Tabelle 1.37. Vorgänge des Beispielprojektes

$i \in E$	Vorgangsbezeichnung	Dauer (in Wochen)
1	Maurerarbeiten	3
2	Fenster einsetzen	1
3	Errichten des Dachstuhls	2
4	Dachdeckerarbeiten	1
5	Heizungs- und Sanitärinstallationen	5
6	Überprüfung der Heizung	1
7	Justierung der Heizung	1
8	Innenausbau	4
9	Einbau Küche A	1
10	Einbau Küche B	2

Die wesentliche Aufgabe der Netzplantechniken MPM, CPM und PERT bestand in der Ermittlung der (erwarteten) frühesten und spätesten Startzeitpunkte für alle Projektvorgänge bzw. Projektereignisse sowie der Ermittlung der minimalen Projektdauer (bzw. deren Verteilung). Für GERT-Netzpläne besteht ebenfalls die Möglichkeit, Konzepte für früheste und späteste Aktivierungzeitpunkte von Knoten einzuführen. Da bei GERT-Netzplänen Projekter-

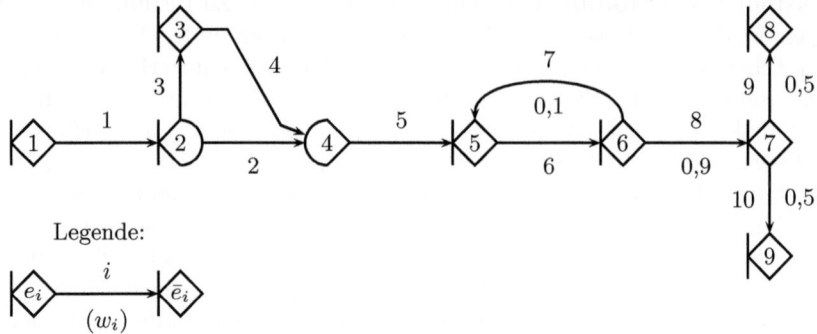

Abb. 1.59. GERT-Netzplan für das Beispielprojekt

eignisse in einer Realisation des Netzplans mehrfach oder aber auch gar nicht eintreten können, haben diese Größen aber eine andere Bedeutung und sind deutlich schwieriger zu berechnen als bei den vorgenannten Netzplantechniken.[27] Daher wollen wir auf diese Konzepte nicht weiter eingehen. Stattdessen folgen wir den Ausführungen von NEUMANN (1990, Kap. 2), an die wir uns im Folgenden eng anlehnen. Demnach sind zur Evaluierung eines GERT-Netzplans im Sinne der Zeitplanung die so genannten Aktivierungsfunktionen der Senken zu ermitteln, mit deren Hilfe sich dann Aussagen über

- die Aktivierungswahrscheinlichkeiten der Senken sowie
- die Verteilung der Projektdauer

treffen lassen. Man ist aber nach wie vor daran interessiert das Projekt möglichst rasch durchzuführen, so dass die Annahme getroffen wird, dass mit der Ausführung eines Vorgang i immer so früh als möglich begonnen wird, d.h. sobald das Startereignis von Vorgang i, Knoten e_i, aktiviert wurde.

Seien $K_e(t)$ die Anzahl der Aktivierungen und $\overline{K}_e(t)$ die erwartete Anzahl der Aktivierungen von Knoten e während einer Projektausführung im Zeitintervall $[0, t]$. Dann bezeichnen wir mit

$$Y_e(t) := \overline{K}_e(t)$$

die Aktivierungsfunktion von Knoten e, die gerade die erwartete Anzahl an Aktivierungen im Intervall $[0, t]$ angibt. Die Größe

$$z_e := \lim_{t \to \infty} Y_e(t)$$

bezeichnen wir als Aktivierungszahl von e. Für Senken e eines GERT-Netzplans entspricht die erwartete Anzahl an Aktivierungen bis zum Zeitpunkt t

---

[27] Für GERT-Netzpläne, die bestimmte Voraussetzungen erfüllen, ist in NEUMANN und STEINHARDT (1979, Kap. 2.5) beschrieben, wie sich früheste und späteste Startzeitpunkte der Projektvorgänge bestimmen lassen.

gerade der Aktivierungswahrscheinlichkeit des Knotens bis zum Zeitpunkt t.
Sei T_e der Aktivierungszeitpunkt von Senke e, dann gilt

$$Y_e(t) = P(T_e \leq t) \ .$$

Somit entspricht in diesem Fall z_e gerade der Aktivierungswahrscheinlichkeit q_e von Knoten e.

Sei Θ die Menge aller Senken des zugrunde liegenden GERT-Netzplans, bezeichne $\Theta' \subseteq \Theta$, $\Theta' \neq \emptyset$, eine nichtleere Teilmenge dieser Senken und sei $t_\Theta := (t_e)_{e \in \Theta}$ ein Vektor von Zeitpunkten t_e für alle Senken $e \in \Theta$. Die Grundlage der Zeitplanung für GERT-Netzpläne bildet dann die Familie von Aktivierungsfunktionen

$$Y(\Theta) := \{Y_{\Theta'} \mid \emptyset \neq \Theta' \subseteq \Theta\}$$

mit

$$Y_{\Theta'}(t_{\Theta'}) := P[(T_e \leq t_e)_{e \in \Theta'}] \ .$$

Die Berechnung dieser Funktionen ist im Allgemeinen aber sehr aufwändig und für das Verständnis der nachfolgend geschilderten Sachverhalte prinzipiell nicht notwendig. Der interessierte Leser sei daher auf NEUMANN und STEINHARDT (1979, Kap. 4.2) verwiesen. Es sei nur angemerkt, dass die Berechnung für *EOR-Netzpläne*, d.h. GERT-Netzpläne, die nur STEOR- und DETEOR-Knoten besitzen, sehr viel einfacher ist, da sich diesen Netzplänen homogene Markovsche Erneuerungprozesse zuordnen lassen und somit die Y_e-Werte mit Hilfe eines Integralgleichungssystem bestimmt werden können; vgl. hierzu z.B. NICOLAI (1980) und NEUMANN (1990, Kap. 3 und 4). In der Praxis werden die Aktivierungsfunktionen $Y_{\Theta'}$ i.d.R. mit Simulationsmethoden bestimmt; vgl. bspw. NEUMANN und STEINHARDT (1979, Kap. 7).

Hat man die Aktivierungsfunktionen $Y_{\Theta'}$ bestimmt, so ergibt sich die Wahrscheinlichkeit, dass alle Senken $e \in \Theta'$ aktiviert werden, zu

$$q_{\Theta'} := \lim_{t_{\Theta'} \to \infty} Y_{\Theta'}(t_{\Theta'}) \quad \text{für } \Theta' \neq \emptyset$$

und die (bedingte) Verteilungsfunktion der Projektdauer unter der Bedingung, dass alle Senken $e \in \Theta'$ aktiviert werden, zu

$$G_{\Theta'}(t_{\Theta'}) := \frac{Y_{\Theta'}(t_{\Theta'})}{q_{\Theta'}} \quad \text{für } q_{\Theta'} > 0 \ .$$

Wir betrachten zur Illustration das folgende Beispiel (vgl. NEUMANN, 1990, S. 52 ff.).

Beispiel 1.31. Gegeben sei der GERT-Netzplan in Abbildung 1.60. An den Pfeilen des Netzplans sind die Ausführungswahrscheinlichkeiten $w_i < 1$ der Vorgänge $i \in E$ angegeben.

Die Menge aller Senken ist $\Theta = \{5, 6, 7\}$. Die Wahrscheinlichkeiten $q_{\Theta'}$ für alle $\Theta' \subseteq \Theta$, $\Theta' \neq \emptyset$ sind in Tabelle 1.38 angegeben.

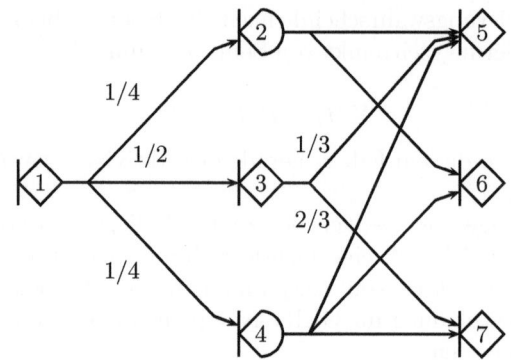

Abb. 1.60. GERT-Netzplan

Tabelle 1.38. $q_{\Theta'}$ für alle $\Theta' \subseteq \Theta$, $\Theta' \neq \emptyset$

Θ'	$\emptyset$	$\{5\}$	$\{6\}$	$\{7\}$	$\{5,6\}$	$\{5,7\}$	$\{6,7\}$	$\{5,6,7\}$
$q_{\Theta'}$	1	$\frac{2}{3}$	$\frac{1}{2}$	$\frac{7}{12}$	$\frac{1}{2}$	$\frac{1}{4}$	$\frac{1}{4}$	$\frac{1}{4}$

Neben den Aktivierungswahrscheinlichkeiten für die Senken ist man i.d.R. auch an der erwarteten Anzahl der Aktivierungen z_e (*Aktivierungszahl*) und der *Aktivierungswahrscheinlichkeit* q_e für jeden Knoten $e \in V$ interessiert, für die der folgende Satz gilt; zum Beweis siehe NEUMANN (1990, S. 80 ff.).

Satz 1.32. Für alle Knoten $e \in V$ eines GERT-Netzplans $N = \langle V, E; w, F \rangle$ gilt:

1. $z_e < \infty$ und
2. $z_e = q_e$, falls e nicht in einer Zyklenstruktur von N liegt.

Die Bestimmung der Aktivierungswahrscheinlichkeiten q_e ist im Allgemeinen sehr aufwändig. Anhand des folgenden Beispiels demonstrieren wir, wie man zur Bestimmung von q_e grundsätzlich vorgeht.

Beispiel 1.33. Gegeben sei der GERT-Netzplan in Abbildung 1.61. Wir bestimmen die exakten Werte für die Aktivierungswahrscheinlichkeiten der sechs Knoten.

Den exakten Wert für die Aktivierungswahrscheinlichkeit von Knoten 4 erhält man zum Beispiel, indem man die Wahrscheinlichkeiten für die Netzplanrealisationen, in denen Knoten 4 aktiviert wird, aufsummiert, d.h.

$$q_4 := \frac{3}{4} \cdot 1 + \frac{1}{4} \cdot \frac{1}{2} = 0{,}875.$$

Insgesamt erhalten wir auf diese Weise für die Aktivierungswahrscheinlichkeiten aller Knoten des Netzplans die in Tabelle 1.39 angegebenen Werte.

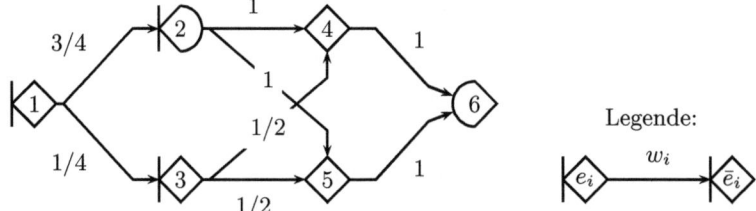

Abb. 1.61. GERT-Netzplan mit bedingten Ausführungswahrscheinlichkeiten

Tabelle 1.39. Aktivierungswahrscheinlichkeiten der Ereignisse $e \in V$

$e \in V$	1	2	3	4	5	6
q_e	1	0,75	0,25	0,875	0,875	0,75

Im Gegensatz zu allgemeinen GERT-Netzplänen lassen sich für EOR-Netzpläne die Aktivierungszahlen z_e und Aktivierungswahrscheinlichkeiten q_e für alle Knoten $e \in V$ mit Hilfe des folgenden Satzes leicht berechnen (vgl. ZIMMERMANN, 1995, Kap. 1.2.2).

Satz 1.34. Sei $N = \langle V, E; w, F \rangle$ ein EOR-Netzplan mit der Quelle r und sei w_{ef} die Aktivierungswahrscheinlichkeit des Vorgangs i mit Startereignis e und Endereignis f. Es gelte $w_{ef} := 0$, falls der zugehörige Vorgang i nicht Bestandteil der Pfeilmenge E ist. Dann gilt mit $z_r := q_r := 1$

(1) $z_f = \sum_{e \in V} z_e w_{ef}$ für alle Knoten $f \in V \setminus \{r\}$.
(2) Für jeden Knoten $e \in V$ auf einer Zyklenstruktur lässt sich q_f durch Lösen des Gleichungssystems

$$q'_g = \sum_{f \in V} q'_f \tilde{w}_{fg} \text{ mit } \tilde{w}_{fg} := \begin{cases} w_{fg}, & \text{falls } f \neq e \\ 0, & \text{sonst} \end{cases} \quad \forall g \in V \setminus \{r\}$$

$$q_e := q'_e$$

bestimmen. Liegt Knoten $e \in V$ nicht auf einer Zyklenstruktur, so gilt nach Satz 1.32 $q_e = z_e$.

Zur Illustration von Satz 1.34 betrachten wir das folgende Beispiel.

Beispiel 1.35. Gegeben sei der EOR-Netzplan $N = \langle V, E; w, F \rangle$ in Abbildung 1.62. Um die Aktivierungswahrscheinlichkeiten q_e der Knoten $e \in V \setminus V_{\mathcal{C}}$ zu bestimmen, ist das Gleichungssystem (1) von Satz 1.34 zu lösen. Dabei enthalte $V_{\mathcal{C}}$ alle Knoten $f \in V$, die auf einer Zyklenstruktur liegen.

$$z_1 = 1$$
$$z_2 = 1 + 0{,}3z_3 + 0{,}4z_4$$
$$z_3 = z_2$$
$$z_4 = 0{,}6z_3$$
$$z_5 = 0{,}1z_3 + 0{,}1z_4$$
$$z_6 = 0{,}5z_4$$

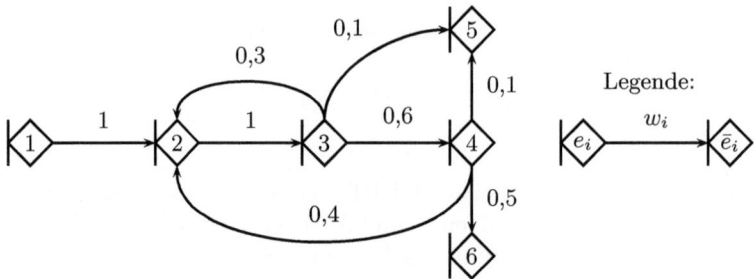

Abb. 1.62. Bestimmung der Aktivierungswahrscheinlichkeiten q_i

Für die Zyklenknoten $V_C := \{2, 3, 4\}$ sind die Gleichungssysteme (2) von Satz 1.34 zu lösen. Für Knoten 4 erhalten wir z.B. das Gleichungssystem:

$$q_1' = 1$$
$$q_2' = 1 + 0{,}3q_3'$$
$$q_3' = q_2'$$
$$q_4' = 0{,}6q_3'$$
$$q_5' = 0{,}1q_3'$$
$$q_6' = 0$$

Durch Lösen des Gleichungssystems ergibt sich $q_4 = 6/7$. Nach Auswertung aller Gleichungssysteme erhalten wir die in Tabelle 1.40 dargestellte Lösung.

Tabelle 1.40. Aktivierungswahrscheinlichkeiten q_e für alle Ereignisse $e \in V$

$e \in V$	1	2	3	4	5	6
q_e	1	1	1	0,86	0,35	0,65

1.4.5 Terminierung der Vorgänge

Mit Hilfe der in den Abschnitten 1.4.3 und 1.4.4 erläuterten Netzplantechniken MPM, CPM und PERT können für alle Vorgänge i eines Projektes die im Hinblick auf die bestehenden Zeitbeziehungen (erwarteten) frühest- und spätestmöglichen Startzeitpunkte ES_i und LS_i bestimmt werden. Gilt für einen Vorgang $ES_i = LS_i$, d.h. der Gesamtpuffer TF_i des Vorgangs ist gerade 0, dann startet der betrachtete Vorgang selbstverständlich zum Zeitpunkt $S_i = ES_i = LS_i$. In der Regel fallen der frühest- und der spätestmögliche Startzeitpunkt für einen Vorgang jedoch nicht zusammen, d.h. es gilt $ES_i < LS_i$. In diesem Fall müssen wir Vorgang i einen Startzeitpunkt $S_i \in [ES_i, LS_i]$ als geplanten Zeitpunkt für den Beginn seiner Ausführung zuweisen. Bei der Wahl eines geeigneten Startzeitpunktes S_i sind zwei wesentliche Aspekte zu berücksichtigen. Zum einen wollen wir die Startzeitpunkte so wählen, dass ein bestimmtes vorgegebenes Zielkriterium bestmöglich erfüllt ist. Außerdem muss bei der Bestimmung der Startzeitpunkte den vorgegebenen Zeitbeziehungen zwischen den Projektvorgängen und eventuell vorhandenen Ressourcenrestriktionen Rechnung getragen werden.

Einige häufig verwendete Zielkriterien, z.B. die gleichmäßige Auslastung der Ressourcen oder die Maximierung des mit einem Projekt verbundenen Kapitalwertes, haben wir in Abschnitt 1.3.3 bereits erläutert. Die Bestimmung der Startzeitpunkte S_i dergestalt, dass ein solches Zielkriterium bestmöglich oder zumindest „gut" erfüllt wird, behandeln wir in Kapitel 2 ausführlich. Dabei müssen die Zeitbeziehungen zwischen den Projektvorgängen berücksichtigt werden, da die Zeitfenster $[ES_i, LS_i]$, innerhalb derer ein Vorgang i starten kann, *planungsabhängig* sind. Das bedeutet, dass die Menge der möglichen Startzeitpunkte $[ES_i, LS_i]$ eines noch nicht eingeplanten Vorgangs i von den Startzeitpunkten S_j der bereits eingeplanten Vorgänge j abhängt. Zur Illustration betrachten wir den MPM-Netzplan in Abbildung 1.63, für den wir im Rahmen von Beispiel 1.21 die in Tabelle 1.41 angegebenen frühesten und spätesten Startzeitpunkte ermittelt haben.

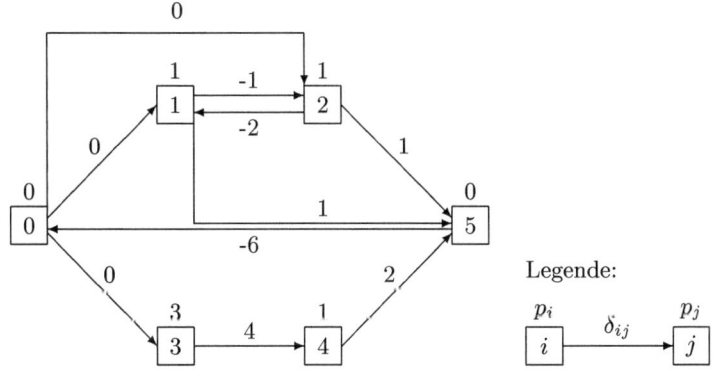

Abb. 1.63. MPM-Netzplan mit sechs Vorgängen

Tabelle 1.41. Früheste und späteste Startzeitpunkte

i	0	1	2	3	4	5
ES_i	0	0	0	0	4	6
LS_i	0	5	5	0	4	6

Aus Tabelle 1.41 können wir ersehen, dass wir lediglich für die Vorgänge 1 und 2 noch die Startzeitpunkte S_1 und S_2 bestimmen müssen, da für die verbleibenden Vorgänge $S_0 = S_3 = 0$, $S_4 = 4$ und $S_5 = 6$ gelten muss. Wir entnehmen der Tabelle außerdem, dass S_1 und S_2 aus dem Intervall $[0, 5]$ gewählt werden müssen. Nehmen wir nun an, dass Vorgang 1 zum Zeitpunkt 1 startet, d.h. $S_1 = 1$. Dann ändert sich der späteste Startzeitpunkt LS_2 wegen des Höchstabstandes $T_{12}^{max} = 2$ zwischen den Vorgängen 1 und 2 zu $LS_2 = 3$, d.h. wir müssen S_2 aus dem Intervall $[0, 3]$ wählen.

Wie wir in Abschnitt 1.4.2 gesehen haben, benötigt ein Vorgang bei seiner Durchführung nicht nur Zeit, sondern i.d.R. auch eine oder mehrere erneuerbare Ressourcen mit begrenzten Ressourcenkapazitäten. In der Praxis werden nicht beliebig viele Vorgänge gleichzeitig auf solche Ressourcen zugreifen können. Bei der Terminierung der Projektvorgänge müssen neben den Zeitbeziehungen auch Ressourcenrestriktionen beachtet werden. In Kapitel 3 widmen wir uns daher der Bestimmung von Startzeitpunkten S_i unter Zeit- und Ressourcenrestriktionen. Dabei gehen wir davon aus, dass als Zielkriterium die in der Praxis vorherrschende Minimierung der benötigten Projektdauer verfolgt wird.

1.5 Projektrealisation und -abschluss

Im Anschluss an die Projektplanung erfolgt die eigentliche *Realisierung* des zugrunde liegenden Projektes. Hier besteht die vornehmliche Aufgabe des Projektmanagements in der Überwachung des planmäßigen Projektfortschritts (vgl. Abschnitt 1.5.1). Werden im Zuge dessen Abweichungen des tatsächlichen vom geplanten Projektverlauf festgestellt, so muss das Projektmanagement geeignete Reaktionsmaßnahmen ergreifen. Nachdem ein Projekt *abgeschlossen* wurde, erfolgt schließlich eine Projektrückschau, auf die wir in Abschnitt 1.5.2 kurz eingehen.

1.5.1 Projektüberwachung

Nachdem mit der Durchführung eines Projektes begonnen wurde, muss der planmäßige Projektfortschritt laufend kontrolliert werden. Zu diesem Zweck müssen in regelmäßigen Abständen Daten erhoben werden, die die aktuelle Situation des betrachteten Projektes widerspiegeln. In die *Projektüberwachung* sind alle quantifizierbaren Größen einzubeziehen, insbesondere die Zeit (Terminkontrolle) sowie Aufwands- und Kostengrößen (Aufwands- bzw. Kostenkontrolle). Um eventuelle Abweichungen vom geplanten Projektablauf erkennen zu können, werden diese Ist-Werte den ursprünglich geplanten Werten (Plan-Werten) gegenübergestellt. Kommt es zu Abweichungen vom Plan, so erfolgt eine erneute Projektplanung auf Grundlage der aktualisierten Daten. Besteht die Gefahr, dass wichtige Abschlusstermine nicht eingehalten oder dass bestimmte Kostenziele überschritten werden, muss das Projektmanagement Maßnahmen entwickeln, um auf solche Abweichungen geeignet reagieren zu können.

Im Rahmen der *Terminkontrolle* muss für jedes Teilprojekt oder für jeden Projektvorgang der aktuelle Bearbeitungsfortschritt erhoben werden. Die für die Durchführung eines Vorgangs verantwortlichen Mitarbeiter melden dazu in regelmäßigen Abständen an das Projektmanagement, ob mit der Bearbeitung des Vorgangs bereits begonnen wurde, zu wie viel Prozent der Vorgang bereits abgeschlossen wurde und zu welchem Termin mit dem Beginn und dem Abschluss des Vorgangs zu rechnen ist. Es werden also sowohl Ist-Größen als auch erwartete Größen erhoben. Die einfache Gegenüberstellung dieser Werte für alle Projektvorgänge liefert sofort Informationen darüber, ob ein Projekt im Zeitplan liegt. Diese Informationen lassen sich graphisch als Termintrendkurve – wie in Abbildung 1.64 dargestellt – aufbereiten.

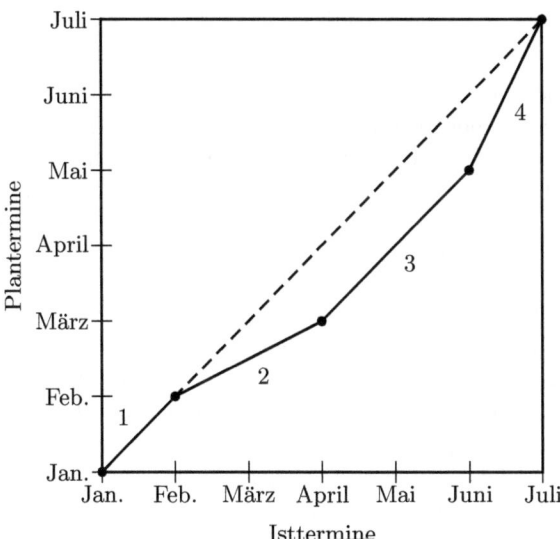

Abb. 1.64. Termintrendkurve

Eine solche kompakte Darstellung aller wesentlichen Termininformationen erlaubt es dem Projektmanagement, Trends für die zukünftige Entwicklung der Projekttermine zu identifizieren. An den Achsen der Grafik werden die

Ist- und die Plantermine aufgetragen. Ein Projektvorgang wird in die Grafik eingetragen, indem man das Ist- und das Plandatum für seinen Beginn und sein Ende abträgt. Anschließend verbindet man die beiden resultierenden den Vorgangsstart und das Vorgangsende repräsentierenden Punkte in der Grafik durch eine Gerade. In Abbildung 1.64 sind auf diese Weise vier Vorgänge eingezeichnet. Sowohl der Beginn als auch das Ende von Vorgang 1 liegen genau auf der Winkelhalbierenden; Vorgang 1 befindet sich daher exakt im Plan. Vorgang 2 startet zwar pünktlich, wird aber später als geplant abgeschlossen. Dies kann man sofort erkennen, da die Steigung der entsprechenden Geraden geringer ist als die der Winkelhalbierenden. Vorgang 3 startet später als geplant, es ist aber nicht mit weiteren Verzögerungen zu rechnen, da die Vorgang 3 entsprechende Gerade parallel zur Winkelhalbierenden verläuft. Schließlich startet Vorgang 4 ebenfalls später als ursprünglich angenommen, wird aber zügiger als geplant durchgeführt, so dass Vorgang 4 pünktlich beendet wird. Die Steigung der entsprechenden Geraden ist größer als die der Winkelhalbierenden.

Als wesentliche Kennzahl für die terminliche Situation eines Vorgangs wird im Rahmen der Terminkontrolle die Termintreue verwandt. Bezeichne T_i^P den geplanten Abschlusszeitpunkt von Vorgang i, T_i^I den tatsächlichen bzw. den erwarteten Abschlusszeitpunkt und $\Delta T_i = T_i^I - T_i^P$ somit den (tatsächlichen oder erwarteten) Terminverzug für den Abschluss von i. Dann gibt

$$TT_i = \frac{T_i^P - \Delta T_i}{T_i^P}$$

die Termintreue von Vorgang i an. Bei Terminüberschreitungen nimmt TT_i Werte kleiner 1 an; bei Terminunterschreitungen gilt $TT_i > 1$. Die Termintreue des gesamten Projektes ermittelt sich als Summe aller Termintreue-Kennzahlen geteilt durch die Anzahl der betrachteten Vorgänge.

Da bei der Terminkontrolle auch erwartete Termine für den Beginn oder den Abschluss eines Vorgangs erhoben werden, muss man bei der Interpretation dieser antizipierten Termine Vorsicht walten lassen. Dies gilt umso mehr für langfristige Projekte. Wurde bei einem solchen Projekt z.B. der erwartete Eintrittszeitpunkt eines einzelnen weit in der Zukunft liegenden Meilensteins bereits mehrfach verzögert, so ist meist auch zukünftig mit weiteren Verzögerungen zu rechnen. Eine singuläre Verzögerung hingegen fällt bei einem Projekt mit mehrjähriger Laufzeit kaum ins Gewicht. Das Projektmanagement sollte daher den Verlauf der gemeldeten Meilensteintermine bei der Bestimmung eines erwarteten Eintrittszeitpunktes im Auge behalten. Hierbei wird das Management durch eine Meilensteintrendanalyse, wie sie in Abbildung 1.65 dargestellt ist, unterstützt.

Auf der Ordinate der Grafik sind die erwarteten Eintrittszeitpunkte einzelner Meilensteine abgetragen, die z.B. dem Abschluss wichtiger Teilprojekte entsprechen. Auf der Abszisse sind die Berichtstermine dargestellt, zu denen die verantwortlichen Mitarbeiter eine Prognose für die erwarteten Eintrittszeitpunkte abgeben. Das Projektmanagement kann mit Hilfe einer solchen

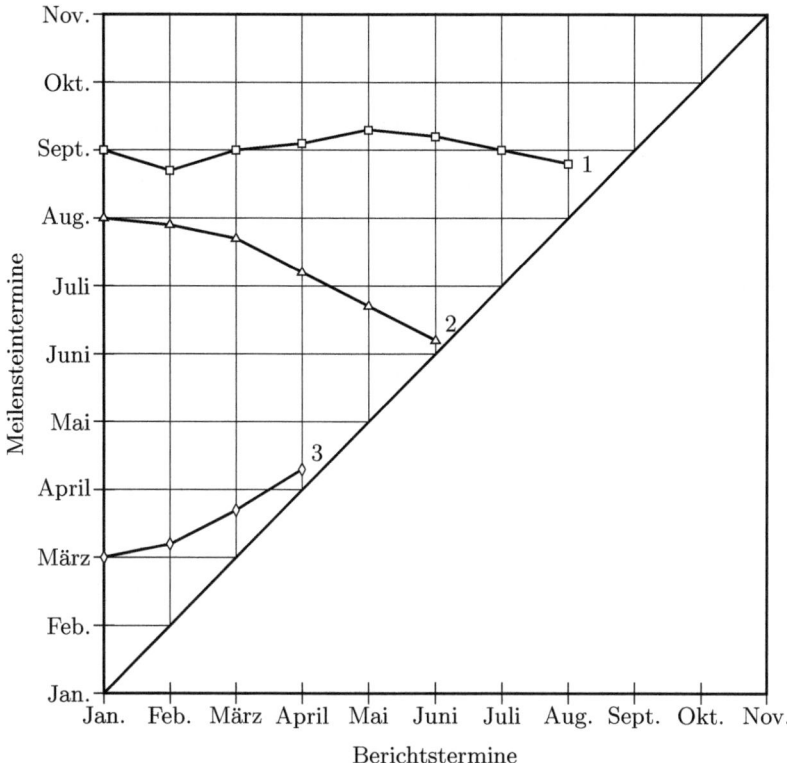

Abb. 1.65. Meilensteintrendanalyse

Grafik sofort erfassen, wie sich die gemeldeten Eintrittszeitpunkte im Zeitverlauf entwickeln. Für Meilenstein 1 beispielsweise schwanken die gemeldeten Eintrittszeitpunkte relativ dicht um den geplanten Eintrittszeitpunkt herum und der Verlauf der entsprechenden Kurve ist näherungsweise konstant. Somit kann davon ausgegangen werden, dass der geplante Termin für diesen Meilenstein in etwa eingehalten wird. Der Verlauf der Meilenstein 2 entsprechenden Kurve ist monoton fallend. Dies deutet darauf hin, dass Meilenstein 2 früher als zuletzt angenommen eintritt. Für Meilenstein 3 hingegen hat die Kurve einen deutlich steigenden Verlauf. Es ist daher mit weiteren Verzögerungen bei der Durchführung des entsprechenden Teilprojektes bzw. Vorgangs zu rechnen. Aus dem Verlauf der einzelnen Kurven in einer Meilensteintrendanalyse kann also ein Trend für die weitere Terminentwicklung eines Meilensteins herausgelesen werden. Bei sehr langen Projekten und vielen Berichtsterminen, d.h. bei einer hinreichend großen Datenbasis, bietet es sich an, statistische Methoden zur Zeitreihenanalyse hinzuzuziehen, um eine quantitativ fundierte Schätzung des Eintrittszeitpunktes der jeweiligen Meilensteine zu erhalten.

Analog zur Terminkontrolle werden bei der *Aufwands- bzw. Kostenkontrolle* regelmäßig die tatsächlichen oder erwarteten Aufwands- und Kostengrößen dem geplanten Aufwand und den geplanten Kosten gegenübergestellt. Dabei bieten sich grundsätzlich vier Möglichkeiten der Gegenüberstellung an (vgl. BURGHARDT, 2000, Kapitel 4.2.4). Im einfachsten Fall wird der Ist-Aufwand mit dem gesamten Plan-Aufwand verglichen (vgl. Abb. 1.66). Der betrachtete Ist-Aufwand liegt somit die meiste Zeit unter dem Plan-Aufwand. Da eine Überschreitung des Plan-Aufwandes jedoch i.d.R. erst zum Projektende hin eintritt, ist ein solcher *absoluter Vergleich* für Kontrollzwecke wenig aussagekräftig. Geht man davon aus, dass der aus der Projektdurchführung resultierende Aufwand gleichmäßig verteilt über die Zeit anfällt, so wird häufig ein *linearer Vergleich* durchgeführt (vgl. Abb. 1.67). Auf diese Weise werden Abweichungen des Ist-Aufwandes vom Plan-Aufwand früher erkannt. Allerdings ist die Annahme, dass der Aufwand eine lineare Funktion der Zeit darstellt, in der Praxis meist nicht zutreffend und ein linearer Vergleich somit nur eingeschränkt empfehlenswert.

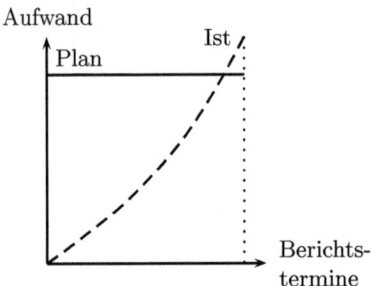

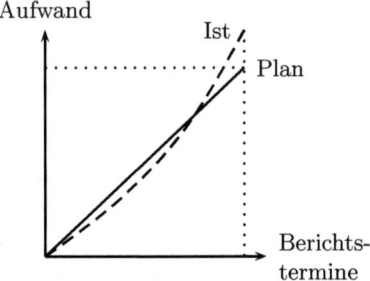

Abb. 1.66. Absoluter Vergleich   **Abb. 1.67.** Linearer Vergleich

Bei einem so genannten *aufwandskorrelierten Vergleich* wird der Plan-Aufwand für eine bestimmte Aufwandsgröße genau bestimmt (vgl. Abb. 1.68). Im Rahmen der Projektplanung (vgl. Abschnitt 1.4.5) haben wir für jeden Vorgang i seinen Startzeitpunkt S_i bestimmt. Ebenso kennen wir aus der Ressourcen- und Kostenanalyse (vgl. Abschnitt 1.4.2) die Ressourceninanspruchnahme jedes Vorgangs und die hieraus resultierenden Kosten. Mit diesen Informationen lässt sich genau ermitteln, zu welchem Zeitpunkt bei einem plangemäßen Projektablauf mit welchem Aufwand zu rechnen ist. Dieser Plan-Aufwand wird dann dem Ist-Aufwand gegenübergestellt. Nachteilig an diesem Vorgehen ist, dass einmalige größere Abweichungen des Ist-Aufwandes vom Plan-Aufwand dazu führen, dass der Plan-Aufwand in der Zukunft dauerhaft über- oder unterschritten wird und eine ordnungsgemäße Aufwandskontrolle für die nachfolgenden Berichtstermine somit nicht mehr gewährleistet ist. Aus diesem Grund werden bei einem *plankorrigierten Vergleich* die Planwerte laufend korrigiert, indem ausgehend von den jeweiligen Istwerten der noch zu erbringende Restaufwand bzw. die zukünftig anfallenden Restkosten geschätzt werden (vgl. Abb. 1.69). Allerdings ist dieses Vorgehen aufgrund der regelmäßigen Restaufwandsschätzungen sehr aufwändig.

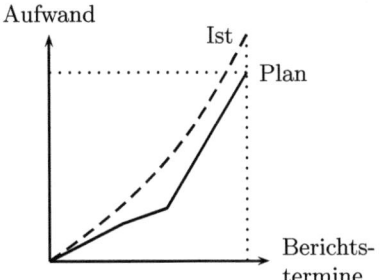

Abb. 1.68. Aufwandskorrelierter Vergleich

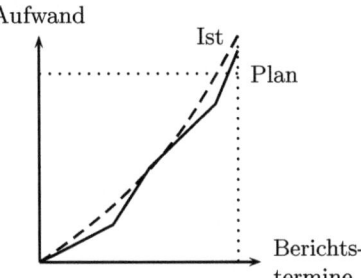

Abb. 1.69. Plankorrigierter Vergleich

Eine wirklich sachgerechte Aufwandskontrolle ist jedoch nur möglich, wenn man die jeweils aktuelle Terminsituation in die Kontrolle miteinbezieht. Eine isolierte Aufwandskontrolle kann nämlich zu falschen Ergebnissen führen. Ist z.B. ein Teilprojekt gegenüber dem Plan beschleunigt durchgeführt worden, dann fällt naturgemäß auch ein höherer als der ursprünglich angenommene Aufwand zu einem früheren als dem geplanten Zeitpunkt an. In Abbildung 1.70 ist dieser Sachverhalt illustriert. Wie in Abbildung 1.68 ist dazu der aufwandskorrelierte Plan-Aufwand abgetragen, wobei jedoch drei herausragende Meilensteine, die z.B. den Abschluss wichtiger Teilprojekte repräsentieren, auf der Kurve aufgetragen sind. Der Ist-Aufwand wird nun analog aufgetragen, d.h. einschließlich der drei Meilensteine. An der Verschiebung der Meilensteine in Abbildung 1.70 können wir nun sofort die Entwicklung der Termin- und Aufwandssituation des Projektes erkennen. Meilenstein 1 wurde beispielsweise später als geplant erreicht; dafür führte die Durchführung des zugehörigen Teilprojektes zu einem niedrigeren Aufwand als ursprünglich geplant. Meilenstein 2 trat früher als erwartet ein, und die Realisierung des entsprechenden Teilprojektes führte zu einem wesentlich höheren Aufwand. Meilenstein 3 wurde ebenso wie Meilenstein 1 später als geplant und mit einem niedrigeren Aufwand erreicht. Aus der Position des dritten Meilensteins gegenüber seiner geplanten Situation können wir unmittelbar die kumulierte Termin- und Aufwandsabweichung des Projektes ablesen. Die Darstellung als *Zeit-Aufwands-Kurve* unterstützt das Projektmanagement auch bei Identifizierung der Verantwortlichkeiten für einzelne Termin- oder Aufwandsabweichungen. Dazu vergleicht man die kumulierten Termin- und Aufwandsabweichungen vor Beginn eines Teilprojektes mit den kumulierten Abweichungen bei Abschluss des Teilprojektes. Für die Überschreitung des geplanten Aufwandes ist im Beispiel alleine das zweite Teilprojekt und damit der mit der Durchführung dieses Teilprojektes betraute Mitarbeiter verantwortlich. Die beiden anderen Teilprojekte wurden sogar mit einem geringeren Aufwand als dem geplanten abgeschlossen. Die Verantwortung für die kumulierte Terminabweichung müssen sich hingegen die Verantwortlichen des ersten und dritten Teilprojektes teilen, während das zweite Teilprojekt früher als geplant fertiggestellt wurde.

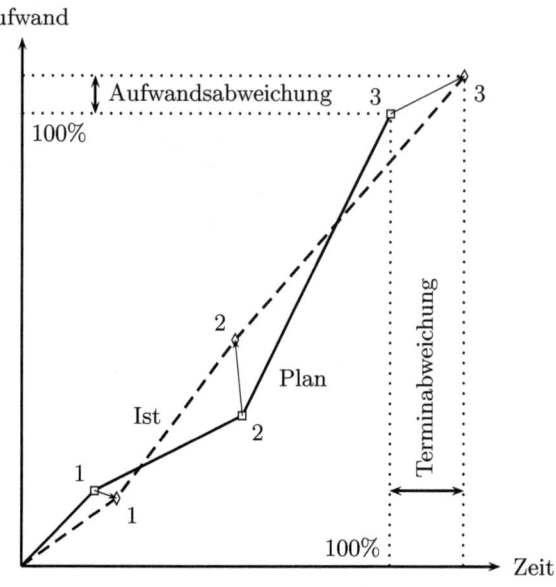

Abb. 1.70. Zeit-Aufwands-Kurve

Geht das Projektmanagement auf Grundlage der Termin- und Aufwandsbzw. Kostenkontrolle davon aus, dass ein Projekt nicht rechtzeitig oder zu höheren Kosten bzw. mit einem höheren Aufwand abgeschlossen wird, müssen geeignete Gegenmaßnahmen ergriffen werden. Wie wir in Abschnitt 1.4.2 gesehen haben, hängen der Aufwand eines Vorgangs und die resultierenden Kosten i.d.R. von der Dauer eines Vorgangs ab. Aufgabe ist es nun, die noch nicht abgeschlossenen Projektvorgänge so zu beschleunigen oder zu verzögern, dass das Projekt rechtzeitig abgeschlossen werden kann und der resultierende Aufwand den geplanten Aufwand nicht übersteigt. Unterstellt man, wie in Abbildung 1.21 skizziert, einen u-förmigen Verlauf der Aufwands- bzw. Kostenfunktion in Abhängigkeit von der Vorgangsdauer, so führt ausgehend von der aufwandsminimalen Vorgangsdauer die Beschleunigung eines Vorgangs zu einer Erhöhung des resultierenden Aufwands und umgekehrt. Dieses so genannte Time-Cost-Tradeoff-Problem ist Gegenstand von Kapitel 4 und wird dort ausführlich behandelt. Im Folgenden beschreiben wir aber eine sehr einfache Vorgehensweise, um die rechtzeitige Fertigstellung eines Projektes bei möglichst geringen Zusatzkosten zu erreichen. Ausgehend von den geplanten Vorgangsdauern wird die Vorgangsdauer eines kritischen und noch nicht abgeschlossenen Vorgangs um eine Zeiteinheit reduziert. Dazu wählen wir denjenigen Vorgang, dessen Beschleunigung zu den geringsten Zusatzkosten führt. Da sich der kritische Weg im Netzplan hierdurch ändern kann, bestimmen wir erneut den frühesten Projektendtermin und den zugehörigen kritischen Weg. Diese Schritte werden solange wiederholt, bis das Projektende zum geplanten Zeitpunkt erreicht wird oder kein Vorgang mehr beschleunigt werden kann. Da eine Beschleunigung der Projektvorgänge jedoch meist mit Zusatzkosten verbunden ist, kommt es im Zuge der geschilderten Vorgehensweise zu einer Überschreitung der ursprünglich geplanten Kosten. Das Projektmanagement muss daher geeignet zwischen der für die Durchführung benötigten Zeit und den hieraus resultierenden Kosten abwägen.

1.5.2 Projektrückschau

Nach Abschluss eines Projektes sollte stets eine systematische *Projektrückschau* stattfinden. In dieser letzten Phase des Projektlebenszyklus wird zunächst die durch das Projekt erbrachte Leistung an den Auftraggeber übergeben. Insbesondere bei Produktentwicklungsprojekten findet an dieser Stelle eine u.U. recht umfangreiche Übergabeprozedur statt, in der das entwickelte Produkt z.B. einige letzte Abnahmetests durchläuft. Im Anschluss findet eine Projektabschlussanalyse statt, die dazu dient, die im Rahmen des Projektes gewonnenen Erfahrungen für das ausführende Unternehmen zu sichern. Wesentlicher Bestandteil einer Projektabschlussanalyse ist eine ausführliche Nachkalkulation des gesamten Projektes. Größen von besonderer Bedeutung sind hier z.B. die Vorgangsdauern und wichtige Projekttermine, die Aufwände und Kosten der einzelnen Vorgänge sowie die Wirtschaftlichkeit des Projektes. Alle diese Größen werden dann den jeweiligen Plan-Werten gegenübergestellt und eventuelle Abweichungen werden auf ihre Ursachen und Auswirkungen hin untersucht. Die aus der Abweichungsanalyse gewonnenen Erkenntnisse und die wichtigsten Projektgrößen sollten dann in einer geeigneten Projektdatenbank abgelegt werden, um bei zukünftigen Projekten auf diese Erfahrungswerte zurückgreifen zu können.

Ergänzende Literatur

BURGHARDT (1999)	MAYLOR (2003)
BURGHARDT (2000)	MODER ET AL. (1983)
DIETHELM (2000)	NEUMANN (1975)
DIETHELM (2001)	NEUMANN (1987)
ELMAGHRABY (1977)	NEUMANN (1990)
LEHNER (2001)	REFA (1974)
LITKE (1995)	SCHWARZE (2001)
KERZNER (2003)	STREICH ET AL. (1996)
KLEIN (2000)	TURNER (1999)

2

Projektplanung unter Zeitrestriktionen

Für die Ausführung eines Vorgangs werden in der Regel Zeit und Ressourcen benötigt. In Abschnitt 1.4.2 haben wir zwei unterschiedliche Arten von Ressourcen kennengelernt, von denen wir in diesem Kapitel nur die erneuerbaren Ressourcen betrachten, wie z.B. Maschinen oder Mitarbeiter.[1] Wir nehmen an, dass die benötigten Ressourcen in „ausreichender" Menge zur Verfügung stehen, d.h. der kumulierte Ressourcenbedarf aller simultan ausführbaren Vorgänge ist geringer als die vorhandene Ressourcenkapazität. Somit stellen die gegebenen Kapazitäten der benötigten Ressourcen keine Einschränkungen dar, müssen aber gegebenenfalls bei einer zielgerichteten Terminierung der Vorgänge berücksichtigt werden.

Wir betrachten im Folgenden das Problem der *Projektplanung unter Zeitrestriktionen*, wobei die Terminierung der Projektvorgänge unter Beachtung der durch einen MPM-Netzplan gegebenen Zeitbeziehungen erfolgt. Dabei gehen wir, wenn nichts anderes gesagt wird, immer von allgemeinen Zeitbeziehungen in Form von Mindest- und Höchstabständen vom Typ Start-Start aus. Aufgabe der Projektplanung unter Zeitrestriktionen ist die Terminierung der Vorgänge eines gegebenen Projektes, so dass ein vorgegebenes projektbezogenes Ziel (vgl. Abschnitt 1.3.3) bestmöglich erfüllt wird und gleichzeitig die Startzeitpunkte der Vorgänge die vorgegebenen Zeitbeziehungen einhalten.

In Abschnitt 2.1 stellen wir zunächst eine mathematische Modellformulierung des Projektplanungsproblems unter Zeitrestriktionen vor. In Abschnitt 2.1.1 formulieren wir dann für praxisrelevante Ziele eine geeignete mathematische Zielfunktion. Für lineare Zielfunktionen stellt das entsprechende Optimierungsproblem ein lineares Programm (LP) dar. Für nichtlineare Zielfunktion zeigen wir in den Abschnitten 2.1.2 und 2.1.3, wie sich das resultierende nichtlineare Optimierungsproblem in ein LP bzw. mit Hilfe einer zeitindexbasierten Formulierung in ein gemischt-ganzzahliges lineares Programm (MIP) überführen lässt. In Abschnitt 2.1.4 beschreiben wir den

---

[1] Auf die Betrachtung von nicht-erneuerbaren Ressourcen wird, aus den in Abschnitt 1.4.2 genannten Gründen, verzichtet.

zulässigen Bereich des Projektplanungsproblems unter Zeitrestriktionen. Im Anschluss geben wir für die behandelten Zielfunktionen so genannte ausgezeichnete Punkte des zulässigen Bereichs an, die potentielle Kandidaten für eine optimale Lösung darstellen (vgl. Abschnitt 2.1.5).

In Abschnitt 2.2 stellen wir exakte Lösungsverfahren vor. Diese bestimmen in Abhängigkeit von der betrachteten Zielfunktion unter den jeweiligen ausgezeichneten Punkten eine optimale Lösung. Da die Bestimmung einer optimalen Lösung für einzelne Zielfunktionen sehr aufwändig ist, diskutieren wir in Abschnitt 2.3 ein heuristisches Lösungsverfahren, das eine Näherungslösung für das jeweils zugrunde liegende Problem erzeugt. Abschließend wird in Abschnitt 2.4 ein Anwendungsbeispiel für die Projektplanung unter Zeitrestriktionen behandelt.

2.1 Problemformulierung

Bei der Terminierung der Vorgänge $i \in V$ eines Projektes unter Beachtung vorgegebener Mindest- und Höchstabstände sind den Vorgängen $i = 0, 1, \ldots, n+1$ Startzeitpunkte S_i zuzuordnen, so dass für jeden Pfeil $\langle i, j \rangle \in E$ eine Zeitbeziehung der Form

$$S_j - S_i \geq \delta_{ij},$$

eingehalten wird. Gesucht wird ein Vektor von Startzeitpunkten $S = (S_0, S_1, \ldots, S_{n+1})$, der eine vorgegebene Zielfunktion $f(S), f : \mathbb{R}_{\geq 0}^{n+2} \to \mathbb{R}$, optimiert und alle durch den Projektnetzplan vorgegebenen Zeitbeziehungen einhält. Wie in Abschnitt 1.4.3 gehen wir davon aus, dass zur Einhaltung einer vorgegebenen maximalen Projektdauer $\bar{d}$ ein Pfeil $\langle n+1, 0 \rangle$ mit der Bewertung $\delta_{n+1,0} = -\bar{d}$ in der Pfeilmenge E des Netzplans enthalten ist.

Definition 2.1 (Zeitzulässiger Schedule). Ein Vektor von Startzeitpunkten $S = (S_0, S_1, \ldots, S_{n+1})$ mit $S_0 = 0$ und $S_i \in \mathbb{R}_{\geq 0}$ für alle Vorgänge $i \in V \setminus \{0\}$ eines Projektes wird *Schedule* genannt. Einen Schedule, der zusätzlich die Zeitbeziehungen $S_j - S_i \geq \delta_{ij}$ für alle $\langle i, j \rangle \in E$ erfüllt, bezeichnen wir als *zeitzulässig*.

Zur Darstellung von Schedules haben sich in der Literatur zur Projektplanung so genannte *Gantt-Charts* etabliert. Jeder reale Vorgang (Vorgang mit positiver Dauer) wird dabei als Rechteck über der Zeitachse dargestellt, wobei die Länge des Rechtecks der Dauer des jeweiligen Vorgangs entspricht. An der Lage des Rechtecks über der Zeitachse kann abgelesen werden, wann der zugehörige Vorgang beginnt bzw. endet. Fiktive Vorgänge wie der Projektstart, das Projektende und Meilensteine werden nicht in einen Gantt-Chart aufgenommen, da sie eine Dauer von 0 besitzen.

Beispiel 2.2. Wir betrachten das in Abbildung 2.1 dargestellte Projekt mit vier realen Vorgängen. Die Einhaltung der maximalen Projektdauer $\bar{d} = 6$

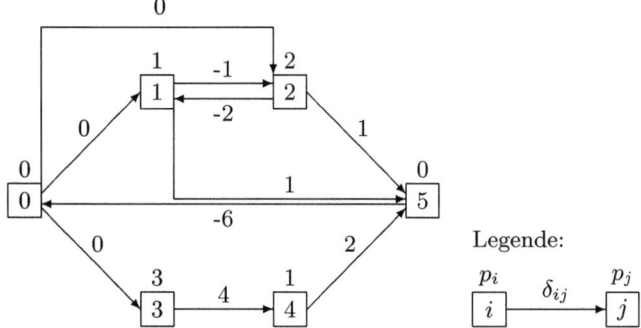

Abb. 2.1. Projektnetzplan mit vier realen Vorgängen

wird durch den Pfeil $\langle 5,0 \rangle$ mit $\delta_{50} = -6$ im Projektnetzplan gewährleistet. Für den zeitzulässigen Schedule $S = (0,0,2,0,4,6)$ erhalten wir den in Abbildung 2.2 dargestellten Gantt-Chart.

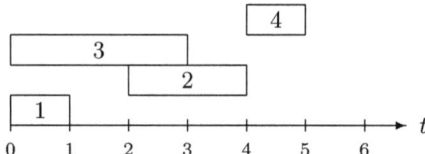

Abb. 2.2. Gantt-Chart für Schedule S

Gantt-Charts geben weder Auskunft über die Ressourceninanspruchnahme der einzelnen Projektvorgänge noch über den gesamten Ressourcenbedarf eines Projektes. Hierfür eignen sich so genannte *Ressourcenprofile*, die angeben, wie viele Einheiten jeder benötigten Ressource zu einem Zeitpunkt $t \in [0, \overline{d}]$ in Anspruch genommen werden.

Seien $\mathcal{R}$ die Menge der erneuerbaren Ressourcen, die für die Projektdurchführung benötigt werden, und $r_{ik} \in \mathbb{Z}_{\geq 0}$ die *Ressourceninanspruchnahme* von Vorgang $i \in V$ an Ressource $k \in \mathcal{R}$, wobei wir davon ausgehen, dass die Ressourceninanspruchnahme r_{ik} während der gesamten Ausführungszeit p_i von Vorgang i konstant ist. Für fiktive Vorgänge $j \in V$ gilt $p_j := 0$ und $r_{jk} := 0$. Ein Vorgang i wird im Ressourcenprofil der Ressource k als Rechteck mit einer Breite von p_i Zeiteinheiten und einer Höhe von r_{ik} Ressourceneinheiten dargestellt. In Abbildung 2.3 skizzieren wir ein Ressourcenprofil für zwei Vorgänge, welches der fett eingezeichneten Treppenfunktion entspricht. Um zu gewährleisten, dass zwei direkt hintereinander ausführbare Vorgänge nicht um eine Ressource konkurrieren, nehmen wir an, dass ein Vorgang die von ihm benötigten Ressourcen zu seinem Startzeitpunkt in Anspruch nimmt und zu seinem Endzeitpunkt wieder freigibt. Man kann sich gewissermaßen vorstellen, dass Vorgang i zum Zeitpunkt S_j die von ihm belegten Ressourcen sofort in der benötigten Höhe an Vorgang j übergibt und somit nur im Intervall $[S_i, S_i + p_i[$ in Ausführung ist. Dies ist in Abbildung 2.3 durch den leeren und den ausgefüllten Kreis an den Sprungstellen des Ressourcenprofils kenntlich gemacht, wobei der ausgefüllte Kreis den Funktionswert an einer Sprungstelle symbolisiert.

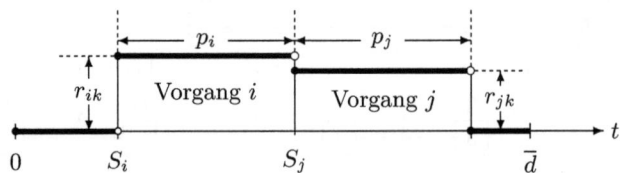

Abb. 2.3. Vorgänge mit Ressourcenbedarf an Ressource $k \in \mathcal{R}$

Für einen gegebenen Schedule S bezeichne

$$\mathcal{A}(S, t) := \{i \in V \,|\, S_i \leq t < S_i + p_i\}$$

die Menge der realen Vorgänge $i \in V$, die sich zum Zeitpunkt t in Ausführung befinden (auch *aktive Menge* genannt).[2] Ferner sei

$$r_k(S, t) := \sum_{i \in \mathcal{A}(S, t)} r_{ik}$$

die gesamte Menge an Ressource $k \in \mathcal{R}$, die zum Zeitpunkt t zur Ausführung aller Vorgänge $i \in \mathcal{A}(S, t)$ benötigt wird. Das Ressourcenprofil für einen gegebenen Schedule S und eine Ressource $k \in \mathcal{R}$ stellt somit eine rechtsseitig stetige Treppenfunktion $r_k(S, \cdot) : [0, \overline{d}] \to \mathbb{R}_{\geq 0}$ dar.

Beispiel 2.3. Wir betrachten das Projekt aus Abbildung 2.1 und nehmen an, dass zur Ausführung der einzelnen Vorgänge zwei erneuerbare Ressourcen benötigt werden. Abbildung 2.4 zeigt den entsprechend erweiterten Projektnetzplan, wobei unterhalb der Vorgänge die Ressourceninanspruchnahme des betreffenden Vorgangs an den Ressourcen 1 und 2 angegeben ist.

Für den zeitzulässigen Schedule $S = (0, 0, 2, 0, 4, 6)$ erhalten wir die in Abbildung 2.5 dargestellten Ressourcenprofile.

Nachfolgend geben wir eine allgemeine mathematische Formulierung des Projektplanungsproblems unter Zeitrestriktionen für eine noch zu spezifizierende Zielfunktion $f(S)$ an:

$$\left.\begin{array}{lll} \text{Minimiere } f(S) & & \\ \text{u.d.N.} & S_j - S_i \geq \delta_{ij} & (\langle i, j \rangle \in E) \\ & S_0 = 0 & \\ & S_i \geq 0 & (i \in V) \\ & S_{n+1} \leq \overline{d}. & \end{array}\right\} \tag{2.1}$$

---

[2] Die Menge $\mathcal{A}(S, t)$ enthält nur Vorgänge $i \in V$ mit positiver Dauer ($p_i > 0$), d.h. es sind keine fiktiven Vorgänge wie Projektstart, Projektende oder Meilensteine in $\mathcal{A}(S, t)$ enthalten.

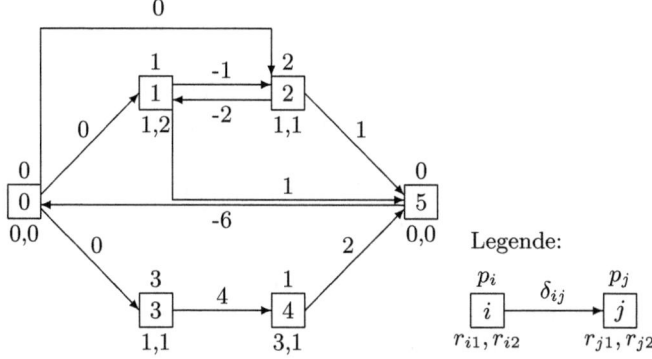

Abb. 2.4. Projektnetzplan mit zwei erneuerbaren Ressourcen

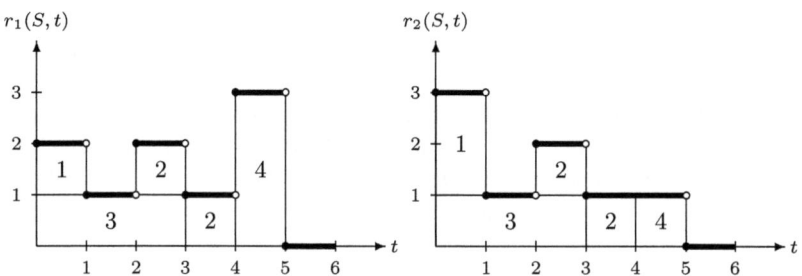

Abb. 2.5. Ressourcenprofile für Schedule S

Dabei nehmen wir o.B.d.A. an, dass die Zielfunktion $f(S)$ zu minimieren ist. Die Menge $\mathcal{S}_T$ aller zeitzulässigen Schedules entspricht dem zulässigen Bereich des Projektplanungsproblems, den wir im Folgenden als *zeitzulässigen Bereich* bezeichnen. Die Nebenbedingungen von (2.1) gewährleisten, dass die vorgegebenen Zeitbeziehungen eingehalten werden, das Projekt zum Zeitpunkt 0 startet, die Startzeitpunkte aller Vorgänge nichtnegativ sind und die maximale Projektdauer $\overline{d}$ nicht überschritten wird. Es sei angemerkt, dass die Bedingungen $S_i \geq 0$ für alle $i \in V$ redundant sind, da wir $S_0 := 0$ setzen und für einen wohldefinierten MPM-Netzplan gilt, dass kein Vorgang vor dem Projektstart begonnen werden darf (vgl. Vereinbarung 1.14). Ebenso ist die Nebenbedingung $S_{n+1} \leq \overline{d}$ redundant, weil $S_0 := 0$ gilt und wir davon ausgehen, dass ein Netzplan stets einen Pfeil $\langle n+1, 0 \rangle$ mit der Bewertung $\delta_{n+1,0} = -\overline{d}$ enthält.

Die Bestimmung eines beliebigen *zeitzulässigen Schedules* entspricht der Lösung des linearen Ungleichungssystems, das den zeitzulässigen Bereich von Problem (2.1) definiert. Es existiert genau dann mindestens ein zeitzulässiger Schedule für ein Projekt, wenn der zugehörige Projektnetzplan keinen Zyklus positiver Länge enthält, wovon wir im Folgenden stets ausgehen.

2.1.1 Zielfunktionen

In Abschnitt 1.3.3 haben wir eine Reihe praxisrelevanter Ziele für die Projektplanung vorgestellt. Im Folgenden erläutern wir zugehörige aus der Literatur bekannte Zielfunktionen $f : \mathbb{R}_{\geq 0}^{n+2} \to \mathbb{R}$. Alle betrachteten Zielfunktionen ordnen einem Schedule $S \in \mathcal{S}_T$ einen Zielfunktionswert $f(S) \in \mathbb{R}$ zu. Wir unterscheiden im Weiteren nach der Dimension (Maßeinheit) des Zielfunktionswertes zwischen zeitbezogenen, monetären und ressourcenabhängigen Zielen.

Zu den *zeitbezogenen Zielen* gehören die Minimierung der Projektdauer, die Minimierung der mittleren Durchlaufzeit sowie die Minimierung der Summe gewichteter Startzeitpunkte.

Ziel der Projektdauerminimierung ist es, die Projektvorgänge so zu terminieren, dass das Projektende S_{n+1} möglichst früh eintritt. Dieses Ziel wird oft bei kleinen Projekten gewählt, da dort im Allgemeinen die Zahlungsvereinbarungen vorsehen, dass ein großer Teil der Projektzahlungen erst zum Projektende geleistet wird (vgl. Abschnitt 1.2.1). Eine kurze Projektdauer führt somit zu einer Reduzierung der Kapitalbindungskosten. Weiterhin wird bei der Minimierung der Projektdauer die Gefahr einer Terminüberschreitung und damit verbundener Konventionalstrafen verringert. Die Zielfunktion der *Projektdauerminimierung* ergibt sich zu

$$f(S) := S_{n+1}. \qquad (PD)$$

Bei der Minimierung der mittleren Durchlaufzeit (mean flow time) ist der Zeitpunkt zu minimieren, zu dem im Mittel alle Vorgänge beendet werden. Daher müssen alle Vorgänge $i \in V$ so früh wie möglich eingeplant werden. Die damit verbundene frühzeitige Auslastung der Ressourcenkapazitäten führt im Umkehrschluss dazu, dass die in Anspruch genommenen Ressourcen so früh wie möglich wieder für andere Projekte zur Verfügung stehen. Weiterhin besteht die Möglichkeit, dass Projekte, bei denen aufgrund von Störungen des Projektablaufs einzelne Vorgänge verzögert werden müssen, noch ohne Terminüberschreitungen ausgeführt werden können. Für die *Minimierung der mittleren Durchlaufzeit* ergibt sich die Zielfunktion

$$f(S) := \frac{1}{n+2} \sum_{i \in V} (S_i + p_i). \qquad (MFT)$$

In praktischen Anwendungen ist z.B. aufgrund technischer Risiken (vgl. Abschnitt 1.2.4) häufig eine Teilmenge $V' \subseteq V$ von Vorgängen möglichst früh einzuplanen. Andere Vorgänge $V'' \subseteq V \setminus V'$ hingegen sollen möglichst spät durchgeführt werden, beispielsweise weil für Endprodukte, die im Rahmen solcher Vorgänge hergestellt werden, hohe Lagerungskosten anfallen. In einem solchen Fall betrachten wir das Ziel der *Minimierung der Summe gewichteter Startzeitpunkte* (weighted start times) aller Vorgänge. Jeder Vorgang $i \in V'$ erhält dabei ein positives Gewicht $w_i \in \mathbb{R}_{>0}$, jeder Vorgang $j \in V''$ ein negatives Gewicht $w_j \in \mathbb{R}_{<0}$ und für alle Vorgänge $h \in V \setminus (V' \cup V'')$ setzen wir $w_h := 0$. Somit ergibt sich die Zielfunktion

$$f(S) := \sum_{i \in V} w_i S_i. \qquad\qquad (WST)$$

Zu den *monetären Zielen* gehören die Minimierung der Kosten für die Unter- bzw. Überschreitungen vorgegebener Fälligkeitstermine, die Maximierung des Kapitalwertes, die Minimierung der Bereitstellungskosten für benötigte Ressourcen sowie die Minimierung der Kosten, die durch Abweichungen der kumulierten Ressourceninanspruchnahmen von einem vorgegebenen Ressourcenniveau entstehen.

Vorgeschriebene Abschlusszeitpunkte einzelner Vorgänge $i \in V$ und vertraglich vereinbarte Fertigstellungstermine führen zu *Fälligkeitsterminen d_i*. Falls ein Vorgang $i \in V$ zu früh ausgeführt wird, d.h. vor d_i endet, können so genannte *Verfrühungskosten c_i^E* (earliness cost) entstehen, z.B. aufgrund zusätzlicher Kühlprozesse bei verderblichen Gütern. Wird ein Vorgang $i \in V$ zu spät ausgeführt, so entstehen *Verspätungskosten c_i^T* (tardiness cost), beispielsweise durch Konventionalstrafen oder Ausfallkosten. Sind vorgegebene Fälligkeitstermine d_i für alle $i \in V$ weder zu unter- noch zu überschreiten, so ist die *Earliness-Tardiness*-Zielfunktion

$$f(S) := \sum_{i \in V} \left(c_i^E (d_i - S_i - p_i)^+ + c_i^T (S_i + p_i - d_i)^+ \right) \qquad (E+T)$$

zu betrachten. Dabei setzen wir für diejenigen Vorgänge j, für die keine Fälligkeitstermine d_j vorgegeben sind, $c_j^E := 0$, $c_j^T := 0$ und $d_j := 0$.

Die Maximierung des Kapitalwertes (net present value) entspricht dem vorrangigen unternehmerischen Ziel der Gewinnmaximierung. Der Kapitalwert eines Projektes berechnet sich als Summe der auf den Projektstart diskontierten Zahlungen, die durch den Projektverlauf ausgelöst werden. Nehmen wir an, dass eine Zahlung zum Zeitpunkt $t \in [0, \overline{d}]$ anfällt, dann ist der zugehörige *Diskontfaktor* $\beta^t = \frac{1}{(1+r)^t}$. Hierbei stellt der Kalkulationszinsfuß r eine exogene Größe dar, die sich am Marktzins oder an der branchenüblichen Rendite orientiert. Zur Bestimmung des Projektkapitalwertes ordnen wir dem Startzeitpunkt S_i jedes Vorgangs $i \in V$ eine Zahlung (Cashflow) $c_i^F \in \mathbb{Z}$ zu. Diese entspricht dem auf den Zeitpunkt S_i abgezinsten Saldo aller Ein- und Auszahlungen, die in Verbindung mit der Ausführung des Vorgangs i stehen. Führt die Durchführung eines Vorgangs i nicht zu einer Ein- oder Auszahlung, so setzen wir $c_i^F := 0$. Für einen gegebenen Schedule S ergibt sich der Projektkapitalwert zu $\sum_{i \in V} c_i^F \beta^{S_i}$. Da wir stets von einer zu minimierenden Zielfunktion $f(S)$ ausgehen, lautet die Zielfunktion für die *Kapitalwertmaximierung*

$$f(S) := -\sum_{i \in V} c_i^F \beta^{S_i}. \qquad\qquad (NPV)$$

Insbesondere bei Projekten, für die beispielsweise neue Ressourcen beschafft oder vorhandene aufwändig transportiert werden müssen, ist es ein vorrangiges Ziel, die Kosten für die Bereitstellung von Ressourceneinheiten (z.B. Baukräne, Container, Spezialmaschinen) zu minimieren. Um dies zu erreichen, ist der maximale Bedarf an Ressourceneinheiten (Ressourceninanspruchnahme) im Planungszeitraum $[0, \overline{d}]$ einer jeden Ressource $k \in \mathcal{R}$, d.h. $\max_{t \in [0, \overline{d}]} r_k(S, t)$, zu betrachten. Wir nehmen an, dass für jede benötigte Einheit der jeweiligen Ressourcen die gleichen Kosten anfallen, unabhängig davon, wie lange die Ressource im Planungszeitraum zum Einsatz kommt. Ist für jede Ressource $k \in \mathcal{R}$ ein *Beschaffungskostensatz* $c_k^P \in \mathbb{Z}_{\geq 0}$ (procurement cost) pro Mengeneinheit gegeben, so ergibt sich die Zielfunktion des so genannten *Ressourceninvestmentproblems* zu

$$f(S) := \sum_{k \in \mathcal{R}} c_k^P \max_{t \in [0, \overline{d}]} r_k(S, t). \tag{RI}$$

Ist für eine Ressource $k \in \mathcal{R}$ ein *Ressourcenniveau* Y_k vorgegeben, bei dessen Überschreitung Kosten $c_k^D \in \mathbb{R}_{\geq 0}$ (deviation cost) pro Einheit anfallen, so gilt es die so genannten *Überschreitungskosten* zu minimieren. Das Ressourcenniveau Y_k für Ressource k entspricht in der Praxis beispielsweise der tariflich vereinbarten Arbeitszeit oder der vorhanden Maschinenkapazität. Überschreitungskosten entstehen, wenn die Ressourceninanspruchnahme $r_k(S, t)$ einer Ressource $k \in \mathcal{R}$ zu einem Zeitpunkt $t \in [0, \overline{d}]$ vom Ressourcenniveau Y_k nach oben abweicht, d.h. es gilt $r_k(S, t) > Y_k$. Betrachten wir dazu das Ressourcenprofil in Abbildung 2.6. Für den gegebenen Schedule $S = (0, 0, 1, 2, 5)$ ist die Ressourceninanspruchnahme $r_k(S, t)$ für alle Zeitpunkte $t \in [1, 2[$ größer als das Ressourcenniveau $Y_k = 2$, das als waagerechte Linie in das Ressourcenprofil eingezeichnet ist. Demzufolge fallen Überschreitungskosten an.

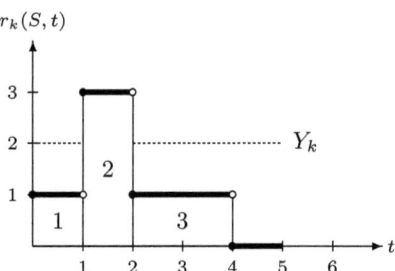

Abb. 2.6. Ressourcenprofil

Für das *Ressourcenabweichungsproblem* (resource deviation problem) erhalten wir die Zielfunktion gemäß

$$f(S) := \sum_{k \in \mathcal{R}} c_k^D \int_{t \in [0, \overline{d}]} [r_k(S, t) - Y_k]^+ \, dt. \tag{RD}$$

Zu den *ressourcenabhängigen Zielen* gehören Ziele der *Ressourcennivellierung* (resource levelling). Dabei ist die gleichmäßige Auslastung der Ressourcen $k \in \mathcal{R}$ im Zeitintervall $[0, \overline{d}]$ zu erreichen. Bei einigen industriellen Anlagen führt eine Änderung der Betriebsintensität der Anlage mitunter zu hohen Anpassungskosten, z.B. bei Hochöfen. Ferner führt ein Wechsel der jeweiligen Betriebsstufe einer Anlage häufig dazu, dass während der nachfolgenden Anlaufphase vermehrt Produkte minderer Qualität produziert werden und der Ausschuss somit zunimmt. Dabei haben die geschilderten Effekte einer solchen Intensitätsanpassung meist umso größere Auswirkungen, je größer der Wechsel in der Betriebsintensität ist. Aus diesen Gründen ist man in der Praxis häufig daran interessiert, ausgewählte Ressourcen gleichmäßig über die Zeit zu belasten und hohe Ressourceninanspruchnahmen stärker zu bestrafen als geringe. Als Zielfunktion für ein solches Problem der Ressourcennivellierung ergibt sich z.B.

$$f(S) := \sum_{k \in \mathcal{R}} \int_{t \in [0, \overline{d}]} r_k^2(S, t)\, dt. \tag{RL}$$

Beispiel 2.4. Betrachten wir den in Abbildung 2.7 dargestellten Projektnetzplan mit vier realen Vorgängen und einer erneuerbaren Ressource. Die Einhaltung der maximalen Projektdauer $\overline{d} = 6$ wird durch den Pfeil $\langle 5, 0 \rangle$ mit der Bewertung $\delta_{50} = -6$ im Projektnetzplan gewährleistet. Da wir nur eine Ressource betrachten, kann der Index für die Ressource $k \in \mathcal{R}$ in den folgenden Ausführungen entfallen. Für den zeitzulässigen Schedule $S = (0, 3, 5, 0, 4, 6)$ ergibt sich das in Abbildung 2.8 dargestellte Ressourcenprofil.

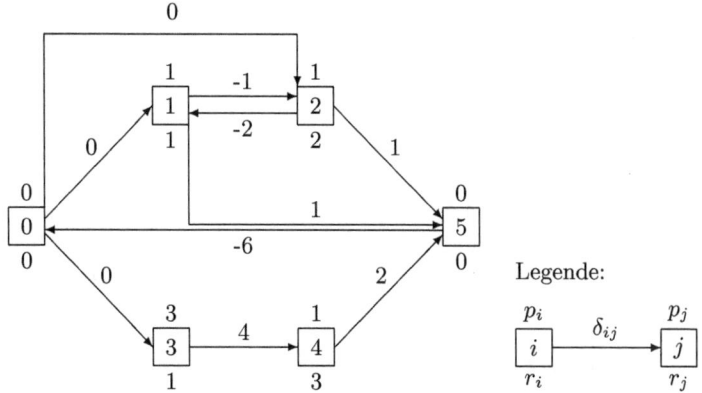

Abb. 2.7. Netzplan mit einer erneuerbaren Ressource

Die Zielfunktionswerte $f(S)$ für Schedule $S = (0, 3, 5, 0, 4, 6)$ und die eingeführten Zielfunktionen ergeben sich nun wie folgt. Für die Zielfunktion der Projektdauerminimierung (PD) gilt

$$f(S) := S_5 = 6$$

und für die Zielfunktion der Minimierung der mittleren Durchlaufzeit (MFT) erhalten wir

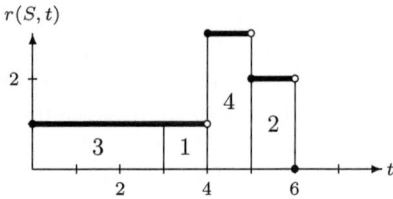

Abb. 2.8. Ressourcenprofil für Schedule $S = (0,3,5,0,4,6)$

$$f(S) := \frac{1}{6}(0 + 4 + 6 + 3 + 5 + 6) = \frac{24}{6} = 4.$$

Die Zielfunktionswerte der übrigen Zielfunktionen mit den zugehörigen Parametern sind in Tabelle 2.1 angegeben.

Tabelle 2.1. Zielfunktionswerte für Schedule $S = (0,3,5,0,4,6)$

Zielfunktion	Parameter	$f(S)$
(WST)	$w_i = 1$ für $i = 0,\ldots,5$	18
$(E+T)$	$d_0 = 0, d_1 = 5, d_2 = 5, d_3 = 3, d_4 = 5, d_5 = 6$	
	$c_0^E = c_0^T = 0,\ c_i^E = c_i^T = 1$ für $i = 1,\ldots,5$	2
(NPV)	$c_i^F = 1$ für $i = 0,\ldots,5;\ \beta = 0,9$	$-4{,}51$
(RI)	$c^P = 5$	15
(RD)	$c^D = 1,\ Y = 1$	3
(RL)		17

In der Praxis hängt die verwendete Zielfunktion meist vom Planungshorizont des zugrunde liegenden Projektplanungsproblems ab (vgl. auch Abschnitt 1.3.3). Tabelle 2.2 zeigt eine geläufige Klassifizierung der Zielfunktionen in Abhängigkeit vom Planungshorizont (lang-, mittel- und kurzfristig).

Tabelle 2.2. Ziele in Abhängigkeit vom Planungshorizont

	langfristig	mittelfristig	kurzfristig
Planungshorizont	1 – 5 Jahre	1 – 12 Monate	1 – 30 Tage
Periodenlänge	1 Woche – 1 Monat	1 Tag – 1 Woche	1 Stunde – 1 Schicht
Zielfunktionen	(NPV)	$(RI), (RD),$	$(PD), (MFT),$
		(RL)	$(WST), (E+T)$

Besitzt ein Projektnetzplan keinen Zyklus positiver Länge, so existiert, wie bereits gesagt, immer eine zeitzulässige Lösung für Problem (2.1). Da es sich bei den Zielfunktionen (PD), (MFT), (WST), $(E+T)$, (NPV), (RD)

und (RL) um stetige Funktionen handelt und der zeitzulässige Bereich $\mathcal{S}_T$ abgeschlossen und beschränkt ist, existiert nach dem Satz von Weierstrass für diese Zielfunktionen immer auch eine optimale Lösung auf $\mathcal{S}_T$; vgl. hierzu bspw. ZEIDLER (2003, S. 251). Des Weiteren ist die Zielfunktion (RI) stetig auf $\mathbb{R}_{\geq 0}^{n+2}$ bis auf alle Schedules S mit $S_j - S_i = p_i$ für mindestens ein Paar $i, j \in V$. An diesen potentiellen Unstetigkeitsstellen gilt aber immer, dass $f(S) \leq f(S')$ für alle Schedules S', die in einer offenen ε-Umgebung von S liegen, d.h. die Funktion ist *nach unten halbstetig*. Betrachten wir dazu das Ressourcenprofil in Abbildung 2.9. Wird Vorgang 2 ausgehend von seinem $ES_2 = 2$ verzögert, so ist zum Startzeitpunkt $S_2 = 3$ für die Vorgänge 2 und 3 die Bedingung $S_3 - S_2 = p_2$ erfüllt. Des Weiteren gilt für $S_2 = 4$ die Bedingung $S_2 - S_1 = p_1$ und für $S_2 = 6$ die Bedingung $S_2 - S_3 = p_3$. Die resultierende Ressourceninvestment-Zielfunktion (RI) besitzt an den Stellen $S_2 = 3$ und $S_2 = 6$ Unstetigkeiten, es gilt aber $f(S) \leq f(S')$ für alle S' aus einer offenen ε-Umgebung von S (vgl. Abb. 2.9).

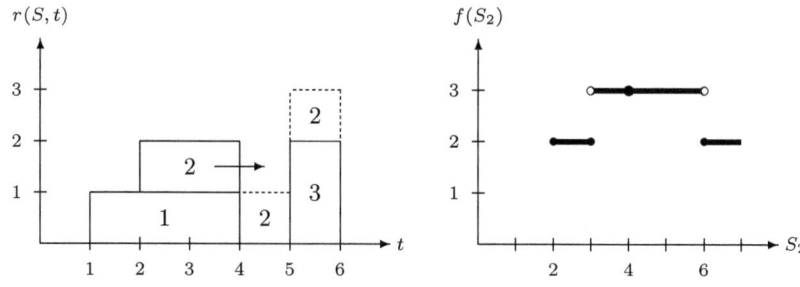

Abb. 2.9. Nach unten halbstetige Funktion (RI)

Allgemein sind nach unten halbstetige Funktionen wie folgt definiert.

Definition 2.5 (Nach unten halbstetige Funktion). Eine Funktion $f : \mathbb{R}_{\geq 0}^{n+2} \to \mathbb{R}$ wird *nach unten halbstetig* genannt, wenn für alle $S, S' \in \mathbb{R}_{\geq 0}^{n+2}$ gilt, dass $f(S) \leq \liminf_{S' \to S} f(S')$.

Genau wie für stetige Funktionen gilt auch für nach unten halbstetige Funktionen, dass sie auf einem abgeschlossenen und beschränkten Bereich ihr Minimum annehmen; vgl. hierzu bspw. HEUSER (1998, S. 242).

Korollar 2.6. Für Problem (2.1) existiert für alle stetigen bzw. nach unten halbstetigen Zielfunktionen im Fall $\mathcal{S}_T \neq \emptyset$ eine optimale Lösung.

In den beiden folgenden Abschnitten geben wir an, wie sich Problem (2.1) für die nichtlinearen Zielfunktionen $(E + T)$, (NPV), (RI), (RD) und (RL) als lineares Programm (LP) oder gemischt-ganzzahliges lineares Programm (MIP) formulieren und somit prinzipiell mit Hilfe geeigneter Standardsoftware (bspw. CPLEX oder Excel Solver) lösen lässt.[3]

---

[3] Eine Einführung in die lineare Programmierung findet man z.B. in DOMSCHKE und DREXL (2005) oder NEUMANN und MORLOCK (2002).

2.1.2 Lineare Modelle

Für die Zielfunktionen $(PD), (MFT)$ und (WST) stellt Problem (2.1) ein lineares Programm dar. Ein optimaler Schedule kann für diese Probleme bei ganzzahligen Eingabedaten in polynomialer Zeit bestimmt werden.[4] In diesem Abschnitt zeigen wir, dass auch das Earliness-Tardiness-Problem und das Kapitalwertmaximierungsproblem in lineare Optimierungsprobleme (LP) transformiert werden können und damit ebenfalls effizient lösbar sind.

Beim Earliness-Tardiness-Problem, d.h. Problem (2.1) mit Zielfunktion $(E + T)$, handelt es sich um ein nichtlineares Optimierungsproblem mit linearen Nebenbedingungen und nichtlinearer Zielfunktion. Die *Earliness-Tardiness-Zielfunktion*

$$f(S) := \sum_{i \in V} \left(c_i^E (d_i - S_i - p_i)^+ + c_i^T (S_i + p_i - d_i)^+ \right)$$

kann durch die Einführung von Hilfsvariablen $e_i \geq 0$ für die Verfrühung und $l_i \geq 0$ für die Verspätung eines Vorgangs $i \in V$ linearisiert werden. Unter Verwendung dieser Hilfsvariablen können wir das folgende lineare Programm formulieren

$$\text{Minimiere} \sum_{i \in V} \left(c_i^E e_i + c_i^T l_i \right)$$

$$\begin{array}{lll} \text{u.d.N.} & e_i \geq d_i - S_i - p_i & (i \in V) \\ & l_i \geq S_i + p_i - d_i & (i \in V) \\ & e_i \geq 0 & (i \in V) \\ & l_i \geq 0 & (i \in V) \\ & S_j - S_i \geq \delta_{ij} & (\langle i, j \rangle \in E) \\ & S_0 = 0. & \end{array}$$

Die beschriebene Linearisierung führt zu einer Zunahme der Anzahl von Entscheidungsvariablen und Nebenbedingungen. Da für jeden Vorgang $i \in V$ zusätzliche Variablen e_i und l_i eingeführt wurden, erhöht sich die Anzahl der Entscheidungsvariablen von $|V| = n + 2$ auf $3|V| = 3n + 6$. Die Anzahl der Nebenbedingungen erhöht sich um $4|V|$. Das folgende Beispiel veranschaulicht die Linearisierung des Earliness-Tardiness-Problems anhand einer Probleminstanz.

---

[4] Ein Optimierungsproblem heißt in der Komplexitätstheorie „in polynomialer Zeit lösbar", wenn ein Lösungsalgorithmus für das betrachtete Problem existiert, für den der zeitliche Aufwand zur Lösung des Problems durch ein Polynom in Abhängigkeit von der Problemgröße nach oben beschränkt ist. Unter Optimierungsgesichtspunkten werden Probleme, die sich in polynomialer Zeit lösen lassen, als „einfache" Probleme erachtet. Für eine Einführung in die Komplexitätstheorie verweisen wir beispielsweise auf BACHEM (1980). Eine umfassende Darstellung des Themas findet sich in GAREY und JOHNSON (1979).

Beispiel 2.7. Wir betrachten den in Abbildung 2.10 dargestellten Projektnetzplan mit einer maximalen Projektdauer von $\bar{d} = 6$. Die Knoten des Netzplans sind mit den Dauern p_i und den Fälligkeitsterminen d_i der einzelnen Vorgänge $i \in V$ bewertet.

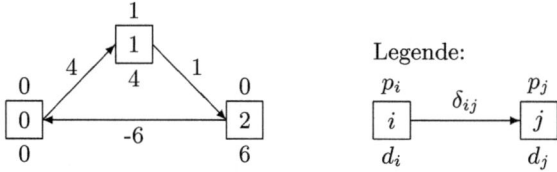

Abb. 2.10. Netzplan

Für die Vorgänge $i = 1, 2$ sollen die vorgegebenen Fälligkeitstermine d_i weder unter- noch überschritten werden. Die Verfrühungs- und Verspätungskosten seien $c_0^E = c_0^T := 0$ und $c_i^E = c_i^T := 1$ für $i = 1, 2$. Mit Hilfe dieser Parameter lässt sich die Probleminstanz aus Abbildung 2.10 wie folgt als Earliness-Tardiness-Problem formulieren

$$\text{Minimiere } f(S) := (3 - S_1)^+ + (S_1 - 3)^+ + (6 - S_2)^+ + (S_2 - 6)^+$$
$$\text{u.d.N.} \quad S_1 - S_0 \geq 4$$
$$S_2 - S_1 \geq 1$$
$$S_0 - S_2 \geq -6$$
$$S_0 = 0.$$

Durch Einführung der Hilfsvariablen e_i und l_i für $i = 0, 1, 2$ ergibt sich daraus das folgende LP

$$\text{Minimiere } f(S) := e_1 + l_1 + e_2 + l_2$$
$$\text{u.d.N.} \quad e_1 \geq 3 - S_1$$
$$e_2 \geq 6 - S_2$$
$$l_1 \geq S_1 - 3$$
$$l_2 \geq S_2 - 6$$
$$S_1 - S_0 \geq 4$$
$$S_2 - S_1 \geq 1$$
$$S_0 - S_2 \geq -6$$
$$S_0 = 0$$
$$e_i \geq 0 \qquad (i = 0, 1, 2)$$
$$l_i \geq 0 \qquad (i = 0, 1, 2).$$

Anstelle von 3 Entscheidungsvariablen benötigen wir für die LP-Formulierung 9 Entscheidungsvariablen und anstelle von 4 Nebenbedingungen ergeben sich 14 Nebenbedingungen, wobei wir die beiden redundanten Restriktionen $e_0 \geq 0 - S_0$ und $l_0 \geq S_0 - 0$ vernachlässigt haben. Der optimale Zielfunktionswert wird für $e_0 \geq 0, e_1 = 0, e_2 = 0, l_0 \geq 0, l_1 = 1, l_2 = 0$ bzw. $S = (0, 4, 6)$ angenommen.

Beim Problem der *Kapitalwertmaximierung* mit der Zielfunktion (NPV)

$$\left. \begin{array}{llr} \text{Maximiere } f(S) := \sum_{i \in V} c_i^F \beta^{S_i} & & \\ \text{u.d.N.} \quad S_j - S_i \geq \delta_{ij} & (\langle i, j \rangle \in E) & \\ S_0 = 0 & & \end{array} \right\} \qquad (2.2)$$

handelt es sich ebenfalls um ein Optimierungsproblem mit nichtlinearer Zielfunktion und linearen Nebenbedingungen. Für den Diskontfaktor $\beta^{S_i} = \frac{1}{(1+r)^{S_i}}$ wird in der Literatur häufig auch die Darstellung $e^{-\alpha S_i}$ verwendet. Bei gegebenem Kalkulationszinsfuß $r \geq 0$ kann α durch $\alpha = \ln(1+r)$ bestimmt werden. Problem (2.2) lässt sich in ein lineares Programm transformieren, indem wir $y_i := e^{-\alpha S_i}$ und $K_{ij} := e^{\alpha \delta_{ij}}$ setzen. Dabei ist $y_i = e^{-\alpha S_i}$ äquivalent zu $S_i = -\frac{\ln(y_i)}{\alpha}$. Aus unserer Vereinbarung, dass das Projekt immer zum Zeitpunkt 0 gestartet wird, folgt

$$S_0 = 0 \Leftrightarrow -\frac{\ln(y_0)}{\alpha} = 0 \Leftrightarrow y_0 = 1.$$

Da die natürliche Logarithmusfunktion monoton wachsend ist, können die Zeitbeziehungen wie folgt transformiert werden:

$$\begin{array}{rl} S_j - S_i & \geq \delta_{ij} \\ \Leftrightarrow -\frac{\ln(y_j)}{\alpha} + \frac{\ln(y_i)}{\alpha} & \geq \delta_{ij} \\ \Leftrightarrow \ln(y_i) - \ln(y_j) & \geq \alpha \delta_{ij} = \ln(K_{ij}) \\ \Leftrightarrow \ln(\frac{y_i}{y_j}) & \geq \ln(K_{ij}) \\ \Leftrightarrow \frac{y_i}{y_j} & \geq K_{ij} \\ \Leftrightarrow 0 & \geq y_j K_{ij} - y_i. \end{array}$$

Insgesamt erhalten wir das lineare Programm[5]

$$\begin{array}{ll} \text{Maximiere } \sum_{i \in V} c_i^F y_i & \\ \text{u.d.N.} \quad y_j K_{ij} - y_i \leq 0 & (\langle i, j \rangle \in E) \\ y_0 = 1. & \end{array}$$

---

[5] Anders als bei Earliness-Tardiness-Problemen führt die Linearisierung bei der Kapitalwertmaximierung nicht zu zusätzlichen Entscheidungsvariablen und Nebenbedingungen. Aber auch wenn die ursprünglichen Zielfunktionskoeffizienten c_i^F und die Zeitabstände δ_{ij} alle ganzzahlig sind, ergibt sich durch die Substitution eine Koeffizientenmatrix mit Einträgen, die weder ganzzahlig noch rational sind, so dass das entsprechende LP i.d.R. nicht mehr in polynomialer Zeit lösbar ist.

2.1.3 Zeitindexbasierte Modelle

Projektplanungsprobleme mit den Zielfunktionen (RI), (RD) und (RL) lassen sich nicht als lineare Programme formulieren. Mit Hilfe einer geeigneten Diskretisierung der Zeit lassen sie sich aber zumindest als gemischt-ganzzahlige lineare Programme (MIP) beschreiben PRITSKER ET AL. (1969). Dazu nehmen wir an, dass der Planungszeitraum $[0, \overline{d}]$ in $\overline{d}$ Zeitintervalle (Perioden) $[0, 1[, [1, 2[, \ldots, [\overline{d} - 2, \overline{d} - 1[, [\overline{d} - 1, \overline{d}]$ zerlegt wird und die Vorgänge $i \in V$ nur zu Beginn eines dieser Zeitintervalle, d.h. zu den (diskreten) Startzeitpunkten $t = 0, 1, \ldots, \overline{d} - 1$, sowie zum Zeitpunkt $t = \overline{d}$ starten können. Diese Annahme ist i.d.R. nicht einschränkend, da unter der Prämisse, dass die Vorgangsdauern und Zeitabstände des zugrunde liegenden Netzplans ganzzahlig sind, für das zugrunde liegende Problem stets eine optimale Lösung mit ganzzahligen Startzeitpunkten $S_i \in \{0, 1, \ldots, \overline{d}\}$ für alle $i \in V$ existiert.

Bezeichne $W_i = [ES_i, LS_i]$ das Zeitfenster, in dem Vorgang $i \in V$ unter Beachtung der zugrunde liegenden Zeitbeziehungen starten kann, dann entspricht $\overline{W}_i = \{ES_i, ES_i + 1, \ldots, LS_i\} \subseteq \{0, 1, \ldots, \overline{d}\}$ der Menge der zugehörigen diskreten Startzeitpunkte. Anstelle der Entscheidungsvariablen S_i können wir dann eine Menge von binären Entscheidungsvariablen x_{it} ($t \in \overline{W}_i$) für jeden Vorgang $i \in V$ verwenden. x_{it} sei genau dann 1, wenn Vorgang $i \in V$ zum Zeitpunkt $t \in \overline{W}_i$ startet, d.h.

$$x_{it} := \begin{cases} 1 & \text{falls } t = S_i \\ 0 & \text{sonst.} \end{cases}$$

Da ein Projekt stets zum Zeitpunkt 0 startet, d.h. $S_0 = 0$, ergibt sich für den Projektstart $x_{00} = 1$. Der Vektor $x = (x_{00}, x_{1ES_1}, \ldots, x_{1LS_1}, x_{2ES_2}, \ldots, x_{n+1, LS_{n+1}})^T$ fasst alle auftretenden Binärvariablen zusammen.

Mit den Nebenbedingungen

$$\sum_{t \in \overline{W}_i} x_{it} = 1 \qquad (i \in V)$$

stellen wir sicher, dass jeder Vorgang eines Projektes genau einmal gestartet wird. Um die Einhaltung der vorgegebenen Zeitbeziehungen im Projekt zu gewährleisten, führen wir zunächst den Ausdruck $\sum_{t \in \overline{W}_i} t x_{it}$ ein. Dieser entspricht für einen Vorgang $i \in V$ genau dann S_i, wenn i zum Zeitpunkt $t = S_i$ startet. Zur Einhaltung der Mindest- und Höchstabstände ergeben sich somit die Nebenbedingungen

$$\sum_{t \in W_j} t x_{jt} - \sum_{t \in W_i} t x_{it} \geq \delta_{ij} \qquad (\langle i, j \rangle \in E).$$

Betrachten wir das *Ressourceninvestmentproblem* mit Zielfunktion

$$f(S) := \sum_{k \in \mathcal{R}} c_k^P \max_{t \in [0, \overline{d}]} r_k(S, t) \,,$$

bei dem die kumulierte mit Bereitstellungskosten c_k^P gewichtete maximale Ressourceninanspruchnahme aller Ressourcen über die Zeit zu minimieren ist. Zunächst gilt es, den Term $r_k(S,t) = \sum_{i \in \mathcal{A}(S,t)} r_{ik}$ mit Hilfe der Binärvariablen x_{it} ($i \in V, t \in \overline{W}_i$) auszudrücken. Ein Vorgang $i \in V$ ist genau dann zum Zeitpunkt t in Ausführung, falls er nicht nach t und höchstens $p_i - 1$ Zeiteinheiten vor t startet, wobei die Subtraktion von 1 der Freigabe der betrachteten Ressource am Ende des Vorgangs Rechnung trägt. Ist ein Vorgang i zum Zeitpunkt t in Ausführung, dann muss also $\sum_{\tau=t-p_i+1}^{t} x_{i\tau} = 1$ erfüllt sein. Für gegebenes x entspricht

$$\sum_{i \in V} r_{ik} \sum_{\tau=t-p_i+1}^{t} x_{i\tau}$$

gerade der gesamten Inanspruchnahme der Ressource k zum Zeitpunkt t. Da ein Vorgang $i \in V$ nur zu einem Zeitpunkt $t \in \overline{W}_i = \{ES_i, ES_i + 1, \dots, LS_i\}$ starten kann, ist der obige Ausdruck äquivalent zu

$$\sum_{i \in V} r_{ik} \sum_{\tau=\max\{ES_i, t-p_i+1\}}^{\min\{t, LS_i\}} x_{i\tau}.$$

Wir führen nun für jede Ressource $k \in \mathcal{R}$ eine Hilfsvariable $z_k \geq 0$ ein, die mindestens der maximalen Ressourceninanspruchnahme von k zu einem Zeitpunkt t entspricht, d.h. die Ungleichung

$$z_k \geq \sum_{i \in V} r_{ik} \sum_{\tau=\max\{ES_i, t-p_i+1\}}^{\min\{t, LS_i\}} x_{i\tau}, \tag{2.3}$$

muss für alle $t \in \{0, 1, \dots, \overline{d} - 1\}$ und $k \in \mathcal{R}$ erfüllt sein. Das kleinste z_k, für das (2.3) gerade noch erfüllt ist, entspricht dann der maximalen Ressourceninanspruchnahme von $k \in \mathcal{R}$. Somit kann die folgende zeitindexbasierte Formulierung des Ressourceninvestmentproblems angegeben werden

Minimiere $\sum_{k \in \mathcal{R}} c_k^P z_k$

u.d.N. $\quad z_k \geq \sum_{i \in V} r_{ik} \sum_{\tau=\max\{ES_i, t-p_i+1\}}^{\min\{t, LS_i\}} x_{i\tau} \quad (t \in \{0, 1, \dots, \overline{d}-1\}, k \in \mathcal{R})$

$\qquad \sum_{t \in \overline{W}_i} x_{it} = 1 \qquad\qquad\qquad (i \in V)$

$\qquad \sum_{t \in \overline{W}_j} t x_{jt} - \sum_{t \in \overline{W}_i} t x_{it} \geq \delta_{ij} \qquad (\langle i, j \rangle \in E)$

$\qquad x_{00} = 1$

$\qquad x_{it} \in \{0, 1\} \qquad\qquad\qquad (i \in V, t \in \overline{W}_i).$

Es sei angemerkt, dass die Nebenbedingung $x_{00} = 1$ redundant ist, da $ES_0 = LS_0 = 0$ und somit $\overline{W}_0 = \{0\}$ gilt. Das folgende Beispiel veranschaulicht die Formulierung des Ressourceninvestmentproblems mit zeitindexbasierten Entscheidungsvariablen.

Beispiel 2.8. Betrachten wir den in Abbildung 2.11 dargestellten Projektnetzplan N mit einer erneuerbaren Ressource und der maximalen Projektdauer von $\overline{d} = 6$. Wegen $|\mathcal{R}| = 1$ kann der Ressourcenindex k entfallen.

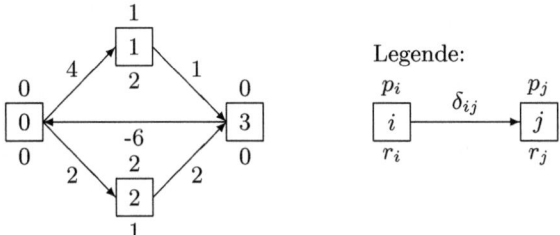

Abb. 2.11. Netzplan N

Wir unterteilen den Planungszeitraum $[0,6]$ in die diskreten Zeitpunkte $t = 0, \ldots, 6$. Mit Hilfe der Metra-Potential-Methode aus Abschnitt 1.4.3 erhalten wir die in Tabelle 2.3 angegebenen frühesten und spätesten Startzeitpunkte der Vorgänge $i \in V$.

Tabelle 2.3. ES_i und LS_i für alle Vorgänge $i \in V$

i	0	1	2	3
ES_i	0	4	2	5
LS_i	0	5	4	6

Aufgrund der durch Netzplan N implizierten Zeitbeziehungen muss Vorgang 1 innerhalb des Intervalls $W_1 = [4,5]$ starten. Die Menge der diskreten Startzeitpunkte von Vorgang 1 ergibt sich somit zu $\overline{W}_1 = \{4,5\}$. Für die Vorgänge 2 und 3 gilt entsprechend $\overline{W}_2 = \{2,3,4\}$ und $\overline{W}_3 = \{5,6\}$. Weiterhin definieren wir für jeden Vorgang $i \in V$ eine Menge von Entscheidungsvariablen x_{it} mit $t \in \overline{W}_i$ und eine Hilfsvariable $z \geq 0$, die der maximalen Ressourceninanspruchnahme zu einem Zeitpunkt $t \in \{0, \ldots, 6\}$ entspricht. Mit Bereitstellungskosten c^P ergibt sich die folgende MIP-Formulierung für die beschriebene Instanz des Ressourceninvestmentproblems

Minimiere $c^P z$

u.d.N.

$$z \geq x_{22} \qquad (t = 2)$$
$$z \geq x_{22} + x_{23} \qquad (t = 3)$$
$$z \geq 2x_{14} + x_{23} + x_{24} \qquad (t = 4)$$

$$
\begin{aligned}
z &\geq 2x_{15} + x_{24} & (t = 5)\\
x_{00} &= 1 & (i = 0)\\
x_{14} + x_{15} &= 1 & (i = 1)\\
x_{22} + x_{23} + x_{24} &= 1 & (i = 2)\\
x_{35} + x_{36} &= 1 & (i = 3)\\
4\,x_{14} + 5\,x_{15} - 0\,x_{00} &\geq 4 & (\langle i,j \rangle = \langle 0,1 \rangle)\\
2\,x_{22} + 3\,x_{23} + 4\,x_{24} - 0\,x_{00} &\geq 2 & (\langle i,j \rangle = \langle 0,2 \rangle)\\
5\,x_{35} + 6\,x_{36} - 4\,x_{14} - 5\,x_{15} &\geq 1 & (\langle i,j \rangle = \langle 1,3 \rangle)\\
5\,x_{35} + 6\,x_{36} - 2\,x_{22} - 3\,x_{23} - 4\,x_{24} &\geq 2 & (\langle i,j \rangle = \langle 2,3 \rangle)\\
0\,x_{00} - 5\,x_{35} - 6\,x_{36} &\geq -6 & (\langle i,j \rangle = \langle 3,0 \rangle)\\
z &\geq 0 &\\
x_{it} &\in \{0,1\} & (i = 1,2,3;\ t \in \overline{W}_i)\,.
\end{aligned}
$$

Wenden wir uns nun dem *Ressourcenabweichungsproblem* mit Zielfunktion

$$
f(S) := \sum_{k \in \mathcal{R}} c_k^D \int\limits_{t \in [0,\overline{d}]} [r_k(S,t) - Y_k]^+ \, dt
$$

zu, bei dem für jede Ressource $k \in \mathcal{R}$ Kosten c_k^D berücksichtigt werden, die bei Überschreitung des vorgegebenen Ressourcenniveaus Y_k anfallen. Zunächst gilt es, den Term $r_k(S,t) - Y_k = \sum_{i \in \mathcal{A}(S,t)} r_{ik} - Y_k$ mit Hilfe der Binärvariablen x_{it} $(i \in V, t \in \overline{W}_i)$ auszudrücken. Wir erhalten

$$
\sum_{i \in \mathcal{A}(S,t)} r_{ik} - Y_k = \sum_{i \in V} r_{ik} \sum_{\tau = t - p_i + 1}^{t} x_{i\tau} - Y_k.
$$

Nun führen wir Hilfsvariablen $z_{kt} \geq 0$ für alle Ressourcen $k \in \mathcal{R}$ und alle Zeitpunkte $t \in \{0, \ldots, \overline{d} - 1\}$ ein, wobei z_{kt} der über das Ressourcenniveau Y_k hinausgehenden Ressourceninanspruchnahme von Ressource k zum Zeitpunkt t entspricht. Berücksichtigen wir, dass ein Vorgang $i \in V$ nur zu einem Zeitpunkt $t \in \overline{W}_i = \{ES_i, ES_i + 1, \ldots, LS_i\}$ starten kann, müssen für die Variablen z_{kt} die Ungleichungen

$$
z_{kt} \geq \sum_{i \in V} r_{ik} \sum_{\tau = \max\{ES_i, t - p_i + 1\}}^{\min\{t, LS_i\}} x_{i\tau} - Y_k
$$

erfüllt sein. Für das Ressourcenabweichungsproblem mit Zielfunktion (RD) erhalten wir somit das folgende zeitindexbasierte Modell

$$
\text{Min.} \quad \sum_{k \in \mathcal{R}} \sum_{t \in \{0,1,\ldots,\overline{d}-1\}} c_k^D\, z_{kt}
$$

$$
\text{u.d.N. } z_{kt} \geq \sum_{i \in V} r_{ik} \sum_{\tau = \max\{ES_i, t - p_i + 1\}}^{\min\{t, LS_i\}} x_{i\tau} - Y_k \quad (t \in \{0, \ldots, \overline{d} - 1\}, k \in \mathcal{R})
$$

$$\sum_{t\in\overline{W}_i} x_{it} = 1 \qquad\qquad (i \in V)$$

$$\sum_{t\in\overline{W}_j} tx_{jt} - \sum_{t\in\overline{W}_i} tx_{it} \geq \delta_{ij} \qquad\qquad (\langle i,j \rangle \in E)$$

$$z_{kt} \geq 0 \qquad\qquad (t \in \{0,\ldots,\overline{d}-1\}, k \in \mathcal{R})$$

$$x_{it} \in \{0,1\} \qquad\qquad (i \in V, t \in \overline{W}_i).$$

Für Projektplanungsprobleme mit den Zielfunktionen (RI) und (RD) lässt sich auf Grundlage der vorgestellten MIP-Formulierungen mit Hilfe von Standardsoftware zur Lösung gemischt-ganzzahliger Programme prinzipiell eine optimale Lösung angeben. Praktisch wird man auf diese Weise i.d.R. jedoch nur kleine bis mittelgroße Probleminstanzen erfolgreich lösen können. Für *Ressourcennivellierungsprobleme* lässt sich ebenfalls eine MIP-Formulierung mit zusätzlichen binären Hilfsvariablen y_{ktq} angeben. Die Hilfsvariablen nehmen genau dann den Wert 1 an, falls $r_k^2(S,t) = q$ ist. Dabei kommen für q alle Quadratzahlen $1,4,9,\ldots$ kleiner als $\left(\sum_{i\in V} r_{ik}\right)^2$ in Frage. Zu beachten ist, dass die Anzahl an Entscheidungsvariablen schon für kleine Instanzen sehr groß sein kann.

2.1.4 Zeitzulässiger Bereich

Der *zeitzulässige Bereich* $\mathcal{S}_T$ von Problem (2.1) ist durch Zeitrestriktionen der Form

$$1 \cdot S_j - 1 \cdot S_i \geq \delta_{ij} \quad (\langle i,j \rangle \in E) \qquad\qquad (2.4)$$

sowie durch $S_0 = 0$ spezifiziert und stellt ein konvexes Polytop dar. Da die Koeffizienten der Entscheidungsvariablen in den Nebenbedingungen (2.4) alle 1 oder -1 sind, verlaufen die Begrenzungslinien von $\mathcal{S}_T$ in binärer Richtung $z \in \{0,1\}^{n+2}$ parallel zu den Koordinatenachsen oder zur ersten Winkelhalbierenden (vgl. z.B. Abb. 2.13). Ferner besitzt $\mathcal{S}_T$ als eindeutigen *Minimalpunkt* den ES-Schedule und als eindeutigen *Maximalpunkt* den LS-Schedule. Ein Punkt S^{min} eines Polytops heißt Minimalpunkt, falls er bezüglich jeder Komponente minimal ist, d.h. es gilt $S_i^{min} \leq S_i$ für alle $i \in V$ und alle Punkte S des Polytops. Analog heißt ein Punkt S^{max} eines Polytops Maximalpunkt, falls $S_i^{max} \geq S_i$ für alle $i \in V$ und alle Punkte S des Polytops gilt. Ein *Extremalpunkt* bzw. eine *Ecke* S eines Polytops ist ein Punkt, der sich nicht als Konvexkombination zweier von S verschiedener Punkte des Polytops darstellen lässt, d.h. es gibt keine zwei Punkte, so dass S auf der Verbindungslinie der beiden Punkte liegt. Der zeitzulässige Bereich $\mathcal{S}_T \subseteq \mathbb{R}_{\geq 0}^{n+2}$ lässt sich für $n \geq 2$ i.d.R. nicht vollständig visualisieren. Besitzt ein Projekt allerdings genau zwei Vorgänge i und j, die nicht zeitlich fixiert sind, d.h. die Vorgänge haben eine positive Gesamtpufferzeit, so können wir den Bereich $\mathcal{S}_T$ als so genannten S_i-S_j-*Schnitt* darstellen. Dabei projizieren wir $\mathcal{S}_T$ auf die entsprechende S_i-S_j-Ebene.

Beispiel 2.9. Wir betrachten den in Abbildung 2.12 dargestellten Projektnetzplan mit drei realen Vorgängen. Die Einhaltung einer maximalen Projektdauer $\bar{d} = 6$ wird durch den Rückwärtspfeil $\langle 4, 0 \rangle$ mit der Bewertung $\delta_{40} = -6$ sichergestellt.

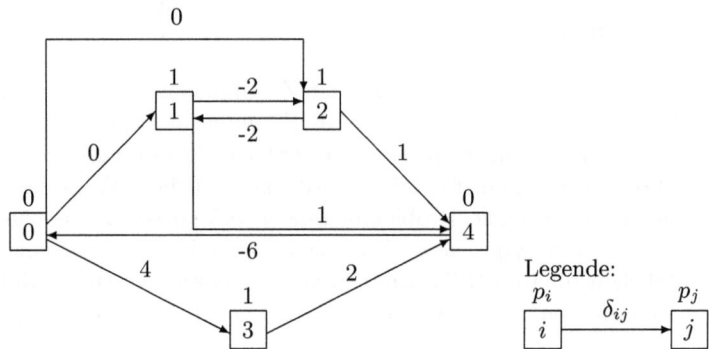

Abb. 2.12. Projektnetzplan N mit drei realen Vorgängen

Für das zugrunde liegende Projekt erhalten wir die in Tabelle 2.4 angegebenen frühesten und spätesten Startzeitpunkte sowie die Gesamtpufferzeiten der Vorgänge $i \in V$. Da die Vorgänge 0, 3 und 4 eine Gesamtpufferzeit von 0 besitzen, sind sie fixiert und müssen zu ihrem frühesten Startzeitpunkt eingeplant werden. Der durch Projektnetzplan N spezifizierte zeitzulässige Bereich $\mathcal{S}_T$ lässt sich folglich als S_1-S_2-Schnitt visualisieren.

Tabelle 2.4. ES_i, LS_i und TF_i für alle Vorgänge $i = 0, \ldots, 4$

i	0	1	2	3	4
ES_i	0	0	0	4	6
LS_i	0	5	5	4	6
TF_i	0	5	5	0	0

Sobald ein Vorgang eingeplant wird, ändert sich i.d.R. das Zeitfenster $[ES_i, LS_i]$, innerhalb dessen ein noch nicht eingeplanter Vorgang i starten kann, da die Zeitbeziehungen zwischen den Vorgängen berücksichtigt werden müssen (vgl. Abschnitt 1.4.5). Planen wir Vorgang 1 zum Zeitpunkt 0 ein, so kann Vorgang 2 nach wie vor frühestens zum Zeitpunkt 0 starten. Aufgrund der Zeitbeziehung $S_1 - S_2 \geq -2$ ergibt sich aber für Vorgang 2 ein spätester Startzeitpunkt von 2. Wird Vorgang 1 zum Zeitpunkt 1 eingeplant, so ergibt sich für Vorgang 2 das mögliche Einplanungs-Zeitfenster $[0, 3]$. Für $S_1 = 5$ erhalten wir $S_2 \in [3, 5]$. Insgesamt ergibt sich der in Abbildung 2.13 dargestellte S_1-S_2-Schnitt des zeitzulässigen Bereichs $\mathcal{S}_T$. Die Extremalpunkte (Ecken) des

S_1-S_2-Schnitts sind $S^1 = (0,0,0,4,6)$, $S^2 = (0,2,0,4,6)$, $S^3 = (0,0,2,4,6)$, $S^4 = (0,5,5,4,6)$, $S^5 = (0,5,3,4,6)$, $S^6 = (0,3,5,4,6)$.

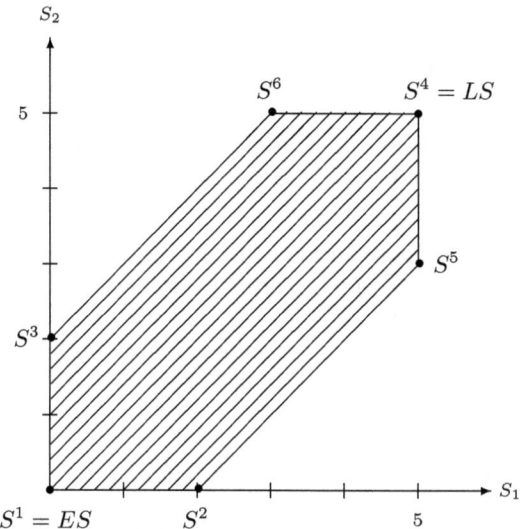

Abb. 2.13. S_1-S_2-Schnitt des zeitzulässigen Bereichs

Aus der Theorie der Linearen Optimierung ist bekannt, dass in jedem *Extremalpunkt (Ecke)* des zeitzulässigen Bereichs $\mathcal{S}_T$ mindestens $n+1$ linear unabhängige Nebenbedingungen $S_j - S_i \geq \delta_{ij}$ bindend sind, d.h. sie sind mit Gleichheit erfüllt (vgl. NEUMANN und MORLOCK, 2002, Kapitel 1). Beispielsweise sind im Extremalpunkt S^6 in Abbildung 2.13 die Zeitbeziehungen $S_0 - S_4 \geq -6$, $S_1 - S_2 \geq -2$, $S_4 - S_2 \geq 1$ und $S_4 - S_3 \geq 2$ bindend.

Definition 2.10 (Gerüst, Outtree). Sei $D = \langle V, E \rangle$ ein Digraph mit $n+2$ Knoten. Ein schwach zusammenhängender Teildigraph[6] des Digraphen D mit $n+2$ Knoten und $n+1$ Pfeilen heißt *Gerüst* von D. Ein Gerüst, bei dem jeder Knoten von Knoten 0 aus erreichbar ist, bezeichnen wir als *Outtree* mit Wurzelknoten 0.

Abbildung 2.14 zeigt einen Digraphen sowie ein zugehöriges Gerüst und einen zugehörigen Outtree. Der folgende Satz besagt, dass sich die Extremalpunkte des zeitzulässigen Bereichs eines Projektnetzplans als Gerüste des zugrunde liegenden Netzplans darstellen lassen.

Satz 2.11. Jede Ecke des zeitzulässigen Bereichs $\mathcal{S}_T$ kann durch mindestens ein Gerüst des zugehörigen Netzplans N repräsentiert werden, wobei jeder

---

[6] In einem schwach zusammenhängenden Teildigraph sind alle Knoten durch eine ungerichtete Pfeilfolge miteinander verbunden.

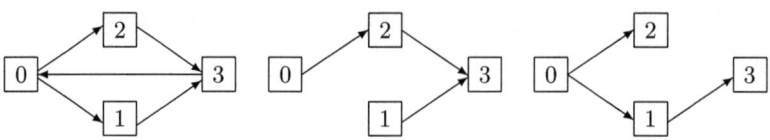

Abb. 2.14. Digraph, Gerüst und Outtree

Pfeil $\langle i, j \rangle$ des Gerüstes eine *bindende Zeitbeziehung* $S_j - S_i = \delta_{ij}$ repräsentiert. Ferner entspricht jedem Gerüst des Netzplans N höchstens ein Extremalpunkt von S_T.

Zur Generierung eines Gerüstes für eine gegebene Ecke S des zeitzulässigen Bereichs S_T bestimmen wir sukzessive für jeden Knoten $i \in V \setminus \{0\}$ eine bindende Nebenbedingung $S_j - S_i = \delta_{ij}$ bzw. $S_i - S_j = \delta_{ji}$ zu einem Knoten j, für den bereits eine bindende Nebenbedingung bestimmt wurde. Ausgangspunkt ist hierbei der Knoten 0, für den die Nebenbedingung $S_0 = 0$ immer bindend ist. Algorithmus 2.12 stellt dar, wie für einen gegebenen Extremalpunkt S ein zugehöriges Gerüst $G = \langle V, E_G \rangle$ mit der Pfeilmenge E_G erzeugt werden kann. Dabei gibt $m_i = 1$ an, dass Knoten i bereits betrachtet wurde.

Algorithmus 2.12 (Generierung eines Gerüstes für eine Ecke S).

Setze $m_0 := 1$ und $m_i := 0$ für alle $i \in V \setminus \{0\}$.

$E_G := \emptyset$ und $Q := \{0\}$ (Q wird als Schlange verwaltet).

Solange $Q \neq \emptyset$ und mindestens ein $i \in V$ mit $m_i = 0$ existiert:

    Entferne i vom Kopf der Schlange Q.

    An Knoten i wird nun, falls möglich, ein weiterer Knoten angehängt.

    1. **Für alle** $\langle i, j \rangle \in E$:

        Falls $m_j = 0$ und $S_j - S_i = \delta_{ij}$:

            Setze $E_G := E_G \cup \{\langle i, j \rangle\}$, $m_j := 1$, und füge j am Ende von Q ein.

    2. **Für alle** $\langle h, i \rangle \in E$:

        Falls $m_h = 0$ und $S_i - S_h = \delta_{hi}$:

            Setze $E_G := E_G \cup \{\langle h, i \rangle\}$, $m_h := 1$, und füge h am Ende von Q ein.

Anmerkung 2.13. Bei der Generierung eines Gerüstes für den *ES*-Schedule entfällt die 2. Schleife in Algorithmus 2.12, da der *ES*-Schedule als Outtree in N dargestellt werden kann.

Um die Beziehung zwischen den Ecken des zeitzulässigen Bereichs S_T und den Gerüsten des zugehörigen Projektnetzplans N zu illustrieren, betrachten wir das folgende Beispiel.

Beispiel 2.14. Gegeben seien der in Abbildung 2.15 dargestellte Projektnetzplan mit drei Vorgängen und der zugehörige S_1-S_2-Schnitt des zeitzulässigen Bereichs S_T mit den Extremalpunkten $S^1 = (0, 1, 4)$, $S^2 = (0, 1, 6)$, $S^3 = (0, 4, 6)$ und $S^4 = (0, 2, 4)$.

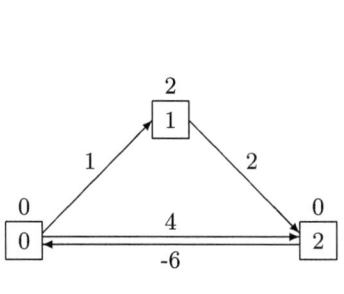 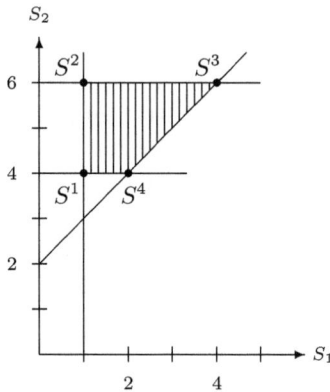

Abb. 2.15. Projektnetzplan und $S_1 - S_2$-Schnitt des zeitzulässigen Bereichs $\mathcal{S}_T$

Wir bestimmen mit Hilfe von Algorithmus 2.12 das zu S^1 gehörige Gerüst. In der Initialisierung setzen wir $m_0 := 1$, $m_1 := 0$, $m_2 := 0$, $E_G := \emptyset$ und $Q := \{0\}$. Dann entnehmen wir Vorgang 0 vom Kopf der Schlange Q. Da Pfeil $\langle 0, 1 \rangle$ im Netzplan enthalten ist, $m_1 = 0$ und $S_1 - S_0 = 1$ gilt, hängen wir Knoten 1 an Knoten 0 an, d.h. wir setzen $E_G := \{\langle 0, 1 \rangle\}$, $m_1 := 1$ und $Q := \{1\}$. Weiterhin sind für $\langle 0, 2 \rangle \in E$ die Gleichungen $m_2 = 0$ und $S_2 - S_0 = 4$ erfüllt, deshalb setzen wir $E_G := \{\langle 0, 1 \rangle, \langle 0, 2 \rangle\}$, $m_2 := 1$ und $Q := \{1, 2\}$. Da für alle Vorgänge $i \in V$ nun $m_i = 1$ gilt, terminiert der Algorithmus. Somit sind für Schedule S^1 die beiden linear unabhängigen Nebenbedingungen $S_1^1 - S_0^1 \geq 1$ und $S_2^1 - S_0^1 \geq 4$ bindend, und das korrespondierende Gerüst G^1 enthält die Pfeilmenge $E_{G^1} = \{\langle 0, 1 \rangle, \langle 0, 2 \rangle\}$. Wird Algorithmus 2.12 angewendet, um die zu S^2, S^3 und S^4 gehörigen Gerüste zu generieren, dann erhalten wir für S^2 das Gerüst G^2 mit der Pfeilmenge $E_{G^2} = \{\langle 0, 1 \rangle, \langle 2, 0 \rangle\}$, für S^3 das Gerüst G^3 mit der Pfeilmenge $E_{G^3} = \{\langle 1, 2 \rangle, \langle 2, 0 \rangle\}$ und für S^4 ergibt sich $E_{G^4} = \{\langle 0, 2 \rangle, \langle 1, 2 \rangle\}$.

Um für ein gegebenes Gerüst G mit Pfeilmenge E_G den zugehörigen Extremalpunkt S zu bestimmen, lösen wir das lineare Gleichungssystem

$$S_j - S_i = \delta_{ij} \quad (\langle i, j \rangle \in E_G)$$
$$S_0 = 0 \, .$$

Für das dem Netzplan aus Abbildung 2.15 zugrunde liegende Gerüst G^3 mit Pfeilmenge $E_{G^3} = \{\langle 1, 2 \rangle, \langle 2, 0 \rangle\}$ erhalten wir beispielsweise das lineare Gleichungssystem

$$\dot{S}_2 - S_1 = 2$$
$$S_0 - S_2 = -6$$
$$S_0 = 0$$

mit der eindeutigen Lösung $S^3 = (0, 4, 6)$.

Es sei angemerkt, dass nicht jedes Gerüst des Netzplans N einen Extremalpunkt des zeitzulässigen Bereichs $\mathcal{S}_T$ repräsentiert. Beispielsweise entspricht das Gerüst G' mit der Pfeilmenge $E_{G'} = \{\langle 0, 1 \rangle, \langle 1, 2 \rangle\}$ dem Schedule $S' = (0, 1, 3)$. S' ist nicht zeitzulässig, da Vorgang 3 frühestens 4 Zeiteinheiten nach dem Projektbeginn starten darf. In Abbildung 2.15 entspricht Schedule S' dem Schnittpunkt der beiden Geraden $S_1 - S_0 = 1$ und $S_2 - S_1 = 2$.

2.1.5 Zielfunktionen und ausgezeichnete Punkte

Wie in Abschnitt 2.1.1 geschildert, existiert für Problem (2.1) mit stetiger bzw. nach unten halbstetiger Zielfunktion $f(S)$ stets eine optimale Lösung. Je nach betrachteter Zielfunktion können wir uns bei der Suche nach einem solchen optimalen Schedule auf eine Menge *ausgezeichneter Punkte* beschränken. Bei den ausgezeichneten Punkten handelt es sich um zeitzulässige Schedules, die potentielle Kandidaten für eine optimale Lösung darstellen. Dabei hängt die Menge der ausgezeichneten Punkte von speziellen Struktureigenschaften der betrachteten Zielfunktionen ab, die wir im Folgenden untersuchen. In Abhängigkeit der Struktureigenschaften lassen sich dann unterschiedliche Lösungsverfahren etablieren.

Bei den Zielfunktionen Projektdauer (PD) und mittlere Durchlaufzeit (MFT) handelt es sich um *reguläre Funktionen*, d.h. f ist monoton wachsend in den Startzeitpunkten der Vorgänge. Für zwei Schedules $S, S' \in \mathbb{R}_{\geq 0}^{n+2}$ mit $S \leq S'$ (d.h. $S_i \leq S_i'$ für alle $i \in V$) gilt somit $f(S) \leq f(S')$. Da der zeitzulässige Bereich $\mathcal{S}_T$ ein konvexes Polytop mit genau einem Minimalpunkt (dem ES-Schedule) darstellt, ist für Problem (2.1) mit regulärer Zielfunktion der ES-Schedule optimal. Die Menge der ausgezeichneten Punkte für Projektplanungsprobleme mit den Zielfunktionen (PD), (MFT) oder anderen regulären Funktionen besteht daher aus dem ES-Schedule.

Für die *lineare* Zielfunktion (WST) der Summe gewichteter Startzeitpunkte stellt Problem (2.1) ein lineares Programm dar, für das immer einer der Extremalpunkte des zeitzulässigen Bereichs optimal ist. Die Menge der ausgezeichneten Punkte für Problem (2.1) mit Zielfunktion (WST) entspricht somit allen Extremalpunkten (Ecken) von $\mathcal{S}_T$.

Die Zielfunktion des Earliness-Tardiness-Problems ($E + T$) ist *konvex*, d.h. jede Sekante liegt oberhalb des Graphen von f und es gilt $f(\lambda S + (1 - \lambda)S') \leq \lambda f(S) + (1 - \lambda)f(S')$ für alle $S, S' \in \mathbb{R}_{\geq 0}^{n+2}$ und $\lambda \in]0, 1[$ (vgl. Abb. 2.16).

Für konvexe Zielfunktionen ist i.d.R. kein Punkt auf dem Rand des zeitzulässigen Bereichs $\mathcal{S}_T$ optimal. Da aber für Minimierungsprobleme mit konvexer Zielfunktion und konvexem zulässigen Bereich jedes lokale Optimum auch global optimal ist, lässt sich die Suche nach einem optimalen Schedule beschränken auf lokale Minimalstellen S^* der Funktion f, d.h. auf Punkte S^*, für die $f(S^*) \leq f(S')$ für alle S' aus einer offenen ε-Umgebung von S^* erfüllt ist. Ist $c_i^E = 0$ für alle $i \in V$, so handelt es sich bei ($E + T$) um eine reguläre Funktion und der ES-Schedule ist optimal. Gilt $c_i^T = 0$ für alle $i \in V$, so ist Zielfunktion ($E + T$) multipliziert mit -1 regulär, d.h. der LS-Schedule

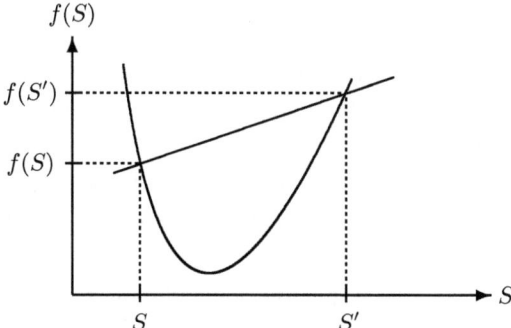

Abb. 2.16. Konvexe Funktion

ist optimal. Eine optimale Lösung für das Earliness-Tardiness-Problem mit $c_i^E, c_i^T > 0$ für mindestens ein $i \in V$ entspricht einer lokalen Minimalstelle S^*, bei der jeder Vorgang i entweder zu $d_i - p_i$ oder zu ES_i bzw. LS_i startet, wobei die ES- und LS-Werte planungsabhängig gemäß Schedule S^* zu verstehen sind (vgl. Abschnitt 1.4.5).

Die Zielfunktion (NPV) des Kapitalwertmaximierungsproblems ist *binärmonoton*, d.h. sie ist monoton auf jeder Halbgeraden $\{S' \in \mathbb{R}_{\geq 0}^{n+2} | \ S' = S + \lambda z, \lambda \in \mathbb{R}\}$ mit binärer Richtung $z \in \{0,1\}^{n+2}$. Seien z eine binäre Richtung, $V' \subseteq V$ die Menge aller Vorgänge i mit $z_i = 0$ und $V'' = V \setminus V'$ die Menge aller Vorgänge i mit $z_i = 1$. Dann gilt für die Zielfunktion f der Kapitalwertmaximierung

$$f(S + \lambda z) = -\sum_{i \in V} c_i^F \beta^{S_i + \lambda z_i}$$

$$= -\sum_{i \in V'} c_i^F \beta^{S_i} - \sum_{i \in V''} c_i^F \beta^{S_i + \lambda}$$

$$= -\sum_{i \in V'} c_i^F \beta^{S_i} - \beta^\lambda \sum_{i \in V''} c_i^F \beta^{S_i} \ .$$

Für $-\sum_{i \in V''} c_i^F \beta^{S_i} \geq 0$ ist f monoton wachsend und für $-\sum_{i \in V''} c_i^F \beta^{S_i} \leq 0$ monoton fallend in binärer Richtung z. Somit ist f binärmonoton und da ferner die Begrenzungslinien von $\mathcal{S}_T$ in binärer Richtung verlaufen, stellen ebenso wie bei linearen Zielfunktionen die Extremalpunkte von $\mathcal{S}_T$ ausgezeichnete Punkte für Problem (2.1) mit Zielfunktion (NPV) dar. Dies ist intuitiv einsichtig, da wir in Abschnitt 2.1.2 bereits gezeigt haben, dass sich das Kapitalwertmaximierungsproblem in ein äquivalentes lineares Programm gleicher Dimension transformieren lässt.

Um ausgezeichnete Punkte für Projektplanungsprobleme mit den Zielfunktionen (RI), (RD) und (RL) angeben zu können, sind einige einleitende Erläuterungen notwendig. Wir führen zunächst den Begriff einer strengen Ordnung auf der Knotenmenge V ein.

Definition 2.15 (Strenge Ordnung). Eine Relation ϱ auf der Menge V ist eine Menge von Paaren $(i,j) \in V \times V$. Anstelle von $(i,j) \in \varrho$ schreiben wir auch $i \prec j$ (wobei „$\prec$" als „vor" gelesen wird) und $i \not\prec j$ für $(i,j) \notin \varrho$. Eine *strenge Ordnung* auf der Knotenmenge V ist eine asymmetrische, transitive Relation $\prec$ in V, d.h.

- für keine zwei Elemente $i, j \in V$ gilt $i \prec j$ und $j \prec i$ (Asymmetrie),
- wenn für $h, i, j \in V$ die Bedingungen $h \prec i$ und $i \prec j$ erfüllt sind, dann gilt auch $h \prec j$ (Transitivität).

Strenge Ordnung $O \subseteq V \times V$ hat die folgende anschauliche Interpretation. Enthält Ordnung O das Element (i,j), so wird eine Vorrangbeziehung zwischen Vorgang i und Vorgang j induziert. Eine Vorrangbeziehung zwischen i und j besteht, wenn der Startzeitpunkt von j größer oder gleich dem Endzeitpunkt von i ist, d.h. $S_j - S_i \geq p_i$.

Definition 2.16 (Ordnungspolytop). Sei $O \subseteq V \times V$ eine strenge Ordnung auf der Knotenmenge V und sei $\mathcal{S}_T(O) := \{S \in \mathcal{S}_T \mid S_j - S_i \geq p_i$ für alle $(i,j) \in O\}$ die Menge aller zeitzulässigen Schedules, die die durch O induzierten Vorrangbeziehungen einhalten. Dann stellt die Teilmenge $\mathcal{S}_T(O)$ von $\mathcal{S}_T$ ein konvexes Polytop dar, das wir als *Ordnungspolytop* von O bezeichnen. Die Ordnung O wird als *zeitzulässig* bezeichnet, wenn $\mathcal{S}_T(O) \neq \emptyset$ ist.

Beispiel 2.17. Betrachten wir den MPM-Netzplan und den S_1-S_2-Schnitt des zugehörigen zeitzulässigen Bereichs $\mathcal{S}_T$ in Abbildung 2.17.

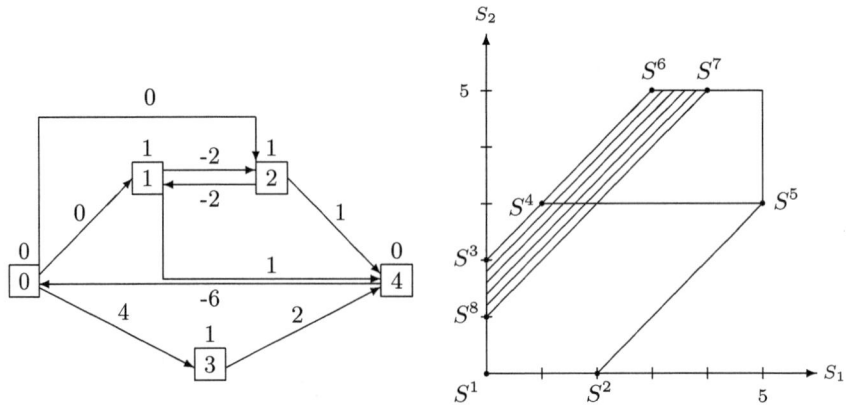

Abb. 2.17. Projektnetzplan und S_1-S_2-Schnitt des Bereichs $\mathcal{S}_T$

Ordnung $O = \{(1,2)\}$ besagt, dass Vorgang 2 starten kann, sobald Vorgang 1 beendet ist, d.h. $S_2 - S_1 \geq p_1$. Da Vorgang 1 die Ausführungsdauer $p_1 = 1$ besitzt, beinhaltet das Ordnungspolytop $\mathcal{S}_T(O)$ alle Schedules $S \in \mathcal{S}_T$, für die gilt, dass Vorgang 2 mindestens eine Zeiteinheit nach Vorgang 1 startet. Startet Vorgang 1 beispielsweise zum Zeitpunkt 0, dann kann Vorgang 2 zu einem beliebigen Zeitpunkt $t \in [1,2]$ starten. Somit erhalten wir für die Ordnung $O = \{(1,2)\}$ das durch die *konvexe Hülle* der Punkte S^3, S^6, S^7, S^8 spezifizierte Ordnungspolytop, d.h. $\mathcal{S}_T(O)$ beinhaltet alle Schedules, die sich als Konvexkombination der Punkte S^3, S^6, S^7, S^8 darstellen lassen, und wir schreiben dafür $\mathcal{S}_T(O) = conv\{S^3, S^6, S^7, S^8\}$ (vgl. Abb. 2.17). Für die Ordnung $O = \{(2,3)\}$ erhalten wir analog das Ordnungspolytop $\mathcal{S}_T(O) = conv\{S^1, S^2, S^3, S^4, S^5\}$.

Im Folgenden führen wir das Konzept des so genannten *Ordnungsnetzplans* $N(O)$ einer strengen Ordnung O ein. Dabei ist $N(O)$ der Netzplan, der aus dem Projektnetzplan N resultiert, indem wir für jedes Paar $(i,j) \in O$ einen Pfeil $\langle i,j \rangle$ mit der Bewertung $\delta_{ij} = p_i$ hinzufügen, d.h. Vorgang j kann frühestens nach dem Ende von Vorgang i starten. Besitzt Projektnetzplan N bereits einen Pfeil $\langle i,j \rangle$ mit der Bewertung δ_{ij}, dann ersetzen wir seine Pfeilbewertung durch $\max\{\delta_{ij}, p_i\}$. Die Menge der zeitzulässigen Schedules des Ordnungsnetzplans $N(O)$ entspricht gerade dem Ordnungspolytop $\mathcal{S}_T(O)$ von O. Eine strenge Ordnung O ist demnach genau dann zeitzulässig, wenn der zugehörige Ordnungsnetzplan $N(O)$ keine Zyklen positiver Länge beinhaltet und somit $\mathcal{S}_T(O) \neq \emptyset$ gilt.

Für jeden zeitzulässigen Schedule $S \in \mathcal{S}_T$ existiert eine zugehörige strenge Ordnung $O(S) := \{(i,j) \in V \times V \mid i \neq j, S_j - S_i \geq p_i\}$, die gerade die durch den Schedule S implizierten Vorrangbeziehungen besitzt (wir sagen auch die von Schedule S *induzierte Ordnung*).[7] Aus Definition 2.16 folgt sofort, dass $S \in \mathcal{S}_T(O(S))$ gilt. Die kanonischen Vorrangbeziehungen $(0,i)$ für alle $i \in V \setminus \{0\}$ sowie $(i, n+1)$ für alle $i \in V \setminus \{n+1\}$ führen wir im Folgenden bei der Darstellung einer Schedule induzierten Ordnung $O(S)$ nicht explizit an, da diese für einen wohldefinierten MPM-Netzplan stets erfüllt sind. Das folgende Beispiel verdeutlicht den Zusammenhang zwischen einem Schedule S, der durch S induzierten Ordnung $O(S)$ und dem Ordnungspolytop $\mathcal{S}_T(O(S))$ von $O(S)$, welches auch *Schedulepolytop* genannt wird.

Beispiel 2.18. Betrachten wir den MPM-Netzplan und den S_1-S_2-Schnitt des zugehörigen zeitzulässigen Bereichs $\mathcal{S}_T$ in Abbildung 2.18. Für die eingezeichneten Schedules S^i ($i = 1, \ldots, 17$) sollen jeweils die zugehörige Ordnung $O(S^i)$ und das entsprechende Schedulepolytop $\mathcal{S}_T(O(S^i))$ angegeben werden.

Der zeitzulässige Schedule $S^1 = (0,0,0,4,6)$ impliziert die zugehörige Ordnung $O(S^1) = \{(1,3),(2,3)\}$, d.h. Vorgang 3 beginnt nach der Beendigung der Vorgänge 1 und 2. Das zur Ordnung $O(S^1)$ gehörige konvexe Schedulepolytop besitzt die Extremalpunkte $S^1, S^2, S^3, S^4, S^{12}, S^{14}$, d.h.

---

[7] $O(S)$ repräsentiert für $p_i > 0, i = 1, \ldots, n$ eine strenge Ordnung. Im Folgenden gehen wir davon aus, dass nur Vorgänge $i \neq \{0, n+1\}$ mit $p_i > 0$ bei der Generierung von $O(S)$ berücksichtigt werden, Vorgänge mit $p_i = 0$, wie z.B. Meilensteine, sind zwar bei der Bestimmung der planungsabhängigen *ES*- und *LS*-Werte relevant, spielen aber für die Ressourcenprofile eines Schedules keine Rolle.

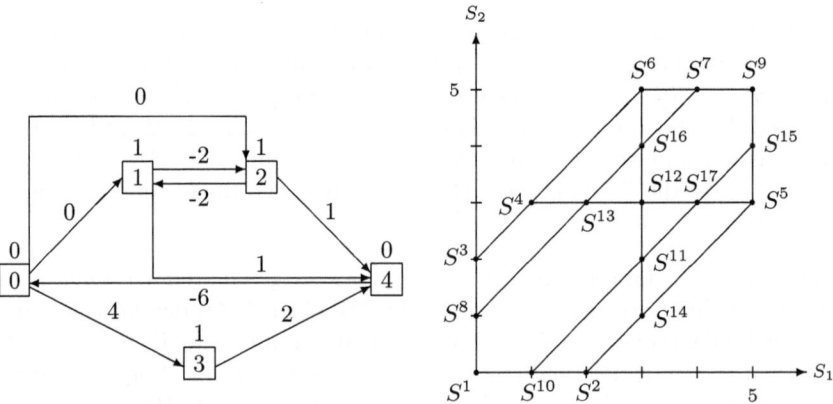

Abb. 2.18. Projektnetzplan und S_1-S_2-Schnitt des Bereichs $\mathcal{S}_T$

$\mathcal{S}_T(O(S^1)) = conv\{S^1, S^2, S^3, S^4, S^{12}, S^{14}\}$. Schedule $S^2 = (0, 2, 0, 4, 6)$ besitzt die zugehörige Ordnung $O(S^2) = \{(1,3), (2,1), (2,3)\}$. Gemäß dieser Ordnung beginnt Vorgang 3 nach Beendigung der Vorgänge 1 und 2 und Vorgang 1 beginnt nach dem Ende von Vorgang 2. Das zu $O(S^2)$ gehörige Schedulepolytop ist $\mathcal{S}_T(O(S^2)) = conv\{S^2, S^{10}, S^{11}, S^{14}\}$.

Tabelle 2.5 listet zusammenfassend die in Abbildung 2.18 eingezeichneten Schedules, die zugehörigen Ordnungen $O(S^i)$ und die entsprechenden Schedulepolytope $\mathcal{S}_T(O(S^i))$ auf.

Schedulepolytop $\mathcal{S}_T(O(S))$ enthält alle Schedules S', die mindestens die durch S implizierten Vorrangbeziehungen einhalten. Ferner kann ein Schedule $S' \in \mathcal{S}_T(O(S))$ aber noch weitere Vorrangbeziehungen implizieren. Betrachten wir z.B. S^{16} in Abbildung 2.18 mit $O(S^{16}) = \{(1,2), (1,3)\}$ und $\mathcal{S}_T(O(S^{16})) = conv\{S^3, S^6, S^8, S^{16}\}$, so enthält $\mathcal{S}_T(O(S^{16}))$ Schedule S^3 mit $O(S^3) = \{(1,2), (1,3), (2,3)\}$.

In einer so genannten Isoordnungsmenge $\mathcal{S}_T^=(O(S))$ hingegen sind nur Schedules enthalten, die dieselbe Ordnung wie S induzieren. Sei S ein zeitzulässiger Schedule, dann nennen wir die Menge aller Schedules S' aus dem Schedulepolytop von $O(S)$ mit der Eigenschaft, dass $O(S') = O(S)$ ist, die *Isoordnungsmenge* von S. Die Isoordnungsmenge

$$\mathcal{S}_T^=(O(S)) := \{S' \in \mathcal{S}_T(O(S)) \mid O(S') = O(S)\}$$

von Schedule S enthält somit alle Schedules $S' \in \mathcal{S}_T$, die die gleiche Ordnung wie S induzieren. Zum Verständnis betrachten wir Abbildung 2.19, in der ein Projektnetzplan und die Ressourcenprofile der beiden Schedules $S^1 = (0, 0, 4, 5, 8)$ und $S^2 = (0, 0, 4, 2, 8)$ dargestellt sind. Für die Vorgänge $i \in \{0, 1, 2, 4\}$ gilt $ES_i = LS_i$; nur Vorgang 3 ist nicht zeitlich fixiert. Da die Schedules $S' = (0, 0, 4, t, 8)$, $t \in \,]3, 7[$, die Eigenschaft besitzen, dass $O(S') = O(S^1)$ gilt, ist die Isoordnungsmenge von $S^1 = (0, 0, 4, 5, 8)$ gleich

Tabelle 2.5. S^i, $O(S^i)$ und $\mathcal{S}_T(O(S^i))$ für alle $i = 1, \dots, 17$

S	$O(S)$	$\mathcal{S}_T(O(S))$
S^1	$\{(1, 3),(2, 3)\}$	$conv\{S^1, S^2, S^3, S^4, S^{12}, S^{14}\}$
S^2	$\{(1 ,3), (2, 1), (2, 3)\}$	$conv\{S^2, S^{10}, S^{11}, S^{14}\}$
S^3	$\{(1, 2), (1, 3), (2, 3)\}$	$conv\{S^3, S^4, S^8, S^{13}\}$
S^4	$\{(1, 2), (1, 3), (2, 3)\}$	$conv\{S^3, S^4, S^8, S^{13}\}$
S^5	$\{(2, 1), (2, 3), (3, 1)\}$	$\{S^5\}$
S^6	$\{(1, 2), (1, 3), (3, 2)\}$	$\{S^6\}$
S^7	$\{(1, 2), (3, 2)\}$	$conv\{S^6, S^7\}$
S^8	$\{(1, 2), (1, 3), (2, 3)\}$	$conv\{S^3, S^4, S^8, S^{13}\}$
S^9	$\{(3, 1), (3, 2)\}$	$\{S^9\}$
S^{10}	$\{(1 ,3), (2, 1), (2, 3)\}$	$conv\{S^2, S^{10}, S^{11}, S^{14}\}$
S^{11}	$\{(1 ,3), (2, 1), (2, 3)\}$	$conv\{S^2, S^{10}, S^{11}, S^{14}\}$
S^{12}	$\{(1, 3), (2, 3)\}$	$conv\{S^1, S^2, S^3, S^4, S^{12}, S^{14}\}$
S^{13}	$\{(1, 2), (1, 3), (2, 3)\}$	$conv\{S^3, S^4, S^8, S^{13}\}$
S^{14}	$\{(1 ,3), (2, 1), (2, 3)\}$	$conv\{S^2, S^{10}, S^{11}, S^{14}\}$
S^{15}	$\{(2, 1), (3, 1)\}$	$conv\{S^5, S^{15}\}$
S^{16}	$\{(1, 2), (1, 3)\}$	$conv\{S^3, S^6, S^8, S^{16}\}$
S^{17}	$\{(2, 1), (2, 3)\}$	$conv\{S^2, S^5, S^{10}, S^{17}\}$

$\mathcal{S}_T^=(O(S^1)) = \{(0, 0, 4, t, 8) \mid t \in\,]3, 7[\,\}$. Für $S^2 = (0, 0, 4, 2, 8)$ ergibt sich die Isoordnungsmenge $\mathcal{S}_T^=(O(S^2)) = \{(0, 0, 4, t, 8) \mid t \in [1, 3]\,\}$. Wie wir sehen, sind Isoordnungsmengen i.d.R. nicht abgeschlossen, ihr Abschluss stellt aber ein konvexes Polytop dar.

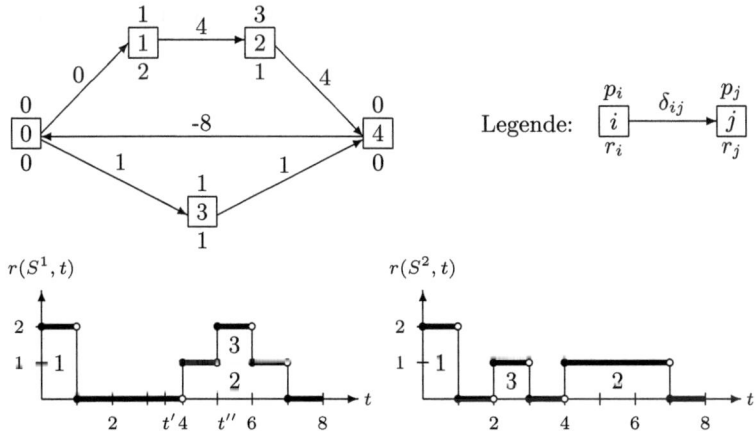

Abb. 2.19. Projektnetzplan und Ressourcenprofile von S^1 und S^2

Auf Grundlage der vorhergehenden Ausführungen ist es nun möglich, *ausgezeichnete Punkte* für die Zielfunktionen $(RI), (RD)$ und (RL) anzugeben.

Wie bereits erläutert, ist die Zielfunktion (RI) nach unten halbstetig. Weiterhin können wir zeigen, dass (RI) konstant auf der Isoordnungsmenge jedes zeitzulässigen Schedules S ist. Seien $S', S'' \in \mathcal{S}_T^{=}(O(S))$ zwei Schedules aus der Isoordnungsmenge von S, und nehmen wir ferner an, dass $r_k(S', t') = \max_{t \in [0, \overline{d}]} r_k(S', t)$ ist. Da S' und S'' die gleiche Ordnung implizieren, gibt es mindestens einen Zeitpunkt t'' mit $\mathcal{A}(S', t') = \mathcal{A}(S'', t'')$, d.h. bei der Projektausführung gemäß Schedule S' überlappen sich zum Zeitpunkt t' die gleichen Vorgänge wie zum Zeitpunkt t'' bei der Ausführung gemäß S'' (siehe hierzu auch Abb. 2.19, Vorgang 3). Somit gilt, dass der Zielfunktionswert auf der Isoordnungsmenge konstant ist.

Eine stetige oder nach unten halbstetige Funktion $f : \mathbb{R}_{\geq 0}^{n+2} \to \mathbb{R}$, die auf der Isoordnungsmenge jedes zeitzulässigen Schedules regulär ist, wird *lokal regulär* genannt. Die auf jeder Isoordnungsmenge konstante Funktion (RI) gehört somit zu den lokal regulären Funktionen, für die immer ein Minimalpunkt eines Schedulepolytops $\mathcal{S}_T(O(S)), S \in \mathcal{S}_T$ optimal ist. Stellt der Minimalpunkt S' des Abschlusses einer Isoordnungsmenge auch den Minimalpunkt des zugehörigen Schedulepolytops dar und ist damit auch Element der Isoordnungsmenge, so haben wir einen Kandidaten für die optimale Lösung gefunden. Dies ergibt sich direkt aus der Regularität von f auf der Isoordnungsmenge. Gehört der Minimalpunkt S' des Abschlusses selbst nicht zur Isoordnungsmenge, wie beispielsweise S^4 in Abbildung 2.20 nicht zu $\mathcal{S}_T^{=}(O(S^{18})) = conv\{S^4, S^6, S^{13}, S^{16}\} \setminus conv\{S^4, S^{13}\}$ gehört, so gilt wegen der Halbstetigkeit nach unten von f, dass $f(S^4) \leq f(S)$ mit $S \in \mathcal{S}_T^{=}(O(S^{18}))$. Da f auf der Isoordnungsmenge $\mathcal{S}_T^{=}(O(S^4)) = conv\{S^3, S^4, S^8, S^{13}\}$ wieder regulär ist, gilt ferner für den Minimalpunkt S^8 von $\mathcal{S}_T^{=}(O(S^4))$: $f(S^8) \leq f(S^4) \leq f(S)$ für alle $S \in \mathcal{S}_T^{=}(O(S^{18}))$. Es sei angemerkt, dass S^8 dem Minimalpunkt der beiden Schedulepolytope $\mathcal{S}_T(O(S^4))$ und $\mathcal{S}_T(O(S^{18}))$ entspricht.

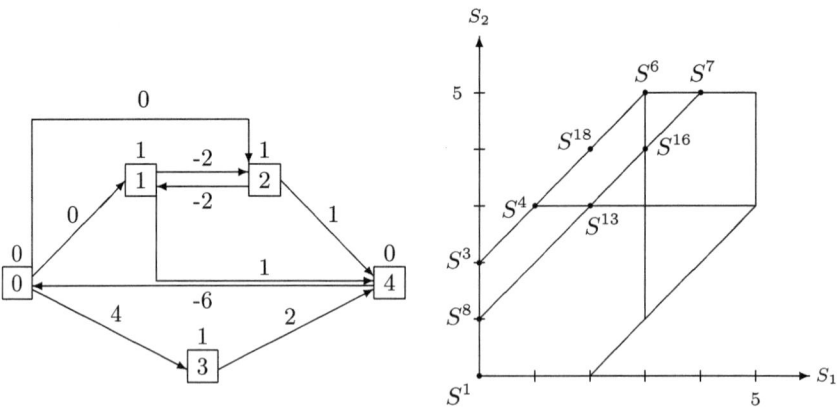

Abb. 2.20. Projektnetzplan und S_1-S_2-Schnitt des Bereichs $\mathcal{S}_T$

Für Zielfunktion (RI) kommen also die Minimalpunkte der Schedulepolytope $\mathcal{S}_T(O(S))$ als potentielle Lösungen in Frage und bilden die Elemente der
Menge der ausgezeichneten Punkte.

Bei den Zielfunktionen (RD) und (RL) handelt es sich um stetige Funktionen. Zudem sind (RD) und (RL) konkav auf der Isoordnungsmenge jedes
zeitzulässigen Schedules S. Bei *konkaven Funktionen* liegt jede Sekante unterhalb des Graphen von f, so dass die Funktion f auf einem abgeschlossenen
Intervall $[a, b]$ ihr Minimum in einem der beiden Endpunkte a oder b annimmt
(vgl. Abb. 2.21), d.h. aufgrund der Stetigkeit entspricht eine Minimalstelle von
f immer einer Ecke des Abschlusses der entsprechenden Isoordnungsmenge.

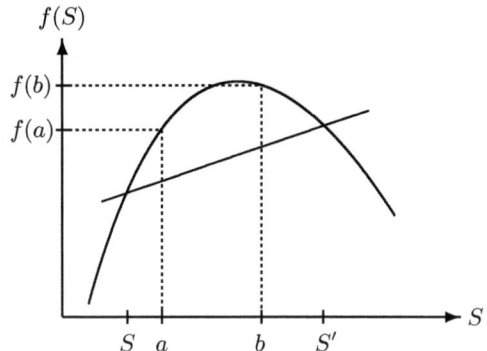

Abb. 2.21. Konkave Funktion

Eine nach unten halbstetige (stetige) Funktion $f : \mathbb{R}_{\geq 0}^{n+2} \to \mathbb{R}$, die auf der
Isoordnungsmenge jedes zeitzulässigen Schedules konkav ist, wird *lokal konkav*
genannt. Somit gehören (RD) und (RL) zu den lokal konkaven Funktionen,
für die immer ein Extremalpunkt eines Schedulepolytops optimal ist. Da jeder
Extremalpunkt des Abschlusses einer Isoordnungsmenge auch Extremalpunkt
eines Schedulepolytops ist, folgt dies sofort aus der Stetigkeit und Konkavität
von f. Die Menge der ausgezeichneten Punkte eines Projektplanungsproblems
mit Zielfunktion (RD) oder (RL) entspricht daher den Extremalpunkten aller
Schedulepolytope $\mathcal{S}_T(O(S))$, $S \in \mathcal{S}_T$.

Die verschiedenen Zielfunktionen und ihre *ausgezeichneten Punkte* sind
zusammenfassend in Tabelle 2.6 angegeben.

Tabelle 2.6. Zielfunktionen und ausgezeichnete Punkte

Zielfunktion	ausgezeichnete Punkte von $\mathcal{S}_T$
(PD), (MFT)	Minimalpunkt von $\mathcal{S}_T$
$(E + T)$	lokale Minimalstellen S^* der Funktion f
(WST), (NPV)	Extremalpunkte von $\mathcal{S}_T$
(RI)	Minimalpunkte von $\mathcal{S}_T(O(S))$
(RD), (RL)	Extremalpunkte von $\mathcal{S}_T(O(S))$

2.2 Exakte Lösungsverfahren

Wir stellen nun exakte Verfahren zur Lösung von Projektplanungsproblemen unter Zeitrestriktionen mit den in Abschnitt 2.1.1 aufgeführten Zielfunktionen vor. Die exakten Verfahren bestimmen unter den in Abschnitt 2.1.5 eingeführten ausgezeichneten Punkten der jeweiligen Zielfunktion eine optimale Lösung.

2.2.1 Minimierung der Projektdauer

Bei den Zielfunktionen der Minimierung der Projektdauer (PD) und der Minimierung der mittleren Durchlaufzeit (MFT) handelt es sich, wie in Abschnitt 2.1.5 beschrieben, um reguläre Funktionen. Daher muss zur Bestimmung einer optimalen Lösung für das entsprechende Optimierungsproblem der Minimalpunkt des zeitzulässigen Bereichs S_T ermittelt werden. Der Minimalpunkt von S_T entspricht dem Vektor $ES = (ES_i)_{i \in V}$ der frühesten Startzeitpunkte mit $ES_i = d_{0i}$ für alle $i \in V$. Die Bestimmung der Längen längster Wege d_{0i} von 0 nach i kann mit dem *Label-Correcting-Algorithmus* (vgl. Algorithmus 1.15 in Abschnitt 1.4.3) oder dem *Tripel-Algorithmus* (vgl. Algorithmus 1.20 in Abschnitt 1.4.3) erfolgen.

Beispiel 2.19. Betrachten wir den in Abbildung 2.22 dargestellten Projektnetzplan mit drei realen Vorgängen und einer maximalen Projektdauer von $\bar{d} = 7$. Mit Hilfe des Label-Correcting-Algorithmus soll nun eine optimale Lösung für die Projektdauerminimierung und die Minimierung der mittleren Durchlaufzeit bestimmt werden.

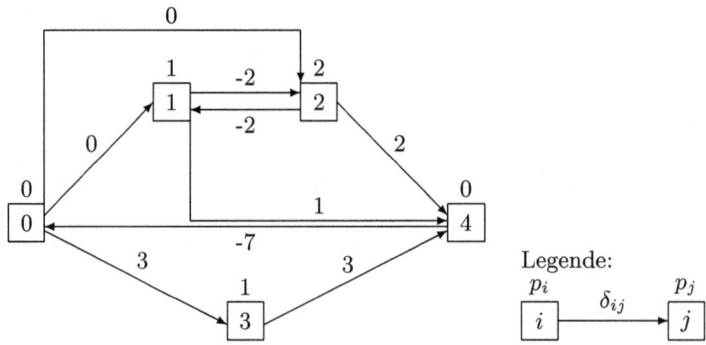

Abb. 2.22. Projektnetzplan mit drei realen Vorgängen

Im Initialisierungsschritt setzen wir $d_{00} := 0$, $p_{00} := 0$ und $Q := \{0\}$ sowie $d_{0i} := -\infty$ und $p_{0i} := -1$ für die Vorgänge $i = 1, 2, 3, 4$. Zu Beginn des ersten Hauptschrittes entfernen wir Vorgang 0 vom Kopf der Schlange Q. Für die Menge der unmittelbaren Nachfolger von Vorgang 0 ergibt sich $Succ(0) = \{1, 2, 3\}$. Aktualisieren wir die Längen längster Wege dieser Vorgänge, so erhalten wir $d_{01} := 0$, $d_{02} := 0$, $d_{03} := 3$ und setzen $p_{0i} := 0$ für $i = 1, 2, 3$ sowie $Q := \{1, 2, 3\}$. Als Nächstes entfernen wir Vorgang $i = 1$ vom Kopf von Q und fahren auf gleiche Art und Weise fort. Die Ergebnisse der einzelnen Iterationen sind in Tabelle 2.7 angegeben.

Tabelle 2.7. Ermittlung längster Wege von Knoten 0 zu allen anderen Knoten

Iteration	0		1		2		3		4		5	
$Q =$	$\{0\}$		$\{1,2,3\}$		$\{2,3,4\}$		$\{3,4\}$		$\{4\}$		$\{\}$	
Vorgang i	d_{0i}	p_{0i}	d_{0i}	p_{0i}	d_{0i}	p_{0i}	d_{0i}	p_{0i}	d_{0i}	p_{0i}	d_{0i}	p_{0i}
0	0	0	0	0	0	0	0	0	0	0	0	0
1	$-\infty$	-1	0	0	0	0	0	0	0	0	0	0
2	$-\infty$	-1	0	0	0	0	0	0	0	0	0	0
3	$-\infty$	-1	3	0	3	0	3	0	3	0	3	0
4	$-\infty$	-1	$-\infty$	-1	1	1	2	2	6	3	6	3

Der Minimalpunkt von $\mathcal{S}_T$ entspricht also dem Vektor $ES = (0, 0, 0, 3, 6)$. Damit beträgt die minimale Projektdauer 6 Zeiteinheiten und die minimale mittlere Durchlaufzeit $\frac{13}{5} = 2{,}6$ Zeiteinheiten.

2.2.2 Minimierung der Summe gewichteter Startzeitpunkte

Bei der Zielfunktion der Minimierung der Summe gewichteter Startzeitpunkte handelt es sich um eine lineare Funktion. Ein Projektplanungsproblem (2.1) mit linearer Zielfunktion stellt ein lineares Programm dar, für das immer ein Extremalpunkt des zeitzulässigen Bereichs optimal ist. Eine optimale Lösung kann daher mit Hilfe eines beliebigen Verfahrens der linearen Programmierung, z.B. dem Simplex-Verfahren, ermittelt werden.

Wesentlich effizienter ist es aber in diesem speziellen Fall, das zu (2.1) duale Problem zu lösen, welches einem kostenminimalen Flussproblem entspricht.[8] Dualisieren wir Problem (2.1) mit Zielfunktion (WST), d.h.

$$\begin{aligned} \text{Minimiere } & f(S) := \sum_{i \in V} w_i S_i \\ \text{u.d.N.} \quad & S_j - S_i \geq \delta_{ij} && (\langle i, j \rangle \in E) \\ & S_0 = 0 \\ & S_i \geq 0 && (i \in V), \end{aligned}$$

so erhalten wir das lineare Programm

---

[8] Eine Einführung in die Dualitätstheorie findet man z.B. in DOMSCHKE und DREXL (2005) oder NEUMANN und MORLOCK (2002).

$$
\left.
\begin{aligned}
&\text{Maximiere} \quad \sum_{\langle i,j \rangle \in E} \delta_{ij} \cdot x_{ij} + 0 \cdot z \\
&\text{u.d.N.} \quad z + \sum_{\langle h,0 \rangle \in E} x_{h0} - \sum_{\langle 0,j \rangle \in E} x_{0j} = w_0 \\
&\qquad\quad \sum_{\langle h,i \rangle \in E} x_{hi} - \sum_{\langle i,j \rangle \in E} x_{ij} = w_i \qquad (i \in V \setminus \{0\}) \\
&\qquad\quad x_{ij} \geq 0 \qquad\qquad\qquad\qquad (\langle i,j \rangle \in E) \\
&\qquad\quad z \in \mathbb{R},
\end{aligned}
\right\} \tag{2.5}
$$

wobei $Pred(i)$ wieder die Menge der Vorgänger und $Succ(i)$ die Menge der Nachfolger von Knoten i im Projektnetzplan bezeichnet. Die Dualvariable z ist nicht vorzeichenbeschränkt und der zugehörige Zielfunktionskoeffizient ist 0, daher können wir z beliebig wählen, z.B. $z := \sum_{i \in V} w_i$. Multiplizieren wir weiter die Zielfunktion mit -1, ergibt sich das zu (2.5) äquivalente Minimierungsproblem

$$
\left.
\begin{aligned}
&\text{Minimiere} \quad \sum_{\langle i,j \rangle \in E} -\delta_{ij} \cdot x_{ij} \\
&\text{u.d.N.} \quad \sum_{\langle h,i \rangle \in E} x_{hi} - \sum_{\langle i,j \rangle \in E} x_{ij} = w_i \quad (i \in V) \\
&\qquad\quad x_{ij} \geq 0 \qquad\qquad\qquad\qquad (\langle i,j \rangle \in E),
\end{aligned}
\right\} \tag{2.6}
$$

mit $w_0 = -\sum_{i \in V \setminus \{0\}} w_i$. Problem (2.6) entspricht einem *kostenminimalen Flussproblem* mit einer unteren Schranke (Minimalkapazität) $\lambda_{ij} = 0$ für alle x_{ij}, $\langle i,j \rangle \in E$. Außerdem gilt aufgrund der geschickten Wahl von w_0, dass $\sum_{i \in V} w_i = 0$. Die Variable x_{ij} gibt an, wie viele Flusseinheiten von Knoten i zu Knoten j transportiert werden. In der Literatur wird gemeinhin angenommen, dass für jede Flussvariable x_{ij}, $\langle i,j \rangle \in E$, neben einer unteren Schranke λ_{ij} auch eine obere Schranke κ_{ij} vorgegeben ist. Im vorliegenden Fall gilt dann $\kappa_{ij} = \infty$ für alle $\langle i,j \rangle \in E$. Das Gewicht w_i bezeichnet für jeden Knoten $i \in V$ den Bedarf an Flusseinheiten. Entsprechend bezeichnen wir einen Knoten i mit $w_i > 0$ als Nachfrageknoten, einen Knoten i mit $w_i < 0$ als Angebotsknoten und einen Knoten mit $w_i = 0$ als Umladeknoten. Gesucht ist ein Fluss mit minimalen Kosten, der den Flussbedingungen genügt, d.h. dass für alle Knoten $i \in V$ die Summe der in Knoten i einmündenden Flusseinheiten abzüglich der aus Knoten i ausmündenden Flusseinheiten gerade w_i entspricht.

Zunächst konstruieren wir das dem Flussproblem (2.6) zugrunde liegende Flussnetzwerk $N^F = \langle V^F, E^F; \delta^F, \lambda, \kappa \rangle$. Knoten- und Pfeilmenge des Flussnetzwerks N^F entsprechen der Knoten- und Pfeilmenge des ursprünglichen Projektnetzplans $N = \langle V, E; \delta \rangle$. Für die Pfeile $\langle i,j \rangle \in E^F$ ergeben sich die Bewertungen $\delta_{ij}^F := -\delta_{ij}$ sowie die Kapazitäten $\lambda_{ij} := 0$ und $\kappa_{ij} := \infty$. Knoten 0 erhält das Gewicht $w_0 := -\sum_{i \in V \setminus \{0\}} w_i$, während alle anderen Knoten ihr Gewicht beibehalten.

Beispiel 2.20. Betrachten wir den Projektnetzplan N in Abbildung 2.23 mit drei realen Vorgängen und einer maximalen Projektdauer von $\bar{d} = 4$. Die Knoten i des Netzplans sind mit Gewichten w_i bewertet.

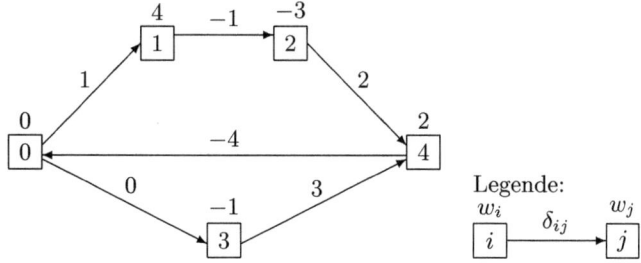

Abb. 2.23. Projektnetzplan N mit drei realen Vorgängen

Das *Flussnetzwerk* N^F ergibt sich aus dem Projektnetzplan N, indem wir den Pfeilen $\langle i, j \rangle \in E^F$ die Bewertungen $\delta_{ij}^F := -\delta_{ij}$ zuordnen und das Gewicht des Knotens 0 auf $w_0 := -\sum_{i \in V \setminus \{0\}} w_i = -2$ setzen. Das resultierende Flussnetzwerk N^F ist in Abbildung 2.24 dargestellt.

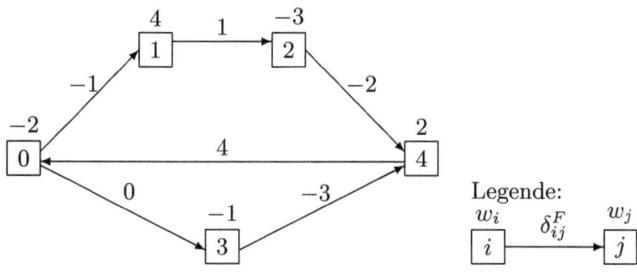

Abb. 2.24. Flussnetzwerk $N^F = \langle V^F, E^F; \delta^F, \lambda, \kappa \rangle$

Aus dem folgenden *Satz vom komplementären Schlupf* folgt, dass aus einer optimalen Lösung $(x_{ij})_{\langle i,j \rangle \in E}$ des Flussproblems (2.6) eine optimale Lösung für Problem (2.1) mit Zielfunktion (WST) konstruiert werden kann, indem wir das lineare Gleichungssystem $S_j - S_i = \delta_{ij}$ für alle $\langle i, j \rangle \in E$ mit $x_{ij} > 0$ lösen; vgl. DOMSCHKE und DREXL (2005, S. 34).

Satz 2.21 (Satz vom komplementären Schlupf). Gegeben seien zwei zueinander duale lineare Programme. Ist für eine optimale Lösung des einen Problems eine der Nebenbedingungen nicht bindend, d.h. sie hat Schlupf, dann ist die mit dieser Nebenbedingung korrespondierende Variable des anderen Problems in einer optimaler Lösung gleich 0. Ist andererseits in einer optimalen Lösung des einen Problems eine der Entscheidungsvariablen positiv, so ist die mit dieser Variablen korrespondierende Nebenbedingung des anderen Problems in einer optimaler Lösung bindend, d.h. sie hat keinen Schlupf.

Wie wir noch sehen werden, stellt für das in Beispiel 2.20 vorgestellte Problem der Fluss $x_{01} = 4, x_{24} = 3, x_{34} = 1, x_{40} = 2$ und $x_{ij} = 0$ für alle übrigen Variablen einen optimalen Fluss dar. Aus Satz 2.21 können wir nun folgern, dass in einer optimalen Lösung von Problem (2.1) die Nebenbedingungen $S_0 - S_4 \geq -4, S_1 - S_0 \geq 1, S_4 - S_2 \geq 2$ und $S_4 - S_3 \geq 3$ bindend, d.h. mit Gleichheit erfüllt sind. Die Lösung $S = (0, 1, 2, 1, 4)$ des entsprechenden linearen Gleichungssystems

$$S_0 - S_4 = -4$$
$$S_1 - S_0 = 1$$
$$S_4 - S_2 = 2$$
$$S_4 - S_3 = 3$$
$$S_0 = 0$$

entspricht daher einer optimalen Lösung für die Minimierung der Summe gewichteter Startzeitpunkte.

Eine optimale Lösung für Flussproblem (2.6) kann ermittelt werden, indem wir einen zulässigen Ausgangsfluss sukzessive verbessern. Zur Bestimmung eines zulässigen Ausgangsflusses x für das Flussnetzwerk N^F ergänzen wir die Knotenmenge V^F um einen Umladeknoten $n + 2$ mit dem Gewicht $w_{n+2} := 0$. Dann fügen wir für jeden Nachfrageknoten l einen Pfeil $\langle n + 2, l \rangle$ und für jeden Angebotsknoten h einen Pfeil $\langle h, n + 2 \rangle$ mit der Bewertung $\delta^F_{n+2,l} := \sum_{\langle i,j \rangle \in E} |\delta_{ij}|$ bzw. $\delta^F_{h,n+2} := \sum_{\langle i,j \rangle \in E} |\delta_{ij}|$ ein. Der Transport einer Flusseinheit auf diesen Pfeilen ist also teurer als auf einem beliebigen Weg im Flussnetzwerk, der Knoten $n + 2$ nicht enthält. Alle eingeführten Pfeile erhalten eine Minimalkapazität von Null und eine Maximalkapazität von ∞. Das entsprechend erweiterte Flussnetzwerk bezeichnen wir mit $\hat{N}^F = \langle \hat{V}^F, \hat{E}^F, \delta^F, \lambda, \kappa \rangle$. Ein zulässiger Ausgangsfluss x im erweiterten Flussnetzwerk ergibt sich nun ganz kanonisch, indem wir $x_{i,n+2} := -w_i$ für alle Pfeile $\langle i, n + 2 \rangle$ und $x_{n+2,i} := w_i$ für alle Pfeile $\langle n + 2, i \rangle$ setzen. Die übrigen Pfeile erhalten einen Fluss von 0. Zur sukzessiven Verbesserung des Ausgangsflusses benötigen wir das zum gegebenen Fluss x gehörige *Inkrementnetzwerk* $N^I = \langle V^I, E^I, \delta^I, \lambda, \kappa \rangle$, das wie folgt definiert ist. Für die Knotenmenge des Inkrementnetzwerks gilt $V^I := \hat{V}^F$. Die Pfeilmenge des Inkrementnetzwerks entspricht zunächst der Pfeilmenge $\hat{E}^F$ des erweiterten Flussnetzwerks mit den jeweiligen Bewertungen. Gilt $x_{ij} > 0$ für einen Pfeil $\langle i, j \rangle \in \hat{E}^F$, dann ergänzen wir das Inkrementnetzwerk N^I um einen Rückwärtspfeil $\langle j, i \rangle$ mit der Bewertung $-\delta^F_{ij}$ und den unteren bzw. oberen Kapazitäten $\lambda_{ji} = 0$ bzw. $\kappa_{ji} = x_{ij}$. Die Optimalität des aktuellen Flusses x kann nun mit Hilfe des folgenden aus der Graphentheorie bekannten Satzes überprüft werden; vgl. z.B. NEUMANN und MORLOCK (2002, Abschnitt 2.6.6).

Satz 2.22. Eine zulässige Lösung (Fluss) für das Flussproblem (2.6) ist genau dann optimal, falls das entsprechende Inkrementnetzwerk keinen Zyklus negativer Länge besitzt.

Beinhaltet das Inkrementnetzwerk N^I einen Zyklus negativer Länge, so kann der aktuelle Fluss verbessert werden. Dazu bestimmen wir einen solchen

Zyklus, sagen wir Zyklus C, und ermitteln die minimale Maximalkapazität aller in C enthaltenen Pfeile, d.h. $\kappa^* = \min_{\langle i,j \rangle \in C} \{\kappa_{ij}\}$.[9] Seien $E^+ := \{\langle i,j \rangle \in C \mid \langle i,j \rangle \in \hat{N}^F\}$ und $E^- := \{\langle i,j \rangle \in C \mid \langle i,j \rangle \notin \hat{N}^F \wedge \langle j,i \rangle \in \hat{N}^F\}$. Dann wird nun im erweiterten Flussnetzwerk $\hat{N}^F$ auf allen Pfeilen $\langle i,j \rangle \in E^+$ der Fluss x_{ij} um κ^* Einheiten erhöht und auf allen Pfeilen $\langle j,i \rangle$, für die $\langle i,j \rangle \in E^-$ gilt, um κ^* Einheiten verringert. Ausgehend von der so erhaltenen neuen Lösung x wird abermals das zugehörige Inkrementnetzwerk konstruiert und ein Zyklus negativer Länge gesucht. Diese Schritte werden solange wiederholt, bis das Inkrementnetzwerk für den aktuellen Fluss schließlich keinen Zyklus negativer Länge mehr enthält. Der aktuelle Fluss ist dann optimal. Ein zugehöriger optimaler Schedule für das zugrunde liegende Projektplanungsproblem kann dann, wie bereits gesagt, mit dem Satz vom komplementären Schlupf bestimmt werden.

Beispiel 2.23. Betrachten wir abermals den Projektnetzplan N in Abbildung 2.23 und das zugehörige Flussnetzwerk N^F in Abbildung 2.24. Um für das Flussnetzwerk einen zulässigen Ausgangsfluss zu bestimmen, fügen wir den Umladeknoten 5 mit dem Gewicht $w_5 = 0$ ein. Weiter ist für jeden Nachfrageknoten $l = 1, 4$ ein Pfeil $\langle 5, l \rangle$ und für jeden Angebotsknoten $h = 0, 2, 3$ ein Pfeil $\langle h, 5 \rangle$ mit der Bewertung $\delta_{5l}^F = 11$ bzw. $\delta_{h5}^F = 11$ in das Flussnetzwerk aufzunehmen. Das resultierende erweiterte Flussnetzwerk $\hat{N}^F$ ist mit einem zulässigen Ausgangsfluss $x_{05} := 2$, $x_{25} := 3$, $x_{35} := 1$, $x_{51} := 4$, $x_{54} := 2$ und $x_{ij} = 0$ für alle übrigen Variablen in Abbildung 2.25 dargestellt.

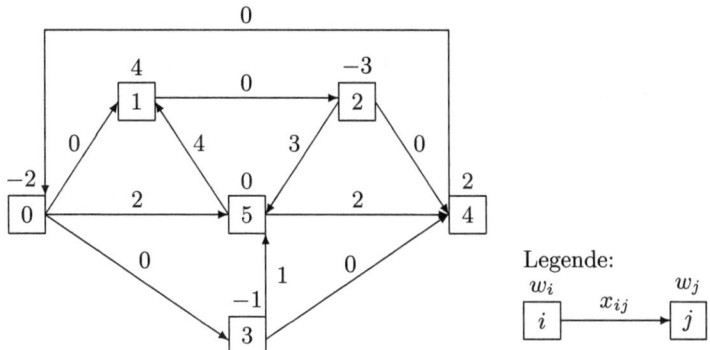

Abb. 2.25. Ausgangsfluss im erweiterten Flussnetzwerk $\hat{N}^F$

Das zum Ausgangsfluss in $\hat{N}^F$ gehörende Inkrementnetzwerk N^I erhalten wir, indem wir für alle $\langle i,j \rangle \in \hat{E}^F$ mit $x_{ij} > 0$ das erweiterte Flussnetzwerk $\hat{N}^F$ um einen Rückwärtspfeil $\langle j,i \rangle$ mit den Bewertungen $-\delta_{ij}^F$ sowie $\lambda_{ji} = 0$ und $\kappa_{ji} = x_{ij}$ ergänzen (vgl. Abb. 2.26).

---

[9] Um die Notation zu vereinfachen, stellen wir einen Zyklus $\langle 1, 2, 3, 1 \rangle$ in diesem Abschnitt als Pfeilfolge $\{\langle 1, 2 \rangle, \langle 2, 3 \rangle, \langle 3, 1 \rangle\}$ dar.

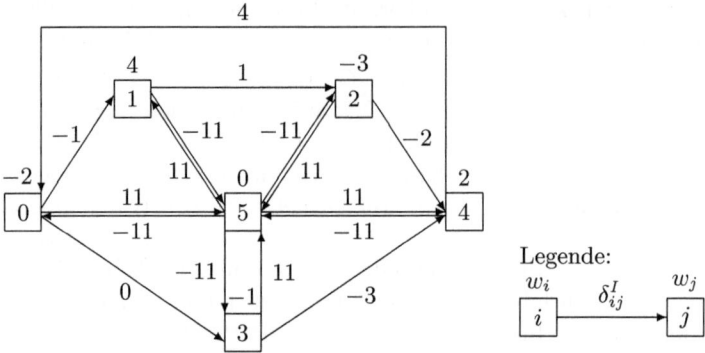

Abb. 2.26. Inkrementnetzwerk N^I

Das Inkrementnetzwerk N^I besitzt mehrere Zyklen negativer Länge. Die Länge von Zyklus $C^1 = \{\langle 5,0\rangle, \langle 0,1\rangle, \langle 1,5\rangle\}$ beträgt beispielsweise $\delta_{50} + \delta_{01} + \delta_{15} = -23$. Wir konstruieren die zugehörigen Mengen $E^+ := \{\langle 0,1\rangle\}$ und $E^- := \{\langle 5,0\rangle, \langle 1,5\rangle\}$. Die minimale Maximalkapazität im Zyklus C^1 ist $\kappa^* := \min\{2, \infty, 4\} = 2$. Daher erhöhen wir im Netzwerk $\hat{N}^F$ den Fluss auf dem Pfeil $\langle 0,1\rangle$ um 2 Einheiten, auf den Pfeilen $\{\langle 0,5\rangle, \langle 5,1\rangle\}$ wird der Fluss um 2 Einheiten verringert. Es ergeben sich veränderte Flusswerte $x_{05} = 0, x_{01} = 2$ und $x_{51} = 2$. Das zu dem resultierenden Fluss konstruierte Inkrementnetzwerk besitzt den Zyklus $C^2 = \{\langle 5,2\rangle, \langle 2,4\rangle, \langle 4,5\rangle\}$, für den die kumulierten Kosten -24 betragen. Es ergeben sich die Mengen $E^+ := \{\langle 2,4\rangle\}$ und $E^- := \{\langle 5,2\rangle, \langle 4,5\rangle\}$. Die minimale Maximalkapazität im Zyklus C^2 ist $\min\{3, \infty, 2\} = 2$; somit wird der Fluss in $\hat{N}^F$ auf dem Pfeil $\langle 2,4\rangle$ um 2 Einheiten erhöht und auf den Pfeilen $\{\langle 2,5\rangle, \langle 5,4\rangle\}$ um 2 Einheiten verringert. Damit ergeben sich die neuen Flusswerte $x_{25} = 1, x_{24} = 2$ und $x_{54} = 0$. Das zu dem erhaltenen Fluss gehörige Inkrementnetzwerk beinhaltet den Zyklus $C^3 = \{\langle 5,3\rangle, \langle 3,4\rangle, \langle 4,0\rangle, \langle 0,1\rangle, \langle 1,5\rangle\}$ mit den Gesamtkosten -22 und einer minimalen Maximalkapazität von $\min\{1, \infty, \infty, \infty, 2\} = 1$. Wir konstruieren die Mengen $E^+ := \{\langle 3,4\rangle, \langle 4,0\rangle, \langle 0,1\rangle\}$ und $E^- := \{\langle 5,3\rangle, \langle 1,5\rangle\}$. Erhöhen wir den Fluss in $\hat{N}^F$ auf den Pfeilen $\{\langle 3,4\rangle, \langle 4,0\rangle, \langle 0,1\rangle\}$ um eine Einheit und verringern wir den Fluss auf den Pfeilen $\{\langle 3,5\rangle, \langle 5,1\rangle\}$ um eine Einheit, dann erhalten wir die Flusswerte $x_{35} = 0, x_{34} = 1, x_{40} = 1$, $x_{01} = 3$ und $x_{51} = 1$. Im neu konstruierten Inkrementnetzwerk existiert nur noch der Zyklus $C^4 = \{\langle 5,2\rangle, \langle 2,4\rangle, \langle 4,0\rangle, \langle 0,1\rangle, \langle 1,5\rangle\}$ mit negativen kumulierten Kosten in Höhe von -21 und einer minimalen Maximalkapazität von $\min\{1, \infty, \infty, \infty, 1\} = 1$. Wird der Fluss in $\hat{N}^F$ auf den Pfeilen $\{\langle 2,4\rangle, \langle 4,0\rangle, \langle 0,1\rangle\}$ um eine Einheit erhöht und auf den Pfeilen $\{\langle 2,5\rangle, \langle 5,1\rangle\}$ um eine Einheit verringert, so ergibt sich der in Abbildung 2.27 dargestellte Fluss: $x_{01} = 4, x_{24} = 3, x_{34} = 1$ und $x_{40} = 2$ sowie $x_{ij} = 0$ für alle übrigen Variablen. Das entsprechende Inkrementnetzwerk enthält keinen Zyklus negativer Länge. Somit ist der gefundene Fluss optimal. Der zugehörige Schedule kann nun mit dem Satz vom komplementären Schlupf bestimmt werden. Wir erhalten mit $S = (0, 1, 2, 1, 4)$ die optimale Lösung für das Problem der Minimierung der Summe gewichteter Startzeitpunkte.

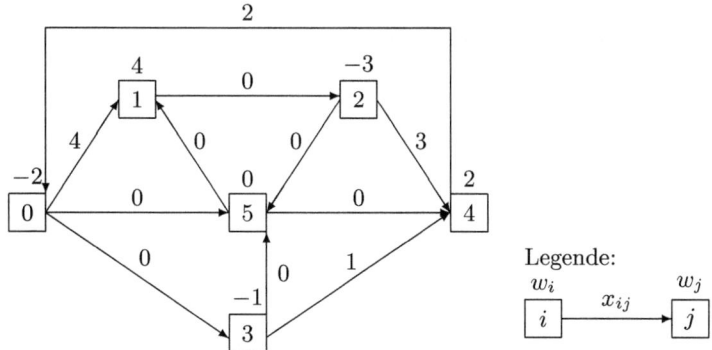

Abb. 2.27. Optimaler Fluss im erweiterten Flussnetzwerk $\hat{N}^F$

2.2.3 Maximierung des Kapitalwertes

Wie bereits in Abschnitt 2.1.4 beschrieben, lässt sich das Problem der Kapitalwertmaximierung in ein lineares Programm transformieren. Zur Bestimmung einer optimalen Lösung kann folglich das Simplex-Verfahren verwendet werden.

Eine weitaus effizientere Methode zur Bestimmung eines Schedules mit maximalem Kapitalwert ist jedoch das im Folgenden beschriebene *Anstiegsverfahren*. Aus didaktischen Gründen betrachten wir dabei anstelle der zu minimierenden Zielfunktion (NPV) die äquivalente zu maximierende Zielfunktion $f(S) := \sum_{i \in V} c_i^F e^{-\alpha S_i}$. Ausgehend von einem Extremalpunkt $S \in \mathcal{S}_T$ bestimmen wir in jeder Iteration des Anstiegsverfahrens eine möglichst steile zulässige Anstiegsrichtung z. Sei $\phi_i := \partial f(S)/\partial S_i$ die partielle Ableitung der Zielfunktion f nach S_i im Punkt S, die die Veränderung des Kapitalwertes angibt, den eine marginale Erhöhung des Startzeitpunktes S_i von Vorgang i bewirkt. Dann wählen wir eine zulässige Richtung z, für die die so genannte Richtungsableitung $z^T \nabla f(S) := \sum_{i \in V} z_i \phi_i$ maximal ist (steilste Anstiegsrichtung). Weiterhin bestimmen wir eine Schrittweite λ, die angibt, wie weit wir uns in Richtung z bewegen können, bevor eine der vorgegebenen Zeitbeziehungen verletzt oder die Richtungsableitung negativ wird (letzteres passiert nicht, wenn wir in eine binäre Richtung gehen). Ausgehend von einem Extremalpunkt S bewegen wir uns so zu einem zeitzulässigen Schedule $S' := S + \lambda z$ mit höherem Kapitalwert.

Betrachten wir zunächst die Bestimmung einer zulässigen *steilsten Anstiegsrichtung* z für einen beliebigen Extremalpunkt $S \in \mathcal{S}_T$. In jedem Extremalpunkt $S \in \mathcal{S}_T$ sind mindestens $n + 1$ linear unabhängige Nebenbedingungen bindend. Daher lässt sich S als Gerüst $G = \langle V, E_G \rangle$ des Projektnetzplans

N darstellen, wobei jeder Pfeil $\langle i,j \rangle \in E_G$ zu einer bindenden Nebenbedingung $S_j - S_i = \delta_{ij}$ gehört (vgl. Abschnitt 2.1.4). Wählen wir zur Normierung des Richtungsvektors z die Maximumsnorm, d.h. $||z||_\infty = \max_{i \in V} |z_i|$, dann kann die Bestimmung einer zulässigen steilsten Anstiegsrichtung in S mit dem zugehörigen Gerüst G als lineares Programm in den Veränderlichen z_i wie folgt formuliert werden

$$\left. \begin{aligned} &\text{Maximiere } z^T \nabla f(S) := \sum_{i \in V} -\alpha c_i^F e^{-\alpha S_i} z_i \\ &\text{u.d.N.} \quad z_j - z_i \geq 0 \qquad\qquad (\langle i,j \rangle \in E_G) \\ &\qquad\quad\; z_0 = 0 \\ &\qquad\quad\; -1 \leq z_i \leq 1 \qquad\quad (i \in V) \,. \end{aligned} \right\} \quad (2.7)$$

Die Nebenbedingungen $z_j - z_i \geq 0$, $\langle i,j \rangle \in E_G$, stellen sicher, dass bei einer Verzögerung des Startzeitpunktes von Vorgang i um $z_i > 0$ Zeiteinheiten auch alle Nachfolger j von i im Gerüst G um $z_j \geq z_i$ Zeiteinheiten verzögert werden, da alle Pfeile im zugrunde liegenden Gerüst bindende Zeitbeziehungen repräsentieren. Bei einer Verzögerung des Startzeitpunktes von Vorgang j um $z_j < 0$ Zeiteinheiten, d.h. Vorgang j wird z_j Zeiteinheiten früher gestartet, müssen aufgrund der bindenden Zeitbeziehungen alle Vorgänger i von j im Gerüst G um $z_i \leq z_j$ Zeiteinheiten früher starten. Die Bedingung $z_0 = 0$ besagt, dass der Projektstart weder vorgezogen noch verzögert werden darf. Die beiden Nebenbedingungen sorgen somit dafür, dass es sich bei z um eine zulässige Anstiegsrichtung handelt. Durch die Zielfunktion wird gewährleistet, dass wir eine steilste Anstiegsreichtung erhalten.

Es lässt sich zeigen, dass die Koeffizientenmatrix von Problem (2.7) total unimodular ist, d.h. die Determinante jeder quadratischen Teilmatrix nimmt nur die Werte 0, 1 bzw. -1 an. Aufgrund dieser Eigenschaft der Koeffizientenmatrix und der gewählten Normierung existiert für Problem (2.7) immer eine optimale Lösung $z \in \{-1, 0, 1\}^{n+2}$. SCHWINDT und ZIMMERMANN (1998) zeigen ferner, dass ausgehend vom ES-Schedule immer eine zulässige steilste Anstiegsrichtung $z \in \{0, 1\}^{n+2}$ für unser Anstiegsverfahren existiert. Sei $S^1, \ldots, S^r$ eine endliche Folge von Schedules mit $S^1 = ES$ und $S^{q+1} = S^q + \lambda^q z^q$ für $q = 1, \ldots, r-1$, wobei $\lambda^q \in \mathbb{R}_{\geq 0}$ ist, und $z^q \neq \mathbf{0}$ für alle $q = 1, \ldots, r$ eine steilste Anstiegsrichtung für Schedule S^q repräsentiert. Dann gilt für jede optimale Lösung z^r des Problems (2.7) für Schedule S^r, dass $z^r \geq \mathbf{0}$, d.h. in jedem Schritt kann $z \in \{0, 1\}^{n+2}$ gewählt werden. Die Folge der mit Hilfe des steilsten Anstiegsverfahrens generierten Schedules $S^1, \ldots, S^r$ ist somit komponentenweise monoton wachsend, d.h. $S^1 \leq S^2 \leq \cdots \leq S^{r-1} \leq S^r$.

Die Bestimmung einer steilsten Anstiegsrichtung $z \in \{0, 1\}^{n+2}$ für Schedule S mit zugehörigem Gerüst G basiert auf dem folgenden Lemma.

Lemma 2.24. Sei ϱ_i die Anzahl der Pfeile auf einem Semiweg (ungerichtete Pfeilfolge) von Knoten 0 zu Knoten i im Gerüst G des Projektnetzplans N. Die Vorgänge i des Gerüstes mit maximalem ϱ_i stellen dann entweder Quellen mit genau einem Nachfolger oder Senken mit genau einem Vorgänger dar.

In Abbildung 2.28 ist ein Gerüst mit den zugehörigen Zahlungen c_i^F für alle Vorgänge $i \in V$ angegeben. Für $i = 3, 4$ ist $\varrho_i = 2$ maximal, wobei Vorgang 3 eine Senke mit genau einem Vorgänger und Vorgang 4 eine Quelle mit genau einem Nachfolger darstellt. Wir skizzieren nun anhand dieses Beispiels, wie man eine steilste Anstiegsrichtung bestimmt, bevor wir im Anschluss eine allgemeine Beschreibung des Vorgehens zur Bestimmung einer steilsten Anstiegsrichtung geben.

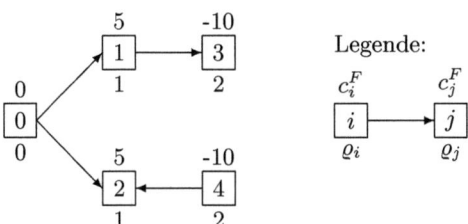

Abb. 2.28. Gerüst mit $\varrho_3 = \varrho_4 = 2$

Da die partielle Ableitung $\phi_3 = -\alpha c_3^F e^{-\alpha S_3}$ der Zielfunktion f nach S_3 im Punkt S für beliebige $\alpha > 0$ positiv ist, führt eine Erhöhung von S_3 auch zu einer Erhöhung des Projektkapitalwertes. Wir setzen daher $z_3 := 1$. Für den Vorgänger von Vorgang 3, Vorgang 1, ist $\phi_1 < 0$, d.h. eine Verzögerung des Vorgangs führt zu einer Verminderung des Kapitalwertes. Aus diesem Grund setzen wir $z_1 := 0$. Für Vorgang 4 ist die partielle Ableitung ϕ_4 positiv und eine Verzögerung von Vorgang 4 führt zu einer Erhöhung des Kapitalwertes. Vorgang 4 hat im Gerüst G jedoch Knoten 2 als Nachfolger, d.h. es existiert eine bindende Zeitbeziehung zwischen den Vorgängen 4 und 2. Wollen wir Vorgang 4 verzögern, so müssen wir Vorgang 2 gemeinsam mit Vorgang 4 verzögern, um die im zugrunde liegenden Netzplan gegebenen Zeitbeziehungen einzuhalten. Wir betrachten daher die Summe der partiellen Ableitungen der beiden Vorgänge. Ist $\phi_2 + \phi_4 > 0$, d.h. die gemeinsame Verzögerung von Vorgang 2 und 4 führt zu einer Erhöhung des Kapitalwertes, so setzen wir $z_2 := z_4 := 1$. Andernfalls gilt $z_2 := z_4 := 0$, d.h. die Vorgänge 2 und 4 werden nicht verzögert. Da wir annehmen, dass Vorgang 0 zum Zeitpunkt $S_0 = 0$ startet, gilt naturgemäß $z_0 := 0$.

Zur Bestimmung einer steilsten zulässigen Anstiegsrichtung gehen wir nun im Einzelnen wie folgt vor. Seien S ein Extremalpunkt des zeitzulässigen Bereichs $\mathcal{S}_T$ und G ein zugehöriges Gerüst. Ausgehend von den Vorgängen i mit maximaler Pfeilanzahl ϱ_i bestimmen wir dann Teilgerüste, deren Verzögerung zu einer Erhöhung des Projektkapitalwertes führen. Für die Vorgänge i eines solchen Teilgerüstes setzen wir $z_i := 1$.

Wir bestimmen dazu zunächst die Werte ϱ_i für alle $i \in V \setminus \{0\}$ und sortieren sie nach nichtwachsenden Werten. Anschließend ermitteln wir die partiellen Ableitungen $\phi_i = \partial f(S)/\partial S_i$ von f nach S_i im Punkt S. Wir entnehmen jeweils den Knoten i mit maximalem ϱ_i und untersuchen, ob es sich um eine Quelle oder eine Senke im zugrunde liegenden Gerüst G handelt. Ist Vorgang i eine Senke, dann ist zu prüfen, ob die Verzögerung von Vorgang i zu einer Erhöhung des Zielfunktionswertes führt. Dies ist für $\phi_i > 0$ der Fall und wir setzen $z_i := 1$. Führt allerdings die Verzögerung des Vorgangs i nicht zu einer Erhöhung des Kapitalwertes, d.h. $\phi_i \leq 0$, dann „verschmelzen" wir Vorgang i mit seinem eindeutigen Vorgänger j, indem wir $\phi_j := \phi_j + \phi_i$ setzen.[10] ϕ_j gibt dann die Veränderung des Kapitalwertes an, wenn wir das Teilgerüst bestehend aus den Knoten i und j verzögern. Da Knoten i mit seinem Vorgänger j verschmolzen wurde, braucht Knoten i im Folgenden nicht weiter betrachtet zu werden.

Handelt es sich bei Vorgang i um eine Quelle in G, so kann Vorgang i nur gemeinsam mit seinem eindeutig direkten Nachfolger j in G in einer binären Richtung $z_i \in \{0,1\}$ verzögert werden, da zwischen i und j eine bindende Zeitbeziehung existiert. Gehen wir vom ES-Schedule aus, so ist ϕ_i für eine Quelle i außerdem immer positiv. Wir verschmelzen daher Quelle i stets mit ihrem Nachfolger j, setzen $\phi_j := \phi_j + \phi_i$ und brauchen Knoten i im Weiteren nicht mehr zu berücksichtigen.

Diese Schritte werden solange ausgeführt, bis alle Vorgänge $i \in V \setminus \{0\}$ betrachtet wurden. Ist die Verzögerung eines Teilgerüstes vorteilhaft, d.h. die (kumulierte) partielle Ableitung ϕ_j des Knotens j, der ein Teilgerüst repräsentiert, ist positiv, so werden alle zu diesem Teilgerüst gehörenden Vorgänge verzögert. Bezeichne $C(j)$ die Menge der mit Vorgang j verschmolzenen Vorgänge, dann setzen wir also $z_i := 1$ für alle $i \in C(j)$. Für die mit Knoten 0 verschmolzenen Vorgänge $i \in C(0)$ gilt $z_i := 0$. Algorithmus 2.25 fasst die beschriebene Vorgehensweise zusammen.

Algorithmus 2.25 (Bestimmung einer steilsten Anstiegsrichtung z für Schedule S).

Setze $z_i := 0$, $\phi_i := \partial f(S)/\partial S_i = -\alpha c_i^F e^{-\alpha S_i}$ und $C(i) := \{i\}$ für alle $i \in V$.

Bestimme ein zu S gehöriges Gerüst G und setze $V' := V \setminus \{0\}$.

Bestimme ϱ_i für alle $i \in V'$.

Solange $V' \neq \emptyset$:

Entnimm einen Vorgang i mit größtem ϱ_i aus V'.

Falls i eine Quelle im aktuellen Gerüst G darstellt, d.h. i besitzt keinen Vorgänger, aber genau einen Nachfolger j:

Verschmelze Knoten i mit Knoten j und setze $\phi_j := \phi_j + \phi_i$ und $C(j) := C(j) \cup C(i)$.

Falls i eine Senke im aktuellen Gerüst G darstellt, d.h. i besitzt keinen Nachfolger, aber genau einen Vorgänger j:

---

[10] Eine Senke i mit maximalem ϱ_i besitzt nach Lemma 2.24 immer genau einen Vorgänger.

Falls $\phi_i > 0$: Setze $z_h := 1$ für alle $h \in C(i)$.

Andernfalls verschmelze Knoten i mit Knoten j und setze $\phi_j := \phi_j + \phi_i$ und $C(j) := C(j) \cup C(i)$.

Mit Hilfe von Algorithmus 2.25 bestimmen wir zum einen eine binäre steilste Anstiegsrichtung $z \in \{0,1\}^{n+2}$ und zum anderen Teilgerüste mit der Knotenmenge $C(j)$, $j \in V$, die gemeinsam verschoben werden können. Hierbei ist zu beachten, dass die Verzögerung jedes einzelnen Teilgerüstes (d.h. die Verzögerung jedes Vorgangs dieses Teilgerüstes um denselben Betrag) eine Verschiebung in eine binäre Richtung darstellt und somit für sich eine Verbesserung des Zielfunktionswertes bewirkt.

Nachdem eine steilste Anstiegsrichtung $z \in \{0,1\}^{n+2}$ ermittelt wurde, müssen wir eine *Schrittweite* λ berechnen, die angibt, wie weit wir uns in Richtung z bewegen. Da die Zielfunktion (NPV) binärmonoton und die bestimmte steilste Anstiegsrichtung $z \in \{0,1\}^{n+2}$ ist, können wir die Schrittweite so groß wie möglich wählen, ohne dass eine der Nebenbedingungen $S_j - S_i \geq \delta_{ij}$, $\langle i,j \rangle \in E$, verletzt wird. Der Durchstoßpunkt $S' = S + \lambda z$ liegt also immer auf dem Rand des zeitzulässigen Bereichs (vgl. Abb. 2.29). Die *optimale Schrittweite* λ ergibt sich dabei gemäß

$$\lambda := \min_{i \in V: z_i = 1} \quad \min_{j \in V: z_j = 0} \{S_j - S_i - \delta_{ij}\}, \tag{2.8}$$

mit $f(S + \lambda z) = \max_{\lambda \in \mathbb{R}_{\geq 0}}\{f(S + \lambda z) \mid S + \lambda z \in \mathcal{S}_T\}$. Im Allgemeinen stellt der Durchstoßpunkt $S' = S + \lambda z$ keinen Extremalpunkt des zeitzulässigen Bereichs $\mathcal{S}_T$ dar (vgl. Abb. 2.29).

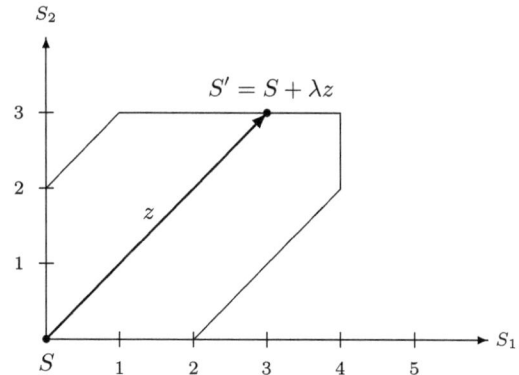

Abb. 2.29. Vorgehensweise des Anstiegsverfahrens

Verzögern wir alle Vorgänge $i \in V$ mit $z_i = 1$ um λ dann wird i.d.R. zunächst eine Zeitbeziehung $S_j - S_i \geq \delta_{ij}$ mit $z_i = 1$ und $z_j = 0$ bindend, d.h. eines der verzögerten Teilgerüste „dockt" an das Teilgerüst der stehengebliebenen Vorgänge j mit $z_j = 0$ an. Weiteres Verzögern der verbleibenden

Teilgerüste bewirkt, aufgrund der binärmonotonen Eigenschaft der Zielfunktion (NPV) und da die steilste Anstiegsrichtung z binär ist, eine weitere Erhöhung des Kapitalwertes. Deshalb führen wir ausgehend von Schedule S' zur Beschleunigung des Verfahrens einen so genannten *Eckenanstieg* durch. Dabei wird nacheinander für alle Teilgerüste eine bindende Zeitbeziehung eingefügt. Auf diese Weise erhalten wir ein neues Gerüst und somit eine neue Ecke des zeitzulässigen Bereichs (vgl. Abb. 2.30).

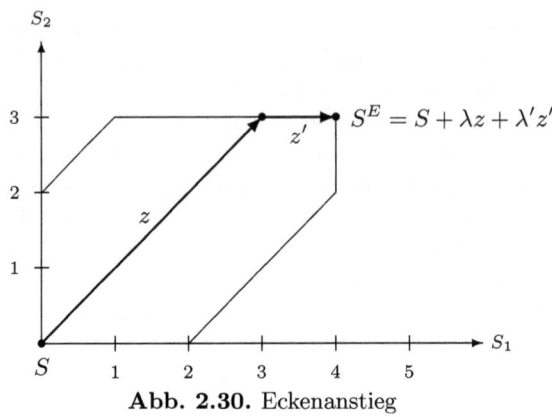

Abb. 2.30. Eckenanstieg

Zur Bestimmung der maximalen Schrittweite in den einzelnen Schritten des Eckenanstiegs gehen wir wie folgt vor. Seien G das zu Schedule S gehörende Gerüst und V^s die Menge aller Knoten, die verzögert werden, d.h. $V^s := \{i \in V \mid z_i = 1\}$. Für alle $i \in V \setminus V^s$ initialisieren wir $S_i^E := S_i$. Wir entfernen zunächst alle Pfeile $\langle i, j \rangle \in E_G$ mit $i \notin C(j)$ und $j \notin C(i)$ aus G, d.h. wir entfernen die Pfeile aus G, an denen die zu verschiebenden Teilgerüste „abgerissen" werden. Danach bestimmen wir eine Schrittweite λ gemäß (2.8) und den zugehörigen Pfeil $\langle h, l \rangle$ mit $\lambda = S_l - S_h - \delta_{hl}$. Für das entsprechende Teilgerüst bzw. die Knotenmenge $C(j)$, die den Knoten h enthält, erhöhen wir die Startzeitpunkte um λ Zeiteinheiten, d.h. wir setzen $S_i^E := S_i + \lambda$. Danach werden die Knoten des Teilgerüstes $C(j)$ aus der Menge V^s eliminiert und der Pfeil $\langle h, l \rangle$ dem Gerüst G hinzugefügt. Diese Schritte werden solange wiederholt, bis die Menge V^s leer ist. Algorithmus 2.26 fasst die einzelnen Schritte zur Durchführung eines Eckenanstiegs zusammen.

Algorithmus 2.26 (Eckenanstieg).

Setze $V^s := \{i \in V \mid z_i = 1\}$.
Für alle $i \in V \setminus V^s$: Setze $S_i^E := S_i$.
Für alle $\langle i, j \rangle \in E_G$ mit $j \notin C(i)$ und $i \notin C(j)$: Setze $E_G := E_G \setminus \{\langle i, j \rangle\}$.
Solange $V^s \neq \emptyset$.

Ermittle $\langle h, l \rangle \in E$ mit $h \in V^s$ und $l \in V \setminus V^s$, so dass $\lambda := S_l^E - S_h - \delta_{hl} = \min\limits_{i \in V: z_i = 1} \min\limits_{j \in V: z_j = 0} (S_j^E - S_i - \delta_{ij})$.

Ermittle die Knotenmenge $C(j)$ mit $h \in C(j)$.

Für alle $i \in C(j)$: Setze $S_i^E := S_i + \lambda$ und $z_i := 0$.

$V^s := V^s \setminus C(j)$.

$E_G := E_G \cup \{\langle h, l \rangle\}$.

Rückgabe S^E.

In Algorithmus 2.26 werden die Teilgerüste einzeln nacheinander verschoben, indem die jeweiligen Startzeitpunkte erhöht werden. Formal ergibt sich die zweite Anstiegsrichtig z' aus der ersten Anstiegsrichtig z durch Nullsetzen der Komponenten aus der Menge $C(j)$. Die zweite Schrittweite $\lambda' \geq \lambda$ umfasst die Schrittweite von S nach S' sowie von S' nach S'' (vgl. Abb. 2.30).

Das Verfahren des steilsten Anstiegs zur Lösung von Kapitalwertmaximierungsproblemen unter Zeitrestriktionen ist zusammenfassend in Algorithmus 2.27 beschrieben und wird anhand von Beispiel 2.28 veranschaulicht. Die Zeitkomplexität von Algorithmus 2.25 zur Bestimmung einer steilsten Anstiegsrichtung für einen Schedule S lässt sich mit $\mathcal{O}(|V|)$ angeben. Für die Zeitkomplexität des Algorithmus 2.26 zur Durchführung eines Eckenanstiegs ergibt sich $\mathcal{O}(|E| \log |E|)$. Obwohl die Anzahl an benötigten Iterationen in Algorithmus 2.27 i.d.R. gering ist, konnte bislang nicht gezeigt werden, dass die Anzahl an Wiederholungen für beliebige Probleminstanzen polynomial beschränkt ist. Nichts desto trotz zeigen experimentelle Tests im Vergleich zur Lösung des auf S. 134 dargesellten LP-Ansatzes einen entscheidenden Laufzeitvorteil.

Algorithmus 2.27 (Verfahren des steilsten Anstiegs).

Ermittle den Schedule der frühesten Startzeitpunkte ES und zugehöriges Gerüst $G = \langle V, E_G \rangle$ des Netzwerkes N.

Setze $S := ES$.

Wiederhole:

Ermittle eine steilste Anstiegsrichtung z in S mit Algorithmus 2.25.

Falls $z \neq 0$:

Bestimme eine Ecke S^E mit Algorithmus 2.26.

Setze $S := S^E$.

Solange bis $z = 0$.

Rückgabe S

Beispiel 2.28. Wir betrachten den Projektnetzplan in Abbildung 2.31 mit vier realen Vorgängen und einer maximalen Projektdauer von $\overline{d} = 10$. Zur Maximierung des Projektkapitalwertes wenden wir Algorithmus 2.27 an, wobei wir $\alpha = 0{,}01$ wählen.

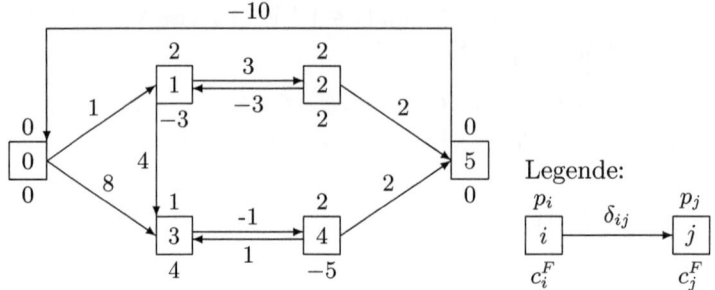

Abb. 2.31. Projektnetzplan mit vier realen Vorgängen

Wir erhalten den Vektor der frühesten Startzeitpunkte gemäß $ES = (0, 1, 4, 8, 7, 9)$. Ein zugehöriges Gerüst (Outtree) ist in Abbildung 2.32 angegeben.

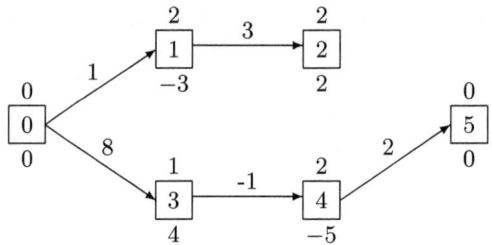

Abb. 2.32. Gerüst zum ES-Schedule

Zu Beginn des Verfahrens zur Bestimmung einer steilsten Anstiegsrichtung setzen wir $z_i := 0$ und $C(i) := \{i\}$ für alle $i \in V$ sowie $V' := V \setminus \{0\}$. Weiter berechnen wir für alle $i \in V$ die partiellen Ableitungen $\phi_i = -0{,}01 \cdot c_i^F \cdot e^{-0{,}01 \cdot S_i}$ von f nach S_i im Punkt S (vgl. Tab. 2.8). Im ersten Hauptschritt entnehmen

Tabelle 2.8. Partielle Ableitungen von f nach S_i im Punkt S

$i \in V$	0	1	2	3	4	5
ϕ_i	0	0,030	−0,019	−0,037	0,047	0

wir Knoten 5 mit $\varrho_5 = 3$ aus der Menge V'. Knoten 5 besitzt keinen Nachfolger, aber genau einen Vorgänger (Knoten 4) und stellt damit eine Senke in dem zum ES-Schedule gehörigen Gerüst dar. Da $\phi_5 = 0$ gilt, wird Knoten 5 nicht verzögert, sondern wir verschmelzen Vorgang 5 mit Vorgang 4 und setzen $\phi_4 := \phi_4 + \phi_5 = 0{,}047$ sowie $C(4) := \{4, 5\}$. Für die Vorgänge 2 und 4 gilt $\varrho_2 = \varrho_4 = 2$. Zunächst wählen wir Knoten 2 (Senke) aus V'. Da für Vorgang 2 die Bedingung $\phi_2 < 0$ erfüllt ist, verschmelzen wir Knoten 2 mit

Knoten 1. Es ergibt sich $\phi_1 := \phi_1 + \phi_2 = 0{,}011$ und $C(1) := \{1, 2\}$. Als Nächstes entfernen wir Vorgang 4 aus V', der ebenfalls eine Senke darstellt. Für Knoten 4 gilt $\phi_4 > 0$, d.h. die Vorgänge $C(4) = \{4, 5\}$ bilden ein Teilgerüst, das zu verzögern ist, und wir setzen $z_4 := z_5 := 1$. Für die Vorgänge 1 und 3 gilt $\varrho_1 = \varrho_3 = 1$. Vorgang 1 stellt eine Senke dar und wird aus V' eliminiert. Wegen $\phi_1 = 0{,}011 > 0$ setzen wir $z_1 := 1$ und $z_2 := 1$. Knoten 3 ist wiederum eine Senke und wird aus V' entfernt. Da ϕ_3 negativ ist, verschmelzen wir Vorgang 3 mit Vorgang 0. Es ergibt sich $\phi_0 := \phi_0 + \phi_3 = -0{,}037$ und $C(0) := \{0, 3\}$. Da nun die Menge V' leer ist, terminiert der Algorithmus. Als zulässige steilste Anstiegsrichtung erhalten wir $z = (0, 1, 1, 0, 1, 1)^T$.

Wir führen nun einen Eckenanstieg durch. Die Menge der Vorgänge, die verzögert werden, ist $V^s = \{1, 2, 4, 5\}$. Wir setzen $S_0^E := 0$ und $S_3^E := 8$. Zunächst sind die Pfeile $\langle 0, 1 \rangle$ und $\langle 3, 4 \rangle$ aus dem Gerüst G zu entfernen, da $0 \notin C(1)$ und $1 \notin C(0)$ sowie $3 \notin C(4)$ und $4 \notin C(3)$. Dann ist Schrittweite λ gemäß (2.8) zu bestimmen. In der ersten Iteration ergibt sich für $h \in \{1, 2, 4, 5\}$ und $l \in \{0, 3\}$ eine Schrittweite von $\lambda := \min\{S_0^E - S_5 - \delta_{50} = 0-9+10 = 1, S_3^E - S_1 - \delta_{13} = 8-1-4 = 3, S_3^E - S_4 - \delta_{43} = 8-7-1 = 0\} = 0$. Die Vorgänge aus $C(4)$ werden also um 0 Zeiteinheiten verzögert, d.h. wir setzen $S_4^E := 7$, $S_5^E := 9$ und wir fügen den Pfeil $\langle 4, 3 \rangle$ zu E_G hinzu. Danach setzen wir $z_4 = z_5 := 0$ und eliminieren die Vorgänge 4 und 5 aus V^s. In der zweiten Iteration ergibt sich mit $h \in \{1, 2\}$ und $l \in \{0, 3, 4, 5\}$ eine Schrittweite von $\lambda := \min\{S_3^E - S_1 - \delta_{13} = 8-1-4 = 3, S_5^E - S_2 - \delta_{25} = 9-4-2 = 3\} = 3$. Die Vorgänge aus $C(1)$ sind um 3 Zeiteinheiten zu verzögern. Wir setzen $S_1^E := 4$, $S_2^E := 7$, $z_1 = z_3 := 0$ und fügen den Pfeil $\langle 2, 5 \rangle$ zu E_G hinzu und entnehmen die Vorgänge 1 und 2 der Menge V^s. Nun ist $V^s = \emptyset$ und wir haben die Ecke $S^E = (0, 4, 7, 8, 7, 9)$ erreicht. Das zu S^E gehörige Gerüst ist in Abbildung 2.33 dargestellt.

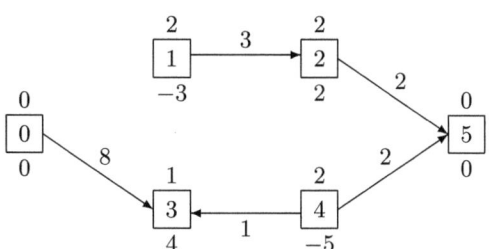

Abb. 2.33. Gerüst zu $S^E = (0, 4, 7, 8, 7, 9)$

In der zweiten Iteration wird in analoger Weise für $S := S^E$ fortgefahren. Zunächst setzen wir $z_i := 0$ sowie $C(i) := \{i\}$ für alle $i \in V$ und bestimmen die partiellen Ableitungen von f nach S_i im Punkt S (vgl. Tab. 2.9).

Die einzelnen Schritte zur Bestimmung einer steilsten Anstiegsrichtung sind in Tabelle 2.10 zusammengefasst.

Tabelle 2.9. Partielle Ableitungen von f nach S_i im Punkt S

$i \in V$	0	1	2	3	4	5
ϕ_i	0	0,029	$-0,019$	$-0,037$	0,047	0

Tabelle 2.10. Bestimmung einer steilsten Anstiegsrichtung

$i \in V$	ϱ_i	Quelle/Senke	ϕ_i	Aktion
1	5	Quelle	$\phi_1 = 0,029$	Verschmelzung mit Knoten 2, $\phi_2 := 0,010$, $C(2) := \{1,2\}$
2	4	Quelle	$\phi_2 = 0,010$	Verschmelzung mit Knoten 5, $\phi_5 := 0,010$, $C(5) := \{1,2,5\}$
5	3	Senke	$\phi_5 = 0,010$	$z_1 := 1, z_2 := 1, z_5 := 1$
4	2	Quelle	$\phi_4 = 0,047$	Verschmelzung mit Knoten 3, $\phi_3 := 0,010$, $C(3) := \{3,4\}$
3	1	Senke	$\phi_3 = 0,010$	$z_3 := 1, z_4 := 1$

Danach führen wir einen Eckenanstieg durch (vgl. Tab. 2.11). Es ergibt sich die Anstiegsrichtung $z = (0,1,1,1,1,1)^T$ und wir erreichen die Ecke $S^E = (0,5,8,9,8,10)$. Das zu S^E gehörige Gerüst ist in Abbildung 2.34 angegeben.

Tabelle 2.11. Bestimmung der maximalen Schrittweite

V^s	λ	Aktion
$\{1,2,3,4,5\}$	1	Teilgerüst $\{1,2,5\} \in C(5)$ um 1 Zeiteinheit verzögern
$\{3,4\}$	1	Teilgerüst $\{3,4\} \in C(3)$ um 1 Zeiteinheit verzögern

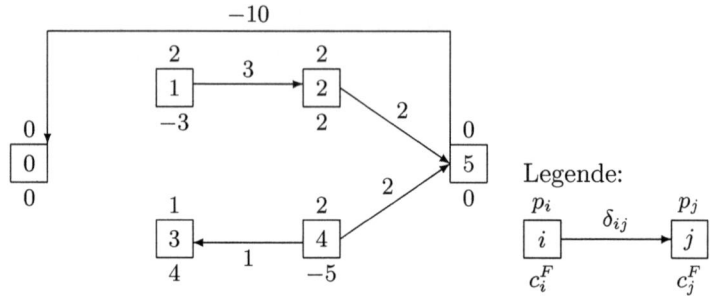

Abb. 2.34. Gerüst zu $S^E = (0,5,8,9,8,10)$

In der dritten Iteration terminiert das Verfahren, da wir als steilste Anstiegsrichtung $z = \mathbf{0}$ erhalten. Die einzelnen Schritte zur Bestimmung von z sind in Tabelle 2.12 angegeben. Die optimale Lösung für das Kapitalwertmaximierungsproblem lautet $S = (0,5,8,9,8,10)$.

Tabelle 2.12. Bestimmung einer steilsten Anstiegsrichtung

$i \in V$	ϱ_i	Quelle/Senke	ϕ_i	Aktion
1	3	Quelle	$\phi_1 = 0{,}029$	Verschmelzung mit Knoten 2, $\phi_2 := 0{,}011,\ C(2) := \{1, 2\}$
3	3	Senke	$\phi_3 = -0{,}037$	Verschmelzung mit Knoten 4, $\phi_4 := 0{,}009,\ C(4) := \{3, 4\}$
2	2	Quelle	$\phi_2 = 0{,}011$	Verschmelzung mit Knoten 5, $\phi_5 := 0{,}011,\ C(5) := \{1, 2, 5\}$
4	2	Quelle	$\phi_4 = 0{,}009$	Verschmelzung mit Knoten 5, $\phi_5 := 0{,}020,\ C(5) := \{1, 2, 3, 4, 5\}$
5	1	Quelle	$\phi_5 = 0{,}020$	Verschmelzung mit Knoten 0, $\phi_0 := 0{,}020,\ C(0) := \{0, 1, 2, 3, 4, 5\}$

Das in diesem Abschnitt vorgestellte steilste Anstiegsverfahren kann ebenfalls zur Lösung von Earliness-Tardiness-Problemen angewendet werden. Im Gegensatz zu einem Problem der Kapitalwertmaximierung wird bei einem Earliness-Tardiness-Problem ein Schedule i.d.R. nicht durch ein Gerüst, sondern durch einen *Wald* (Menge von Teilgerüsten) bindender Zeitbeziehungen repräsentiert. Dies resultiert daraus, dass für Earliness-Tardiness-Probleme bei der Terminierung eines Vorgangs i nicht nur der planungsabhängige ES_i bzw. LS_i in Frage kommt, sondern zusätzlich Zeitpunkte $d_i - p_i$, da die partielle Ableitung ϕ_i in diesem Punkt das Vorzeichen wechselt. Vorgänge $i \in V$, die zu $d_i - p_i$ eingeplant werden, oder Teilgerüste, die einen solchen Vorgang enthalten, können „im Raum stehen", d.h. für diese Vorgänge bzw. Teilgerüste müssen keine Zeitbeziehungen zu Knoten außerhalb des Teilgerüstes bindend sein (vgl. Abschnitt 2.1.5).

2.2.4 Ressourceninvestment-, Ressourcenabweichungs- und Ressourcennivellierungsprobleme

Bei der Zielfunktion des Ressourceninvestmentproblems (RI) handelt es sich um eine lokal reguläre Funktion. Für ein Projektplanungsproblem (2.1) mit lokal regulärer Zielfunktion kommen, wie in Abschnitt 2.1.5 erläutert, die Minimalpunkte aller Schedulepolytope $S_T(O(S))$, $S \in \mathcal{S}_T$, als Lösungskandidaten in Frage. Die Zielfunktionen des Ressourcenabweichungsproblems (RD) und des Ressourcennivellierungsproblems (RL) sind lokal konkav (vgl. Abschnitt 2.1.5). Daher stellen die Extremalpunkte aller Schedulepolytope $S_T(O(S))$ Kandidaten für eine optimale Lösung des entsprechenden Optimierungsproblems dar.

Um ein Ressourceninvestment-, Ressourcenabweichungs- bzw. Ressourcennivellierungsproblem zu lösen, machen wir uns das folgende Lemma zu Nutze, das sich unmittelbar aus Satz 2.11 ergibt.

Lemma 2.29. Jeder Minimalpunkt eines Schedulepolytops $S_T(O(S))$ kann durch mindestens einen Outtree des Netzplans $N(O(S))$ repräsentiert werden. Analog dazu kann jede Ecke eines Schedulepolytops $S_T(O(S))$ durch mindestens ein Gerüst des Netzplans $N(O(S))$ repräsentiert werden. Jeder Pfeil des entsprechenden Outtrees bzw. Gerüstes stellt dabei eine bindende Zeitbeziehung $S_j - S_i = \delta_{ij}$ mit $\langle i,j \rangle \in E$ oder eine bindende Vorrangbeziehung $S_j - S_i = p_i$ mit $(i,j) \in O(S)$ dar.

Die Extremalpunkte (und damit auch die Minimalpunkte) aller Schedulepolytope $S_T(O(S))$, $S \in \mathcal{S}_T$, können mit Hilfe eines so genannten *gerüstbasierten Enumerationsschemas* bestimmt werden. Im Verlauf dieses Verfahrens werden die Gerüste der Ordnungsnetzpläne $N(O(S))$ schrittweise aufgebaut. Da Vorgang 0 aufgrund der Nebenbedingung $S_0 = 0$ zeitlich fixiert ist, beginnen wir das gerüstbasierte Enumerationsschema mit dem Teilgerüst, das nur aus dem Knoten $i = 0$ besteht. Anschließend wird in jedem Schritt ein weiterer Knoten j über einen Pfeil $\langle i,j \rangle$ oder $\langle j,i \rangle$ an das aktuelle Teilgerüst angefügt. Dazu prüfen wir für jeden Knoten i des aktuellen Teilgerüstes, ob eine der folgenden Beziehungen

$$\begin{aligned}
&\text{(i)} \quad S_i + \delta_{ij} = ES_j \\
&\text{(ii)} \quad S_i - \delta_{ji} = LS_j \\
&\text{(iii)} \quad ES_j \leq S_i + p_i \leq LS_j \\
&\text{(iv)} \quad ES_j \leq S_i - p_j \leq LS_j
\end{aligned}$$

zu einem Knoten j besteht, der nicht Knoten des Teilgerüstes ist. Ist Bedingung (i) erfüllt, so kann eine bindende Zeitbeziehung der Form $S_j - S_i = \delta_{ij}$ zu Knoten j etabliert werden und wir fügen dem Gerüst den Pfeil $\langle i,j \rangle$ mit Bewertung δ_{ij} hinzu. Der Startzeitpunkt von Vorgang j ergibt sich zu $S_j = ES_j = S_i + \delta_{ij}$; vgl. Abb. 2.35 (i). Gilt Bedingung (ii), dann kann eine bindende Zeitbeziehung der Form $S_i - S_j = \delta_{ji}$ zu Knoten j eingefügt werden. Wir erhalten den Startzeitpunkt von Vorgang j gemäß $S_j = LS_j = S_i - \delta_{ji}$; vgl. Abb. 2.35 (ii). Ist eine der Bedingungen (iii) oder (iv) erfüllt, so kann eine Vorrangbeziehung der Form $S_j - S_i = p_i$ bzw. $S_i - S_j = p_j$ zu Knoten j etabliert werden. Der Startzeitpunkt von Vorgang j ergibt sich dann zu $S_j = S_i + p_i$ bzw. $S_j = S_i - p_j$; vgl. Abb. 2.35 (iii) und (iv).

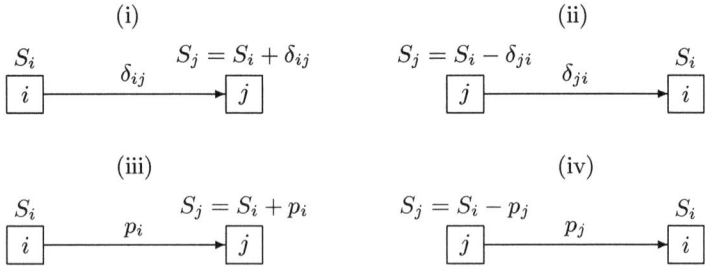

Abb. 2.35. Bindende Zeit- und Vorrangbeziehungen

Nachdem auf diese Weise ein Knoten an das aktuelle Teilgerüst angefügt wurde, ändern sich i.d.R. die planungsabhängigen frühesten und spätesten Startzeitpunkte der noch nicht im Teilgerüst enthaltenen Knoten. Für diese Vorgänge müssen wir daher zunächst ein so genanntes *ES-LS-Update* durchführen, d.h. wir aktualisieren für alle nicht im aktuellen Teilgerüst enthaltenen Vorgänge j die ES- und LS-Werte gemäß der Vorschriften

$$ES_j := \max\{d_{0j}, \max_{i \in V_G}(S_i + d_{ij})\} \text{ bzw.}$$
$$LS_j := \min\{-d_{j0}, \min_{i \in V_G}(S_i - d_{ji})\}.$$

Hierbei bezeichnet $V_G \subseteq V$ die Menge aller im aktuellen Teilgerüst G enthaltenen Knoten. Im Folgenden behandeln wir ein kleines Beispiel zum *ES-LS-Update*.

Beispiel 2.30. Betrachten wir den MPM-Netzplan in Abbildung 2.36 mit vier realen Vorgängen. Der zugehörige Vektor der frühesten Startzeitpunkte lautet $ES = (0, 0, 1, 0, 1, 5)$ und für die spätesten Startzeitpunkte gilt $LS = (0, 3, 4, 4, 5, 8)$. Die Startzeitpunkte der Vorgänge 0, 2, 3 und 5 seien nun zu $S_0 := 0$, $S_2 := 4$, $S_3 := 0$ und $S_5 := 8$ festgelegt. Das zugehörige Teilgerüst ist in Abbildung 2.36 angegeben. Für die noch nicht im Teilgerüst enthaltenen Knoten 1 und 4 muss nun ein *ES-LS*-Update durchgeführt werden.

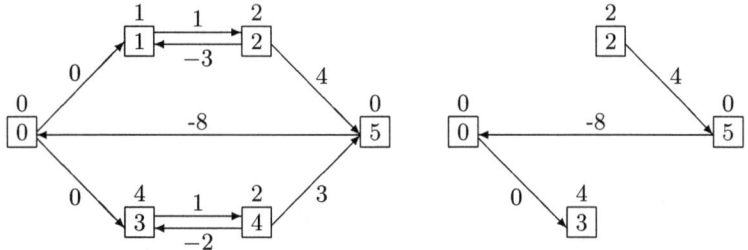

Abb. 2.36. Projektnetzplan und Teilgerüst mit Knotenmenge $V_G = \{0, 2, 3, 5\}$

Für Vorgang 1 ändert sich der früheste Startzeitpunkt zu

$$ES_1 := \max\{d_{01}, \max(S_0 + d_{01}, S_2 + d_{21})\}$$
$$= \max\{0, \max(0 + 0, 4 - 3)\} = 1,$$

während der späteste Startzeitpunkt von Vorgang 1 unverändert $LS_1 = 3$ bleibt. Für den Vorgang 4 ändert sich der späteste Startzeitpunkt zu

$$LS_4 := \min\{-d_{40}, \min(S_3 - d_{43}, S_5 - d_{45})\}$$
$$= \min\{5, \min(0 + 2, 8 - 3)\} = 2.$$

und der früheste Startzeitpunkt von Vorgang 4 ist unverändert $ES_4 = 1$.

Bevor wir den Algorithmus zur Bestimmung aller Extremalpunkte der Schedulepolytope $S_T(O(S))$, $S \in \mathcal{S}_T$ vorstellen, gehen wir auf Möglichkeiten ein, die Bildung redundanter Gerüste im Algorithmus zu reduzieren. Eine Möglichkeit ist, die Wahl des nächsten an das aktuelle Teilgerüst anzubindenden Knotens zu beschränken. Sind beispielsweise zwei Teilgerüste mit Pfeilmengen $\{\langle 0, 2\rangle\}$ und $\{\langle 0, 1\rangle\}$ vorhanden, so darf die erste Pfeilmenge nur dann um den Pfeil $\langle 0, 1\rangle$ erweitert werden, wenn die zweite Pfeilmenge nicht um den Pfeil $\langle 0, 2\rangle$ erweitert wird. Wir vereinbaren daher, dass an einen Knoten i, an den bereits Knoten angebunden wurden, nur solche Knoten neu angebunden werden dürfen, deren Vorgangsnummer größer ist als die Vorgangsnummern aller bislang an i angebundenen Knoten. Dabei ist zu beachten, dass der Knoten, an den i angebunden wurde und der deshalb auf dem eindeutigen Semiweg von 0 nach i liegt, nicht berücksichtigt wird. Dies gewährleistet, dass wir trotz beliebiger Nummerierung der Knoten ein vollständiges Gerüst generieren können. Betrachten wir dazu das Gerüst in Abbildung 2.37. Knoten 5 besitzt zwar eine größere Vorgangsnummer als die Knoten 2 und 3, da 5 aber auf einem Semiweg von Knoten 0 zu Knoten 1 liegt, muss er beim Anbinden der Knoten 2 und 3 an 1 vernachlässigt werden.

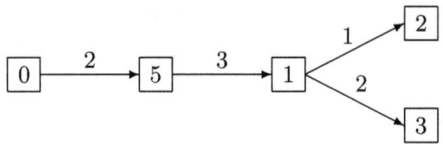

Abb. 2.37. Teilgerüst

Im Einzelnen lässt sich das *gerüstbasierte Enumerationsschema* wie folgt beschreiben. Seien Γ die Menge bereits generierter Gerüste und Ω die Menge generierter und noch zu erweiternder Teilgerüste $\langle V_G, E_G\rangle$, wobei V_G die Knotenmenge und E_G die Pfeilmenge eines Teilgerüstes darstellt. Im Initialisierungsschritt setzen wir $V_G := \{0\}$, $E_G := \emptyset$ sowie $\Omega := \{\langle V_G, E_G\rangle\}$, $\Gamma := \emptyset$ und bestimmen die Längen längster Wege d_{ij}. In jeder Iteration wählen wir dann ein Teilgerüst $\langle V_G, E_G\rangle \in \Omega$ und prüfen, ob bereits ein vollständiges Gerüst bestimmt wurde, d.h. ob V_G alle Knoten des zugrunde liegenden Projektnetzplans beinhaltet. Ist dies nicht der Fall, wird versucht, das Teilgerüst zu erweitern. Dazu bestimmen wir zunächst, wie in Abschnitt 2.1.4 beschrieben, die Startzeitpunkte aller Vorgänge in V_G sowie die *ES*- und *LS*-Werte aller Vorgänge aus $V \setminus V_G$. Für jeden Knoten $i \in V_G$ ermitteln wir alle Knoten $j \in V \setminus V_G$, die an das aktuelle Teilgerüst V_G angebunden werden können. Um, wie oben beschrieben, die Bildung redundanter Gerüste zu vermeiden, vereinbaren wir, dass nur solche Knoten j an einen im Teilgerüst enthaltenen Knoten i angebunden werden, die größer sind als der größte über einen Pfeil $\langle h, i\rangle \in E_G$ bzw. $\langle i, h\rangle \in E_G$ an i bereits angebundene Knoten h, wobei $\langle h, i\rangle$ bzw. $\langle i, h\rangle$ nicht auf einem Semiweg von 0 nach i liegt. Danach prüfen wir für alle diese j mit Hilfe der Bedingungen (i)–(iv), ob eine bindende Zeit- bzw. Vorrangbeziehung zwischen Knoten $i \in V_G$ und Knoten $j \in V \setminus V_G$ eingeführt werden kann. Ist eine der Bedingungen (i)–(iv) erfüllt, dann wird das aktuelle Teilgerüst $\langle V_G, E_G \rangle$ um den Knoten j erweitert und das so entstandene Teilgerüst $(V_{G'}, E_{G'})$ in die Menge Ω aufgenommen. Die Knotenmenge $V_{G'}$ ergibt sich dabei aus $V_G \cup \{j\}$ und die Pfeilmenge $E_{G'}$ aus E_G vereinigt mit dem zur jeweiligen bindenden Zeit- bzw. Vorrangbeziehung gehörigen Pfeil. Das Verfahren terminiert, wenn die Menge Ω leer ist.

Algorithmus 2.31 (Gerüstbasiertes Enumerationsschema für Problem (2.1) mit Zielfunktion (RD) bzw. (RL)).

Initialisierung:

Setze $V_G := \{0\}$, $E_G := \emptyset$, $\Omega := \{\langle V_G, E_G \rangle\}$, $\Gamma := \emptyset$.

Bestimme die Längen längster Wege d_{ij} für alle $i, j \in V$.

Hauptschritt:

Solange $\Omega \neq \emptyset$:

   Entferne ein Paar $\langle V_G, E_G \rangle$ aus Ω.

   Falls $V_G = V$: Setze $\Gamma := \Gamma \cup \{\langle V_G, E_G \rangle\}$.

   Andernfalls :

      Bestimme die Startzeitpunkte S_i für alle $i \in V_G$.

      Bestimme $ES_j := \max\{d_{0j}, \max_{i \in V_G}(S_i + d_{ij})\}$ und $LS_j := \min\{-d_{j0}, \min_{i \in V_G}(S_i - d_{ji})\}$ für alle $j \in V \setminus V_G$.

      Für alle $i \in V_G$:

         Für alle $j \in V \setminus V_G$ für die gilt: es existiert kein Vorgang h mit $\langle i, h \rangle \in E_G$ oder $\langle h, i \rangle \in E_G$ mit $h > j$, der nicht auf einem Semiweg von 0 nach i liegt:

            (i) **Falls** $\langle i, j \rangle \in E$ und $S_i + \delta_{ij} = ES_j$:

               Füge $\langle i, j \rangle$ mit der Bewertung δ_{ij} dem Gerüst hinzu, d.h. $V_{G'} := V_G \cup \{j\}$, $E_{G'} := E_G \cup \{\langle i, j \rangle\}$, $\Omega := \Omega \cup \{\langle V_{G'}, E_{G'} \rangle\}$.

            (ii) **Falls** $\langle j, i \rangle \in E$ und $S_i - \delta_{ji} = LS_j$:

               Füge $\langle j, i \rangle$ mit der Bewertung δ_{ji} dem Gerüst hinzu, d.h. $V_{G'} := V_G \cup \{j\}$, $E_{G'} := E_G \cup \{\langle j, i \rangle\}$, $\Omega := \Omega \cup \{\langle V_{G'}, E_{G'} \rangle\}$.

            (iii) **Falls** $ES_j \leq S_i + p_i \leq LS_j$:

               Füge $\langle i, j \rangle$ mit der Bewertung p_i dem Gerüst hinzu, d.h. $V_{G'} := V_G \cup \{j\}$, $E_{G'} := E_G \cup \{\langle i, j \rangle\}$, $\Omega := \Omega \cup \{\langle V_{G'}, E_{G'} \rangle\}$,

            (iv) **Falls** $ES_j \leq S_i - p_j \leq LS_j$:

               Füge $\langle j, i \rangle$ mit der Bewertung p_j dem Gerüst hinzu, d.h. $V_{G'} := V_G \cup \{j\}$, $E_{G'} := E_G \cup \{\langle j, i \rangle\}$, $\Omega := \Omega \cup \{\langle V_{G'}, E_{G'} \rangle\}$.

Rückgabe Γ.

Algorithmus 2.31 generiert alle Gerüste der Netzpläne $N(O(S)), S \in \mathcal{S}_T$, und somit mindestens ein Gerüst für jeden Extremalpunkt eines Schedulepolytops $\mathcal{S}_T(O(S))$. Für ein Projektplanungsproblem (2.1) mit Zielfunktion (RI) ist aber nur die Bestimmung von Outtrees der Ordnungsnetzpläne $N(O(S))$ erforderlich, d.h. von Minimalpunkten der Schedulepolytope $\mathcal{S}_T(O(S))$. Um dies zu erreichen, sind die Bedingungen (ii) und (iv) in Algorithmus 2.31 zu streichen.

Im Folgenden demonstrieren wir anhand eines Beispiels die Generierung aller Gerüste für Problem (2.1) mit Zielfunktion (RD) bzw. (RL) mittels des gerüstbasierten Enumerationsschemas.

Beispiel 2.32. Wir betrachten den Projektnetzplan in Abbildung 2.38 mit zwei realen Vorgängen. Der zugehörige S_1-S_2-Schnitt des zeitzulässigen Bereichs $\mathcal{S}_T$ ist ebenfalls in Abbildung 2.38 angegeben.

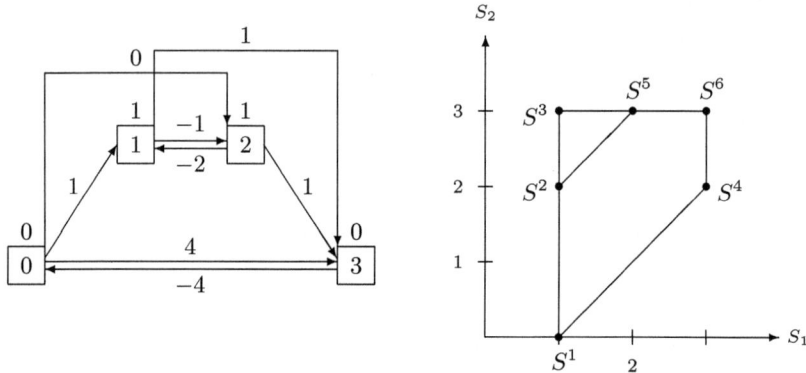

Abb. 2.38. Projektnetzplan und S_1-S_2-Schnitt des zeitzulässigen Bereichs $\mathcal{S}_T$

Im Initialisierungsschritt des gerüstbasierten Enumerationsschemas setzen wir $V_G := \{0\}$, $E_G := \emptyset$, $\Omega := \{\langle\{0\}, \emptyset\rangle\}$ und $\Gamma := \emptyset$. Danach bestimmen wir die Längen längster Wege d_{ij} für alle $i, j \in V$ (vgl. Tab. 2.13).

Tabelle 2.13. Längen längster Wege d_{ij} für alle $i, j \in V$

d_{ij}	0	1	2	3
0	0	1	0	4
1	-3	0	-1	1
2	-3	-2	0	1
3	-4	-3	-4	0

Im ersten Hauptschritt entnehmen wir Ω das Teilgerüst $\langle\{0\}, \emptyset\rangle$. Für den Startzeitpunkt von Vorgang 0 gilt $S_0 := 0$ und die frühesten und spätesten

Startzeitpunkte der Vorgänge $j \in V \setminus V_G$ ergeben sich zu $ES_1 := 1$, $LS_1 := 3$, $ES_2 := 0$, $LS_2 := 3$, $ES_3 := 4$ und $LS_3 := 4$. Nun ist anhand der Bedingungen (i)–(iv) zu prüfen, welche bindenden Zeit- bzw. Vorrangbeziehungen zwischen dem Knoten 0 und einem Knoten $j \in \{1, 2, 3\}$ etabliert werden können. Da für den Pfeil $\langle 0, 1 \rangle \in E$ die Bedingung $S_0 + 1 = 1 = ES_1$ erfüllt ist (Bedingung (i)), kann Knoten 1 durch eine bindende Zeitbeziehung der Form $S_1 - S_0 = \delta_{01}$ an das Teilgerüst $\langle \{0\}, \emptyset \rangle$ angehängt werden. Es ergibt sich das Teilgerüst $\langle \{0, 1\}, \{\langle 0, 1 \rangle\} \rangle$, das Ω hinzugefügt wird. Für die Knoten 0 und 2 sind die Bedingungen (i) und (iii) erfüllt, d.h. das Teilgerüst $\langle \{0\}, \emptyset \rangle$ kann zum einen durch eine bindende Zeitbeziehung und zum anderen durch eine bindende Vorrangbeziehung zu Knoten 2 erweitert werden. Da aber $p_0 = \delta_{02}$ gilt, sind die beiden resultierenden Teilgerüste gleich, und wir nehmen das Teilgerüst $\langle \{0, 2\}, \{\langle 0, 2 \rangle\} \rangle$ in die Menge Ω auf. Für die Knoten 0 und 3 ist die Bedingung (i) und die Bedingung (ii) erfüllt. Somit können bindende Zeitbeziehungen der Form $S_3 - S_0 = \delta_{03}$ und $S_0 - S_3 = \delta_{30}$ etabliert werden. Die Menge Ω ist um die beiden Teilgerüste $\langle \{0, 3\}, \{\langle 0, 3 \rangle\} \rangle$ und $\langle \{0, 3\}, \{\langle 3, 0 \rangle\} \rangle$ zu erweitern. Am Ende des ersten Hauptschrittes ergibt sich die Menge Ω zu $\Omega = \{\langle \{0, 1\}, \{\langle 0, 1 \rangle\} \rangle, \langle \{0, 2\}, \{\langle 0, 2 \rangle\} \rangle, \langle \{0, 3\}, \{\langle 0, 3 \rangle\} \rangle, \langle \{0, 3\}, \{\langle 3, 0 \rangle\} \rangle\}$.

Im zweiten Hauptschritt entnehmen wir Ω das Teilgerüst $\langle \{0, 1\}, \{\langle 0, 1 \rangle\} \rangle$. Die Startzeitpunkte der Vorgänge 0 und 1 ergeben sich zu $S_0 := 0$, $S_1 := 1$. Wir bestimmen $ES_2 := 0, LS_2 := 3, ES_3 := 4$ und $LS_3 := 4$. Ausgehend von Knoten 0 sind wie im ersten Hauptschritt für Knoten 2 die Bedingungen (i) und (iii) erfüllt. Des Weiteren gelten für die Knoten 0 und 3 die Bedingungen (i) und (ii). Somit fügen wir die Teilgerüste $\langle \{0, 1, 2\}, \{\langle 0, 1 \rangle, \langle 0, 2 \rangle\} \rangle$, $\langle \{0, 1, 3\}, \{\langle 0, 1 \rangle, \langle 0, 3 \rangle\} \rangle$ und $\langle \{0, 1, 3\}, \{\langle 0, 1 \rangle, \langle 3, 0 \rangle\} \rangle$ der Menge Ω hinzu. Weiterhin sind für die Knoten 1 und 2 alle Bedingungen (i)–(iv) erfüllt. Da $p_1 \neq \delta_{12}$ und $p_2 \neq \delta_{21}$ gilt, werden alle vier bindenden Zeit- und Vorrangbeziehungen zu Knoten 2 eingefügt. Es resultieren die Teilgerüste $\langle \{0, 1, 2\}, \{\langle 0, 1 \rangle, \langle 1, 2 \rangle\} \rangle$, $\langle \{0, 1, 2\}, \{\langle 0, 1 \rangle, \langle 1, 2 \rangle\} \rangle$, $\langle \{0, 1, 2\}, \{\langle 0, 1 \rangle, \langle 2, 1 \rangle\} \rangle$, $\langle \{0, 1, 2\}, \{\langle 0, 1 \rangle, \langle 2, 1 \rangle\} \rangle$, die in der Menge Ω gespeichert werden.

Im dritten Hauptschritt entnehmen wir das Teilgerüst $\langle \{0, 1, 2\}, \{\langle 0, 1 \rangle, \langle 0, 2 \rangle\} \rangle$ aus der Menge Ω und bestimmen die Startzeitpunkte der Vorgänge 0, 1 und 2. Es ergeben sich $S_0 := 0$, $S_1 := 1$ sowie $S_2 := 0$. Dann aktualisieren wir $ES_3 := 4$ und $LS_3 := 4$. Für die Knoten 0 und 3 sind die Bedingungen (i) und (ii) erfüllt. Daher fügen wir die vollständigen Gerüste $\langle \{0, 1, 2, 3\}, \{\langle 0, 1 \rangle, \langle 0, 2 \rangle, \langle 0, 3 \rangle\} \rangle$ und $\langle \{0, 1, 2, 3\}, \{\langle 0, 1 \rangle, \langle 0, 2 \rangle, \langle 3, 0 \rangle\} \rangle$ zuerst der Menge Ω und dann der Menge Γ hinzu.

In den nächsten Schritten wird auf gleiche Art und Weise fortgefahren, bis $\Omega = \emptyset$ gilt. Insgesamt werden 20 unterschiedliche Gerüste generiert. Die 10 Gerüste, die den Pfeil $\langle 0, 3 \rangle$ enthalten, sind in Abbildung 2.39 veranschaulicht, sie entsprechen jeweils einem Extremalpunkt $S^1, \ldots, S^6$ eines Schedulepolytops $\mathcal{S}_T(O(S))$. Die anderen 10 Gerüste unterscheiden sich von denen in Abbildung 2.39 lediglich darin, dass sie anstelle des Pfeils $\langle 0, 3 \rangle$ den Pfeil $\langle 3, 0 \rangle$ besitzen.

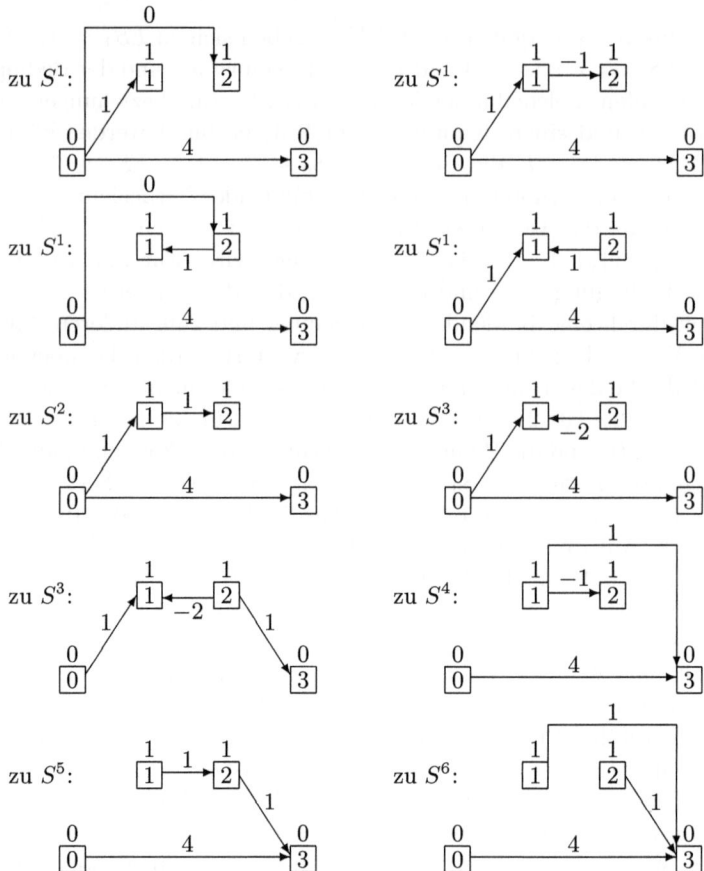

Abb. 2.39. Gerüste für den Projektnetzplan aus Abbildung 2.38

Im Prinzip können wir mit Algorithmus 2.31 eine optimale Lösung für ein Ressourceninvestment-, Ressourcenabweichungs- oder Ressourcennivellierungsproblem bestimmen, indem wir für jedes generierte Gerüst den Zielfunktionswert berechnen und dann das gemäß der Zielfunktion beste Gerüst auswählen. Da die Anzahl möglicher Gerüste aber schon für kleine Probleminstanzen sehr groß sein kann, ist dies i.d.R. nicht sinnvoll.

Normalerweise existieren für einen Extremalpunkt eines Ordnungspolytops mehrere zugehörige Gerüste (vgl. z.B. die vier zu S^1 gehörenden Gerüste in Abb. 2.39). Daher lässt sich eine deutliche Beschleunigung von Algorithmus 2.31 erzielen, wenn wir anstelle der Teilgerüste die entsprechenden Teilschedules betrachten. Diese ergeben sich aus den Startzeitpunkten der im jeweiligen Teilgerüst enthaltenen Vorgänge. Im Folgenden bezeichnen wir mit $\mathcal{C} := V_G$ die Menge der bereits an ein Teilgerüst angegebundenen Knoten, d.h. die Menge der bereits eingeplanten Knoten. Einen Vektor von Startzeitpunkten $S^{\mathcal{C}}$ mit $S_i^{\mathcal{C}} \in \mathbb{R}_{\geq 0}$ für Vorgänge $i \in \mathcal{C} \subseteq V$ und $S_0^{\mathcal{C}} = 0$ nennen wir *Teilschedule*. Die Spezifikation eines Teilschedules erfolgt immer durch Angabe der Menge $\mathcal{C}$ und der zugehörigen Startzeitpunkte $(S_i^{\mathcal{C}})_{i \in \mathcal{C}}$.

Um zu gewährleisten, dass wir nicht alle, sondern nur „erfolgversprechende" Teilschedules zu vollständigen Schedules ergänzen, indem wir die Startzeitpunkte von Vorgängen $i \in V \setminus \mathcal{C}$ festsetzen, betten wir das gerüstbasierte Enumerationsschema in ein *Branch-and-Bound-Verfahren* (im Folgenden auch als *gerüstbasierter Enumerationsansatz* bezeichnet) ein.

Branch-and-Bound-Verfahren gehören zu den Enumerationsbaum-Verfahren und besitzen als Hauptkomponenten eine *Branching-Strategie*, um den Lösungsbereich in immer kleinere Teilbereiche aufzuspalten, und eine *Schrankenfunktion*, die es erlaubt, verschiedene Teilbereiche von der weiteren Suche auszuschließen. Die Branching-Strategie unseres Branch-and-Bound-Verfahrens beruht auf dem gerüstbasierten Enumerationsschema, wobei wir, wie bereits gesagt, anstelle von Teilgerüsten Teilschedules betrachten, die sukzessive zu Schedules ergänzt werden. Wir legen ausgehend von der Wurzel des Enumerationsbaums, bei der Vorgang 0 zu $S_0 := 0$ eingeplant ist, bzw. dem Teilschedule $(\mathcal{C}, S^{\mathcal{C}}) = (\{0\}, (0))$ schrittweise Startzeitpunkte von Vorgängen fest, indem wir auf jeder Ebene des Enumerationsbaumes mit Hilfe der Bedingungen (i)–(iv) prüfen, ob eine bindende Zeit- oder Vorrangbeziehung zu einem Vorgang j etabliert werden kann, der noch nicht eingeplant wurde. Ist eine der Bedingungen (i)–(iv) erfüllt, dann wird der aktuelle Teilschedule durch den Startzeitpunkt S_j von Vorgang j erweitert. Durch das Festlegen von Startzeitpunkten für die einzelnen Vorgänge wird der zeitzulässige Bereich des zugrunde liegenden Projektplanungsproblems immer weiter eingeschränkt. Legen wir etwa den Startzeitpunkt von Vorgang 1 fest, so ist der entsprechende Teilbereich, d.h. der zeitzulässige Bereich des aktuellen Enumerationsknotens, durch die Menge $\{S' \in \mathcal{S}_T \mid S_1' = S_1\}$ bestimmt. Sind alle Startzeitpunkte fixiert, so besteht der aktuelle Teilbereich nur noch aus dem generierten Schedule selbst.

Für jeden Enumerationsknoten $(\mathcal{C}, S^{\mathcal{C}})$ berechnen wir eine untere Schranke (lower bound) für den optimalen Zielfunktionswert des entsprechenden Teilbereichs $\{S' \in \mathcal{S}_T \mid S_i' = S_i \text{ für alle } i \in \mathcal{C}\}$. Da die Zielfunktionen (RI), (RD) und (RL) monoton wachsend bzgl. der Ressourcenprofile sind, d.h. der Zielfunktionswert ist größer oder bleibt gleich, falls sich $r_k(S, t)$ für ein $t \in [0, \bar{d}]$ vergrößert,[11] stellt

$$LB0 := f(S^{\mathcal{C}})$$

die am einfachsten zu berechnende untere Schranke für den Teilschedule $S^{\mathcal{C}}$ dar. *LB0* repräsentiert den Zielfunktionswert aller bereits eingeplanten Vorgänge. Beispielsweise erhalten wir für einen Teilschedule $S^{\mathcal{C}} = (0, 1)$ mit $\mathcal{C} = \{0, 1\}$ und den Ressourceninanspruchnahmen $r_{01} = r_{02} = 0, r_{11} = 3, r_{12} = 2$ an den Ressourcen 1 und 2 sowie den Dauern $p_0 = 0, p_1 = 1$ für die

---

[11] Entsprechende Funktionen werden in der Literatur auch r-monoton genannt (vgl. ZIMMERMANN, 2001).

Zielfunktion eines Ressourceninvestmentproblems (RI) mit $c_1^P = c_2^P = 1$ die untere Schranke $LB0 = 3 + 2 = 5$.

Um im Enumerationsbaum möglichst schnell eine zeitzulässige Lösung zu finden, verwenden wir als Suchstrategie eine *Tiefensuche*. Dazu wählen wir unter allen Söhnen des aktuell betrachteten Knotens im Enumerationsbaum denjenigen Knoten zur weiteren Bearbeitung aus, der die kleinste untere Schranke $LB0$ aufweist. Sobald eine erste zeitzulässige Lösung S^* gefunden wurde, stellt deren Zielfunktionswert $f(S^*)$ eine *obere Schranke UB* (upper bound) für eine optimale Lösung des zugrunde liegenden Problems dar. Mit ihrer Hilfe können alle Knoten zusammen mit ihren Nachfolgern ausgelotet (d.h. von den weiteren Betrachtungen ausgeschlossen) werden, die eine untere Schranke besitzen, welche größer oder gleich UB ist. Jedes Mal, wenn eine neue beste Lösung gefunden wurde, wird UB entsprechend aktualisiert. Existiert unter den Söhnen eines aktuell betrachteten Knotens keine zeitzulässige Lösung oder kann dieser aufgrund seiner unteren Schranke ausgelotet werden, so führen wir einen Backtracking-Schritt aus. Das bedeutet, dass wir im Enumerationsbaum wieder zum Vaterknoten des aktuell betrachteten Knotens zurückspringen und im Folgenden dessen noch nicht untersuchte Söhne betrachten. Eine Tiefensuche kann implementiert werden, indem die Menge der noch zu betrachteten Knoten als Stapel, d.h. als LIFO-Liste (last-in first-out), verwaltet wird, und die generierten Enumerationsknoten gemäß nicht anwachsender unterer Schrankenwerte $LB0$ auf den Stapel gelegt werden.

Für das Ausloten von Enumerationsknoten verwenden wir eine *workloadbasierte* (auf dem Arbeitseinsatz basierte) untere Schranke LBA. Diese erhalten wir aus der unteren Schranke $LB0$, indem der Workload (Arbeitseinsatz) der noch nicht eingeplanten Vorgänge in zwei Schritten zusätzlich berücksichtigt wird.

Im ersten Schritt betrachten wir eine Menge $\widetilde{\mathcal{C}} \subseteq V \setminus \mathcal{C}$ bestehend aus einem oder mehreren noch nicht eingeplanten Vorgängen, deren planungsabhängige Zeitfenster $[ES, LC[$ sich nicht überlappen.[12] Da diese Vorgänge $i \in \widetilde{\mathcal{C}}$ nicht simultan in Ausführung sein können, planen wir jeden von ihnen unabhängig von den anderen Vorgängen aus $\widetilde{\mathcal{C}}$ bestmöglich ein. Hierbei ist zu beachten, dass Vorgang $n + 1$ immer zu seinem LS eingeplant wird, weil dadurch die zur Verfügung stehenden Ressourcen am längsten genutzt werden können. Der Zielfunktionswert des entstandenen Teilschedules $S^{\mathcal{C} \cup \widetilde{\mathcal{C}}}$ stellt wieder eine untere Schranke für den optimalen Zielfunktionswert dar.

Sei im zweiten Schritt $\hat{\mathcal{C}} = V \setminus \{\mathcal{C} \cup \widetilde{\mathcal{C}}\}$ die Menge der noch nicht betrachteten Vorgänge. Dann entspricht

$$w_k(\hat{\mathcal{C}}) := \sum_{i \in \hat{\mathcal{C}}} p_i \, r_{ik}$$

---

[12] Planungsabhängig bedeutet, wie bereits in Abschnitt 1.4.5 erläutert, dass wir die ES- und LC-Werte unter Berücksichtigung der bereits eingeplanten Vorgänge bestimmen.

dem Workload der noch nicht betrachteten Vorgänge an Ressource $k \in \mathcal{R}$. Den Workload $w_k(\hat{\mathcal{C}})$ berücksichtigen wir, indem wir die Vorgänge $j \in \hat{\mathcal{C}}$ in unterbrechbare Teilvorgänge mit einer Dauer und einer Ressourceninanspruchnahme von 1 zerlegen. Diese Teilvorgänge werden dann für jede Ressource $k \in \mathcal{R}$ zu Zeitpunkten eingeplant, an denen die Ressourceninanspruchnahme der bereits eingeplanten Vorgänge minimal ist. Wir vernachlässigen also die Zeitbeziehungen, nehmen an, die Vorgänge wären unterbrechbar und planen die unterbrechbaren Vorgänge so gut wie möglich im Planungszeitraum $[0, \overline{d}]$ zu Zeitpunkten $\{0, \ldots, \overline{d} - 1\}$ ein. Das beschriebene Vorgehen setzt voraus, dass die Pfeilbewertungen des Netzplans, die Vorgangsdauern und die Ressourceninanspruchnahmen der Vorgänge ganzzahlig sind.

Betrachten wir beispielsweise das Ressourcenprofil $r_k(S^{\mathcal{C} \cup \widetilde{\mathcal{C}}}, t)$ in Abbildung 2.40 mit $\overline{d} = 14$. Der Workload der Vorgänge aus der Menge $\hat{\mathcal{C}}$ sei $w_k(\hat{\mathcal{C}}) = 12$. Dann ergibt sich die durch die gepunkteten Quadrate angedeutete „Auffüllung" des Ressourcenprofils.

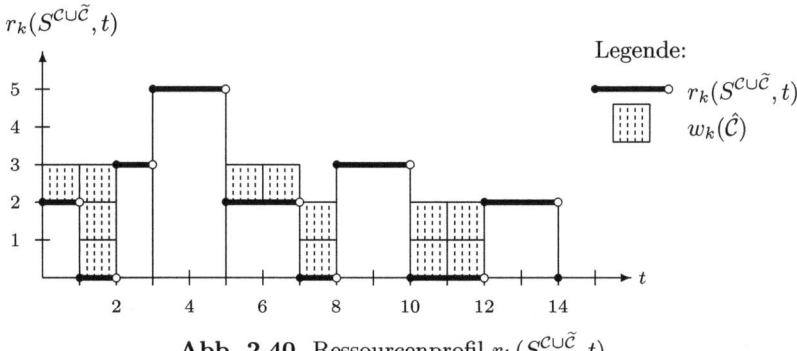

Abb. 2.40. Ressourcenprofil $r_k(S^{\mathcal{C} \cup \widetilde{\mathcal{C}}}, t)$

Sei $r_k^a(S^{\mathcal{C} \cup \widetilde{\mathcal{C}}}, \cdot), k \in \mathcal{R}$ das Ressourcenprofil, das aus dem Ressourcenprofil $r_k(S^{\mathcal{C} \cup \widetilde{\mathcal{C}}}, \cdot)$ durch Hinzufügen des Workloads (Arbeitseinsatzes) $w_k(\hat{\mathcal{C}})$ entsteht. Da, wie bereits gesagt, für die Zielfunktionen (RI), (RD) und (RL) der Zielfunktionswert mit der Ressourceninanspruchnahme in den einzelnen Perioden wächst, gilt $r_k^a(S^{\mathcal{C} \cup \widetilde{\mathcal{C}}}, t) \leq r_k(S, t)$ für alle $S \in \mathcal{S}_T$, $k \in \mathcal{R}$ und $t = [0, \overline{d}]$. Folglich stellt

$$LBA := \sum_{k \in \mathcal{R}} c_k^P \max_{t \in [0, \overline{d}]} r_k^a(S^{\mathcal{C} \cup \widetilde{\mathcal{C}}}, t)$$

eine untere Schranke für das Ressourceninvestmentproblem,

$$LBA := \sum_{k \in \mathcal{R}} c_k^D \int_{t \in [0, \overline{d}]} [r_k^a(S^{\mathcal{C} \cup \widetilde{\mathcal{C}}}, t) - Y_k]^+ \, dt$$

eine untere Schranke für das Ressourcenabweichungsproblem und

$$LBA := \sum_{k \in \mathcal{R}} \int_{t \in [0,\overline{d}]} (r_k^a)^2 (S^{\mathcal{C} \cup \widetilde{\mathcal{C}}}, t) \, dt$$

eine untere Schranke für das Ressourcennivellierungsproblem dar.

Algorithmus 2.33 beschreibt das Branch-and-Bound-Verfahren zur Lösung von Ressourcenabweichungs- und Ressourcennivellierungsproblemen. Seien Ψ die Menge aller bislang generierten Teilschedules und Ω ein Stapel, der die noch zu erweiternden Teilschedules $(\mathcal{C}, S^{\mathcal{C}})$ enthält. Die Menge Ψ dient dazu bereits betrachtete oder in Ω aufgenommene Gerüste zu erkennen, so dass sie von der weiteren Betrachtung ausgeschlossen werden können. Im Initialisierungsschritt setzen wir $\mathcal{C} := \{0\}$ und $S^{\mathcal{C}} := (0)$. Weiterhin werden die frühesten und spätesten Startzeitpunkte bestimmt. Gilt $ES_i = LS_i$ zu Beginn des Verfahrens oder im weiteren Verfahrensverlauf für einen Vorgang i, so wird Vorgang i zum Zeitpunkt $S_i := ES_i$ eingeplant und $\mathcal{C}$ und $S^{\mathcal{C}}$ werden entsprechend aktualisiert. Als erste „beste" Lösung wählen wir $S^* := ES$ und initialisieren die obere Schranke $UB := f(ES)$. Danach setzen wir $\Omega := \{(\mathcal{C}, S^{\mathcal{C}})\}$ und $\Psi := \{(\mathcal{C}, S^{\mathcal{C}})\}$. In jeder Iteration entnehmen wir den jeweils obersten Teilschedule $(\mathcal{C}, S^{\mathcal{C}})$ des Stapels Ω, d.h. als Suchstrategie wird eine Tiefensuche durchgeführt. Gilt für den aktuellen Teilschedule $\mathcal{C} = V$, dann ist zu prüfen, ob die gefundene Lösung S besser als die beste bisher gefundene Lösung S^* ist. Ist $f(S^{\mathcal{C}}) < UB$ erfüllt, so setzen wir $S^* := S$ und verringern die obere Schranke auf $UB := f(S^*)$. Gilt $\mathcal{C} \neq V$, dann überprüfen wir, ob $LBA(S^{\mathcal{C}})$ kleiner ist als die obere Schranke UB. In diesem Fall, erweitern wir den aktuellen Teilschedule gemäß der vier Fälle (i)–(iv). Dabei speichern wir für alle Vorgänge $j \in V \setminus \mathcal{C}$ in einer Menge $\mathcal{T}_j$ jeweils alle möglichen Startzeitpunkte, zu denen Vorgang j an das betrachtete Gerüst angebunden werden kann. Die neu entstandenen Teilschedules $(\mathcal{C}', S^{\mathcal{C}'})$ werden, wenn sie noch nicht in der Menge Ψ enthalten sind und ihre untere Schranke $LB0(S^{\mathcal{C}})$ kleiner als UB ist, den Mengen Λ und Ψ hinzugefügt. Danach werden die Teilschedules $(\mathcal{C}, S^{\mathcal{C}})$ der Menge Λ entnommen und dem Stapel Ω gemäß nicht wachsender Werte von $LB0(S^{\mathcal{C}})$ hinzugefügt. Das oberste Element mit kleinstem Schrankenwert wird dann als Nächstes gewählt. Es werden solange Teilschedules aus Ω entnommen, bis $\Omega = \emptyset$ gilt.

Algorithmus 2.33 (Branch-and-Bound-Verfahren für Problem (2.1) mit Zielfunktion (RD) bzw. (RL)).

Setze $\mathcal{C} := \{0\}$, $S^{\mathcal{C}} := (0)$.

Bestimme die Längen längster Wege d_{ij} für alle $i, j \in V$.

Setze $ES_i := d_{0i}$ und $LS_i := -d_{i0}$ für alle $i \in V \setminus \{0\}$.

Falls $ES_i = LS_i$ für ein $i \in V$: Setze $S_i := ES_i$, $\mathcal{C} := \mathcal{C} \cup \{i\}$.

Setze $S^* := ES$ und $UB := f(S^*)$.

Initialisiere den Stapel $\Omega := \{(\mathcal{C}, S^{\mathcal{C}})\}$ und die Menge $\Psi := \{(\mathcal{C}, S^{\mathcal{C}})\}$.

Solange $\Omega \neq \emptyset$:

Entnimm das oberste Paar $(\mathcal{C}, S^{\mathcal{C}})$ vom Stapel Ω.

Falls $\mathcal{C} = V$:

    Falls $f(S^{\mathcal{C}}) < UB$: Setze $S^* := S^{\mathcal{C}}$ und $UB := f(S^*)$.

Andernfalls :

    Falls $LBA(S^{\mathcal{C}}) < UB$:

        Initialisiere die Menge $\Lambda := \emptyset$.

        Für alle $j \in V \setminus \mathcal{C}$:

            Setze $\mathcal{T}_j := \emptyset$.

            Setze $ES_j := \max\{ES_j, \max_{i \in \mathcal{C}}(S_i + d_{ij})\}$ und

            $LS_j := \min\{LS_j, \min_{i \in \mathcal{C}}(S_i - d_{ji})\}$.

            Für alle $i \in \mathcal{C}$:

                (i) **Falls** $\langle i, j \rangle \in E$ und $S_i + \delta_{ij} = ES_j$: Setze $\mathcal{T}_j := \mathcal{T}_j \cup \{S_i + \delta_{ij}\}$.

                (ii) **Falls** $\langle j, i \rangle \in E$ und $S_i - \delta_{ji} = LS_j$: Setze $\mathcal{T}_j := \mathcal{T}_j \cup \{S_i - \delta_{ji}\}$.

                (iii) **Falls** $ES_j \leq S_i + p_i \leq LS_j$: Setze $\mathcal{T}_j := \mathcal{T}_j \cup \{S_i + p_i\}$.

                (iv) **Falls** $ES_j \leq S_i - p_j \leq LS_j$: Setze $\mathcal{T}_j := \mathcal{T}_j \cup \{S_i - p_j\}$.

            Für alle $t \in \mathcal{T}_j$: Setze $S_j := t$, $\mathcal{C}' := \mathcal{C} \cup \{j\}$.

                Für alle $h \in V \setminus \mathcal{C}'$:

                    Falls $\max(ES_h, S_j + d_{jh}) = \min(LS_h, S_j - d_{hj})$:

                        Setze $S_h := \max(ES_h, S_j + d_{jh})$ und $\mathcal{C}' := \mathcal{C}' \cup \{h\}$.

                Falls $(\mathcal{C}', S^{\mathcal{C}'}) \notin \Psi$ und $LB0(S^{\mathcal{C}'}) < UB$:

                    Setze $\Lambda := \Lambda \cup \{(\mathcal{C}', S^{\mathcal{C}'})\}$ und $\Psi := \Psi \cup \{(\mathcal{C}', S^{\mathcal{C}'})\}$.

Entnimm die Teilschedules $(\mathcal{C}, S^{\mathcal{C}})$ aus Λ und füge sie dem Stapel Ω gemäß nicht wachsender Werte von $LB0(S^{\mathcal{C}'})$ hinzu.

Rückgabe S^*.

Die Verwaltung der Menge Ψ aller bereits generierten Teilschedules ist i.d.R. sehr aufwändig. Um die Bildung von redundanten Teilschedules schon bei der Konstruktion der Teilschedules zu verhindern, existieren verschiedene Techniken, die z.B. in NÜBEL (1999) beschrieben sind. Zur Lösung von Ressourceninvestmentproblemen können wieder die Bedingungen (ii) und (iv) in Algorithmus 2.33 eliminiert werden.

Beispiel 2.34. Wir betrachten den Projektnetzplan in Abbildung 2.41 mit sechs realen Vorgängen, zwei erneuerbaren Ressourcen und einer maximalen Projektdauer von $\overline{d} = 16$. Im Folgenden geben wir die ersten beiden Iterationen von Algorithmus 2.33 zur Lösung eines Ressourceninvestmentproblems mit den Bereitstellungskosten $c_k^P = 1$ für $k = 1, 2$ an.

Für die Vorgänge $i \in V$ erhalten wir die in Tabelle 2.14 aufgeführten frühesten und spätesten Startzeitpunkte.

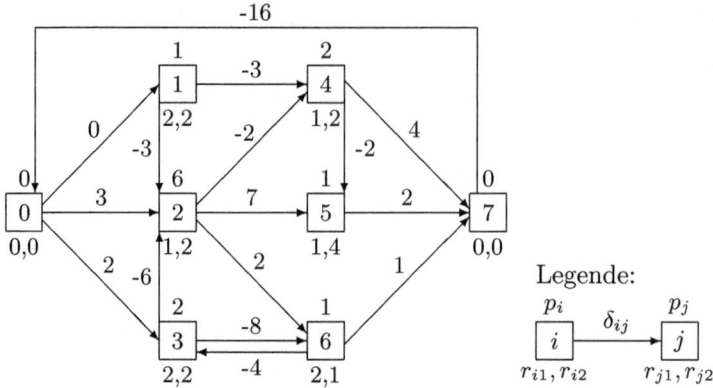

Abb. 2.41. Projektnetzplan mit zwei erneuerbaren Ressourcen

Tabelle 2.14. ES_i und LS_i für alle Vorgänge $i \in V$

i	0	1	2	3	4	5	6	7
ES_i	0	0	3	2	1	10	5	12
LS_i	0	10	7	13	12	14	15	16

Wir setzen $S^* := (0,0,3,2,1,10,5,12)$. Für S^* ergeben sich die in Abbildung 2.42 dargestellten Ressourcenprofile und eine obere Schranke gemäß $UB := f(S^*) = \sum_{k \in \mathcal{R}} \max_{t \in [0, \overline{d}]} r_{kt} = 3 + 4 = 7$.

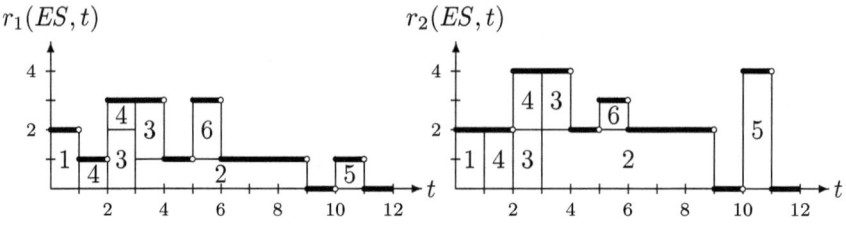

Abb. 2.42. Ressourcenprofile zum ES-Schedule

Weiter initialisieren wir $\mathcal{C} := \{0\}$, $S^{\mathcal{C}} := (0)$, den Stapel $\Omega := \{(\mathcal{C}, S^{\mathcal{C}})\}$ und die Menge $\Psi := \{(\mathcal{C}, S^{\mathcal{C}})\}$. In der ersten Iteration entnehmen wir den Teilschedule $(\{0\}, (0))$ dem Stapel Ω. Dann berechnen wir die workloadbasierte untere Schranke $LBA(S^{\mathcal{C}})$ für $S^{\mathcal{C}} = (0)$ mit $\mathcal{C} = \{0\}$. Da sich für die Vorgänge 1 und 7 die planungsabhängigen Zeitfenster $[ES, LC[$ nicht überlappen, planen wir Vorgang 1 und Vorgang 7 bestmöglich ein, d.h. beispielsweise zu $S_1 = 0$ und $S_7 = 16$. Die Menge der noch nicht betrachteten Vorgänge ist nun $\hat{\mathcal{C}} = \{2, \ldots, 6\}$. Für den Workload der Vorgänge aus $\hat{\mathcal{C}}$ ergibt sich $w_1(\hat{\mathcal{C}}) := 15$ und $w_2(\hat{\mathcal{C}}) := 25$. Dieser Workload wird berücksichtigt, indem wir die Vorgänge $j \in \hat{C}$ in unterbrechbare Teilvorgänge mit einer Dauer und einer Ressourceninanspruchnahme von 1 zerlegen und diese zu Zeitpunkten einplanen, an denen die Ressourceninanspruchnahme der bereits eingeplanten Vorgänge minimal ist. Somit ergibt sich für die workloadbasierte untere Schranke

$$LBA(S^{\mathcal{C}}) := \sum_{k \in \mathcal{R}} \max_{t \in [0,\bar{d}]} r_k^a(S^{\mathcal{C} \cup \tilde{\mathcal{C}}}, t) = 2 + 2 = 4.$$

Da $LBA(S^{\mathcal{C}}) < UB$ ist, fahren wir fort und initialisieren die Menge $\Lambda := \emptyset$. Die Aktualisierung der ES- und LS-Werte führt zu keinen Veränderungen. Anhand der Bedingungen (i) und (iii) ist nun zu prüfen (Zielfunktion (RI)), ob zwischen einem Knoten $j \in \{1, \ldots, 7\}$ und Knoten 0 eine bindende Zeit- bzw. Vorrangbeziehung etabliert werden kann. Für die Knoten 0 und 1 gelten die Bedingungen $\langle 0, 1 \rangle \in E$ und $S_0 + 0 = 0 = ES_1$ sowie $ES_1 \leq S_0 + p_0 \leq LS_1$; Bedingungen (i) und (iii). Daher ergibt sich die Menge aller möglichen Einplanungszeitpunkte von 1 zu $\mathcal{T}_1 := \{0\}$. Wir erweitern den aktuellen Teilschedule um den Knoten 1 und erhalten $S^{\mathcal{C}} = (0, 0)$ mit $\mathcal{C} = \{0, 1\}$. Für den Teilschedule $S^{\mathcal{C}} = (0, 0)$ ergibt sich die untere Schranke

$$LB0(S^{\mathcal{C}}) := f(S^{\mathcal{C}}) = 2 + 2 = 4.$$

Da $LB0(S^{\mathcal{C}}) < UB$ erfüllt ist und wir Teilschedule $S^{\mathcal{C}}$ nicht bereits schon einmal generiert haben, fügen wir den Teilschedule $(\{0, 1\}, (0, 0))$ den Mengen Λ und Ψ hinzu.

Für die Knoten 0 und 2 ist die Bedingung (i) erfüllt, denn es gilt $\langle 0, 2 \rangle \in E$ und $S_0 + 3 = ES_2$. Wir speichern den Zeitpunkt $t = 3$ in der Menge $\mathcal{T}_2$ und erweitern dann den aktuellen Teilschedule um Knoten 2. Dabei ergibt sich $S^{\mathcal{C}} = (0, 3)$ mit $\mathcal{C} = \{0, 2\}$. Für Teilschedule $S^{\mathcal{C}} = (0, 3)$ erhalten wir die untere Schranke

$$LB0(S^{\mathcal{C}}) = 1 + 2 = 3.$$

Da $LB0(S^{\mathcal{C}}) < UB$ gilt, fügen wir Teilschedule $(\{0, 2\}, (0, 3))$ den Mengen Λ und Ψ hinzu.

Für die Knoten 0 und 3 ist ebenfalls die Bedingung (i) erfüllt und wir setzen $\mathcal{T}_3 := \{2\}$. Es ergibt sich der Teilschedule $S^{\mathcal{C}} = (0, 2)$ mit $\mathcal{C} = \{0, 3\}$. Wir erhalten die untere Schranke $LB0$ für Teilschedule $S^{\mathcal{C}} = (0, 2)$ zu

$$LB0(S^{\mathcal{C}}) = 2 + 2 = 4.$$

Es gilt $LB0(S^{\mathcal{C}}) < UB$ und daher speichern wir Teilschedule $(\{0, 3\}, (0, 2))$ in den Mengen Λ und Ψ. Für die anderen Knoten 4–7 ist weder Bedingung (i) noch (iii) erfüllt. Nun werden alle Teilschedules aus der Menge Λ entfernt und dem Stapel Ω gemäß nicht wachsender Werte von $LB0$ hinzugefügt. Somit erhalten wir $\Omega := \{(\{0, 2\}, (0, 3)), (\{0, 1\}, (0, 0)), (\{0, 3\}, (0, 2))\}$.

In der zweiten Iteration entnehmen wir Teilschedule $(\{0, 2\}, (0, 3))$ dem Stapel Ω. Zunächst ist die workloadbasierte untere Schranke $LBA(S^{\mathcal{C}})$ des Teilschedules $S^{\mathcal{C}} = (0, 3)$ mit $\mathcal{C} = \{0, 2\}$ zu berechnen. Da sich für die

Vorgänge 1 und 7 die planungsabhängigen Zeitfenster $[ES, LC[$ nicht überlappen, planen wir sie zu $S_1 = 0$ und $S_7 = 16$ ein. Somit besteht die Menge
der noch nicht betrachteten Vorgänge aus $\hat{\mathcal{C}} = \{3, \ldots, 6\}$. Für den Workload
dieser Vorgänge ergibt sich $w_1(\hat{\mathcal{C}}) := 9$ und $w_2(\hat{\mathcal{C}}) := 13$ und wir erhalten die
workloadbasierte untere Schranke

$$LBA(S^{\mathcal{C}}) := \sum_{k \in \mathcal{R}} \max_{t \in [0, \bar{d}]} r_k^a(S^{\mathcal{C} \cup \tilde{\mathcal{C}}}, t) = 2 + 2 = 4.$$

Da $LBA(S^{\mathcal{C}}) < UB$ gilt, wird versucht, den Teilschedule $(\{0, 2\}, (0, 3))$ zu
erweitern. Wir initialisieren die Menge $\Lambda = \emptyset$. Die Aktualisierung der ES-
und LS-Werte führt zu den folgenden Änderungen: $LS_1 = 6$, $LS_3 = 9$ und
$LS_6 = 13$. Es ist nun anhand der Bedingungen (i) und (iii) zu prüfen, ob
zwischen einem Knoten $j \in \{1, 3, \ldots, 7\}$ und Knoten 0 oder 2 eine bindende
Zeit- oder Vorrangbeziehung etabliert werden kann. Für die Vorgänge 0 und
1 treffen die Bedingungen (i) und (iii) zu und wir setzen $\mathcal{T}_1 := \{0\}$. Die untere
Schranke für den entstandenen Teilschedule $S^{\mathcal{C}} = (0, 0, 3)$ mit $\mathcal{C} = \{0, 1, 2\}$
ergibt sich zu

$$LB0(S^{\mathcal{C}}) = 2 + 2 = 4.$$

Da die Bedingung $LB0(S^{\mathcal{C}}) < UB$ erfüllt ist, fügen wir den Teilschedule
$(\{0, 1, 2\}, (0, 0, 3))$ den Mengen Λ und Ψ hinzu.

Für die Knoten 0 und 3 ist Bedingung (i) und für die Knoten 2 und 3 ist
Bedingung (iii) erfüllt. Wir erhalten $\mathcal{T}_3 := \{2, 9\}$ und erweitern den aktuellen
Teilschedule um Knoten 3. Es ergeben sich die Teilschedules $S^{\mathcal{C}} = (0, 3, 2), \mathcal{C} =
\{0, 2, 3\}$ und $S^{\mathcal{C}} = (0, 3, 9), \mathcal{C} = \{0, 2, 3\}$. Die unteren Schranken berechnen
sich zu

$$\begin{aligned} LB0(S^{\mathcal{C}}) &= 3 + 4 = 7 \quad (S^{\mathcal{C}} = (0, 3, 2)) \\ LB0(S^{\mathcal{C}}) &= 2 + 2 = 4 \quad (S^{\mathcal{C}} = (0, 3, 9)). \end{aligned}$$

Da $LB0(S^{\mathcal{C}}) < UB$ nur für den Teilschedule $(\{0, 2, 3\}), (0, 3, 9))$ gilt, fügen
wir nur diesen Teilschedule den Mengen Λ und Ψ hinzu.

Für die Knoten 2 und 4 sind die Bedingungen (i) und (iii) erfüllt. Damit
ergibt sich $\mathcal{T}_4 := \{1, 9\}$. Die unteren Schranken der zugehörigen Teilschedules
lassen sich wie folgt berechnen

$$\begin{aligned} LB0(S^{\mathcal{C}}) &= 1 + 2 = 3 \quad (S^{\mathcal{C}} = (0, 3, 1)) \\ LB0(S^{\mathcal{C}}) &= 1 + 2 = 3 \quad (S^{\mathcal{C}} = (0, 3, 9)). \end{aligned}$$

Da die untere Schranke beider Teilschedules kleiner als UB ist, werden beide
Teilschedules in den Mengen Λ und Ψ gespeichert.

Nun betrachten wir die Knoten 2 und 5, für die (i) zutrifft. Wir erhalten
$\mathcal{T}_5 := \{10\}$ und erweitern den aktuellen Teilschedule um Knoten 5. Die untere
Schranke des entsprechenden Teilschedules ergibt sich zu

$$LB0(S^{\mathcal{C}}) = 1 + 4 = 5 \ .$$

Da $LB0(S^C) < UB$ gilt, fügen wir Teilschedule $(\{0,2,5\},(0,3,10))$ den Mengen Λ und Ψ hinzu.

Für die Knoten 2 und 6 sind ebenfalls die Bedingungen (i) und (iii) erfüllt und es ergibt sich die Menge $\mathcal{T}_6 := \{5,9\}$. Durch Erweiterung des aktuellen Teilschedules erhalten wir $S^C = (0,3,5)$ mit $C = \{0,2,6\}$ und $S^C = (0,3,9)$ mit $C = \{0,2,6\}$. Die unteren Schranken berechnen sich zu

$$LB0(S^C) = 3 + 3 = 6 \quad (S^C = (0,3,5))$$
$$LB0(S^C) = 2 + 2 = 4 \quad (S^C = (0,3,9)).$$

Da beide untere Schranken kleiner als UB sind, werden die Teilschedules den Mengen Λ und Ψ hinzugefügt. Nun werden alle generierten Teilschedules aus der Menge Λ entfernt und dem Stapel Ω gemäß nicht wachsender Werte von $LB0$ hinzugefügt. Es ergibt sich $\Omega := \{(\{0,2,4\},(0,3,1)), (\{0,2,4\},(0,3,9)), (\{0,1,2\},(0,0,3)), (\{0,2,3\},(0,3,9)), (\{0,2,6\},(0,3,9)), (\{0,2,5\},(0,3,10)), (\{0,2,6\}, (0,3,5)), (\{0,1\},(0,0)), (\{0,3\}, (0,2))\}$. Der in den beiden ersten Iterationen entstandene Enumerationsbaum ist in Abbildung 2.43 dargestellt. In der nächsten Iteration ist mit dem Knoten 4 fortzufahren.

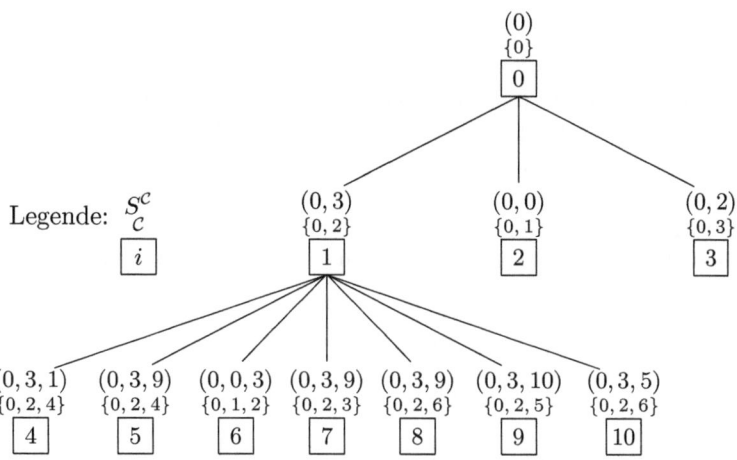

Abb. 2.43. Enumerationsbaum für das Beispiel 2.34

Anhand von Beispiel 2.34 erkennt man, dass die Anwendung des Branch-and-Bound-Verfahrens sehr aufwändig ist. Eine optimale Lösung wird für Ressourceninvestmentprobleme mit mehr als 50 Vorgängen und für Ressourcenabweichungs- sowie Ressourcennivellierungsprobleme mit mehr als 30 Vorgängen i.d.R. nicht in akzeptabler Zeit gefunden. Deshalb verwendet man zur Bestimmung einer akzeptablen Näherungslösung für Projektplanungsprobleme (2.1) mit Zielfunktion (RI), (RD) oder (RL) zumeist eine Heuristik. Im nächsten Kapitel gehen wir näher auf ein solches heuristisches Lösungsverfahren

für Ressourceninvestment-, Ressourcenabweichungs- und Ressourcennivellierungsprobleme ein.

2.3 Heuristisches Lösungsverfahren

In diesem Abschnitt führen wir ein *Prioritätsregelverfahren* zur Bestimmung
einer Näherungslösung für Projektplanungsprobleme (2.1) ein. Das Verfahren
wird bei Ressourceninvestment-, Ressourcenabweichungs- und Ressourcennivellierungsproblemen angewendet, da die Ermittlung einer exakten Lösung für
diese Probleme sehr aufwändig ist. Eine Anwendung des Prioritätsregelverfahrens für Projektplanungsprobleme (2.1) mit den Zielfunktionen (PD), (MFT),
(WST), $(E + T)$ und (NPV) ist prinzipiell möglich, aber i.d.R. nicht sinnvoll, da für diese Probleme leistungsfähige exakte Verfahren existieren (vgl.
Abschnitt 2.2).

Das Prioritätsregelverfahren generiert durch die sukzessive Einplanung von
Vorgängen eine Näherungslösung und wird daher auch als *Konstruktionsverfahren* bezeichnet. Seien $\mathcal{C}$ die Menge der bereits eingeplanten Vorgänge und
$S^{\mathcal{C}}$ der zugehörige Teilschedule. Dann lässt sich das prinzipielle Vorgehen des
Prioritätsregelverfahrens wie folgt beschreiben. Ausgehend vom Teilschedule
$S^{\mathcal{C}} = (0)$ mit $\mathcal{C} = \{0\}$ und $S_0 = 0$ erweitern wir den aktuellen Teilschedule in
jedem Schritt um mindestens einen Vorgang j, indem wir den Startzeitpunkt
S_j festlegen. Dies wird solange wiederholt, bis allen Vorgängen des Projektes
ein Startzeitpunkt zugewiesen wurde.

Sei $\overline{\mathcal{C}} := V \setminus \mathcal{C}$ die Menge der noch nicht eingeplanten Vorgänge. Wie bereits
in Abschnitt 2.2.4 gesehen, ändern sich beim Einplanen einzelner Vorgänge
i.d.R. die frühesten und spätesten Startzeitpunkte der übrigen Vorgänge $j \in \overline{\mathcal{C}}$
gemäß

$$ES_j(S^{\mathcal{C}}) := \max\{d_{0j}, \max_{i \in \mathcal{C}}(S_i^{\mathcal{C}} + d_{ij})\} \tag{2.9}$$

$$LS_j(S^{\mathcal{C}}) := \min\{-d_{j0}, \min_{i \in \mathcal{C}}(S_i^{\mathcal{C}} - d_{ji})\}. \tag{2.10}$$

Vorgang j kann somit nur innerhalb des Zeitfensters $W_j(S^{\mathcal{C}}) = [ES_j(S^{\mathcal{C}}),$
$LS_j(S^{\mathcal{C}})]$ eingeplant werden.

Beim Einplanen von Vorgang j wählen wir für den Startzeitpunkt S_j
einen Zeitpunkt $t \in W_j(S^{\mathcal{C}})$, der bezüglich der zugrunde liegenden Zielfunktion am günstigsten erscheint, d.h. bei dem sich der Zielfunktionswert
durch die Einplanung von Vorgang j zum Zeitpunkt $S_j := t$ am wenigsten
verschlechtert. Die Bewertung eines möglichen Startzeitpunktes t erfolgt dabei aufgrund der Differenz der Zielfunktionswerte der Teilschedules $S^{\mathcal{C} \cup \{j\}}$
und $S^{\mathcal{C}}$, was voraussetzt, dass für einen beliebigen Teilschedule $S^{\mathcal{C}}$ ein zugehöriger Zielfunktionswert $f(S^{\mathcal{C}})$ bestimmt werden kann. Dies ist für alle
(summen-)separierbaren Zielfunktionen der Form $f(S) := \sum_{i \in V} f_i(S_i)$, wie
z.B. (PD), (MFT), (WST), $(E + T)$ und (NPV), bzw. für alle ressourcenge-
brauchsabhängigen Zielfunktionen der Form $f(S) := f(r_k(S, \cdot)_{k \in \mathcal{R}})$, wie z.B.

(RI), (RD) und (RL), die prinzipiell für jedes Ressourcenprofil bzw. jede Menge von Ressourcenprofilen ausgewertet werden können, der Fall. Betrachten wir die Änderung des Zielfunktionswertes, die sich bei der Einplanung eines einzelnen Vorgangs j ergibt.

Definition 2.35 (Erweiterungskosten). Seien S^C ein Teilschedule und f eine separierbare oder eine ressourcengebrauchsabhängige Zielfunktion. Weiter seien j ein noch nicht eingeplanter Vorgang, $S_j \in W_j(S^C)$ und $S^{C \cup \{j\}}$ ein Teilschedule, für den $S_i^{C \cup \{j\}} = S_i^C$ für alle $i \in C$ und $S_j^{C \cup \{j\}} = S_j$ gilt. Dann bezeichnen wir mit

$$f^a(S^C, j, S_j) := f(S^{C \cup \{j\}}) - f(S^C)$$

die *Erweiterungskosten* (additional cost), die entstehen, wenn wir den Teilschedule S^C um Vorgang j mit Startzeitpunkt S_j erweitern.

Beispiel 2.36. Betrachten wir den MPM-Netzplan in Abbildung 2.44 mit fünf Vorgängen und einer erneuerbaren Ressource, d.h. der Index k kann entfallen. Seien $C = \{0, 1, 2, 4\}$ die Menge der bereits eingeplanten Vorgänge und $S^C = (0, 1, 4, 8)$ der entsprechende Teilschedule. Vorgang 3 kann innerhalb des Zeitfensters $W_3(S^C) = [2, 7]$ eingeplant werden. Im Folgenden wollen wir für die Zielfunktionen (RI), (RD) und (RL) die Erweiterungskosten bestimmen, die sich ergeben, wenn wir Vorgang 3 zum Zeitpunkt $S_3 = 4$ einplanen (vgl. Abb. 2.44).

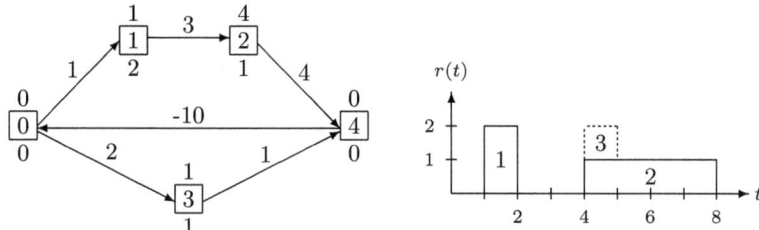

Abb. 2.44. Projektnetzplan und mögliches Ressourcenprofil

Für die Zielfunktion des Ressourceninvestmentproblems (RI) erhalten wir

$$f^a(S^C, 3, 4) = c^P \max_{t \in [0, \overline{d}]} r_k(S^{C \cup \{3\}}, t) - c^P \max_{t \in [0, \overline{d}]} r_k(S^C, t)$$
$$= (2 - 2) c^P = 0,$$

für die Zielfunktion (RD) mit $Y = 1$ erhalten wir

$$f^a(S^C, 3, 4) = c^D \int_{t \in [0, \overline{d}]} [r_k(S^{C \cup \{3\}}, t) - 1]^+ dt$$
$$- c^D \int_{t \in [0, \overline{d}]} [r_k(S^C, t) - 1]^+ dt = (2 - 1) c^D = c^D$$

und für die Ressourcennivellierungszielfunktion (RL) ergibt sich

$$f^a(S^C, 3, 4) = \int_{t \in [0,\overline{d}]} r_k^2(S^{C \cup \{3\}}, t) - \int_{t \in [0,\overline{d}]} r_k^2(S^C, t) = 11 - 8 = 3.$$

Wie bereits erläutert, terminiert unser Konstruktionsverfahren einen Vorgang nach dem anderen, wobei der nächste einzuplanende Vorgang j immer zu einem Zeitpunkt $t \in W_j(S^C)$ eingeplant wird, an dem die Erweiterungskosten $f^a(S^C, j, t)$ minimal sind. Da die Anzahl der Zeitpunkte $t \in W_j(S^C)$ i.d.R. überabzählbar ist, definieren wir für die verschiedenen Zielfunktionen jeweils eine Menge von *Entscheidungszeitpunkten* $\mathcal{D}_j(S^C)$, die mindestens einen Minimalpunkt von $f^a(S^C, j, \cdot)$ auf $W_j(S^C)$ enthält.

Die Zielfunktion des Ressourceninvestmentproblems (RI) gehört, wie bereits in Abschnitt 2.1.5 gezeigt, zu den lokal regulären Funktionen und ist somit auf der Isoordnungsmenge jedes zeitzulässigen Schedules regulär. Insbesondere ist (RI) konstant auf jeder Isoordnungsmenge, was folgenden Rückschluss zulässt. Für die Zielfunktion (RI) sind die Erweiterungskosten $f^a(S^C, j, S_j)$ konstant auf jedem Intervall (eventuell offen oder halboffen) von Startzeitpunkten, für die die entsprechenden Teilschedules $S^{C \cup \{j\}}$ die gleiche Ordnung induzieren. In Abbildung 2.45 sind die Erweiterungskosten konstant auf den Intervallen $[0, t],]t, t'[, [t', t']$ und $]t', t''[.$[13]

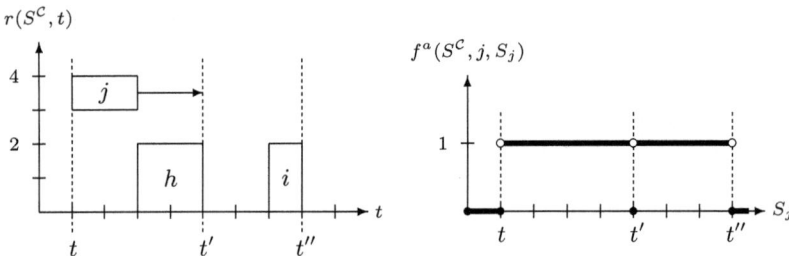

Abb. 2.45. Ressourcenprofil des Teilschedules S^C und Erweiterungskosten

Aus dieser Eigenschaft der Erweiterungskosten lässt sich folgern, dass bei der Einplanung eines Vorgangs $j \in \overline{C}$ neben dem $ES_j(S^C)$ noch Zeitpunkte zu betrachten sind, an denen mindestens ein bereits eingeplanter Vorgang endet und die Erweiterungskosten fallen können (Vorrangbeziehung fällt weg). Sei

$$CT(S^C) := \{t \in [0, \overline{d}] \mid \text{es existiert } i \in \mathcal{C} : t = S_i^C + p_i\}$$

die Menge aller Zeitpunkte, zu denen gemäß S^C mindestens ein Vorgang endet (completion times). Dann erhalten wir für die Zielfunktion (RI) die folgende Menge von Entscheidungszeitpunkten

$$\mathcal{D}_j(S^C) := \{ES_j(S^C)\} \cup (W_j(S^C) \cap CT(S^C)).$$

---

[13] In den Abbildungen 2.45 und 2.47 gehen wir davon aus, dass Vorgang j zu jedem Zeitpunkt im Planungszeitraum starten kann.

Beispiel 2.37. Wir betrachten die in Abbildung 2.46 dargestellten Ressourcenprofile. Die Menge der bereits eingeplanten Vorgänge sei $\mathcal{C} = \{0, 1, 2, 3\}$ mit $S^{\mathcal{C}} = (0, 0, 3, 3)$. Der als Nächstes zu betrachtende Vorgang 4 mit $p_4 = 3$ kann innerhalb des Zeitfensters $W_4(S^{\mathcal{C}}) = [1, 4]$ eingeplant werden. Die Erweiterungskosten der Funktion (RI) sind auf dem Intervall $[1, 2[$ konstant, es gilt $f^a(S^{\mathcal{C}}, 4, t) = 1$ für $t \in [1, 2[$. Die durch die Teilschedules $S^{\mathcal{C} \cup \{4\}}$ mit $S_4 \in [1, 2[$ implizierte strenge Ordnung (Menge von Vorrangbeziehungen) ist $O(S^{\mathcal{C}}) = \{(1, 2), (1, 3)\}$ (vgl. Abb. 2.46a). Weiterhin sind die Erweiterungskosten auf dem Intervall $[2, 4[$ konstant. Wir erhalten $f^a(S^{\mathcal{C}}, 4, t') = 1$ mit $t' \in [2, 4[$ und die durch die Teilschedules $S^{\mathcal{C} \cup \{4\}}$ mit $S_4 \in [2, 4[$ implizierte strenge Ordnung ist $O(S^{\mathcal{C}}) = \{(1, 2), (1, 3), (1, 4)\}$ (vgl. Abb. 2.46b). Für den Zeitpunkt $t = 4$ ergibt sich $f^a(S^{\mathcal{C}}, 4, 4) = 0$ und die durch $S^{\mathcal{C} \cup \{4\}} = (0, 0, 3, 3, 4)$ implizierte strenge Ordnung ist $O(S^{\mathcal{C}}) = \{(1, 2), (1, 3), (1, 4), (3, 4)\}$ (vgl. Abb. 2.46c). Abbildung 2.46d zeigt zusammenfassend den Verlauf der Erweiterungskosten. Die Menge der Entscheidungszeitpunkte ist $\mathcal{D}_4(S^{\mathcal{C}}) = \{1, 2, 4\}$, wobei für $S_4 = 4$ die Erweiterungskosten minimal sind.

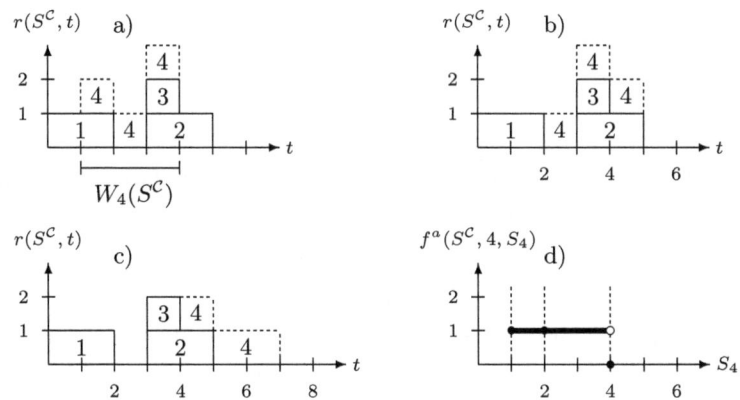

Abb. 2.46. Ressourcenprofile des Teilschedules $S^{\mathcal{C}}$ und Erweiterungskosten

Bei den Zielfunktionen (RD) und (RL) handelt es sich um lokal konkave Funktionen, die auf der Isoordnungsmenge jedes zeitzulässigen Schedules konkav sind (vgl. Abschnitt 2.1.5). Für diese Funktionen sind die Erweiterungskosten $f^a(S^{\mathcal{C}}, j, S_j)$ konkav auf jedem Intervall von Startzeitpunkten, für die die entsprechenden Teilschedules $S^{\mathcal{C} \cup \{j\}}$ die gleiche Ordnung induzieren. Da sich diese Ordnung mit S_j ändert, falls sich der Startzeitpunkt von Vorgang j hinter den Endzeitpunkt eines Vorgang $i \subset \mathcal{C}$ verschiebt (Vorrangbeziehung (i, j) kommt hinzu) oder wenn sich der Endzeitpunkt von Vorgang j hinter den Startzeitpunkt von Vorgang $l \in \mathcal{C}$ verschiebt (Vorrangbeziehung (j, l) fällt weg), müssen wir bei der Einplanung von Vorgang $j \in \overline{\mathcal{C}}$ neben dem $ES_j(S^{\mathcal{C}})$ und dem $LS_j(S^{\mathcal{C}})$ alle Zeitpunkte t betrachten, an denen ein Vorgang $i \in \mathcal{C}$ endet und alle Zeitpunkte t', für die zum Zeitpunkt $t' + p_j$ ein

Vorgang $l \in \mathcal{C}$ startet. In Abbildung 2.47 ist der Sachverhalt veranschaulicht, wir geben die Erweiterungskosten für die Zielfunktion (RD) mit $Y = 1$ an.

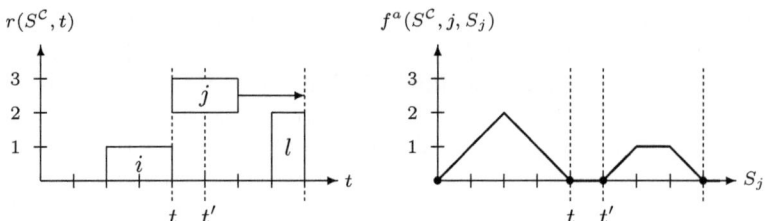

Abb. 2.47. Ressourcenprofil des Teilschedules $S^{\mathcal{C}}$ und Erweiterungskosten

Sei
$$ST(S^{\mathcal{C}}) := \{t \in [0, \overline{d}] \mid \text{es existiert } i \in \mathcal{C} : t = S_i^{\mathcal{C}}\}$$
die Menge aller Zeitpunkte, zu denen gemäß $S^{\mathcal{C}}$ mindestens ein Vorgang startet (start times). Dann erhalten wir für die Zielfunktionen (RD) und (RL) die folgende Menge von Entscheidungszeitpunkten
$$\mathcal{D}_j(S^{\mathcal{C}}) := \{ES_j(S^{\mathcal{C}}), LS_j(S^{\mathcal{C}})\} \cup (W_j(S^{\mathcal{C}}) \cap CT(S^{\mathcal{C}}))$$
$$\cup \{t \in W_j(S^{\mathcal{C}}) | t + p_j \in ST(S^{\mathcal{C}})\}.$$

Beispiel 2.38. Betrachten wir die in Abbildung 2.48 dargestellten Ressourcenprofile. Die Menge der bereits eingeplanten Vorgänge ist $\mathcal{C} = \{0, 1, 2, 3\}$ mit $S^{\mathcal{C}} = (0, 0, 2, 6)$. Als Nächstes ist der Vorgang 4 mit $p_4 = 3$ im Intervall $W_4(S^{\mathcal{C}}) = [1, 4]$ einzuplanen. Planen wir Vorgang 4 zum Zeitpunkt $ES_4 = 1$ ein, so ist die zu $S^{\mathcal{C} \cup \{4\}}$ gehörige Ordnung $O(S^{\mathcal{C} \cup \{4\}}) = \{(1, 2), (1, 3), (2, 3),$ $(4, 3)\}$. Diese Ordnung ändert sich, falls wir den Einplanungszeitpunkt von 4 erhöhen. Zu den Zeitpunkten $t = 2, t = 3 + \varepsilon$ mit $0 < \varepsilon \ll 1$ und $t = 4$ kommen Vorrangbeziehungen hinzu oder fallen weg. Auf den resultierenden Intervallen $[1, 2[, [2, 3],]3, 4[$ und $[4, 4]$ verlaufen die Erweiterungskosten konkav und da die Zielfunktionen (RD) und (RL) stetig sind, nehmen die Erweiterungskosten jeweils auf einem der beiden Intervallrandpunkte ihr Minimum an (vgl. Abb. 2.48a bis d). Abbildung 2.48e zeigt den Verlauf der Erweiterungskosten für die Zielfunktion (RD) mit $Y = 1$. Die Menge der Entscheidungszeitpunkte ist $\mathcal{D}_4(S^{\mathcal{C}}) = \{1, 2, 3, 4\}$, wobei die Erweiterungskosten für $S_4 = 3$ und $S_4 = 4$ minimal sind. Im Folgenden wählen wir immer die größte Minimalstelle, d.h. $S_4 = 4$.

Betrachten wir nun die Vorgehensweise des Konstruktionsverfahrens im Einzelnen. In jedem Schritt weisen wir einem Vorgang j einen Startzeitpunkt $S_j^+ \in \mathcal{D}_j(S^{\mathcal{C}})$ zu, wobei S_j^+ die größte Minimalstelle der Erweiterungskosten $f^a(S^{\mathcal{C}}, j, \cdot)$ auf $\mathcal{D}_j(S^{\mathcal{C}})$ darstellt. Auf diese Weise wird zum Beispiel für ein Ressourceninvestmentproblem sukzessive ein Outtree eines Ordnungsnetzplans $N(O(S))$ erzeugt, d.h. ein Minimalpunkt eines Schedulepolytops

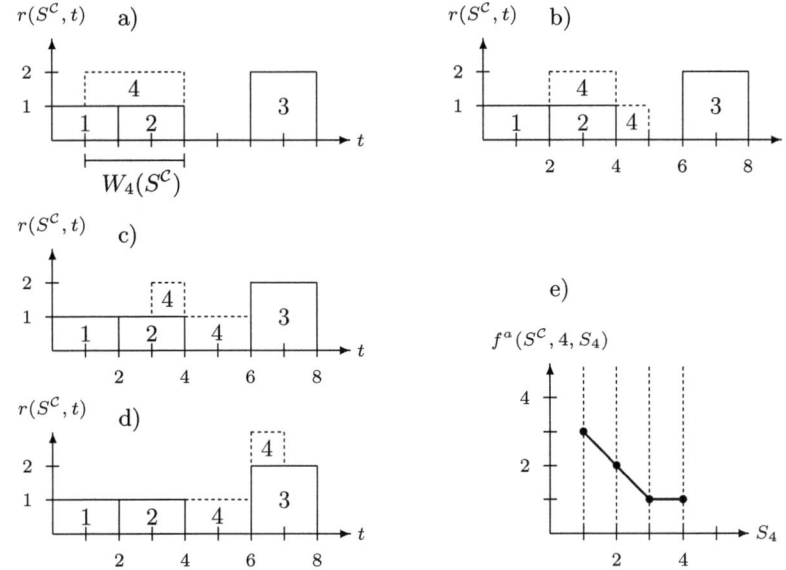

Abb. 2.48. Ressourcenprofile des Teilschedules S^C

$\mathcal{S}_T(O(S)), S \in \mathcal{S}_T$. Für Probleme mit den Zielfunktionen (RD) oder (RL) wird sukzessive ein Gerüst, d.h. ein Extremalpunkt eines Schedulepolytops konstruiert.

Den nächsten einzuplanenden Vorgang $j \in \overline{\mathcal{C}}$ bestimmen wir gemäß einer *Prioritätsregel*. Dabei bestimmen wir zunächst für alle Vorgänge $j \in \overline{\mathcal{C}}$ den entsprechenden Prioritätsregelwert und wählen dann unter den Vorgängen mit maximalem Prioritätsregelwert denjenigen mit kleinster Vorgangsnummer aus. Die Wahl der Prioritätsregel hängt von der zugrunde liegenden Zielfunktion ab. In der Literatur werden viele verschiedene Prioritätsregeln angeführt. Prioritätsregeln, die für die Zielfunktionen (RI), (RD) und (RL) „gute" Lösungen liefern, sind:

GRD-Regel (Greatest Resource Demand): Wähle Vorgang j mit dem größten Ressourcenbedarf, d.h. $j := \min\{i \in \overline{\mathcal{C}} \mid \max_{h\in\overline{\mathcal{C}}} p_h \sum_{k\in\mathcal{R}} r_{hk}\}$.

GRDT-Regel (*GRD* per Time unit): Wähle Vorgang j mit dem größten Ressourcenbedarf pro Zeiteinheit, d.h. $j := \min\{i \in \overline{\mathcal{C}} \mid \max_{h\in\overline{\mathcal{C}}} \sum_{k\in\mathcal{R}} r_{hk}\}$.

LST-Regel (Latest Start Time): Wähle Vorgang j mit dem aktuell kleinsten spätesten Startzeitpunkt, d.h. $j := \min\{i \in \overline{\mathcal{C}} \mid \min_{h\in\overline{\mathcal{C}}} LS_h(S^C)\}$.

MST-Regel (Minimum Slack Time): Wähle Vorgang j mit der aktuell kleinsten Gesamtpufferzeit, d.h. $j := \min\{i \in \overline{\mathcal{C}} \mid \min_{h\in\overline{\mathcal{C}}} TF_h(S^C)\}$.

Allgemein unterscheidet man zwischen *statischen* und *dynamischen* Prioritätsregeln. Bei den statischen Prioritätsregeln (*GRD* und *GRDT*) werden die Prioritätsregelwerte nur einmal zu Beginn des Verfahrens berechnet. Bei dynamischen Prioritätsregeln werden die Prioritätsregelwerte jedesmal wenn ein Vorgang eingeplant wurde, aktualisiert. Die *LST*-Regel und die *MST*-Regel können statisch oder dynamisch verwendet werden, wobei die dynamischen Versionen mit *LSTd* bzw. *MSTd* bezeichnet werden. Bei der Auswahl von Vorgang $j \in \overline{C}$ kann anstelle einer einzigen Prioritätsregel auch eine Kombination von Prioritätsregeln angewendet werden. Die Prioritätsregelkombination *MST-GRD* bedeutet beispielsweise, dass zuerst alle Vorgänge $j \in \overline{C}$ mit kleinster Gesamtpufferzeit ausgewählt werden und dann unter diesen derjenige mit dem größten Ressourcenbedarf. Da es i.d.R. keine Prioritätsregel bzw. Prioritätsregelkombination gibt, die alle anderen dominiert, wendet man Prioritätsregelverfahren häufig nicht nur einmal (Single Pass), sondern mehrmals mit unterschiedlichen Prioritätsregelkombinationen an (Multi Pass) und wählt dann die beste Lösung aus.

Ist der nächste einzuplanende Vorgang $j \in \overline{C}$ bestimmt, berechnen wir in Abhängigkeit der Zielfunktion die Menge der Entscheidungszeitpunkte $\mathcal{D}_j(S^{\mathcal{C}})$ von Vorgang j. $\mathcal{D}_j(S^{\mathcal{C}})$ enthält mindestens eine Minimalstelle S_j^+ der Erweiterungskosten $f^a(S^{\mathcal{C}}, j, \cdot)$ auf $W_j(S^{\mathcal{C}}) = [ES_j(S^{\mathcal{C}}), LS_j(S^{\mathcal{C}})]$. Wir bestimmen aus Gründen der Eindeutigkeit die größte Minimalstelle S_j^+ von $f^a(S^{\mathcal{C}}, j, \cdot)$ und setzen $S_j := S_j^+$. Ferner entfernen wir j aus der Menge $\overline{C}$ der noch nicht eingeplanten Vorgänge und fügen j in die Menge $\mathcal{C}$ der bereits eingeplanten Vorgänge ein. Danach müssen die *ES*- und *LS*-Werte für alle Vorgänge $i \in \overline{C}$ gemäß (2.9) und (2.10) aktualisiert werden. Gilt $ES_i = LS_i$ so werden die jeweiligen Vorgänge $i \in \overline{C}$ zu ES_i terminiert. In dieser Art und Weise fahren wir fort, bis allen Vorgängen $i \in V$ ein Startzeitpunkt zugewiesen ist. Algorithmus 2.39 fasst die einzelnen Schritte des Prioritätsregelverfahrens zur Bestimmung einer Näherungslösung für Projektplanungsprobleme (2.1) mit Zielfunktion $(RI), (RD)$ und (RL) zusammen.

Algorithmus 2.39 (Prioritätsregelverfahren für Problem (2.1) mit Zielfunktion (*RI*), (*RD*) bzw. (*RL*)).

Initialisierung:

Setze $\mathcal{C} := \{0\}$, $S^{\mathcal{C}} := (0)$ und $\overline{C} := V \setminus \{0\}$.

Bestimme die Längen längster Wege d_{ij} für alle $i, j \in V$.

Setze $ES_i := d_{0i}$ und $LS_i := -d_{i0}$ für alle $i \in V \setminus \{0\}$.

Für alle $i \in \overline{C}$ mit $LS_i = ES_i$:

Setze $S_i := ES_i$, $\mathcal{C} := \mathcal{C} \cup \{i\}$ und $\overline{C} := \overline{C} \setminus \{i\}$.

Hauptschritt:

Solange $\overline{C} \neq \emptyset$:

Wähle Vorgang $j \in \overline{C}$ mit höchster Priorität.

Bestimme $\mathcal{D}_j(S^{\mathcal{C}})$ in Abhängigkeit von der Zielfunktion.

Bestimme die größte Minimalstelle S_j^+ von $f^a(S^{\mathcal{C}}, j, \cdot)$ auf $\mathcal{D}_j(S^{\mathcal{C}})$.

Setze $S_j := S_j^+$, $\mathcal{C} := \mathcal{C} \cup \{j\}$ und $\overline{\mathcal{C}} := \overline{\mathcal{C}} \setminus \{j\}$.

Für alle $i \in \overline{\mathcal{C}}$:

Setze $ES_i := \max(d_{0i}, S_j + d_{ji})$ und $LS_i := \min(-d_{i0}, S_j - d_{ij})$.

Für alle $i \in \overline{\mathcal{C}}$ mit $LS_i = ES_i$:

Setze $S_i := ES_i$, $\mathcal{C} := \mathcal{C} \cup \{i\}$ und $\overline{\mathcal{C}} := \overline{\mathcal{C}} \setminus \{i\}$

Rückgabe S.

Beispiel 2.40. Wir betrachten den in Abbildung 2.49 dargestellten Projekt-netzplan mit sechs realen Vorgängen, einer erneuerbaren Ressource und einer maximalen Projektdauer von $\overline{d} = 9$. Zur Minimierung der Zielfunktion (*RL*) wenden wir Algorithmus 2.39 mit der Prioritätsregel *GRD* an.

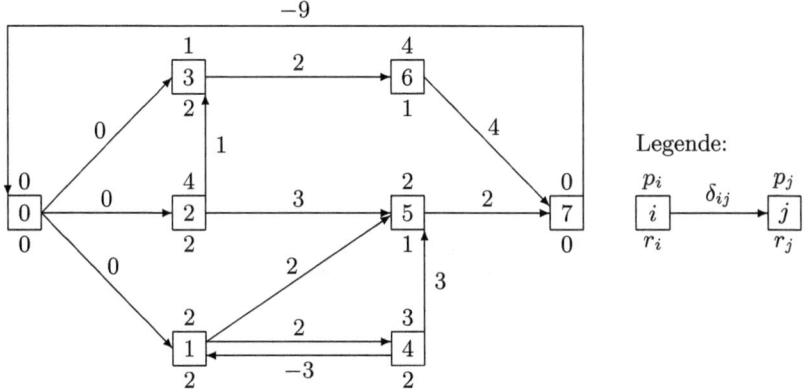

Abb. 2.49. Projektnetzplan mit sechs realen Vorgängen

Tabelle 2.15 zeigt die frühesten und spätesten Startzeitpunkte sowie die Ressourcenbedarfe der Vorgänge $i \in V$.

Tabelle 2.15. ES_i, LS_i und $r_i p_i$ für $i = 0, \dots, 7$

i	0	1	2	3	4	5	6	7
ES_i	0	0	0	1	2	5	3	7
LS_i	0	2	2	3	4	7	5	9
$r_i p_i$	0	4	8	2	6	2	4	0

Im Initialisierungsschritt planen wir Vorgang 0 zum Zeitpunkt 0 ein, d.h. wir setzen $\mathcal{C} := \{0\}$ und $S^{\mathcal{C}} := (0)$. Der Vorgang mit dem größten Ressourcenbedarf ist Vorgang 2. Da außer Vorgang 0 noch kein Vorgang eingeplant wurde, erhalten wir als Menge der Entscheidungszeitpunkte für Vorgang 2 den frühsten und spätesten Startzeitpunkt von 2, d.h. $\mathcal{D}_2(S^{\mathcal{C}}) = \{0, 2\}$. Die Erweiterungskosten für die Zeitpunkte $t = 0$ und $t = 2$ sind $f^a(S^{\mathcal{C}}, 2, 0) =$

$f^a(S^C, 2, 2) = 16 - 0 = 16$. Folglich planen wir Vorgang 2 zu $S_2 = 2$ ein, der größten Minimalstelle von f^a. Da Vorgang 2 zu seinem spätesten Startzeitpunkt eingeplant wurde, aktualisieren wir die frühesten Startzeitpunkte der Vorgänge 3, 6 und 7, indem wir $ES_3 := 3, ES_6 := 5$ und $ES_7 := 9$ setzen. Damit gilt für die Vorgänge $i = 3, 6, 7$ nun $ES_i = LS_i$ und wir setzen $S_3 := 3$, $S_6 := 5$, $S_7 := 9$ (vgl. Abb. 2.50a).

Im zweiten Hauptschritt wählen wir Vorgang 4 als nächsten einzuplanenden Vorgang. Die Menge der Entscheidungszeitpunkte von Vorgang 4 besteht aus $\mathcal{D}_4(S^C) = \{2, 4\}$. Für die Erweiterungskosten gilt $f^a(S^C, 4, 2) = 80 - 36 = 44$ und $f^a(S^C, 4, 4) = 72 - 36 = 36$. Wir planen Vorgang 4 somit zu $S_4 = 4$ ein. Nun sind die frühesten Startzeitpunkte der Vorgänge 1 und 5 zu aktualisieren, dabei erhalten wir $ES_1 := 1$ und $ES_5 := 7$. Für Vorgang 5 gilt $ES_5 = LS_5$ und wir setzen $S_5 := 7$ (vgl. Abb. 2.50b).

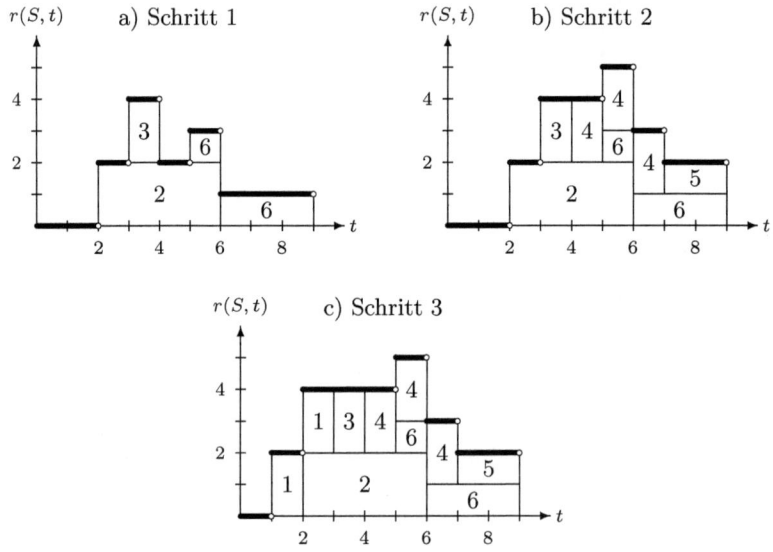

Abb. 2.50. Ressourcenprofile der einzelnen Teilschedules

Im letzten Schritt wählen wir Vorgang 1 als nächsten einzuplanenden Vorgang. Die Menge der Entscheidungszeitpunkte von Vorgang 1 ist $\mathcal{D}_1(S^C) = \{1, 2\}$. Für die Erweiterungskosten gilt $f^a(S^C, 1, 1) = 94 - 78 = 16$ und $f^a(S^C, 1, 2) = 110 - 78 = 32$. Vorgang 1 wird daher zu $S_1 = 1$ eingeplant. In Abbildung 2.50c ist das entstandene Ressourcenprofil mit Zielfunktionswert 94 veranschaulicht.

Bei den Zielfunktionen (RI), (RD) und (RL) hängen die Erweiterungskosten $f^a(S^C, j, S_j)$ vom aktuellen Ressourcengebrauch ab. Dies bedeutet, dass sich die Erweiterungskosten $f^a(S^C, j, S_j)$ ändern können, wenn wir vor der

Einplanung von Vorgang j einen anderen Vorgang $h \in \overline{C}$ einplanen. Im Folgenden zeigen wir, wie man schon vor der Einplanung eines Vorgangs $h \in \overline{C}$ einen Teil seines Ressourcenbedarfs bei der Bestimmung der Erweiterungskosten für Vorgang j berücksichtigen kann. Hierzu führen wir den Begriff des Basisintervalls eines Vorgangs ein, das angibt, zu welchen Zeitpunkten sich ein noch nicht eingeplanter Vorgang in Ausführung befindet, und zwar unabhängig davon, welche Startzeitpunkte wir ihm und den übrigen noch nicht eingeplanten Vorgängen zuweisen.

Seien $EC_i = ES_i + p_i$ der früheste Zeitpunkt, zu dem Vorgang i enden kann, und LS_i der späteste Startzeitpunkt von Vorgang i unter Berücksichtigung der maximalen Projektdauer $\overline{d}$. Vorgang i muss dann unabhängig von seinem Startzeitpunkt $S_i \in [ES_i, LS_i]$ im Zeitintervall $[LS_i, EC_i[$ ausgeführt werden. Das Intervall $[LS_i, EC_i[$ wird daher als *Basisintervall* von Vorgang i bezeichnet. Gilt für einen Vorgang $i \in V$ beispielsweise $p_i = 9$, $ES_i = 2$ und $LS_i = 4$, dann muss Vorgang i im Basisintervall $[4, 11[$ ausgeführt werden unabhängig davon, zu welchen Zeitpunkten er und die übrigen Vorgänge $j \in V$ eingeplant werden (vgl. Abb. 2.51).

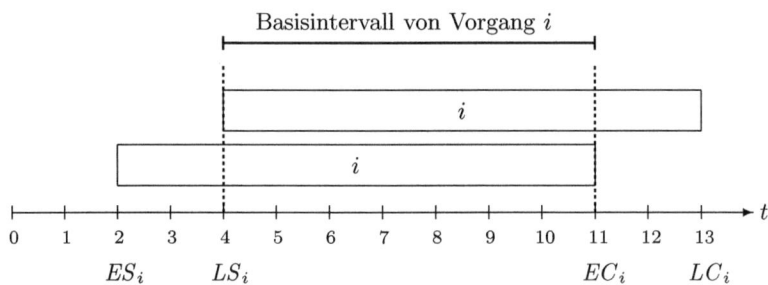

Abb. 2.51. Basisintervall von Vorgang i

Ist $TF_i = 0$ für einen Vorgang $i \in V$ und damit $S_i = ES_i = LS_i$, so nennen wir Vorgang i *fixiert*. Ist für einen Vorgang i die Ungleichung $0 < TF_i < p_i$ erfüllt, so nennen wir den Vorgang *teilfixiert*. Ein teilfixierter Vorgang i wird unabhängig von seinem Startzeitpunkt immer im Basisintervall $[LS_i, EC_i[$ ausgeführt. Da das zugrunde liegende Projekt zum Zeitpunkt 0 startet ($S_0 = 0$), hängt die Menge der fixierten und teilfixierten Vorgänge von der maximalen Projektdauer $\overline{d}$ ab. Mit wachsendem $\overline{d}$ wird die Anzahl der teilfixierten Vorgänge kleiner.

In Abhängigkeit von Teilschedule $S^{\mathcal{C}}$ ergibt sich das *planungsabhängige Basisintervall* eines noch nicht eingeplanten Vorgangs $j \in \overline{C}$ zu $[LS_j(S^{\mathcal{C}}), EC_j(S^{\mathcal{C}})[$. Setzen wir $ES_i := LS_i := S_i$ für alle eingeplanten Vorgänge $i \in \mathcal{C}$ (deren Startzeitpunkt somit schon fixiert ist), so stellt

$$\mathcal{A}^b(S^{\mathcal{C}}, t) := \{i \in V \mid LS_i(S^{\mathcal{C}}) \le t < EC_i(S^{\mathcal{C}})\}$$

mit $t \in [0, \overline{d}]$ die Menge der Vorgänge dar, die sich zum Zeitpunkt t in Ausführung befinden, und zwar unabhängig davon zu welchem Zeitpunkt die noch nicht eingeplanten Vorgänge $j \in \overline{C}$ eingeplant werden. Vorgänge mit Dauer 0 finden dabei keine Berücksichtigung, da sich die Ressourcenprofile durch ihre Einplanung nicht ändern. Für einen Teilschedule S^C ergibt sich die Menge an Ressource k, die zum Zeitpunkt $t \in [0, \overline{d}]$ benötigt wird, unter Berücksichtigung aller fixierten und teilfixierten Vorgänge zu

$$r_k^b(S^C, t) := \sum_{i \in \mathcal{A}^b(S^C, t)} r_{ik}.$$

Die Erweiterungskosten für die Zielfunktionen (RI), (RD) und (RL) lassen sich unter Berücksichtigung fixierter und teilfixierter Vorgänge modifizieren. Unter Einbeziehung des Ressourcenprofils $r_k^b(S^C, \cdot)$ ergeben sich für das Ressourceninvestmentproblem die *modifizierten Erweiterungskosten* f^b

$$f^b(S^C, j, S_j) := \sum_{k \in \mathcal{R}} c_k^P \left(\max_{t \in [0, \overline{d}]} r_k^b(S^{C \cup \{j\}}, t) - \max_{t \in [0, \overline{d}]} r_k^b(S^C, t) \right),$$

für das Ressourcenabweichungsproblem

$$f^b(S^C, j, S_j) := \sum_{k \in \mathcal{R}} c_k^D \int_{t \in [0, \overline{d}]} \left([r_k^b(S^{C \cup \{j\}}, t) - Y_k]^+ - [r_k^b(S^C, t) - Y_k]^+ \right) dt$$

und für das Ressourcennivellierungsproblem

$$f^b(S^C, j, S_j) := \sum_{k \in \mathcal{R}} \int_{t \in [0, \overline{d}]} \left((r_k^b)^2(S^{C \cup \{j\}}, t) - (r_k^b)^2(S^C, t) \right) dt.$$

Um die Effizienz unseres Prioritätsregelverfahrens (vgl. Algorithmus 2.39) basierend auf dem unvermeidbaren Ressourcengebrauch fixierter und teilfixierter Vorgänge zu steigern, ersetzen wir f^a durch f^b. Im Folgenden erläutern wir die Vorgehensweise des modifizierten Prioritätsregelverfahrens an einem Beispiel.

Beispiel 2.41. Betrachten wir wieder den in Abbildung 2.49 dargestellten Projektnetzplan und nehmen an, dass die Zielfunktion (RL) zu minimieren sei. Wir bestimmen eine Näherungslösung für das zugrunde liegende Problem mit Algorithmus 2.39 und der Prioritätsregel GRD, wobei wir zur Bestimmung der Erweiterungskosten die Funktion f^b verwenden. Die frühesten und spätesten Startzeitpunkte sowie die Ressourcenbedarfe der Vorgänge $i \in V$ sind in Tabelle 2.15 dargestellt.

Im Initialisierungsschritt setzen wir $C := \{0\}$, $S_0 := 0$ und $S^C := (0)$. Für alle Vorgänge $i \in V \setminus \{0\}$ beträgt die Gesamtpufferzeit $TF_i = 2$ und für die Vorgänge $i = 2, 4, 6$ gilt $TF_i < p_i$. Die Vorgänge 2, 4 und 6 sind somit teilfixiert. Das Ressourcenprofil ist in Abbildung 2.52a dargestellt.

Der Vorgang mit dem größtem Ressourcenbedarf ist Vorgang 2, er ist als Erstes einzuplanen. Wir erhalten als Menge der Entscheidungszeitpunkte von Vorgang 2 den frühesten und spätesten Startzeitpunkt von Vorgang 2, d.h. $\mathcal{D}_2(S^\mathcal{C}) = \{0, 2\}$. Die Erweiterungskosten f^b zu den Zeitpunkten 0 und 2 sind $f^b(S^\mathcal{C}, 2, 0) = 22 - 14 = 8$ und $f^b(S^\mathcal{C}, 2, 2) = 34 - 14 = 20$. Somit planen wir Vorgang 2 zu $S_2 = 0$ ein. Die Aktualisierung der ES- und LS-Werte der noch nicht eingeplanten Vorgänge führt zu keinen Änderungen. Das Ressourcenprofil ist in Abbildung 2.52b dargestellt, wobei der fixierte Vorgang 2 mit durchgezogener Linie eingezeichnet wurde.

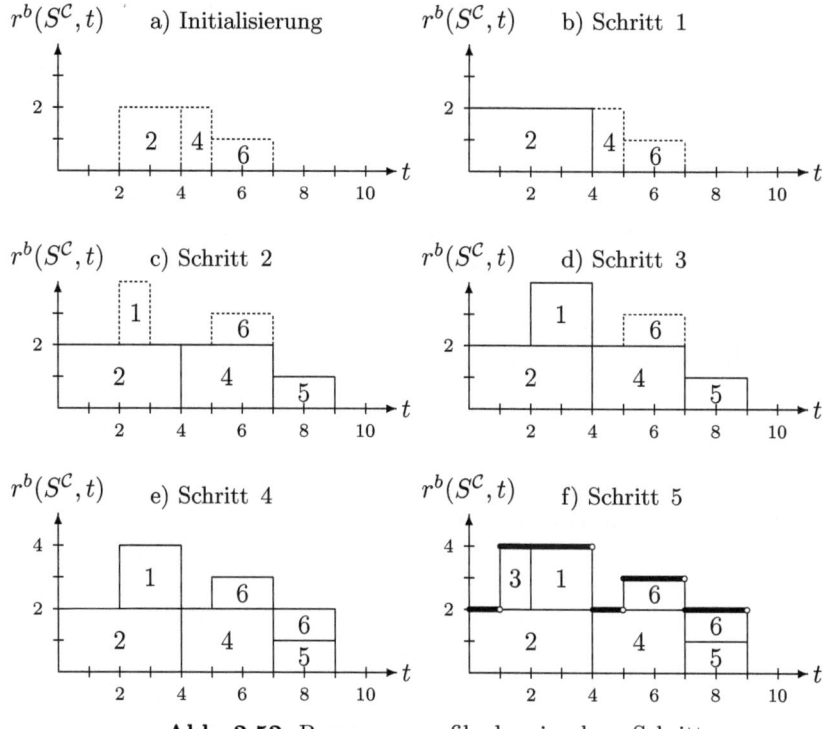

Abb. 2.52. Ressourcenprofile der einzelnen Schritte

Als Nächstes wählen wir Vorgang 4 und erhalten für die Menge der Entscheidungszeitpunkte $\mathcal{D}_4(S^\mathcal{C}) = \{2, 4\}$. Die Erweiterungskosten zu den Zeitpunkten 2 und 4 sind $f^b(S^\mathcal{C}, 4, 2) = 46 - 22 = 24$ und $f^b(S^\mathcal{C}, 4, 4) = 38 - 22 = 16$. Wir planen Vorgang 4 zu $S_4 = 4$ ein. Da wir Vorgang 4 zu seinem spätesten Startzeitpunkt eingeplant haben, aktualisieren wir die frühesten Startzeitpunkte der Vorgänge 1, 5 und 7 auf $ES_1 := 1, ES_5 := 7$ und $ES_7 := 9$. Damit gilt für die Vorgänge 5 und 7 $ES_5 = LS_5$ und $ES_7 = LS_7$; sie sind somit fixiert. Wir setzen $S_5 := 7$ sowie $S_7 := 9$. Für Vorgang 1 gilt $TF_1 = 1 < p_1 = 2$, daher ist Vorgang 1 nun teilfixiert. Abbildung 2.52c zeigt das entsprechende Ressourcenprofil.

Im dritten Hauptschritt wählen wir den Vorgang 1 als nächsten einzuplanenden Vorgang. Die Menge der Entscheidungszeitpunkte von Vorgang 1 ist $\mathcal{D}_1(S^C) = \{1, 2\}$. Für die Erweiterungskosten zu den Zeitpunkten 1 und 2 erhalten wir $f^b(S^C, 1, 1) = 64 - 52 = 12$ und $f^b(S^C, 1, 2) = 12$. Wir wählen die größte Minimalstelle und planen Vorgang 1 zu $S_1 := 2$ ein. Eine Aktualisierung der *ES*- und *LS*-Werte ist nicht erforderlich. Das Ressourcenprofil ist in Abbildung 2.52d dargestellt.

Im vierten Schritt wählen wir den Vorgang 6 als nächsten einzuplanenden Vorgang. Wir erhalten als Menge von Entscheidungszeitpunkten $\mathcal{D}_6(S^C) = \{3, 4, 5\}$. Es ergeben sich die Erweiterungskosten $f^b(S^C, 6, 3) = 78 - 64 = 14$, $f^b(S^C, 6, 4) = 72 - 64 = 8$ und $f^b(S^C, 6, 5) = 70 - 64 = 6$. Wir planen Vorgang 6 zu $S_6 = 5$ ein. Das Ressourcenprofil ist in Abbildung 2.52e dargestellt.

Im letzten Schritt wählen wir den Vorgang 3. Für die Menge von Entscheidungszeitpunkten gilt $\mathcal{D}_3(S^C) = \{1, 3\}$, und es ergeben sich die Erweiterungskosten $f^b(S^C, 3, 1) = 82 - 70 = 12$ und $f^b(S^C, 3, 3) = 90 - 70 = 20$. Somit planen wir Vorgang 3 zu $S_3 = 1$ ein. Das entstandene Ressourcenprofil mit Zielfunktionswert 82 ist in Abbildung 2.52f veranschaulicht.

2.4 Kundenauftragsfertigung

In diesem Abschnitt stellen wir die Terminierung von Fertigungsaufträgen bei der *Kundenauftragsfertigung* als Anwendungsbeispiel für die Projektplanung unter Zeitrestriktionen vor. Typischerweise ist die Kundenauftragsfertigung in der Einzel- und Kleinserienfertigung anzutreffen. Ein Kundenauftrag, der u.U. mehrere Endprodukte umfasst, bzw. der zur Erledigung des Kundenauftrags durchzuführende Produktionsprozess lässt sich als Projekt auffassen. Alle benötigten Vor-, Zwischen- und Endprodukte werden aufgrund von vorliegenden Kundenaufträgen gefertigt. Für jeden Kundenauftrag liegen die Mengen der gewünschten Endprodukte (Primärbedarfe) und zugehörige Liefertermine vor. Für jeden Produktionsprozess bzw. für jedes Zwischen- und Endprodukt ist ein so genannter *Arbeitsplan* gegeben, der die einzelnen *Arbeitsgänge* (Vorgänge) zur Herstellung des betrachteten Produktes sowie die Reihenfolge enthält, in der die Arbeitsgänge durchzuführen sind. Dabei werden ein oder mehrere aufeinander folgende Arbeitsgänge auf einer bestimmten Maschine ausgeführt. Im Rahmen der Kundenauftragsfertigung sind die Startzeitpunkte der einzelnen Arbeitsgänge so zu bestimmen, dass die einzelnen Produkte zu den gewünschten Lieferterminen fertiggestellt werden können. In der Praxis ist man häufig bestrebt, einen Kundenauftrag so schnell wie möglich zu bearbeiten, damit frühzeitig freie Produktionskapazitäten für zukünftige Kundenaufträge zur Verfügung stehen.

Wir beschreiben im Folgenden die Fertigung eines Kundenauftrags im Rahmen einer offenen Fertigung als Projektplanungsproblem. Dabei bezeichnen wir die Fertigung des periodenbezogenen Gesamtbedarfs (Bruttobedarf) für ein Produkt als *Job*. Die Bearbeitung eines Jobs auf einer Maschine wird als *Operation* bezeichnet. In der Praxis wird meist gefordert, dass eine Operation in ihrer Durchführung nicht unterbrochen werden darf, um eine gleichmäßige Auslastung der Betriebsmittel zu erreichen. Im Folgenden werde jede (nicht unterbrechbare) Operation, die einem oder mehreren Arbeitsgängen entspricht, durch einen Projektvorgang repräsentiert. In der *offenen Fertigung* können aufeinanderfolgende Operationen zeitlich überlappen. Hierbei wird ein Produkt bereits zu einer gemäß des zugrunde liegenden Arbeitsplans nächsten Maschine weitergeleitet, während die Bearbeitung auf der ersten Maschine noch läuft. Die Weitergabe erfolgt dann in Transportlosen, die kleiner als das jeweilige Fertigungslos sind. Die offene Fertigung stellt eine wichtige Maßnahme zur Verkürzung von Durchlaufzeiten in der Produktion dar.

Da die Gesamtdauer der Bearbeitung aller Kundenaufträge minimiert werden soll, wählen wir die Minimierung der Projektdauer als Zielfunktion. Als Restriktionen sind die Befriedigung des Primärbedarfs an allen Endprodukten, die Einhaltung einer durch den Arbeitsplan vorgegebenen Bearbeitungsreihenfolge der Arbeitsgänge bzw. Operationen zur Herstellung eines Produktes und die Einhaltung der Lieferzeiten für die vorliegenden Kundenbestellungen zu berücksichtigen. Die Einhaltung einer vorgeschriebenen Lieferzeit für ein Produkt kann durch Einführung eines Höchstabstandes zwischen dem Projektstart und der letzten Operation des Projektes gewährleistet werden. Zur Gewährleistung der vorgegebenen Bearbeitungsreihenfolge der Operationen eines Jobs fügen wir zeitliche Mindestabstände ein, die sich wie folgt ergeben. Bezeichne O_i eine Operation, die der Bearbeitung eines Jobs auf der Maschine M_i entspricht. Weiterhin sei ϑ_i die Rüstzeit für Operation O_i auf Maschine M_i und τ_i die Bearbeitungszeit pro Einheit des betrachteten Produktes auf M_i. Dann ist $p_i = \vartheta_i + \tau_i x$ die Ausführungszeit bzw. die Dauer der Operation O_i, wobei x den Bruttobedarf des jeweiligen Produktes darstellt. Betrachten wir den Fall, dass ein Produkt zunächst auf Maschine M_i bearbeitet und danach direkt an Maschine M_j zur Weiterbearbeitung übergeben werden soll. Ist die Transportlosgröße z des Produktes kleiner als der Bruttobedarf x, dann können einige Einheiten von M_i nach M_j überführt werden, bevor die Bearbeitung des gesamten Bruttobedarfs an M_i abgeschlossen ist. Betrachten wir hierzu das folgende Beispiel.

Beispiel 2.42. Gegeben sei ein (Zwischen-)Produkt mit einem Bruttobedarf von $x = 3$ und einer Transportlosgröße von $z = 1$. Abbildung 2.53 zeigt den Fall, dass die Bearbeitungszeit pro Produkteinheit auf Maschine M_i größer ist als auf Maschine M_j, d.h. $\tau_i > \tau_j$. Dann müssen wir einen Mindestabstand T_{ij}^{min} zwischen dem Start der Operation O_i und der Operation O_j einführen, um zu gewährleisten, dass O_j nicht unterbrochen wird.

Des Weiteren betrachten wir den Fall, dass die Bearbeitungszeit des (Zwischen-)Produktes auf M_i kleiner oder gleich der Bearbeitungszeit auf M_j ist, d.h. es gilt $\tau_i \leq \tau_j$. Abbildung 2.54 veranschaulicht diese Situation, wo-

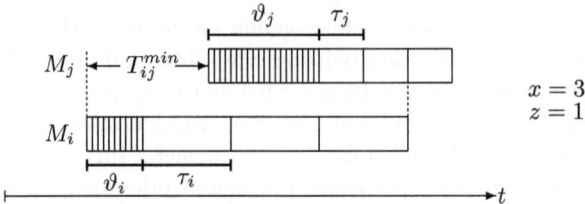

Abb. 2.53. Bearbeitung auf M_i und M_j mit Mindestabstand

bei o.B.d.A. angenommen wird, dass die Rüstzeit auf Maschine M_i sehr viel kleiner ist als auf Maschine M_j, d.h. es gilt $\vartheta_i \ll \vartheta_j$. In diesem Fall müssen wir einen Höchstabstand T_{ji}^{max} zwischen dem Start der Operationen O_j und O_i einfügen, um eine möglichst zügige, unterbrechungsfreie Bearbeitung der Operationen O_i und O_j zu erreichen.

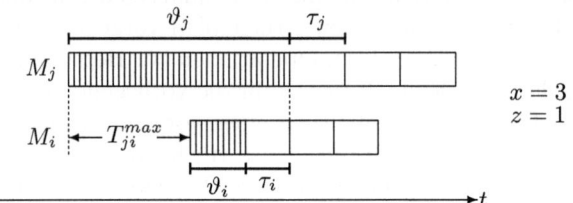

Abb. 2.54. Bearbeitung auf M_i und M_j mit Höchstabstand

Sei x der Bruttobedarf und z die Transportlosgröße eines Produktes, wobei wir annehmen, dass x/z ganzzahlig ist. Dann garantiert die Einführung eines Pfeils $\langle i, j \rangle$ mit der Bewertung

$$\delta_{ij} := \begin{cases} \vartheta_i + x\tau_i - \vartheta_j - (x-z)\tau_j, & \text{für } \tau_i > \tau_j \\ \vartheta_i + z\tau_i - \vartheta_j, & \text{für } \tau_i \le \tau_j \end{cases} \qquad (2.11)$$

zwischen dem Start von zwei aufeinanderfolgenden Operationen O_i und O_j, dass O_j ohne Unterbrechung ausgeführt werden kann. Für $\delta_{ij} \ge 0$ entspricht der Pfeil $\langle i, j \rangle$ einem Mindestabstand $T_{ij}^{min} := \delta_{ij}$ zwischen dem Start von O_i und O_j. Ist $\delta_{ij} < 0$, dann entspricht $\langle i, j \rangle$ einem Höchstabstand $T_{ji}^{max} := -\delta_{ij}$ zwischen dem Start von O_j und O_i. Existiert eine Transportzeit t_{ij} für den Transfer des Transportloses von Maschine M_i nach Maschine M_j, so addieren wir t_{ij} zu δ_{ij} hinzu. Anstatt wie eben beschrieben zwei Operationen desselben Jobs zu überlappen, können auch die letzte Operation O_i eines Produktes h und die erste Operation O_j eines anderen Produktes l überlappen, falls das (Zwischen-)Produkt h in das Produkt l eingeht.

Bei der eben beschriebenen Vorgehensweise zur Erzeugung zeitlicher Mindest- und Höchstabstände zwischen zwei Operationen sind wir davon ausgegangen, dass genau eine Einheit des aus Operation O_i resultierenden Zwischenproduktes für die Herstellung einer Einheit des aus Operation O_j resultierenden (Zwischen-)Produktes benötigt wird. Tatsächlich herrschen in Unternehmen wesentlich komplexere Produktstrukturen vor. Die *Produktstruktur* eines Unternehmens gibt die strukturellen und mengenmäßigen Zusammenhänge zwischen den Produkten wieder und lässt sich durch einen so genannten Gozintographen abbilden. Ein Gozintograph ist ein Digraph, dessen Knoten die Produkte darstellen, wobei zwischen End- und Zwischenprodukten sowie Rohmaterialien unterschieden wird. Endprodukte werden durch Senken, und Rohmaterialen, die extern bezogen werden, durch Quellen im Gozintographen repräsentiert. Existiert ein Pfeil $\langle h, l \rangle$ von Knoten h zu Knoten l mit dem Gewicht a_{hl}, dann werden a_{hl} Einheiten von Produkt h benötigt, um eine Einheit von Produkt l herzustellen. Man bezeichnet a_{hl} daher als *Inputkoeffizient*. Wir unterscheiden an dieser Stelle der Einfachheit halber zwischen zwei grundlegenden Produktstrukturen. Bei einer *linearen* Produktstruktur besitzt jedes Produkt genau einen direkten Vorgänger und genau einen direkten Nachfolger im Gozintographen (vgl. Abb. 2.55a). Bei einer *konvergenten* Produktstruktur besitzt jedes Produkt genau einen Nachfolger im Gozintographen, d.h. der Gozintograph stellt einen Intree dar (vgl. Abb. 2.55b). Der Fall, dass eine *divergente Produktstruktur* vorliegt, d.h. der Gozintograph ist ein Outtree, wird in NEUMANN und SCHWINDT (1997) behandelt.

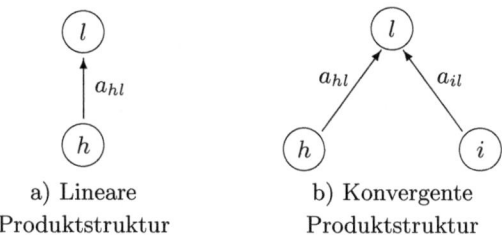

a) Lineare
Produktstruktur

b) Konvergente
Produktstruktur

Abb. 2.55. Produktstrukturen

Existiert bei einer linearen oder konvergenten Produktstruktur ein Pfeil $\langle h, l \rangle$ von Knoten h zu Knoten l im Gozintographen, dann können die letzte Operation O_i des (Zwischen-) Produktes h und die erste Operation O_j des Produktes l überlappen. Operation O_i wird auf der Maschine M_i und Operation O_j auf der Maschine M_j ausgeführt. Falls a_{hl} Einheiten von (Zwischen-) Produkt h für eine Einheit des Produktes l benötigt werden, dann ergibt sich der Zeitabstand δ_{ij}^{hl} gemäß

$$\delta_{ij}^{hl} := \begin{cases} \vartheta_i + a_{hl} x_l \tau_i - \vartheta_j - (x_l - z_h/a_{hl})\tau_j, & \text{für } a_{hl}\tau_i > \tau_j \\ \vartheta_i + z_h \tau_i - \vartheta_j, & \text{für } a_{hl}\tau_i \leq \tau_j. \end{cases} \tag{2.12}$$

In Gleichung (2.12) repräsentiert x_l den Bruttobedarf von Produkt l und z_h die Transportlosgröße von Produkt h. Ist $a_{hl} = 1$, so entspricht (2.12) gerade (2.11).

Zum Abschluss beschreiben wir die Konstruktion des Projektnetzplans für das beschriebene Problem der Kundenauftragsfertigung. Wir nehmen an, dass die Produktstruktur durch einen Gozintographen gegeben ist. Jeder Knoten des Gozintographen wird durch eine Sequenz von Operationen ersetzt, die den jeweiligen Job abbilden. Auf diese Weise entspricht ein Job dem Weg von seinem ersten Operations-Knoten zu seinem letzten Operations-Knoten im resultierenden Netzwerk. Die Bewertungen der Pfeile entsprechen den oben eingeführten Mindest- und Höchstabständen.

Beispiel 2.43. Betrachten wir den in Abbildung 2.56 dargestellten Gozintographen einer Produktstruktur. Wir nehmen an, dass Zwischenprodukt A aus der Sequenz der Operationen A_1, A_2 und Zwischenprodukt C aus der Sequenz C_1, C_2, C_3 besteht, während Zwischenprodukt B nur auf einer Maschine gefertigt wird. Endprodukt I bestehe aus der Sequenz I_1, I_2 und Endprodukt II werde nur auf einer Maschine gefertigt. Die Arbeitspläne für die einzelnen Produkte sind ebenfalls in Abbildung 2.56 angegeben, wobei die Dauer der Operationen jeweils für das gesamte Fertigungslos angegeben ist, d.h. wir führen in unserem Beispiel der Einfachheit halber zeitliche Mindestabstände der Form $T_{ij}^{min} = p_i$ zwischen den Startzeitpunkten zweier aufeinanderfolgender Operationen O_i und O_j eines Jobs ein.

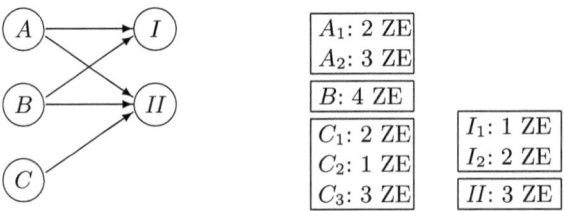

Abb. 2.56. Gozintograph und Arbeitspläne

Wir erhalten ein Netzwerk N', das in Abbildung 2.57 innerhalb des gestrichelten Rechtecks dargestellt ist. Die Mindestabstände T_{ij}^{min} zwischen den Vorgängen i und j entsprechen der Dauer der zugehörigen Operation O_i. Nun ist eine neue Quelle α und eine neue Senke ω einzuführen, wobei α den Start und ω das Ende des Projektes repräsentieren. Ausgehend von der Quelle α fügen wir Pfeile zu den Quellen des Netzwerks N' mit der Bewertung 0 ein. Weiterhin sind Pfeile hinzuzufügen, die von allen Senken s des Netzwerks N' zu der Senke ω verlaufen und deren Bewertung gleich der Dauer der zu s gehörigen Operation ist. Die zusätzlichen Pfeile sind in Abbildung 2.57 fett ausgezeichnet.

Wir nehmen außerdem an, dass für einige Endprodukte h eine Lieferzeit $\overline{d}_h$ festgelegt ist. Sei O_j die letzte Operation von Produkt h mit der Dauer p_j.

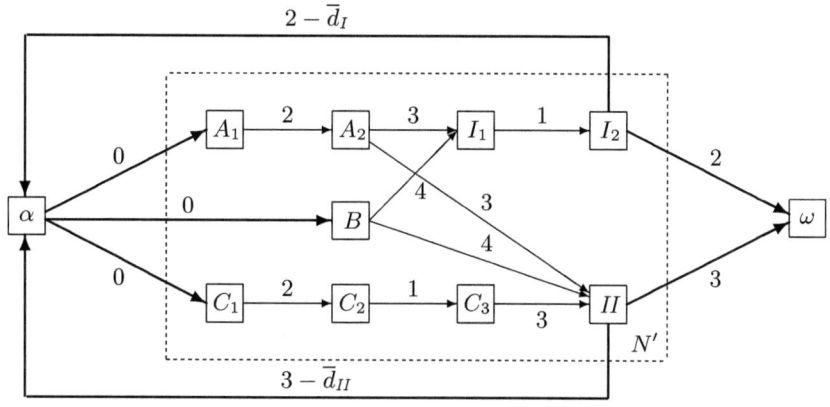

Abb. 2.57. Projektnetzplan N von Beispiel 2.43

Dann ist ein Höchstabstand $T_{\alpha,j}^{max} := \overline{d}_h - p_j$ zwischen dem Projektstart und dem Start von Operation O_j gegeben. Seien in Beispiel 2.43 die Lieferzeiten $\overline{d}_I$ und $\overline{d}_{II}$ für die Endprodukte I und II gegeben, dann sind zwei Rückwärtspfeile einzuführen, zum einen $\langle I_2, \alpha \rangle$ und zum anderen $\langle II, \alpha \rangle$ (vgl. Abb. 2.57).

Die Länge eines längsten Weges von α nach ω in N entspricht nun gerade der kürzestmöglichen Bearbeitungszeit des betrachteten Kundenauftrages, und die zugehörigen Startzeitpunkte der einzelnen Operationen entsprechen den frühesten Startzeitpunkten der entsprechenden Vorgänge in N.

Ergänzende Literatur

BRUCKER ET AL. (1999)

DEMEULEMEESTER (1995)

DEMEULEMEESTER und HERROELEN (2002)

DE REYCK (1998)

HERROELEN ET AL. (1997)

KIMMS (2001)

KOLISCH (2001)

KOLISCH und PADMAN (2001)

MAYER (1998)

MODER ET AL. (1983)

MÖHRING (1984)

NEUMANN und SCHWINDT (1997)

NEUMANN und ZIMMERMANN (1999)

NEUMANN und ZIMMERMANN (2000)

NEUMANN ET AL. (2003)

NÜBEL (1999)

ÖZDAMAR und ULUSOY (1995)

VANHOUCKE ET AL. (2001)

WEGLARZ (1999)

ZIMMERMANN (2001)

3

Projektplanung unter Zeit- und Ressourcenrestriktionen

Die in Kapitel 2 getroffene Annahme, dass der gesamte Ressourcenbedarf aller simultan ausführbaren Vorgänge geringer ist als die vorhandene Ressourcenkapazität, stellt im Allgemeinen eine starke Vereinfachung der betrieblichen Realität dar. Für praktische Anwendungen werden daher effiziente Methoden benötigt, um den Einsatz knapper Ressourcen bei der Planung und Durchführung von Projekten zu berücksichtigen. Aus diesem Grund behandeln wir im Folgenden die *Projektplanung unter Zeit- und Ressourcenrestriktionen*, deren Aufgabe es ist, eine Menge von i.d.R. Zeit und Ressourcen beanspruchenden Vorgängen so zu terminieren, dass ein vorgegebenes Ziel bestmöglich erfüllt wird, die Zeitbeziehungen zwischen den Vorgängen eingehalten und zu keinem Zeitpunkt die vorgegebenen Ressourcenkapazitäten überschritten werden.

In Abschnitt 3.1 geben wir zunächst eine mathematische Formulierung des Projektplanungsproblems unter Zeit- und Ressourcenrestriktionen an, wobei wir uns auf die Betrachtung erneuerbarer Ressourcen beschränken. Im darauffolgenden Abschnitt 3.1.1 erläutern wir, wie das ressourcenbeschränkte Projektplanungsproblem unter Zuhilfenahme einer zeitindexbasierten Formulierung in ein gemischt-ganzzahliges lineares Programm (MIP) überführt werden kann. Anschließend beschreiben wir in Abschnitt 3.1.2 den zulässigen Bereich des Projektplanungsproblems unter Zeit- und Ressourcenrestriktionen und geben für die in Abschnitt 2.1.1 behandelten Zielfunktionen ausgezeichnete Punkte des zulässigen Bereichs an, die potentielle Kandidaten für eine optimale Lösung darstellen (vgl. Abschnitt 3.1.3).

Zur Minimierung der Projektdauer eines ressourcenbeschränkten Projektplanungsproblems stellen wir in Abschnitt 3.2 ein Branch-and-Bound-Verfahren vor und gehen auf geeignete Branching-Strategien, Preprocessing-Techniken, untere Schranken und Auslotregeln ein. Zur Lösung des Projektplanungsproblems unter Zeit- und Ressourcenrestriktionen mit Zielfunktionen (MFT), (WST), $(E + T)$ und (NPV) muss das Branch-and-Bound-Verfahren, wie in Abschnitt 3.3.1 beschrieben, lediglich geeignet modifiziert werden. Basierend auf dem gerüstbasierten Enumerationsschema aus Abschnitt 2.2.4 beschreiben wir in Abschnitt 3.3.2 einen Enumerationsansatz für die Zielfunktionen (RI), (RD) und (RL). Da die Bestimmung einer optimalen Lösung schon für die Zielfunktion (PD) und für Probleminstanzen mit 50 Vorgängen sehr aufwändig ist, diskutieren wir in Abschnitt 3.4 heuristische Verfahren zur Ermittlung von i.d.R. guten Näherungslösungen für Instanzen mit bis zu 1000 Vorgängen. Im Anschluss beschreiben wir heuristische Lösungsverfahren für weitere Zielfunktionen (vgl. Abschnitt 3.5). In Abschnitt 3.6 behandeln wir schließlich ein Anwendungsbeispiel für die Projektplanung unter Zeit- und Ressourcenrestriktionen.

3.1 Problemformulierung

Wie in Abschnitt 2.1 sei $\mathcal{R}$ die Menge aller für die Projektdurchführung relevanten erneuerbaren Ressourcen. Ein Vorgang $i \in V$ nimmt während seiner Ausführung die Ressource $k \in \mathcal{R}$ mit $r_{ik} \in \mathbb{Z}_{\geq 0}$ Einheiten in Anspruch. Zu jedem Zeitpunkt stehen $R_k \in \mathbb{Z}_{\geq 0}$ Einheiten der Ressource $k \in \mathcal{R}$ zur Verfügung. Eine solche konstante Ressourcenkapazität R_k einer Ressource $k \in \mathcal{R}$ erscheint im Ressourcenprofil von k als waagerechte Linie. In der Praxis ist jedoch nicht immer gewährleistet, dass die Ressourcenkapazität R_k, $k \in \mathcal{R}$, konstant verläuft, da die Verfügbarkeit einer Ressource häufig von dem jeweils betrachteten Zeitpunkt abhängt. Schwankt die Kapazität einer Ressource, so ergibt sich – wie für die Ressourceninanspruchnahme von Vorgängen – eine über die Zeit rechtsseitig stetige Treppenfunktion $R_k : [0, \overline{d}] \rightarrow \mathbb{Z}_{\geq 0}$ (vgl. hierzu die Ausführungen in Abschnitt 2.1). Im Folgenden gehen wir stets davon aus, dass die Ressourcenkapazität R_k für alle $k \in \mathcal{R}$ konstant ist. Ein schwankendes Ressourcenprofil wird dadurch modelliert, dass wir künstliche Vorgänge (*Dummyvorgänge*) einfügen, die die Schwankungen ausgleichen. Jeder Dummyvorgang wird dabei durch einen zeitlichen Mindest- und einen zeitlichen Höchstabstand zum Vorgang 0 fixiert.

Beispiel 3.1. In einer Firma arbeiten fünf Mitarbeiter von 9 bis 17 Uhr. Da wir nur eine erneuerbare Ressource (Mitarbeiter) betrachten, kann der Ressourcenindex k entfallen. Wir nehmen an, dass von 12 bis 13 Uhr nur zwei und von 13 bis 14 Uhr nur drei von insgesamt fünf Mitarbeitern anwesend sind. Daher fügen wir, wie in Abbildung 3.1 dargestellt, zwei Dummyvorgänge mit der Dauer $p_1 = p_2 = 1$ ein, um die Schwankungen der Ressourcenkapazität auszugleichen. Dummyvorgang 1 startet zu $S_1 = 12$ Uhr und besitzt die Ressourceninanspruchnahme von $r_1 = 3$ und Dummyvorgang 2 startet zu $S_2 = 13$ Uhr und besitzt die Ressourceninanspruchnahme von $r_2 = 2$.

Sind beim Einplanen eines Vorgangs $i \in V$ neben Zeitbeziehungen zusätzlich beschränkte Kapazitäten R_k für die Ressourcen $k \in \mathcal{R}$ zu beachten, dann dürfen die sich zum Zeitpunkt t in Ausführung befindlichen Vorgänge zusammen nicht mehr als R_k Einheiten einer Ressource $k \in \mathcal{R}$ in Anspruch nehmen.

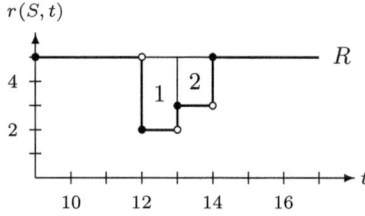

Abb. 3.1. Verfügbare Ressourcenkapazität über die Zeit

Wir erhalten für jede Ressource $k \in \mathcal{R}$ die *Ressourcenrestriktionen*

$$r_k(S,t) := \sum_{i \in \mathcal{A}(S,t)} r_{ik} \le R_k \text{ für alle } t \in [0, \overline{d}], \tag{3.1}$$

wobei $\mathcal{A}(S,t)$ für gegebenen Schedule S wieder die Menge der sich zum Zeitpunkt t in Ausführung befindlichen Vorgänge bezeichnet (vgl. Abschnitt 2.1). Da sich die kumulierte Ressourceninanspruchnahme $r_k(S,t)$ nur dann erhöht, wenn mit der Ausführung eines Vorgangs begonnen wird, ist (3.1) äquivalent zu

$$r_k(S,t) \le R_k \text{ für alle } t \in ST(S),$$

wobei $ST(S)$ die Menge aller Zeitpunkte darstellt, zu denen gemäß S mindestens ein Vorgang startet.

Definition 3.2 (Zulässiger Schedule). Einen Schedule, der für alle $t \in ST(S)$ die Ressourcenrestriktionen $r_k(S,t) \le R_k$ erfüllt, bezeichnen wir als *ressourcenzulässig*. Ein zeit- und ressourcenzulässiger Schedule wird *zulässig* genannt.

Sei S ein zeit-, aber nicht ressourcenzulässiger Schedule. Dann gibt es mindestens einen Zeitpunkt $t \in [0, \overline{d}]$, für den ein so genannter *Ressourcenkonflikt* vorliegt, d.h. zu dem $r_k(S,t) > R_k$ für mindestens ein $k \in \mathcal{R}$ gilt. Der Ressourcenkonflikt für Ressource k wird dabei durch die simultane Ausführung der Vorgänge $i \in \mathcal{A}(S,t)$ mit $r_{ik} > 0$ verursacht.[1] Betrachten wir dazu ein Beispiel.

Beispiel 3.3. Gegeben sei der in Abbildung 3.2 dargestellte Projektnetzplan mit einer erneuerbaren Ressource und einer maximalen Projektdauer von $\overline{d} = 10$. Da nur eine Ressource betrachtet wird, entfällt der Index k. Die Ressourcenkapazität sei $R = 3$.

Schedule $S = (0, 0, 0, 3, 2, 7)$ ist zeitzulässig, denn die Zeitbeziehungen $S_j - S_i \ge \delta_{ij}$ sind für alle $\langle i, j \rangle \in E$ erfüllt. Zur Überprüfung der Ressourcenzulässigkeit betrachten wir das Ressourcenprofil $r(S, \cdot)$ von S in Abbildung 3.3. Im Zeitintervall $[3, 5[$ liegt ein Ressourcenkonflikt vor, da $r(S,t) > 3$ für alle $t \in [3, 5[$ gilt. Somit ist der Schedule S nicht ressourcenzulässig.

---

[1] Die Menge $\mathcal{A}(S,t)$ enthält, wie bereits in Kapitel 2 erläutert, nur Vorgänge $i \in V$ mit $p_i > 0$.

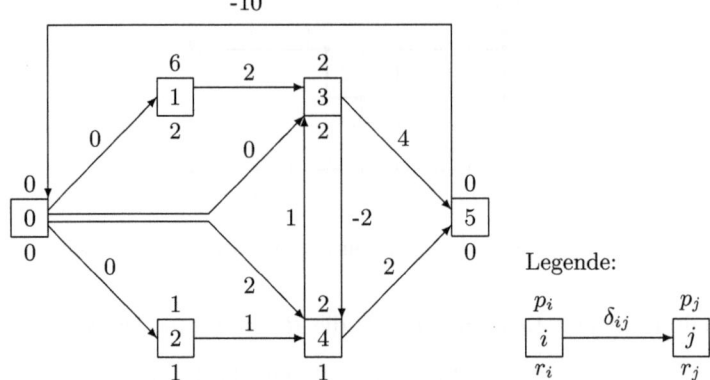

Abb. 3.2. Projektnetzplan mit einer erneuerbaren Ressource

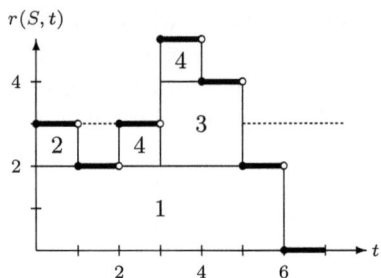

Abb. 3.3. Ressourcenprofil für Schedule S

Definition 3.4 (Verbotene Menge). Eine Menge $F \subseteq V$ wird *verbotene Menge* (forbidden set) genannt, falls mindestens eine Ressource $k \in \mathcal{R}$ existiert, so dass $\sum_{i \in F} r_{ik} > R_k$ ist. Die Menge aller verbotenen Mengen bezeichnen wir mit $\mathcal{F}$. Ferner nennen wir eine verbotene Menge $F^{min} \in \mathcal{F}$, die keine echte verbotene Teilmenge besitzt, eine *minimale verbotene Menge*.

Liegt für Schedule S zum Zeitpunkt t ein Ressourcenkonflikt vor, so stellt die Menge der zum Zeitpunkt t aktiven Vorgänge $\mathcal{A}(S, t)$ eine verbotene Menge dar. Definitionsgemäß enthält jede verbotene Menge mindestens eine minimale verbotene Teilmenge. Zur Illustration betrachten wir abermals Beispiel 3.3. Der kleinste Zeitpunkt, an dem ein Ressourcenkonflikt vorliegt, ist $t = 3$. Die aktive Menge zu diesem Zeitpunkt besteht aus den Vorgängen 1, 3 und 4, daher stellt $\mathcal{A}(S, 3) = \{1, 3, 4\}$ eine verbotene Menge F dar. Die Menge $\{1, 3, 4\}$ ist allerdings keine minimale verbotene Menge, denn für $\{1, 3\} \subset \{1, 3, 4\}$ gilt ebenfalls $\sum_{i \in \{1,3\}} r_i = 2 + 2 = 4 > R = 3$. Die Menge $F^{min} = \{1, 3\}$ stellt eine minimale verbotene Menge dar, da beide einelementigen Teilmengen $\{1\}$ und $\{3\}$ keine verbotenen Mengen sind.

Nachfolgend geben wir eine mathematische Formulierung des Projektplanungsproblems unter Zeit- und Ressourcenrestriktionen für eine Zielfunktion $f(S)$ an. Dabei gehen wir davon aus, dass die Pfeilmenge E einen Pfeil $\langle n+1, 0 \rangle$ mit der Bewertung $\delta_{n+1,0} = -\overline{d}$ enthält, der die Einhaltung einer vorgegebenen maximalen Projektdauer $\overline{d}$ gewährleistet.

$$\left. \begin{array}{ll} \text{Minimiere } f(S) & \\ \text{u.d.N.} \quad S_j - S_i \geq \delta_{ij} & (\langle i, j \rangle \in E) \\ \quad\quad S_0 = 0 & \\ \quad\quad r_k(S, t) \leq R_k & (k \in \mathcal{R}, t \in ST(S)) \end{array} \right\} \quad (3.2)$$

Wie in Abschnitt 2.1 nehmen wir ohne Beschränkung der Allgemeinheit an, dass die Zielfunktion $f(S)$ zu minimieren ist. Die Nebenbedingungen gewährleisten, dass alle vorgegebenen Mindest- und Höchstabstände eingehalten werden, das Projekt zum Zeitpunkt 0 startet und die Ressourcenkapazitäten nicht überschritten werden. Mit S bezeichnen wir die Menge aller zulässigen Schedules, d.h. den *zulässigen Bereich* des Projektplanungsproblems (3.2). Da die Ressourcenrestriktionen nicht linear sind und, wie wir noch sehen werden, der zulässige Bereich S weder konvex noch zusammenhängend ist, ist Problem (3.2) auch für einfache Zielfunktionen, wie z.B. die Projektdauer, i.d.R. ein schwer zu lösendes Optimierungsproblem.

3.1.1 Zeitindexbasierte Modelle

Aufgrund der nichtlinearen Ressourcenrestriktionen stellt Projektplanungsproblem (3.2) mit beliebiger Zielfunktion kein lineares Programm mehr dar. Mit Hilfe einer zeitindexbasierten Formulierung können wir Problem (3.2) für die Zielfunktionen (PD), (MFT), (WST), (E + T) und (NPV) jedoch als gemischt-ganzzahliges lineares Programm (MIP) formulieren. Analog zu Abschnitt 2.1.3 diskretisieren wir dabei den Planungszeitraum $[0, \overline{d}]$ und bezeichnen mit $\overline{W}_i = \{ES_i, ES_i+1, \ldots, LS_i\}$ die Menge der diskreten Startzeitpunkte von Vorgang $i \in V$. Anstelle der Entscheidungsvariablen S_i betrachten wir hierbei für jeden Vorgang $i \in V$ eine Menge von binären Entscheidungsvariablen x_{it} mit $t \in \overline{W}_i$, wobei

$$x_{it} := \begin{cases} 1 & \text{falls } t = S_i \\ 0 & \text{sonst.} \end{cases}$$

Für die *Minimierung der Projektdauer* ergibt sich das folgende zeitindexbasierte gemischt-ganzzahlige lineare Programm

$$\text{Min.} \sum_{t \in \overline{W}_{n+1}} t x_{n+1,t} \tag{3.3}$$

$$\text{u.d.N.} \sum_{t \in \overline{W}_i} x_{it} = 1 \qquad (i \in V) \tag{3.4}$$

$$\sum_{t \in \overline{W}_j} t x_{jt} - \sum_{t \in \overline{W}_i} t x_{it} \geq \delta_{ij} \qquad (\langle i, j \rangle \in E) \tag{3.5}$$

$$\sum_{i \in V} r_{ik} \sum_{\tau=\max\{ES_i,t-p_i+1\}}^{\min\{t,LS_i\}} x_{i\tau} \le R_k \quad (t \in \{0,\dots,\overline{d}-1\}, k \in \mathcal{R}) \quad (3.6)$$

$$x_{it} \in \{0,1\} \qquad\qquad (i \in V, t \in \overline{W}_i). \qquad (3.7)$$

Analog zu Abschnitt 2.1.3 gewährleisten Nebenbedingungen (3.4), dass jeder Vorgang eines Projektes genau einmal gestartet wird. Die Bedingungen (3.5) stellen sicher, dass die vorgegebenen Mindest- und Höchstabstände eingehalten werden. Ferner wird mit Hilfe der Nebenbedingungen (3.6) gewährleistet, dass die gesamte Ressourceninanspruchnahme aller zum Zeitpunkt t in Ausführung befindlichen Vorgänge die vorgegebenen Ressourcenkapazitäten nicht übersteigt.

Für Projektplanungsprobleme (3.2) mit Zielfunktion (MFT), (WST), (E + T) oder (NPV) ergeben sich in der zeitindexbasierten Formulierung die gleichen Restriktionen (3.4) – (3.7). Lediglich die Zielfunktion muss für diese Probleme mit Hilfe der Binärvariablen x_{it} wie folgt neu formuliert werden. Für die Zielfunktion der *Minimierung der mittleren Durchlaufzeit (MFT)* erhalten wir

$$\frac{1}{n+2} \sum_{i \in V} \sum_{t \in \overline{W}_i} (t + p_i)\, x_{it},$$

für die Zielfunktion der *Minimierung der Summe gewichteter Startzeitpunkte (WST)* gilt

$$\sum_{i \in V} \sum_{t \in \overline{W}_i} w_i\, tx_{it},$$

und für die Zielfunktion der *Kapitalwertmaximierung (NPV)*

$$-\sum_{i \in V} \sum_{t \in \overline{W}_i} c_i^F \beta^t x_{it}.$$

Die Zielfunktion (E + T) des *Earliness-Tardiness Problems* lautet

$$\sum_{i \in V} \sum_{t \in \overline{W}_i} \left(c_i^E (d_i - t - p_i)^+ + c_i^T (t + p_i - d_i)^+ \right) x_{it}\,.$$

Um ein Projektplanungsproblem (3.2) mit Zielfunktion (RI), (RD) oder (RL) mit Hilfe einer zeitindexbasierten Formulierung zu beschreiben, verweisen wir auf Abschnitt 2.1.3, wobei jeweils Restriktionen (3.6) in die entsprechende MIP-Formulierung aufzunehmen sind.

3.1.2 Zulässiger Bereich

Der *zulässige Bereich* $\mathcal{S} \subseteq \mathbb{R}^{n+2}_{\ge 0}$ von Problem (3.2) ist durch die Zeitrestriktionen $S_j - S_i \ge \delta_{ij}$ für alle $\langle i, j \rangle \in E$, durch $S_0 = 0$ sowie durch die Ressourcenrestriktionen $r_k(S, t) \le R_k$ für alle $t \in ST(S)$ und $k \in \mathcal{R}$ spezifiziert.

$\mathcal{S}$ lässt sich ebenso wie der zeitzulässige Bereich $\mathcal{S}_T$ für $n \geq 2$ i.d.R. nicht sinnvoll visualisieren. Besitzt ein Projekt allerdings nur zwei Vorgänge i und j, die nicht zeitlich fixiert sind (Gesamtpufferzeit größer 0), so können wir den Bereich $\mathcal{S}$ als S_i-S_j-*Schnitt* darstellen. Dazu projizieren wir $\mathcal{S} \subseteq \mathbb{R}_{\geq 0}^{n+2}$ auf die entsprechende S_i-S_j-Ebene.

Beispiel 3.5. Gegeben sei der Projektnetzplan in Abbildung 3.4 mit einer erneuerbaren Ressource und einer maximalen Projektdauer von $\overline{d} = 4$. Die Ressourcenkapazität sei $R = 1$.

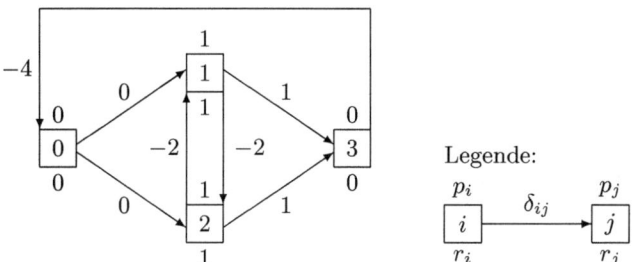

Abb. 3.4. Projektnetzplan mit einer erneuerbaren Ressource

Für die Vorgänge $i = 1, 2$ ergeben sich die frühesten Startzeitpunkte zu $ES_i = 0$ und die spätesten Startzeitpunkte zu $LS_i = 3$. Planen wir Vorgang 1 zum Zeitpunkt 0 ein ($S_1 = 0$), so ergibt sich für den Startzeitpunkt von Vorgang 2 entsprechend der Zeitbeziehungen zu Vorgang 1 das planungsabhängige Zeitfenster [0,2]. Da Vorgang 2 im Zeitfenster [0,1[aufgrund der Ressourcenrestriktionen nicht eingeplant werden kann, verringert sich das Startzeitfenster (Menge der zulässigen Einplanungszeitpunkte) auf [1,2]. Wird Vorgang 1 zum Zeitpunkt 2 eingeplant, so kann Vorgang 2 aufgrund der Zeit- und Ressourcenrestriktionen innerhalb des Zeitfensters [0, 1] oder zum Zeitpunkt 3 eingeplant werden. In Abbildung 3.5 ist der S_1-S_2-Schnitt des zulässigen Bereichs $\mathcal{S}$ dargestellt.

Der zulässige Bereich $\mathcal{S}$ ist dadurch gekennzeichnet, dass er i.d.R. weder konvex noch zusammenhängend. Er lässt sich aber als Vereinigung konvexer Polytope, so genannter Ordnungspolytope, darstellen (vgl. Abschnitt 2.1.5). In der Abbildung 3.5 besteht $\mathcal{S}$ aus der Vereinigung der beiden Polytope $conv\{S^1, \ldots, S^4\}$ und $conv\{S^5, \ldots, S^8\}$. Polytop $conv\{S^1, \ldots, S^4\}$ entspricht gerade dem Ordnungspolytop $\mathcal{S}_T(O)$ der Ordnung $O = \{(1, 2)\}$ und Polytop $conv\{S^5, \ldots, S^8\}$ dem Ordnungspolytop der Ordnung $O = \{(2, 1)\}$.

Wie in Beispiel 3.5 kann der zulässige Bereich $\mathcal{S}$ generell durch Ordnungspolytope $\mathcal{S}_T(O) := \{S \in \mathcal{S}_T | S_j - S_i \geq p_i \text{ für alle } (i, j) \in O\}$ zulässiger, strenger Ordnungen O überdeckt werden. Ordnungen mit $\emptyset \neq \mathcal{S}_T(O) \subseteq \mathcal{S}$ nennen wir *zulässige Ordnungen*, da durch die zugehörigen Restriktionen

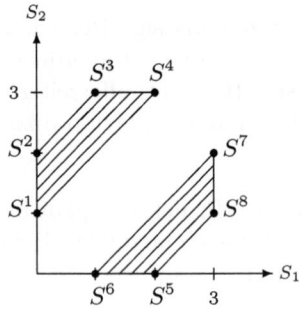

Abb. 3.5. S_1-S_2-Schnitt des zulässigen Bereichs $\mathcal{S}$

$S_j - S_i \geq p_i$ für $(i,j) \in O$ gewährleistet wird, dass ein zeitzulässiger Schedule keine Ressourcenkonflikte verursacht. Eine zeitzulässige Ordnung O, für die der Netzplan $N(O)$ keinen Zyklus positiver Länge enthält, ist genau dann zulässig, falls $N(O)$ für jede (minimale) verbotene Menge $F \in \mathcal{F}$ einen Weg von $i \in F$ nach $j \in F$ mit einer Länge von mindestens p_i besitzt. Die von einem zulässigen Schedule $S \in \mathcal{S}$ induzierte Ordnung $O(S)$ ist naturgemäß zulässig.

Wie in NEUMANN ET AL. (2003, Abschnitt 2.3.1) gezeigt, entspricht der zulässige Bereich $\mathcal{S}$ der Vereinigung aller Ordnungspolytope von inklusionsminimalen, zulässigen Ordnungen. Eine zulässige strenge Ordnung O auf der Knotenmenge V wird *inklusionsminimal* genannt, wenn keine zulässige strenge Ordnung O' auf V existiert mit $O' \subset O$. Das folgende Beispiel veranschaulicht den strukturellen Unterschied zwischen dem zulässigen Bereich $\mathcal{S}$ und dem zeitzulässigen Bereich $\mathcal{S}_T$.

Beispiel 3.6. Wir betrachten den in Abbildung 3.6 dargestellten Projektnetzplan mit drei realen Vorgängen und einer erneuerbaren Ressource. Die Ressourcenkapazität sei $R = 2$. Die Einhaltung der maximalen Projektdauer $\bar{d} = 6$ wird durch den Rückwärtspfeil $\langle 4, 0 \rangle$ mit der Bewertung $\delta_{40} = -6$ sichergestellt.

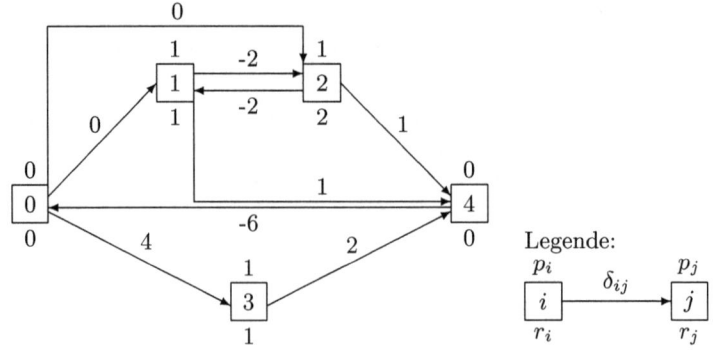

Abb. 3.6. Projektnetzplan N mit drei realen Vorgängen

Die Vorgänge $0, 3$ und 4 besitzen eine Gesamtpufferzeit von 0 und sind somit zeitlich fixiert. Die Bereiche $\mathcal{S}_T$ und $\mathcal{S}$ lassen sich folglich als S_1-S_2-Schnitt visualisieren. Es ergibt sich, wie bereits in Beispiel 2.9 beschrieben, der in Abbildung 3.7 dargestellte zeitzulässige Bereich $\mathcal{S}_T$.

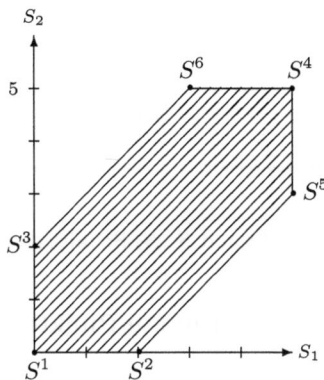

Abb. 3.7. S_1-S_2-Schnitt des Bereiche $\mathcal{S}_T$

Bei der Darstellung des zulässigen Bereichs $\mathcal{S}$ sind zusätzlich die Ressourcenrestriktionen zu beachten, die verhindern, dass sich mehr Vorgänge simultan in Ausführung befinden als es die Ressourcenkapazität zulässt. Da sich der zulässige Bereich $\mathcal{S}$ als Vereinigung aller Ordnungspolytope von inklusionsminimalen, zulässigen Ordnungen beschreiben lässt, sind diese zunächst zu bestimmen. Vorgang 2 besitzt eine Ressourceninanspruchnahme von $r_2 = 2$, somit gehören zu den inklusionsminimalen, zulässigen Ordnungen alle Ordnungen, die die Vorgänge 1 und 2 sowie 2 und 3 entzerren, d.h. die dafür sorgen, dass die jeweiligen Vorgänge nicht mehr simultan ausgeführt werden können; vgl. dazu auch das Ressourcenprofil in Abb. 3.8. Da eine maximale Projektdauer von $\overline{d} = 6$ vorgeschrieben ist, kann ferner nur einer der Vorgänge 1 oder 2 nach Vorgang 3 ausgeführt werden, d.h. zum Zeitpunkt 5 starten. Insgesamt ergeben sich drei inklusionsminimale zulässige Ordnungen: $O^1 = \{(1, 2), (1, 3), (2, 3)\}$, $O^2 = \{(1, 2), (3, 2)\}$ und $O^3 = \{(2, 1), (2, 3)\}$. Die Ordnung $O = \{(1, 2), (1, 3), (3, 2)\}$ ist zulässig, aber nicht inklusionsminimal, da $O^2 \subset O$ gilt. Das Ordnungspolytop $\mathcal{S}_T(O^1)$ entspricht gerade dem Polytop $conv\{S^3, S^7, S^8, S^9\}$, $\mathcal{S}_T(O^2)$ entspricht $conv\{S^6, S^{10}\}$ und $\mathcal{S}_T(O^3)$ dem Polytop $conv\{S^2, S^5, S^{11}, S^{12}\}$. Der zulässige Bereich $\mathcal{S}$ ergibt sich somit als Vereinigung der drei Ordnungspolytope $\mathcal{S}_T(O^1)$, $\mathcal{S}_T(O^2)$ und $\mathcal{S}_T(O^3)$ und ist in Abbildung 3.8 dargestellt.

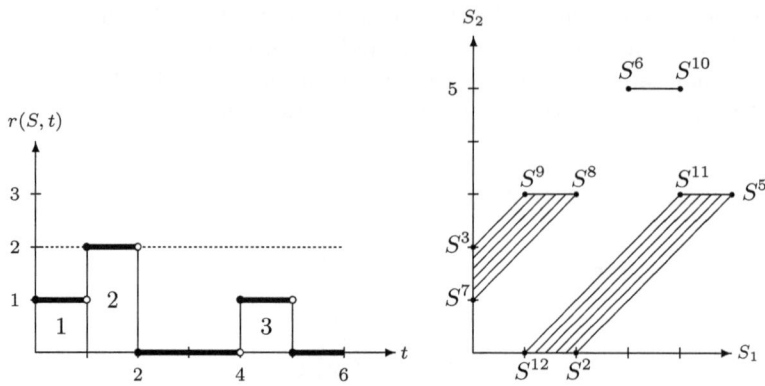

Abb. 3.8. Ressourcenprofil und S_1-S_2-Schnitt des Bereichs $\mathcal{S}$

3.1.3 Zielfunktionen und ausgezeichnete Punkte

Da für Problem (3.2) der Lösungsbereich beschränkt und abgeschlossen ist, existiert für stetige bzw. von unten halbstetige Zielfunktionen $f(S)$ stets eine optimale Lösung. Bei der Suche nach einem optimalen Schedule für ein Projektplanungsproblem mit Zeit- und Ressourcenrestriktionen können wir uns wie in Abschnitt 2.1.5 auf eine Menge *ausgezeichneter Punkte* beschränken. Die Menge der ausgezeichneten Punkte hängt dabei von den Struktureigenschaften der betrachteten Zielfunktion ab.

Bei den Zielfunktionen Projektdauer (*PD*) und mittlere Durchlaufzeit (*MFT*) handelt es sich um *reguläre Funktionen*, d.h. sie sind monoton wachsend in den Startzeitpunkten der einzelnen Vorgänge. Da der zulässige Bereich $\mathcal{S}$, wie in Beispiel 3.6 gezeigt, i.d.R. weder konvex noch zusammenhängend ist, besitzt $\mathcal{S}$ häufig mehrere Minimalpunkte, von denen für reguläre Zielfunktionen mindestens einer optimal ist. Die Menge der ausgezeichneten Punkte besteht bei einem Projektplanungsproblem (3.2) mit regulärer Zielfunktion folglich aus den Minimalpunkten des zulässigen Bereichs $\mathcal{S}$. Betrachten wir dazu Abbildung 3.8; der Bereich $\mathcal{S}$ besitzt die Minimalpunkte S^7 und S^{12}. Beide sind sowohl bezüglich (*PD*) als auch (*MFT*) optimal.

Die Zielfunktion der Summe gewichteter Startzeitpunkte (*WST*) ist *linear*, somit kommen alle (globalen) Extremalpunkte des zulässigen Bereichs $\mathcal{S}$, d.h. die Extremalpunkte der konvexen Hülle von $\mathcal{S}$, als optimale Lösung in Frage. Für das Projektplanungsproblem aus Beispiel 3.6 ist die Menge der Extremalpunkte $\{S^2, S^3, S^5, S^6, S^7, S^{10}, S^{12}\}$.

Bei der Zielfunktion des Earliness-Tardiness-Problems ($E + T$) handelt es sich um eine *konvexe Funktion*. Für konvexe Zielfunktionen ist i.d.R. kein Punkt auf dem Rand des zulässigen Bereichs $\mathcal{S}$ optimal. Da für Minimierungsprobleme mit konvexer Zielfunktion jedes lokale Optimum auch global optimal ist, lässt sich die Suche nach einem optimalen Schedule auf die Suche nach einem lokalen Optimum beschränken. Sei S^* die Menge aller lokalen Minimalstellen von f auf $\mathcal{S}$, dann entspricht S^* der Menge der ausgezeichneten Punkte für ein Projektplanungsproblem unter Zeit- und Ressourcenrestriktionen mit der Zielfunktion $(E + T)$.

Binärmonotone Funktionen, wie beispielsweise die Zielfunktion (NPV) des Kapitalwertmaximierungsproblems, sind auf jeder Halbgeraden binärer Richtung monoton wachsend oder fallend. Da die Begrenzungslinien von $\mathcal{S}$ in binärer Richtung verlaufen, aber die Begrenzungslinien der konvexen Hülle des zulässigen Bereichs nicht notwendigerweise binär sein müssen, beinhaltet die Menge der ausgezeichneten Punkte für ein Problem (3.2) mit binärmonotoner Zielfunktion neben den (globalen) Extremalpunkten auch alle lokalen Extremalpunkte von $\mathcal{S}$. Hierbei bezeichnen wir einen Schedule $S \in \mathcal{S}$ als lokalen Extremalpunkt, falls er nicht auf einer ganz in $\mathcal{S}$ liegenden Verbindungslinie zwischen zwei Punkten aus $\mathcal{S}$ liegt.[2] In Abbildung 3.9 entsprechen die Schedules S, S' und S'' lokalen Extremalpunkten. Für das Projektplanungsproblem aus Beispiel 3.6 ergibt sich die Menge der ausgezeichneten Punkte (lokale Extremalpunkte) für eine binärmonotone Zielfunktion zu $\{S^2, S^3, S^5, S^6, S^7, S^8, S^9, S^{10}, S^{11}, S^{12}\}$.

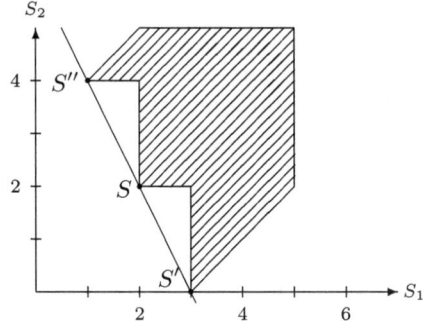

Abb. 3.9. Zulässiger Bereich $\mathcal{S}$ und lokale Extremalpunkte

Die Zielfunktion des Ressourceninvestmentproblems (RI) gehört zu den *lokal regulären Funktionen,* genauer ist sie von unten halbstetig und auf der Isoordnungsmenge jedes zulässigen Schedules konstant. Analog zu Abschnitt 2.1.5 besteht dann die Menge der ausgezeichneten Punkte für ein Projektplanungsproblem (3.2) mit Zielfunktion (RI) aus den Minimalpunkten der Schedulepolytope $\mathcal{S}_T(O(S))$, $S \in \mathcal{S}$.

Bei den Zielfunktionen von Ressourcenabweichungs- (RD) und Ressourcennivellierungsproblemen (RL) handelt es sich um *lokal konkave Funktionen,* die stetig und auf der Isoordnungsmenge jedes zulässigen Schedules konkav sind. Für ein Problem (3.2) mit Zielfunktion (RD) bzw. (RL) besteht die Menge der ausgezeichneten Punkte somit aus den Extremalpunkten der Schedulepolytope $\mathcal{S}_T(O(S))$, $S \in \mathcal{S}$ (vgl. Abschnitt 2.1.5).

---

[2] Offensichtlich ist jeder globale Extremalpunkt auch ein lokaler Extremalpunkt.

In Tabelle 3.1 sind zusammenfassend alle eingeführten Zielfunktionen mit ihren *ausgezeichneten Punkten* angegeben.

Tabelle 3.1. Zielfunktionen und ausgezeichnete Punkte von $\mathcal{S}$

Zielfunktion	ausgezeichnete Punkte von $\mathcal{S}$
(PD), (MFT)	Minimalpunkte von $\mathcal{S}$
(WST)	globale Extremalpunkte von $\mathcal{S}$
$(E+T)$	lokale Minimalstellen S^* der Funktion f
(NPV)	lokale Extremalpunkte von $\mathcal{S}$
(RI)	Minimalpunkte von $\mathcal{S}_T(O(S))$, $S \in \mathcal{S}$
(RD), (RL)	Extremalpunkte von $\mathcal{S}_T(O(S))$, $S \in \mathcal{S}$

In den Abschnitten 3.2 und 3.3 werden Verfahren zur Bestimmung einer optimalen Lösung für Projektplanungsprobleme unter Zeit- und Ressourcenrestriktionen vorgestellt. Für Probleme mit den Zielfunktionen (PD), (MFT), (WST), $(E+T)$ und (NPV) kann ein *relaxationsbasierter Enumerationsansatz* angewendet werden, der als Branch-and-Bound-Verfahren implementiert wird. In jedem Schritt des Branch-and-Bound-Verfahrens wird die entsprechende Ressourcenrelaxation, d.h. das zugrunde liegende Problem ohne Berücksichtigung der Ressourcenrestriktionen, gelöst. Ist die erhaltene Lösung zulässig, so ist ein Kandidat für eine optimale Lösung gefunden. Ansonsten werden Ressourcenkonflikte identifiziert und durch das Einfügen zusätzlicher Zeitbeziehungen sukzessive entzerrt. Für Probleme mit den Zielfunktionen (RI), (RD) und (RL) ist die Lösung der entsprechenden *Ressourcenrelaxation* sehr viel aufwändiger. Deshalb verwenden wir zur Lösung dieser Probleme einen *gerüstbasierten Enumerationsansatz*, der eine Erweiterung des in Abschnitt 2.2.4 vorgestellten Branch-and-Bound-Verfahrens darstellt und als Lösung einen optimalen Minimal- bzw. Extremalpunkt eines Schedulepolytops bestimmt.

3.2 Exaktes Lösungsverfahren für die Minimierung der Projektdauer

In diesem Kapitel stellen wir einen *relaxationsbasierten Enumerationsansatz* für Projektplanungsprobleme (3.2) mit dem Ziel der *Projektdauerminimierung* vor, der als *Branch-and-Bound-Verfahren* mit relaxationsbasiertem Enumerationsschema implementiert wird (vgl. Abschnitt 3.2.1).

Ausgangspunkt des Enumerationsschemas bildet der *ES*-Schedule als Lösung der Ressourcenrelaxation. Ist dieser nicht nur zeit-, sondern auch ressourcenzulässig, so handelt es sich beim *ES*-Schedule um eine optimale Lösung. Andernfalls existiert mindestens ein Zeitpunkt $t \in [0, \overline{d}]$, an dem ein Ressourcenkonflikt vorliegt. Die Menge der Vorgänge, die sich zum Zeitpunkt des

Ressourcenkonfliktes in Ausführung befindet, stellt eine verbotene Menge dar. Durch Hinzunahme von Vorrangbeziehungen der Form $S_j - S_i \geq p_i$ entzerren wir sukzessive die bestehenden Ressourcenkonflikte. Hierdurch wird der aktuelle Lösungsraum in immer kleinere Bereiche aufgeteilt (Branching). Sind alle Ressourcenkonflikte beseitigt, so haben wir ein Blatt des Enumerationsbaumes erreicht. Falls der zugehörige Schedule S zeitzulässig ist, so haben wir eine zulässig Lösung gefunden.

Für jeden Enumerationsknoten berechnen wir im Rahmen des Branch-and-Bound-Verfahrens *untere Schranken* für den optimalen Zielfunktionswert des entsprechenden Bereichs (vgl. Abschnitt 3.2.3). Um im Enumerationsbaum möglichst schnell in die Tiefe vorzudringen und auf diese Weise schnell eine erste zulässige Lösung zu erlangen, verwenden wir wie in Abschnitt 2.2.4 eine Tiefensuche. Dabei wird unter den Knoten der aktuellen Ebene des Enumerationsbaumes an einem Knoten mit kleinster unterer Schranke weiter verzweigt. Sobald eine erste zulässige Lösung S^* gefunden wurde, stellt deren Zielfunktionswert $f(S^*)$ eine obere Schranke UB für eine optimale Lösung des zugrunde liegenden Problems dar. Mit ihrer Hilfe können alle Knoten zusammen mit ihren Nachfolgern ausgelotet werden, die eine untere Schranke besitzen, welche größer oder gleich UB ist. Jedes Mal, wenn eine neue beste Lösung gefunden wurde, wird UB entsprechend aktualisiert.

Um die Anzahl der zu betrachtenden Enumerationsknoten zu reduzieren, kann vor Beginn des Branch-and-Bound-Verfahrens ein *Preprocessing* durchgeführt werden. Dabei werden zusätzliche Zeitbeziehungen zwischen den Vorgängen bestimmt, die alle zulässigen Schedules erfüllen müssen. Durch Berücksichtigung dieser zusätzlichen Nebenbedingungen ist eine Beschleunigung des Verfahrens möglich. In Abschnitt 3.2.2 werden zwei Preprocessing-Techniken präsentiert.

In Abschnitt 3.2.4 stellen wir drei *Auslotregeln* vor, die es erlauben, Enumerationsknoten von den weiteren Betrachtungen auszuschließen, ohne die Vollständigkeit des Enumerationsschemas zu verlieren. Durch Anwendung der so genannten *Subset-Dominanzregel* können schon bei der Generierung von Knoten im Enumerationsbaum redundante Knoten erkannt und vollständig ausgelotet werden.

3.2.1 Relaxationsbasiertes Enumerationsschema

Die Minimalpunkte des zulässigen Bereichs $\mathcal{S}$ eines Projektplanungsproblems (3.2) mit Zeit- und Ressourcenrestriktionen können mit Hilfe eines *relaxationsbasierten Enumerationsschemas* bestimmt werden. Im Verlauf des Verfahrens werden Minimalpunkte S^* von Ordnungspolytopen generiert, deren Vereinigung den zulässigen Bereich überdecken. Eine optimale Lösung ergibt sich, indem für alle S^* die minimale Projektdauer berechnet und dann der beste Schedule gewählt wird.

Zu Beginn des Enumerationsschemas (in der Wurzel des Enumerationsbaumes) wird eine optimale Lösung der Ressourcenrelaxation bestimmt, d.h.

der ES-Schedule der zugrunde liegenden Probleminstanz. Ist der ES-Schedule zulässig, so ist eine optimale Lösung gefunden. Andernfalls muss es mindestens einen Zeitpunkt $t \in [0, \overline{d}]$ geben, an dem ein Ressourcenkonflikt vorliegt. Betrachten wir dazu das in Abbildung 3.10a dargestellte Ressourcenprofil mit einer maximalen Projektdauer von $\overline{d} = 4$ und einer Ressourcenkapazität von $R = 1$. Für die beiden Vorgänge $i = 1, 2$ gilt $ES_i = 1$, $LS_i = 3$ und $p_i = 1$. Das gestrichelte Quadrat in Abbildung 3.10b entspricht dem zeitzulässigen Bereich $\mathcal{S}_T$ der Ressourcenrelaxation. Starten die Vorgänge 1 und 2 zu ihren ES-Werten, so liegt im Zeitintervall $[1, 2[$ ein Ressourcenkonflikt vor. Um den bestehenden Ressourcenkonflikt zu entzerren bzw. die verbotene Menge $F = \mathcal{A}(S, t)$ aufzulösen, fügen wir zusätzliche zeitliche Nebenbedingungen (Vorrangbeziehungen) ein. Durch das Einfügen einer Vorrangbeziehung $S_2 - S_1 \geq p_1$ wird gewährleistet, dass Vorgang 1 vor dem Start von Vorgang 2 beendet sein muss (vgl. Abb. 3.10c). Das Einfügen einer Vorrangbeziehung $S_1 - S_2 \geq p_2$ sorgt dafür, dass Vorgang 2 vor dem Start von Vorgang 1 beendet sein muss (vgl. Abb. 3.10e). Der zeitzulässige Bereich zerfällt somit in die Teilbereiche, die in den Abbildungen 3.10d und 3.10f dargestellt sind, sowie in einen dritten Teilbereich, in dem keine zulässige Lösung enthalten sein kann (Branching). Im weiteren Verlauf des Enumerationsschemas müssen nun die beiden in den Abbildungen 3.10d und 3.10f dargestellten Bereiche weiter untersucht werden.

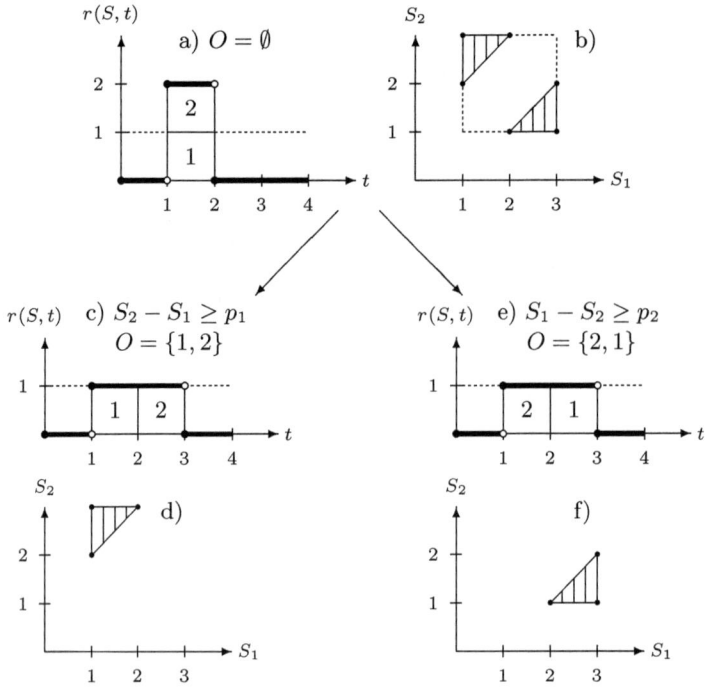

Abb. 3.10. Branching im Rahmen des relaxationsbasierten Enumerationsschemas

Ausgehend von der Wurzel unseres Enumerationsbaumes, die wir mit der Ordnung $O = \emptyset$ identifizieren, haben wir zwei Sohnknoten generiert. Der erste Sohnknoten entspricht der Ressourcenrelaxation der durch die Vorrangbeziehung $S_2 - S_1 \geq p_1$ erweiterten Probleminstanz und wird durch die zugehörige Ordnung $O = \{(1,2)\}$ repräsentiert. Der in Abbildung 3.10d dargestellte Bereich entspricht gerade dem Ordnungspolytop dieser Ordnung und stellt die Menge aller zeitzulässigen Lösungen für die Probleminstanz, die durch den Ordnungsnetzplan $N(O)$ spezifiziert wird, dar. Den zweiten Sohnknoten identifizieren wir mit der Ordnung $O = \{(2,1)\}$, das zugehörige Ordnungspolytop entspricht gerade dem in Abbildung 3.10f dargestellten Bereich. Im nächsten Schritt betrachten wir dann einen der beiden neu entstandenen Teilbereiche und bestimmen für die Ressourcenrelaxation des zugehörigen Ordnungsnetzplans den *ES*-Schedule (Minimalpunkt des Ordnungspolytops). Ist dieser ressourcenzulässig, so braucht der Teilbereich nicht weiter betrachtet werden, da der *ES*-Schedule für diesen Bereich eine optimale Lösung darstellt. Andernfalls verzweigen wir wie oben beschrieben erneut, indem wir Vorrangbeziehungen einfügen, um einen bestehenden Ressourcenkonflikt zu entzerren.

In der Literatur sind eine Reihe von Möglichkeiten zu finden, (minimale) verbotene Mengen zu entzerren; vgl. hierzu bspw. DE REYCK und HERROELEN (1998), NEUMANN ET AL. (2003) und SCHWINDT (2005). Im Folgenden bestimmen wir für einen nicht ressourcenzulässigen Schedule zunächst den kleinsten Zeitpunkt $t \geq 0$, zu dem ein Ressourcenkonflikt besteht und fügen dann eine oder mehrere Vorrangbeziehungen ein, so dass die verbotene Menge $F = \mathcal{A}(S, t)$ entzerrt wird. Hierzu bestimmen wir zunächst so genannte minimale Verzögerungsalternativen A^{min} von F.

Definition 3.7 (Verzögerungsalternative). Sei F eine verbotene Menge. Dann bezeichnen wir eine nichtleere Menge von Vorgängen $A \subset F$ als *Verzögerungsalternative* von F, falls $F \setminus A$ keine verbotene Menge mehr ist. Eine Verzögerungsalternative A ist eine *minimale Verzögerungsalternative* $A^{min} \subseteq A$ für eine verbotene Menge F wenn

$$\sum_{i \in F \setminus A} r_{ik} \leq R_k \qquad \text{für alle } k \in \mathcal{R} \text{ und}$$

$$r_{jk} + \sum_{i \in F \setminus A} r_{ik} > R_k \quad \text{für alle } j \in A \text{ und ein } k \in \mathcal{R}$$

erfüllt ist. Mit $\mathcal{Al}$ bezeichnen wir die Menge aller minimalen Verzögerungsalternativen von F.

Wir beschreiben im Folgenden ein Verfahren zur Bestimmung der Menge $\mathcal{Al}$ aller minimalen Verzögerungsalternativen einer verbotenen Menge F. Dazu machen wir uns klar, dass alle einelementigen Verzögerungsalternativen von F minimale Verzögerungsalternativen sind. Weiterhin stellen alle zweielementigen Verzögerungsalternativen, unter deren einelementigen Teilmengen sich keine Verzögerungsalternative befindet, minimale Verzögerungsalternativen dar, usw. Um die Erzeugung redundanter b-elementiger Teilmengen zu vermeiden, fügen wir $(b-1)$-elementigen Teilmengen B nur Vorgänge $i \in F$ mit $i > \max B$ hinzu.[3] Algorithmus 3.8 fasst die einzelnen Schritte zur Bestimmung der Menge $\mathcal{Al}$ einer verbotenen Menge F zusammen, wobei wir in $\overline{A}$ alle Teilmengen speichern, die noch keine Verzögerungsalternative von F darstellen.

Algorithmus 3.8 (Bestimmung der Menge $\mathcal{Al}$ für F).

Initialisierung:

Setze $\mathcal{Al} := \emptyset$ und $\overline{A} := \emptyset$.

Für alle $i \in F$:

    Falls Vorgang $\{i\}$ eine Verzögerungsalternative von F ist:

        Setze $\mathcal{Al} := \mathcal{Al} \cup \{\{i\}\}$.

    Andernfalls Setze $\overline{A} := \overline{A} \cup \{\{i\}\}$.

Hauptschritt:

Solange $\overline{A} \neq \emptyset$:

    Für alle $A \in \overline{A}$: Setze $\overline{A} := \overline{A} \setminus \{A\}$.

        Für alle $i \in F$ mit $i > \max A$:

            Falls $A \cup \{i\}$ keine Verzögerungsalternative von F ist:

                Setze $\overline{A} := \overline{A} \cup \{A \cup \{i\}\}$.

            Andernfalls

                Falls kein $A' \in \mathcal{Al}$ mit $A' \subset \{A \cup \{i\}\}$ existiert: Setze $\mathcal{Al} := \mathcal{Al} \cup \{A \cup \{i\}\}$.

Rückgabe $\mathcal{Al}$

Es sei angemerkt, dass die Anzahl minimaler Verzögerungsalternativen einer verbotenen Menge F exponentiell in der Anzahl der Elemente von F sein kann. Das folgende Beispiel 3.9 verdeutlicht die Vorgehensweise bei der Bestimmung der Menge $\mathcal{Al}$.

Beispiel 3.9. Betrachten wir das in Abbildung 3.11 dargestellte Ressourcenprofil mit vier realen Vorgängen. Die Ressourcenkapazität sei $R = 3$.

Zum Zeitpunkt $t = 1$ sind die Vorgänge 1, 2, 3 und 4 gleichzeitig in Ausführung. Da für die Ressourceninanspruchnahme zum Zeitpunkt $t = 1$ $r(S,1) = r_1 + r_2 + r_3 + r_4 = 5 > 3$ gilt, stellt $F = \{1,2,3,4\}$ eine verbotene Menge dar. Mit Hilfe des Algorithmus 3.8 soll nun die Menge $\mathcal{Al}$ aller minimalen Verzögerungsalternativen für F bestimmt werden.

In der Initialisierung setzen wir zunächst $\mathcal{Al} := \emptyset$ und $\overline{A} := \emptyset$. Da $\{2\}$ bereits eine Verzögerungsalternative für F darstellt, fügen wir diese Menge im Initialisierungsschritt der Menge $\mathcal{Al}$ hinzu. Für die Menge $\overline{A}$ ergibt sich

---

[3] Hierbei bezeichnet $\max B$ das größte Element der Menge B, d.h. $\max B := \max_{j \in B} j$.

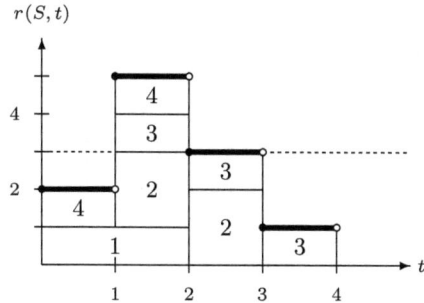

Abb. 3.11. Ressourcenprofil

$\overline{\mathcal{A}} = \{\{1\}, \{3\}, \{4\}\}$. Im ersten Hauptschritt entnehmen wir der Menge $\overline{\mathcal{A}}$ das Element $A = \{1\}$ und betrachten die Vorgänge $i = 2, 3, 4$. Für Vorgang 2 stellt $\{1, 2\}$ zwar eine Verzögerungsalternative dar, da aber $A' = \{2\} \subset \{1, 2\}$ schon in $\mathcal{A}l$ enthalten ist, wird $\{1, 2\}$ nicht der Menge $\mathcal{A}l$ hinzugefügt. Für die Vorgänge $3, 4$ stellen die Mengen $\{1, 3\}$ und $\{1, 4\}$ Verzögerungsalternativen dar, und da $A' = \{3\} \notin \mathcal{A}l$ sowie mit $A' = \{4\} \notin \mathcal{A}l$ gilt, setzen wir $\mathcal{A}l = \mathcal{A}l \cup \{\{1, 3\}\} \cup \{\{1, 4\}\}$. Im nächsten Hauptschritt entnehmen wir $A = \{3\}$ der Menge $\overline{\mathcal{A}}$ und betrachten den Vorgang $i = 4$. Da für Vorgang 4 die Menge $\{3, 4\}$ eine Verzögerungsalternative darstellt und $A' = \{4\} \notin \mathcal{A}l$ ist, setzen wir $\mathcal{A}l = \mathcal{A}l \cup \{\{3, 4\}\}$. Im letzten Schritt entnehmen wir $A = \{4\}$ der Menge $\overline{\mathcal{A}}$. Da es kein $i \in F$ mit $i > \max A$ gibt, ist nun die Menge $\overline{\mathcal{A}}$ leer und der Algorithmus terminimiert. Die Menge der minimalen Verzögerungsalternativen von F ist $\mathcal{A}l = \{\{2\}, \{1, 3\}, \{1, 4\}, \{3, 4\}\}$.

Beinhaltet das zugrunde liegende Projekt nur Mindestabstände, dann genügt es, einen bestehenden Ressourcenkonflikt zum Zeitpunkt t aufzulösen, indem man Zeitbeziehungen der Form $S_j - S_i \geq p_i$ zwischen Vorgängen $j \in A^{min}$ und einem Vorgang $i \in F \setminus A^{min}$ mit minimalem Endzeitpunkt C_i einführt. Für den Fall, dass neben zeitlichen Mindest- auch zeitliche Höchstabstände existieren, kann nicht ausgeschlossen werden, dass der gewählte Vorgang i zu einem späteren Zeitpunkt noch verzögert werden muss und dadurch die Vorgänge $j \in A^{min}$ weiter verzögert werden als nötig. Betrachten wir dazu Abbildung 3.12. Wird zwischen den Vorgängen l_1, l_2 eine Zeitbeziehung $S_{l_1} - S_{l_2} \geq p_{l_2}$ eingeführt, werden aufgrund des Höchstabstandes $T_{il_1}^{max}$ zwischen i und l_1 der Vorgang i sowie die Vorgänge $j \in A^{min}$ mit l_1 verzögert. Für Probleme mit Mindest- und Höchstabständen ist es daher grundsätzlich notwendig, für jede minimale Verzögerungsalternative A^{min} über jeden Vorgang $i \in F \setminus A^{min}$ zu enumerieren. Dies führt zu der folgenden Definition.

Definition 3.10 (Minimaler Verzögerungsmodus). Seien $F \subseteq V$ eine verbotene Menge, $A^{min} \subset F$ eine minimale Verzögerungsalternative der verbotenen Menge F und $i \in F \setminus A^{min}$. Dann bezeichnen wir mit (i, A^{min}) einen *minimalen Verzögerungsmodus* von F mit schiebendem Vorgang i.

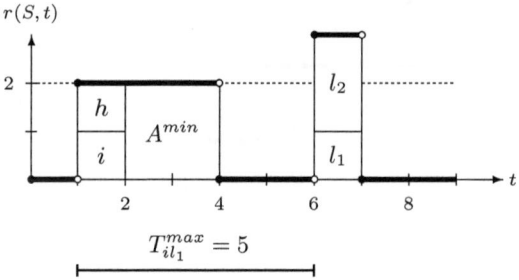

Abb. 3.12. Ressourcenprofil

Der folgende Satz besagt, dass es bei der Auflösung von Ressourcenkonflikten für Problem (3.2) genügt, über alle Verzögerungsmodi zu enumerieren. Ein Beweis findet sich in NEUMANN ET AL. (2003), wo ferner gezeigt wird, dass Satz 3.11 unabhängig von der zugrunde liegenden Zielfunktion gilt, d.h. insbesondere für alle in Abschnitt 2.1.1 eingeführten Zielfunktionen Gültigkeit besitzt.

Satz 3.11. Sei F eine verbotene Menge. Für jeden zulässigen Schedule $S \in \mathcal{S}$ existiert ein minimaler Verzögerungsmodus (i, A^{min}) von F, der die Bedingung $S_j - S_i \geq p_i$ für alle $j \in A^{min}$ erfüllt.

Ein zeitzulässiger Schedule S ist zulässig, wenn die strenge Ordnung $O(S)$ zulässig ist, d.h. wenn alle (minimalen) verbotenen Mengen $F \in \mathcal{F}$ durch die strenge Ordnung $O(S)$ entzerrt sind. Offensichtlich sind alle Mengen F durch die Ordnung $O(S)$ entzerrt, wenn alle aktiven Mengen $\mathcal{A}(S,t)$ mit $t \in [0, \overline{d}]$ zulässig sind. Satz 3.11 legt somit folgendes Vorgehen zur Bestimmung einer optimalen Lösung für ein Projektdauerminimierungsproblem nahe: Für eine zeit- aber nicht ressourcenzulässige Lösung S der Ressourcenrelaxation ist es hinreichend, alle verbotenen Mengen $F = \mathcal{A}(S,t)$ mit $t \in \{S_0, \ldots, S_{n+1}\}$ durch das Einfügen von Vorrangbeziehungen $S_j - S_i \geq p_i$, für $j \in A^{min}$ und $i \in \mathcal{A}(S,t) \setminus A^{min}$ sukzessive zu entzerren. Der zeitzulässige Bereich zerfällt hierdurch in Ordnungspolytope $\mathcal{S}_T(O)$, die potentiell zulässige Lösungen enthalten, und in Bereiche, die keine zulässige Lösung besitzen (vgl. Abb. 3.10). Das dem Enumerationsknoten O zugrunde liegende Problem ist durch den Ordnungsnetzplan $N(O)$ spezifiziert und der zugehörige Teilbereich des zeitzulässigen Bereichs $\mathcal{S}_T$ ist durch das Ordnungspolytop $\mathcal{S}_T(O)$ gegeben. Ist der Minimalpunkt eines Ordnungspolytops $\mathcal{S}_T(O)$ zulässig, so stellt er eine optimale Lösung für das durch $N(O)$ spezifizierte Projektplanungsproblem und eine zulässige Lösung für das Ausgangsproblem dar. Zulässige Minimalpunkte der generierten Ordnungspolytope bilden somit Kandidaten für eine optimale Lösung des zugrunde liegenden Projektdauerminimierungsproblems. Im Einzelnen lässt sich das skizzierte Verfahren wie folgt beschreiben.

Seien Ω die Menge der noch zu betrachtenden strengen Ordnungen O und Γ die Menge der generierten zulässigen Schedules. Wir beginnen mit $\Omega = \{\emptyset\}$

und $\Gamma = \emptyset$. In jeder Iteration entnehmen wir eine strenge Ordnung O aus der Menge Ω und bestimmen den Schedule S der frühesten Startzeitpunkte des Ordnungspolytops $\mathcal{S}_T(O)$ von O. Falls Schedule S zulässig ist, fügen wir ihn der Menge Γ hinzu. Andernfalls existiert ein Zeitpunkt $t \geq 0$, an dem ein Ressourcenkonflikt vorliegt. In diesem Fall bestimmen wir alle minimalen Verzögerungsmodi (i, A^{min}) für die aktive Menge $\mathcal{A}(S, t)$. Für alle Verzögerungsmodi fügen wir dann Vorrangbeziehungen zwischen i und allen Vorgängen $j \in A^{min}$ ein und ergänzen alle transitiv ableitbaren Relationen, d.h. wir bilden die *transitive Hülle* $O' := tr(O \cup \{(i, j) \mid j \in A^{min}\})$. Gilt $O = \{(j, l)\}$ und betrachten wir den Verzögerungsmodus $(i, \{j\})$, so enthält die neue Ordnung O' die beiden Relationen $(i, j), (j, l)$ und wird durch (i, l) ergänzt. Ordnungen O' entzerren die verbotene Menge $\mathcal{A}(S, t)$ zum Zeitpunkt t. Es werden solange strenge Ordnungen O aus Ω entnommen, bis $\Omega = \emptyset$. Algorithmus 3.12 fasst das beschriebene Vorgehen zusammen.

Algorithmus 3.12 (Relaxationsbasiertes Enumerationsschema).

Initialisiere $\Omega := \{\emptyset\}$ und $\Gamma := \emptyset$.

Wiederhole

> Entferne eine Ordnung O aus der Menge Ω.
>
> Bestimme Schedule $S := \min \mathcal{S}_T(O)$.
>
> **Falls** S zulässig ist: Setze $\Gamma := \Gamma \cup \{S\}$.
>
> **Andernfalls**
>
> > Bestimme den kleinsten Zeitpunkt $t \geq 0$, an dem ein Ressourcenkonflikt vorliegt.
> >
> > Berechne die Menge $\mathcal{Al}$ aller minimalen Verzögerungsalternativen für die verbotene Menge $F = \mathcal{A}(S, t)$ mit Algorithmus 3.8.
> >
> > **Für alle** $A^{min} \in \mathcal{Al}$:
> >
> > > **Für alle** $i \in \mathcal{A}(S, t) \setminus A^{min}$:
> > >
> > > > Füge Vorrangbeziehungen zwischen i und allen Vorgängen $j \in A^{min}$ ein, d.h. setze $O' := tr(O \cup \{(i, j) \mid j \in A^{min}\})$.
> > > >
> > > > **Falls** $\mathcal{S}_T(O') \neq \emptyset$: Setze $\Omega := \Omega \cup \{O'\}$.

Solange $\Omega = \emptyset$

Rückgabe Γ

Wählt man aus der Menge Γ aller generierten Minimalpunkte des zulässigen Bereichs $\mathcal{S}$ den Schedule S^* mit kleinstem S_{n+1}, so hat man eine optimale Lösung für das zugrunde liegende Problem gefunden.

Beispiel 3.13. Betrachten wir den in Abbildung 3.13 dargestellten Projektnetzplan mit einer erneuerbaren Ressource und einer maximalen Projektdauer von $\bar{d} = 10$. Die Ressourcenkapazität sei $R = 3$. Im Folgenden wenden wir Algorithmus 3.12 zur Bestimmung der Menge Γ von Kandidaten für eine optimale Lösung des entsprechenden Projektdauerminimierungsproblems an.

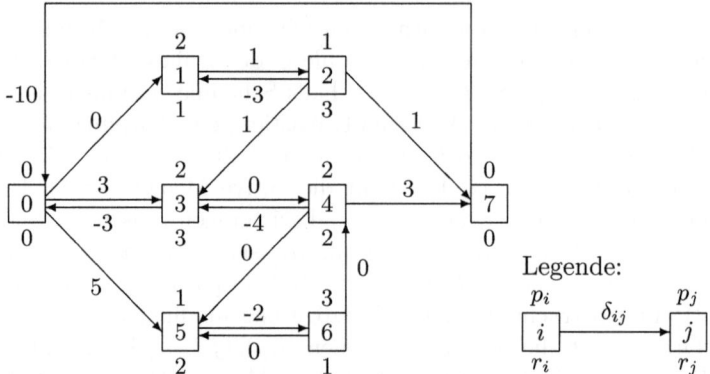

Abb. 3.13. Projektnetzplan mit einer erneuerbaren Ressource

Zu Beginn des Algorithmus setzen wir $\Omega := \{\emptyset\}$ und $\Gamma := \emptyset$. Im ersten Hauptschritt entfernen wir die Ordnung $O = \emptyset$ aus der Menge Ω und bestimmen den Vektor S der frühesten Startzeitpunkte des Ordnungspolytops $\mathcal{S}_T(\emptyset)$. Es gilt $S = (0, 0, 1, 3, 3, 5, 3, 6)$. Zum Zeitpunkt $t = 1$ liegt ein Ressourcenkonflikt vor, da $r(S, 1) = 4 > 3$ gilt. Die Menge $\mathcal{A}l$ aller minimalen Verzögerungsalternativen der verbotenen Menge $F = \mathcal{A}(S, 1)$ ergibt sich zu $\mathcal{A}l = \{\{1\}, \{2\}\}$. Von den zugehörigen minimalen Verzögerungsmodi $(1, \{2\})$ und $(2, \{1\})$ führt nur $(1, \{2\})$ zu einer Ordnung O' mit nichtleerem Ordnungspolytop $\mathcal{S}_T(O')$, d.h. der zugehörige Ordnungsnetzplan $N(O')$ besitzt keinen Zyklus positiver Länge. Wir fügen die Ordnung $O' = \{(1, 2)\}$ der Menge Ω hinzu, so dass sich $\Omega = \{\{(1, 2)\}\}$ ergibt.

Im zweiten Schritt entnehmen wir die Ordnung $O = \{(1, 2)\}$ der Menge Ω. Der zum Ordnungsnetzplan $N(O)$ gehörige *ES*-Schedule ist $S = (0, 0, 2, 3, 3, 5, 3, 6)$. Der kleinste Zeitpunkt, an dem ein Ressourcenkonflikt vorliegt, ist nun $t = 3$. Zu $t = 3$ gilt $r(S, 3) = 6 > 3$ für die aktiven Vorgänge $\mathcal{A}(S, 3) = \{3, 4, 6\}$. Die Menge der minimalen Verzögerungsalternativen für $F = \mathcal{A}(S, 3)$ ist $\mathcal{A}l = \{\{3\}, \{4, 6\}\}$. Von den zugehörigen minimalen Verzögerungsmodi $(3, \{4, 6\})$, $(4, \{3\})$, und $(6, \{3\})$ führt nur $(3, \{4, 6\})$ zu einer Ordnung O' mit $\mathcal{S}_T(O') \neq \emptyset$. Daher fügen wir die zugehörige Ordnung $O' = \{(1, 2), (3, 4), (3, 6)\}$ der Menge Ω hinzu.

Im dritten Schritt betrachten wir die Ordnung $O = \{(1, 2), (3, 4), (3, 6)\}$ und bestimmen den Minimalpunkt S des Ordnungspolytops $\mathcal{S}_T(O)$, es gilt $S = (0, 0, 2, 3, 5, 5, 5, 8)$. Der kleinste Zeitpunkt an dem ein Ressourcenkonflikt vorliegt, ergibt sich zu $t = 5$. Für die Menge $\mathcal{A}l$ aller minimalen Verzögerungsalternativen der verbotenen Menge $F = \mathcal{A}(S, 5)$ gilt $\mathcal{A}l = \{\{4\}, \{5\}\}$. Von den zugehörigen minimalen Verzögerungsmodi $(5, \{4\})$, $(6, \{4\})$, $(4, \{5\})$ und $(6, \{5\})$ führt nur $(4, \{5\})$ zu einer Ordnung O' mit $\mathcal{S}_T(O') \neq \emptyset$. Die entsprechende Ordnung $O' = tr(O \cup (4, 5)) = \{(1, 2), (3, 4), (3, 5), (3, 6), (4, 5)\}$ wird der Menge Ω hinzugefügt.

Im letzten Schritt entnehmen wir schließlich die Ordnung $O = \{(1,2),(3,4),$ $(3,5),(3,6),(4,5)\}$ aus der Menge Ω. Der ES-Schedule $S = (0,0,2,3,5,7,5,8)$ von $N(O)$ ist zulässig, also wird er der Menge Γ hinzugefügt. Da nun $\Omega = \emptyset$ ist, terminiert der Algorithmus. Die Menge Γ beinhaltet nur das Element $S = (0,0,2,3,5,7,5,8)$, das somit eine optimale Lösung für das betrachtete Projektdauerminimierungsproblem darstellt. Abbildung 3.14 zeigt die Ressourcenprofile der im Verfahrensverlauf betrachteten Schedules S. In Abbildung 3.15 ist der Netzplan $N(O)$ zur strengen Ordnung $O = \{(1,2),(3,4),$ $(3,5),(3,6),(4,5)\}$ dargestellt.

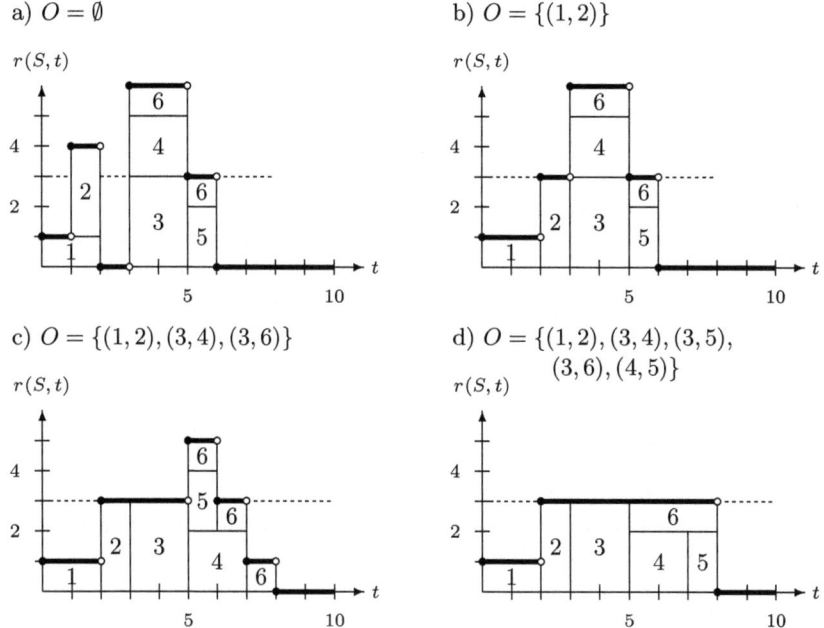

Abb. 3.14. Ressourcenprofile der Schedules S

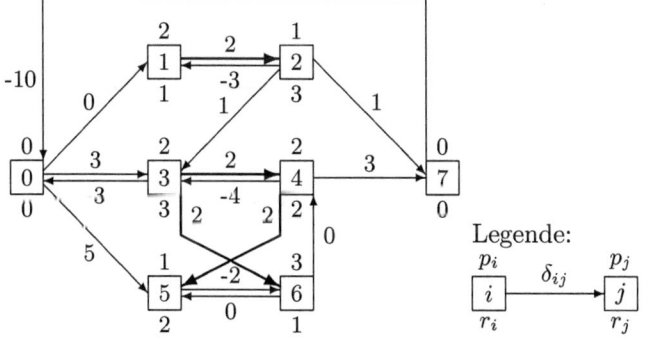

Abb. 3.15. Netzplan $N(O)$ für $O = \{(1,2),(3,4),(3,5),(3,6),(4,5)\}$

3.2.2 Preprocessing

Preprocessing-Techniken beziehen sich auf eine Phase zwischen Formulierung und tatsächlicher Lösung eines Projektplanungsproblems, in der versucht wird, eine Probleminstanz für das eigentliche Lösungsverfahren „vorzubereiten". Bei unserem Preprocessing (Vorverarbeitung) werden Zeitbeziehungen bestimmt, die sich aus der gemeinsamen Betrachtung bestehender Zeit- und Ressoucenrestriktionen ableiten lassen und die alle zulässigen Schedules erfüllen müssen. Durch Hinzufügen dieser zeitlichen Nebenbedingungen zur betrachteten Probleminstanz kann der zeitzulässige Bereich eingeschränkt werden, d.h. der Unterschied zwischen Problem und Ressourcenrelaxation wird kleiner. Ferner ist es bei Instanzen mit knappen Ressourcen häufig möglich, schon im Vorfeld festzustellen, dass der zulässige Bereich S leer ist. In diesem Fall ist es nicht nötig, das eigentliche Lösungsverfahren zu starten. Der Vorteil des Preprocessings besteht somit in der Vorwegnahme von Entscheidungen, die sonst später während der Enumeration getroffen werden müssten. Im Folgenden wollen wir zwei Preprocessing-Techniken (konjunktives und disjunktives Preprocessing) vorstellen, die auf der Entzerrung zweielementiger verbotener Mengen beruhen. Dies sind Mengen von zwei Vorgängen $\{i, j\}$ mit $i \neq j$ und $r_{ik} + r_{jk} > R_k$ für mindestens ein $k \in \mathcal{R}$.

Sei $F = \{i, j\} \subseteq V$ eine zweielementige verbotene Menge, deren Vorgänge i und j durch die bestehenden Zeitbeziehungen noch nicht entzerrt sind, d.h. es gilt $d_{ij} < p_i$ und $d_{ji} < p_j$. Bei der Terminierung der Projektvorgänge könnten somit die Vorgänge i und j simultan eingeplant werden, wodurch ein Ressourcenkonflikt entstehen würde. Im Folgenden wollen wir prüfen, unter welchen Umständen wir schon vorab sagen können, ob in einer zulässigen Lösung i vor j oder j vor i eingeplant werden muss. Betrachten wir hierzu den Projektnetzplan in Abbildung 3.16 mit zwei realen Vorgängen und einer maximalen Projektdauer von $\overline{d} = 8$. Die Ressourcenkapazität sei $R = 2$.

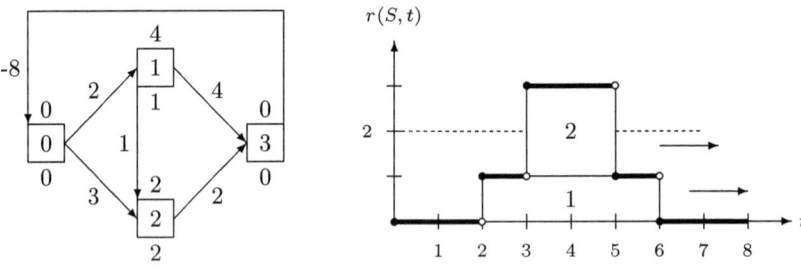

Abb. 3.16. Projektnetzplan und Ressourcenkonflikt

Werden die beiden Vorgänge 1 und 2 zu ihrem *ES* eingeplant, so entsteht der in Abbildung 3.16 dargestellte Ressourcenkonflikt. Um die bestehende verbotene Menge zu entzerren, ist zu prüfen, ob eine der beiden Vorrangbeziehungen $S_2 - S_1 \geq p_1 = 4$ oder $S_1 - S_2 \geq p_2 = 2$ eingeführt werden kann.

Da durch das Einfügen von $S_1 - S_2 \geq 2$ ein Zyklus positiver Länge entsteht, müssen alle zulässigen Schedules die Vorrangbeziehung $S_2 - S_1 \geq 4$ erfüllen. Diese kann daher bereits im Vorfeld eingefügt werden.

Allgemein kann man sagen, dass für eine zweielementige verbotene Menge $F = \{i, j\}$ eine Vorrangbeziehung der Form $S_j - S_i \geq p_i$ vor Beginn des Lösungsverfahrens eingefügt werden kann, wenn es aufgrund der Zeitbeziehungen nicht möglich ist, eine Vorrangbeziehung der Form $S_i - S_j \geq p_j$ einzufügen (es entstünde ein Zyklus positiver Länge). Das heißt, die Bedingung $S_i - S_j \geq p_j$ kann nicht eingefügt werden, wenn

$$d_{ij} > -p_j \text{ bzw. } -d_{ij} < p_j \qquad (3.8)$$

erfüllt ist (vgl. Abb. 3.17).

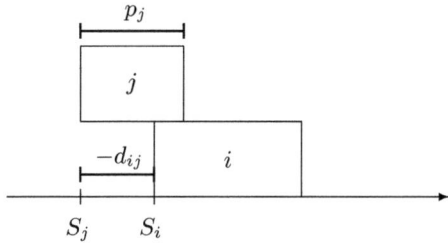

Abb. 3.17. Vorgang j kann nicht vor dem Start von Vorgang i beendet werden

Satz 3.14. Sei $F = \{i, j\} \subseteq V$ eine zweielementige verbotene Menge mit $d_{ij} < p_i$ und $d_{ji} < p_j$. Falls $d_{ij} > -p_j$ gilt, so erfüllt jeder zulässige Schedule $S \in \mathcal{S}$ die Bedingung $S_j - S_i \geq p_i$.

Wenn aufgrund von Satz 3.14 dem Problem eine weitere Nebenbedingung $S_j - S_i \geq p_i$ hinzugefügt wird, müssen die Längen längster Wege d_{hl} für alle $h, l \in V$ gemäß

$$d_{hl} := \max(d_{hl}, d_{hi} + p_i + d_{jl})$$

aktualisiert werden. Ist für eine verbotene Menge $F = \{i, j\}$ sowohl $-d_{ij} < p_j$ als auch $-d_{ji} < p_i$ erfüllt, so kann weder Vorgang j vor dem Start von Vorgang i noch Vorgang i vor dem Start von Vorgang j beendet werden. Folglich kann die betrachtete zweielementige verbotene Menge $F = \{i, j\}$ nicht entzerrt werden, und der zulässige Bereich $\mathcal{S}$ ist leer. Algorithmus 3.15 fasst die einzelnen Schritte des erläuterten *konjunktiven Zweier-Preprocessings* zusammen, wobei mit $\mathcal{F}_2$ die Menge aller zweielementigen verbotenen Mengen bezeichnet wird.

Algorithmus 3.15 (Konjunktives Zweier-Preprocessing).

Bestimme die Längen längster Wege d_{ij} für alle $i, j \in V$.

Bestimme die Menge $\mathcal{F}_2$ aller zweielementigen verbotenen Mengen.

Für alle $\{i, j\} \in \mathcal{F}_2$ mit $d_{ij} < p_i$ und $d_{ji} < p_j$:

   Falls $-d_{ij} < p_j$ und $-d_{ji} < p_i$:

      Abbruch! (der zulässige Bereich ist leer, $\mathcal{S} = \emptyset$)

   Falls $-d_{ij} < p_j$:

      Füge den Pfeil $\langle i, j \rangle$ mit $\delta_{ij} = p_i$ in den Projektnetzplan N ein.

      Für alle $h, l \in V$: $d_{hl} := \max(d_{hl}, d_{hi} + p_i + d_{jl})$.

   Falls $-d_{ji} < p_i$:

      Füge den Pfeil $\langle j, i \rangle$ mit $\delta_{ji} = p_j$ in den Projektnetzplan N ein.

      Für alle $h, l \in V$: $d_{hl} := \max(d_{hl}, d_{hj} + p_j + d_{il})$.

Werden mit Hilfe von Algorithmus 3.15 dem zugrunde liegenden Projekt Vorrangbeziehungen hinzugefügt, so ist es möglich, dass nach Ablauf des Verfahrens weitere zweielementige verbotene Mengen entzerrt werden können, die zuvor nicht entzerrt werden konnten. Daher führen wir den Algorithmus 3.15 mehrfach durch, bis keine weiteren Vorrangbeziehungen mehr eingefügt werden können. Insgesamt lassen sich durch das konjunktive Zweier-Preprocessing maximal $\frac{1}{2}|V|(|V| - 1)$ Vorrangbeziehungen etablieren, ohne dass ein Zyklus positiver Länge entsteht. Da die Bestimmung aller zweielementigen verbotenen Mengen eine Zeitkomplexität von $\mathcal{O}\left(|\mathcal{R}||V|^2\right)$ besitzt, ist die Zeitkomplexität von Algorithmus 3.15 $\mathcal{O}\left(\max\{|\mathcal{R}||V|^2, |V|^4\}\right)$. Das folgende Beispiel zeigt den Verlauf des konjunktiven Zweier-Preprocessing.

Beispiel 3.16. Betrachten wir den in Abbildung 3.18 dargestellten Projektnetzplan mit einer erneuerbaren Ressource und einer maximalen Projektdauer von $\overline{d} = 11$. Die Ressourcenkapazität sei $R = 3$. Die Längen längster Wege d_{ij} sind für alle $i, j \in V$ in Tabelle 3.2 dargestellt. Die Menge $\mathcal{F}_2$ aller zweielementigen verbotenen Mengen besteht aus den Elementen $\{i, j\}$ mit $r_i + r_j > 3$. Somit ergibt sich $\mathcal{F}_2 = \{\{1, 5\}, \{2, 5\}, \{3, 5\}, \{4, 6\}, \{5, 4\}, \{5, 6\}\}$.

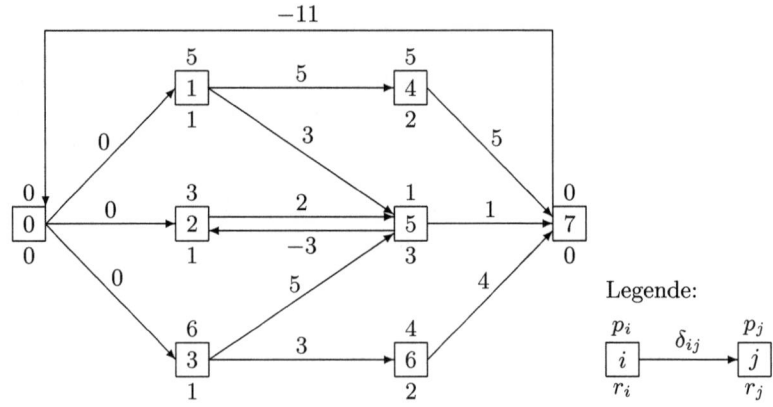

Abb. 3.18. Projektnetzplan

Tabelle 3.2. Längen längster Wege d_{ij} für alle $i, j \in V$

d_{ij}	0	1	2	3	4	5	6	7
0	0	0	2	0	5	5	3	10
1	−1	0	1	−1	5	4	2	10
2	−8	−8	0	−8	−3	2	−5	3
3	−4	−4	2	0	1	5	3	7
4	−6	−6	−4	−6	0	−1	−3	5
5	−10	−10	−3	−10	−5	0	−7	1
6	−7	−7	−5	−7	−2	−2	0	4
7	−11	−11	−9	−11	−6	−6	−8	0

Im ersten Schritt betrachten wir die zweielementige verbotene Menge $\{1, 5\}$ mit $d_{15} = 4 < p_1 = 5$ und $d_{51} = -10 < p_5 = 1$. Da die Bedingung $-d_{15} = -4 < p_5 = 1$ erfüllt ist, kann Vorgang 5 nicht vor dem Start von Vorgang 1 beendet werden. Vorgang 5 muss also nach dem Ende von Vorgang 1 ausgeführt werden. Daher fügen wir einen Pfeil $\langle 1, 5 \rangle$ mit der Bewertung $\delta_{15} = 5$ in den Projektnetzplan ein und aktualisieren die Längen längster Wege $d_{15} := 5$ und $d_{12} := 2$. Tabelle 3.3 veranschaulicht die einzelnen Schritte des Algorithmus 3.15. Die zweite Spalte gibt an, ob Vorgang j erst nach dem Ende von Vorgang i starten kann. Die dritte Spalte zeigt analog, ob Vorgang i erst nach dem Ende von Vorgang j starten kann und die letzte Spalte der Tabelle beinhaltet die Aktualisierungen der Längen längster Wege d_{ij}. Da für die verbotene Menge $F = \{4, 6\}$ sowohl Vorgang 4 nicht vor Vorgang 6 als auch 6 nicht vor 4 ausgeführt werden kann, ist der zulässige Bereich $\mathcal{S}$ des betrachteten Projektplanungsproblems unter Zeit- und Ressourcenrestriktionen leer. Der Algorithmus bricht ab.

Tabelle 3.3. Konjunktives Zweier-Preprocessing

$\{i, j\}$	$-d_{ij} < p_j$	$-d_{ji} < p_i$	Aktualisierung der d_{ij}
$\{1, 5\}$	$-d_{15} = -4 < p_5 = 1$	$-d_{51} = 10 \not< p_1 = 5$	$d_{15} = 5, d_{12} = 2$
$\{2, 5\}$	$-d_{25} = -2 < p_5 = 1$	$-d_{52} = 3 \not< p_2 = 3$	$d_{25} = 3, d_{20} = -7$
			$d_{21} = d_{23} = -7, d_{24} = -2,$
			$d_{26} = -4, d_{27} = 4$
$\{3, 5\}$	$-d_{35} = -5 < p_5 = 1$	$-d_{53} = 10 \not< p_3 = 6$	$d_{35} = 6, d_{02} = d_{32} = 3, d_{42} = -3$
			$d_{62} = -4, d_{72} = -8, d_{05} = 6$
			$d_{45} = 0, d_{65} = -1, d_{75} = -5$
$\{4, 6\}$	$-d_{46} = 3 < p_6 = 4$	$-d_{64} = 2 < p_4 = 5$	
		$\Rightarrow \mathcal{S} = \emptyset$	

Falls für zwei Elemente i, j mit $\{i, j\} \in \mathcal{F}_2$ und $d_{ij} < p_i$ bzw. $d_{ji} < p_j$ Bedingung (3.8) weder für i und j noch für j und i erfüllt ist, wissen wir dennoch, dass in einer zulässigen Lösung entweder Vorgang i vor Vorgang j oder Vorgang j vor Vorgang i ausgeführt werden muss. Gilt für zwei Vorgänge h und l mit $h, l \notin \{i, j\}$, dass die Länge eines längsten Weges von h nach l sowohl nach Einfügen eines Pfeils $\langle i, j \rangle$ mit der Bewertung $\delta_{ij} = p_i$ als auch nach Einfügen eines Pfeils $\langle j, i \rangle$ mit der Bewertung $\delta_{ji} = p_j$ größer als d_{hl} ist, so können wir schon im Vorfeld eine neue Zeitbeziehung zwischen den Vorgängen h und l etablieren. Um dies zu verdeutlichen, betrachten wir ein Beispiel.

Beispiel 3.17. Gegeben seien das Projektnetzwerk in Abbildung 3.19 mit vier realen Vorgängen und einer erneuerbaren Ressource sowie eine Ressourcenkapazität von $R = 3$.

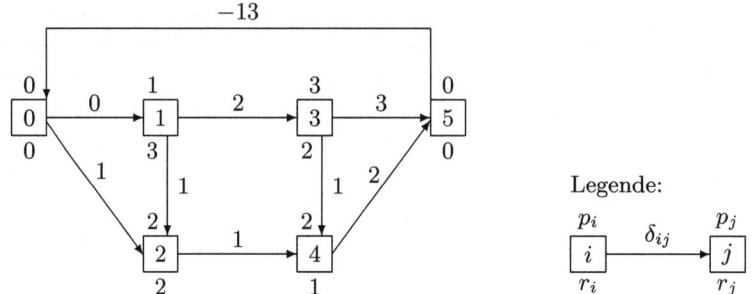

Abb. 3.19. Projektnetzwerk mit einer Ressource

Für die zweielementige verbotene Menge $F = \{2, 3\}$ ist Bedingung (3.8) nicht erfüllt, denn $-d_{23} = 8 \not< p_3 = 3$ und $-d_{32} = 9 \not< p_2 = 2$. In einer zulässigen Lösung muss allerdings entweder Vorgang 2 vor Vorgang 3 oder Vorgang 3 vor Vorgang 2 ausgeführt werden. Die Länge des längsten Weges zwischen den Vorgängen 1 und 4 beträgt $d_{14} = 3$. Durch Einfügen eines Pfeils $\langle 2, 3 \rangle$ mit der Bewertung $\delta_{23} = 2$ käme es zu einer Erhöhung von d_{14} auf 4. Die Einfügung eines Pfeils $\langle 3, 2 \rangle$ mit der Bewertung $\delta_{32} = 3$ würde eine Erhöhung von d_{14} auf 6 hervorrufen. Daher kann eine neue Zeitbeziehung zwischen den Vorgängen 1 und 4 etabliert werden, die dafür sorgt, dass zwischen dem Start der Vorgänge 1 und 4 mindestens 4 Zeiteinheiten liegen. Der Projektnetzplan wird also durch den Pfeil $\langle 1, 4 \rangle$ mit der Bewertung $\delta_{14} = 4$ erweitert.

Der folgende Algorithmus 3.18 beschreibt das erläuterte Preprocessing, welches wir im Weiteren als *disjunktives Zweier-Preprocessing* bezeichnen.

Algorithmus 3.18 (Disjunktives Zweier-Preprocessing).

Bestimme die Längen längster Wege d_{ij} für alle $i, j \in V$.

Bestimme die Menge $\mathcal{F}_2$ aller zweielementigen verbotenen Mengen.

Für alle $i, j \in V$ mit $\{i, j\} \in \mathcal{F}_2$ und $d_{ij} < p_i$ bzw. $d_{ji} < p_j$, für die Bedingung (3.8) nicht erfüllt ist:

  Für alle $h \in V \setminus \{i, j\}$:

    Für alle $l \in V \setminus \{h, i, j\}$:

      Falls $d_{hl} < \min(d_{hi} + p_i + d_{jl}, d_{hj} + p_j + d_{il})$:

        Setze $d_{hl} := \min(d_{hi} + p_i + d_{jl}, d_{hj} + p_j + d_{il})$.

        Füge einen Pfeil $\langle h, l \rangle$ mit $\delta_{hl} = d_{hl}$ in das Projektnetzwerk ein.

Falls $d_{hh} > 0$ für ein $h \in V$: Abbruch! (der zulässige Bereich ist leer, $\mathcal{S} = \emptyset$)

Werden mit Hilfe von Algorithmus 3.18 dem zugrunde liegenden Projekt neue Zeitbeziehungen hinzugefügt, kann es nach Ablauf des Algorithmus vorkommen, dass weitere Zeitbeziehungen eingefügt werden können, die zuvor nicht hinzu genommen werden konnten. Daher ist es häufig sinnvoll, dass disjunktive und das konjunktive Zweier-Preprocessing im Wechsel durchzuführen, um weitere Zeitbeziehungen zu etablieren. Da aber auch Algorithmus 3.18 eine Zeitkomplexität von $\mathcal{O}\left(\max\{|\mathcal{R}||V|^2, |V|^4\}\right)$ besitzt, ist abzuwägen, wie viele Durchläufe der beiden Algorithmen durchgeführt werden sollten.

Beispiel 3.19. Betrachten wir wieder die Probleminstanz aus Beispiel 3.17 mit einer Ressourcenkapazität von $R = 3$. Die Längen längster Wege sind in Tabelle 3.4 gegeben und für die Menge $\mathcal{F}_2$ aller zweielementigen verbotenen Mengen ergibt sich $\mathcal{F}_2 = \{\{1, 2\}, \{1, 3\}, \{1, 4\}, \{2, 3\}\}$.

Tabelle 3.4. Längen längster Wege d_{ij}

d_{ij}	0	1	2	3	4	5
0	0	0	1	2	3	5
1	−8	0	1	2	3	5
2	−10	−10	0	−8	1	3
3	−10	−10	−9	0	1	3
4	−11	−11	−10	−9	0	2
5	−13	−13	−12	−11	−10	0

Da die Mengen $\{1, 2\}, \{1, 3\}$ und $\{1, 4\}$ bereits entzerrt sind, betrachten wir die verbotene Menge $\{2, 3\}$. Die Ungleichung

$$d_{hl} < \min(d_{hi} + p_i + d_{jl}, d_{hj} + p_j + d_{il}) \tag{3.9}$$

gilt für die verbotene Menge $F = \{2,3\}$ in Kombination mit den Vorgängen $h = 0$ und $l = 4$, denn $d_{04} = 3 < \min(1 + 2 + 1, 2 + 3 + 1) = 4$. Wir setzen daher $d_{04} = 4$ und fügen einen Pfeil $\langle 0, 4 \rangle$ mit der Bewertung $\delta_{04} = 4$ in den Projektnetzplan ein. Des Weiteren ist (3.9) für $h = 0$ und $l = 5$, $h = 1$ und $l = 0, 4, 5$ und $h = 5$, $l = 4$ erfüllt. Wir erhalten die neuen Längen längster Wege $d_{05} = 6$, $d_{10} = -7$, $d_{14} = 4$, $d_{15} = 6$ und $d_{54} = -9$. Die Pfeile $\langle 0, 5 \rangle$, $\langle 1, 0 \rangle$, $\langle 1, 4 \rangle$, $\langle 1, 5 \rangle$ und $\langle 5, 4 \rangle$ mit den entsprechenden Bewertungen werden in den Netzplan eingefügt. Abbildung 3.20 zeigt den entstandenen Netzplan, wobei wir auf die Angabe redundanter Pfeile verzichtet haben.

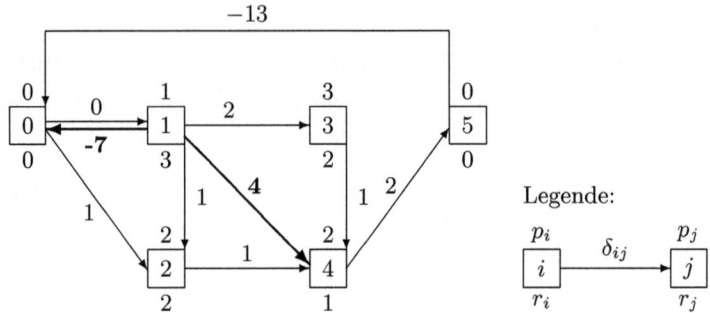

Abb. 3.20. Projektnetzplan nach dem disjunktiven Zweier-Preprocessing

3.2.3 Untere Schranken

In Branch-and-Bound-Verfahren kommt dem Ausloten von Enumerationsknoten durch untere Schrankenwerte eine große Bedeutung zu. Stellt beispielsweise LB (lower bound) eine untere Schranke für die minimale Projektdauer für den Enumerationsknoten p dar, dann ist LB auch eine untere Schranke für alle Knoten des Enumerationsbaumes, die Knoten p als Vorgängerknoten besitzen. Ist die untere Schranke größer oder gleich der Projektdauer der besten bisher gefundenen zulässigen Lösung, dann können der Enumerationsknoten p und damit auch alle seine Nachfolger ausgelotet, d.h. von den weiteren Betrachtungen ausgeschlossen, werden.

Die am einfachsten zu berechnende untere Schranke für das Ausloten von Enumerationsknoten ist

$$LB0 := ES_{n+1},$$

die der minimalen Projektdauer der Ressourcenrelaxation entspricht und automatisch bei der Berechnung des ES-Schedules bestimmt wird. Da diese untere Schranke i.d.R. nicht sehr scharf (gut) ist, geben wir im Folgenden drei weitere untere Schranken für das Ausloten von Enumerationsknoten an.

Der Gesamtbedarf an Ressource $k \in \mathcal{R}$, der für die Ausführung der Vorgänge $i \in V$ benötigt wird, ist durch den Term $\sum_{i \in V} r_{ik} p_i$ gegeben. Da zu jedem Zeitpunkt nur R_k Einheiten von Ressource k zur Verfügung stehen, stellt $\sum_{i \in V} r_{ik} p_i / R_k$ eine untere Schranke für die Zeit dar, die zur Ausführung aller Vorgänge benötigt wird. Unter der Annahme, dass alle Pfeilbewertungen δ_{ij} ganzzahlig sind, existiert im Fall $\mathcal{S} \neq \emptyset$ ein ganzzahliger optimaler Schedule. Somit erhalten wir eine zweite untere Schranke für die minimale Projektdauer durch

$$LBR := \max_{k \in \mathcal{R}} \left\lceil \frac{\sum\limits_{i \in V} r_{ik} p_i}{R_k} \right\rceil .$$

Eine weitere untere Schranke für die Projektdauerminimierung erhält man durch die sukzessive Zurückweisung hypothetischer oberer Schrankenwerte (vgl. KLEIN und SCHOLL, 1999). In der Literatur spricht man daher von einer *destruktiven* (zurückweisenden) unteren Schranke LBD. Hierbei wird zunächst ein oberer Schrankenwert d festgelegt. Kann gezeigt werden, dass kein zulässiger Schedule S mit $S_{n+1} \leq d$ existiert, so stellt $LBD = d + 1$ eine erste untere Schranke dar. Durch sukzessives Erhöhen von d, bis der aktuelle Wert nicht mehr zurückgewiesen werden kann, erhält man i.d.R. eine gute untere Schranke.

Zur Bestimmung der destruktiven unteren Schranke LBD benötigen wir eine untere Schranke LB_{start}, beispielsweise $LB_{start} = \max(LB0, LBR)$, und eine obere Schranke UB_{start}, z.B. $UB_{start} = \bar{d}$. Gilt $LB_{start} > UB_{start}$, so existiert kein zulässiger Schedule. In jeder Iteration des Algorithmus zur Berechnung von LBD wird eine hypothetische obere Schranke d bestimmt, die zwischen der aktuellen unteren und oberen Schranke liegt:

$$d := \left\lceil \frac{LB + UB}{2} \right\rceil . \tag{3.10}$$

Mit der oberen Schranke d aus (3.10) wird nun ein Preprocessing-Schritt durchgeführt, wobei wir die Bewertung des Pfeils $\langle n+1, 0 \rangle$ auf $\delta_{n+1,0} = -d$ setzen. Es können wahlweise das konjunktive, disjunktive oder beide Preprocessing-Verfahren ausgeführt werden (vgl. Abschnitt 3.2.2). Bricht der Algorithmus des Preprocessings ab, weil ein Zyklus positiver Länge im Projektnetzplan entstanden ist, dann wird die obere Schranke d zurückgewiesen. Ist $d \neq UB_{start}$, dann repräsentiert $LB := d + 1$ eine untere Schranke und wir müssen den Bereich $[d + 1, UB]$ näher untersuchen. Dazu wählen wir wieder eine obere Schranke d gemäß (3.10) und fahren fort. Wird die obere Schranke d zurückgewiesen, bis wir $d = UB_{start}$ erhalten und lehnen wir auch diese Schranke ab, so ist der zulässige Bereich leer.

Falls das Preprocessing die obere Schranke d nicht zurückweist, setzen wir $UB := d - 1$ als neue obere Schranke und $LB := \max(LB, ES_{n+1})$ als neue untere Schranke fest. ES_{n+1} stellt dabei die kürzeste Projektdauer dar, die im letzten Preprocessing-Schritt berechnet wurde. In den folgenden Schritten wird dann der Bereich $[LB, d-1]$ weiter untersucht. Dazu wählen wir d wieder gemäß (3.10) und fahren fort. Der Algorithmus terminiert, sobald $LB > UB$ erfüllt ist.

Algorithmus 3.20 (Destruktive untere Schranke LBD).

Setze $LB := LB_{start}$, $UB := UB_{start}$.

Solange $LB \leq UB$:

Setze $d := \lceil (LB + UB)/2 \rceil$.

Führe einen Preprocessing-Schritt im Netzplan N mit $\delta_{n+1,0} = -d$ durch.

Falls das Preprocessing die obere Schranke d zurückweist:

Falls $d = UB_{start}$: Abbruch! (der zulässige Bereich ist leer, $\mathcal{S} = \emptyset$)

Andernfalls Setze $LB := d + 1$.

Andernfalls

Setze $UB := d - 1$ und $LB := \max(LB, ES_{n+1})$ mit ES_{n+1} aus Preprocessing.

Setze $LBD := LB$.

Rückgabe LBD.

Zur Verdeutlichung der Vorgehensweise bei der Bestimmung einer destruktiven unteren Schranke LBD für die Projektdauerminimierung betrachten wir das folgende Beispiel.

Beispiel 3.21. Gegeben sei das Projektplanungsproblem in Abbildung 3.21 mit einer erneuerbaren Ressource und sechs realen Vorgängen. Die Ressourcenkapazität sei $R = 2$. Wir bestimmen die destruktive untere Schranke LBD mit Algorithmus 3.20, wobei wir im Preprocessing-Schritt einen Durchlauf des konjunktiven Zweier-Preprocessings ausführen.

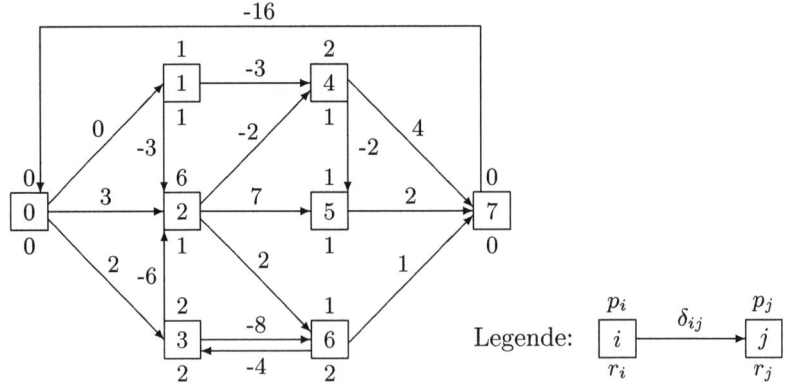

Abb. 3.21. Projektnetzplan mit einer erneuerbaren Ressourcen

Als Erstes bestimmen wir eine untere Schranke LB_{start}. Dazu berechnen wir $LB0 := ES_7 = 12$ sowie $LBR := \lceil (0+1+6+4+2+1+2+0)/2 \rceil = \lceil 16/2 \rceil = 8$ und setzen $LB_{start} := \max(12,8) = 12$. Die obere Schranke UB_{start} setzen wir auf $UB_{start} := \bar{d} = 16$. Da $LB_{start} < UB_{start}$ gilt, legen wir im ersten Schritt die hypothetische obere Schranke $d = \lceil (12 + 16)/2 \rceil = 14$ fest und führen dann mit $\delta_{n+1,0} = -14$ das konjunktive Zweier-Preprocessing durch. Die Ergebnisse sind in Tabelle 3.5 aufgeführt.

Tabelle 3.5. Preprocessing-Schritt

$\{i,j\}$	$-d_{ij} < p_j$	$-d_{ji} < p_i$	zusätzliche Pfeile
$\{1,3\}$	$-d_{13} = 5 \not< p_3 = 2$	$-d_{31} = 11 \not< p_1 = 1$	
$\{1,6\}$	$-d_{16} = 1 \not< p_6 = 1$	$-d_{61} = 13 \not< p_1 = 1$	
$\{2,3\}$	$-d_{23} = 2 \not< p_3 = 2$	$-d_{32} = 6 \not< p_2 = 6$	
$\{2,6\}$	$-d_{26} = -2 < p_6 = 1$	$-d_{62} = 10 \not< p_2 = 6$	$\langle 2,6 \rangle$ mit $\delta_{26} = 6$
$\{3,6\}$	$-d_{36} = 0 < p_6 = 1$	$-d_{63} = 4 \not< p_3 = 2$	$\langle 3,6 \rangle$ mit $\delta_{36} = 2$
$\{4,3\}$	$-d_{43} = 5 \not< p_3 = 2$	$-d_{34} = 8 \not< p_4 = 2$	
$\{4,6\}$	$-d_{46} = 1 \not< p_6 = 1$	$-d_{64} = 12 \not< p_4 = 2$	
$\{5,3\}$	$-d_{53} = 7 \not< p_3 = 2$	$-d_{35} = -1 < p_5 = 1$	$\langle 3,5 \rangle$ mit $\delta_{35} = 2$
$\{5,6\}$	$-d_{56} = 3 \not< p_6 = 1$	$-d_{65} = 2 \not< p_5 = 1$	

Das Preprocessing bricht nicht vorzeitig ab, daher wird die obere Schranke $d = 14$ nicht zurückgewiesen. Wir setzen $UB := 13$ und da wir $ES_7 = 12$ im Preprocessing-Schritt bestimmt haben, ergibt sich $LB := \max(12, 12) = 12$. Da $LB \leq UB$ gilt, fahren wir fort. Im zweiten Hauptschritt bestimmen wir die obere Schranke $d = \lceil (12 + 13)/2 \rceil = 13$ und führen einen Preprocessing-Schritt mit $\delta_{n+1,0} = -13$ durch. Die einzelnen Schritte des Preprocessing sind in Tabelle 3.6 angegeben.

Tabelle 3.6. Preprocessing-Schritt

$\{i,j\}$	$-d_{ij} < p_j$	$-d_{ji} < p_i$	zusätzliche Pfeile
$\{1,3\}$	$-d_{13} = 5 \not< p_3 = 2$	$-d_{31} = 10 \not< p_1 = 1$	
$\{1,6\}$	$-d_{16} = 1 \not< p_6 = 1$	$-d_{61} = 12 \not< p_1 = 1$	
$\{2,3\}$	$-d_{23} = 2 \not< p_3 = 2$	$-d_{32} = 6 \not< p_2 = 6$	
$\{2,6\}$	$-d_{26} = -2 < p_6 = 1$	$-d_{62} = 9 \not< p_2 = 6$	$\langle 2,6 \rangle$ mit $\delta_{26} = 6$
$\{3,6\}$	$-d_{36} = 0 < p_6 = 1$	$-d_{63} = 4 \not< p_3 = 2$	$\langle 3,6 \rangle$ mit $\delta_{36} = 2$
$\{4,3\}$	$-d_{43} = 4 \not< p_3 = 2$	$-d_{34} = 8 \not< p_4 = 2$	
$\{4,6\}$	$-d_{46} = 0 < p_6 = 1$	$-d_{64} = 11 \not< p_4 = 2$	$\langle 4,6 \rangle$ mit $\delta_{46} = 2$
$\{5,3\}$	$-d_{53} = 6 \not< p_3 = 2$	$-d_{35} = -1 < p_5 = 1$	$\langle 3,5 \rangle$ mit $\delta_{35} = 2$
$\{5,6\}$	$-d_{56} = 2 \not< p_6 = 1$	$-d_{65} = 2 \not< p_5 = 1$	

Wieder bricht das Preprocessing nicht vorzeitig ab. Die obere Schranke $d = 13$ wird also nicht zurückgewiesen und wir setzen $UB := 12$, $LB :=$

$\max(12, 12) = 12$. Da $LB \le UB$ gilt, fahren wir fort. Im dritten Hauptschritt bestimmen wir die hypothetische obere Schranke $d = \lceil(12 + 12)/2\rceil = 12$ und führen einen Preprocessing-Schritt mit $\delta_{n+1,0} = -12$ durch. Die Schritte des Preprocessing sind in Tabelle 3.7 angegeben.

Tabelle 3.7. Preprocessing-Schritt

$\{i, j\}$	$-d_{ij} < p_j$	$-d_{ji} < p_i$	zusätzliche Pfeile
$\{1, 3\}$	$-d_{13} = 4 \not< p_3 = 2$	$-d_{31} = 9 \not< p_1 = 1$	
$\{1, 6\}$	$-d_{16} = 1 \not< p_6 = 1$	$-d_{61} = 11 \not< p_1 = 1$	
$\{2, 3\}$	$-d_{23} = 1 < p_3 = 2$	$-d_{32} = 6 \not< p_2 = 6$	$\langle 2, 3\rangle$ mit $\delta_{23} = 6$
$\{2, 6\}$	$-d_{26} = -2 < p_6 = 1$	$-d_{62} = 8 \not< p_2 = 6$	$\langle 2, 6\rangle$ mit $\delta_{26} = 6$
$\{3, 6\}$	$-d_{36} = 0 < p_6 = 1$	$-d_{63} = 2 \not< p_3 = 2$	$\langle 3, 6\rangle$ mit $\delta_{36} = 2$
$\{4, 3\}$	$-d_{43} = -1 < p_3 = 2$	$-d_{34} = 8 \not< p_4 = 2$	$\langle 4, 3\rangle$ mit $\delta_{43} = 2$
$\{4, 6\}$	$-d_{46} = -4 < p_6 = 1$	$-d_{64} = 10 \not< p_4 = 2$	$\langle 4, 6\rangle$ mit $\delta_{46} = 2$
$\{5, 3\}$	$-d_{53} = 1 < p_3 = 2$	$-d_{35} = -1 < p_5 = 1$	Abbruch: $\mathcal{S} = \emptyset$

Da mit Hilfe des Preprocessings gezeigt werden kann, dass für $\delta_{n+1,0} = -12$ kein zulässiger Schedule existiert, kann Schranke $d = 12$ zurückgewiesen werden. Es gilt $d = 12 \ne UB_{start} = 16$, deshalb setzen wir $LB := 13$. Da nun $LB > UB$ gilt, terminiert der Algorithmus und liefert die untere Schranke $LBD = 13$ zurück.

Bei großen Projekten beinhalten minimale verbotene Mengen häufig mehr als zwei Vorgänge, so dass die vorgestellten Preprocessing-Techniken den zulässigen Bereich des zugrunde liegenden Problems nur wenig einschränken. Die destruktive untere Schranke LBD besitzt in diesem Fall eine begrenzte Effektivität. Deshalb betrachten wir im Folgenden eine *workloadbasierte* untere Schranke LBW, die eine Verbesserung der unteren Schranke LBR darstellt.

In einem beliebigen Intervall $[a, \overline{d}]$ mit $a \ge 0$ müssen alle Vorgänge $h \in V$ ausgeführt werden, für die $a \le ES_h$ gilt. Vorgänge $j \in V$, für die die Bedingung $ES_j < a \le EC_j$ erfüllt ist, werden mindestens für die Dauer von $EC_j - a$ Zeiteinheiten im Intervall $[a, \overline{d}]$ ausgeführt. Vorgänge $i \in V$ mit $EC_i < a$ werden gar nicht oder höchstens $LC_i - a$ Zeiteinheiten im Intervall $[a, \overline{d}]$ ausgeführt. Dieser Sachverhalt ist in Abbildung 3.22 verdeutlicht. Für einen zeitzulässigen Schedule S mit $S_{n+1} \le \overline{d}$ wird ein Vorgang $i \in V$ im Intervall $[a, \overline{d}]$ somit mindestens

$$p_i(a, \overline{d}) := \max\{0, \min(p_i, EC_i - a)\}$$

Zeiteinheiten ausgeführt.

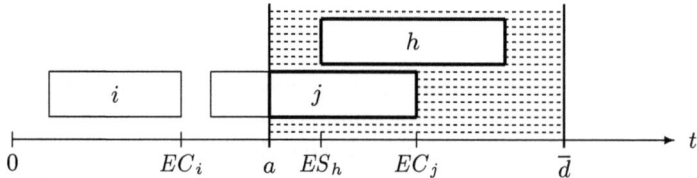

Abb. 3.22. Ausführungszeiten der Vorgänge i, j, h im Intervall $[a, \overline{d}]$

Der Workload (Arbeitseinsatz, der mindestens geleistet werden muss) für Ressource $k \in \mathcal{R}$ im Intervall $[a, \overline{d}]$ kann somit durch

$$w_k(a, \overline{d}) := \sum_{i \in V} p_i(a, \overline{d}) \, r_{ik}$$

angegeben werden. Zur Ausführung des Workloads $w_k(a, \overline{d})$ sind bei einer Ressourcenkapazität von R_k mindestens $w_k(a, \overline{d})/R_k$ Zeiteinheiten erforderlich. Setzen wir den Zeitpunkt a auf den frühesten Startzeitpunkt ES_i eines Vorgangs $i \in V$, dann repräsentiert $\max_{k \in \mathcal{R}} \lceil w_k(ES_i, \overline{d})/R_k \rceil$ die Zeitspanne, die ab dem Zeitpunkt ES_i noch mindestens bis zum Eintritt des Projektendes nötig ist. Daher erhalten wir mit

$$LBW := \max_{i \in V} \left(ES_i + \max_{k \in \mathcal{R}} \left\lceil \frac{w_k(ES_i, \overline{d})}{R_k} \right\rceil \right)$$

eine untere Schranke der Projektdauer, sofern $\mathcal{S} \neq \emptyset$ ist. Wir illustrieren die Berechnung der workloadbasierten unteren Schranke LBW an einem Beispiel.

Beispiel 3.22. Betrachten wir erneut den in Abbildung 3.21 angegebenen Netzplan mit einer erneuerbaren Ressource. Die Ressourcenkapazität sei $R = 2$. Der Vektor der frühesten Startzeitpunkte ergibt sich zu $ES = (0, 0, 3, 2, 1, 10, 5, 12)$. Nachfolgend sind die Berechnungen der workloadbasierten unteren Schranken für die Vorgänge $i \in V$ aufgezeichnet.

$$
\begin{aligned}
ES_0 + \lceil w_k(ES_0, \overline{d})/2 \rceil &= 0 + \lceil 16/2 \rceil = & 0 + 8 = & \;\; 8 \\
ES_1 + \lceil w_k(ES_1, \overline{d})/2 \rceil &= 0 + \lceil 16/2 \rceil = & 0 + 8 = & \;\; 8 \\
ES_2 + \lceil w_k(ES_2, \overline{d})/2 \rceil &= 3 + \lceil 11/2 \rceil = & 3 + 6 = & \;\; 9 \\
ES_3 + \lceil w_k(ES_3, \overline{d})/2 \rceil &= 2 + \lceil 14/2 \rceil = & 2 + 7 = & \;\; 9 \\
ES_4 + \lceil w_k(ES_4, \overline{d})/2 \rceil &= 1 + \lceil 15/2 \rceil = & 1 + 8 = & \;\; 9 \\
ES_5 + \lceil w_k(ES_5, \overline{d})/2 \rceil &= 10 + \lceil 1/2 \rceil = & 10 + 1 = & \;\; 11 \\
ES_6 + \lceil w_k(ES_6, \overline{d})/2 \rceil &= 5 + \lceil 7/2 \rceil = & 5 + 4 = & \;\; 9 \\
ES_7 + \lceil w_k(ES_7, \overline{d})/2 \rceil &= 12 + \lceil 0/2 \rceil = & 12 + 0 = & \;\; 12
\end{aligned}
$$

Für die workloadbasierte untere Schranke ergibt sich somit $LBW := \max(8, 8, 9, 9, 9, 11, 9, 12) = 12$.

3.2.4 Auslotregeln

In diesem Abschnitt betrachten wir *Auslotregeln*, die es erlauben, Enumerationsknoten, die im Rahmen unseres Enumerationsschemas erzeugt werden, von den weiteren Betrachtungen auszuschließen. Zunächst stellen wir drei Auslotregeln vor, die einen Teil der Enumerationsknoten ausschließen, die sich beim Enumerieren über alle Verzögerungsmodi ergeben, indem einzelne Vorgänge $i \in F \setminus A^{min}$ als schiebende Vorgänge ausgeschlossen werden. Bei der Anwendung des relaxationsbasierten Enumerationsschemas kann es ferner vorkommen, dass Enumerationsknoten erzeugt werden, deren zugehöriges Ordnungspolytop Teil eines bereits untersuchten Ordnungspolytops ist. In diesem Fall ist der entsprechende Knoten redundant und muss nicht mehr untersucht werden. Daher behandeln wir die *Subset-Dominanz-Regel*, die schon bei der Generierung von Enumerationsknoten solche dominierten Knoten erkennt und auslotet.

Sei $A^{min} \subseteq F$ eine minimale Verzögerungsalternative einer verbotenen Menge $F = \mathcal{A}(S, t)$. Mit Hilfe der folgenden drei Auslotregeln werden diejenigen Vorgänge $i \in F \setminus A^{min}$ als schiebende Vorgänge ausgeschlossen, deren Ressourceninanspruchnahme 0 ist, die durch einen anderen Vorgang $j \in F \setminus A^{min}$ dominiert werden oder für die der resultierende zulässige Bereich offensichtlich leer ist.

(1) *Ressourcenregel*:
Ein Vorgang $i \in F \setminus A^{min}$ wird nicht als schiebender Vorgang gewählt, wenn er die Ressource k, die den Konflikt verursacht, nicht in Anspruch nimmt.

(2) *RDM-Regel*: (Redundant Delaying Mode)
Existieren zwei Vorgänge $i, j \in F \setminus A^{min}$, für die $d_{ji} + p_i \geq p_j$ gilt, so wird Vorgang i nicht als schiebender Vorgang betrachtet, da er nicht vor Vorgang j beendet werden kann. Im Fall der Gleichheit ist zu beachten, dass falls $d_{ji} + p_i = p_j$ und $d_{ij} + p_j = p_i$ nur i oder j als schiebender Vorgang gestrichen wird.

(3) *DDA-Regel*: (Delayed Delaying Activity)
Existiert für einen Vorgang $i \in F \setminus A^{min}$ ein Vorgang $j \in A^{min}$ mit $d_{ji} \geq 0$, so wird i nicht als schiebender Vorgang gewählt, da durch das Einfügen eines Pfeiles $\langle i, j \rangle$ mit $\delta_{ij} > 0$ ein Zyklus positiver Länge entstünde ($d_{ii} = d_{ij} + d_{ji} > 0$).

Beispiel 3.23. Gegeben seien der Projektnetzplan in Abbildung 3.23 mit vier realen Vorgängen, einer maximalen Projektdauer von $\overline{d} = 5$ und eine Ressourcenkapazität von $R = 2$. Im Folgenden zeigen wir, welche Knoten aufgrund der vorgestellten Auslotregeln (2) und (3) im Rahmen der ersten Iteration des relaxationsbasierten Enumerationsschemas (vgl. Algorithmus 3.12) erst gar nicht generiert werden müssen.

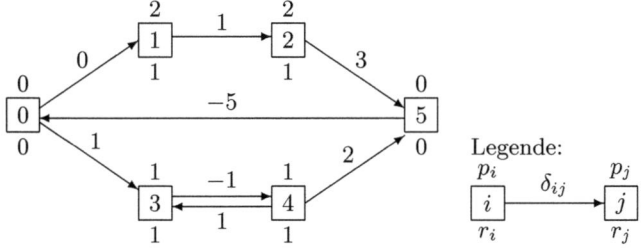

Abb. 3.23. Projektnetzplan N mit vier realen Vorgängen

Zu Beginn des Algorithmus 3.12 setzen wir $\Omega := \{\emptyset\}$ und $\Gamma := \emptyset$. Im ersten Hauptschritt entfernen wir die Ordnung $O = \emptyset$ aus der Menge Ω und bestimmen den Vektor S der frühesten Startzeitpunkte des Ordnungspolytops $\mathcal{S}_T(\emptyset)$. Es ergibt sich $S = (0, 0, 1, 1, 0, 4)$. Zum Zeitpunkt $t = 1$ liegt ein Ressourcenkonflikt vor, da $r(S, 1) = 3 > 2$ gilt. Die Menge aller minimalen Verzögerungsalternativen der verbotenen Menge $F = \mathcal{A}(S, 1) = \{1, 2, 3\}$ ist $\mathcal{A}l = \{\{1\}, \{2\}, \{3\}\}$. Bei einer Wahl von $A^{min} = \{3\}$ gilt für die Vorgänge $1, 2 \in \mathcal{A}(S, 1) \setminus \{3\}$ die Bedingung $d_{12} + p_2 = 1 + 2 = 3 \geq p_1 = 2$. Vorgang 2 muss somit aufgrund der RDM-Regel nicht als schiebender Vorgang gewählt werden und $(2, \{3\})$ entfällt. Betrachten wir $A^{min} = \{1\}$, dann gilt für $2 \in \mathcal{A}(S, 1) \setminus \{1\}$ die Bedingung $d_{12} = 1 \geq 0$ und analog für $3 \in \mathcal{A}(S, 1) \setminus \{1\}$ die Bedingung $d_{13} = 0 \geq 0$. Aufgrund der DDA-Regel müssen daher $(2, \{1\})$ und $(3, \{1\})$ nicht betrachtet werden. Es verbleiben die Verzögerungsmodi $(1, \{2\})$, $(1, \{3\})$ und $(3, \{2\})$. Die zugehörigen Ordnungen $\{(1, 2)\}$, $\{(1, 3)\}$ und $\{(3, 2)\}$ werden der Menge Ω hinzugefügt.

Eine weitere Möglichkeit, die Größe des Enumerationsbaumes zu reduzieren, stellt die *Subset-Dominanz-Regel* dar. Mit Hilfe dieser Regel können bei der Generierung von Enumerationsknoten dominierte Knoten erkannt und ausgelotet werden. Ist die zu einem Enumerationsknoten p zugehörige Ordnung O^p eine Teilmenge der zu Knoten p' gehörigen Ordnung $O^{p'}$, d.h. gilt $O^p \subseteq O^{p'}$, dann ist $\mathcal{S}_T(O^{p'}) \subseteq \mathcal{S}_T(O^p)$ erfüllt. Wurde ferner das durch Knoten p repräsentierte Ordnungspolytop $\mathcal{S}_T(O^p)$ schon vollständig untersucht, so kann Knoten p' ausgelotet werden, da der entsprechende Bereich $\mathcal{S}_T(O^{p'}) \subseteq \mathcal{S}_T(O^p)$ schon untersucht wurde. Im Folgenden veranschaulichen wir die Subset-Dominanz-Regel an einem Beispiel.

Beispiel 3.24. Gegeben sei der in Abbildung 3.24 dargestellte Projektnetzplan mit einer Ressource. Die Ressourcenkapazität sei $R = 2$. Wir wenden nun das relaxationsbasierte Enumerationsschema (vgl. Algorithmus 3.12) an und zeigen, welche Knoten aufgrund der Subset-Dominanz-Regel ausgelotet werden können.

Der zur Wurzel des Enumerationsbaumes korrespondierende ES-Schedule ist $ES = (0, 0, 0, 2, 0, 6)$. Das zugehörige Ressourcenprofil ist in Abbildung 3.25 (Knoten 0) zu sehen. Planen wir die Vorgänge $i = 0, 1, ..., 5$ gemäß des ES-

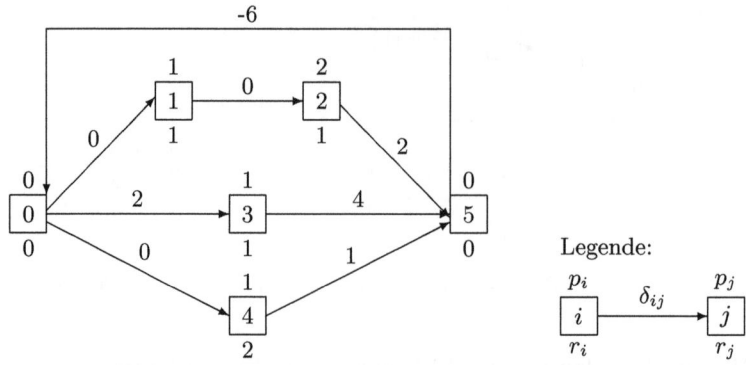

Abb. 3.24. Projektnetzplan mit einer erneuerbaren Ressource

Schedules ein, so erhalten wir zum Zeitpunkt $t = 0$ den ersten Ressourcen-konflikt mit der zugehörigen verbotenen Menge $F = \{1, 2, 4\}$. F besitzt unter anderem die minimale Verzögerungsalternative $A^{min} = \{4\}$. Hierzu korrespondieren die minimalen Verzögerungsmodi $(1, \{4\})$ und $(2, \{4\})$. Für die Ordnung $O = \{(1, 4)\}$ ergibt sich der Vektor der frühesten Startzeitpunkte zu $S = (0, 0, 0, 2, 1, 6)$ (Knoten 1) und für die Ordnung $O = \{(2, 4)\}$ zu $S = (0, 0, 0, 2, 2, 6)$ (Knoten 2).

Betrachten wir nun den Enumerationsknoten 2. Zum Zeitpunkt $t = 2$ liegt ein Ressourcenkonflikt vor. Von den zugehörigen Verzögerungsmodi $(4, \{3\})$ und $(3, \{4\})$ führt nur $(3, \{4\})$ zu einer Ordnung O' mit $\mathcal{S}_T(O') \neq \emptyset$. Für die Ordnung $O = \{(2, 4), (3, 4)\}$ ergibt sich der Vektor der frühesten Startzeitpunkte zu $S = (0, 0, 0, 2, 3, 6)$ (Knoten 3). Da S zulässig ist, sind wir nun an einem Blatt im Enumerationsbaum angekommen und fahren mit dem Enumerationsknoten 1 fort. Zum Zeitpunkt $t = 1$ liegt ein Ressourcenkonflikt vor. Die zugehörigen Verzögerungsmodi $(2, \{4\})$ und $(4, \{2\})$ führen beide zu Ordnungen O' mit $\mathcal{S}_T(O') \neq \emptyset$. Bestimmen wir den Minimalpunkt S des Ordnungspolytops $\mathcal{S}_T(\{(2, 4)\})$, so erhalten wir $S = (0, 0, 0, 2, 2, 6)$ (Knoten 4). Für $\mathcal{S}_T(\{(4, 2)\})$ ergibt sich der Vektor der frühesten Startzeitpunkte zu $S = (0, 0, 2, 2, 1, 6)$ (Knoten 5), wobei S zulässig ist. Knoten 4 lässt sich nun mit Hilfe der Subset-Dominanz-Regel ausloten, da die zu Knoten 2 gehörige Ordnung $O^2 = \{(2, 4)\}$ eine Teilmenge der zu Knoten 4 gehörigen Ordnung $O^4 = \{(1, 4), (2, 4)\}$ ist und Knoten 2 bereits vollständig untersucht wurde.

Die Subset-Dominanz-Regel kann noch weiter verschärft werden, wenn zusätzlich die Längen längster Wege d_{ij} zwischen den Knoten in die Betrachtungen einbezogen werden, d.h. gilt $d_{ij} \geq p_i$ im Netzplan $N(O)$, so kann der Ordnung O die Relation (i, j) hinzugefügt werden. Weitere Ausführungen zur Subset-Dominanz-Regel finden sich in ZIMMERMANN (2001).

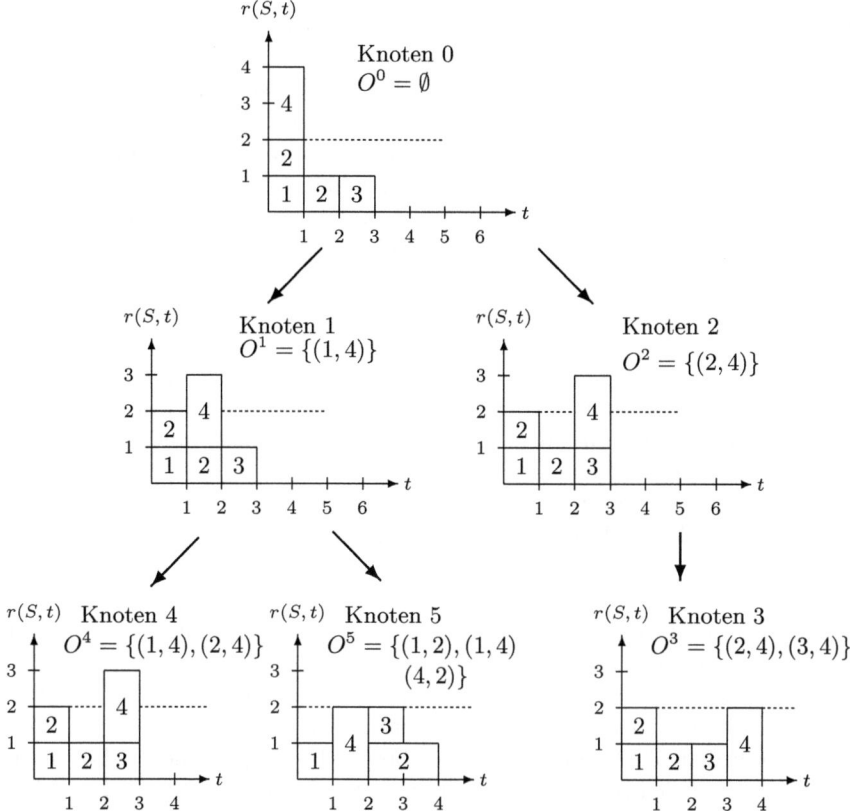

Abb. 3.25. Ressourcenprofile der Schedules S im Enumerationsbaum

3.2.5 Branch-and-Bound-Verfahren

In diesem Abschnitt stellen wir einen *relaxationsbasierten Enumerationsansatz* (Branch-and-Bound-Verfahren) zur Lösung des ressourcenbeschränkten Projektdauerminimierungsproblems vor, der auf dem in Abschnitt 3.2.1 eingeführten relaxationsbasierten Enumerationsschema beruht.

Vor Beginn des eigentlichen Branch-and-Bound-Verfahrens führen wir Preprocessing-Schritte durch, um zusätzliche Zeitbeziehungen zwischen den Vorgängen zu bestimmen, die alle zulässigen Schedules erfüllen müssen (vgl. Abschnitt 3.2.2). Durch die Berücksichtigung dieser zusätzlichen Nebenbedingungen ist i.d.R. eine Beschleunigung des Branch-and-Bound-Verfahrens möglich oder es kann bereits im Vorfeld gezeigt werden, dass der zulässige Bereich S des zugrunde liegenden Problems leer ist.

Die Branching-Strategie des Branch-and-Bound-Verfahrens, die den Enumerationsbaum induziert, beruht auf dem in Abschnitt 3.2.1 beschriebenen relaxationsbasierten Enumerationsschema. Ausgangspunkt bildet dabei der zur

Wurzel des Enumerationsbaumes gehörige *ES*-Schedule. Ist dieser zeit- und ressourcenzulässig, so ist bereits eine optimale Lösung gefunden. Andernfalls muss es mindestens einen Zeitpunkt $t \in [0, \overline{d}]$ geben, an dem ein Ressourcenkonflikt vorliegt. Die Menge der Vorgänge $\mathcal{A}(S, t)$, die sich zum Zeitpunkt des Ressourcenkonfliktes in Ausführung befindet, bildet dann eine verbotene Menge. Durch Enumeration über alle minimalen Verzögerungsmodi der verbotenen Menge $\mathcal{A}(S, t)$ entstehen neue „Sohnknoten" im Enumerationsbaum. Ein Vorgang $i \in \mathcal{A}(S, t) \setminus A^{min}$ wird dabei nur dann als schiebender Vorgang ausgewählt, wenn keine der drei in Abschnitt 3.2.4 beschriebenen Auslotregeln (Ressourcenregel, RDM-Regel, DDA-Regel) greift. Ferner verwerfen wir einen neuen Sohnknoten, wenn wir mit Hilfe der Subset-Dominanz-Regel erkennen, dass wir das zugehörige Ordnungspolytop bereits untersucht haben. Sind alle Ressourcenkonflikte durch die Hinzunahme von Vorrangbeziehungen beseitigt, so sind wir an einem Blatt des Enumerationsbaumes angekommen und der zugehörige Schedule S ist zulässig.

Für jeden Enumerationknoten berechnen wir eine untere Schranke *LB* für den optimalen Zielfunktionswert des entsprechenden Teilbereichs. Um im Enumerationsbaum möglichst schnell in die Tiefe vorzudringen, verwenden wir als Suchstrategie eine Tiefensuche. Dabei wird unter den Knoten der aktuellen Ebene des Enumerationsbaumes an demjenigen weiter verzweigt, der die kleinste untere Schranke $LB := \max(LBR, LB0)$ aufweist. Sobald eine zulässige Lösung S^* gefunden wurde, können alle Knoten und deren Nachfolger ausgelotet werden, die eine untere Schranke besitzen, welche größer oder gleich dem Zielfunktionswert der besten bisher gefundenen Lösung ist. Existiert unter den Söhnen eines aktuell betrachteten Knotens keine zulässige Lösung oder konnte der Knoten ausgelotet werden, so führen wir einen Backtracking-Schritt aus.

Beim Erzeugen der Enumerationsknoten verwenden wir zum Ausloten von Knoten neben den drei Auslotregeln und der Subset-Dominanz Regel die schnell berechenbare untere Schranke *LB*. Bevor von einem Enumerationsknoten weiter verzweigt wird, prüfen wir dann mit den schärferen unteren Schranken *LBW* und *LBD*, ob der jeweilige Knoten nicht doch ausgelotet werden kann. Algorithmus 3.25 zeigt die einzelnen Schritte des Branch-and-Bound-Verfahrens, wobei Ω ein Stapel der noch zu betrachtenden Enumerationsknoten ist und Λ eine Menge, die zur Sortierung der Söhne eines Enumerationsknotens dient. Ist die *obere Schranke UB* bei Beendigung des Algorithmus kleiner als $\overline{d} + 1$ (Initialisierungswert), wurde ein optimaler Schedule S^* gefunden. Andernfalls ist $S = \emptyset$ und wir geben $S^* = \mathbf{0}$ zurück.

Algorithmus 3.25 (Branch-and-Bound-Verfahren für Problem (3.2) mit dem Ziel der Projektdauerminimierung).

Führe Preprocessing durch. Falls $S = \emptyset$: Abbruch!

Initialisiere den Stapel $\Omega := \{\emptyset\}$ und die obere Schranke $UB := \overline{d} + 1$. Setze $S^* := (0, \ldots, 0) \in \mathbb{R}^{n+2}$.

Solange $\Omega \neq \emptyset$:

Entnimm die oberste Ordnung O vom Stapel Ω.

Bestimme Schedule $S := \min \mathcal{S}_T(O)$.

Falls S zulässig:

> **Falls** $S_{n+1} < UB$: Setze $S^* := S$ und $UB := S^*_{n+1}$.

Andernfalls

> Berechne LBW mit $ES = S$ und LBD für den Netzplan $N(O)$.
>
> **Falls** $\max(LBW, LBD) < UB$:
>
> > Bestimme den kleinsten Zeitpunkt $t \geq 0$, an dem ein Ressourcenkonflikt vorliegt.
> >
> > Berechne die Menge $\mathcal{A}l$ aller minimalen Verzögerungsalternativen für die verbotene Menge $F = \mathcal{A}(S, t)$.
> >
> > Initialisiere die Menge $\Lambda := \emptyset$.
> >
> > **Für alle** $A^{min} \in \mathcal{A}l$:
> >
> > > **Für alle** $i \in \mathcal{A}(S, t) \backslash A^{min}$, die nicht durch eine der Auslotregeln (1) – (3) ausgeschlossen werden:
> > >
> > > > Füge Vorrangbeziehungen zwischen i und allen Vorgängen $j \in A^{min}$ ein, d.h. setze $O' := tr(O \cup \{(i, j) \mid j \in A^{min}\})$.
> > > >
> > > > **Falls** $\mathcal{S}_T(O') \neq \emptyset$ und $\mathcal{S}_T(O')$ nicht Teilmenge eines bereits untersuchten Bereichs ist:
> > > >
> > > > > Bestimme Schedule $S' = \min \mathcal{S}_T(O')$.
> > > > >
> > > > > **Falls** $LB := \max(LBR, S'_{n+1}) < UB$:
> > > > >
> > > > > > Setze $\Lambda := \Lambda \cup \{O'\}$.
>
> Entnimm Ordnungen O der Menge Λ und füge sie dem Stapel Ω gemäß nicht wachsender Werte von LB hinzu.

Falls $UB = \bar{d} + 1$: Abbruch! (der zulässige Bereich ist leer, $\mathcal{S} = \emptyset$)

Andernfalls Rückgabe S^*.

Das nachfolgende Beispiel verdeutlicht die Vorgehensweise des Branch-and-Bound-Verfahrens.

Beispiel 3.26. Gegeben seien der Netzplan in Abbildung 3.26 mit einer erneuerbaren Ressource und eine Ressourcenkapazität von $R = 2$.

Im Folgenden führen wir das Branch-and-Bound-Verfahren zur Lösung des Projektdauerminimierungsproblems durch. Dabei verzichten wir der Einfachheit halber auf die Anwendung der Subset-Dominanz-Regel und die Bestimmung der destruktiven unteren Schranke LBD. Vor Beginn des eigentlichen Branch-and-Bound-Verfahrens führen wir ein Preprocessing durch, wobei wir das konjunktive Zweier-Preprocessing einmal anwenden. Es ergibt sich die Menge der zweielementigen verbotenen Mengen $\mathcal{F}_2 = \{\{1, 3\}, \{1, 6\},$

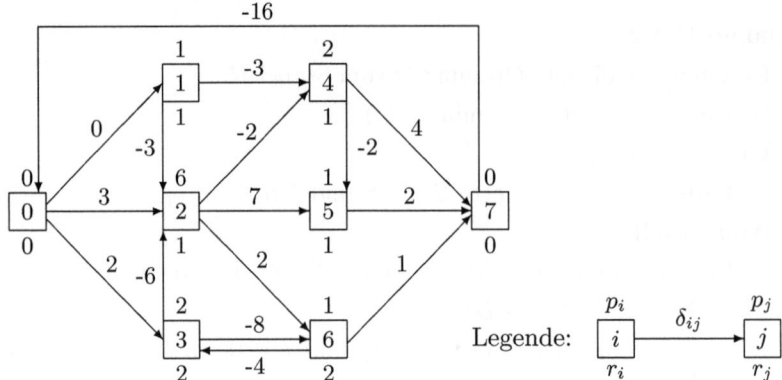

Abb. 3.26. Projektnetzplan mit einer erneuerbaren Ressource

$\{2,3\}, \{2,6\}, \{3,6\}, \{4,3\}, \{4,6\}, \{5,3\}, \{5,6\}\}$. Die einzelnen Schritte des Preprocessing sind in Tabelle 3.8 angegeben.

Tabelle 3.8. Preprocessing-Schritt

$\{i,j\}$	$-d_{ij} < p_j$	$-d_{ji} < p_i$	zusätzliche Pfeile
$\{1,3\}$	$-d_{13} = 5 \not< p_3 = 2$	$-d_{31} = 13 \not< p_1 = 1$	
$\{1,6\}$	$-d_{16} = 1 \not< p_6 = 1$	$-d_{61} = 15 \not< p_1 = 1$	
$\{2,3\}$	$-d_{23} = 2 \not< p_3 = 2$	$-d_{32} = 6 \not< p_2 = 6$	
$\{2,6\}$	$-d_{26} = -2 < p_6 = 1$	$-d_{62} = 10 \not< p_2 = 6$	$\langle 2,6 \rangle$ mit $\delta_{26} = 6$
$\{3,6\}$	$-d_{36} = 0 < p_6 = 1$	$-d_{63} = 4 \not< p_3 = 2$	$\langle 3,6 \rangle$ mit $\delta_{36} = 2$
$\{4,3\}$	$-d_{43} = 7 \not< p_3 = 2$	$-d_{34} = 8 \not< p_4 = 2$	
$\{4,6\}$	$-d_{46} = 3 \not< p_6 = 1$	$-d_{64} = 12 \not< p_4 = 2$	
$\{5,3\}$	$-d_{53} = 9 \not< p_3 = 2$	$-d_{35} = -1 < p_5 = 1$	$\langle 3,5 \rangle$ mit $\delta_{35} = 2$
$\{5,6\}$	$-d_{56} = 5 \not< p_6 = 1$	$-d_{65} = 2 \not< p_5 = 1$	

Wir initialisieren den Stapel $\Omega = \{\emptyset\}$ und die obere Schranke $UB = 17$. Da die untere Schranke LBR nicht vom aktuellen Schedule abhängt, kann sie vor Beginn der Iterationen berechnet werden. Es ergibt sich $LBR = \lceil (0+1+ 6+4+2+1+2+0)/2 \rceil = \lceil 16/2 \rceil = 8$.

In der ersten Iteration entfernen wir die Ordnung $O = \emptyset$ vom Stapel Ω und bestimmen den ES-Schedule des Ordnungspolytops $\mathcal{S}_T(\emptyset)$. Es ergibt sich $S = (0,0,3,5,1,10,9,12)$. Da S nicht zulässig ist, bestimmen wir die workloadbasierte untere Schranke LBW mit $ES = S$. Für die einzelnen Vorgänge $i \in V$ ergeben sich die folgenden workloadbasierten unteren Schranken

$$S_0 + \lceil w_k(S_0, \overline{d})/2 \rceil = 0 + \lceil 16/2 \rceil = 0 + 8 = 8$$

$$S_1 + \lceil w_k(S_1, \overline{d})/2 \rceil = 0 + \lceil 16/2 \rceil = \ 0 + 8 = \ 8$$
$$S_2 + \lceil w_k(S_2, \overline{d})/2 \rceil = 3 + \lceil 13/2 \rceil = \ 3 + 7 = 10$$
$$S_3 + \lceil w_k(S_3, \overline{d})/2 \rceil = 5 + \lceil 11/2 \rceil = \ 5 + 6 = 11$$
$$S_4 + \lceil w_k(S_4, \overline{d})/2 \rceil = 1 + \lceil 15/2 \rceil = \ 1 + 8 = \ 9$$
$$S_5 + \lceil w_k(S_5, \overline{d})/2 \rceil = 10 + \lceil 1/2 \rceil = 10 + 1 = 11$$
$$S_6 + \lceil w_k(S_6, \overline{d})/2 \rceil = \ 9 + \lceil 3/2 \rceil = \ 9 + 2 = 11$$
$$S_7 + \lceil w_k(S_7, \overline{d})/2 \rceil = 12 + \lceil 0/2 \rceil = 12 + 0 = 12 \ .$$

Wir erhalten die untere Schranke $LBW = 12$. Da $LBW < UB = 17$ erfüllt ist, fahren wir fort und bestimmen den kleinsten Zeitpunkt, an dem ein Ressourcenkonflikt vorliegt. Zum Zeitpunkt $t = 5$ ist die aktive Menge $\mathcal{A}(S, 5) = \{2, 3\}$ verboten. Die Menge $\mathcal{Al}$ aller minimalen Verzögerungsalternativen ergibt sich zu $\mathcal{Al} = \{\{2\}, \{3\}\}$. Von den zugehörigen Verzögerungsmodi $(3, \{2\})$ und $(2, \{3\})$, führt nur $(2, \{3\})$ zu einer Ordnung O' mit $\mathcal{S}_T(O') \neq \emptyset$. Nun bestimmen wir den Vektor der frühesten Startzeitpunkte des Ordnungspolytops $\mathcal{S}_T(O')$ mit $O' = \{(2, 3)\}$. Es ergibt sich $S' = (0, 0, 3, 9, 1, 11, 11, 13)$, d.h. für die Projektdauer gilt $S'_{n+1} = 13$. Somit erhalten wir die untere Schranke $LB := \max(LBR, S'_{n+1}) = \max(8, 13) = 13$. Wir fügen die Ordnung $O' = \{(2, 3)\}$ der Menge Λ hinzu. Damit sind alle Verzögerungsmodi betrachtet, die $\mathcal{A}(S, 5)$ entzerren, und wir fügen die Elemente von Λ nach nicht wachsenden LB-Werten dem Stapel Ω hinzu.

In der zweiten Iteration entnehmen wir die Ordnung $O = \{(2, 3)\}$ dem Stapel Ω. Der ES-Schedule des Ordnungspolytops $\mathcal{S}_T(O)$ mit $O = \{(2, 3)\}$ ergibt sich zu $S := (0, 0, 3, 9, 1, 11, 11, 13)$. Da S nicht zulässig ist, bestimmen wir die workloadbasierte untere Schranke LBW mit $ES = S$. Für die einzelnen Vorgänge ergeben sich die workloadbasierten unteren Schranken wie folgt

$$S_0 + \lceil w_k(S_0, \overline{d})/2 \rceil = 0 + \lceil 16/2 \rceil = \ 0 + 8 = \ 8$$
$$S_1 + \lceil w_k(S_1, \overline{d})/2 \rceil = 0 + \lceil 16/2 \rceil = \ 0 + 8 = \ 8$$
$$S_2 + \lceil w_k(S_2, \overline{d})/2 \rceil = 3 + \lceil 13/2 \rceil = \ 3 + 7 = 10$$
$$S_3 + \lceil w_k(S_3, \overline{d})/2 \rceil = \ 9 + \lceil 7/2 \rceil = \ 9 + 4 = 13$$
$$S_4 + \lceil w_k(S_4, \overline{d})/2 \rceil = 1 + \lceil 15/2 \rceil = \ 1 + 8 = \ 9$$
$$S_5 + \lceil w_k(S_5, \overline{d})/2 \rceil = 11 + \lceil 3/2 \rceil = 11 + 2 = 13$$
$$S_6 + \lceil w_k(S_6, \overline{d})/2 \rceil = 11 + \lceil 3/2 \rceil = 11 + 2 = 13$$
$$S_7 + \lceil w_k(S_7, \overline{d})/2 \rceil = 13 + \lceil 0/2 \rceil = 13 + 0 = 13 \ .$$

Wir erhalten die untere Schranke $LBW = 13$. Da die Bedingung $LBW < UB = 17$ erfüllt ist, fahren wir fort. Zunächst bestimmen wir den kleinsten Zeitpunkt, an dem ein Ressourcenkonflikt vorliegt. Zum Zeitpunkt $t = 11$ ist die aktive Menge $\mathcal{A}(S, 11) = \{5, 6\}$ verboten und es gilt $\mathcal{Al} = \{\{5\}, \{6\}\}$. Beide Verzögerungsmodi $(5, \{6\})$ und $(6, \{5\})$ führen zu Ordnungen O' mit $\mathcal{S}_T(O') \neq \emptyset$. Betrachten wir zuerst den Verzögerungsmodus $(5, \{6\})$. Für den Vektor der frühesten Startzeitpunkte des Ordnungspolytops $\mathcal{S}_T(O')$ mit $O' = \{(2, 3), (5, 6)\}$ ergibt sich $S' = (0, 0, 3, 9, 1, 11, 12, 13)$. Somit erhalten wir die untere Schranke LB gemäß $LB := \max(LBR, S'_{n+1}) = \max(8, 13) = 13$. Die

Ordnung $O' = \{(2,3),(5,6)\}$ wird der Menge Λ hinzugefügt. Gehen wir nun auf den Verzögerungsmodus $(6,\{5\})$ ein. Für den ES-Schedule des Ordnungspolytops $\mathcal{S}_T(O')$ mit $O' = \{(2,3),(6,5)\}$ gilt $S' = (0,0,3,9,1,12,11,14)$. Die untere Schranke LB ist daher $LB := \max(8,14) = 14$. Die Ordnung $O' = \{(2,3),(6,5)\}$ wird der Menge Λ hinzugefügt. Danach werden die Ordnungen $O' \in \Lambda$ gemäß nicht wachsender Werte von LB auf den Stapel Ω gelegt. Es ergibt sich $\Omega = \{\{(2,3),(5,6)\},\{(2,3),(6,5)\}\}$.

In der nächsten Iteration entfernen wir die Ordnung $O = \{(2,3),(5,6)\}$ vom Stapel Ω. Der ES-Schedule des zugehörigen Ordnungspolytops ist $S := (0,0,3,9,1,11,12,13)$. Da S zulässig ist und $S_{n+1} = 13 < UB = 17$, setzen wir $S^* := S$ und $UB := 13$. Im letzten Schritt entnehmen wir schließlich die Ordnung $O = \{(2,3),(6,5)\}$ dem Stapel Ω. Der ES-Schedule des zugehörigen Ordnungspolytops ist $S := (0,0,3,9,1,12,11,14)$. Da S zulässig ist, aber $S_{n+1} = 14 \not< UB = 13$ gilt, wird der beste bislang gefundene Schedule S^* nicht ersetzt. Nun ist $\Omega = \emptyset$. Das Verfahren terminiert, und wir haben mit $S^* = (0,0,3,9,1,11,12,13)$ und Zielfunktionswert $f(S^*) = 13$ eine optimale Lösung des Projektdauerminimierungsproblems bestimmt. In Abbildung 3.27 ist der entstandene Enumerationsbaum dargestellt.

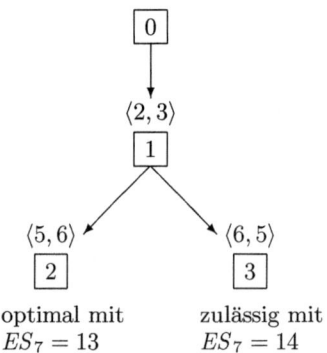

Abb. 3.27. Enumerationsbaum

3.3 Exakte Lösungsverfahren für weitere Zielfunktionen

Zur Lösung von Projektplanungsproblemen (3.2) mit Zielfunktion (MFT), (WST), $(E+T)$ bzw. (NPV) kann der in Abschnitt 3.2.5 vorgestellte relaxationsbasierte Enumerationsansatz angepasst werden. Die für die einzelnen Zielfunktionen notwendigen Modifikationen behandeln wir in Abschnitt 3.3.1. Projektplanungsprobleme (3.2) mit Zielfunktion (RI), (RD) bzw. (RL) können mit Hilfe einer Erweiterung des gerüstbasierten Enumerationsansatzes aus Abschnitt 2.2.4 gelöst werden. In Abschnitt 3.3.2 gehen wir näher auf die hierzu notwendigen Modifikationen ein.

Um den zulässigen Bereich $\mathcal{S}$ schon im Vorfeld einzuschränken oder um zu zeigen, dass $\mathcal{S} = \emptyset$ gilt, empfiehlt sich abermals die Anwendung von Preprocessing-Techniken. Die in Abschnitt 3.2.2 vorgestellten Preprocessing-Techniken können ganz unabhängig von der Zielfunktion für ressourcenbeschränkte Projektplanungsprobleme angewendet werden. Daher werden wir sie nachfolgend nicht weiter thematisieren.

3.3.1 Relaxationsbasierter Enumerationsansatz

Der in Abschnitt 3.2.5 eingeführte *relaxationsbasierte Enumerationsansatz* kann prinzipiell für Problem (3.2) mit regulärer, linearer, konvexer oder binärmonotoner Zielfunktion angewendet werden. Voraussetzung für eine sinnvolle Anwendung ist allerdings, dass sich die entsprechende Ressourcenrelaxation effizient lösen lässt, d.h. eine Minimalstelle S^+ der Funktion f muss auf dem zeitzulässigen Bereich $\mathcal{S}_T$ bzw. auf einem Ordnungspolytop $\mathcal{S}_T(O)$ effizient bestimmt werden können. Änderungen des relaxationsbasierten Enumerationsansatzes betreffen die Initialisierung der oberen Schranke UB, die Bestimmung einer unteren Schranke $LB0$ für den optimalen Zielfunktionswert des aktuellen Bereichs (Ordnungspolytops) und die Wahl der Auslotregeln. Als untere Schranke benutzen wir das Pendant zur unteren Schranke $LB0$ bei der Projektdauerminimierung, d.h.

$$LB0 := f(S^+).$$

Die unteren Schranken LBR, LBD und LBW können in der in Abschnitt 3.2.3 beschriebenen Form nicht genutzt werden. Sie werden daher im Folgenden nicht weiter betrachtet. Die Auslotregeln (1) und (3) aus Abschnitt 3.2.4 können übernommen werden. Auch die Anwendung der Subset-Dominanz-Regel ist möglich.

Für reguläre Zielfunktionen (z.B. (MFT)), die monoton wachsend in den Startzeitpunkten der einzelnen Vorgänge sind, erfolgt die Initialisierung der *oberen Schranke* für den optimalen Zielfunktionswert durch

$$UB := f(LS) + 1.$$

Für die Zielfunktion (WST) ergibt sich eine obere Schranke für den optimalen Zielfunktionswert, indem wir alle Vorgänge mit positivem Gewicht, d.h. die Vorgänge aus der Menge $V^+ := \{i \in V \mid w_i > 0\}$, so spät wie möglich und alle Vorgänge mit negativem Gewicht, d.h. die Vorgänge aus der Menge $V^- := \{i \in V \mid w_i < 0\}$, so früh wie möglich einplanen und zum zugehörigen Wert eine positive Zahl addieren. Somit ergibt sich

$$UB := \sum_{i \in V^+} w_i LS_i + \sum_{j \in V^-} w_j ES_j + 1.$$

Analog planen wir für die Zielfunktion (NPV) alle Vorgänge, die zu einer Einzahlung führen, d.h. die Vorgänge aus $V^+ := \{h \in V \mid c_h^F > 0\}$, so spät wie möglich und alle Vorgänge, die zu einer Auszahlung führen, d.h. die Vorgänge aus $V^- := \{h \in V \mid c_h^F < 0\}$, so früh wie möglich ein.[4] Wir erhalten

$$UB := -\left(\sum_{i \in V^+} c_i^F \beta^{LS_i} + \sum_{j \in V^-} c_j^F \beta^{ES_j} \right) + 1.$$

Für Zielfunktion $(E + T)$ wählen wir als obere Schranke für den optimalen Zielfunktionswert

$$UB := \sum_{i \in V} \max\{c_i^E d_i, c_i^T (\bar{d} - d_i)\} + 1.$$

Insgesamt liest sich das modifizierte relaxationsbasierte Branch-and-Bound-Verfahren wie folgt.

Algorithmus 3.27 (Branch-and-Bound-Verfahren für Problem (3.2) mit Zielfunktion (MFT), (WST), (NPV) bzw. $(E + T)$).

Führe Preprocessing durch. Falls $\mathcal{S} = \emptyset$: Abbruch!

Initialisiere den Stapel $\Omega := \{\emptyset\}$.

Initialisiere obere Schranke UB in Abhängigkeit von der Zielfunktion f und setze $S^* := (0, \ldots, 0) \in \mathbb{R}^{n+2}$.

Solange $\Omega \neq \emptyset$:

   Entnimm die oberste Ordnung O vom Stapel Ω.

   Bestimme eine Minimalstelle S^+ von Funktion f auf $\mathcal{S}_T(O)$.

   Falls S^+ zulässig ist:

      Falls $f(S^+) < UB$: Setze $S^* := S^+$ und $UB := f(S^+)$.

   Andernfalls

      Falls $LB0 = f(S^+) < UB$:

         Bestimme den kleinsten Zeitpunkt $t \geq 0$, an dem ein Ressourcen-konflikt vorliegt.

         Berechne die Menge $\mathcal{A}l$ aller minimalen Verzögerungsalternativen für die verbotene Menge $F = \mathcal{A}(S^+, t)$.

         Initialisiere die Menge $\Lambda := \emptyset$.

         Für alle $A^{min} \in \mathcal{A}l$:

            Für alle $i \in \mathcal{A}(S^+, t) \setminus A^{min}$, die nicht durch eine der Auslotre-geln (1) und (3) ausgeschlossen werden:

               Füge Vorrangbeziehungen zwischen i und allen Vorgängen $j \in A^{min}$ ein, d.h. setze $O' := tr(O \cup \{(i, j) \mid j \in A^{min}\})$.

---

[4] Bei der Zielfunktion (NPV) handelt es sich originär um eine zu maximierende Zielfunktion. Daher wird an dieser Stelle eigentlich nach einer unteren Schranke gesucht.

Falls $\mathcal{S}_T(O') \neq \emptyset$ und $\mathcal{S}_T(O')$ nicht Teilmenge eines bereits untersuchten Bereichs ist:

Bestimme die Minimalstelle $\widetilde{S}^+$ von f auf $\mathcal{S}_T(O')$.

Berechne die untere Schranke $LB0 = f(\widetilde{S}^+)$.

Falls $LB0 < UB$: Setze $\Lambda := \Lambda \cup \{O'\}$.

Entnimm Ordnungen O der Menge Λ und füge sie dem Stapel Ω gemäß nicht wachsender Werte von $LB0$ hinzu.

Rückgabe S^*.

Falls Algorithms 3.27 den Schedule $S^* = \mathbf{0}$ zurück gibt, bedeutet dies, dass keine zulässige Lösung gefunden wurde und somit der zulässige Bereich des zugrunde liegenden Problems leer ist. Im Folgenden veranschaulichen wir die Vorgehensweise des Branch-and-Bound-Verfahrens an einem Beispiel.

Beispiel 3.28. Betrachten wir den in Abbildung 3.28 dargestellten Projektnetzplan mit einer erneuerbaren Ressource und einer maximalen Projektdauer von $\overline{d} = 5$. Ferner sei eine Ressourcenkapazität von $R = 2$ gegeben. Die einzelnen Vorgänge des Projektes seien mit Gewichten $w_0 = 0, w_1 = 3, w_2 = -2, w_3 = -1$, $w_4 = 1$ und $w_5 = 2$ bewertet.

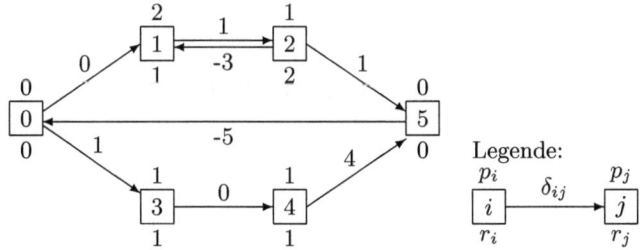

Abb. 3.28. Projektnetzplan N mit vier realen Vorgängen

Wir wenden im Folgenden Algorithmus 3.27 ohne Preprocessing und Auslotregeln für obige Probleminstanz mit Zielfunktion (WST) an. Die Zielfunktion $f(S) = \sum_{i \in V} w_i S_i$ ist eine lineare Funktion, so dass für die entsprechende Ressourcenrelaxation die Ecken des zeitzulässigen Bereichs als optimale Lösungen in Frage kommen. Der Übersichtlichkeit halber lösen wir die Ressourcenrelaxation aber nicht mit dem in Abschnitt 2.2.2 eingeführten Verfahren, sondern betrachten jeweils alle Eckpunkte des jeweiligen Ordnungspolytops und wählen die Ecke mit dem kleinsten Zielfunktionswert.

Zu Beginn setzen wir $\Omega := \{\emptyset\}$. Um eine obere Schranke UB für die Zielfunktion (WST) zu bestimmen, bilden wir zunächst die Mengen $V^+ := \{i \in V \mid w_i > 0\} = \{1, 4, 5\}$ und $V^- := \{h \in V \mid w_i < 0\} = \{2, 3\}$. Die Vorgänge aus V^+ werden nun so spät wie möglich und die Vorgänge aus der Menge V^- so früh wie möglich eingeplant. Somit ergibt sich $UB := 3 \cdot 3 + 1 \cdot 1 + 2 \cdot 5 + (-2 \cdot 1 - 1 \cdot 1) + 1 = 20 - 3 + 1 = 18$.

Im ersten Hauptschritt entnehmen wir die Ordnung $O = \emptyset$ dem Stapel Ω und bestimmen die Minimalstelle S^+ von (WST) auf dem Ordnungspolytop $\mathcal{S}_T(\emptyset)$. Dazu betrachten wir den zeitzulässigen Bereich $\mathcal{S}_T$ des Projektes. Da die Vorgänge 3 und 4 zeitlich fixiert sind, stellen wir $\mathcal{S}_T$ als S_1-S_2-Schnitt dar; vgl. Abb. 3.29.

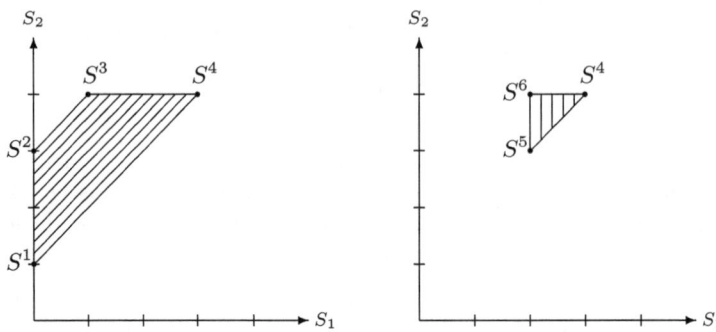

Abb. 3.29. S_1-S_2-Schnitte der Bereiche $\mathcal{S}_T(\{\emptyset\})$ und $\mathcal{S}_T(\{(3,1)\})$ bzw. $\mathcal{S}_T(\{(4,1)\})$

Von den Ecken $S^1, \ldots, S^4$ besitzt $S^2 = (0, 0, 3, 1, 1, 5)$ den kleinsten Zielfunktionswert mit $f(S^2) = 4$, d.h. $S^+ = (0, 0, 3, 1, 1, 5)$. Da $f(S^2) = 4 < UB = 18$ gilt, bestimmen wir das Ressourcenprofil für S^2. Zum Zeitpunkt $t = 1$ liegt ein Ressourcenkonflikt vor. Die Menge $\mathcal{A}l$ aller minimalen Verzögerungsalternativen der verbotenen Menge $F = \mathcal{A}(S^+, 1)$ ergibt sich zu $\mathcal{A}l = \{\{1\}, \{3\}, \{4\}\}$. Von den zugehörigen minimalen Verzögerungsmodi $(3, \{1\})$ $(4, \{1\})$ $(1, \{3\})$ $(4, \{3\})$ $(1, \{4\})$ $(3, \{4\})$ führen nur $(3, \{1\})$ und $(4, \{1\})$ zu Ordnungen O' mit $\mathcal{S}_T(O') \neq \emptyset$. Nun bestimmen wir die Minimalstelle $\widetilde{S}^+$ von (WST) auf dem Ordnungspolytop $\mathcal{S}_T(\{(3,1)\})$. Dazu betrachten wir den zugehörigen S_1-S_2-Schnitt von $\mathcal{S}_T(\{(3,1)\})$ in Abbildung 3.29. Von den Ecken S^4, S^5 und S^6 besitzt $S^6 = (0, 2, 4, 1, 1, 5)$ den kleinsten Zielfunktionswert mit $f(S^6) = 8$. Aus diesem Grund setzen wir $\widetilde{S}^+ = (0, 2, 4, 1, 1, 5)$. Da $f(\widetilde{S}^+) = 8 < UB = 18$ gilt, fügen wir die Ordnung $O' = \{(3,1)\}$ der Menge Λ hinzu. Nun bestimmen wir die Minimalstelle $\widetilde{S}^+$ von (WST) auf dem Ordnungspolytop $\mathcal{S}_T(\{(4,1)\})$. Der zeitzulässige Bereich des Ordnungspolytops $\mathcal{S}_T(\{(4,1)\})$ ist gleich dem zeitzulässigen Bereich des Ordnungspolytops $\mathcal{S}_T(\{(3,1)\})$. Daher ergibt sich $\widetilde{S}^+$ wieder zu $\widetilde{S}^+ = (0, 2, 4, 1, 1, 5)$ und wir speichern $O' = \{(4,1)\}$ in der Menge Λ. Danach werden die Ordnungen O' dem Stapel Ω gemäß nicht wachsender Werte von $LB0$ hinzugefügt, es ergibt sich $\Omega = \{\{(3,1)\}, \{(4,1)\}\}$.

In der zweiten Iteration entnehmen wir die oberste Ordnung $O = \{(3,1)\}$ dem Stapel Ω. Die Minimalstelle $\widetilde{S}^+$ von (WST) auf $\mathcal{S}_T(\{(3,1)\})$ ist $S^+ = (0, 2, 4, 1, 1, 5)$. Da S^+ zulässig ist und $f(S^+) = 8 < UB = 18$, setzen wir $S^* := S^+$ und $UB := 8$. In der letzten Iteration entnehmen wir schließlich die Ordnung $O = \{(4,1)\}$ dem Stapel Ω. Die Minimalstelle $\widetilde{S}^+$ von (WST)

auf $\mathcal{S}_T(\{(4,1)\})$ ist ebenfalls $S^+ = (0,2,4,1,1,5)$. Da S^+ zulässig ist, aber $f(S^+) \not< UB = 8$ gilt, terminiert der Algorithmus. Abbildung 3.30 zeigt die Ressourcenprofile der Schedules S^+, die im Laufe des Verfahrens betrachtet werden.

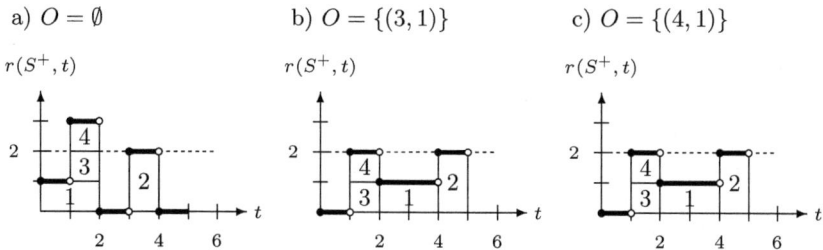

Abb. 3.30. Ressourcenprofile der Schedules S^+

3.3.2 Gerüstbasierter Enumerationsansatz

Für Projektplanungsprobleme (3.2) mit lokal regulärer oder lokal konkaver Zielfunktion ist schon die Lösung der Ressourcenrelaxation sehr aufwändig. Wie in Abschnitt 2.2.4 verwenden wir einen gerüstbasierten Enumerationsansatz (Branch-and-Bound-Verfahren) zur Lösung dieser Probleme, wobei wir wie in Algorithmus 2.33 anstelle von Teilgerüsten Teilschedules betrachten, die sukzessive zu Schedules ergänzt werden. Ausgehend von Teilschedule $(\mathcal{C}, S^{\mathcal{C}})$ mit $\mathcal{C} = \{0\}$ und $S^{\mathcal{C}} = (0)$ legen wir schrittweise Startzeitpunkte von Vorgängen fest, indem wir auf jeder Ebene des Enumerationsbaumes mit Hilfe der folgenden Bedingungen (i) – (iv) prüfen, ob eine bindende Zeit- oder Vorrangbeziehung von einem Vorgang $i \in \mathcal{C}$ zu einem Vorgang j etabliert werden kann, der noch nicht eingeplant wurde. Dabei muss Vorgang j ressourcenzulässig eingeplant werden können, d.h. zu einem Zeitpunkt $t \in W_j(S^{\mathcal{C}})$ mit $r_k(S^{\mathcal{C}}, \tau) + r_{jk} \leq R_k$ für alle $\tau \in [t, t + p_j[$ und $k \in \mathcal{R}$. Wie für den Fall ohne Ressourcenrestriktionen kommen für lokal konkave Funktionen Zeitpunkte t in Frage, die einer der folgenden vier Bedingungen genügen:

(i) $S_i + \delta_{ij} = ES_j$,
$\quad r_k(S^{\mathcal{C}}, \tau) + r_{jk} \leq R_k$ für alle $\tau \in [ES_j, ES_j + p_j[, k \in \mathcal{R}$

(ii) $S_i - \delta_{ji} = LS_j$
$\quad r_k(S^{\mathcal{C}}, \tau) + r_{jk} \leq R_k$ für alle $\tau \in [LS_j, LS_j + p_j[, k \in \mathcal{R}$

(iii) $ES_j \leq S_i + p_i \leq LS_j$
$\quad r_k(S^{\mathcal{C}}, \tau) + r_{jk} \leq R_k$ für alle $\tau \in [S_i + p_i, S_i + p_i + p_j[, k \in \mathcal{R}$

(iv) $ES_j \leq S_i - p_j \leq LS_j$
$\quad r_k(S^{\mathcal{C}}, \tau) + r_{jk} \leq R_k$ für alle $\tau \in [S_i - p_j, S_i[, k \in \mathcal{R}$.

Ist Bedingung (i) erfüllt, so kann eine bindende Zeitbeziehung der Form $S_j - S_i = \delta_{ij}$ zu Knoten j etabliert werden. Für den Startzeitpunkt von Vorgang j

ergibt sich $S_j = ES_j = S_i + \delta_{ij}$. Gilt Bedingung (ii), dann kann eine bindende Zeitbeziehung der Form $S_i - S_j = \delta_{ji}$ zu Knoten j eingefügt werden. Der Startzeitpunkt von Vorgang j ergibt sich gemäß $S_j = LS_j = S_i - \delta_{ji}$. Ist eine der Bedingungen (iii) oder (iv) erfüllt, so kann eine Vorrangbeziehung der Form $S_j - S_i = p_i$ bzw. $S_i - S_j = p_j$ zu Knoten j etabliert werden. Der Startzeitpunkt von Vorgang j ergibt sich dann zu $S_j = S_i + p_i$ bzw. $S_j = S_i - p_j$. Da für Projektplanungsprobleme (3.2) mit Zielfunktion (RI) nur die Minimalpunkte der Schedulepolytope $S_T(O(S)), S \in \mathcal{S}$ generiert werden müssen, genügt es, Zeitpunkte $t \in W_j(S^{\mathcal{C}})$ zu betrachten, die den Bedingungen (i) und (iii) genügen.

Änderungen des gerüstbasierten Enumerationsansatzes betreffen weiterhin die Bestimmung einer oberen Schranke für den optimalen Zielfunktionswert des zugrunde liegenden Problems und die Bestimmung unterer Schranken für den optimalen Zielfunktionswert des aktuellen Teilbereichs. Als untere Schranken benutzen wir

$$LB0 := f(S^{\mathcal{C}})$$

und die in Abschnitt 2.2.4 spezifizierte workloadbasierte untere Schranke LBA. Für die Zielfunktion (RI) erfolgt die Initialisierung der *oberen Schranke* für den optimalen Zielfunktionswert durch

$$UB := \sum_{k \in \mathcal{R}} c_k^P \sum_{i \in V} r_{ik} + 1.$$

Für die Zielfunktionen (RD) und (RL) bestimmen wir zunächst die maximale Vorgangsdauer $p_{max} := \max_{i \in V} p_i$ des zugrunde liegenden Projektes. Mit Hilfe von p_{max} ergibt sich eine obere Schranke für den optimalen Zielfunktionswert eines Problems (3.2) mit Zielfunktion (RD) zu

$$UB := \sum_{k \in \mathcal{R}} \left(\sum_{i \in V} r_{ik} - Y_k \right) p_{max} + 1$$

und für die Zielfunktion (RL) zu

$$UB := \sum_{k \in \mathcal{R}} \left(\sum_{i \in V} r_{ik} \right)^2 p_{max} + 1.$$

Im Einzelnen lässt sich das Branch-and-Bound-Verfahren für Problem (3.2) mit Zielfunktion (RD) bzw. (RL) wie folgt beschreiben. Sei Ω der Stapel, auf den die noch zu erweiternden Teilschedules $(\mathcal{C}, S^{\mathcal{C}})$ gelegt werden. Die Menge Ψ wird verwendet, um einen bereits untersuchten oder schon im Stapel Ω befindlichen Teilschedule nicht nochmals zu betrachten. Im Initialisierungsschritt setzen wir $\mathcal{C} := \{0\}$ und $S^{\mathcal{C}} := (0)$. Weiterhin werden die frühesten und spätesten Startzeitpunkte aller Vorgänge bestimmt. Gilt zu Beginn des Verfahrens oder im weiteren Verfahrensverlauf für einen Vorgang i, dass $ES_i = LS_i$ ist, so wird Vorgang i zum Zeitpunkt $S_i := ES_i$ eingeplant und $\mathcal{C}$ sowie $S^{\mathcal{C}}$ werden entsprechend aktualisiert. Schließlich initialisieren wir eine obere Schranke UB in Abhängigkeit von der Zielfunktion f und den Stapel $\Omega := \{(\{0\}, (0))\}$ sowie die Menge $\Psi := \{(\{0\}, (0))\}$. In jeder Iteration entnehmen wir einen Teilschedule $\{(\mathcal{C}, S^{\mathcal{C}})\}$ aus Ω und prüfen, ob $\mathcal{C}$ bereits alle Knoten des zugrunde liegenden Projektnetzplans beinhaltet. Gilt $\mathcal{C} = V$ und ist der Zielfunktionswert der gefundenen Lösung kleiner als die obere Schranke UB für den optimalen Zielfunktionswert, so speichern wir den aktuellen Schedule in S^* und setzen $UB := f(S^*)$. Ist $\mathcal{C} \neq V$, dann versuchen wir, den aktuellen Teilschedule $S^{\mathcal{C}}$ gemäß der vier Fälle (i)–(iv) zu erweitern. Dabei speichern wir für alle Vorgänge $j \in V \setminus \mathcal{C}$ in einer Menge $\mathcal{T}_j$ jeweils alle möglichen Startzeitpunkte, zu denen Vorgang j zeit- und ressourcenzulässig an das betrachtete Gerüst angebunden werden kann. Die neu entstandenen Teilschedules $(\mathcal{C}', S^{\mathcal{C}'})$ werden, wenn ihre untere Schranke kleiner als UB ist, den Mengen Λ und Ψ hinzugefügt. Danach werden die Teilschedules $(\mathcal{C}, S^{\mathcal{C}})$ der Menge Λ entnommen und dem Stapel Ω gemäß nicht wachsender Werte von $LB0(S^{\mathcal{C}})$ hinzugefügt. Es werden solange Teilschedules aus Ω entnommen, bis $\Omega = \emptyset$ gilt. Danach wird S^* zurückgegeben. Entspricht S^* dem Initialisierungswert, so ist der zulässige Bereich leer.

Algorithmus 3.29 (Branch-and-Bound-Verfahren für Problem (3.2) mit Zielfunktion (RD) bzw. (RL)).

Setze $\mathcal{C} := \{0\}$, $S^{\mathcal{C}} := (0)$.

Bestimme die Längen längster Wege d_{ij} für alle $i, j \in V$.

Setze $ES_i := d_{0i}$ und $LS_i := -d_{i0}$ für alle $i \in V \setminus \{0\}$.

Falls $ES_i = LS_i$ für ein $i \in V$: Setze $S_i := ES_i$, $\mathcal{C} = \mathcal{C} \cup \{i\}$.

Bestimme die obere Schranke UB in Abhängigkeit von der Zielfunktion f und setze $S^* = (0, \ldots, 0) \in \mathbb{R}^{n+2}$.

Initialisiere den Stapel $\Omega := \{(\mathcal{C}, S^{\mathcal{C}})\}$ und die Menge $\Psi := \{(\mathcal{C}, S^{\mathcal{C}})\}$.

Solange $\Omega \neq \emptyset$:

    Entnimm das oberste Paar $(\mathcal{C}, S^{\mathcal{C}})$ vom Stapel Ω.

    Falls $\mathcal{C} = V$:

        Falls $f(S^{\mathcal{C}}) < UB$: Setze $S^* := S^{\mathcal{C}}$ und $UB := f(S^*)$.

    Andernfalls :

        Falls $LBA(S^{\mathcal{C}}) < UB$:

            Für alle $j \in V \setminus \mathcal{C}$:

                Initialisiere die Menge $\Lambda := \emptyset$.

                Setze $\mathcal{T}_j := \emptyset$.

                Setze $ES_j := \max\{ES_j, \max_{i \in \mathcal{C}}(S_i + d_{ij})\}$ und $LS_j := \min\{LS_j, \min_{i \in \mathcal{C}}(S_i - d_{ji})\}$.

                Für alle $i \in \mathcal{C}$:

(i) **Falls** $\langle i,j \rangle \in E$, $S_i + \delta_{ij} = ES_j$ und $r_k(S^C, \tau) + r_{jk} \leq R_k$ für alle $\tau \in [ES_j, ES_j + p_j[$, $k \in \mathcal{R}$: Setze $T_j := T_j \cup \{S_i + \delta_{ij}\}$.

(ii) **Falls** $\langle j,i \rangle \in E$, $S_i - \delta_{ji} = LS_j$ und $r_k(S^C, \tau) + r_{jk} \leq R_k$ für alle $\tau \in [LS_j, LS_j + p_j[$, $k \in \mathcal{R}$: Setze $T_j := T_j \cup \{S_i - \delta_{ji}\}$.

(iii) **Falls** $ES_j \leq S_i + p_i \leq LS_j$ und $r_k(S^C, \tau) + r_{jk} \leq R_k$ für alle $\tau \in [S_i + p_i, S_i + p_i + p_j[$, $k \in \mathcal{R}$: Setze $T_j := T_j \cup \{S_i + p_i\}$.

(iv) **Falls** $ES_j \leq S_i - p_j \leq LS_j$ und $r_k(S^C, \tau) + r_{jk} \leq R_k$ für alle $\tau \in [S_i - p_j, S_i[$, $k \in \mathcal{R}$: Setze $T_j := T_j \cup \{S_i - p_j\}$.

Für alle $t \in T_j$: Setze $S_j := t$, $\mathcal{C}' := \mathcal{C} \cup \{j\}$.

Für alle $h \in V \setminus \mathcal{C}'$:

Falls $\max(ES_h, S_j + d_{jh}) = \min(LS_h, S_j - d_{hj})$:

Setze $S_h := \max(ES_h, S_j + d_{jh})$ und $\mathcal{C}' = \mathcal{C}' \cup \{h\}$.

Falls $(\mathcal{C}', S^{\mathcal{C}'}) \notin \Psi$ und $LB0(S^{\mathcal{C}'}) < UB$:

Setze $\Lambda := \Lambda \cup \{(\mathcal{C}', S^{\mathcal{C}'})\}$ und $\Psi := \Psi \cup \{(\mathcal{C}', S^{\mathcal{C}'})\}$.

Entnimm die Teilschedules $(\mathcal{C}, S^C)$ aus Λ und füge sie dem Stapel Ω gemäß nicht wachsender Werte von $LB0(S^{\mathcal{C}'})$ hinzu.

Rückgabe S^*.

Algorithmus 3.29 generiert alle Extremalpunkte von Schedulepolytopen $S_T(O(S))$, $S \in \mathcal{S}$. Um für Projektplanungsprobleme (3.2) mit Zielfunktion (RI) die Minimalpunkte der Schedulepolytope $S_T(O(S))$, $S \in \mathcal{S}$ zu bestimmen, müssen die Abfragen (ii) und (iv) in Algorithmus 3.29 eliminiert werden. Aus enumerationstechnischer Sicht sind ressourcenbeschränkte Projektplanungsprobleme (3.2) mit lokal regulärer oder lokal konkaver Zielfunktion einfacher zu lösen als entsprechende Probleme ohne Ressourcenrestriktionen, da viele Knoten des Enumerationsbaumes aufgrund der Ressourcenrestriktionen ausgelotet werden können. Das folgende Beispiel veranschaulicht die Vorgehensweise des gerüstbasierten Enumerationsansatzes für ein ressourcenbeschränktes Ressourceninvestmentproblem.

Beispiel 3.30. Betrachten wir den Projektnetzplan in Abbildung 3.31 mit zwei realen Vorgängen und einer erneuerbaren Ressource. Die Ressourcenkapazität sei $R = 1$. Der zugehörige S_1-S_2-Schnitt des zulässigen Bereichs $\mathcal{S}$ findet sich ebenfalls in Abbildung 3.31. Mit Hilfe von Algorithmus 3.29 soll eine optimale Lösung für das entsprechende Ressourceninvestmentproblem bestimmt werden. Dabei verwenden wir der Einfachheit halber nur die untere Schranke $LB0$, d.h. wir ersetzen LBA in Algorithmus 3.29 durch $LB0$ und gehen von Bereitstellungskosten $c^P = 1$ aus, so dass wir $f(S) = \max_{t \in [0,4]} r(S, t)$ als zu minimierende Zielfunktion erhalten.

Im Initialisierungsschritt setzen wir $\mathcal{C} := \{0\}$, $S^C := (0)$, $\Omega := \{(\{0\}, (0))\}$ und $\Psi := \{(\{0\}, (0))\}$. Weiterhin bestimmen wir $ES := (0, 1, 0, 2)$ und $LS := (0, 3, 3, 4)$ sowie die obere Schranke

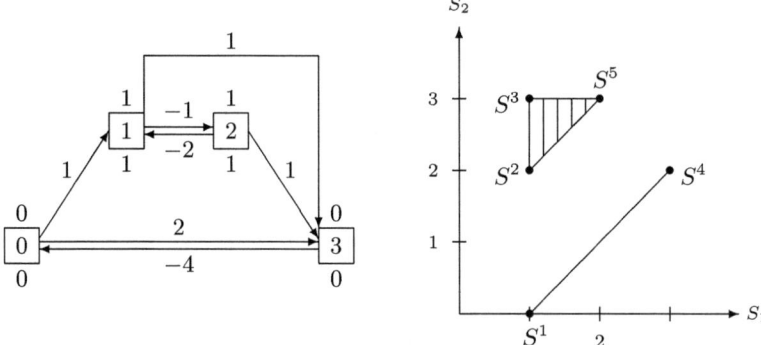

Abb. 3.31. Projektnetzplan und S_1-S_2-Schnitt des zulässigen Bereichs $\mathcal{S}$

$$UB := \sum_{i \in V} r_i + 1 = 2 + 1 = 3.$$

Im ersten Iterationsschritt entfernen wir aus Ω den Teilschedule $(\{0\},(0))$. Da die untere Schranke $LB0$ des Teilschedules kleiner als die obere Schranke UB ist, fahren wir fort. Die Aktualisierung der ES- und LS-Werte führt zu keinen Veränderungen. Wir prüfen nun anhand der Bedingungen (i) und (iii), ob zwischen Knoten 0 und einem Knoten aus der Menge $\{1,2,3\}$ eine bindende Zeit- bzw. Vorrangbeziehung etabliert werden kann, wobei die entstehenden Teilschedules ressourcenzulässig sind. Für die Knoten 0 und 1 besitzt der Pfeil $\langle 0,1\rangle \in E$ die Bewertung $\delta_{01} = 1$, d.h. es gelten die Bedingungen $S_0 + 1 = 1 = ES_1$ sowie $r(S^{\mathcal{C}},\tau)+1 \leq 1$ für alle $\tau \in [ES_1, ES_1+1[$; Bedingung (i). Wir setzen daher $\mathcal{T}_1 = \{1\}$. Da für die untere Schranke $LB0 = f(S^{\mathcal{C}}) = 1 < UB = 3$ gilt und der entstandene Teilschedule $(\{0,1\},(0,1))$ noch nicht in der Menge Ψ enthalten ist, speichern wir $(\{0,1\},(0,1))$ in Λ und Ψ. Für die Knoten 0 und 2 ist $ES_2 \leq S_0 + 0 \leq LS_2$ sowie $r(S^{\mathcal{C}},\tau)+1 \leq 1$ für alle $\tau \in [S_0+p_0, S_0+p_0+p_2[$ erfüllt; Bedingung (iii). Somit erhalten wir $\mathcal{T}_2 = \{0\}$. Da für die untere Schranke $LB0 = f(S^{\mathcal{C}}) = 1 < UB = 3$ gilt, fügen wir den Teilschedule $(\{0,2\},(0,0))$ den Mengen Λ und Ψ hinzu. Für die Knoten 0 und 3 ist Bedingung (i) erfüllt und wir setzen $\mathcal{T}_3 = \{2\}$. Als untere Schranke für den Teilschedule $S^{\mathcal{C}} = (0,2)$ mit $\mathcal{C} = \{0,3\}$ ergibt sich $LB0 = 0$. Da die untere Schranke kleiner als UB ist, fügen wir den entstandenen Teilschedule $(\{0,3\},(0,2))$ den Mengen Λ und Ψ hinzu. Danach werden die Teilschedules der Menge Λ entnommen und gemäß nicht wachsender Werte von $LB0$ auf den Stapel Ω gelegt. Es ergibt sich $\Omega = \{(\{0,3\},(0,2)),(\{0,1\},(0,1)),(\{0,2\},(0,0))\}$.

Im zweiten Hauptschritt entnehmen wir den Teilschedule $(\{0,3\},(0,2))$ dem Stapel Ω. Es gilt $LB0 < UB$. Bei der anschließenden Aktualisierung der ES- und LS-Werte ergeben sich $LS_1 = 1$ und $LS_2 = 1$. Für die Knoten 0 und 1 ist, wie im ersten Hauptschritt, Bedingung (i) erfüllt, daher setzen wir $\mathcal{T}_1 = \{1\}$. Da die untere Schranke $LB0 = 1 < UB = 3$ ist, speichern wir Teilschedule $(\{0,1,3\},(0,1,2))$ in den Mengen Λ und Ψ. Für die Knoten 0 und 2 gilt Bedingung (iii) und wir setzen $\mathcal{T}_2 = \{0\}$. Wir erhalten die untere Schranke $LB0 = 1 < UB = 3$ und speichern den Teilschedule $(\{0,2,3\}, (0,0,2))$ in den Mengen Λ und Ψ. Jetzt werden die Teilschedules der Menge Λ entnommen und gemäß nicht wachsender Werte von $LB0$ auf den Stapel Ω gelegt. Wir haben nun $\Omega = \{(\{0,1,3\}, (0,1,2)), (\{0,2,3\}, (0,0,2)), (\{0,1\}, (0,1)), (\{0,2\}, (0,0))\}$.

Im dritten Hauptschritt entnehmen wir Teilschedule $(\{0,1,3\}, (0,1,2))$ dem Stapel Ω. Da $LB0 < UB$ gilt, aktualisieren wir $LS_2 = 1$. Für die Knoten 0 und 2 ist Bedingung (iii) und für die Knoten 1 und 2 Bedingung (i) erfüllt. Wir erhalten somit $\mathcal{T}_2 = \{0\}$. Da die untere Schranke $LB0 = 1 < UB = 3$ ist, speichern wir den Teilschedule $(\{0,1,2,3\}, (0,1,0,2))$ in den Mengen Λ und Ψ. Danach wird er der Menge Λ entnommen und auf den Stapel Ω gelegt.

Im vierten Iterationsschritt entnehmen wir Ω den Teilschedule $(\{0,1,2,3\}, (0,1,0,2))$. Da $S = (0,1,0,2))$ zulässig ist, speichern wir ihn als beste bisher gefundene Lösung und setzen $UB := 1$.

Da alle Teilschedules, die sich noch auf dem Stapel Ω befinden, eine untere Schranke $LB0 = 1 = UB$ aufweisen, können sie ausgelotet werden. Damit terminimiert der Algorithmus, da nun $\Omega = \emptyset$ ist. Ein zum generierten Schedule $(\{0,1,2,3\}, (0,1,0,2))$ gehöriger Outtree ist in Abbildung 3.32 dargestellt. Er entspricht dem Minimalpunkt S^1 des Schedulepolytops $\mathcal{S}_T(O(S^1))$ und besitzt den Zielfunktionswert $f(S^1) = \max_{t \in [0,4]} r(S^1, t) = 1$.

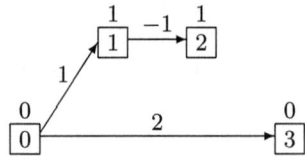

Abb. 3.32. Outtree zu S^1

3.4 Heuristische Lösungsverfahren für die Minimierung der Projektdauer

In diesem Abschnitt stellen wir zwei *Prioritätsregelverfahren* zur Bestimmung einer Näherungslösung für Projektplanungsproblem (3.2) mit Zielfunktion (*PD*) vor. Bei den Prioritätsregelverfahren handelt es sich um Konstruktionsverfahren, die durch sukzessives Einplanen von Vorgängen eine Näherungslösung für das zugrunde liegende Problem generieren. Im Gegensatz zu dem in Abschnitt 2.3 vorgestellten Prioritätsregelverfahren werden nun Ressourcenrestriktionen berücksichtigt und der als nächstes einzuplanende Vorgang aus einer Menge „einplanbarer" Vorgänge ausgewählt. Vor Beginn des eigentlichen Prioritätsregelverfahrens ist es wieder möglich, Preprocessing-Techniken einzusetzen, um den zulässigen Bereich des betrachteten Problems zu verkleinern.

Wir betrachten zunächst den Fall, dass der zugrunde liegende MPM-Netzplan N bis auf den Rückwärtspfeil $\langle n + 1, 0 \rangle$ nur Mindestabstände $T_{ij}^{min} \geq 0$ beinhaltet, d.h. es gilt $\delta_{ij} \geq 0$ für alle $\langle i, j \rangle \in E \setminus \{\langle n+1, 0\rangle\}$. Somit enthält der zugrunde liegende Projektnetzplan N ohne den Pfeil $\langle n+1, 0\rangle$ keine Zyklen. Ferner sei die maximale Projektdauer $\overline{d}$ hinreichend groß, so dass alle Vorgänge unter Einhaltung der Mindestabstände nacheinander bearbeitet werden können. Für diesen Fall kann das aus der Literatur bekannte klassische *serielle Generierungsschema* zur Bestimmung einer Näherungslösung S verwendet werden. Das Verfahren lässt sich wie folgt beschreiben. Seien $\mathcal{C}$ wieder die Menge der bereits eingeplanten Vorgänge, $\overline{\mathcal{C}}$ die Menge der noch nicht eingeplanten Vorgänge und $S^{\mathcal{C}}$ der aktuelle Teilschedule. Wir starten mit dem Teilschedule $S^{\mathcal{C}} = (0)$ mit $\mathcal{C} = \{0\}$. In jedem von $n + 1$ Schritten erweitern wir den Teilschedule $S^{\mathcal{C}}$ um einen Vorgang j, dessen Vorgänger im Projektnetzplan bereits eingeplant sind. Wir wählen Vorgang j somit aus der Menge

$$\hat{\mathcal{E}} := \{j \in \overline{\mathcal{C}} \mid Pred(j) \subseteq \mathcal{C}\}$$

der einplanbaren Vorgänge. Die Vorgänge werden also gemäß einer topologischen Sortierung (vgl. Abschnitt 1.4.4) eingeplant. Stehen mehrere Vorgänge zur Auswahl, so verwenden wir eine *Prioritätsregel*, um den als nächstes einzuplanenden Vorgang zu bestimmen. Dazu ermitteln wir zunächst alle Vorgänge $j \in \hat{\mathcal{E}}$ mit maximalem Prioritätsregelwert. Sofern mehrere solche Vorgänge existieren, wählen wir unter ihnen denjenigen mit kleinster Vorgangsnummer aus. Einige typische Prioritätsregeln sind in Abschnitt 2.3 aufgeführt. Der als nächstes einzuplanende Vorgang j wird nun so früh wie möglich zeit- und ressourcenzulässig eingeplant. Um den entsprechenden Startzeitpunkt S_j für $j \in \hat{\mathcal{E}}$ zu bestimmen, betrachten wir die Ressourcenprofile $r_k(S^{\mathcal{C}}, \cdot)$ des Teilschedules $S^{\mathcal{C}} = (S_i)_{i \in \mathcal{C}}$ für alle $k \in \mathcal{R}$. Der früheste Zeitpunkt, zu dem Vorgang j zeit- und ressourcenzulässig eingeplant werden kann, ist

$$t^* := \min\{t \geq ES_j(S^{\mathcal{C}}) \mid r_k(S^{\mathcal{C}}, \tau) + r_{jk} \leq R_k \text{ für } t \leq \tau < t + p_j$$
$$\text{und alle } k \in \mathcal{R}\}.$$

Die einzelnen Schritte des klassischen seriellen Generierungsschemas sind in Algorithmus 3.31 angegeben.

Algorithmus 3.31 (Serielles Generierungsschema).

Setze $\mathcal{C} := \{0\}$ und $S^{\mathcal{C}} := (0)$.

Für alle $\alpha = 1, \ldots, n + 1$:

   Bestimme $\hat{\mathcal{E}} := \{j \in \overline{\mathcal{C}} \mid Pred(j) \subseteq \mathcal{C}\}$.

   Wähle Vorgang $j \in \hat{\mathcal{E}}$ mit höchster Priorität.

   Bestimme $ES_j := \max_{i \in Pred(j)} (S_i + \delta_{ij})$.

   Bestimme $t^* := \{t \geq ES_j \mid r_k(S^{\mathcal{C}}, \tau) + r_{jk} \leq R_k \text{ für } t \leq \tau < t + p_j \text{ und}$ alle $k \in \mathcal{R}\}$.

Plane Vorgang j zum Zeitpunkt t^* ein, d.h. setze $S_j := t^*$ und $\mathcal{C} := \mathcal{C} \cup \{j\}$.

Rückgabe $S^{\mathcal{C}}$.

Beispiel 3.32. Gegeben seien der in Abbildung 3.33 dargestellte Projektnetzplan mit einer Ressource sowie eine Ressourcenkapazität von $R = 2$. Da der Netzplan bis auf den Pfeil $\langle 5, 0 \rangle$ mit $\delta_{50} = -8$ nur Mindestabstände $T_{ij}^{min} \geq 0$ enthält und $\overline{d} = 8$ hinreichend groß ist, können wir das klassische serielle Generierungsschema zur Bestimmung einer Näherungslösung für das Projektdauerminimierungsproblem anwenden. Als Prioritätsregel verwenden wir die in Abschnitt 2.3 spezifizierte *GRD*-Regel.

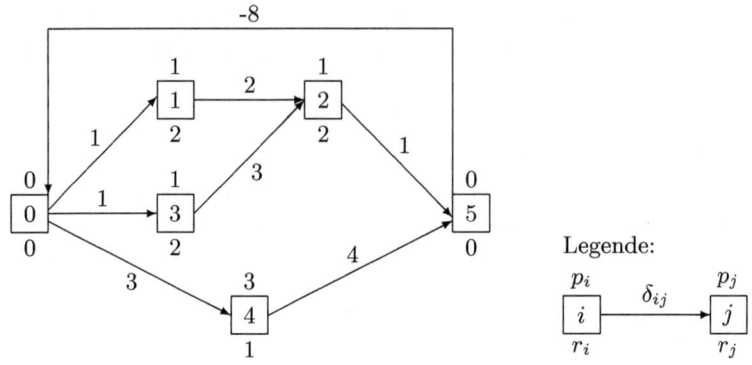

Abb. 3.33. Projektnetzplan mit einer erneuerbaren Ressource

In der Initialisierung setzen wir $\mathcal{C} := \{0\}$ und $S^{\mathcal{C}} := (0)$. Im ersten Hauptschritt bestimmen wir die Menge der einplanbaren Vorgänge $\hat{\mathcal{E}} = \{1, 3, 4\}$. Der Vorgang mit höchster Priorität ist Vorgang 4, der zum Zeitpunkt $t^* = 3$ eingeplant wird. Im zweiten Hauptschritt ist $\hat{\mathcal{E}} = \{1, 3\}$. Da die Vorgänge 1 und 3 gleiche Priorität haben, wählen wir Vorgang 1 mit kleinerer Vorgangsnummer. Vorgang 1 wird zum Zeitpunkt $t^* = 1$ eingeplant. Fahren wir auf diese Weise fort, so erhalten wir als Näherunglösung für das zugrunde liegende Projektdauerminimierungsproblem $S = (0, 1, 6, 2, 3, 7)$. Die einzelnen Iterationen sind zusammenfassend in Tabelle 3.9 aufgeführt.

Tabelle 3.9. Iterationsschritte des Seriellen Generierungsschemas

Iteration	$\mathcal{C}$	$\hat{\mathcal{E}}$	j	t^*
1	$\{0\}$	$\{1,3,4\}$	4	3
2	$\{0, 4\}$	$\{1,3\}$	1	1
3	$\{0, 1, 4\}$	$\{3\}$	3	2
4	$\{0, 1, 3,4\}$	$\{2\}$	2	6
5	$\{0, \ldots, 4\}$	$\{5\}$	5	7

Bei MPM-Netzplänen mit allgemeinen Mindest- und Höchstabständen und $\mathcal{S} \neq \emptyset$ ist es aufgrund der i.d.R. vorhandenen Zyklen im Netzplan wesentlich schwieriger, eine zulässige Näherungslösung für das Projektdauerminimierungsproblem zu generieren. Dies hat zwei Gründe:

1) Die Menge $\hat{\mathcal{E}}$ der einplanbaren Vorgänge kann leer sein.
2) Der Zeitpunkt t^* ist größer als der späteste Startzeitpunkt $LS_j(S^{\mathcal{C}})$ des als nächsten einzuplanenden Vorgangs j.

Betrachten wir zunächst ein Beispiel, bei dem wir eine leere Menge $\hat{\mathcal{E}}$ erhalten, wenn wir das klassische serielle Generierungsschema anwenden. Gegeben sei der Netzplan in Abbildung 3.34. Im Initialisierungsschritt setzen wir $\mathcal{C} := \{0\}$ und $S^{\mathcal{C}} := (0)$. Ist Vorgang 0 eingeplant, so ist im nächsten Schritt $\hat{\mathcal{E}} = \emptyset$, weil kein Vorgang $j \in \{1, 2, 3\}$ existiert, dessen Vorgänger bereits eingeplant sind. Dies ist plausibel, da sich die Knoten von Netzplänen mit Zyklen grundsätzlich nicht topologisch sortieren lassen. Daher verwenden wir für die Definition der Menge der einplanbaren Vorgänge für Netzpläne mit Mindest- und Höchstabständen die so genannte Distanzordnung, die für zwei Vorgänge i und j angibt, ob Vorgang j frühestens zum Startzeitpunkt von Vorgang i oder auch später starten kann.

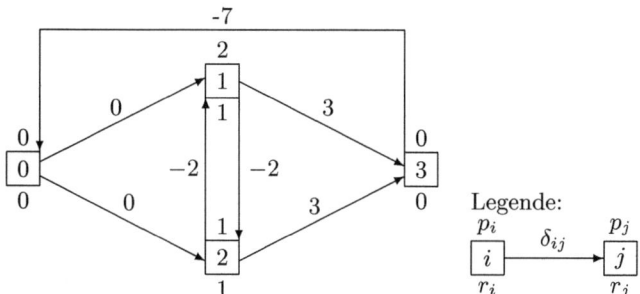

Abb. 3.34. Projektnetzplan mit zwei realen Vorgängen

Definition 3.33 (Distanzordnung). Sei d_{ij} die Länge eines längsten Weges von Knoten i nach Knoten j. Die *Distanzordnung* $\prec_D$ im Projektnetzplan N mit der Knotenmenge V ist wie folgt definiert. Für $i, j \in V, i \neq j$, gilt $i \prec_D j$ genau dann, wenn entweder $d_{ij} > 0$ oder $d_{ij} = 0$ und $d_{ji} < 0$ erfüllt ist.

Die Menge $\mathcal{E}$ der einplanbaren Vorgänge enthält nun alle noch nicht eingeplanten Vorgänge $j \in \overline{\mathcal{C}}$, deren Vorgängerknoten bezüglich der Distanzordnung $\prec_D$ eine Teilmenge der bereits eingeplanten Vorgänge bilden, d.h. wir wählen

$$\mathcal{E} := \{j \in \overline{\mathcal{C}} \mid Pred^{\prec_D}(j) \subseteq \mathcal{C}\}.$$

Ist die Menge $\mathcal{E}$ bestimmt, so wird im seriellen Generierungsschema für Netzpläne mit Mindest- und Höchstabständen der nächste einzuplanende Vorgang

j analog zum klassischen seriellen Generierungsschema gemäß einer Prioritäts-regel gewählt und dann so früh wie möglich zeit- und ressourcenzulässig ein-geplant, d.h. zu einem Zeitpunkt

$$t^* := \min\{t \geq ES_j(S^C) | r_k(S^C, \tau) + r_{jk} \leq R_k \text{ für } t \leq \tau < t + p_j$$
$$\text{und alle } k \in \mathcal{R}\}.$$

Falls $t^* \leq LS_j(S^C)$, dann ist t^* zulässig und wir können Vorgang j zum Zeitpunkt $S_j := t^*$ einplanen. Danach müssen die frühesten und spätesten Startzeitpunkte ES_i und LS_i für alle Vorgänge $i \in \bar{C}$ gemäß

$$ES_i := \max(ES_i, S_j + d_{ji}) \text{ und}$$
$$LS_i := \min(LS_i, S_j - d_{ij})$$

aktualisiert werden.

Falls $t^* > LS_j(S^C)$, dann ist t^* nicht zulässig, und wir müssen einen *Aus-planungs-Schritt* durchführen, in dem bereits eingeplante Vorgänge wieder ausgeplant werden. Betrachten wir dazu ein Beispiel.

Beispiel 3.34. Gegeben seien der Projektnetzplan in Abbildung 3.35 mit ei-ner erneuerbaren Ressoure und einer maximalen Projektdauer von $\bar{d} = 7$ sowie eine Ressourcenkapazität von $R = 1$.

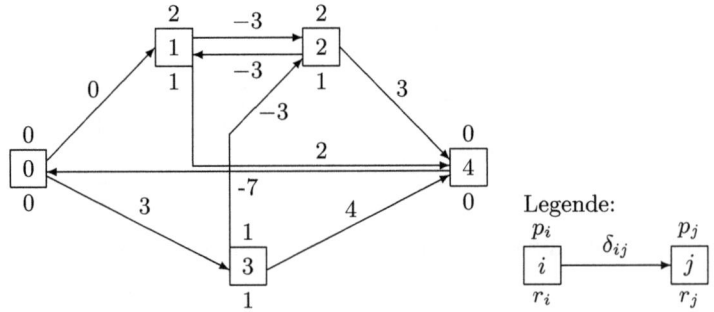

Abb. 3.35. Projektnetzplan N mit drei realen Vorgängen

Da Vorgang 3 zeitlich fixiert ist, muss er auf jeden Fall zum Zeitpunkt $S_3 = 3$ starten. Unabhängig davon welcher der Vorgänge 1 oder 2 zuerst einge-plant wird, startet der erste von beiden (sagen wir i) zum Zeitpunkt 0 und der zweite (sagen wir j) erhält einen spätesten Startzeitpunkt von $LS_j(S^C) = 3$. Zum Zeitpunkt 3 oder früher kann j aber nicht ressourcenzulässig eingeplant werden, da $t^* = 4 > LS_j(S^C) = 3$ gilt. Der planungsabhängige späteste Start-zeitpunkt $LS_j(S^C)$ von Vorgang j wird durch die Einplanung von Vorgang i zum Zeitpunkt $S_i = 0$ bedingt, d.h. $LS_j(S^C) = S_i - d_{ji}$. Planen wir Vorgang i aus und zu einem späteren Zeitpunkt, beispielsweise zu $S_i = 1$, wieder ein, so können wir Vorgang j ressourcenzulässig einplanen.

Durch das Ausplanen bereits eingeplanter Vorgänge kann also der späteste Startzeitpunkt $LS_j(S^C)$ eines einzuplanenden Vorgangs j vergrößert werden, wenn $LS_j(S^C) < -d_{j0}$ gilt, d.h. wenn beim Einplanen eines Vorgangs i eine Aktualisierung von LS_j erfolgt ist. Der späteste Startzeitpunkt $LS_j(S^C)$ von Vorgang j resultiert dann aus dem Startzeitpunkt eines Vorgangs $i \in C$ abzüglich der Länge eines längsten Weges von Vorgang j zu Vorgang i, d.h. $LS_j(S^C) = S_i - d_{ji}$. Sei

$$\mathcal{U} := \{i \in C \mid LS_j(S^C) = S_i - d_{ji}\}$$

die Menge all dieser Vorgänge. Um den spätesten Startzeitpunkt $LS_j(S^C)$ von j zu erhöhen, werden alle Vorgänge $i \in \mathcal{U}$ ausgeplant und ihre frühesten Startzeitpunkte ES_i um $t^* - LS_j(S^C)$ Zeiteinheiten erhöht. Auf diese Weise werden alle Vorgänge ausgeplant, zu denen eine bindende Zeitbeziehung $S_i - S_j = \delta_{ji}$ existiert bzw. die den Startzeitpunkt des einzuplanenden Vorgangs j beeinflussen. In den nachfolgenden Iterationen werden dann die ausgeplanten Vorgänge wieder eingeplant und zwar zu Zeitpunkten, die mindestens um $t^* - LS_j(S^C)$ Zeiteinheiten größer sind als bei der ursprünglichen Einplanung. Betrachten wir noch einmal Beispiel 3.34. Die Menge der Vorgänge, die ausgeplant werden müssen, ergibt sich zu $\mathcal{U} = \{i\}$. Wir erhöhen den frühesten Startzeitpunkt von Vorgang i auf $ES_i = 0 + 1 = 1$. Somit wird Vorgang i im nächsten Schritt zu $S_i = 1$ eingeplant. Danach setzen wir $S_j = 4$ und erhalten somit die zulässige Näherungslösung $S = (0, 1, 4, 3, 7)$. Das zugehörige Ressourcenprofil ist in Abbildung 3.36 dargestellt.

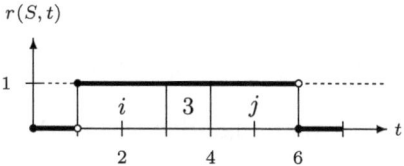

Abb. 3.36. Ressourcenprofil

Zusätzlich zu den Vorgängen aus $\mathcal{U}$ sollten noch alle Vorgänge $i \in C$ ausgeplant werden, deren Startzeitpunkt größer ist, als der kleinste Startzeitpunkt eines Vorgangs $h \in \mathcal{U}$, d.h. $S_i > \min_{h \in \mathcal{U}} S_h$. Diese Vorgänge können unter Umständen, aufgrund der Rechtsverschiebung der Vorgänge aus $\mathcal{U}$, früher gestartet werden. Zum Ende des Ausplanungs-Schritts müssen die frühesten und spätesten Startzeitpunkte aller noch einzuplanenden bzw. wieder neu einzuplanenden Vorgänge berechnet werden. Gilt $0 \in \mathcal{U}$, dann müsste der Projektstart verzögert werden. Da dieser aber fixiert ist, terminiert das serielle Generierungsschema mit Ausplanung ohne eine zulässige Lösung gefunden zu haben. Das serielle Generierungsschema liefert somit nicht immer eine zulässige Lösung, obwohl es eventuell eine solche gibt. Um die Terminierung des Verfahrens zu erzwingen, ist es empfehlenswert, eine maximale Anzahl an Ausplanungs-Schritten $u = 1, \ldots, \overline{u}$ vorzuschreiben, z.B. $\overline{u} = |V|$. Ferner sehen wir davon ab, fixierte Vorgänge sofort einzuplanen. Dies entspricht, anschaulich gesprochen, der Grundidee des Verfahrens, die Ressourcenprofile von links nach rechts zu füllen.

Algorithmus 3.35 (Serielles Generierungsschema mit Ausplanung).

Setze $\mathcal{C} := \{0\}$, $S^{\mathcal{C}} := (0)$ und $u := 0$.

Bestimme die Längen längster Wege d_{ij} für alle $i, j \in V$.

Setze $ES_i := d_{0i}$ und $LS_i := -d_{i0}$ für alle $i \in V \setminus \{0\}$.

Bestimme die Vorgängermengen $Pred^{\prec_D}(i)$ für alle Vorgänge $i \in V$.

Solange $\mathcal{C} \neq V$:

    Bestimme $\mathcal{E} := \{i \in \overline{\mathcal{C}} | Pred^{\prec_D}(i) \subseteq \mathcal{C}\}$.

    Wähle Vorgang $j \in \mathcal{E}$ mit höchster Priorität.

    Bestimme $t^* := \min\{t \geq ES_j | r_k(S^{\mathcal{C}}, \tau) + r_{jk} \leq R_k$ für $t \leq \tau < t + p_j$ und alle $k \in \mathcal{R}\}$.

    Falls $t^* > LS_j$:

        Setze $u := u + 1$. **Ausplanungs-Schritt($j, \Delta = t^* - LS_j$).**

    Andernfalls

        Plane j zum Zeitpunkt $S_j := t^*$ ein und setze $\mathcal{C} := \mathcal{C} \cup \{j\}$.

        Für alle $h \in \overline{\mathcal{C}}$:

            Aktualisiere $ES_h := \max(ES_h, S_j + d_{jh})$, $LS_h := \min(LS_h, S_j - d_{hj})$

Rückgabe $S^{\mathcal{C}}$.

Der Ausplanungs-Schritt wird folgendermaßen durchgeführt.

Algorithmus 3.36 (Ausplanungs-Schritt(j, Δ)).

Bestimme die Menge $\mathcal{U} := \{i \in \mathcal{C} \mid LS_j = S_i - d_{ji}\}$.

Falls $0 \in \mathcal{U}$ oder $u > \overline{u}$: Abbruch!

Für alle $i \in \mathcal{U}$: (Rechtsverschiebung der Vorgänge $i \in \mathcal{U}$)

    Setze $ES_i := S_i + \Delta$ und $\mathcal{C} := \mathcal{C} \setminus \{i\}$.

    Falls $ES_i > -d_{i0}$: Abbruch!

Für alle $i \in \mathcal{C}$ mit $S_i > \min_{h \in \mathcal{U}} S_h$: (Ausplanung aller i mit $S_i > \min_{h \in \mathcal{U}} S_h$)

    Setze $\mathcal{C} := \mathcal{C} \setminus \{i\}$.

Für alle $h \in \overline{\mathcal{C}}$:

    Setze $ES_h := \max(d_{0h}, \max_{i \in \mathcal{U}}(ES_i + d_{ih}))$ und $LS_h := -d_{h0}$.

    Für alle $i \in \mathcal{C}$:

        Setze $ES_h := \max(ES_h, S_i + d_{ih})$ und $LS_h := \min(LS_h, S_i - d_{hi})$.

Wir veranschaulichen das vorgestellte serielle Generierungsschema mit Ausplanung an einem Beispiel.

Beispiel 3.37. Gegeben sei der Projektnetzplan N in Abbildung 3.37 mit fünf realen Vorgängen, einer erneuerbaren Ressource und einer maximalen Projektdauer von $\bar{d} = 6$. Die Ressourcenkapazität sei auf $R = 3$ festgesetzt. Mit Hilfe des seriellen Generierungsschemas mit Ausplanung erzeugen wir eine Näherungslösung für die obige Probleminstanz. Als Prioritätsregel wenden wir die statische LST-Regel an.

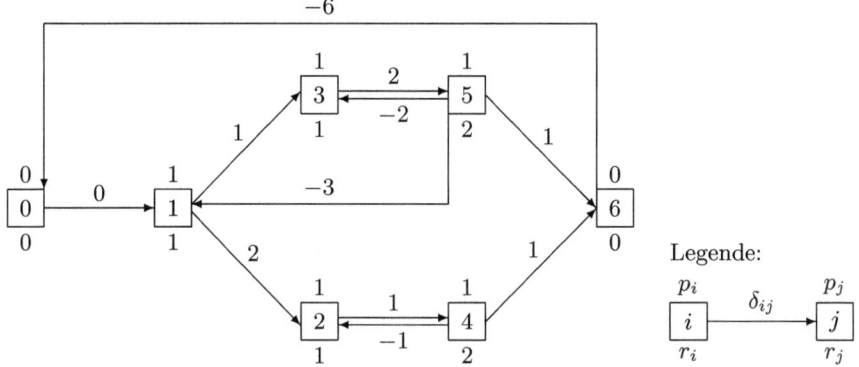

Abb. 3.37. Projektnetzplan N

Zu Beginn des seriellen Generierungsschemas setzen wir $\mathcal{C} := \{0\}$, $S^{\mathcal{C}} := (0)$ und $u := 0$. Danach bestimmen wir die Längen längster Wege d_{ij} für alle $i, j \in V$ (vgl. Tab. 3.10). Als Vektor der frühesten Startzeitpunkte ergibt sich $ES = (0, 0, 2, 1, 3, 3, 4)$ und als Vektor der spätesten Startzeitpunkte $LS = (0, 2, 4, 3, 5, 5, 6)$. Die Mengen der Vorgänger bezüglich der Distanz-Ordnung $\prec_D$ für die Vorgänge $i \in V$ sind in Tabelle 3.11 angegeben.

Tabelle 3.10. Längen längster Wege d_{ij} für alle $i, j \in V$

d_{ij}	0	1	2	3	4	5	6
0	0	0	2	1	3	3	4
1	−2	0	2	1	3	3	4
2	−4	−4	0	−3	1	−1	2
3	−3	−1	1	0	2	2	3
4	−5	−5	−1	−4	0	−2	1
5	−5	−3	−1	−2	0	0	1
6	−6	−6	−4	−5	−3	−3	0

In der ersten Iteration bestimmen wir zunächst die Menge $\mathcal{E}$ der einplanbaren Vorgänge, sie ergibt sich zu $\mathcal{E} = \{1\}$. Daher planen wir Vorgang 1

Tabelle 3.11. $Pred^{\prec_D}(i)$ für alle $i \in V$

$i \in V$	0	1	2	3	4	5	6
$Pred^{\prec_D}(i)$	$\emptyset$	$\{0\}$	$\{0,1,3\}$	$\{0,1\}$	$\{0,1,2,3,5\}$	$\{0,1,3\}$	$\{0,\dots,5\}$

zum Zeitpunkt $t^* = 0$ ein. Nun sind die frühesten und spätesten Startzeit-punkte der anderen Vorgänge zu aktualisieren, es ergibt sich $LS_3 = 1$ und $LS_5 = 3$. In der zweiten Iteration ist die Menge der bereits eingeplanten Vorgänge $\mathcal{C} = \{0,1\}$. Für die Menge der einplanbaren Vorgänge gilt $\mathcal{E} = \{3\}$. Also wählen wir als nächsten einzuplanenden Vorgang den Vorgang 3, der zum Zeitpunkt $t^* = 1$ eingeplant wird. Für die Menge $\mathcal{C} = \{0,1,3\}$ ergibt sich in der dritten Iteration die Menge der einplanbaren Vorgänge zu $\mathcal{E} = \{2,5\}$. Vorgang 2 besitzt mit $-d_{20} = 4$ den kleineren spätesten Startzeitpunkt, deshalb wählen wir 2 als nächsten einzuplanenden Vorgang. Vorgang 2 wird zum Zeitpunkt $t^* = 2$ eingeplant. Wir aktualisieren $LS_4 = 3$. In der vierten Iteration ist $\mathcal{C} = \{0,1,2,3\}$ und wir erhalten für die Menge der einplanbaren Vorgänge $\mathcal{E} = \{5\}$. Vorgang 5 wird zu $t^* = 3$ eingeplant. In der fünften Iteration ist $\mathcal{E} = \{4\}$. Vorgang 4 kann allerdings erst zum Zeitpunkt $t^* = 4 > LS_4 = 3$ ressourcenzulässig eingeplant werden. Daher ist ein Ausplanungs-Schritt durch-zuführen. Nur für Vorgang 2 ist die Bedingung $S_2 - d_{42} = 2 + 1 = 3 = LS_4$ erfüllt, deshalb planen wir Vorgang 2 aus und erhöhen seinen frühesten Start-zeitpunkt auf $ES_2 = 3$. Für Vorgang 5 gilt $S_5 = 3 > S_2 = 2$, deshalb planen wir auch Vorgang 5 aus, da er möglicherweise früher eingeplant werden kann. Die Aktualisierung der ES- und LS-Werte ergibt $LS_2 = 4, ES_4 = 4, LS_4 = 5$, $ES_5 = 3, LS_5 = 3, ES_6 = 5$ und $LS_6 = 6$. Im nächsten Schritt wählen wir erneut Vorgang 2 als nächsten einzuplanenden Vorgang und fahren wie in Tabelle 3.12 angegeben fort.

Tabelle 3.12. Iterationsschritte des seriellen Generierungsschemas

Iteration	$\mathcal{C}$	$\mathcal{E}$	j	t^*	Update
1	$\{0\}$	$\{1\}$	1	0	$LS_3 := 1, LS_5 := 3$
2	$\{0,1\}$	$\{3\}$	3	1	
3	$\{0,1,3\}$	$\{2,5\}$	2	2	$LS_4 := 3$
4	$\{0,1,2,3\}$	$\{5\}$	5	3	
5	$\{0,1,2,3,5\}$	$\{4\}$	4	$4 > LS_4 = 3$	
Ausplanungs-Schritt: Ausplanen der Vorgänge 2 und 5.					
$ES_2 = 3, ES_4 = 4, ES_5 = 3, ES_6 = 5$					
$LS_2 = 4, LS_4 = 5, LS_5 = 3, LS_6 = 6$					
6	$\{0,1,3\}$	$\{2,5\}$	2	3	$LS_4 := 4$
7	$\{0,1,2,3\}$	$\{5\}$	5	3	
8	$\{0,1,2,3,5\}$	$\{4\}$	4	4	
9	$\{0,\dots,5\}$	$\{6\}$	6	5	

Am Ende der 9. Iteration liefert das serielle Generierungsschema mit Ausplanung den zulässigen Schedule $S = (0, 0, 3, 1, 4, 3, 5)$, dessen zugehöriges Ressourcenprofil in Abbildung 3.38 angegeben ist.

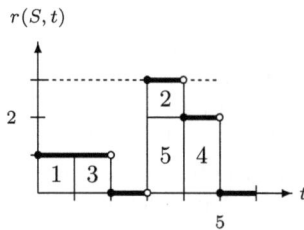

Abb. 3.38. Ressourcenprofil des Schedule S

3.5 Heuristische Lösungsverfahren für weitere Zielfunktionen

Das in Abschnitt 3.4 eingeführte serielle Generierungsschema mit Ausplanung generiert i.d.R. gute Näherungslösungen, wobei die einzelnen Vorgänge immer so früh wie möglich eingeplant werden. Das Verfahren kann somit ohne Änderungen für Probleme (3.2) mit regulärer Zielfunktion wie z.B. (*MFT*) angewendet werden. Die spezielle Zielfunktion sollte aber bei der Wahl der Prioritätsregel berücksichtigt werden.

Für Probleme (3.2) mit linearer Zielfunktion, wie z.B. (*WST*), oder mit binärmonotoner Zielfunktion, beispielsweise (*NPV*), konstruiert das serielle Generierungsschema i.d.R. keine guten Lösungen. Vorgänge mit negativem Gewicht ($w_i < 0$) bzw. Vorgänge, denen eine Auszahlung ($c_i^F < 0$) zugeordnet ist, werden durch das serielle Generierungsschema i.d.R. zu früh eingeplant. Betrachten wir dazu ein kleines Beispiel.

Beispiel 3.38. Gegeben seien der Projektnetzplan in Abbildung 3.39 mit einer erneuerbaren Ressource, eine Ressourcenkapazität von $R = 1$ und ein Zinssatz $\alpha = 0{,}1$. Den einzelnen Knoten sind zusätzlich zur jeweiligen Dauer und Ressourceninanspruchnahme Zahlungen zugeordnet, die jeweils zu Beginn des entsprechenden Vorgangs $i \in V$ anfallen.

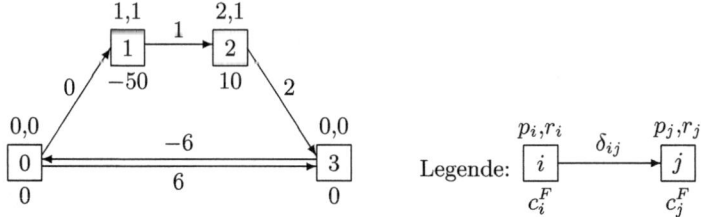

Abb. 3.39. Projektnetzplan

Wenden wir das serielle Generierungsschema an, so werden die Vorgänge des Projektes so früh wie möglich eingeplant. Es ergibt sich der Schedule $S = (0, 0, 1, 6)$ mit Kapitalwert $-40,1$. Der optimale Schedule ist allerdings $S = (0, 3, 4, 6)$ mit Kapitalwert $-27,43$.

Um zu erreichen, dass Vorgänge mit negativem Gewicht oder Vorgänge, denen eine Auszahlung zugeordnet ist, so spät wie möglich eingeplant werden, skizzieren wir ein *bidirektionales serielles Generierungsschema*, bei dem die Vorgänge von „beiden Seiten des Netzplans" eingeplant werden (vgl. SELLE und ZIMMERMANN, 2003). Dabei unterscheiden wir zwischen der Menge $\mathcal{E}_1$ aller noch nicht eingeplanten Vorgänge, deren Vorgänger bezüglich der Distanzordnung $\prec_D$ bereits eingeplant sind, und der Menge $\mathcal{E}_2$ aller noch nicht eingeplanten Vorgänge, deren Nachfolger bezüglich der Distanzordnung $\prec_D$ bereits eingeplant sind. In jeder Iteration wird dann entweder ein Vorgang j_1 aus der Menge $\mathcal{E}_1$ so früh wie möglich oder ein Vorgang j_2 aus der Menge $\mathcal{E}_2$ so spät wie möglich eingeplant. Der als nächstes einzuplanende Vorgang j ist dabei entweder ein Vorgang $j_1 \in \mathcal{E}_1$ oder ein Vorgang $j_2 \in \mathcal{E}_2$ mit höchster Priorität. Um zu entscheiden, ob der als nächstes einzuplanende Vorgang j der Vorgang j_1 oder der Vorgang j_2 ist, betrachten wir drei Fälle.

1. Falls Vorgang j_1 ein positives Gewicht (Einzahlung) besitzt, setzen wir $j := j_1$.
2. Falls Vorgang j_2 ein negatives Gewicht (Auszahlung) besitzt, setzen wir $j := j_2$.
3. Falls weder Bedingung 1 noch 2 erfüllt ist, dann wählen wir den Vorgang j, für den die Differenz zwischen einer Einplanung zum ES und einer Einplanung zum LS am geringsten ist (Regel des kleinsten „Bedauerns").

Betrachten wir dazu noch einmal Beispiel 3.38. In der ersten Iteration des bidirektionalen Verfahrens erhalten wir $\mathcal{E}_1 = \{1\}$ und $\mathcal{E}_2 = \{2\}$. Da $c_1^F = -50 < 0$ und $c_2^F = 10 > 0$ gilt, liegt Fall 3 vor. Die Differenz zwischen einer Einplanung zum ES und einer Einplanung zum LS von Vorgang 1 ist 12,96 und damit größer als die Differenz zwischen ES- und LS-Einplanung von Vorgang 2 mit 2,35. Somit planen wir Vorgang $2 \in \mathcal{E}_2$ zu seinem spätesten Startzeitpunkt $LS_2 = 4$ ein. In der nächsten Iteration ergibt sich $\mathcal{E}_1 = \{1\}$ und $\mathcal{E}_2 = \{1\}$. Da $c_1^F < 0$ erfüllt ist, tritt Fall 2 ein, und wir planen Vorgang $1 \in \mathcal{E}_2$ zum Zeitpunkt 3 ein. Es ergibt sich der (optimale) Schedule $S = (0, 3, 4, 6)$.

Für Ressourceninvestment-, Ressourcenabweichungs- und Ressourcennivellierungsprobleme kann das Prioritätsregelverfahren aus Abschnitt 2.3 angepasst werden. Im Gegensatz zu Projektplanungsproblemen (2.1) ohne Ressourcenrestriktionen kommt es bei Projektplanungsproblemen (3.2) vor, dass bei einer sukzessiven Einplanung der Vorgänge für den aktuell einzuplanenden Vorgang j kein zulässiger Einplanungszeitpunkt mehr existiert. In diesem Fall existiert kein zulässiger Schedule $S \in \mathcal{S}$, der eine Erweiterung des aktuellen Teilschedules S^C darstellt. Daher werden in diesem Fall in einem *Ausplanungs-Schritt* die Vorgänge ausgeplant, aufgrund derer Vorgang j nicht ressourcenzulässig eingeplant werden kann.

Sei

$$\widetilde{W}_j(S^{\mathcal{C}}) := \{t \in W_j(S^{\mathcal{C}}) | r_k(S^{\mathcal{C}}, \tau) + r_{jk} \leq R_k \text{ für } t \leq \tau < t + p_j$$
$$\text{und } k \in \mathcal{R}\}$$

die Menge aller Zeitpunkte, zu denen Vorgang j zeit- und ressourcenzulässig eingeplant werden kann. Wie in Abschnitt 2.3 definieren wir für die verschiedenen Zielfunktionen jeweils eine Menge von *Entscheidungszeitpunkten*

$$\widetilde{\mathcal{D}}_j(S^{\mathcal{C}}) := \mathcal{D}_j(S^{\mathcal{C}}) \cap \widetilde{W}_j(S^{\mathcal{C}}),$$

welche mindestens einen Minimalpunkt der Erweiterungskosten $f^a(S^{\mathcal{C}}, j, \cdot)$ bzw. $f^b(S^{\mathcal{C}}, j, \cdot)$ enthält.

Gehen wir zunächst auf den erforderlichen *Ausplanungs-Schritt* ein. In Abschnitt 3.4 wurde bereits ein Ausplanungs-Schritt (vgl. Algorithmus 3.36) in Kombination mit dem seriellen Generierungsschema vorgestellt. Beim seriellen Generierungsschema werden die Vorgänge so früh wie möglich eingeplant, d.h. das Ressourcenprofil wird von links nach rechts gefüllt. Kann ein Vorgang j nicht zeit- und ressourcenzulässig eingeplant werden, dann ist der früheste ressourcenzulässige Zeitpunkt größer als der gemäß der vorhandenen Zeitbeziehungen späteste Startzeitpunkt von j. In diesem Fall kann Vorgang j nur eingeplant werden, wenn die Vorgänge, die den spätesten zeitzulässigen Startzeitpunkt bedingen (Vorgänge i mit $LS_j(S^{\mathcal{C}}) = S_i - d_{ji}$) zusammen mit j nach rechts verschoben werden. Bei nicht regulären Zielfunktionen planen wir die Vorgänge mehr oder weniger gleichmäßig über den ganzen Planungshorizont verteilt ein, wobei der Startzeitpunkt eines Vorgangs weder seinem planungsabhängigen frühest- noch seinem spätestmöglichen Startzeitpunkt entsprechen muss. Daher kann das planungsabhängige Zeitfenster $[ES_j(S^{\mathcal{C}}), LS_j(S^{\mathcal{C}})]$ für Vorgang j i.d.R. weder durch eine Rechts- noch durch eine Linksverschiebung von Vorgängen ausgedehnt werden. Existieren für den einzuplanenden Vorgang j keine zulässigen Einplanungszeitpunkte, d.h. $\widetilde{\mathcal{D}}_j(S^{\mathcal{C}}) = \emptyset$, gehen wir daher wie folgt vor. Wir planen alle Vorgänge $i \in \mathcal{C}$ aus, die im Intervall $[ES_j(S^{\mathcal{C}}), LC_j(S^{\mathcal{C}})[$ ausgeführt werden, aber dort nicht notwendigerweise ausgeführt werden müssen. Seien $S^{\mathcal{C}}$ der aktuelle Teilschedule und $j \in \overline{\mathcal{C}}$ der als nächstes einzuplanende Vorgang. Dann ergibt sich die *Menge der auszuplanenden Vorgänge* zu

$$\mathcal{U} := \{i \in \mathcal{C} \mid [S_i, C_i[\setminus [-d_{i0}, d_{0i} + p_i[\cap [ES_j(S^{\mathcal{C}}), LC_j(S^{\mathcal{C}})[\neq \emptyset\}.$$

Menge $\mathcal{U}$ enthält alle Vorgänge $i \in \mathcal{C}$, die sich im Intervall $[ES_j(S^{\mathcal{C}}), LC_j(S^{\mathcal{C}})[$ in Ausführung befinden, aber dort aufgrund der Zeitrestriktionen nicht ausgeführt werden müssen. Durch die Einplanung von Vorgang j werden i.d.R. weitere Vorgänge aus $\overline{\mathcal{C}}$ fixiert oder teilfixiert (vgl. Abschnitt 2.3). Für eine Ressource $k \in \mathcal{R}$ entspricht der Term $\int_0^{\overline{d}} (r_k^b(S^{\mathcal{C} \cup \{j\}}, \tau) - R_k)^+ d\tau$ der Ressourcenüberschreitung über den gesamten Planungszeitraum. Die Ressourcenüberschreitung wird durch Einplanung von Vorgang j zum Zeitpunkt

$S_j := t$ verursacht oder durch Vorgänge, die nach Einplanung von j fixiert bzw. teilfixiert sind.

$$R(S^{\mathcal{C}}, j, t) := \sum_{k \in \mathcal{R}} \int_0^{\overline{d}} (r_k^b(S^{\mathcal{C} \cup \{j\}}, \tau) - R_k)^+ \, d\tau$$

bezeichnet dann die gesamte Ressourcenüberschreitung, die durch das Einplanen von Vorgang j zum Zeitpunkt t bei gegebenem $S^{\mathcal{C}}$ verursacht wird. Ist $R(S^{\mathcal{C}}, j, t) = 0$ erfüllt, so ist das Einplanen von Vorgang j zum Zeitpunkt t zulässig und es gilt $r_k^b(S^{\mathcal{C} \cup \{j\}}, \tau) \leq R_k$ für alle $k \in \mathcal{R}$ und alle $\tau \in [0, \overline{d}]$.

Bei der Einplanung eines Vorgangs $j \in \overline{\mathcal{C}}$ unterscheiden wir drei verschiedene Fälle.

1. Ist $\widetilde{\mathcal{D}}_j(S^{\mathcal{C}}) = \emptyset$, d.h. j kann zu keinem Zeitpunkt $t \in \widetilde{W}_j(S^{\mathcal{C}})$ zulässig eingeplant werden, so planen wir alle Vorgänge aus der Menge $\mathcal{U}$ aus und bestimmen die Menge der Entscheidungszeitpunkte von j neu. Erhalten wir wieder $\widetilde{\mathcal{D}}_j(S^{\mathcal{C}}) = \emptyset$, so terminiert der Algorithmus ohne eine zulässige Lösung gefunden zu haben. (Andernfalls siehe Fälle 2 und 3).

2. Ist $\widetilde{\mathcal{D}}_j(S^{\mathcal{C}}) \neq \emptyset$ und ist für alle $t \in \widetilde{\mathcal{D}}_j(S^{\mathcal{C}})$ die Bedingung $R(S^{\mathcal{C}}, j, t) > 0$ erfüllt, d.h. beim Einplanen von Vorgang j wird mindestens ein Vorgang $h \in \overline{\mathcal{C}}$ fixiert oder teilfixiert, der in seinem Basisintervall nicht zulässig eingeplant werden kann, dann bestimmen wir zunächst den größten Zeitpunkt $t \in \widetilde{\mathcal{D}}_j(S^{\mathcal{C}})$ mit minimaler Ressourcenüberschreitung $R(S^{\mathcal{C}}, j, t)$ und planen Vorgang j zum Zeitpunkt t ein. Im nächsten Schritt wählen wir dann einen Vorgang aus der Menge aller fixierten und teilfixierten Vorgänge, der Element einer verbotenen Menge ist.

3. Ist $\widetilde{\mathcal{D}}_j(S^{\mathcal{C}}) \neq \emptyset$ und es existiert mindestens ein $t \in \widetilde{\mathcal{D}}_j(S^{\mathcal{C}})$ mit $R(S^{\mathcal{C}}, j, t) = 0$, d.h. Vorgang j kann zeit- und ressourcenzulässig eingeplant werden, dann entfernen wir alle Zeitpunkte t mit $R(S^{\mathcal{C}}, j, t) > 0$ aus $\widetilde{\mathcal{D}}_j(S^{\mathcal{C}})$. Vorgang j wird nun zum spätesten Zeitpunkt t eingeplant, an dem die Erweiterungskosten $f^b(S^{\mathcal{C}}, j, \cdot)$ ihr Minimum annehmen.

Die Schritte des Prioritätsregelverfahrens sind in Algorithmus 3.39 angegeben, wobei u wieder die Anzahl der Ausplanungsschritte angibt.

Algorithmus 3.39 (Prioritätsregelverfahren für Problem (3.2) mit Zielfunktion (RI), (RD) und (RL)).

Setze $\mathcal{C} := \{0\}$, $S^{\mathcal{C}} := (0)$ und $u := 0$.

Bestimme die Längen längster Wege d_{ij} für alle $i, j \in V$.

Setze $ES_i := d_{0i}$ und $LS_i := -d_{i0}$ für alle $i \in V \setminus \{0\}$.

Solange $\mathcal{C} \neq V$:

    Falls $r_k^b(S^{\mathcal{C}}, t) > R_k$ für mindestens ein $t \in [0, \overline{d}]$ und $k \in \mathcal{R}$:

        Wähle einen fixierten oder teilfixierten Vorgang $j \in \overline{\mathcal{C}}$, der Element einer verbotenen aktiven Menge $\mathcal{A}^b(S, t)$ ist.

Andernfalls

Für alle $i \in \overline{C}$

Falls $ES_i = LS_i$: Setze $S_i := ES_i$, $C := C \cup \{i\}$.

Bestimme den Vorgang $j \in \overline{C}$ mit höchster Priorität.

Bestimme die Menge $\widetilde{\mathcal{D}}_j(S^C)$ in Abhängigkeit der Zielfunktion f.

Falls $\widetilde{\mathcal{D}}_j(S^C) = \emptyset$: (Fall 1)

Ausplanungsschritt(j).

Berechne $\widetilde{\mathcal{D}}_j(S^C)$ neu.

Falls $\widetilde{\mathcal{D}}_j(S^C) = \emptyset$: Abbruch!

Für alle $t \in \widetilde{\mathcal{D}}_j(S^C)$: Berechne $R(S^C, j, t)$. (Fall 2 bzw. Fall 3)

Bestimme $\mathcal{D} := \{ t \in \widetilde{\mathcal{D}}_j(S^C) \mid R(S^C, j, t) = \min_{\tau \in \mathcal{D}_j(S^C)} R(S^C, j, \tau) \}$.

Für alle $t \in \mathcal{D}$: Berechne die Erweiterungskosten $f^b(S^C, j, t)$.

$S_j^+ := \max \{ t \in \mathcal{D} \mid f^b(S^C, j, t) = \min_{\tau \in \mathcal{D}} f^b(S^C, j, \tau) \}$

$S_j := S_j^+$, $C := C \cup \{j\}$.

Für alle $i \in \overline{C}$:

Setze $ES_i := \max\{ES_i, S_j + d_{ji}\}$ und $LS_i := \min\{LS_i, S_j - d_{ij}\}$.

Rückgabe S.

In Fall 1 planen wir die Vorgänge $i \in \mathcal{U}$ aus und bestimmen danach für alle nicht eingeplanten Vorgänge $i \in \overline{C}$ die planungsabhängigen frühesten und spätesten Startzeitpunkte. Sei $\overline{u}$ wieder eine vorgegebene maximale Anzahl an Ausplanungs-Schritten, dann erhalten wir die folgende algorithmische Beschreibung des Ausplanungs-Schritts.

Algorithmus 3.40 (Ausplanungs-Schritt(j)).

$u := u + 1$.

Falls $u > \overline{u}$: Abbruch! (keine zulässige Lösung gefunden)

Bestimme $\mathcal{U} := \{ i \in C \mid [S_i, C_i[\setminus [-d_{i0}, d_{0i} + p_i[\cap [ES_j, LC_j[\neq \emptyset \}$.

Setze $C := C \setminus \mathcal{U}$.

Für alle $i \in \overline{C}$:

Setze $ES_i := d_{0i}$ und $LS_i := -d_{i0}$.

Für alle $h \in C$.

Setze $ES_i := \max\{ES_i, S_h + d_{hi}\}$ und $LS_i := \min\{LS_i, S_h - d_{ih}\}$.

Im Folgenden betrachten wir ein Beispiel, um die Anwendung des erläuterten Prioritätsregelverfahrens zu illustrieren.

Beispiel 3.41. Wir betrachten den in Abbildung 3.40 dargestellten Projektnetzplan mit sechs realen Vorgängen und einer erneuerbaren Ressource. Die Ressourcenkapazität sei $R = 4$ und die maximale Projektdauer $\overline{d} = 12$. Im Folgenden wird mit Hilfe von Algorithmus 3.39 eine Näherungslösung für das zugrunde liegende Projekt mit Zielfunktion (RL) generiert. Dabei wird die statische Prioritätsregel MST bei der Bestimmung des Vorgangs mit höchster Priorität angewendet.

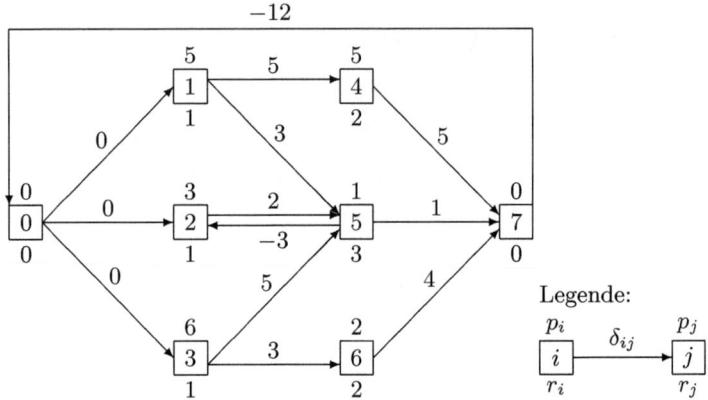

Abb. 3.40. Netzplan mit einer Ressource

Im Initialisierungsschritt setzen wir $\mathcal{C} := \{0\}$, $S^{\mathcal{C}} := (0)$ und $u := 0$. Die frühesten und spätesten Startzeitpunkte sowie die Gesamtpufferzeiten sind für alle $i \in V$ in Tabelle 3.13 angegeben. Die Vorgänge 1, 3 und 4 sind teilfixiert. Das zugehörige Ressourcenprofil $r^b(S^{\mathcal{C}}, t), t \in [0, \overline{d}]$ ist in Abbildung 3.41a dargestellt.

Tabelle 3.13. ES_i, LS_i und TF_i für alle $i \in V$

i	0	1	2	3	4	5	6	7
ES_i	0	0	2	0	5	5	3	10
LS_i	0	2	9	5	7	11	8	12
TF_i	0	2	7	5	2	6	5	2

Von den Vorgängen mit kleinster Gesamtpufferzeit besitzt Vorgang 1 die kleinste Vorgangsnummer. Für die Menge der Entscheidungszeitpunkte von Vorgang 1 erhalten wir $\widetilde{\mathcal{D}}_1(S^{\mathcal{C}}) = \{0, 2\}$. Da $\widetilde{\mathcal{D}}_1(S^{\mathcal{C}}) \neq \emptyset$ ist und durch die Einplanung von Vorgang 1 zu den Zeitpunkten 0 oder 2 keine Ressourcenüberschreitung verursacht wird, bestimmen wir die Erweiterungskosten

$f^b(S^{\mathcal{C}}, 1, 0) = 2$ und $f^b(S^{\mathcal{C}}, 1, 2) = 4$. Wir planen Vorgang 1 somit zum Zeitpunkt 0 ein. Ein *ES–LS*-Update ist nicht erforderlich.

Im zweiten Iterationsschritt wählen wir Vorgang 4 als nächsten einzuplanenden Vorgang. Für die Menge der Entscheidungszeitpunkte von Vorgang 4 gilt $\widetilde{\mathcal{D}}_4(S^{\mathcal{C}}) = \{5, 7\}$. Da $R(S^{\mathcal{C}}, 4, t) = 0$ für $t \in \{5, 7\}$, berechnen wir die Erweiterungskosten zu den Zeitpunkten 5 und 7. Es ergibt sich $f^b(S^{\mathcal{C}}, 4, 5) = 12$ und $f^b(S^{\mathcal{C}}, 4, 7) = 8$. Daher planen wir Vorgang 4 zu $t = 7$ ein und aktualisieren $ES_7 = 12$. Vorgang 7 ist somit fixiert.

Im nächsten Schritt planen wir Vorgang 7 zu $S_7 = ES_7 = 12$ ein. Die Menge der bereits eingeplanten Vorgänge besteht nun aus $\mathcal{C} = \{0, 1, 4, 7\}$. Nun wählen wir den Vorgang 3 als nächsten einzuplanenden Vorgang. Die Menge der Entscheidungszeitpunkte von 3 ergibt sich zu $\widetilde{\mathcal{D}}_3(S^{\mathcal{C}}) = \{0, 1, 5\}$. Da durch das Einplanen von Vorgang 3 zu den Zeitpunkten 0, 1 oder 5 keine Ressourcenüberschreitung verursacht wird, bestimmen wir $f^b(S^{\mathcal{C}}, 3, 0) = 15$, $f^b(S^{\mathcal{C}}, 3, 1) = 13$ und $f^b(S^{\mathcal{C}}, 3, 5) = 21$. Wir planen Vorgang 3 zu $t = 1$ ein (vgl. Abb. 3.41b). Es ergeben sich die folgenden Aktualisierungen $ES_5 = 6$ und $ES_6 = 4$.

Der als nächstes einzuplanende Vorgang ist Vorgang 6. Die Menge der Entscheidungszeitpunkte von 6 ist $\widetilde{D}_6(S^{\mathcal{C}}) = \{4, 5, 7, 8\}$. Durch das Einplanen von Vorgang 6 zu einem dieser Zeitpunkte wird keine Ressourcenüberschreitung verursacht. Deshalb bestimmen wir die Erweiterungskosten $f^b(S^{\mathcal{C}}, 6, 4) = 20$, $f^b(S^{\mathcal{C}}, 6, 5) = 16$, $f^b(S^{\mathcal{C}}, 6, 7) = 24$ und $f^b(S^{\mathcal{C}}, 6, 8) = 24$ und planen Vorgang 6 zum Zeitpunkt $t = 5$ ein.

Im fünften Iterationsschritt wählen wir Vorgang 5 als nächsten einzuplanenden Vorgang. Für die Menge der Entscheidungszeitpunkte gilt $\widetilde{D}_5(S^{\mathcal{C}}) = \emptyset$ (Fall 1). Wir bestimmen die Menge der eingeplanten Vorgänge $\mathcal{U}$, die aufgrund ihres geplanten Ausführungszeitraumes simultan mit Vorgang 5 ausgeführt werden können, aber dort nicht ausgeführt werden müssen. Es ergibt sich $\mathcal{U} = \{3, 4, 6\}$. Im anschließenden Ausplanungs-Schritt setzen wir $\mathcal{C} = \{0, 1, 7\}$, die *ES*- und *LS*-Werte der nicht eingeplanten Vorgänge entsprechen den in Tabelle 3.13 angegebenen Werten. Nun bestimmen wir erneut die Menge der Einplanungszeitpunkte von Vorgang 5, es ergibt sich $\widetilde{D}_5(S^{\mathcal{C}}) = \{5, 11\}$. Wir berechnen die Erweiterungskosten $f^b(S^{\mathcal{C}}, 5, 5) = 15$ und $f^b(S^{\mathcal{C}}, 5, 11) = 9$. Vorgang 5 wird damit zu seinem spätesten Startzeitpunkt $t = 11$ eingeplant. Wir aktualisieren $ES_2 = 8$, $LS_2 = 9$. Vorgang 2 ist somit teilfixiert (vgl. Abb. 3.41c).

In den nächsten Schritten planen wir Vorgang 2 zum Zeitpunkt 8, Vorgang 3 zum Zeitpunkt 0, Vorgang 4 zum Zeitpunkt 6 und Vorgang 6 zum Zeitpunkt 5 ein. Wir erhalten den in Abbildung 3.41 d) dargestellten zulässigen Schedule mit einem Zielfunktionswert von 85.

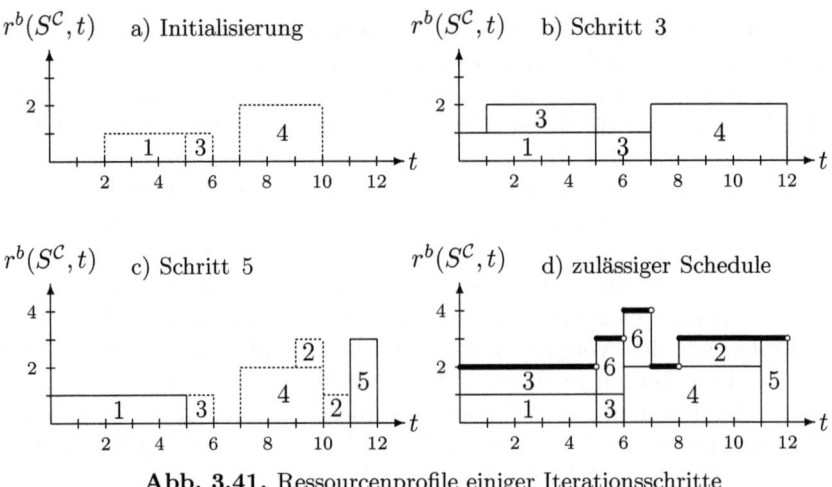

Abb. 3.41. Ressourcenprofile einiger Iterationsschritte

3.6 Fabrikabholung von Neuwagen

In diesem Abschnitt stellen wir basierend auf einer Arbeit von MELLENTIEN ET AL. (2004) die Anwendung von Modellen und Methoden der ressourcenbeschränkten Projektplanung für die Planung der Fabrikabholung von Neuwagen vor. Viele Automobilhersteller bieten den Käufern ihrer Fahrzeuge die Möglichkeit, ihr neu erworbenes Fahrzeug direkt ab Werk in Empfang zu nehmen. Im Zuge einer solchen Fabrikabholung nehmen die Kunden i.d.R. an einem umfangreichen Besuchsprogramm teil, das neben der eigentlichen Übergabe des Fahrzeugs zahlreiche weitere Aktivitäten enthält, wie z.B. eine Werksbesichtigung, einen Besuch des werkseigenen Museums, oder ein Fahrsicherheitstraining auf der betriebseigenen Erprobungsstrecke. Ziel solcher Besuchsprogramme ist es, eine emotionale Bindung zwischen den Kunden und der Fahrzeugmarke zu etablieren. Um einen reibungslosen Ablauf bei der Fabrikabholung zu gewährleisten, ist ein Zeitplan für alle Aktivitäten des Besuchsprogramms zu erstellen. Dabei ist die Wartezeit der Kunden während ihres Aufenthaltes zu minimieren, um auf diese Weise einen Beitrag zur Erhöhung der Kundenzufriedenheit zu leisten.

Sei C die Menge aller Kunden, die an dem betrachteten Tag an einem Besuchsprogramm teilnehmen. Im Folgenden wird angenommen, dass die einzelnen Kunden jeweils genau einer von mehreren Besuchergruppen zugeordnet seien und dass alle Kunden einer solchen Gruppe gleichzeitig an den Programmpunkten des jeweiligen Besuchsprogramms teilnehmen. Die einzelnen Aktivitäten eines Besuchsprogramms entsprechen jeweils einem Vorgang in einem MPM-Netzplan. Für jede Besuchergruppe führen wir genau dann einen Vorgang ein, falls sich mindestens ein Mitglied der betrachteten Gruppe für die Teilnahme an der entsprechenden Aktivität angemeldet hat. Möchte ein Kunde an einer oder mehreren einzelnen Aktivitäten des Besuchsprogramms nicht teilnehmen, so nehmen wir an, dass er entweder seinen Besuch beendet, wenn er an allen von ihm gewünschten Aktivitäten teilgenommen hat, oder aber er wartet, bis der nächste ihn interessierende Programmpunkt stattfindet. Sei V_c die Menge aller Vorgänge, für die sich Kunde $c \in C$ angemeldet hat. Dann entspricht

$$\sum_{c \in C} \left(\max_{i \in V_c}(S_i + p_i) - \min_{i \in V_c} S_i - \sum_{i \in V_c} p_i \right)$$

der zu minimierenden gesamten Wartezeit aller Kunden für gegebenen Schedule S. Führen wir für alle Kunden $c \in C$ die fiktiven Vorgänge b_c und e_c ein, die den Beginn und das Ende der Teilnahme des Kunden c am Besuchsprogramm repräsentieren, und addieren wir zu der vorgenannten Zielfunktion die konstante Summe aller Vorgangsdauern $\sum_{c \in C} \sum_{i \in V_c} p_i$ hinzu, so können wir die zu minimierende Zielfunktion in der Form

$$f(S) = \sum_{c \in C}(S_{e_c} - S_{b_c})$$

schreiben. f entspricht somit gerade der Zielfunktion $\sum_{i \in V} w_i S_i$ mit $w_i = 1$ ($i = e_c$, $c \in C$), $w_i = -1$ ($i = b_c$, $c \in C$) und $w_i = 0$ für alle übrigen Vorgänge i. Die Menge aller Vorgänge des Netzplans ist durch

$$V := \left(\bigcup_{c \in C} V_c \cup \{b_c, e_c\} \right) \cup \{0, n+1\}$$

spezifiziert.

Um zu gewährleisten, dass kein Vorgang vor dem Start von Vorgang b_c ausgeführt werden kann, führen wir für alle Vorgänge $j \in V_c$ und alle Kunden $c \in C$ einen zeitlichen Mindestabstand $T_{b_c j}^{min} = 0$ ein. Analog müssen wir zeitliche Mindestabstände $T_{i e_c}^{min} = p_i$ einführen, um sicherzustellen, dass kein Vorgang $i \in V_c$ nach dem Ende S_{e_c} des Besuchsprogramms des Kunden $c \in C$ stattfindet. Damit alle Kunden ihr Besuchsprogramm innerhalb eines Tages absolvieren können, fügen wir außerdem einen zeitlichen Höchstabstand $T_{0,n+1}^{max} = \bar{d}$ ein, wobei $\bar{d}$ gerade der Länge eines Arbeitstages entspricht, sowie die zeitlichen Mindestabstände $T_{0b_c}^{min} = T_{e_c n+1}^{min} = 0$ für alle $c \in C$.

Zwischen einigen Vorgängen $i, j \in V_c$ bestehen aus organisatorischen Gründen Reihenfolgebeziehungen der Form $T_{ij}^{min} = p_i$. Beispielsweise muss ein Kunde erst eine Einweisung in sein Fahrzeug erhalten, bevor er mit dem Fahrsicherheitstraining beginnen darf. Für andere Vorgänge aus V_c hingegen, z.B. den Besuch des Museums oder die Werksbesichtigung, ist i.d.R. keine zwingend notwendige Reihenfolge vorgegeben. Um sicherzustellen, dass sich zwei Vorgänge $i, j \in V_c$ nicht gleichzeitig in Ausführung befinden, führen wir daher für jede Besuchergruppe eine erneuerbare Ressource k mit einer Kapazität von $R_k = 1$ Einheiten ein. Ordnen wir jeder Aktivität i einer jeden

Besuchergruppe die Ressourceninanspruchnahme $r_{ik} = 1$ zu, so ist gewährleistet, dass sich die einzelnen Aktivitäten einer Besuchergruppe zeitlich nicht überlappen können.

Zur Illustration betrachten wir den in Abbildung 3.42 skizzierten Netzplan mit zwei Besuchergruppen und vier Kunden. Die Kunden 1 und 2 sind der ersten Besuchergruppe und die Kunden 3 und 4 der zweiten Besuchergruppe zugeordnet. Das Programm der ersten Besuchergruppe beinhaltet die Aktivitäten 1 bis 4, und das Besuchsprogramm der zweiten Gruppe besteht aus den Vorgängen 5 bis 7. Aus Gründen der Übersichtlichkeit verzichten wir in Abbildung 3.42 auf die Angabe von Pfeilbewertungen. Stattdessen sind Vorrangbeziehungen $T_{ij}^{min} = p_i$ zwischen zwei Vorgängen i und j durch einen durchgezogenen Pfeil und zeitliche Mindestabstände $T_{ij}^{min} = 0$ durch einen gestrichelten Pfeil zwischen den entsprechenden Vorgängen gekennzeichnet. Um die Überlappung der Aktivitäten einer Besuchergruppe zu vermeiden, führen wir, wie oben beschrieben, zwei erneuerbare Ressourcen $k = 1, 2$ mit der Kapazität $R_k = 1$ ein. Die Inanspruchnahmen r_{ik} der Ressourcen $k = 1, 2$ durch einen Vorgang i sind in Abbildung 3.42 unterhalb des entsprechenden Knotens in der Form $(r_{i1}; r_{i2})$ angegeben. Ein Höchstabstand $T_{0,n+1}^{max} = \bar{d}$ gewährleistet das rechtzeitige Ende des gesamten Besuchsprogramms.

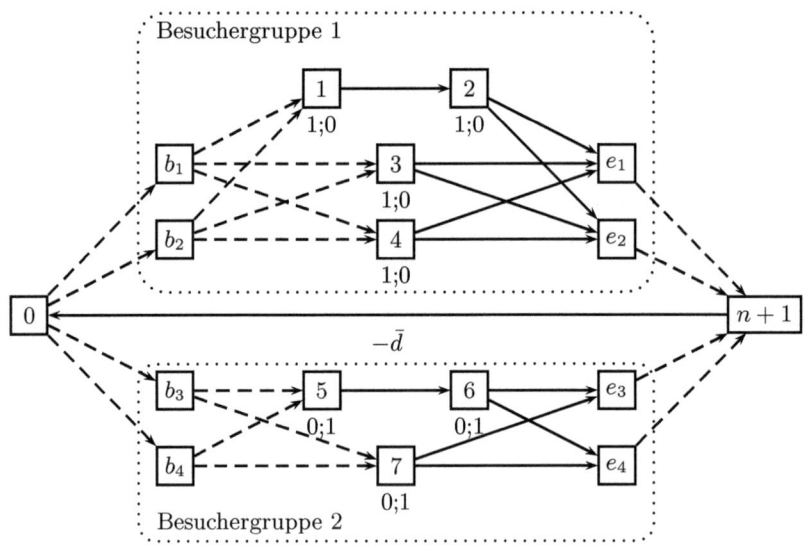

Abb. 3.42. MPM-Netzplan für die Planung der Fabrikabholung von Neuwagen

Für die Durchführung der Vorgänge $i \in V_c$, $c \in C$, werden ferner einige weitere erneuerbare Ressourcen benötigt. Dabei handelt es sich entweder um einzelne Mitarbeiter bzw. Mitarbeitergruppen, wie z.B. Fahrlehrer oder Mitarbeiter, die die Werksbesichtigung durchführen, oder verschiedene Arten von Einrichtungen, z.B. Übergabestationen für die Fahrzeugübergabe. Alle unterschiedlichen Arten von Ressourcen werden jeweils durch eine erneuerbare Ressource k mit einer entsprechenden Ressourcenkapazität R_k modelliert, die von den Vorgängen $i \in V_c$, $c \in C$, in der benötigten Höhe r_{ik} beansprucht werden.

Um das beschriebene ressourcenbeschränkte Projektplanungsproblem mit Zielfunktion $f(S)$ zu lösen, können wir den relaxationsbasierten Enumerationsansatz aus Abschnitt 3.3.1 oder das in Abschnitt 3.5 beschriebene serielle Generierungsschema verwenden. Aus dem resultierenden (näherungsweise) optimalen Schedule S kann man für jeden Kunden $c \in C$ sofort den Beginn S_{b_c} und das Ende S_{e_c} seines Besuchsprogramms sowie die Startzeitpunkte S_i, $i \in V_c$, der Aktivitäten entnehmen, für die sich der Kunde angemeldet hat.

MELLENTIEN ET AL. (2004) berücksichtigen in ihrer Arbeit weitere praxisrelevante Anforderungen, für deren Modellierung spezielle Typen von erneuerbaren Ressourcen benötigt werden. So wird beispielsweise angenommen, dass eine Besuchergruppe für die Dauer ihres Besuchsprogramms von genau einem Mitarbeiter begleitet wird, der als Ansprechpartner bei Fragen und Problemen zur Verfügung steht. Dieser Sachverhalt kann mit Hilfe so genannter allozierbarer Ressourcen abgebildet werden; vgl. hierzu bspw. SCHWINDT und TRAUTMANN (2003). Dazu führt man für jede Besuchergruppe zwei weitere fiktive Vorgänge ein, die jeweils den Beginn und das Ende des Besuchsprogramms der entsprechenden Gruppe repräsentieren. Eine Einheit einer allozierbaren Ressource wird dann zu Beginn eines Besuchsprogramms belegt und erst am Ende des entsprechenden Besuchsprogramms wieder freigegeben. Ein weiterer praktischer Aspekt, den wir unberücksichtigt gelassen haben, ist, dass einzelne Aktivitäten von mehreren Gruppen gemeinsam durchgeführt werden können. Dies ist z.B. bei der Vorführung von Werbefilmen in einem werkseigenen Kinosaal der Fall. Die Schwierigkeit besteht hier darin, dass alle beteiligten Besuchergruppen gleichzeitig mit der Durchführung der entsprechenden Aktivität beginnen müssen. Dieser Sachverhalt lässt sich mit so genannten synchronisierenden Ressourcen abbilden; vgl. NEUMANN ET AL. (2003, Kap. 2.13).

Ergänzende Literatur

BARTUSCH ET AL. (1988)

BRUCKER und KNUST (2003)

DEMEULEMEESTER und HERROELEN (2002)

DORNDORF (2002)

FRANCK (1999)

HARTMANN (1999)

KLEIN (2000)

KOLISCH (1995)

KOLISCH und PADMAN (2001)

MELLENTIEN ET AL. (2004)

MÖHRING ET AL. (2003)

NEUMANN und ZIMMERMANN (2002)

NEUMANN ET AL. (2003)

SCHIRMER (1999)

SCHWINDT (1998b)

SCHWINDT (2005)

SELLE (2002)

TRAUTMANN (2001)

WEGLARZ (1999)

4

Kostenplanung

In den Kapiteln 2 und 3 sind wir bei der Terminierung der Vorgänge eines Projektes unter Zeitrestriktionen bzw. unter Zeit- und Ressourcenrestriktionen davon ausgegangen, dass die Dauern der Projektvorgänge vorgegeben sind. Im Rahmen der Zeit-, Ressourcen- und Kostenanalyse (vgl. Abschnitt 1.4.2) haben wir jedoch gesehen, dass die Dauer p_i eines Vorgangs i häufig variabel ist und i.d.R. von der Menge der zur Durchführung des Vorgangs eingesetzten Ressourcen abhängt. Ändern wir für einen Vorgang z.B. die Anzahl der eingesetzten Maschinen bzw. Mitarbeiter oder verändern wir die Geschwindigkeit der eingesetzten Maschinen, so wird die Dauer des betrachteten Vorgangs erhöht oder vermindert. Eine solche Maßnahme geht dabei meist mit einer entsprechenden Veränderung der Vorgangseinzelkosten einher, die im Rahmen der Ausführung des Vorgangs anfallen. Man kann sich daher die aus der Ausführung eines Vorgangs i resultierenden Einzelkosten $c_i(p_i)$ als eine Funktion in Abhängigkeit von der Vorgangsdauer p_i denken. Dabei nehmen wir an, dass alle Vorgänge eines Projektes voneinander unabhängig seien, d.h. die Beschleunigung oder Verzögerung eines Vorgangs hat keinerlei Auswirkungen auf die Dauern der übrigen Vorgänge. Für die Dauer p_i eines Vorgangs i lassen sich aufgrund technologischer bzw. organisatorischer Gegebenheiten zumeist eine untere Schranke p_i^{min} und eine obere Schranke p_i^{max} angeben, die nicht unter- bzw. überschritten werden dürfen. Ferner nehmen wir an, dass die Kostenfunktion $c_i(p_i)$ stetig oder zumindest von unten halbstetig ist (vgl. Definition 2.5). Somit besitzt $c_i(p_i)$ genau eine kleinste Minimalstelle p_i^n, d.h. p_i^n ist die kleinste Dauer $p_i \in [p_i^{min}, p_i^{max}]$, für die die resultierenden Vorgangskosten c_i^n minimal sind.[1]

Bei der Planung eines Projektes ist es im Allgemeinen sinnvoll, wie bereits in Abschnitt 1.4.2 beschrieben, für alle Projektvorgänge die Vorgangsdauern so zu wählen, dass die aus der Projektdurchführung resultierenden Kosten mi-

---

[1] Für einen fiktiven Vorgang i (in MPM-Netzplänen) bzw. einen Scheinvorgang i (in CPM-Netzplänen) ist die Vorgangsdauer naturgemäß $p_i = p_i^{min} = p_i^{max} = p_i^n := 0$ und die zugehörigen Vorgangskosten seien $c_i(p_i) := 0$.

nimal sind. Daher haben wir im Rahmen der Planung in den Kapiteln 2 und 3 grundsätzlich für alle Vorgänge i ihre kostenminimalen Vorgangsdauern p_i^n zugrunde gelegt. Häufig zeigt sich jedoch bei der Projektplanung oder der Projektüberwachung (vgl. Abschnitt 1.5.1), dass ein Projekt unter der Annahme vorgangskostenminimaler Dauern p_i^n für alle Projektvorgänge i nicht rechtzeitig bis zum Zeitpunkt $\bar{d}$ abgeschlossen werden kann, oder dass ein vorgegebenes Budget zur Durchführung des Projektes für gegebene Vorgangsdauern $p_i < p_i^n$ nicht ausreicht. Aufgabe der Kostenplanung ist es daher, entweder

- die Vorgangsdauern p_i der Projektvorgänge so festzulegen, dass das Projektende spätestens zum Zeitpunkt $\bar{d}$ eintritt und die aus der Projektdurchführung resultierenden Kosten minimal sind, oder
- die Vorgangsdauern p_i der Projektvorgänge so festzulegen, dass das Projektende so früh wie möglich eintritt und die resultierenden Kosten ein vorgegebenes Budget L nicht überschreiten.

Das Problem der Kostenplanung wird in der Literatur häufig auch als *Time-Cost-Tradeoff-Problem* bezeichnet, da eine Abwägung zwischen der Projektdauer und den hieraus resultierenden Kosten vorgenommen wird.

In Abschnitt 4.1 wird das Problem der Kostenplanung zunächst mathematisch modelliert, wobei wir die Notation für MPM-Netzpläne zugrunde legen. Beinhaltet das betrachtete Projekt nur Vorrangbeziehungen, so lässt es sich auch in der für CPM-Netzpläne gebräuchlichen Notation formulieren (vgl. Abschnitt 4.2). Zur Lösung des resultierenden Time-Cost-Tradeoff-Problems für Netzpläne mit Vorrangbeziehungen wird das Verfahren von KELLEY (1961) vorgestellt, welches auf Vorgangspfeilnetzplänen operiert. In Abschnitt 4.3 präsentieren wir für das Time-Cost-Tradeoff-Problem für MPM-Netzpläne mit allgemeinen Zeitbeziehungen eine auf HAJDU (1997) basierende Lösungsmethode, die eine Erweiterung des Kelley-Verfahrens darstellt. Abschließend betrachten wir in Abschnitt 4.4 ein Anwendungsbeispiel zur Kostenplanung.

4.1 Problemformulierung

Wir betrachten im Folgenden den speziellen Fall, dass die Kostenfunktionen $c_i(p_i)$ für alle Projektvorgänge lineare Funktionen darstellen.[2] Ist die Kostenfunktion für einen Vorgang i nicht linear, so approximieren wir sie im Intervall $p_i \in [p_i^{min}, p_i^n]$ durch die lineare Funktion

$$c_i(p_i) = b_i - a_i p_i$$

mit

$$b_i := \frac{p_i^n c_i^{min} - p_i^{min} c_i^n}{p_i^n - p_i^{min}}$$

---

[2] Für den Fall der konvexen Funktionen verweisen wir den interessierten Leser auf ELMAGHRABY (1977).

und

$$a_i := \frac{c_i^{min} - c_i^n}{p_i^n - p_i^{min}} \, . \tag{4.1}$$

Der Faktor $-a_i < 0$ stellt hierbei die Steigung der linearen Kostenfunktion dar, d.h. a_i entspricht den zusätzlichen Kosten, die entstehen, wenn wir Vorgang i um eine Zeiteinheit beschleunigen. In Abbildung 4.1 ist eine lineare Approximation einer konvexen Kostenfunktion durch die gestrichelte Gerade dargestellt. Die Beschränkung der Vorgangsdauer p_i auf das Intervall

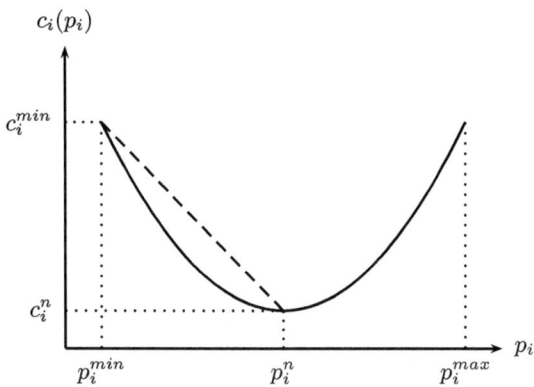

Abb. 4.1. Vorgangskosten in Abhängigkeit der Vorgangsdauer

$[p_i^{min}, p_i^n]$ ist sinnvoll, da die Projektvorgänge ausgehend von der kostenminimalen Dauer p_i^n nur beschleunigt, jedoch nie verzögert werden sollten.

Grundvoraussetzung für die Betrachtung des Time-Cost-Tradeoff-Problems ist, dass die Projektdauer des zugrunde liegenden Projektes von den Dauern der einzelnen Projektvorgänge abhängt. Der Einfachheit halber nehmen wir zunächst an, dass das zugrunde liegende Projekt ausschließlich Vorrangbeziehungen anstelle von allgemeinen zeitlichen Mindest- und Höchstabständen zwischen zwei Vorgängen i und j enthält, d.h. wir betrachten lediglich Zeitbeziehungen der Form $S_j - S_i \geq p_i$. Somit können wir das Time-Cost-Tradeoff-Problem zur Bestimmung der Vorgangsdauern $p_i \in [p_i^{min}, p_i^n]$ und der Startzeitpunkte S_i für alle Projektvorgänge i in der für MPM-Netzpläne üblichen Notation formulieren, so dass das Projekt gerade zum Zeitpunkt $\bar{d}$ endet.

$$\left.\begin{array}{lll} \text{Minimiere } C'(p) = \sum\limits_{i \in V} (b_i - a_i p_i) & & \\[2mm] \text{u.d.N.} \quad S_j - S_i \geq p_i & (\langle i, j \rangle \in E) & \\ \qquad S_0 = 0 & & \\ \qquad S_{n+1} = \bar{d} & & \\ \qquad p_i \in [p_i^{min}, p_i^n] & (i \in V) & \end{array}\right\} \tag{4.2}$$

Wir nehmen an, dass die für die Durchführung des betrachteten Projektes benötigten Ressourcen in beliebiger Menge zur Verfügung stehen, so dass in Problem (4.2) keine Ressourcenrestriktionen berücksichtigt werden müssen. Stattdessen finden die Ressourceninanspruchnahmen implizit durch die zu minimierende Kostenfunktion Berücksichtigung, die den Zusammenhang zwischen der Dauer eines Vorgangs, seiner korrespondierenden Ressourceninanspruchnahme und den resultierenden Kosten abbildet.[3] Weiterhin sei angemerkt, dass die Nebenbedingung $S_{n+1} = \overline{d}$ in Problem (4.2) äquivalent zu $S_{n+1} \leq \overline{d}$ ist, denn für $S_{n+1} < \overline{d}$ existiert stets mindestens ein Vorgang i, dessen Dauer p_i erhöht werden kann, so dass der Zielfunktionswert verbessert wird. Da $\sum_{i \in V} b_i$ konstant ist, können wir in Problem (4.2) außerdem die Zielfunktion $C'(p)$ durch die zu minimierende Zielfunktion

$$C(p) = - \sum_{i \in V} a_i p_i$$

ersetzen.

Für beliebige stetige, nichtlineare Kostenfunktionen $c_i(p_i)$ beschreiben MODER ET AL. (1983, Kapitel 8) ein geeignetes Vorgehen zur Kostenplanung, das auf der stückweise linearen Approximation der nichtlinearen Kostenfunktionen beruht. Für den Fall nicht-konvexer Kostenfunktionen stellt die resultierende Optimierungsaufgabe ein gemischt-ganzzahliges Programm dar, welches i.d.R. schwierig zu lösen ist. Häufig werden im Rahmen der Kostenplanung auch diskrete Kostenfunktionen betrachtet, z.B. weil die zur Beschleunigung eines Vorgangs zusätzlich eingesetzten Ressourcen nur in diskreten Mengeneinheiten zur Verfügung stehen. Zur Lösung solcher diskreter Time-Cost-Tradeoff-Probleme beschreiben beispielsweise DEMEULEMEESTER und HERROELEN (2002, Kapitel 8) geeignete Branch-and-Bound-Verfahren.

4.2 Time-Cost-Tradeoff für Netzpläne mit Vorrangbeziehungen

Wie in Abschnitt 1.4.4 erläutert, entsprechen in einem CPM-Netzplan die Vorgänge eines Projektes den Pfeilen des Netzplans, und die Knoten stellen Ereignisse dar. Die Pfeilmenge sei ohne Beschränkung der Allgemeinheit durch $E = \{1, \ldots, n\}$ gegeben, und die Knotenmenge sei als $V = \{1, \ldots, m\}$ spezifiziert, wobei Knoten 1 den Projektstart und Knoten m das Projektende repräsentieren. Die Bewertung eines Pfeils $i \in E$ entspricht gerade der Dauer p_i des zugehörigen Vorgangs. Ein Vorgang i ist stets mit genau einem Startereignis $e_i \in V$ und einem Endereignis $\overline{e}_i \in V$ inzident. Für jedes Ereignis $e \in V$ lässt sich ein frühester Eintrittszeitpunkt EZ_e angeben. Ferner bezeichne $Z_e \geq EZ_e$, $e \in V$, den geplanten Eintrittszeitpunkt von Ereignis e.

---

[3] Für Probleme (4.2) mit Ressourcenrestriktionen sei auf DEMEULEMEESTER und HERROELEN (2002) verwiesen.

Der früheste Startzeitpunkt eines Vorgangs i mit Startereignis e_i entspricht $ES_i := EZ_{e_i}$, und der frühestmögliche Endzeitpunkt des betrachteten Projekts ist wegen $Z_1 = EZ_1 := 0$ gerade $EZ_n := \bar{d}$, wobei $\bar{d}$ der Länge eines kritischen Pfades für resultierende Dauern p_i entspricht. In der für CPM-Netzpläne geläufigen Notation kann Problem (4.2) mit Zielfunktion $C(p)$ wie folgt als Optimierungsproblem

$$\text{Minimiere } C(p) = -\sum_{i \in E} a_i p_i \tag{4.3}$$

$$\text{u.d.N.} \quad Z_{\bar{e}_i} - Z_{e_i} \geq p_i \quad (i \in E) \tag{4.4}$$

$$Z_1 = 0 \tag{4.5}$$

$$Z_n = \bar{d} \tag{4.6}$$

$$p_i \in [p_i^{min}, p_i^n] \quad (i \in E) \tag{4.7}$$

mit den Entscheidungsvariablen Z_e für alle $e \in V$ und p_i für alle $i \in E$ angegeben werden. Die Restriktionen (4.4) stellen sicher, dass ein Ereignis $e \in V$ erst dann eintreten kann, wenn alle Vorgänge abgeschlossen wurden, deren Endereignis e ist. Nebenbedingungen (4.5) und (4.6) gewährleisten, dass das betrachtete Projekt zum Zeitpunkt 0 beginnt und gerade zum vorgegebenen Zeitpunkt $\bar{d}$ endet. Bedingungen (4.7) beschränken die gesuchte Dauer p_i eines Vorgangs auf das Intervall $[p_i^{min}, p_i^n]$. Zielfunktion C sorgt dafür, dass die aus der beschleunigten Ausführung aller Vorgänge resultierenden Zusatzkosten minimal sind. Dazu werden die Vorgangsdauern p_i grundsätzlich so groß wie möglich gewählt, so dass die Vorrangbeziehungen zwischen den Vorgängen eingehalten werden und das Projekt zum Zeitpunkt $\bar{d}$ beendet wird.

Eine optimale Lösung für Problem (4.3) – (4.7) hängt von der vorzugebenden maximalen Projektdauer $\bar{d}$ ab. Damit für das Time-Cost-Tradeoff-Problem eine zulässige Lösung existiert, muss $\bar{d}$ aus dem Intervall $[\bar{d}^{min}, \bar{d}^n]$ gewählt werden. Hierbei entspricht $\bar{d}^{min}$ der kürzestmöglichen Projektdauer, wenn wir für alle Vorgänge $i \in E$ die Vorgangsdauer p_i^{min} vorgeben. Analog stellt $\bar{d}^n$ die kürzestmögliche Projektdauer dar, wenn für alle Projektvorgänge i die Dauer p_i^n angenommen wird.

Problem (4.3) – (4.7) kann als parametrisches Optimierungsproblem mit dem Parameter $\bar{d} \in [\bar{d}^{min}, \bar{d}^n]$ verstanden werden. Die optimalen Werte der Entscheidungsvariablen Z_e^*, $e \in V$, und p_i^*, $i \in E$, sowie der optimale Zielfunktionswert C^* lassen sich dann als Funktionen des Parameters $\bar{d}$ auffassen. Da C^*, Z_e^* und p_i^* stetige und stückweise lineare Funktionen der maximalen Projektdauer $\bar{d}$ sind, kann das parametrische Optimierungsproblem zu (4.3) – (4.7) durch eine endliche Folge nicht-parametrischer Optimierungsprobleme ersetzt werden, die sich jeweils auf ein bestimmtes Teilintervall von $[\bar{d}^{min}, \bar{d}^n]$ beziehen, für das die Funktionen $C^*(\bar{d})$, $Z_e^*(\bar{d})$, $e \in V$, und $p_i^*(\bar{d})$, $i \in E$, linear sind. Nehmen wir an, dass das Intervall $[\bar{d}^{min}, \bar{d}^n]$ zu diesem Zweck, wie in Abbildung 4.2 dargestellt, sukzessive in r Teilintervalle $[\bar{d}_\varrho, \bar{d}_{\varrho-1}]$, $\varrho = 1, \ldots, r$, zerlegt wird, wobei für jedes dieser Intervalle die untere Intervallgrenze $\bar{d}_\varrho$ auf Grundlage der oberen Intervallgrenze $\bar{d}_{\varrho-1}$ bestimmt wird (d.h. $\bar{d}_{\varrho-1}$ ist gegeben und $\bar{d}_\varrho$ muss erst noch ermittelt werden). Ausgehend von Teilintervall

$[\bar{d}_1, \bar{d}^n = \bar{d}_0]$ lösen wir dann für jedes der Teilintervalle $[\bar{d}_1, \bar{d}_0]$, $[\bar{d}_2, \bar{d}_1]$, ...,
$[\bar{d}_r = \bar{d}^{min}, \bar{d}_{r-1}]$ ein nicht-parametrisches Optimierungsproblem.

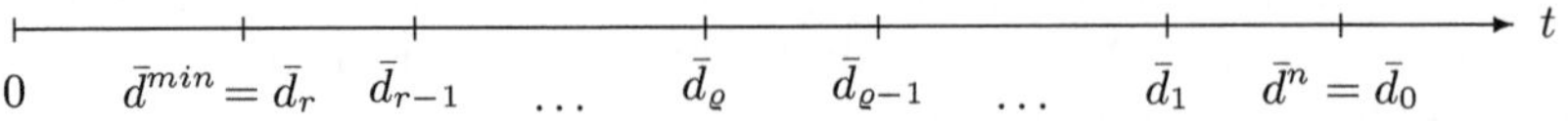

$$\begin{array}{cccccccc} & & & & & & & t \\ 0 & \bar{d}^{min} = \bar{d}_r & \bar{d}_{r-1} & \ldots & \bar{d}_\varrho & \bar{d}_{\varrho-1} & \ldots & \bar{d}_1 & \bar{d}^n = \bar{d}_0 \end{array}$$

Abb. 4.2. Lage der Intervalle $[\bar{d}_\varrho, \bar{d}_{\varrho-1}]$

Bevor wir das Verfahren zur Konstruktion der Teilintervalle und Lösung
der resultierenden Optimierungsprobleme in seiner Gesamtheit erläutern, be-
sprechen wir zunächst das Vorgehen zur Lösung eines einzelnen Optimierungs-
problems für ein Teilintervall $[\bar{d}_\varrho, \bar{d}_{\varrho-1}]$ aus dem Gesamtintervall $[\bar{d}^{min}, \bar{d}^n]$. Zu
diesem Zweck führen wir das Konzept einer so genannten Verkürzungsmenge
ein. Dazu nehmen wir an, dass für den zugrunde liegenden CPM-Netzplan N
Pfeilbewertungen $p_i \in [p_i^{min}, p_i^n]$ für alle $i \in E$ vorgegeben sind. $\bar{d}_{\varrho-1}$ entspricht der kürzestmöglichen Projektdauer für die gegebenen Vorgangsdauern
p_i.

Definition 4.1 (Verkürzungsmenge, Verkürzungsfaktor). Eine Menge
$K \subseteq E$ von kritischen Vorgängen des Netzplans N heißt *Verkürzungsmenge* von N, wenn es einen Faktor $\delta > 0$ gibt, so dass die *Verkürzung oder
Verlängerung* der Dauer p_i aller Vorgänge $i \in K$ um jeweils δ Zeiteinheiten
eine Verkürzung aller kritischen Wege vom Projektstart zum Projektende –
und damit auch der Projektdauer – um δ Zeiteinheiten nach sich zieht. Den
größtmöglichen Faktor δ bezeichnen wir als den zur Verkürzungsmenge K
gehörenden *Verkürzungsfaktor δ^K*.

Beispiel 4.2. Wir betrachten den CPM-Netzplan in Abbildung 4.3 mit fünf
Vorgängen und vier Ereignissen, wobei an den Pfeilen des Netzplans jeweils die
Nummer i des zugehörigen Vorgangs, die Vorgangsdauer p_i sowie die untere
und obere Schranke p_i^{min} bzw. p_i^n für die Vorgangsdauer vermerkt sind.

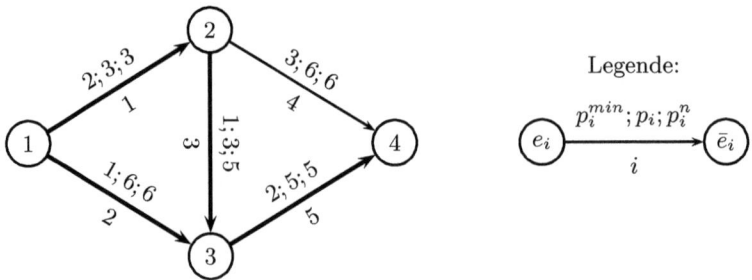

Abb. 4.3. CPM-Netzplan N

In Tabelle 4.1 sind für die unteren und oberen Schranken p_i^{min} und p_i^n die
zugehörigen Kosten c_i^{min} und c_i^n für alle $i \in E$ angegeben. Damit können wir

unter Zuhilfenahme von (4.1) die Zusatzkosten a_i bestimmen, die durch die Beschleunigung eines Vorgangs $i \in E$ um eine Zeiteinheit verursacht werden. Für Vorgang 1 erhalten wir z.B.

$$a_1 := \frac{7-1}{3-2} = 6 \ .$$

Die entsprechenden Werte der übrigen Vorgänge sind in Tabelle 4.1 angegeben.

Tabelle 4.1. Zusätzliche Informationen für Netzplan N in Abbildung 4.3

$i \in E$	1	2	3	4	5
p_i^{min}	2	1	1	3	2
p_i^n	3	6	5	6	5
c_i^{min}	7	21	9	10	13
c_i^n	1	1	1	1	1
a_i	6	4	2	3	4

Wir wollen nun für Netzplan N die Menge aller möglichen Verkürzungsmengen K sowie die zugehörigen Verkürzungsfaktoren δ^K bestimmen. Die kritischen Vorgänge 1, 2, 3 und 5 sind in Abbildung 4.3 durch stark ausgezeichnete Pfeile gekennzeichnet. Für die an den Pfeilen des Netzplans angegebenen Vorgangsdauern p_i kann das Projekt frühestens zum Zeitpunkt 11 beendet werden, d.h. es gilt $\bar{d}_{\varrho-1} = 11$. Für N lassen sich vier verschiedene Verkürzungsmengen angeben, nämlich

$$K_1 = \{1,2\}, \quad K_2 = \{5\}, \quad K_3 = \{1,3,5\} \quad \text{und} \quad K_4 = \{2,3\} \ .$$

Für K_1 ist der zugehörige Verkürzungsfaktor $\delta^{K_1} = 1$, d.h. eine Verkürzung der Vorgänge 1 und 2 um eine Zeiteinheit führt dazu, dass das früheste Projektende eine Zeiteinheit früher eintreten kann. Eine darüber hinausgehende Verkürzung der Vorgänge aus K_1 ist nicht möglich, da $p_1^{min} = 2$ gilt. Weiterhin ist $\delta^{K_2} = 2$, d.h. die Ausführung von Vorgang 5 kann um zwei Zeiteinheiten beschleunigt werden. Eine weitere Verkürzung von Vorgang 5 ist zwar möglich, hätte aber keine ebenso große Verkürzung des frühesten Projektendes zur Folge, da dann Vorgang 4 kritisch würde, während Vorgang 5 unkritisch wäre. Für K_3 ist $\delta^{K_3} = 1$, wobei die Vorgänge 1 und 5 um eine Zeiteinheit verkürzt werden und die Ausführungsdauer von Vorgang 3 um eine Zeiteinheit erhöht wird. Schließlich gilt $\delta^{K_4} = 2$, d.h. die Dauern der Vorgänge 2 und 3 werden um zwei Zeiteinheiten verkürzt.

Es ist zu beachten, dass beispielsweise die Menge $\{1,2,3\}$ keine Verkürzungsmenge darstellt, da die Verkürzung der Vorgänge 1, 2, und 3 um jeweils $0 < \delta \leq 1$ Zeiteinheiten dazu führt, dass der kritische Weg $\langle 1,2,3,4 \rangle$ kürzer würde als der kritische Weg $\langle 1,3,4 \rangle$.

Zur Verkürzung aller kritischen Wege und damit des frühestmöglichen Projektendes ist genau eine Verkürzungsmenge K auszuwählen, deren Vorgänge

$i \in K$ um δ^K Zeiteinheiten verkürzt oder verlängert werden. Existieren mehrere Verkürzungsmengen, wie z.B. für den CPM-Netzplan in Abbildung 4.3, so wählen wir diejenige Verkürzungsmenge, für die eine Verkürzung oder Verlängerung der zugehörigen Vorgänge um eine Zeiteinheit die geringsten Zusatzkosten verursacht. Bezeichne $K^- \subseteq K$ die Menge der Vorgänge, deren Dauern verkürzt werden, und $K^+ = K \setminus K^-$ die Menge der Vorgänge, deren Dauern erhöht werden. Dann entspricht

$$a_i^K := \begin{cases} a_i & \text{für } i \in K^- \\ -a_i & \text{für } i \in K^+ \end{cases}$$

den Kosten, die entstehen, wenn ein Vorgang $i \in K$ um eine Zeiteinheit verkürzt bzw. verlängert wird.

Definition 4.3 (Kostenfaktor, minimale Verkürzungsmenge). Der zur Verkürzungsmenge K gehörige *Kostenfaktor*

$$a^K := \sum_{i \in K} a_i^K$$

gibt die zusätzlichen Kosten an, die die Verkürzung oder Verlängerung der Vorgänge $i \in K$ um eine Zeiteinheit nach sich zieht. Eine Verkürzungsmenge, die unter allen möglichen Verkürzungsmengen einen minimalen Kostenfaktor besitzt, nennen wir *(kosten-)minimale Verkürzungsmenge*.

Beispiel 4.4 (Fortsetzung von Beispiel 4.2). Wir betrachten wieder den Netzplan N in Abbildung 4.3 und wollen nun eine minimale Verkürzungsmenge für N bestimmen. Für die Verkürzungsmengen K_1 bis K_4 erhalten wir die zugehörigen Kostenfaktoren $a^{K_1} = 6 + 4 = 10$, $a^{K_2} = 4$, $a^{K_3} = 6 - 2 + 4 = 8$ sowie $a^{K_4} = 4 + 2 = 6$. Als minimale Verkürzungsmenge erhalten wir demnach $K_2 = \{5\}$.

Haben wir eine minimale Verkürzungsmenge K identifiziert, so verkürzen bzw. verlängern wir alle Vorgänge $i \in K$ um $\delta \in [0, \delta^K]$ Zeiteinheiten. Ausgehend von einem gegebenen $\bar{d}_{\varrho-1}$ und zugehörigen optimalen Funktionswerten $C^*(\bar{d}_{\varrho-1})$, $Z_e^*(\bar{d}_{\varrho-1})$, $e \in V$, und $p_i^*(\bar{d}_{\varrho-1})$, $i \in E$, erhalten wir für beliebige Werte $\bar{d}$ aus dem Intervall $[\bar{d}_\varrho, \bar{d}_{\varrho-1}]$ mit $\bar{d}_\varrho = \bar{d}_{\varrho-1} - \delta^K$ wie folgt optimale Funktionswerte C^*, Z_e^*, $e \in V$, und p_i^*, $i \in E$. Für die optimale Vorgangsdauer p_i^* eines Vorgangs $i \in E$ gilt für beliebiges $\bar{d}$ mit $\bar{d} = \bar{d}_{\varrho-1} - \delta$, $\delta \in [0, \delta^K]$

$$p_i^*(\bar{d}) := \begin{cases} p_i^*(\bar{d}_{\varrho-1}) - \delta & \text{für } i \in K^- \\ p_i^*(\bar{d}_{\varrho-1}) + \delta & \text{für } i \in K^+ \\ p_i^*(\bar{d}_{\varrho-1}) & \text{sonst.} \end{cases}$$

Für die Zielfunktion (4.3) erhalten wir

$$C^*(\bar{d}) := C^*(\bar{d}_{\varrho-1}) + \delta a^K.$$

Die Größen $Z_e^*(\bar{d})$ ergeben sich als die frühesten Eintrittszeitpunkte der Ereignisse $e \in V$ unter Beachtung der Dauern $p_i^*(\bar{d})$. $Z_e^*(\bar{d})$, $e \in V$, ist somit die Lösung des überbestimmten linearen Gleichungssystems

$$Z_{\bar{e}_i} - Z_{e_i} = p_i^*(\bar{d}) \quad (i \in E | TF_i = 0)$$
$$Z_1 = 0$$
$$Z_n = \bar{d} \, ,$$

wobei e_i gerade dem Start- und $\bar{e}_i$ dem Endereignis des Vorgangs $i \in E$ entsprechen. Für alle Vorgänge $i \in E$, für die $TF_i \neq 0$ erfüllt ist, gilt $Z_e^*(\bar{d}) := Z_e^*(\bar{d}_{\varrho-1})$. Die Funktionen $C^*(\bar{d})$, $Z_e^*(\bar{d})$, $e \in V$, und $p_i^*(\bar{d})$, $i \in E$, sind also linear auf dem Intervall $[\bar{d}_\varrho, \bar{d}_{\varrho-1}]$.

Beispiel 4.5 (Fortsetzung von Beispiel 4.4). Für den CPM-Netzplan in Abbildung 4.3 ist $\bar{d}_{\varrho-1} = 11$ und die Werte $p_i^*(\bar{d}_{\varrho-1})$, $i \in E$, entsprechen den an den Pfeilen in Abbildung 4.3 angegebenen Vorgangsdauern p_i. Somit erhalten wir für $Z_e^*(\bar{d}_{\varrho-1})$, $e \in V$, die in Tabelle 4.2 dargestellten Werte. Unter Beachtung der in Tabelle 4.1 angegebenen Zusatzkosten a_i ergibt sich für den Zielfunktionswert $C^*(\bar{d}_{\varrho-1}) = -\sum_{i \in E} a_i p_i^*(\bar{d}_{\varrho-1}) = -86$.

Tabelle 4.2. Startzeitpunkte $Z_e^*(\bar{d}_{\varrho-1})$ der Ereignisse $e \in V$ für $\bar{d}_{\varrho-1} = 11$

$e \in V$	1	2	3	4
$Z_e^*(\bar{d}_{\varrho-1})$	0	3	6	11

In Beispiel 4.4 haben wir die minimale Verkürzungsmenge $K_2 = \{5\}$ mit zugehörigem Verkürzungsfaktor $\delta^{K_2} = 2$ und Kostenfaktor $a^{K_2} = 4$ bestimmt. Für eine Projektdauer $\bar{d}$ aus dem Intervall $[\bar{d}_\varrho = \bar{d}_{\varrho-1} - \delta^{K_2}, \bar{d}_{\varrho-1}] = [9, 11]$ erhalten wir wie folgt die optimalen Funktionswerte $p_i^*(\bar{d})$, $Z_e^*(\bar{d})$ und $C^*(\bar{d})$. Da K_2 lediglich den zu verkürzenden Vorgang 5 enthält, gilt wegen $\delta^{K_2} = \bar{d}_{\varrho-1} - \bar{d}$ für die optimale Dauer dieses Vorgangs $p_5^*(\bar{d}) := 5 - (11 - \bar{d})$ für $\bar{d} \in [9, 11]$. Für alle übrigen Vorgänge ist $p_i^*(\bar{d}) := p_i^*(\bar{d}_{\varrho-1})$, d.h. die Vorgangsdauern dieser Vorgänge bleiben unverändert. Für die Eintrittszeitpunkte der Ereignisse $e \in V$ ergeben sich für $\bar{d} \in [9, 11]$ die in Tabelle 4.3 dargestellten Werte. Als Zielfunktionswert $C^*(\bar{d})$ mit $\bar{d} \in [9, 11]$ erhalten wir $C^*(\bar{d}) := C^*(11) + (11 - \bar{d})a^{K_2} = -86 + (11 - \bar{d})4$.

Tabelle 4.3. Startzeitpunkte $Z_e^*(\bar{d})$ der Ereignisse $e \in V$ für $\bar{d} \in [9, 11]$

$e \in V$	1	2	3	4
$Z_e^*(\bar{d})$	0	3	6	$\bar{d}$

Verkürzen wir die Ausführungsdauer von Vorgang 5 so stark wie möglich, d.h. um $\delta^{K_2} = 2$ Zeiteinheiten, so erhalten wir $p_5^* = 3$ und die minimale

Projektdauer ergibt sich zu $\bar{d}_\varrho = \bar{d}_{\varrho-1} - \delta^{K_2} = 11 - 2 = 9$ Zeiteinheiten. Der optimale Zielfunktionswert lautet dann $C^*(\bar{d}_\varrho) = -86 + 8 = -78$. Abbildung 4.4 zeigt den entsprechend modifizierten CPM-Netzplan.

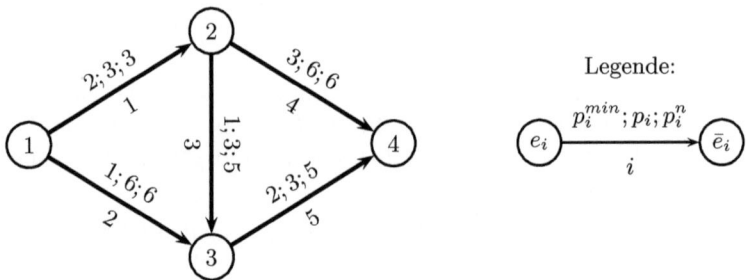

Abb. 4.4. CPM-Netzplan

Um Problem (4.3) – (4.7) für alle möglichen Werte von $\bar{d}$ aus dem Intervall $[\bar{d}^{min}, \bar{d}^n]$ zu lösen, gehen wir wie folgt vor. Ausgehend von einem CPM-Netzplan mit den Pfeilbewertungen p_i^n sowie der resultierenden Projektdauer $\bar{d}_0 := \bar{d}^n$ und dem Zielfunktionswert $-\sum_{i \in E} a_i p_i^n$ bestimmen wir zunächst eine minimale Verkürzungsmenge K sowie den zugehörigen Verkürzungsfaktor δ^K und den Kostenfaktor a^K. Der Verkürzungsfaktor δ^K liefert unmittelbar die untere Grenze $\bar{d}_1 = \bar{d}_0 - \delta^K$ für das erste zu betrachtende Intervall $[\bar{d}_1, \bar{d}_0]$ (vgl. Abb. 4.2). Für $\bar{d} \in [\bar{d}_1, \bar{d}_0]$ ermitteln wir dann wie oben beschrieben eine optimale Lösung für die Funktionen $p_i^*(\bar{d})$, $i \in E$, $Z_e^*(\bar{d})$, $e \in V$, und $C^*(\bar{d})$. Anschließend gehen wir von dem zugrunde liegenden CPM-Netzplan mit den Pfeilbewertungen $p_i^*(\bar{d}_1)$, $i \in E$, und dem Zielfunktionswert $C^*(\bar{d}_1)$ aus und bestimmen abermals eine minimale Verkürzungsmenge und die resultierende untere Intervallgrenze $\bar{d}_2$. Für $\bar{d} \in [\bar{d}_2, \bar{d}_1]$ ermitteln wir wiederum die Werte $p_i^*(\bar{d})$, $i \in E$, $Z_e^*(\bar{d})$, $e \in V$, und $C^*(\bar{d})$. Diese Schritte werden so lange wiederholt, bis das gesamte Intervall $[\bar{d}^{min}, \bar{d}^n]$ auf diese Weise untersucht wurde, d.h. bis wir im r-ten Verfahrensschritt $p_i^*(\bar{d})$, $i \in E$, $Z_e^*(\bar{d})$, $e \in V$, und $C^*(\bar{d})$ für $\bar{d} \in [\bar{d}_r = \bar{d}^{min}, \bar{d}_{r-1}]$ bestimmt haben. Dies ist der Fall, wenn für alle Vorgänge, die auf einem kritischen Weg von 1 nach m liegen, die Vorgangsdauer $p_i = p_i^{min}$ ist.

Die Schwierigkeit in der geschilderten Vorgehensweise besteht in der Bestimmung einer minimalen Verkürzungsmenge K für den einem Intervall $[\bar{d}_\varrho, \bar{d}_{\varrho-1}]$, $\varrho = 1, \ldots, r$, zugrunde liegenden CPM-Netzplan. Für größere Netzpläne nimmt die Anzahl möglicher Verkürzungsmengen rasch zu, so dass eine Enumeration aller möglichen Verkürzungsmengen sehr aufwändig ist. In Abschnitt 4.2.2 beschreiben wir daher mit dem Algorithmus von Kelley ein rechentechnisch sehr günstiges Verfahren zur Lösung des parametrischen Optimierungsproblems (4.3) – (4.7). Dafür benötigen wir jedoch zunächst einige weitere graphentheoretische Grundlagen zur Bestimmung maximaler Flüsse und minimaler Schnitte in einem Netzwerk mit Kapazitäten, die wir im folgenden Abschnitt 4.2.1 erläutern.

4.2.1 Bestimmung maximaler Flüsse

In Abschnitt 2.2.2 haben wir ein Verfahren kennengelernt, mit dem man in einem Netzwerk einen kostenminimalen Fluss vorgegebener Stärke ermittelt. Im Folgenden beschreiben wir den Algorithmus von Ford und Fulkerson zur Bestimmung eines Flusses *maximaler* Stärke in einem solchen Netzwerk. Eine Einführung in die Optimierung auf Graphen und Netzen findet sich z.B. in WINSTON (2004, Kapitel 8).

Gegeben sei ein Digraph $\langle V^F, E^F \rangle$ mit Knotenmenge V^F und Pfeilmenge E^F sowie einer Minimalkapazität $\lambda_{ij} \geq 0$ und einer Maximalkapazität $\kappa_{ij} \geq \lambda_{ij}$ für jeden Pfeil $\langle i, j \rangle \in E^F$. Sei ferner x_{ij} für alle $\langle i, j \rangle \in E^F$ eine Entscheidungsvariable, die angibt, wie viele Flusseinheiten über den Pfeil $\langle i, j \rangle$ transportiert werden. Dann entspricht die Bestimmung eines maximalen Flusses zwischen zwei ausgezeichneten Knoten r (Flussquelle) und s (Flusssenke) im Flussnetzwerk $N^F = \langle V^F, E^F; \lambda, \kappa \rangle$ mit Kapazitäten der Lösung des linearen Optimierungsproblems

$$
\begin{aligned}
\text{Max.} \quad & \omega \\
\text{u.d.N.} \quad & \sum_{j \in Succ(i)} x_{ij} - \sum_{k \in Pred(i)} x_{ki} = \left\{ \begin{array}{l} \omega \text{ für } i = r \\ -\omega \text{ für } i = s \quad (i \in V^F) \\ 0 \text{ sonst} \end{array} \right. \\
& \lambda_{ij} \leq x_{ij} \leq \kappa_{ij} \qquad\qquad\qquad\qquad (\langle i, j \rangle \in E^F)
\end{aligned} \right\} \quad (4.8)
$$

Der Wert der Entscheidungsvariable ω repräsentiert die Stärke des zugehörigen Flusses von r nach s; eine optimale Lösung dieses Problems kann mit Hilfe des Simplex-Algorithmus bestimmt werden.

Aufgrund der speziellen Struktur von Problem (4.8) existiert mit dem Algorithmus von Ford und Fulkerson jedoch ein wesentlich effizienteres Verfahren zur Bestimmung maximaler Flüsse in einem Netzwerk N^F. Dazu benötigt man eine zulässige Lösung für Problem (4.8) und konstruiert dann ausgehend von dieser Startlösung eine Folge von zulässigen Flüssen mit wachsender Flussstärke ω.[4] Zu diesem Zweck werden flussvergrößernde (r, s)-Semiwege von Knoten r nach Knoten s konstruiert.

Sei $W = \langle i_1, i_2, \ldots, i_n \rangle$ ein Semiweg von Knoten i_1 nach Knoten i_n. Ein Pfeil von W heißt Vorwärtspfeil, wenn er dieselbe Orientierung wie W hat,

---

[4] Gilt $\lambda_{ij} = 0$ für alle $\langle i, j \rangle \in E^F$, so ist eine zulässige Ausgangslösung unmittelbar durch $\omega := 0$ und $x_{ij} := 0$ für alle $\langle i, j \rangle \in E^F$ gegeben. Ist dies nicht der Fall, so kann, wie in NEUMANN und MORLOCK (2002, Kap. 2.6.4) beschrieben, ein zulässiger Ausgangsfluss ermittelt werden. Für den in Abschnitt 4.2.2 beschriebenen Algorithmus von Kelley gilt zu Beginn des Verfahrens stets $\lambda_{ij} = 0$ für alle $\langle i, j \rangle \in E^F$.

andernfalls Rückwärtspfeil. Für einen zulässigen Fluss $x_{i_1 i_2}, x_{i_2 i_3}, \ldots, x_{i_{n-1} i_n}$ auf einem Semiweg $W = \langle i_1, i_2, \ldots, i_n \rangle$ stellt

$$\varepsilon_{ij} := \begin{cases} \kappa_{ij} - x_{ij}, \text{ falls } \langle i,j \rangle \text{ Vorwärtspfeil von } W \\ x_{ij} - \lambda_{ij}, \text{ falls } \langle i,j \rangle \text{ Rückwärtspfeil von } W \end{cases}$$

den maximalen Betrag dar, um den der Wert der Flussvariablen x_{ij} auf dem Vorwärtspfeil $\langle i,j \rangle$ erhöht bzw. der Wert der Flussvariablen x_{ij} auf dem Rückwärtspfeil $\langle i,j \rangle$ vermindert werden kann. Ist $\varepsilon_{ij} > 0$ für alle Pfeile $\langle i,j \rangle \in W$, so heißt W *flussvergrößernder* (i_1, i_n)-*Semiweg.*

Zur Bestimmung eines flussvergrößernden Semiweges zwischen der Flussquelle r und der Flusssenke s werden ausgehend von Knoten r alle Knoten i markiert, zu denen von r aus mindestens eine zusätzliche Flusseinheit transportiert werden kann. Dazu überprüfen wir für alle Vorwärtspfeile $\langle r,i \rangle$, ob $x_{ri} < \kappa_{ri}$ gilt, bzw. für alle Rückwärtspfeile $\langle i,r \rangle$, ob $x_{ir} > \lambda_{ir}$ erfüllt ist. Gilt $x_{ri} < \kappa_{ri}$ oder $x_{ir} > \lambda_{ir}$ für einen Knoten i, so markieren wir i. Ausgehend von einem der bereits markierten Knoten überprüfen wir nun ganz analog, ob sich ein noch nicht markierter Knoten j markieren lässt. Diese Schritte werden solange wiederholt, bis schließlich die Senke s markiert werden konnte. Von s aus konstruieren wir danach mit Hilfe der Markierungen einen (r,s)-Semiweg W und erhöhen bzw. vermindern den Fluss auf den Vorwärtspfeilen bzw. Rückwärtspfeilen dieses Semiweges um $\min_{\langle i,j \rangle \in W} \varepsilon_{ij}$ Flusseinheiten. Für die resultierende neue Lösung x_{ij} $(\langle i,j \rangle \in E^F)$ versuchen wir abermals einen flussvergrößernden Semiweg zwischen der Quelle r und der Senke s zu finden. Das Verfahren terminiert, wenn die Senke s in einem der Verfahrensschritte nicht markiert werden kann. Der zuletzt gefundene Fluss von Knoten r nach Knoten s ist dann maximal.

Der beschriebene Algorithmus von Ford und Fulkerson besteht somit aus einem Markierungsschritt und einem Flussvergrößerungsschritt, die wir nachfolgend zusammenfassen.

Markierung: Ausgehend von der Flussquelle, die mit $(+, \infty)$ markiert wird, versucht man, die Flusssenke zu markieren. Dazu markiert man, ausgehend von einem markierten Knoten i, dessen unmarkierte Vorgänger k, für die $x_{ki} > \lambda_{ki}$ gilt, mit $(i-, \varepsilon_k = \min\{\varepsilon_i, x_{ki} - \lambda_{ki}\})$ und dessen unmarkierte Nachfolger j, für die $x_{ij} < \kappa_{ij}$ gilt, mit $(i+, \varepsilon_j = \min\{\varepsilon_i, \kappa_{ij} - x_{ij}\})$. Kann die Flusssenke markiert werden, bedeutet dies, dass ein flussvergrößernder (r,s)-Semiweg existiert und der Ausgangsfluss um ε_s Flusseinheiten vergrößert werden kann.

Flussvergrößerung: Ausgehend von der Senke s konstruiert man mit Hilfe der Markierungen einen (r,s)-Semiweg. Auf den Vorwärtspfeilen dieses Semiweges erhöht man den Wert der entsprechenden Flussvariablen um ε_s Einheiten, auf den Rückwärtspfeilen verringert man den Wert der korrespondierenden Flussvariablen um ε_s Einheiten.

Zur Illustration des Verfahrens betrachten wir das folgende Beispiel.

Beispiel 4.6. Wir legen das in Abbildung 4.5 dargestellte Netzwerk mit minimalen und maximalen Kapazitäten zugrunde. Knoten 3 stellt eine Flussquelle dar und Knoten 6 eine Flusssenke. An den Pfeilen des Netzwerks ist außerdem ein zulässiger Fluss der Stärke 5 von Knoten 3 nach Knoten 6 angegeben.

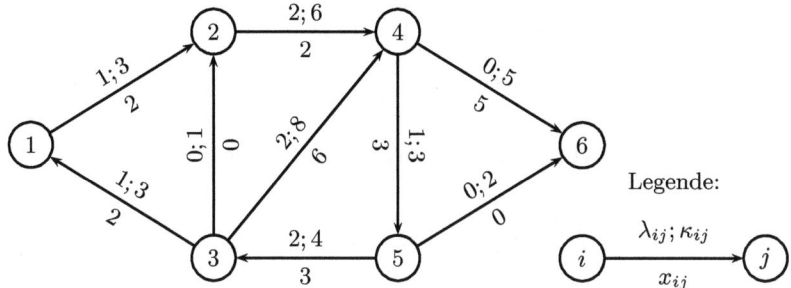

Abb. 4.5. Netzwerk mit Kapazitäten

Wir wollen einen Fluss maximaler Stärke von Knoten 3 nach Knoten 6 bestimmen. Dazu markieren wir zunächst, wie in Tabelle 4.4 dargestellt, die Flussquelle (Knoten 3) mit $(+, \infty)$. Von Knoten 3 aus markieren wir nun Knoten 5 über einen Rückwärtspfeil. Da $x_{53} - \lambda_{53} = 3 - 2 = 1 > 0$ ist, erhält Knoten 5 die Markierung $(3-, \min\{\infty, 1\}) = (3-, 1)$. Schließlich markieren wir über einen Vorwärtspfeil Knoten 6 von Knoten 5 aus mit $(5+, \min\{1, 2\}) = (5+, 1)$, da $\kappa_{56} - x_{56} = 2 - 0 = 2 > 0$.

Tabelle 4.4. Ablauf des Algorithmus von Ford und Fulkerson

$i \in V^F$	Iteration 1	Iteration 2
1		$(3+, 1)$
2		$(3+, 1)$
3	$(+, \infty)$	$(+, \infty)$
4		$(2+, 1)$
5	$(3-, 1)$	
6	$(5+, 1)$	

Nun haben wir die Flusssenke markiert und somit einen Semiweg von Knoten 3 über Knoten 5 nach Knoten 6 gefunden, auf dem wir den aktuellen Fluss um $\varepsilon_6 = 1$ Einheit erhöhen bzw. verringern. Wir setzen daher $x_{53} := x_{53} - 1$ und $x_{56} := x_{56} + 1$ und erhalten das in Abbildung 4.6 dargestellte Netzwerk, in dem der gefundene flussvergrößernde Semiweg durch stark ausgezeichnete Pfeile repräsentiert wird.

Ausgehend von dem Netzwerk in Abbildung 4.6 versuchen wir nun abermals einen flussvergrößernden Semiweg von der Quelle zur Senke zu bestim-

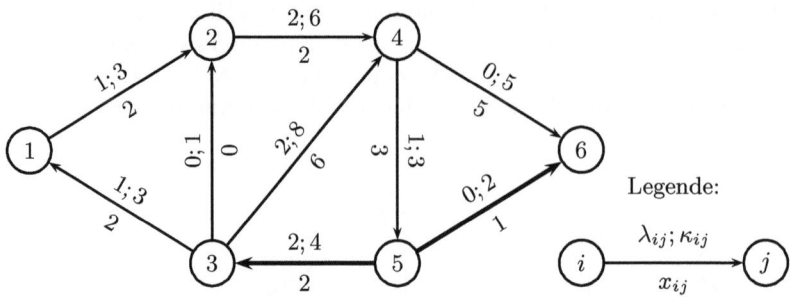

Abb. 4.6. Netzwerk mit Kapazitäten

men. Wir markieren daher wieder Knoten 3 mit $(+, \infty)$, von Knoten 3 aus markieren wir die Knoten 1 und 2 jeweils mit $(3+, 1)$, und schließlich markieren wir Knoten 4 von Knoten 2 aus mit $(2+, 1)$ (vgl. Tab. 4.4). Wir sind allerdings nicht in der Lage, von den markierten Knoten 1 bis 4 einen der bislang unmarkierten Knoten 5 oder 6 zu erreichen. Somit terminiert das Verfahren. Der in Abbildung 4.6 abgebildete Fluss der Stärke 6 zwischen den Knoten 3 und 6 stellt daher einen maximalen Fluss dar.

Wenn wir in einem Netzwerk N^F mit Kapazitäten einen maximalen Fluss ω von der Quelle r zur Senke s bestimmt haben, sind wir häufig daran interessiert, den „Flaschenhals" in N^F zu ermitteln, d.h. die Menge der Pfeile in N^F, die uns daran hindern, mehr als die ermittelten ω Flusseinheiten von r nach s zu transportieren. Dazu müssen wir zunächst den Begriff eines Schnittes in einem Digraphen einführen. Hierzu sei die Knotenmenge V^F von N^F in zwei disjunkte (d.h. elementfremde), nichtleere Knotenmengen A und B zerlegt mit $V^F = A \cup B$ und $A \cap B = \emptyset$. Die Menge der von A nach B führenden Pfeile, d.h. die Menge der Pfeile $\langle i, j \rangle$ mit $i \in A$ und $j \in B$, nennen wir einen (A von B) *trennenden Schnitt*, für den wir kurz $C(A, B)$ schreiben. Einen trennenden Schnitt $C(B, A)$, der die Menge aller von B nach A führenden Pfeile enthält, bezeichnen wir als den zu $C(A, B)$ *konträren Schnitt*. Für ein Netzwerk $N^F = \langle V^F, E^F; \lambda, \kappa \rangle$ mit Kapazitäten können wir jedem Schnitt $C(A, B)$ eine Minimalkapazität

$$\lambda(C(A, B)) := \sum_{\langle i,j \rangle \in C(A,B)} \lambda_{ij}$$

und eine Maximalkapazität

$$\kappa(C(A, B)) := \sum_{\langle i,j \rangle \in C(A,B)} \kappa_{ij}$$

zuordnen. Die *Kapazität eines Schnittes* $C(A, B)$ ist dann durch

$$\mu(C(A, B)) := \kappa(C(A, B)) - \lambda(C(B, A))$$

spezifiziert. $\mu(C(A,B))$ entspricht also der maximal von A nach B transportierbaren Menge an Flusseinheiten abzüglich der minimalen „Rückflussmenge" von B nach A.

In einem Netzwerk $N^F = \langle V^F, E^F; \lambda, \kappa \rangle$ bezeichnen wir einen Schnitt $C(A,B)$, der die Quelle $r \in A$ von der Senke $s \in B$ trennt, auch als (r,s)-*Schnitt*. Einen (r,s)-Schnitt, der unter allen möglichen (r,s)-Schnitten die geringste Kapazität hat, bezeichnen wir als *minimalen (r,s)-Schnitt*. Das Problem der Bestimmung eines minimalen (r,s)-Schnittes entspricht gerade dem zu (4.8) dualen Optimierungsproblem. Daraus ergibt sich das folgende Theorem, welches beispielsweise in BERTSEKAS (1998, Kap. 3.1) bewiesen wird.

Theorem 4.7 (Maximalfluss-Minimalschnitt-Theorem). Die Stärke eines maximalen Flusses von r nach s in einem Netzwerk N^F ist gleich der Kapazität eines minimalen (r,s)-Schnittes in N^F.

Die Kapazität eines (r,s)-Schnittes in N^F ist also eine obere Schranke für den maximalen Fluss von der Quelle r zur Senke s in N^F. Wollen wir den maximalen Fluss von r nach s erhöhen, so müssen wir die Maximalkapazität κ_{ij} für mindestens einen Pfeil des minimalen (r,s)-Schnittes erhöhen bzw. die Minimalkapazität λ_{ij} für mindestens einen Pfeil des entsprechenden konträren Schnittes verringern.

Zur Bestimmung eines minimalen (r,s)-Schnittes in einem Netzwerk N^F kann man eine optimale Lösung für Problem (4.8) bestimmen und dann mit Hilfe des Satzes 2.21 vom komplementären Schlupf eine optimale Lösung des zu (4.8) dualen Problems ermitteln. Einfacher ist jedoch das nachfolgend beschriebene äquivalente Vorgehen. Wir bestimmen zunächst einen maximalen Fluss von der Quelle r zur Senke s in N^F mit Hilfe des Algorithmus von Ford und Fulkerson. Wie wir gesehen haben, terminiert der Algorithmus von Ford und Fulkerson, wenn Knoten s von Knoten r ausgehend nicht markiert werden kann. Seien A die Menge der im letzten Iterationsschritt des Algorithmus markierten Knoten und B die Menge der nicht markierten Knoten. Dann ist der A von B trennende Schnitt $C(A,B)$ ein minimaler (r,s)-Schnitt; zum Beweis siehe NEUMANN (1975, Kapitel 4.2.3).

Beispiel 4.8 (Fortsetzung von Beispiel 4.6). Ausgehend von dem Netzwerk in Abbildung 4.5 und zugehörigem Ausgangsfluss haben wir den in Abbildung 4.6 angegebenen maximalen Fluss von Knoten 3 nach Knoten 6 bestimmt. In Tabelle 4.4 sind die entsprechenden Iterationen des Algorithmus von Ford und Fulkerson zusammengefasst.

Da in dem Netzwerk aus Abbildung 4.6 ausgehend von Knoten 3 ausschließlich die Knoten 1, 2, 3 und 4 markiert werden können (vgl. Tab. 4.4), ist ein minimaler $(3,6)$-Schnitt durch $C(A,B)$ mit $A = \{1,2,3,4\}$ und $B = \{5,6\}$ gegeben, d.h. $C(A,B) = \{\langle 4,5 \rangle, \langle 4,6 \rangle\}$. Der hierzu konträre Schnitt lautet $C(B,A) = \{\langle 5,3 \rangle\}$. Die Kapazität des Schnittes $C(A,B)$ ist somit $\mu(C(A,B)) = \kappa_{45} + \kappa_{46} - \lambda_{53} = 3 + 5 - 2 = 6$. Wie wir sehen, entspricht $\mu(C(A,B))$ gerade der Stärke des maximalen Flusses von Knoten 3 nach Knoten 6.

4.2.2 Algorithmus von Kelley

In diesem Abschnitt beschreiben wir das Prinzip des von KELLEY (1961) entwickelten Verfahrens zur Lösung des Time-Cost-Tradeoff-Problems für CPM-Netzpläne. Dabei lehnen wir uns an die von PHILLIPS und DESSOUKY (1977) etablierte Darstellungsweise des Verfahrens an. Eine detaillierte Beschreibung und Herleitung des Verfahrens findet sich ferner in NEUMANN (1975, Kapitel 7.2.2) oder DEMEULEMEESTER und HERROELEN (2002, Kapitel 8). Wie zu Beginn von Abschnitt 4.2 beschrieben, sei die Pfeilmenge eines CPM-Netzplans durch $E = \{1, \dots, n\}$ und die Knotenmenge durch $V = \{1, \dots, m\}$ gegeben, wobei Knoten 1 den Projektstart und Knoten m das Projektende repräsentieren.

Im Folgenden beschreiben wir nur einen Verkürzungsschritt, d.h. das Vorgehen zur Lösung eines nicht-parametrischen Optimierungsproblems (4.3) – (4.7) für das Intervall $[\bar{d}_\varrho, \bar{d}_{\varrho-1}]$. Wir nehmen an, dass die optimalen Funktionswerte $p_i^*(\bar{d}_{\varrho-1})$, $i \in E$, $Z_e^*(\bar{d}_{\varrho-1})$, $e \in V$, und $C^*(\bar{d}_{\varrho-1})$ im Vorfeld bereits ermittelt wurden. Dem entsprechenden Netzplan $N = \langle V, E; p^*(\bar{d}_{\varrho-1}) \rangle$ dieses Verkürzungsschrittes ordnen wir wie folgt ein Flussnetzwerk mit Kapazitäten $N^F = \langle V^F, E^F; \lambda, \kappa \rangle$ zu. Die Pfeilmenge E^F enthält alle Vorgänge i aus N mit freier Pufferzeit $EFF_i = 0$ (vgl. Abschnitt 1.4.4), d.h. alle Vorgänge i, für die eine Verzögerung des Startzeitpunktes von i zu einer entsprechenden Verzögerung mindestens eines unmittelbaren Nachläufers von i führt. Die Knotenmenge $V^F := \{e_i, \bar{e}_i \in V \mid i \in E^F\}$ beinhaltet alle die Start- und Endereignisse der Vorgänge $i \in E^F$ repräsentierenden Knoten. Die Minimal- und Maximalkapazitäten λ_i und κ_i eines Pfeils $i \in E^F$ wählen wir so, dass wir eine minimale Verkürzungsmenge K auf einfache Weise aus einem minimalen $(1, m)$-Schnitt in N^F, den wir mit $C(A, B)$ bezeichnen wollen, und dessen konträrem Schnitt $C(B, A)$ erhalten. Die Kapazität eines solchen minimalen $(1, m)$-Schnittes soll gerade dem zur Verkürzungsmenge K gehörenden Kostenfaktor a^K entsprechen. Zu diesem Zweck zerlegen wir die Pfeilmenge E^F von N^F in vier Teilmengen $E_1^F, \dots, E_4^F$. Zu welcher dieser Teilmengen ein Vorgang $i \in E^F$ gehört, hängt von seiner Dauer $p_i^*(\bar{d}_{\varrho-1})$ ab. Die Zuordnung eines Vorgangs $i \in E^F$ zu einer der Pfeilmengen $E_1^F, \dots, E_4^F$ und die resultierenden Minimal- und Maximalkapazitäten λ_i und κ_i sind in Tabelle 4.5 zusammengefasst. Die Dauern der Vorgänge aus den Pfeilmengen E_1^F und E_3^F können verkürzt werden, während die Dauern der Vorgänge aus E_2^F und E_3^F verlängert werden können. Die Menge E_4^F enthält alle Vorgänge, deren Dauern weder verkürzt noch verlängert werden können und damit insbesondere die Scheinvorgänge eines CPM-Netzplans.

NEUMANN (1975, Abschnitt 7.2.2) zeigt, dass

$$K := K^- \cup K^+$$

mit

$$K^- := C(A, B) \quad \text{und} \quad K^+ := \{i \in C(B, A) \mid i \in E_2^F \cup E_3^F\}$$

eine minimale Verkürzungsmenge von N darstellt, wenn man die Minimal- und Maximalkapazitäten wie in Tabelle 4.5 angegeben wählt, und dass die

Tabelle 4.5. Bestimmung der Minimal- und Maximalkapazitäten in N^F

$i \in E^F$	Dauer $p_i^*(\bar{d}_{\varrho-1})$	λ_i	κ_i
E_1^F	$p_i^{min} < p_i^*(\bar{d}_{\varrho-1}) = p_i^n$	0	a_i
E_2^F	$p_i^{min} = p_i^*(\bar{d}_{\varrho-1}) < p_i^n$	a_i	∞
E_3^F	$p_i^{min} < p_i^*(\bar{d}_{\varrho-1}) < p_i^n$	a_i	a_i
E_4^F	$p_i^{min} = p_i^*(\bar{d}_{\varrho-1}) = p_i^n$	0	∞

Kapazität des zugrunde liegenden Schnittes dem Kostenfaktor der minimalen Verkürzungsmenge entspricht.

Wir verdeutlichen den Zusammenhang zwischen den $(1, m)$-Schnitten in N^F und den zugehörigen Verkürzungsmengen in N anhand des folgenden Beispiels.

Beispiel 4.9. Wir betrachten den CPM-Netzplan N aus Abbildung 4.3, dem wir wie oben beschrieben und unter Zuhilfenahme von Tabelle 4.5 das in Abbildung 4.7 dargestellte kapazitierte Netzwerk N^F zuordnen. Pfeilmenge E_1^F besteht aus den Vorgängen 1, 2 und 5, Pfeilmenge E_3^F beinhaltet Vorgang 3, und für die beiden verbleibenden Pfeilmengen gilt $E_2^F = E_4^F = \emptyset$. Ein zulässiger Fluss der Stärke 2 sei vorgegeben und an den Pfeilen in Abbildung 4.7 vermerkt.

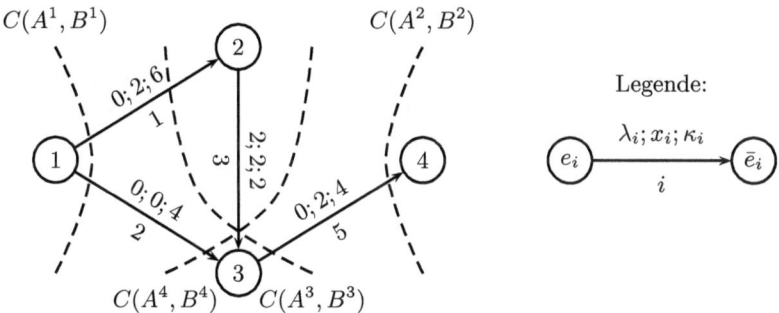

Abb. 4.7. Netzwerk mit Kapazitäten N^F und zugehörige $(1, 4)$-Schnitte

In Netzwerk N^F gibt es insgesamt vier Knoten 1 von Knoten 4 trennende Schnitte, die wir mit $C(A^1, B^1), \ldots, C(A^4, B^4)$ bezeichnen und durch die gestrichelten Linien angedeutet haben.

Schnitt $C(A^1, B^1)$ beinhaltet mit $A^1 = \{1\}$ und $B^1 = \{2, 3, 4\}$ die Vorgänge 1 und 2, und die zugehörige Schnittkapazität ist $\mu(C(A^1, B^1)) = 6 + 4 = 10$. Schnitt $C(A^1, B^1)$ entspricht somit gerade der Verkürzungsmenge $K^1 = \{1, 2\}$, die wir in Beispiel 4.2 bestimmt haben, und die Kapazität $\mu(C(A^1, B^1))$ des Schnittes ist gleich dem zu K^1 gehörigen Kostenfaktor $a^{K_1} = 10$ (vgl. Beispiel 4.4). Ebenso wie in Beispiel 4.2 können die Vorgänge in $C(A^1, B^1)$ verkürzt werden, während kein Vorgang verlängert wird, da der zu $C(A^1, B^1)$ konträre Schnitt $C(B^1, A^1)$ leer ist.

Ganz analog gelten für Schnitt $C(A^2, B^2)$ mit $A^2 = \{1, 2, 3\}$ und $B^2 = \{4\}$ die Beziehungen $C(A^2, B^2) = \{5\} = K^2$ und $\mu(C(A^2, B^2)) = 4 = a^{K_2}$. Der Vorgang in $C(A^2, B^2)$ wird verkürzt und da $C(B^2, A^2) = \emptyset$ gilt, wird kein Vorgang verlängert.

Schnitt $C(A^3, B^3) = \{1, 5\}$ und der zugehörige nichtleere konträre Schnitt $C(B^3, A^3) = \{3\}$ sind durch die Knotenmengen $A^3 = \{1, 3\}$ und $B^3 = \{2, 4\}$ eindeutig spezifiziert. Die Kapazität dieses Schnittes beträgt $\mu(C(A^3, B^3)) = \kappa(C(A^3, B^3)) - \lambda(C(B^3, A^3)) = 6 + 4 - 2 = 8$. Daher gilt $C(A^3, B^3) \cup \{i \in C(B^3, A^3) \mid i \in E_2^F \cup E_3^F\} = \{1, 5\} \cup \{3\} = K^3$ und $\mu(C(A^3, B^3)) = a^{K_3}$. Wie in Beispiel 4.2 werden die Vorgänge in Schnitt $C(A^3, B^3)$ verkürzt und der im konträren Schnitt $C(B^3, A^3)$ enthaltene Vorgang $i \in E_2^F \cup E_3^F$ um die entsprechende Zeitspanne verlängert.

Schließlich gelten für Schnitt $C(A^4, B^4)$ mit $A^4 = \{1, 2\}$ und $B^4 = \{3, 4\}$ die Beziehungen $C(A^4, B^4) = \{2, 3\} = K^4$ sowie $\mu(C(A^4, B^4)) = 6 = a^{K_4}$. Die Vorgänge in $C(A^4, B^4)$ werden alle verkürzt und kein Vorgang wird verlängert.

Wir wollen nunmehr die in Tabelle 4.5 angegebene Wahl der zu einem Vorgang $i \in E$ gehörenden Minimal- und Maximalkapazitäten λ_i bzw. κ_i in N^F plausibilisieren.

Nehmen wir an, ein Vorgang i sei in der Pfeilmenge E_1^F (wie z.B. Vorgang 1 in Beispiel 4.2) enthalten, d.h. er kann nur verkürzt, aber nicht verlängert werden. Damit Vorgang i verkürzt wird, muss er Bestandteil eines $(1, m)$-Schnittes $C(A, B)$ sein, was wegen $\kappa_i := a_i < \infty$ möglich ist. In diesem Fall gehen die Kosten a_i für die Verkürzung des Vorgangs in die Kapazität des Schnittes $C(A, B)$ ein. Andererseits darf Vorgang $i \in E_1^F$ nicht verlängert werden. Dies wird durch die Definition von $K^+ := \{i \in C(B, A) \mid i \in E_2^F \cup E_3^F\}$ gewährleistet. Selbst wenn Vorgang i auf dem zu einem Schnitt $C(A, B)$ konträren Schnitt $C(B, A)$ liegt, geht wegen $\lambda_i := 0$ die untere Flusskapazität des zu Vorgang i gehörenden Pfeils in N^F nicht in die Kapazität eines $(1, m)$-Schnittes ein.

Kann Vorgang i nur verlängert, aber nicht verkürzt werden, d.h. er ist Bestandteil der Pfeilmenge E_2^F, so wird durch $\kappa_i := \infty$ gewährleistet, dass Vorgang i nicht auf einem $(1, m)$-Schnitt $C(A, B)$ liegt. Wegen $\lambda_i := a_i > -\infty$ kann Vorgang i aber Bestandteil des zu einem Schnitt $C(A, B)$ konträren Schnittes $C(B, A)$ bzw. der zugehörigen Menge K^+ sein und somit verlängert werden. Falls Vorgang i verlängert wird, finden die entsprechen zusätzlichen Kosten $-a_i$ wegen $\lambda_i := a_i$ bei der Ermittlung der Kapazität des zugehörigen Schnittes $C(A, B)$ Berücksichtigung.

Ist Vorgang i Bestandteil der Menge E_3^F (vgl. bspw. Vorgang 3 in Beispiel 4.2), d.h. er kann sowohl verkürzt als auch verlängert werden, dann wird durch $\lambda_i := a_i > -\infty$ und $\kappa_i := a_i < \infty$ sichergestellt, dass er entweder Bestandteil eines $(1, m)$-Schnittes $C(A, B)$ oder des konträren Schnittes $C(B, A)$ sein kann. In beiden Fällen werden die Kosten a_i zur Verkürzung bzw. Verlängerung des Vorgangs bei der Bestimmung der Kapazität des zugehörigen Schnittes $C(A, B)$ berücksichtigt.

Kann Vorgang i weder verkürzt noch verlängert werden, d.h. Vorgang i ist in E_4^F enthalten, so darf Vorgang i nicht Bestandteil eines $(1, m)$-Schnittes $C(A, B)$ sein, was durch $\kappa_i := \infty$ sichergestellt ist. Wegen $K^+ := \{i \in C(B, A) \mid i \in E_2^F \cup E_3^F\}$ wird Vorgang i außerdem nicht verlängert werden, und falls er auf einem zu $C(A, B)$ konträren Schnitt $C(B, A)$ liegt, bleibt er wegen $\lambda_i := 0$ bei der Bestimmung der zugehörigen Schnittkapazität unberücksichtigt.

Haben wir mit Hilfe des Algorithmus von Ford und Fulkerson einen minimalen $(1, m)$-Schnitt in N^F und damit eine minimale Verkürzungsmenge $K = K^- \cup K^+ = C(A, B) \cup (C(B, A) \cap (E_2^F \cup E_3^F))$ sowie den zugehörigen Kostenfaktor $a^K = \mu(C(A, B))$ bestimmt, muss nun der zugehörige Verkürzungsfaktor δ^K ermittelt werden. Sei $\tilde{E} \subset E$ die Menge aller Vorgänge i mit positiver freier Pufferzeit $EFF_i > 0$, deren Startereignis e_i bei gegebenem minimalen Schnitt $C(A, B)$ Bestandteil der Menge A und deren Endereignis $\bar{e}_i$ Bestandteil der Menge B ist, d.h.

$$\tilde{E} := \{i \in E \setminus E^F \mid e_i \in A, \bar{e}_i \in B\} .$$

Dann setzen wir

$$\delta^K := \min\{\delta_1^K, \delta_2^K, \delta_3^K\}$$

mit

$$\delta_1^K := \min_{i \in K^-} \{p_i^*(\bar{d}_{\varrho-1}) - p_i^{min}\}$$
$$\delta_2^K := \min_{i \in K^+} \{p_i^n - p_i^*(\bar{d}_{\varrho-1})\}$$
$$\delta_3^K := \min_{i \in \tilde{E}} \{Z_{\bar{e}_i}^*(\bar{d}_{\varrho-1}) - Z_{e_i}^*(\bar{d}_{\varrho-1}) - p_i^*(\bar{d}_{\varrho-1})\} .$$

δ_1^K und δ_2^K sorgen dafür, dass bei einer Verkürzung bzw. Verlängerung der Dauer eines Vorgangs i die zugehörige Mindestdauer p_i^{min} bzw. Höchstdauer p_i^n nicht unter- bzw. überschritten wird. δ_3^K gewährleistet, dass die Dauer eines Vorgangs aus K^- nur soweit verkürzt werden kann, bis ein nicht kritischer Vorgang kritisch geworden ist.

Sobald wir die minimale Verkürzungsmenge $K = K^- \cup K^+$ und den Verkürzungsfaktor δ^K bestimmt haben, erhalten wir analog zu der zu Beginn von Abschnitt 4.2 beschriebenen Vorgehensweise für $\bar{d} = \bar{d}_{\varrho-1} - \delta$, $\delta \in [0, \delta^K]$, die neuen optimalen Funktionswerte

$$p_i^*(\bar{d}) := \begin{cases} p_i^*(\bar{d}_{\varrho-1}) - \delta & \text{für } i \in K^- \\ p_i^*(\bar{d}_{\varrho-1}) + \delta & \text{für } i \in K^+ \qquad (i \in E) \\ p_i^*(\bar{d}_{\varrho-1}) & \text{sonst} \end{cases}$$

$$Z_e^*(\bar{d}) := \begin{cases} Z_e^*(\bar{d}_{\varrho-1}) - \delta & \text{falls } e \in B \\ Z_e^*(\bar{d}_{\varrho-1}) & \text{sonst} \end{cases} \qquad (e \in V)$$

$$C^*(\bar{d}) := C^*(\bar{d}_{\varrho-1}) + \delta\omega$$

wobei die Stärke ω eines maximalen Flusses von 1 nach m in N^F gerade dem zur minimalen Verkürzungsmenge K gehörenden Kostenfaktor a^K entspricht. Ausgehend von den optimalen Werten $p_i^*(\bar{d}_\varrho)$, $i \in E$, $Z_e^*(\bar{d}_\varrho)$, $e \in V$, und $C^*(\bar{d}_\varrho)$ mit $\bar{d}_\varrho := \bar{d}_{\varrho-1} - \delta$ wiederholen wir die beschriebenen Schritte, bis schließlich das gesamte Intervall $[\bar{d}^{min}, \bar{d}^n]$ untersucht wurde.

Beispiel 4.10. Wir illustrieren das Verfahren von Kelley anhand eines Beispiels. Dazu betrachten wir den in Abbildung 4.8 dargestellten CPM-Netzplan mit 5 Vorgängen, wobei die Dauer jedes Vorgangs i gleich p_i^n ist.

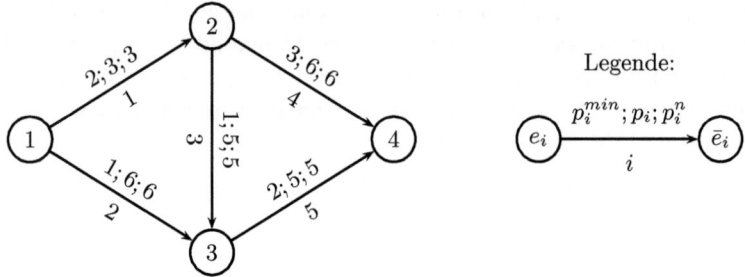

Abb. 4.8. CPM-Netzplan zu Beispiel 4.10

Die zu den unteren und oberen Schranken p_i^{min} und p_i^n gehörigen Kosten c_i^{min} und c_i^n und somit die Zusatzkosten a_i für alle Vorgänge $i \in E$ entsprechen gerade den Werten aus Beispiel 4.2. Aus Gründen der Übersichtlichkeit geben wir diese Werte nochmals in Tabelle 4.6 an.

Tabelle 4.6. Zusätzliche Informationen für Netzplan N in Abbildung 4.8

$i \in E$	1	2	3	4	5
p_i^{min}	2	1	1	3	2
p_i^n	3	6	5	6	5
c_i^{min}	7	21	9	10	13
c_i^n	1	1	1	1	1
a_i	6	4	2	3	4

Wir setzen $\bar{d}_0 := \bar{d}^n$, $p_i^*(\bar{d}_0) := p_i^n$ für alle Vorgänge $i \in E$ und $C^*(\bar{d}_0) := -\sum_{i \in E} a_i p_i^*(\bar{d}_0) = -90$. $Z_e^*(\bar{d}_0)$ entspricht für alle Ereignisse $e \in V$ gerade dem frühesten Eintrittszeitpunkt des Ereignisses e für gegebene Dauern $p_i^*(\bar{d}_0)$, d.h. $Z_1^* := 0$, $Z_2^* := 3$, $Z_3^* := 8$ und $Z_4^* := 13$.

Abbildung 4.9 zeigt das zum ersten Verfahrensschritt gehörige Netzwerk N^F mit Kapazitäten und als zulässigen Ausgangsfluss den Nullfluss. Da zu

Beginn des Verfahrens $p_i^{min} < p_i^*(\bar{d}_0) = p_i^n$ gilt, setzen wir für alle Vorgänge $i \in E^F = E_1^F$ die Minimalkapazität λ_i auf 0 und die Maximalkapazität κ_i gleich a_i.

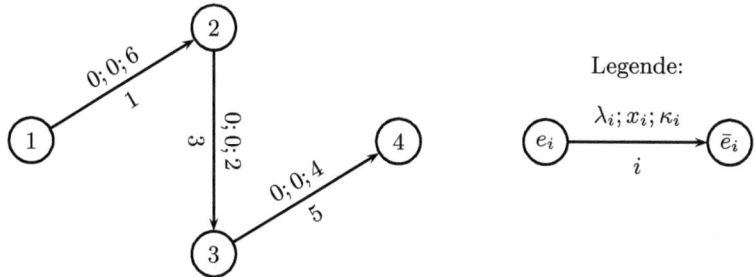

Abb. 4.9. Ausgangsfluss im 1. Verfahrensschritt

Wir bestimmen nun einen maximalen Fluss von Knoten 1 nach Knoten 4 im Netzwerk N^F. Tabelle 4.7 zeigt die entsprechenden Markierungsschritte für den Algorithmus von Ford und Fulkerson (vgl. Abschnitt 4.2.1), und in Abbildung 4.10 ist der gefundene maximale Fluss der Stärke $\omega = 2$ dargestellt.

Tabelle 4.7. 1. Verfahrensschritt des Ford-Fulkerson-Algorithmus

$e \in V$	Iteration 1	Iteration 2
1	$(+, \infty)$	$(+, \infty)$
2	$(1+, 6)$	$(1+, 4)$
3	$(2+, 2)$	
4	$(3+, 2)$	

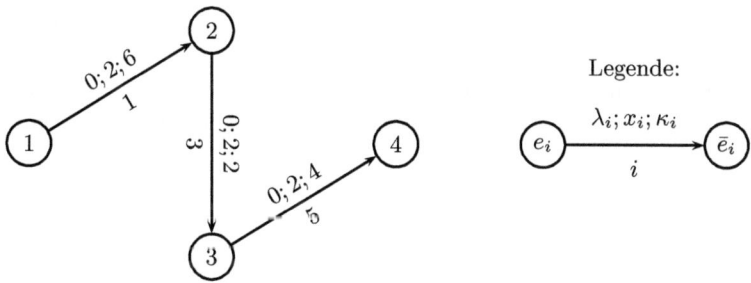

Abb. 4.10. Maximaler Fluss im 1. Verfahrensschritt

Die Menge der in der zweiten Iteration des Algorithmus von Ford und Fulkerson markierten Knoten ist $A = \{1, 2\}$, und die nicht markierten Knoten sind $B = \{3, 4\}$. Der minimale $(1, 4)$-Schnitt $C(A, B)$ enthält somit nur den Vorgang 3 mit Startereignis 2 und Endereignis 3, der konträre Schnitt $C(B, A)$ ist leer. Damit erhalten wir

$$K^- = \{3\}, \ K^+ = \emptyset, \ \tilde{E} = \{2, 4\}$$
$$\delta_1^K = 4, \ \delta_2^K = \infty, \ \delta_3^K = \min\{2, 4\} = 2, \ \delta^K = \min\{\delta_1^K, \delta_2^K, \delta_3^K\} = 2 \ .$$

Wegen $\delta^K = 2$ kann die Dauer des Vorgangs 3 um höchstens zwei Zeiteinheiten verkürzt werden, die Dauern der übrigen Vorgänge bleiben unverändert. Abbildung 4.11 zeigt den modifizierten CPM-Netzplan für $\bar{d}_1 := \bar{d}_0 - 2 = 11$. Die Werte $Z_e^*(\bar{d}_1)$ entsprechen gerade den frühesten Eintrittszeitpunkten der Ereignisse $e \in V$, und für den zugehörigen Zielfunktionswert erhalten wir $C^*(\bar{d}_1) := C^*(\bar{d}_0) + \delta^K \omega = -90 + 2 \cdot 2 = -86$.

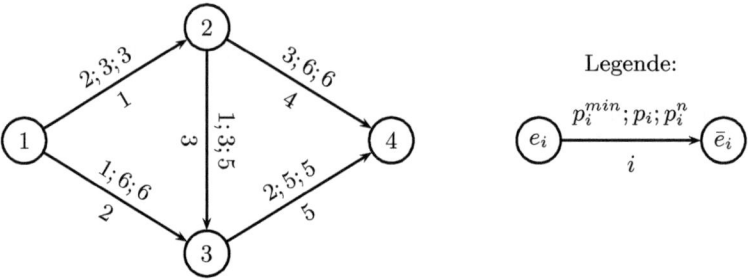

Abb. 4.11. CPM-Netzplan nach dem 1. Verfahrensschritt

Das Netzwerk mit Kapazitäten für den 2. Verfahrensschritt des Algorithmus von Kelley ist in Abbildung 4.12 dargestellt. Für die Vorgänge $i = 1, 2, 5$ setzen wir $\lambda_i := 0$ und $\kappa_i := a_i$. Da Vorgang 3 wegen $p_3^{min} < p_3^*(\bar{d}_1) < p_3^n$ in der Pfeilmenge E_3^F enthalten ist, gilt $\lambda_3 = a_3$ und $\kappa_3 = a_3$. Als Ausgangsfluss wählen wir für alle $i \in E^F$ den jeweiligen maximalen Flusswert aus dem vorhergehenden Verfahrensschritt. Für den neu hinzugekommenen Vorgang 2 setzen wir $x_2 := 0$.

Die Markierungsschritte zur Bestimmung des in Abbildung 4.13 dargestellten maximalen Flusses der Stärke 4 sind in Tabelle 4.8 zusammengefasst.

Der minimale $(1, 4)$-Schnitt beinhaltet Vorgang 5. Wir erhalten somit

$$K^- = \{5\}, \ K^+ = \emptyset, \ \tilde{E} = \{4\}$$
$$\delta_1^K = 3, \ \delta_2^K = \infty, \ \delta_3^K = 2, \ \delta^K = \min\{\delta_1^K, \delta_2^K, \delta_3^K\} = 2 \ .$$

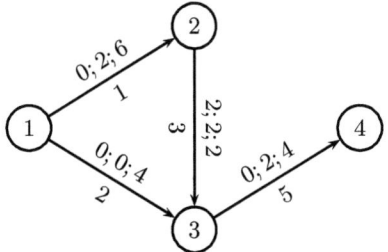

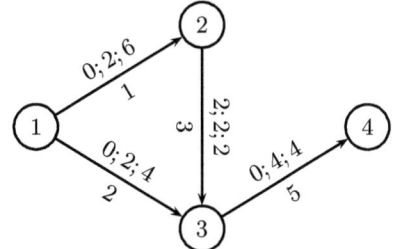

Abb. 4.12. Ausgangsfluss im 2. Verfahrensschritt

Abb. 4.13. Maximaler Fluss im 2. Verfahrensschritt

Tabelle 4.8. 2. Verfahrensschritt des Ford-Fulkerson-Algorithmus

$e \in V$	Iteration 1	Iteration 2
1	$(+, \infty)$	$(+, \infty)$
2		$(1+, 4)$
3	$(1+, 4)$	$(1+, 2)$
4	$(3+, 2)$	

Daher verkürzen wir die Dauer des Vorgangs 5 um 2 Zeiteinheiten. Der neue CPM-Netzplan für $\bar{d}_2 := \bar{d}_1 - 2 = 9$ ist in Abbildung 4.14 angegeben. Für den Zielfunktionswert erhalten wir $C^*(\bar{d}_2) := C^*(\bar{d}_1) + \delta^K \omega = -86 + 2 \cdot 4 = -78$.

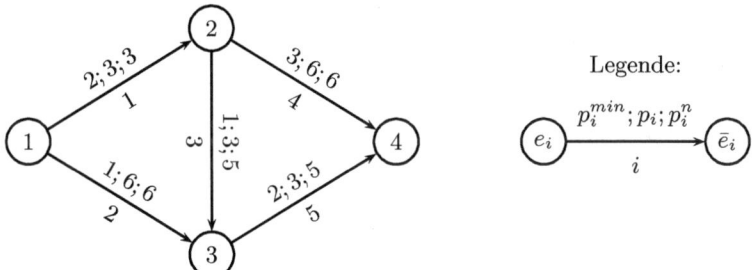

Abb. 4.14. CPM-Netzplan nach dem 2. Verfahrensschritt

Das zum Netzplan in Abbildung 4.14 gehörige kapazitierte Netzwerk N^F ist in Abbildung 4.15 dargestellt und der resultierende maximale Fluss der Stärke $\omega = 7$ in Abbildung 4.16. Der zugehörige Knoten 1 von Knoten 4 trennende minimale Schnitt $C(A, B)$ ist durch die Knotenmengen $A = \{1, 2, 3\}$ und $B = \{4\}$ spezifiziert.

Folglich ergibt sich

$$K^- = \{4, 5\}, \quad K^+ = \emptyset, \quad \tilde{E} = \emptyset$$

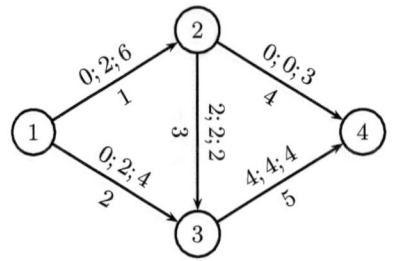

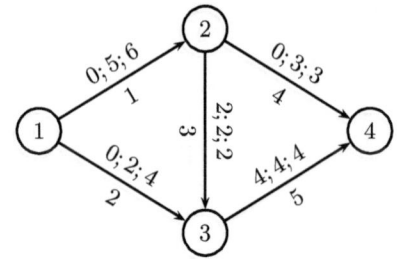

Abb. 4.15. Ausgangsfluss im 3. Verfahrensschritt

Abb. 4.16. Maximaler Fluss im 3. Verfahrensschritt

$$\delta_1^K = \min\{3,1\} = 1, \ \delta_2^K = \infty, \ \delta_3^K = \infty, \ \delta^K = \min\{\delta_1^K, \delta_2^K, \delta_3^K\} = 1,$$

und wir verkürzen die Dauern der Vorgänge 4 und 5 um eine Zeiteinheit. Abbildung 4.17 zeigt den neuen CPM-Netzplan für $\bar{d}_3 := \bar{d}_2 - 1 = 8$. Der entsprechende Zielfunktionswert lautet $C^*(\bar{d}_3) := C^*(\bar{d}_2) + \delta^K \omega = -78 + 1 \cdot 7 = -71$.

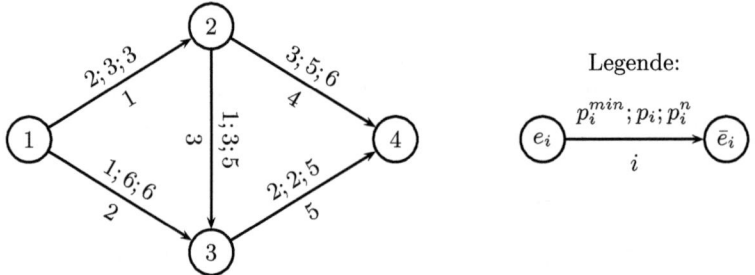

Abb. 4.17. CPM-Netzplan nach dem 3. Verfahrensschritt

In der 4. Iteration des Algorithmus von Kelley betrachten wir das in Abbildung 4.18 dargestellte Netzwerk mit Kapazitäten. Da Vorgang 5 nicht weiter verkürzt werden kann, ist der Vorgang Bestandteil der Menge E_2^F und wir setzen $\lambda_5 := 4$ und $\kappa_5 := \infty$. Mit Hilfe des Algorithmus von Ford und Fulkerson ermitteln wir den in Abbildung 4.19 angegebenen maximalen Fluss von Knoten 1 nach Knoten 4 und den zugehörigen minimalen Schnitt $C(A, B)$ mit $A = \{1, 2\}$ und $B = \{3, 4\}$.

Es gilt

$$K^- = \{2, 3, 4\}, \ K^+ = \emptyset, \ \tilde{E} = \emptyset$$
$$\delta_1^K = \min\{5, 2, 2\} = 2, \ \delta_2^K = \infty, \ \delta_3^K = \infty, \ \delta^K = \min\{\delta_1^K, \delta_2^K, \delta_3^K\} = 2,$$

und wir verkürzen die Dauern der Vorgänge 2, 3 und 4 um zwei Zeiteinheiten. Der resultierende CPM-Netzplan ist für $\bar{d}_4 := \bar{d}_3 - 2 = 6$ in Abbildung 4.20

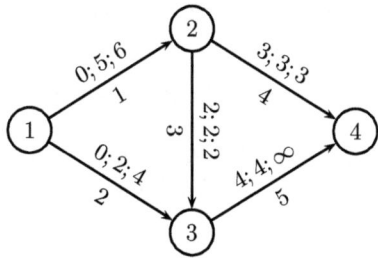

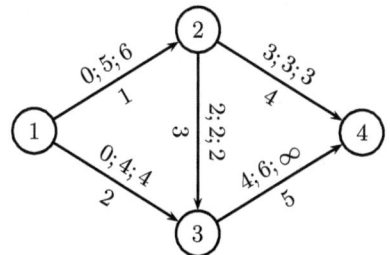

Abb. 4.18. Ausgangsfluss im 4. Verfahrensschritt

Abb. 4.19. Maximaler Fluss im 4. Verfahrensschritt

wiedergegeben, und wir bestimmen $C^*(\bar{d}_4) := C^*(\bar{d}_3) + \delta^K \omega = -71 + 2 \cdot 9 = -53$.

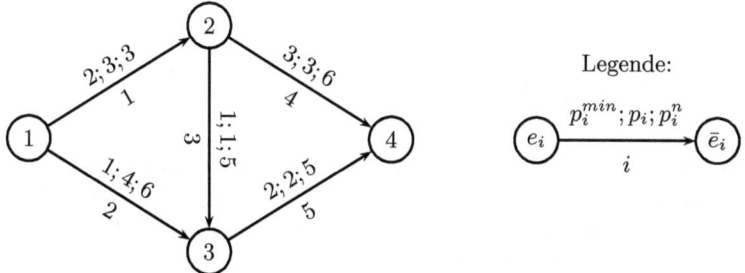

Abb. 4.20. CPM-Netzplan nach dem 4. Verfahrensschritt

Für den 5. Verfahrensschritt erhalten wir das kapazitierte Netzwerk in Abbildung 4.21 sowie den in Abbildung 4.22 dargestellten maximalen Fluss der Stärke 10.

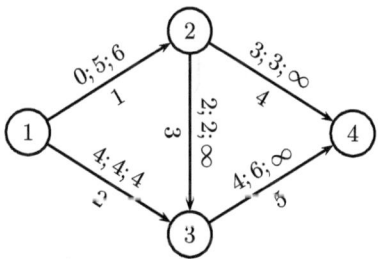

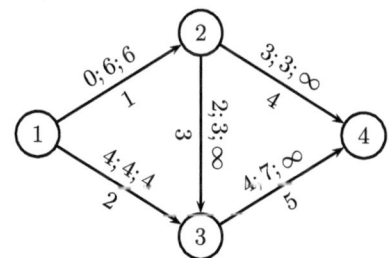

Abb. 4.21. Ausgangsfluss im 5. Verfahrensschritt

Abb. 4.22. Maximaler Fluss im 5. Verfahrensschritt

Der minimale $(1,4)$-Schnitt beinhaltet die Vorgänge 1 und 2. Daher ist

$$K^- = \{1,2\}, \; K^+ = \emptyset, \; \tilde{E} = \emptyset$$
$$\delta_1^K = \min\{1,3\} = 1, \; \delta_2^K = \infty, \; \delta_3^K = \infty, \; \delta^K = \min\{\delta_1^K, \delta_2^K, \delta_3^K\} = 1 \; ,$$

d.h. die Dauern der Vorgänge 1 und 2 werden um je eine Zeiteinheit vermindert, so dass wir für $\bar{d}_5 := \bar{d}_4 - 1 = 5$ den Netzplan in Abbildung 4.23 mit $C^*(\bar{d}_5) := C^*(\bar{d}_4) + \delta^K \omega = -53 + 1 \cdot 10 = -43$ erhalten.

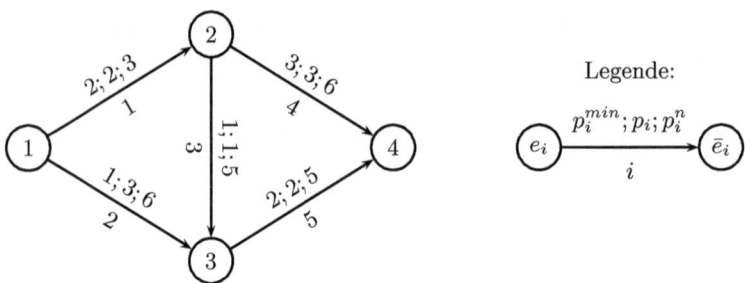

Abb. 4.23. CPM-Netzplan nach dem 5. Verfahrensschritt

Damit terminiert der Algorithmus von Kelley, da es einen kritischen Weg von Knoten 1 zu Knoten 4 gibt, auf dem die Dauern der kritischen Vorgänge i gerade den Minimaldauern p_i^{min} entsprechen. Im korrespondierenden Flussnetzwerk würde sich ein maximaler Fluss der Stärke ∞ ergeben. Das Projektende kann somit nicht früher als zum Zeitpunkt $\bar{d}_5 = 5$ eintreten. Abbildung 4.24 zeigt die konvexe, stückweise lineare Funktion $C^*(\bar{d})$ für $\bar{d} \in [5, 13]$.

Wir haben uns in diesem Abschnitt bislang ganz allgemein mit der Lösung des Optimierungsproblems (4.3) – (4.7) in Abhängigkeit des Parameters $\bar{d} \in [\bar{d}^{min}, \bar{d}^n]$ beschäftigt. Im Folgenden beschreiben wir das Vorgehen zur Lösung von Problem (4.3) – (4.7) für einen vorgeschriebenen Projektendtermin $\bar{d}'$, d.h. wir betrachten das Optimierungsproblem

$$\left.\begin{array}{ll} \text{Minimiere } C(p) = \sum_{i \in E} -a_i p_i & \\[1mm] \text{u.d.N.} \quad Z_{\bar{e}_i} - Z_{e_i} \geq p_i & (i \in E) \\[1mm] \quad\quad Z_1 = 0 & \\[1mm] \quad\quad Z_n = \bar{d}' & \\[1mm] \quad\quad p_i \in [p_i^{min}, p_i^n] & (i \in E). \end{array}\right\} \quad (4.9)$$

Um sicherzustellen, dass Problem (4.9) eine zulässige Lösung besitzt, nehmen wir an, dass $\bar{d}' \in [\bar{d}^{min}, \bar{d}^n]$ gilt. Zur Berechnung einer optimalen Lösung für das obige Problem können wir wieder den Algorithmus von Kelley verwenden. Dazu beginnen wir im ersten Verfahrensschritt mit den Vorgangsdauern $p_i^*(\bar{d}_0) := p_i^n$ für alle $i \in E$, wobei $\bar{d}_0$ gerade der Projektdauer $\bar{d}^n$ entspricht.

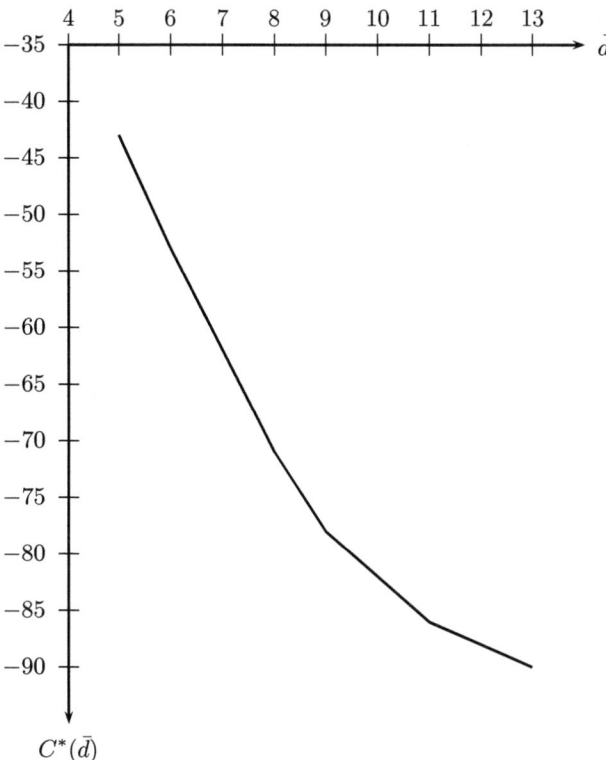

Abb. 4.24. Optimale Zielfunktionswerte $C^*(\bar{d})$ für $\bar{d} \in [\bar{d}^{min} = 5, \bar{d}^n = 13]$

Der Algorithmus von Kelley wird solange ausgeführt, bis im ϱ-ten Verfahrensschritt $\bar{d}_\varrho \leq \bar{d}' < \bar{d}_{\varrho-1}$ gilt. Sei $K = K^- \cup K^+$ die in diesem Verfahrensschritt ermittelte minimale Verkürzungsmenge mit dem zugehörigen Verkürzungsfaktor δ^K. Dann erhalten wir für die optimalen Vorgangsdauern

$$p_i^*(\bar{d}') := \begin{cases} p_i^*(\bar{d}_{\varrho-1}) - \delta & \text{für } i \in K^- \\ p_i^*(\bar{d}_{\varrho-1}) + \delta & \text{für } i \in K^+ \qquad (i \in E) \\ p_i^*(\bar{d}_{\varrho-1}) & \text{sonst} \end{cases}$$

mit $\delta := \bar{d}_{\varrho-1} - \bar{d}'$, $\delta \in [0, \delta^K]$. Die optimalen Eintrittszeitpunkte $Z_e^*(\bar{d}')$ der Ereignisse $e \in V$ ergeben sich nun unmittelbar aus den frühesten Eintrittszeitpunkten EZ_e der entsprechenden Ereignisse unter Berücksichtigung der Vorgangsdauern $p_i^*(\bar{d}')$, und der zugehörige optimale Zielfunktionswert ergibt sich wie bisher gemäß $C^*(\bar{d}') := C^*(\bar{d}_{\varrho-1}) + \delta\omega$, wobei ω die Stärke des im ϱ-ten Verfahrensschrittes bestimmten maximalen Flusses im zugehörigen kapazitierten Netzwerk N^F ist.

In der Praxis ist man außerdem häufig daran interessiert, die Dauer eines Projektes unter Berücksichtigung eines vorgegebenen Budgets L zu minimieren. Die mit der Ausführung eines Vorgangs $i \in E$ verbundenen Kosten sind, wie zu Beginn von Kapitel 4 beschrieben, gerade gleich $c_i(p_i) = b_i - a_i p_i$. Damit lautet unsere Optimierungsaufgabe

$$\text{Minimiere } Z_n \tag{4.10}$$

$$\text{u.d.N.} \quad Z_{\bar{e}_i} - Z_{e_i} \geq p_i \quad (i \in E) \tag{4.11}$$

$$Z_1 = 0 \tag{4.12}$$

$$\sum_{i \in E} (b_i - a_i p_i) \leq L \tag{4.13}$$

$$p_i \in [p_i^{min}, p_i^n] \quad (i \in E). \tag{4.14}$$

Nebenbedingung (4.13) stellt sicher, dass die Vorgangsdauern p_i so gewählt werden, dass das vorgegebene Budget L eingehalten wird. Alternativ können wir (4.13) auch in der Form

$$-\sum_{i \in E} a_i p_i \leq L'$$

mit

$$L' := L - \sum_{i \in E} b_i$$

schreiben. Um zu gewährleisten, dass für Problem (4.10) – (4.14) eine zulässige Lösung existiert, nehmen wir im Folgenden außerdem an, dass die Bedingung $-\sum_{i \in E} a_i p_i^n \leq L'$ erfüllt ist. Zur Bestimmung einer optimalen Lösung von Problem (4.10) – (4.14) nutzen wir ähnlich zur oben beschriebenen Vorgehensweise das Verfahren von Kelley. Dazu beginnen wir im ersten Verfahrensschritt wieder mit den Vorgangsdauern $p_i^*(\bar{d}_0) := p_i^n$ für alle $i \in E$, wobei $\bar{d}_0$ gerade der Projektdauer $\bar{d}^n$ entspricht. Der Algorithmus von Kelley wird solange ausgeführt, bis im ϱ-ten Verfahrensschritt für ein $\bar{d} \in [\bar{d}_\varrho, \bar{d}_{\varrho-1}]$ die Gleichung

$$-\sum_{i \in E} a_i p_i^*(\bar{d}) = L'$$

erfüllt ist. $p_i^*(\bar{d})$ für alle $i \in E$ und die zugehörigen Eintrittszeitpunkte $Z_e^*(\bar{d})$ für alle $e \in V$ stellen dann eine optimale Lösung mit dem Zielfunktionswert $Z_n^*(\bar{d})$ dar.

Zu Beginn dieses Kapitels haben wir unsere Ausführungen in Bezug auf das Time-Cost-Tradeoff-Problem dahingehend eingeschränkt, dass wir ausschließlich Vorgangseinzelkosten betrachten. Wie wir im Rahmen der Kostenanalyse in Abschnitt 1.4.2 gesehen haben, fallen im Zuge der Ausführung eines Projektes neben Vorgangseinzelkosten aber auch Gemeinkosten an. Wir beschreiben im Folgenden daher das Vorgehen zur Bestimmung eines Projektendtermins $\bar{d} \in [\bar{d}^{min}, \bar{d}^n]$ und zugehöriger Vorgangsdauern $p_i^*(\bar{d})$ derart, dass die Gesamtkosten bestehend aus Einzel- und Gemeinkosten minimal sind.

Die Zielfunktion

$$C(\bar{d}) = -\sum_{i \in E} a_i p_i^*(\bar{d})$$

bzw.

$$C'(\bar{d}) = \sum_{i \in E} \left(b_i + C(\bar{d}) \right) = \sum_{i \in E} \left(b_i - a_i p_i^*(\bar{d}) \right)$$

des betrachteten parametrischen Optimierungsproblems (4.3) – (4.7) mit Parameter $\bar{d} \in [\bar{d}^{min}, \bar{d}^n]$ berücksichtigt nur die Kosten, die sich einem Vorgang $i \in E$ unmittelbar zurechnen lassen. Der Übersichtlichkeit halber wollen wir im Folgenden die gesamten aus der Projektdurchführung resultierenden Einzelkosten, d.h. die optimalen Funktionswerte $C'^*(\bar{d}) = \sum_{i \in E} b_i + C^*(\bar{d})$, mit $C^{EK}(\bar{d})$ bezeichnen. Da $C^{EK}(\bar{d})$ gerade einer Parallelverschiebung von $C^*(\bar{d})$ entspricht (vgl. Abb. 4.24), ist die Funktion $C^{EK}(\bar{d})$ ebenso wie $C^*(\bar{d})$ konvex und stückweise linear. Die Knickstellen von $C^{EK}(\bar{d})$ in Abbildung 4.25 entsprechen gerade den Intervallgrenzen der Intervalle $[\bar{d}_\varrho, \bar{d}_{\varrho-1}]$, $\varrho = 1, \ldots, r$, die sich bei der Bestimmung von $C^*(\bar{d})$ mit Hilfe des Algorithmus von Kelley ergeben.

Wir nehmen nun an, dass die Gemeinkosten $C^{GK}(\bar{d})$, wie in Abbildung 4.25 skizziert, eine lineare Funktion in Abhängigkeit der Projektdauer $\bar{d} \in [\bar{d}^{min}, \bar{d}^n]$ darstellen. Man stelle sich dazu beispielsweise die Kosten für die Bauleitung bei einem Bauprojekt oder Versicherungsbeiträge vor, deren Höhe von der Dauer des betrachteten Projektes abhängt.

Die Durchführung eines Projektes in der Weise, dass das Projekt gerade zum Zeitpunkt $\bar{d}$ endet, führt somit zu Gesamtkosten $C^G(\bar{d}) := C^{GK}(\bar{d}) + C^{EK}(\bar{d})$ (vgl. Abb. 4.25). Die Funktion $C^G(\bar{d})$ ist wie $C^{EK}(\bar{d})$ konvex und stückweise linear, wobei die Knickstellen von $C^G(\bar{d})$ wie bei $C^{EK}(\bar{d})$ gerade den Intervallgrenzen $\bar{d}_\varrho$, $\varrho = 0, 1, \ldots, r$, entsprechen. Man kann daher zeigen, dass die Funktion $C^G(\bar{d})$ ihr Minimum an mindestens einer dieser Knickstellen annehmen muss.

Zur Ermittlung einer Projektdauer $\bar{d}^*$, die $C^G(\bar{d})$ minimiert, bestimmen wir für sämtliche Knickstellen $\bar{d}_\varrho$, $\varrho = 0, 1, \ldots, r$, den Funktionswert $C^G(\bar{d}_\varrho)$ und ermitteln den kleinsten Wert $\bar{d}_\varrho$, für den $C^G(\bar{d}_\varrho)$ minimal ist, d.h.

$$\bar{d}^* := \min \left\{ \bar{d}_\varrho \mid C^G(\bar{d}_\varrho) = \min_{\varrho' = 0, 1, \ldots, r} \left\{ C^G(\bar{d}_{\varrho'}) \right\} \right\}.$$

Für $\bar{d}^*$ lassen sich dann wie beschrieben die zugehörigen Dauern $p_i^*(\bar{d}^*)$ der Vorgänge $i \in V$ sowie die Eintrittszeitpunkte $Z_e^*(\bar{d}^*)$ der Ereignisse $e \in V$ ermitteln.

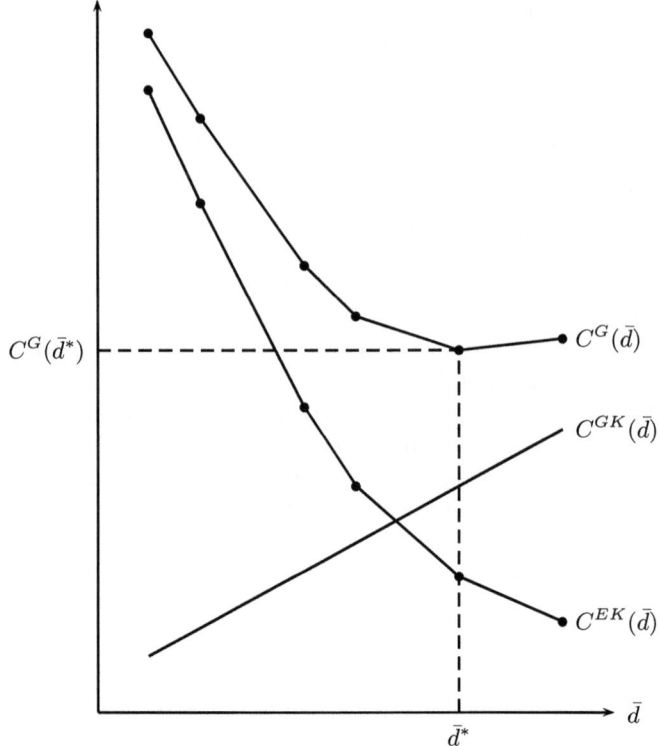

Abb. 4.25. Bestimmung minimaler Gesamtkosten $C^G(\bar{d})$

4.3 Time-Cost-Tradeoff für Netzpläne mit allgemeinen Zeitbeziehungen

In diesem Abschnitt behandeln wir das Time-Cost-Tradeoff-Problem für MPM-Netzpläne $N = \langle V, E; \delta \rangle$ mit allgemeinen Zeitbeziehungen, d.h. wir betrachten die Optimierungsaufgabe

$$\left.\begin{array}{ll} \text{Minimiere } - \sum\limits_{i \in V} a_i p_i & \\ \text{u.d.N.} \quad S_j - S_i \geq \delta_{ij}(p_i, p_j) & (\langle i, j \rangle \in E) \\ \qquad\quad S_0 = 0 & \\ \qquad\quad S_{n+1} = \bar{d} & \\ \qquad\quad p_i \in [p_i^{min}, p_i^n] & (i \in V) \end{array}\right\} \qquad (4.15)$$

Ebenso wie für Netzpläne mit Vorrangbeziehungen (vgl. Abschnitt 4.2) kann Problem (4.15) als parametrisches Optimierungsproblem mit dem Parameter $\bar{d}$ aufgefasst werden. Anders als bei Netzplänen mit Vorrangbeziehungen nehmen wir nun an, dass die Pfeilbewertungen $\delta_{ij}(p_i, p_j)$, $\langle i, j \rangle \in E$, lineare Funktionen der Vorgangsdauern p_i und p_j darstellen, womit sich sämtliche der vier in Abschnitt 1.4.1 erläuterten Arten von Verknüpfungstypen zwischen zwei Vorgängen i und j darstellen lassen.

Wir betrachten zur Veranschaulichung ein Projekt, das aus vier realen Vorgängen mit den in Tabelle 4.9 angegebenen Dauern und entsprechenden Kostenfaktoren a_i besteht, wobei wir analog zu Abschnitt 4.2 annehmen, dass für die Vorgangsdauern aller Vorgänge $i \in V$ zu Beginn des Verfahrens $p_i := p_i^n$ gelte. Zudem setzen wir voraus, dass bei Wahl der Normaldauer p_i^n für alle Vorgänge $i \in V$ keine Zyklen positiver Länge im Netzplan entstehen.

Tabelle 4.9. Dauern der Vorgänge 1 bis 4

$i \in V$	1	2	3	4
p_i^{min}	1	3	2	4
p_i	4	5	6	10
p_i^n	4	5	6	10
a_i	3	3	2	1

Weiterhin seien die folgenden Zeitbeziehungen zwischen den Vorgängen gegeben

- Vorgang 2 soll frühestens $^{es}T_{12}^{min} = 2$ Zeiteinheiten nach dem Ende von Vorgang 1 starten.
- Vorgang 3 soll frühestens $^{se}T_{13}^{min} = 8$ Zeiteinheiten nach dem Start von Vorgang 1 und frühestens $^{se}T_{23}^{min} = 1$ Zeiteinheit nach dem Start von Vorgang 2 enden.
- Vorgang 4 soll frühestens $^{ss}T_{34}^{min} = 4$ Zeiteinheiten nach dem Beginn von Vorgang 3 starten und frühestens $^{ee}T_{24}^{min} = 3$ Zeiteinheiten nach dem Ende von Vorgang 2 enden.

Für das beschriebene Projekt erhalten wir den in Abbildung 4.26 dargestellten MPM-Netzplan, wobei $ES_5 = 16$ gilt.

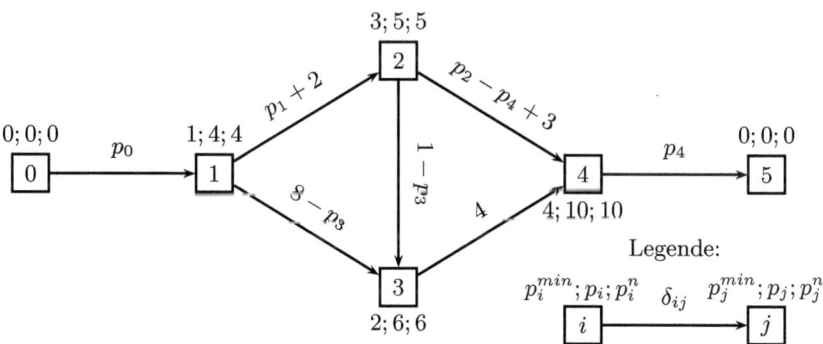

Abb. 4.26. MPM-Netzplan

Die Schwierigkeit bei der Lösung des Time-Cost-Tradeoff-Problems für Netzpläne mit allgemeinen Zeitbeziehungen liegt darin, dass mehrere Zeitbeziehungen von ein und derselben Vorgangsdauer abhängen können (bspw. hängen die Zeitbeziehungen δ_{13} und δ_{23} beide von der Dauer des Vorgangs 3 ab) und unterschiedliche Verknüpfungstypen vorliegen können. Deshalb transformieren wir den zugrunde liegenden MPM-Netzplan $N = \langle V, E; \delta \rangle$, ähnlich zu dem in ELMAGHRABY und KAMBUROWSKI (1992) beschriebenen Vorgehen, in ein Ereignisknotennetz $\check{N} = \langle \check{V}, \check{E}; \check{\delta} \rangle$. Hierbei ordnen wir jedem Vorgang $i \in V$ ein Paar entgegengesetzt gerichteter Pfeile $\{\langle e_i, \bar{e}_i \rangle, \langle \bar{e}_i, e_i \rangle\} \in \check{E}$ zu, deren Bewertung für $\langle e_i, \bar{e}_i \rangle$ gerade p_i und für $\langle \bar{e}_i, e_i \rangle$ gerade $-p_i$ entspricht. Der Knoten e_i repräsentiert dann wie in einem CPM-Netzplan das Startereignis von Vorgang i und Knoten $\bar{e}_i$ das Endereignis von i. Auf diese Weise gilt $|\check{V}| = 2|V|$. Abbildung 4.27 zeigt den entsprechend modifizierten Netzplan $\check{N}$ für den MPM-Netzplan aus Abbildung 4.26 mit Vorgangsdauern p_i^n, in dem die Vorgänge $i \in V$ den durchgezogenen Pfeilen entsprechen.

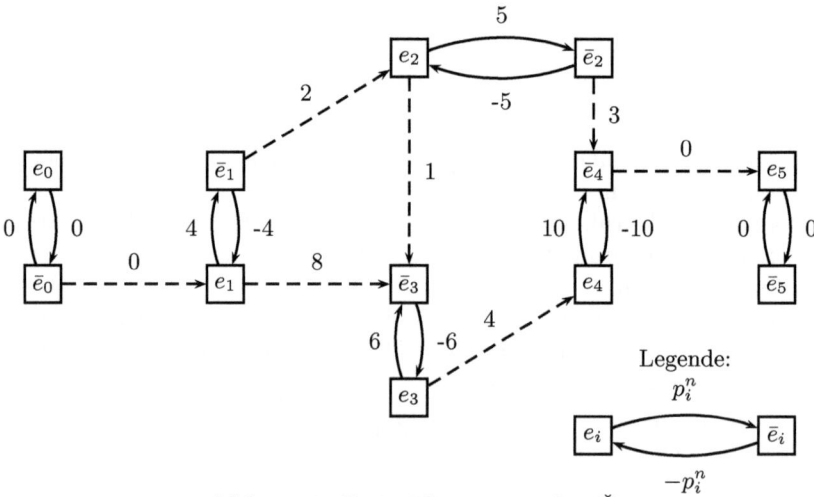

Abb. 4.27. Ereignisknotennetzplan $\check{N}$

Die gestrichelten Pfeile in Abbildung 4.27 repräsentieren die allgemeinen Zeitbeziehungen zwischen den Start- und Endzeitpunkten der Vorgänge. Beispielsweise soll Vorgang 3 frühestens 8 Zeiteinheiten nach dem Start von Vorgang 1 enden. Um diese Zeitbeziehung abzubilden, führen wir einen Pfeil mit der Bewertung $\check{\delta}_{e_1, \bar{e}_3} := 8$ von Knoten e_1, der den Start von Vorgang 1 repräsentiert, zu Knoten $\bar{e}_3$ ein, der das Ende der Durchführung von Vorgang 3 symbolisiert. Weiterhin gilt z.B., dass Vorgang 4 frühestens 3 Zeiteinheiten nach dem Ende von Vorgang 2 beendet werden darf. Dieser Zeitbeziehung entspricht der Pfeil von Knoten $\bar{e}_2$ nach Knoten $\bar{e}_4$ mit der Bewertung $\check{\delta}_{\bar{e}_2, \bar{e}_4} := 3$. Es ist zu beachten, dass der resultierende modifizierte Netzplan $\check{N}$, anders als bei CPM-Netzplänen, zwei Arten von Pfeilen enthält. Zum einen sind genau $|E|$ Pfeile vorhanden, die die Zeitbeziehungen repräsentieren (gestrichelt dargestellt) und zum anderen sind $2|V|$ Pfeile enthalten, die die Vorgänge darstellen.

HAJDU (1997, Kapitel 7) stellt eine Variante des Verfahrens von Kelley vor, die zur Lösung des Time-Cost-Tradeoff Problems mit allgemeinen Zeitbeziehungen auf Ereignisknotennetze angewendet werden kann. Im Folgenden beschreiben wir einen Verkürzungsschritt, d.h. das Vorgehen zur Lösung des nicht-parametrischen Optimierungsproblems (4.15) für ein Teilintervall $[\bar{d}_\varrho, \bar{d}_{\varrho-1}]$. Hierzu geben wir die gegenüber unseren Ausführungen in Abschnitt 4.2 notwendigen Änderungen an.

Wir nehmen an, dass die optimalen Funktionswerte $p_i^*(\bar{d}_{\varrho-1}), i \in V$, und $Z_e^*(\bar{d}_{\varrho-1}), e \in \check{V}$, bereits bestimmt wurden. Dem entsprechenden Ereignisknotennetzplan $\check{N}$ des Verkürzungsschritts ordnen wir wie folgt ein kapazitiertes Flussnetzwerk $\check{N}^F = \langle \check{V}, \check{E}^F; \lambda, \kappa \rangle$ zu. Die Pfeilmenge $\check{E}^F$ setzt sich aus den beiden disjunkten Mengen Δ und V^r, $\Delta \cap V^r = \emptyset$, zusammen. Die Menge Δ enthält diejenigen Pfeile $\langle h, l \rangle \in \check{E}$ des Ereignisknotennetzplans, die bindende Zeitbeziehungen darstellen, für die also

$$Z_l^*(\bar{d}_{\varrho-1}) - Z_h^*(\bar{d}_{\varrho-1}) = \check{\delta}_{hl} \quad (\langle h, l \rangle \in \check{E})$$

gilt. Menge V^r erhalten wir, indem wir für jedes Paar entgegengesetzt gerichteter Vorgangspfeile $\{\langle e_i, \bar{e}_i \rangle, \langle \bar{e}_i, e_i \rangle\} \in \check{E}$ jeweils den Vorwärtspfeil $\langle e_i, \bar{e}_i \rangle$ übernehmen. Somit beinhaltet V^r genau $|V|$ Pfeile.

Die Minimal- und Maximalkapazitäten λ und κ wählen wir wieder so, dass wir, wie beim Verfahren von Kelley, eine minimale Verkürzungsmenge K aus einem minimalen $(e_0, \bar{e}_{n+1})$-Schnitt in $\check{N}^F$ erhalten. Zu diesem Zweck zerlegen wir die Pfeilmenge $V^r \subset \check{E}^F$ in vier disjunkte Teilmengen $\check{E}_1^F, \ldots, \check{E}_4^F$. Die Zuordnung eines Vorgangs $i \in V$ zu einer der Teilmengen $\check{E}_1^F, \ldots, \check{E}_4^F$ und die resultierenden Minimal- und Maximalkapazitäten λ und κ für den entsprechenden Vorgangspfeil $\langle e_i, \bar{e}_i \rangle \in V^r$ sind in Tabelle 4.10 dargestellt. Die Pfeile $\langle i, j \rangle \in \Delta$ erhalten als Minimalkapazität den Wert $\lambda_{ij} := 0$ und als Maximalkapazität den Wert $\kappa_{ij} := \infty$.

Tabelle 4.10. Bestimmung der Minimal- und Maximalkapazitäten der Pfeile in V^r

$\langle e_i, \bar{e}_i \rangle_{i \in V}$	Dauer $p_i^*(\bar{d}_{\varrho-1})$	$\lambda_{e_i, \bar{e}_i}$	$\kappa_{e_i, \bar{e}_i}$
$\check{E}_1^F$	$p_i^{min} < p_i^*(\bar{d}_{\varrho-1}) = p_i^n$	$-\infty$	a_i
$\check{E}_2^F$	$p_i^{min} = p_i^*(\bar{d}_{\varrho-1}) < p_i^n$	a_i	∞
$\check{E}_3^F$	$p_i^{min} < p_i^*(\bar{d}_{\varrho-1}) < p_i^n$	a_i	u_i
$\check{E}_4^F$	$p_i^{min} = p_i^*(\bar{d}_{\varrho-1}) = p_i^n$	$-\infty$	∞

Analog zum Fall, bei dem ausschließlich Vorrangbeziehungen vorliegen (vgl. Abschnitt 4.2.2), gilt für einen minimalen Schnitt $C(A, B)$ des Flussnetzwerks $\check{N}^F$, dass

$$K := K^- \cup K^+$$

mit

$$K^- := C(A, B) \quad \text{und} \quad K^+ := \{i \in C(B, A) \mid i \in \check{E}_2^F \cup \check{E}_3^F\}$$

eine minimale Verkürzungsmenge für Ereignisknotennetz $\check{N}$ darstellt. Die Kapazität des minimalen Schnittes entspricht dem Kostenfaktor der minimalen Verkürzungsmenge.

Wir illustrieren die Konstruktion des Flussnetzwerks für den in Abbildung 4.27 dargestellte Ereignisknotennetzplan $\check{N}$ und anschließend den ersten Verkürzungsschritt für das Intervall $[\bar{d}_1, \bar{d}_0]$. Für $\check{N}$ erhalten wir $\bar{d}_0 = 16$ (Länge eines kritischen Weges von e_0 nach $\bar{e}_5$ für Vorgangsdauern p_i^n). Ferner ergeben sich die frühesten Eintrittszeitpunkte $Z_e^*(\bar{d}_0)$ aller Ereignisse $e \in \check{V}$ gemäß Tabelle 4.11.

Tabelle 4.11. Früheste Eintrittszeitpunkte Z_e^* der Ereignisse $e \in \check{V}$ für $\bar{d}_0 = 16$

$i \in V$	0	1	2	3	4	5
$Z_{e_i}^*$	0	0	6	2	6	16
$Z_{\bar{e}_i}^*$	0	4	11	8	16	16

Da $p_i^{min} < p_i^*(\bar{d}_0) = p_i^n$ für $i \in V \setminus \{0, n+1\}$ gilt, setzen wir für alle Vorgangspfeile $\langle e_i, \bar{e}_i \rangle$ im Flussnetzwerk $\check{N}^F$ die Minimalkapazität auf $\lambda_{e_i, \bar{e}_i} := -\infty$ und die Maximalkapazität auf $\kappa_{e_i, \bar{e}_i} := a_i$ (vgl. Tab. 4.9). Die zugehörigen Pfeile der Vorgänge 0 und $n+1$ erhalten stets die Kapazitäten $\lambda_{e_0, \bar{e}_0} = \lambda_{e_{n+1}, \bar{e}_{n+1}} := -\infty$ bzw. $\kappa_{e_0, \bar{e}_0} = \kappa_{e_{n+1}, \bar{e}_{n+1}} := \infty$ (und können streng genommen mitsamt ihrer Knoten aus dem Flussnetzwerk entfernt werden).

Die Zeitbeziehungen zwischen den Ereignissen $\bar{e}_0$ und e_1, $\bar{e}_1$ und e_2, e_1 und $\bar{e}_3$, e_3 und e_4 sowie $\bar{e}_4$ und e_5 sind bindend, d.h. wir setzen die Minimalkapazität der entsprechenden Pfeile $\langle i, j \rangle \in \Delta$ auf $\lambda_{ij} := 0$ und die Maximalkapazität $\kappa_{ij} := \infty$. Die übrigen Zeitbeziehungen sind nicht bindend und werden daher nicht als Pfeil in das Flussnetzwerk übernommen. Abbildung 4.28 zeigt das zum ersten Verfahrensschritt gehörige Flussnetzwerk $\check{N}^F$.

Wir bestimmen mit Hilfe des Algorithmus von Ford und Fulkerson einen maximalen Fluss in Netzwerk $\check{N}^F$ von Knoten e_0 (Flussquelle) nach Knoten $\bar{e}_5$ (Flusssenke). Um das Verfahren zu beginnen, wählen wir den Nullfluss als zulässigen Ausgangsfluss. Abbildung 4.28 zeigt den ermittelten maximalen Fluss der Stärke $\omega = 1$. Der minimale $(e_0, \bar{e}_5)$-Schnitt, den wir in der letzten Iteration des Algorithmus von Ford und Fulkerson erhalten, enthält den Vorgangspfeil $\langle e_4, \bar{e}_4 \rangle$ sowie den Pfeil $\langle \bar{e}_2, \bar{e}_4 \rangle$, der einen Mindestabstand vom Typ Ende-Ende zwischen den Vorgängen 2 und 4 repräsentiert. Der konträre Schnitt ist leer. Somit gilt

$$K^- = \{4\}, K^+ = \emptyset.$$

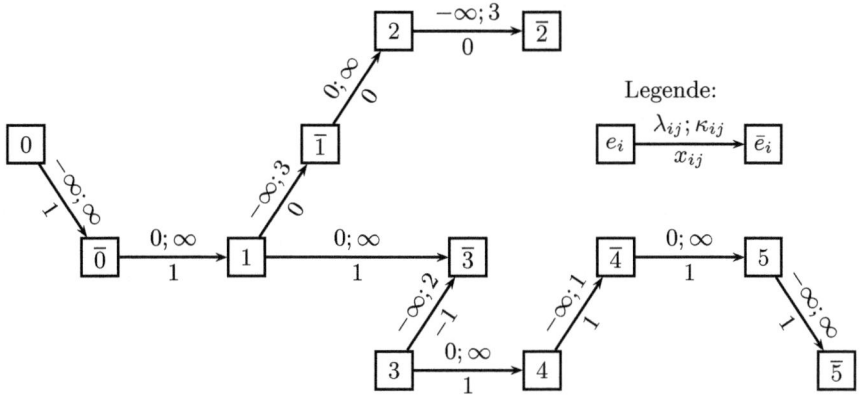

Abb. 4.28. Flussnetzwerk und Maximalfluss im ersten Verfahrensschritt

Als Nächstes muss der zugehörige Verkürzungsfaktor δ^K ermittelt werden. Hierzu definieren wir die Menge

$$\tilde{E} := \{\langle h, l\rangle \in \check{E} \setminus (V^r \cup \Delta)|(h \in A \wedge l \in B) \vee (h \in B \wedge l \in A)\}$$

und setzen

$$\delta^K := \min\{\delta_1^K, \delta_2^K, \delta_3^K\}$$

mit

$$\delta_1^K := \min_{i \in K^-} \{p_i^*(\bar{d}_{\varrho-1}) - p_i^{min}\}$$
$$\delta_2^K := \min_{i \in K^+} \{p_i^n - p_i^*(\bar{d}_{\varrho-1})\}$$
$$\delta_3^K := \min_{\langle h,l\rangle \in \tilde{E}} \{Z_l^*(\bar{d}_{\varrho-1}) - Z_h^*(\bar{d}_{\varrho-1}) - \check{\delta}_{hl}\} \,.$$

δ_1^K und δ_2^K sorgen dafür, dass bei einer Verkürzung bzw. Verlängerung der Dauer eines Vorgangs $i \in V$ die zugehörige Mindestdauer p_i^{min} bzw. Höchstdauer p_i^n nicht unter- bzw. überschritten wird. δ_3^K gewährleistet, dass die Dauer eines Vorgangs aus K^- nur soweit verkürzt werden kann, bis ein nicht bindender Zeitabstand bindend wird bzw. die Dauer eines Vorgangs aus K^+ nur soweit verlängert werden kann, bis ein nicht bindender Zeitabstand bindend wird.

Für unser Beispiel ergeben sich mit $K^- = \{4\}, K^+ = \emptyset$ und $\tilde{E} = \{\langle \bar{e}_2, \bar{e}_4\rangle\}$ folgende Werte für $\delta_1^K, \ldots, \delta_3^K$:

$$\delta_1^K := p_4^* - p_4^{min} = 10 - 4 = 6,$$
$$\delta_2^K := \infty$$
$$\delta_3^K := Z_{\bar{e}_4}^* - Z_{\bar{e}_2}^* - \check{\delta}_{\bar{e}_2,\bar{e}_4} = 16 - 11 - 3 = 2.$$

Für den Verkürzungsfaktor δ^K gilt somit

$$\delta^K := \min\{6, \infty, 2\} = 2.$$

Wegen $\delta^K = 2$ kann die Dauer von Vorgang 4 um höchstens zwei Zeiteinheiten verkürzt werden, bis die Zeitbeziehung zwischen Vorgang 2 und Vorgang 4 bindend wird. Durch die Verkürzung von Vorgang 4 um $\delta^K = 2$ Zeiteinheiten gelangen wir ausgehend von der Projektdauer $\bar{d}_0 = 16$ zur Projektdauer $\bar{d}_1 := \bar{d}_0 - \delta^K = 16 - 2 = 14$. Die zur neuen Projektdauer gehörenden Eintrittszeitpunkte aller Ereignisse $e \in \check{V}$ erhalten wir, indem wir die Eintrittszeitpunkte aller in B liegenden Ereignisse um δ^K reduzieren

$$Z_e^*(\bar{d}_\varrho) := \begin{cases} Z_e^*(\bar{d}_{\varrho-1}) - \delta^K & \text{falls } e \in B \\ Z_e^*(\bar{d}_{\varrho-1}) & \text{sonst}. \end{cases} \qquad (e \in V)$$

Ausgehend von der Projektdauer $\bar{d}_1$ können wir sukzessive weitere Verkürzungsmengen bestimmen, bis wir mit $\bar{d}_3 = 10$ die kleinstmögliche Projektdauer erreichen. In Tabelle 4.12 sind die Zeitintervalle, Verkürzungsmengen und Kostenfaktoren für sämtliche Verkürzungsschritte dargestellt. Der modifizierte Kelley-Algorithmus terminiert, sobald auf einem kritischen Weg von Knoten e_0 nach Knoten $\bar{e}_{n+1}$ alle Vorgänge mit ihrer kleinsten Dauer p_i^{min} ausgeführt werden und alle Zeitbeziehungen entlang dieses Weges bindend sind. Dies resultiert im korrespondierenden Flussnetzwerk $\check{N}^F$ in einem maximalen Fluss $\omega_{e_0, \bar{e}_{n+1}}$ der Stärke ∞.

Tabelle 4.12. Verfahrensschritte für $\varrho = 1, \ldots, 3$

ϱ	$[\bar{d}_\varrho, \bar{d}_{\varrho-1}]$	K^-	δ^K	a^K
1	$[14, 16]$	$\{4\}$	2	1
2	$[12, 14]$	$\{2,4\}$	2	4
3	$[10, 12]$	$\{1,4\}$	2	4

4.4 Bau eines Biomassekraftwerks

Die RBT GmbH ist ein innovativer Betrieb der Holzindustrie. Jährlich verarbeitet das Unternehmen über 300 000 Festmeter Rundholz aus heimischen Beständen zu einem breiten Angebot an geschnittenen und auf Wunsch veredelten Qualitätshölzern sowie Hobelware. Von den verarbeiteten Stämmen fallen im Produktionsprozess des Sägewerks etwa 300 000 Schüttraummeter Nebenprodukte an. Etwa 80% dieser Nebenprodukte machen Hackschnitzel aus, die übrigen 20% sind Späne. Dazu kommen noch etwa 60 000 Schüttraummeter Rinde. Getreu dem Firmenmotto „Kein Span geht verloren", sollen die Nebenprodukte in Zukunft einer wirtschaftlichen Verwertung zugeführt werden. Hierzu plant das Unternehmen auf dem Firmengelände ein Biomassekraftwerk zu errichten, in dem durch die Verbrennung der Nebenprodukte elektrische und thermische Energie erzeugt wird. Langfristig sollen Gewinne aus der Einspeisevergütung für Strom aus Biomasse erzielt werden. Die thermische Energie wird in den firmeneigenen Trockenkammern eingesetzt.

Für das Projekt „Biomassekraftwerk" werden wir zunächst eine Struktur- und Zeitanalyse durchführen (vgl. Abschnitt 4.4.1). Im Anschluss erfolgt dann die Zeitplanung (vgl. Abschnitt 4.4.2). Des Weiteren wenden wir das vorgestellte Verfahren für Time-Cost-Tradeoff-Probleme mit allgemeinen Zeitbeziehungen auf das Projekt an (vgl. Abschnitt 4.4.3).

4.4.1 Struktur- und Zeitanalyse

Im Rahmen der Strukturanalyse werden alle Vorgänge und Ereignisse ermittelt, die für die erfolgreiche Durchführung des Projektes erforderlich sind. Gleichzeitig wird überprüft, welche Anordnungsbeziehungen zwischen den Vorgängen bestehen, um für jeden Vorgang seine unmittelbaren Vorgänger und Nachfolger angeben zu können. Anschließend werden aus den Anordnungsbeziehungen entsprechende Zeitbeziehungen zwischen den einzelnen Projektvorgängen abgeleitet. Hierfür sind im Rahmen der Zeitanalyse die Vorgangsdauern sowie die Mindest- und Höchstabstände zwischen den Vorgängen zu quantifizieren. Die resultierenden Vorgänge, Ereignisse und Zeitbeziehungen stellen wir in einem MPM-Netzplan dar.

Durch die Analyse des Projektes „Biomassekraftwerk" hinsichtlich der durchzuführenden Teilprojekte und Arbeitspakete konnten die in Tabelle 4.13 dargestellten Vorgänge identifiziert werden.

Zwischen den ermittelten Projektvorgängen lassen sich 19 verschiedene technische, logische oder ablauforganisatorische Vorgänger-Nachfolger-Beziehungen identifizieren:

1. Zu Beginn des Projekts erfolgen allgemeine Vorarbeiten (Vorgang 1). Darunter fallen die Erstellung von Bauplänen, Genehmigungsverfahren und weitere allgemeine Planungen, insbesondere die Auswahl des Brennkessels, der Turbine und der anlagenseitigen Peripherie (Fördertechnik, Filter etc.). Das Startereignis von Vorgang 1 stellt gleichzeitig den Projektstart dar.

2. Der Bestellung der technischen Komponenten (Vorgang 2) muss deren Auswahl (Vorgang 1) vorangehen.

3. Bevor die technischen Komponenten angeliefert werden können (Vorgang 3), müssen sie bestellt werden (Vorgang 2) und die vorbereitenden Arbeiten auf dem Gelände (Vorgang 5) (Begradigen, Aufschieben von Wegen und Lagerflächen) müssen beendet worden sein.

Tabelle 4.13. Vorgänge des Praxisprojektes

Vorgang	Beschreibung
1	Vorbereitung, Planung, Auswahl der technischen Komponenten für das Biomassekraftwerk (Kessel, Turbine, Generator), Auswahl der peripheren Anlagenkomponenten (Förder- und Steuerungstechnik)
2	Bestellung der technischen Komponenten
3	Lieferung der technischen Komponenten durch eine Spedition
4	Bestellung von Baumaterialien: Zement, Sand, Kies, Armierung, Dachkonstruktion und Rauchgaskamin, Schalungen, Betonteile, Innenkonstruktion
5	Vorbereitende Arbeiten auf dem Baugelände: Ausheben, Begradigen, Lagerflächen schaffen, Wege aufschieben
6	Bereitstellung spezieller Baumaschinen durch ein Transporttechnikunternehmen
7	Lieferung von Kies, Zement, Sand und Armierung
8	Lieferung von Schalungen und vorbereiteten Rohbaubetonteilen, Lieferung der Innenkonstruktion
9	Lieferung der teilweise vormontierten Dachkonstruktion und des Rauchgaskamins
10	Vorarbeiten für das Fundament, Frostkoffer und Drainage legen
11	Gießen des Plattenfundaments für das Biomassekraftwerk
12	Rohbau, Montage technischer Komponenten und Innenkonstruktion
13	Installation von Kessel, Turbine und Generator
14	Montage der Dachkonstruktion und des Rauchgaskamins
15	Abnahme der technischen Komponenten und Vorbereitung der Inbetriebnahme

4. Die benötigten Baumaterialien (Zement, Sand, Armierung etc.), die Stahlträger und die Unterkonstruktion für Kessel und Turbine (Vorgang 4) können nach Abschluss der Vorarbeiten (Vorgang 1) bestellt werden.

5. Mit den Geländearbeiten (Vorgang 5) kann unmittelbar nach Abschluss der Vorarbeiten (Vorgang 1) begonnen werden.

6. Die Bereitstellung bzw. Überführung der benötigten zusätzlichen Baumaschinen (Vorgang 6) (Planierraupen, Mulden-Hinterkipper etc.) soll frühestens zeitgleich mit den Geländearbeiten (Vorgang 5) beginnen.

7. Es sind drei Arbeitstage notwendig, um entsprechende Lagerflächen für die Baumaterialien auf dem Betriebsgelände zu schaffen. Die Anlieferung der Baumaterialien (Vorgang 7) kann also unmittelbar nach deren Bestellung beginnen (Vorgang 4), darf aber frühestens drei Tage nach Beginn der Bodenarbeiten (Vorgang 5) erfolgen.

8. Die Lieferung der Fertigbetonteile und der Schalungen für den Rohbau sowie der Innenkonstruktion des Kraftwerks (Vorgang 8) kann unmittelbar

nach Abschluss der Bestellung (Vorgang 4) und zeitgleich mit dem Beginn der Bodenarbeiten (Vorgang 5) starten.

9. Die Dachkonstruktion (Vorgang 9) kann frühestens nach Abschluss der Bestellung (Vorgang 4) angeliefert werden. Die Erdarbeiten (Vorgang 5) und die Anlieferung der Dachkonstruktion können zeitgleich beginnen.

10. Mit den Vorarbeiten für das Fundament (Ausschachten, Frostkoffer, Drainage) (Vorgang 10) kann begonnen werden, nachdem die benötigten Baumaschinen geliefert (Vorgang 6) und die Erdarbeiten (Vorgang 5) abgeschlossen worden sind.

11. Mit der Ausführung der Gründungsplatte (Vorgang 11) kann auf Teilflächen schon begonnen werden, auch wenn die Vorarbeiten (Vorgang 10) für die Gesamtfläche noch nicht vollständig abgeschlossen wurden. Allerdings ist stets ein Zeitabstand von mindestens fünf Tagen zwischen diesen beiden Vorgängen einzuhalten, in denen sich der Frostkoffer setzen und verdichten kann.

12. Bevor mit dem Gießen des Fundaments (Vorgang 11) begonnen werden kann, ist sicherzustellen, dass genügend Zement und Sand angeliefert wurde (Vorgang 7). Als ausreichend werden drei Tageslieferungen angenommen. Des Weiteren soll während der gesamten Durchführung der Fundamentarbeiten ständig ein Sicherheitsbestand an Zement und Sand in Höhe von drei Tageslieferungen auf der Baustelle vorhanden sein. Einen Meilenstein im Projektablauf stellt die Fertigstellung des Fundaments dar, die spätestens 100 Tage nach Projektstart erfolgen soll.

13. Mit der Baufirma, die die Lieferung von Zement und Sand (Vorgang 7), die Fundamentarbeiten (Vorgang 11) und die Erstellung des Rohbaus (Vorgang 12) übernimmt, wurde vereinbart, dass sie sämtliche Leistungen innerhalb eines Zeitraums von 65 Tagen erbringt.

14. Nachdem das Fundament gegossen wurde (Vorgang 11), kann sofort mit dem Rohbau und der Montage der technischen Komponenten sowie der Innenkonstruktion (Vorgang 12) begonnen werden. Fundamentflächen müssen jedoch mindestens 10 Tage aushärten, bevor auf ihnen weitere Arbeiten vorgenommen werden können.

15. Während der Rohbauphase (Vorgang 12) sollte immer ein genügend großer Bestand an Fertigbetonteilen bzw. Schalungen (Vorgang 8) vor Ort vorhanden sein. Es wird davon ausgegangen, dass ein Bestand in Höhe von zehn Tageslieferungen ausreicht.

16. Nach Abschluss des Rohbaus (Vorgang 12) können die technischen Anlagenkomponenten installiert werden (Vorgang 13).

17. Dachkonstruktion und Rauchgaskamin können erst dann montiert werden (Vorgang 14), wenn Kessel, Turbine und Generator installiert wurden (Vorgang 13). Die einzelnen Teile der Dachkonstruktion können nicht sofort nach ihrer Anlieferung (Vorgang 9) verbaut werden, sondern müssen zunächst geprüft und sortiert werden. Dieses nimmt zwei Arbeitstage in Anspruch. Natürlich kann die Montage der Dachkonstruktion erst dann beendet werden, wenn auch alle Teile angeliefert, überprüft und montiert

wurden. Lieferung und Montage der Dachkonstruktion und des Rauch-
gaskamins werden durch ein Spezialunternehmen durchgeführt, mit dem
vereinbart wurde, dass es sämtliche Leistungen innerhalb von 100 Tagen
erbringt.

18. Die Abnahme von Kessel, Turbine und Generator (Vorgang 15) kann zeitgleich mit der Montage des Daches beginnen. Der Zeitpunkt des Abschlusses der Abnahme steht stellvertretend für die Fertigstellung des gesamten
Projekts. Daher ist zu fordern, dass dieser frühestens nach Fertigstellung
des Daches (Vorgang 14) eintreten kann.

19. Die Anlieferung der technischen Komponenten (Vorgang 3) soll bedarfs-
synchron zum Beginn der Montage (Vorgang 12) erfolgen, um die relativ
aufwändige Lagerung der hochwertigen Komponenten weitestgehend zu
vermeiden.

Tabelle 4.14 zeigt zusammenfassend die aus den Beschreibungen der Abhängigkeiten abgeleitete Vorgangsliste, die für jeden Projektvorgang seine unmittelbaren Vorgänger und Nachfolger aufführt.

Tabelle 4.14. Vorgänge mit jeweiligen Vorgängern und Nachfolgern

Nr.	Vorgang	Vorgänger	Nachfolger
1	Vorbereitung	—	2, 4, 5, 11
2	Bestellung technischer Komponenten	1	3
3	Lieferung technischer Komponenten	2, 5	12
4	Bestellung Baumaterialien	1	7, 8, 9
5	Erdarbeiten auf Gelände	1	3, 6, 7, 8, 9, 10
6	Bereitstellung Baumaschinen	5	10
7	Lieferung Kies, Zement, Sand	4, 5	11, 12
8	Lieferung Schalung, Betonteile, Innenkonstr.	4, 5	12
9	Lieferung Dach und Rauchgaskamin	4, 5	14
10	Vorbereitung Fundament	5, 6	11
11	Gießen Fundament	1, 7, 10	12
12	Rohbau	3, 7, 8, 11	13
13	Installation technischer Komponenten	12	14
14	Montage Dach und Rauchgaskamin	9, 13	15
15	Projektabnahme	14	—

Aus den verbalen Beschreibungen der Anordnungsbeziehungen lassen sich
die entsprechenden Zeitbeziehungen zwischen den Vorgängen ableiten. Zur
Veranschaulichung des Vorgehens greifen wir im Folgenden exemplarisch zwei
der Beschreibungen heraus und leiten die implizierten Zeitbeziehungen ab.

13. Mit der Baufirma, die die Lieferung von Zement und Sand, die Fundamentarbeiten und die Erstellung des Rohbaus übernimmt, wurde verein-

bart, dass sie sämtliche Leistungen innerhalb eines Zeitraums von 65 Tagen erbringt.

Die Beschreibung impliziert einen zeitlichen Höchstabstand vom Typ Start-Ende zwischen den Vorgängen 7 und 12. Wir führen also einen Pfeil $\langle 12, 7 \rangle$ mit der Bewertung $\delta_{12,7} = p_{12} - {}^{se}T_{7,12}^{max} = p_{12} - 65$ im MPM-Netzplan ein.

14. Nachdem das Fundament gegossen wurde, kann sofort mit dem Rohbau und der Montage der technischen Komponenten sowie der Innenkonstruktion begonnen werden. Fundamentflächen müssen jedoch mindestens 10 Tage aushärten, bevor auf ihnen weitere Arbeiten vorgenommen werden können.

Da auf Teilflächen des Fundaments, die zu Beginn der Durchführung von Vorgang 11 gegossen wurden, bereits früher weitergearbeitet werden kann als auf Flächen, die später gegossen wurden, muss gewährleistet werden, dass zwischen den Vorgängen 11 und 12 *jederzeit* ein Mindestabstand in Höhe von 10 Tagen eingehalten wird. Zur Modellierung dieses Sachverhalts führen wir einen Mindestabstand vom Typ Start-Start und einen Mindestabstand vom Typ Ende-Ende zwischen den Vorgängen ein. Im MPM-Netzplan entspricht dies einem Pfeil $\langle 11, 12 \rangle$ mit der Bewertung $\max(\delta_{11,12}^1 = {}^{ss}T_{11,12}^{min} = 10, \delta_{11,12}^2 = {}^{ee}T_{11,12}^{min} = 10 - p_{12} + p_{11})$.

Zur Verdeutlichung betrachten wir Abbildung 4.29. Für den Fall, dass Vorgang 12 schneller ausgeführt wird als Vorgang 11 ($p_{12} < p_{11}$), gewährleistet der Mindestabstand vom Typ Ende-Ende, dass Vorgang 12 nicht zu früh gestartet wird. Analog ist für $p_{12} > p_{11}$ die Zeitbeziehung vom Typ Start-Start bindend, d.h. Vorgang 12 kann frühestens nach Ablauf des zeitlichen Mindestabstands beginnen. Für variable Werte von p_{11} und p_{12} stellen nur beide Zeitbeziehungen *gemeinsam* sicher, dass der gewünschte Zeitabstand zwischen der Ausführung der Vorgänge eingehalten wird. Insbesondere darf auch bei bekannten Ausgangswerten für p_{11} und p_{12} keine der Zeitbeziehungen vernachlässigt werden, da im Verlauf der Iterationen des Time-Cost-Tradeoff-Verfahrens die den Sicherheitsabstand repräsentierende Zeitbeziehung durch Verkürzung oder Verlängerung der Vorgänge mehrfach wechseln kann.

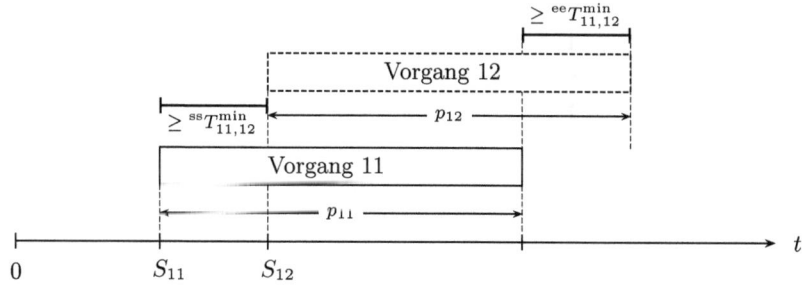

Abb. 4.29. Zeitbeziehungen zwischen Vorgängen 11 und 12

Um die Zeitbeziehungen vollständig angeben und im MPM-Netzplan darstellen zu können, werden die in Tabelle 4.15 angegebenen Normaldauern p_i^n für alle Vorgänge $i \in V$ benötigt.

Tabelle 4.15. Normaldauern der Projektvorgänge

$i \in V$	1	2	3	4	5	6	7	8	9	10	11	12	13	14	15
p_i^n	30	20	30	10	14	30	20	80	90	10	30	20	5	20	15

Bei der Konstruktion des MPM-Netzplans ist zu beachten, dass zwischen zwei Knoten i und $j \in V$ nur diejenige Zeitbeziehung als Pfeil dargestellt wird, die den größten Mindestabstand induziert. Ausgehend von den spezifizierten Zeitbeziehungen kann das Projekt, wie in Abbildung 4.30 dargestellt, als MPM-Netzplan veranschaulicht werden. An den Knoten notieren wir zusätzlich die entprechende Normaldauer des Vorgangs.

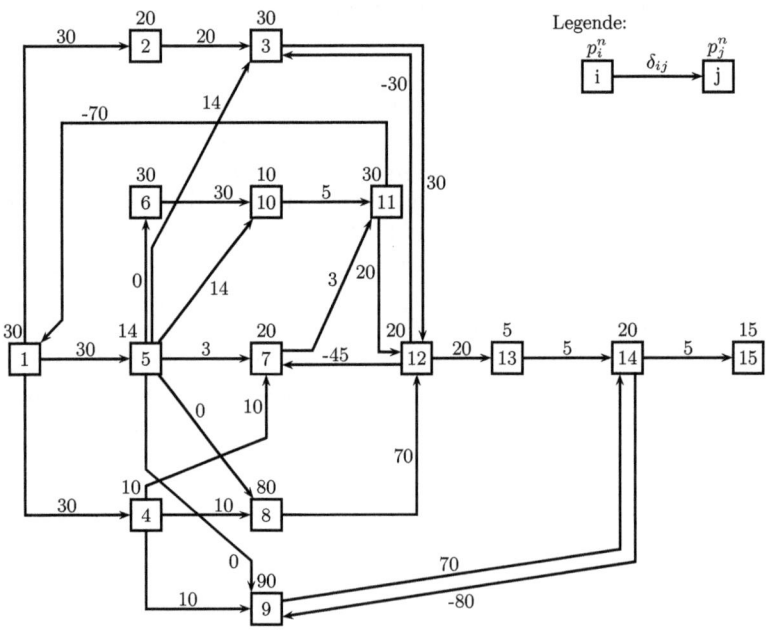

Abb. 4.30. MPM-Netzplan für das Praxisbeispiel

4.4.2 Zeitplanung

Im Rahmen der Zeit- bzw. Terminplanung werden die frühesten und spätesten Start- und Endzeitpunkte der Projektvorgänge sowie die Pufferzeiten bestimmt. Tabelle 4.16 enthält die resultierenden Ergebnisse aller Projektvorgänge. Zusätzlich zu den Gesamtpufferzeiten TF_i werden ebenfalls die freien Pufferzeiten EFF_i für alle Vorgänge $i \in V$ angegeben.

Tabelle 4.16. Früheste und späteste Start- und Endzeitpunkte der Vorgänge

i	1	2	3	4	5	6	7	8	9	10	11	12	13	14	15
ES_i	0	30	80	30	30	30	65	40	55	60	68	110	130	135	140
EC_i	30	50	110	40	44	60	85	120	145	70	98	130	135	155	155
LS_i	0	60	80	30	35	35	67	40	65	65	70	110	130	135	140
LC_i	30	80	110	40	49	65	87	120	155	75	100	130	135	155	155
TF_i	0	30	0	0	5	5	2	0	10	5	2	0	0	0	0
EFF_i	0	30	0	0	0	0	0	0	10	3	2	0	0	0	0

Zur besseren Übersicht über den geplanten Projektverlauf stellen wir die zeitliche Abfolge der Vorgänge grafisch in Form eines *Gantt-Charts* dar. Dabei werden die (realen) Vorgänge als Rechtecke über der Zeitachse visualisiert, wobei die Breite des Rechtecks der Dauer des jeweiligen Vorgangs entspricht. Werden alle Vorgänge $i \in V$ so eingeplant, dass sie zu ihrem frühestmöglichen Startzeitpunkt ES_i beginnen, ergibt sich der Gantt-Chart in Abbildung 4.31.

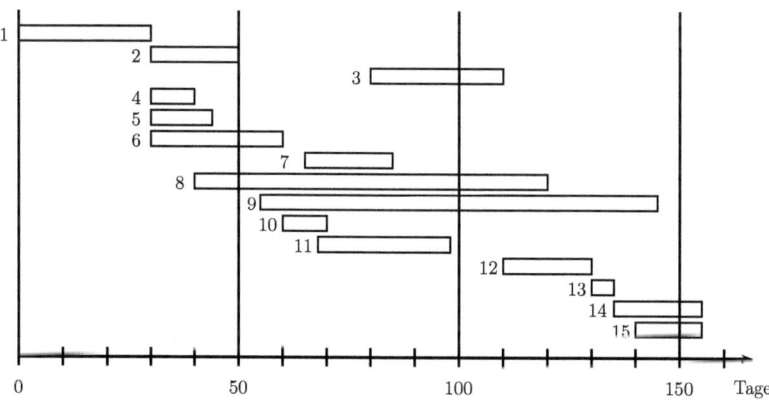

Abb. 4.31. Gantt-Chart für das Praxisbeispiel, Vorgänge beginnen zu $S_i := ES_i$

4.4.3 Kostenplanung

Bisher sind wir davon ausgegangen, dass alle Projektvorgänge mit ihrer Normaldauer p_i^n ausgeführt werden. In diesem Fall kann das Projekt „Biomassekraftwerk" frühestens nach 155 Tagen abgeschlossen werden. Es wird erwartet, dass durch das Kraftwerk täglich Einspeisevergütungen in Höhe von 10 000 Euro generiert werden. Man hat sich daher entschieden, für das Projekt eine Time-Cost-Tradeoff-Untersuchung durchzuführen, in deren Rahmen geprüft werden soll, inwieweit die Projektdauer kosteneffizient verkürzt werden kann. Das heißt es gilt, die Projektdauer zu identifizieren, für die sich Beschleunigungskosten pro Tag und Einspeisevergütungen pro Tag gerade die Waage halten.

Für die Projektvorgänge i wurden Mindestdauern p_i^{min} und Kostenfaktoren a_i (in Tausend €) gemäß Tabelle 4.17 geschätzt bzw. in Gesprächen mit den externen Projektpartnern festgelegt. Der Einbau sowie die Installation der technischen Komponenten (Vorgang 12 und 13) sollen aus Qualitätsgründen nicht verkürzt werden. Ebenso kann die Lieferzeit von Kessel, Turbine und Generator (Vorgang 3) nicht beeinflusst werden.

Tabelle 4.17. Kostenfaktoren und Normal- bzw. Mindestdauern der Vorgänge

$i \in V$	1	2	3	4	5	6	7	8	9	10	11	12	13	14	15
p_i^n	30	20	30	10	14	30	20	80	90	10	30	20	5	20	15
p_i^{min}	20	15	30	6	10	25	12	50	50	5	25	20	5	12	10
a_i	10	4	—	5	20	15	8	7	6	25	35	—	—	30	12

Zur Bestimmung der optimalen Verkürzungsmenge K für das Intervall $[\bar{d}_1, \bar{d}_0 = 155]$, klassifizieren wir Vorgänge wie in Abschnitt 4.3 beschrieben. Die Zuordnung der Vorgänge $i \in V$ zu den Teilmengen $\check{E}_1^F, \ldots, \check{E}_4^F$ ergibt sich in der 1. Iteration wie folgt:

$$\check{E}_1^F = \{1, 2, 4, 5, 6, 7, 8, 9, 10, 11, 14, 15\}$$
$$\check{E}_2^F = \emptyset$$
$$\check{E}_3^F = \emptyset$$
$$\check{E}_4^F = \{3, 12, 13\}.$$

Mit Hilfe des Algorithmus von Ford und Fulkerson bestimmen wir im entsprechenden Flussnetzwerk $\check{N}^F$ wiederum einen maximalen Fluss und den zugehörigen minimalen Schnitt $C(A, B)$.

Die Menge B enthält die Start- und Endereigniskoten der Vorgänge $3, 7, 8, 9, 11, 12, 13, 14, 15$ und den Endereignisknoten von Vorgang 4. Der (Vorgangs-)Pfeil $\langle e_4, \bar{e}_4 \rangle$ liegt im Schnitt, wodurch $K^- = \{4\}$, $K^+ = \{\emptyset\}$ sowie $\delta_1^K = 10 - 6 = 4$ und $\delta_2^K = \infty$ gilt. In Tabelle 4.18 sind die Pfeile aufgeführt, die nicht bindende Zeitbeziehungen darstellen und deren Anfangs- bzw. Endknoten sich auf die Mengen A und B aufteilen und somit bei der Ermittlung von δ^K berücksichtigt werden müssen.

Tabelle 4.18. Nicht bindende Zeitbeziehungen, die im Schnitt liegen

$\langle i,j \rangle \in \tilde{E}$	$\langle \bar{e}_2, e_3 \rangle$	$\langle \bar{e}_5, e_3 \rangle$	$\langle e_5, e_7 \rangle$	$\langle e_5, e_8 \rangle$	$\langle e_5, e_9 \rangle$	$\langle e_{10}, e_{11} \rangle$	$\langle \bar{e}_{10}, e_{11} \rangle$
δ_3^K	30	36	32	10	25	3	23

Der zur optimalen Verkürzungsmenge K gehörende Verkürzungfaktor δ^K ergibt sich zu

$$\delta^K = \min(4, \infty, 30, 36, 32, 10, 25, 3, 23) = 3.$$

In der ersten Iteration wird die Projektdauer somit von $\bar{d}^n = 155$ auf $\bar{d}_1 = \bar{d}^n - \delta^K = 152$ Tage verkürzt. Der maximale Fluss im kapazitierten Ereignisknotennetzplan und damit die Kapazität eines minimalen Schnittes beträgt $\omega = 5$. Somit verursacht jeder Tag, um den das Projekt im Intervall $[152, 155]$ verkürzt wird, zusätzliche Kosten in Höhe von 5.000 €. Die Eintrittszeitpunkte aller Ereignisse $e \in B$ werden um δ^K nach vorn verschoben, d.h. dass beispielsweise das Endereignis von Vorgang 9 vom Zeitpunkt $Z_{\bar{e}_9}^*(\bar{d}_0) = 145$ um $\delta^K = 3$ Zeiteinheiten auf den Zeitpunkt $Z_{\bar{e}_9}^*(\bar{d}_1) = 142$ verschoben wird. Für die nächste Iteration des Time-Cost-Tradeoff-Verfahrens ergeben sich damit die in Tabelle 4.19 angegebenen Startzeitpunkte $S^*(\bar{d}_1)$ und Vorgangsdauern $p^*(\bar{d}_1)$.

Tabelle 4.19. Vorgangsdauern und Startzeitpunkte für die Projektdauer $\bar{d}_1 = 152$

$i \in V$	1	2	3	4	5	6	7	8	9	10	11	12	13	14	15
$S_i^*(\bar{d}_1)$	0	30	77	30	30	30	62	37	52	60	65	107	127	132	137
$p_i^*(\bar{d}_1)$	30	20	30	7	14	30	20	80	90	10	30	20	5	20	15

Ausgehend von der Projektdauer $\bar{d}_1$ können wir sukzessive weitere Verkürzungsmengen bestimmen, bis wir mit $\bar{d}_{10} = \bar{d}^{min} = 103$ die kleinstmögliche Projektdauer erreichen. In Tabelle 4.20 sind die entsprechenden Zeitintervalle, Verkürzungsmengen und Kostenfaktoren dargestellt.

Abbildung 4.32 zeigt die optimale Time-Cost-Tradeoff-Kurve für das Praxisbeispiel im Zeitintervall $[103, 152]$. Jede Verkürzung, die zu einer Projektdauer von unter 120 Tagen führt, ist mit zusätzlichen Kosten von mehr als $\hat{a}^K = \frac{10 \, \text{T}€}{\text{Tag}}$ verbunden. Da das Kraftwerk nur 10 000 € pro Tag an Einspeisevergütungen generiert, wäre eine über 120 Tage hinausgehende Verkürzung nicht effizient.

Das Ziel unserer Time-Cost-Tradeoff-Analyse bestand darin, das Projekt soweit zu verkürzen, dass die durch die frühere Inbetriebnahme des Kraftwerks zusätzlich generierten Einspeisevergütungen maximiert werden. Bis zu einer Projektdauer von 120 Tagen werden die Beschleunigungkosten durch die zusätzlichen Einspeisevergütungen überkompensiert. Daraus folgt, dass wir alle Vorgänge $i \in V$ so einplanen, dass $S_i := S_i^*(\bar{d}_5)$ und $p_i := p_i^*(\bar{d}_5)$ gilt. Durch

Tabelle 4.20. Zeitintervalle des Praxisbeispiels

ϱ	$[\bar{d}_\varrho, \bar{d}_{\varrho-1}]$	K^-	K^+	δ^K	a^K
1	$[152, 155]$	$\{4\}$	$\emptyset$	3	5
2	$[151, 152]$	$\{4\}$	$\emptyset$	1	5
3	$[136, 151]$	$\{8\}$	$\emptyset$	15	7
4	$[130, 136]$	$\{8\}$	$\emptyset$	6	7
5	$[120, 130]$	$\{1\}$	$\emptyset$	10	10
6	$[116, 120]$	$\{6,8\}$	$\emptyset$	4	22
7	$[115, 116]$	$\{6,8,9\}$	$\emptyset$	1	28
8	$[110, 115]$	$\{9,14\}$	$\emptyset$	5	36
9	$[107, 110]$	$\{9,14,15\}$	$\emptyset$	3	48
10	$[103, 107]$	$\{2,8,9,11\}$	$\emptyset$	4	52

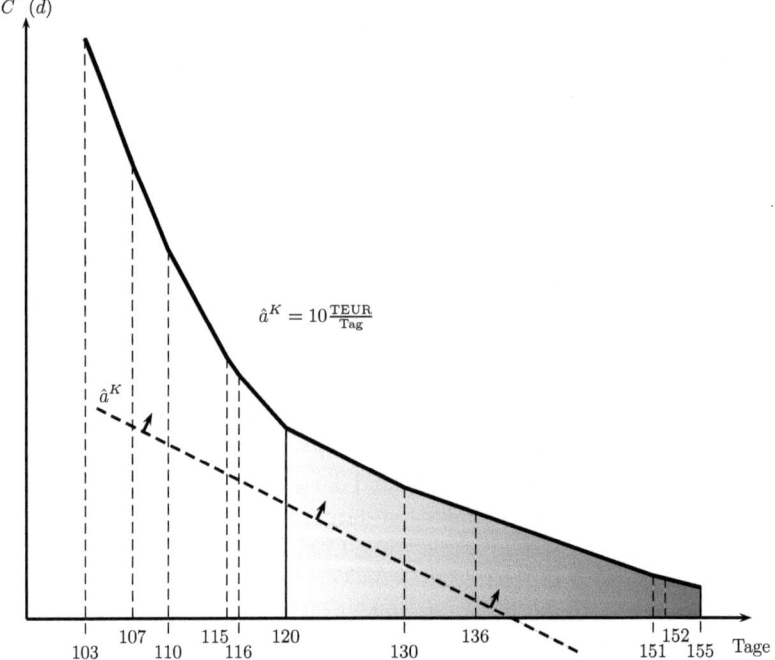

Abb. 4.32. Time-Cost-Tradeoff-Kurve für das Praxisbeispiel

die frühere Inbetriebnahme generiert das Kraftwerk zusätzlich 350 000 € an Einspeisevergütungen. Dem gegenüber stehen Beschleunigungskosten in Höhe von 237 000 €, so dass durch Anwendung der Time-Cost-Tradeoff-Analyse ein zusätzliches wirtschaftliches Potenzial in Höhe von 113 000 € für das Projekt aufgezeigt werden konnte.

Ergänzende Literatur

DEMEULEMEESTER und HERROELEN (2002)
ELMAGHRABY (1977)
HAJDU (1997)
HEILMANN (2000)
KELLEY (1961)
KIMMS (2001)
MODER ET AL. (1983)
NEUMANN (1975)
NEUMANN (1987)
PHILLIPS und DESSOUKY (1977)
SKUTELLA (1998a)
SKUTELLA (1998b)

5

Softwaresysteme für die Projektplanung

In den vorangegangenen Kapiteln haben wir Ansätze behandelt, mit denen man für ein Projekt im Hinblick auf eine quantifizierbare Zielsetzung einen möglichst guten oder sogar optimalen Terminplan finden kann. In der betriebswirtschaftlichen Praxis greift das Projektmanagement i.d.R. auf die verfügbare Projektplanungssoftware zurück, die allerdings oftmals nur eine unterstützende und keine „beratende" Rolle bei der Projektplanung einnimmt. Der Fokus liegt vor allem auf der – bisweilen manuellen – Erstellung umsetzbarer Terminpläne, die dann für die Steuerung und Abweichungsanalyse im Projektverlauf verwendet werden. In den folgenden Absätzen beschreiben wir kurz ein typisches Vorgehen, welches bei der Erstellung von Terminplänen in der Praxis durchgeführt wird. Die Ergebnisse bilden dann eine geeignete Ausgangsbasis für eine weitergehende Verbesserung bzw. Optimierung mit den in diesem Buch beschriebenen Verfahren.

Zu Beginn eines Projektes wird grundsätzlich ein Rahmenterminplan erstellt, der bei minimalistischer Herangehensweise nur die wichtigsten Meilensteine beinhaltet, häufig jedoch auch bereits eine Anzahl von Arbeitspaketen auf einem geeignet abstrakt gewählten Aggregationsniveau. Zur Modellierung von sachlogischen oder ablaufbedingten Abhängigkeiten verwendet der überwiegende Teil der Projektplaner Anordnungs- oder Zeitbeziehungen zwischen den Arbeitspaketen (Vorgängen). Dazu bietet jede marktgängige Projektplanungssoftware eine mehr oder weniger benutzerfreundliche Modellierungsmöglichkeit. Im Rahmen der Modellierung werden von den Softwaretools üblicherweise alle Vorgänge unter Beachtung der angegebenen Anordnungsbeziehungen automatisch frühestmöglich eingeplant, so dass sich der frühestmögliche Projektendtermin automatisch errechnet.

Neben der Modellierung von Anordnungsbeziehungen bieten nahezu alle Systeme eine in den meisten Fällen recht komfortabel gestaltete Möglichkeit zur Ressourcenplanung. Dabei können die für die Planung vorgesehenen Ressourcen den Arbeitspaketen einfach unter Angabe des zu leistenden Aufwandes zugeordnet werden. Anschließend kann eine Analyse der Auslastung einer Ressource über das Projekt oder auch unternehmensübergreifend über alle laufenden Projekte erfolgen. Durch die Einbeziehung der Ressourcen in die Planung ist es möglich, eine durchaus belastbare Aussage über die Umsetzbarkeit eines Terminplans zu treffen.

Einige der gängigen Softwaretools bieten bereits in der Basisversion einfache Optimierungsfunktionen an. Eine häufig vorliegende Funktion ist die Möglichkeit, sich nach der Spezifikation von Arbeitspaketen und Ressourcen sowie der Eingabe von Dauern, Zeitbeziehungen und Ressourceninanspruchnahmen einen Terminplan mit minimaler Gesamtdauer unter Berücksichtigung der vorgegebenen Ressourcenkapazitäten bestimmen zu lassen.

In Unternehmen, die eine Planung unter Einbeziehung von Anordnungsbeziehungen und Ressourcenzuordnungen durchführen, sollten für die in den vorangegangenen Kapiteln vorgeschlagenen Planungsverfahren bereits alle notwendigen Input-Daten (d.h. Zeitbeziehungen, Vorgangsdauern, Ressourceninanspruchnahmen von Vorgängen sowie Ressourcenkapazitäten) vorhanden sein. Somit steht einer Implementierung der vorgestellten Verfahren grundsätzlich nichts im Wege; einige Planungstools erlauben sogar den Eingriff in die existierenden Planungsverfahren, beispielsweise in Form von Visual-Basic-Makros oder über durch den Nutzer vorzugebende Prioritätskennziffern.

Im Folgenden vergleichen wir basierend auf einer Studie von KUHNS und STARK (2005) mehrere Softwareprodukte für die Projektplanung unter Zeit- und Ressourcenrestriktionen. Gegenstand der Untersuchung sind drei der führenden Softwareprodukte in diesem Marktsegment: Microsoft Project 2003[1], CS Project Professional 3.0[2] und Primavera Project Management[3]. Der Fokus unserer Betrachtungen liegt insbesondere auf dem Vergleich der Planungsgüte, die mit Hilfe der untersuchten Softwaresysteme erzielt werden kann. Weitere Studien, die die Leistungsfähigkeit der Planungskomponenten verschiedener Softwaresysteme zur Projektplanung untersuchen, stammen von TRAUTMANN und BAUMANN (2009), HARTUNG ET AL. (2001), SCHNEIDER und HIEBER (1997) sowie KOLISCH und HEMPEL (1996). Einen ausführlichen Überblick über den Funktionsumfang zahlreicher Softwareprodukte für das Projektmanagement und die Projektplanung findet man beispielsweise in SCHNEIDER und HIEBER (1997), WIEGAND ET AL. (2002) und AHLEMANN (2004).

In Abschnitt 5.1 beschreiben wir kurz die untersuchten Softwareprodukte. Um die Leistungsfähigkeit dieser Softwaresysteme im Hinblick auf ihre Planungskomponenten zu vergleichen, wurden mehrere Instanzen des ressourcenbeschränkten Projektplanungsproblems (3.2) erzeugt und für die Zielfunktion (PD) mit Hilfe der betrachteten Softwaresysteme gelöst. Eine Charakteri-

---

[1] Build 11.1.2004.1707.15 SP1
Microsoft Deutschland GmbH, Konrad-Zuse-Straße 1, 85716 Unterschleißheim
[2] Release 25.10.2000
Crest Management Systems GmbH, Neuer Kamp 2a, 25451 Quickborn
[3] Release 4.1 SP2 Build 30000009
Primavera Systems, Inc., 2nd Floor Commonwealth House, 2 Chalkhill Road, London W6 8DW, United Kingdom

sierung dieser Probleminstanzen und weitere Eigenschaften der betrachteten Testumgebung geben wir in Abschnitt 5.2 an. In Abschnitt 5.3 fassen wir schließlich die Testergebnisse zusammen. Um die Güte der von den untersuchten Programmen erzeugten Schedules zu beurteilen, wurde für alle Testinstanzen eine optimale Lösung oder eine untere Schranke bestimmt. Ferner wurde für jede Testinstanz mittels des in Abschnitt 3.4 dargestellten seriellen Generierungsschemas eine Näherungslösung ermittelt.

5.1 Softwareprodukte

In dem vorliegenden Abschnitt geben wir einen Überblick über die grundlegenden Funktionalitäten der drei untersuchten Softwaresysteme Microsoft Project 2003, CS Project Professional 3.0 und Primavera Project Management. In den Abschnitten 5.1.1 bis 5.1.3 gehen wir näher auf einige Besonderheiten der betrachteten Programme bei der Konstruktion und Planung von Projekten ein.

Die technischen Mindestanforderungen für den Betrieb der einzelnen Softwareprodukte sind nach dem aktuellen Stand der Technik als gering einzustufen, so dass ein handelsüblicher PC mit dem Betriebssystem Microsoft Windows XP für den Betrieb vollkommen ausreichend ist. Die Bedienung der Programme erfolgt mittels Maus und Tastatur und bedarf lediglich einer geringen Einarbeitungszeit, da sich alle Programme stark an die von Microsoft-Produkten gewohnte Bedienungsphilosophie anlehnen. Ferner ermöglichen zahlreiche Beispielprojekte und die bei allen Programmen vorhandene Online-Hilfe dem Nutzer einen raschen Überblick über die einzelnen Schritte, die für die Projektplanung notwendig sind.

Bei der Darstellung der projektbezogenen Informationen bieten alle Produkte einen umfangreichen Katalog von Möglichkeiten. Neben Gantt-Charts und Ressourcenprofilen lässt sich auch der einem Projekt zugrunde liegende Netzplan visualisieren. Dabei können die verschiedenen Visualisierungsformen i.d.R. an die subjektiven Bedürfnisse der Anwender angepasst werden, z.B. durch die Definition eigener Ansichten, das Ein- und Ausblenden einzelner Spalten in umfangreichen Tabellen oder eine flexible farbliche Gestaltung der dargebotenen Informationen.

Im Rahmen der Konstruktion eines Projektnetzplans erlauben alle drei Programme dem Anwender, zwischen zeitlichen Mindestabständen vom Typ Start-Start, Start-Ende, Ende-Start sowie Ende-Ende zu wählen. Die Modellierung zeitlicher Höchstabstände unterstützt allerdings keines der untersuchten Programme in adäquater Weise. Zwar ist es grundsätzlich möglich, negative Mindestabstände zu definieren, allerdings darf der resultierende Netzplan keine Zyklen enthalten, so dass viele praxisrelevante Sachverhalte bei der Modellierung eines Projektes unberücksichtigt bleiben müssen. Alle Programme unterscheiden ferner zwischen erneuerbaren Ressourcen, die meist unter dem Begriff „Arbeitskräfte" zusammengefasst werden, und nicht-erneuerbaren

Ressourcen, die unter der Bezeichnung „Material" subsumiert werden. Es ist bei allen Programmen außerdem möglich, die Inanspruchnahme der Ressourcen durch einzelne Vorgänge mit selbst definierten Kostensätzen zu bewerten. Dabei wird zwischen fixen Kosten, variablen Kosten und Überstundenkosten unterschieden. Weiterhin kann der Anwender in allen Programmen einen Betriebskalender definieren, in dem Sonn- und Feiertage, werktägliche Arbeitszeiten, Betriebsferien sowie die eingeschränkte Verfügbarkeit einzelner Ressourcen spezifiziert werden können. Als Zielfunktion verwenden alle untersuchten Programme standardmäßig das Ziel der Projektdauerminimierung (*PD*). Weitere Zielfunktionen werden nicht unterstützt. Es besteht lediglich die Möglichkeit, für einzelne Vorgänge eines Projektes und unter Vorgabe eines Projektendtermins Planungsmaßgaben vorzugeben, wie z.B. dass ein Vorgang so früh oder so spät wie möglich starten soll. Auf diese Weise kann beispielsweise die Zielfunktion (*WST*) mit $w_i \in \{1, -1\}$, $i \in V$, rudimentär berücksichtigt werden.

5.1.1 Microsoft Project 2003

Microsoft Project orientiert sich mit seinem Bedienungskonzept an der hauseigenen Office-Familie, so dass ein geübter Anwender sich in dem Programm sofort zurecht findet. In der aktuellen Version ist der Export in das alte MPX-Dateiformat nicht mehr möglich. Für den Datenaustausch mit anderen Programmen werden so genannte Exportschemata angeboten, mit deren Hilfe man beliebige Felder spezifizieren kann, die dann in eine Tabelle exportiert werden können. Ein Makro-Recorder und eine VBA-Entwicklungsumgebung[4] ermöglichen es, häufig auszuführende Arbeitsschritte zu automatisieren und das Programm um selbst geschriebene Funktionen zu erweitern.

Die Projektvorgänge und die benötigten Ressourcen können entweder in tabellarischer Form oder mit Hilfe vorgefertigter Abfragemasken in das System eingepflegt werden. Für den so genannten Kapazitätsabgleich (vgl. Abb. 5.1), d.h. die Terminierung der Projektvorgänge unter Beachtung der Ressourcenrestriktionen, können die drei nachfolgend beschriebenen Prioritätsregeln ausgewählt werden, die den Ablauf des Kapazitätsabgleichs steuern. Zusätzlich kann jedem Vorgang manuell eine Priorität zugeordnet werden. Hierdurch hat der Anwender die Möglichkeit, die Einplanungsreihenfolge der Vorgänge seinen Vorstellungen entsprechend zu beeinflussen.

Nur Nr.: Die Vorgänge werden in der Reihenfolge ihrer Vorgangsnummern eingeplant.

Standard: Hierbei wertet Microsoft Project u.a. die Pufferzeit eines Vorgangs, vorgegebene Bereitstellungs- oder Fertigstellungstermine sowie die Priorität eines Vorgangs aus, um eine Einplanungsreihenfolge der Projektvorgänge zu bestimmen.

---

[4] VBA: Visual Basic for Applications

Priorität, Standard: Bei dieser Prioritätsregel werden zunächst die manuell zugeordneten Prioritäten der einzelnen Vorgänge und anschließend die vorgenannten Kriterien berücksichtigt, um zu einer Einplanungsreihenfolge zu gelangen.

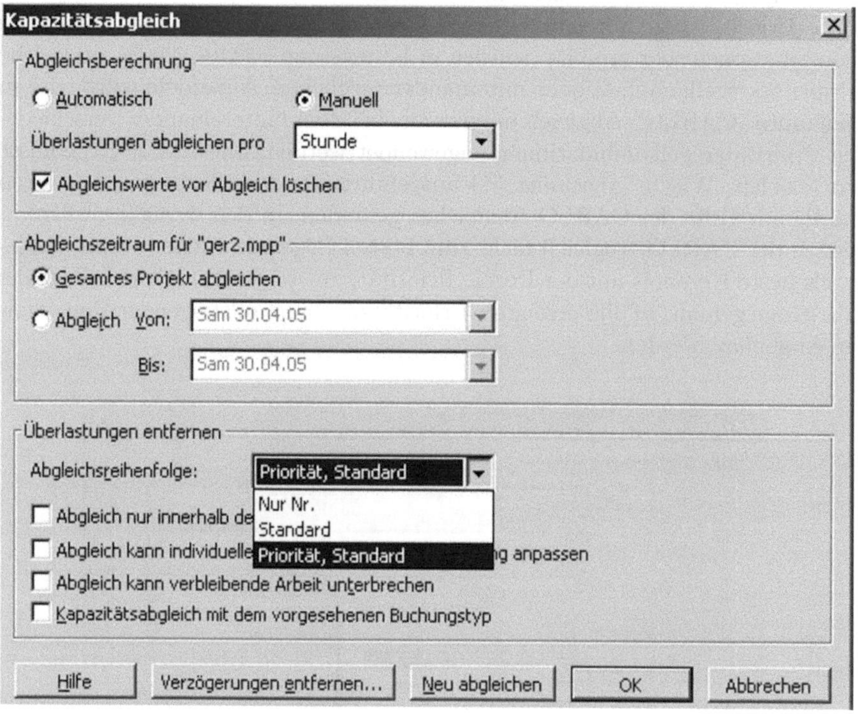

Abb. 5.1. Kapazitätsabgleich bei Microsoft Project 2003

5.1.2 CS Project Professional 3.0

Der Gebrauch von CS Project Professional lässt sich wie bei Microsoft Project sehr einfach erlernen. Leider kann CS Project nicht das MPP-Dateiformat von Microsoft lesen, sondern nur das Format MPX, so dass Projekte aus aktuellen Versionen von Microsoft Project nicht ohne weiteres importiert werden können. Dafür können Projekte aus Primavera Project Management problemlos importiert werden. Zur Automatisierung repetitiver Arbeitsabläufe steht ein Makro-Editor zur Verfügung, der jedoch bei weitem nicht dieselben Möglichkeiten bietet, wie man sie mit VBA unter Microsoft Project hat.

Das Einpflegen eines Projektes unter CS Project verläuft ähnlich problemlos wie bei Microsoft Project. Für den Kapazitätsabgleich – der bei CS Project als „Ressourcenabgleich" bezeichnet wird (vgl. Abb. 5.2) – lassen sich den einzelnen Vorgängen abermals manuelle Prioritätswerte zuordnen. Im Vergleich zu MS Project stellt CS Project jedoch eine deutlich größere Anzahl möglicher Prioritätsregeln zur Verfügung. Zusätzlich kann man auswählen, ob die Projektvorgänge gemäß dieser Prioritätsregeln in auf- oder absteigender Reihenfolge eingeplant werden sollen, und man kann gleichzeitig bis zu vier verschiedene Prioritätsregeln kombinieren. Da die Anzahl möglicher Prioritätsregelkombinationen sehr groß ist, wurden in KUHNS und STARK (2005) zahlreiche Prioritätsregelkombinationen miteinander verglichen. Außerdem wurde der so genannte „CARLO"-Abgleich untersucht, bei dem hintereinander verschiedene Prioritätsregelkombinationen angewendet werden, um bessere Ergebnisse zu erzielen. Wie in Abschnitt 5.3 ausgeführt, werden die besten Lösungen i.d.R. mit Hilfe des CARLO-Abgleiches gefunden. In den wenigen Fällen, in denen der CARLO-Abgleich nicht zum besten Ergebnis führte, wurde das jeweils beste Ergebnis mit der Regel „Priorität, aufsteigend" erzielt, bei der die Vorgänge gemäß zufällig erzeugter Prioritätswerte in aufsteigender Reihenfolge eingeplant werden.

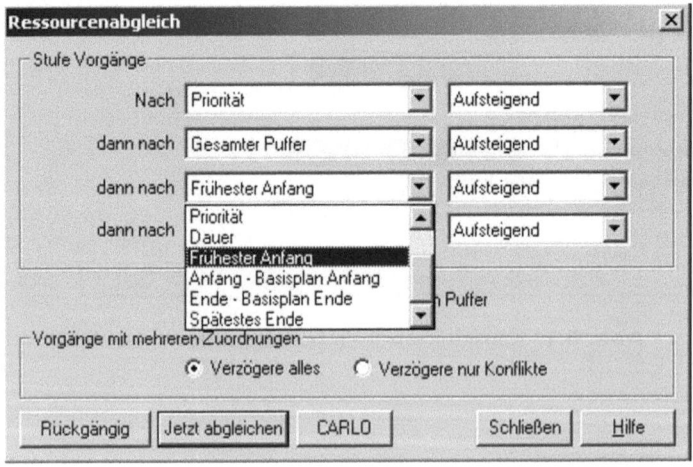

Abb. 5.2. Ressourcenabgleich bei CS Project Professional 3.0

5.1.3 Primavera Project Management

Primavera Project Management ist standardmäßig für den Client-Server-Betrieb ausgelegt; eine Stand-Alone-Installation ist aber möglich. Für den Im- und Export von Projekten kommen sämtliche Microsoft-Project-Dateiformate in Frage. Der routinierte Anwender vermisst bei Primavera Project Management allerdings einen Makro-Rekorder o.ä. und muss sich zur Automatisierung von Arbeitsabläufen externer Programme bedienen.

Die Konstruktion eines Projektes entspricht im Wesentlichen dem von den anderen Produkten bekannten Vorgehen. Eine Besonderheit von Primavera Project Management findet man jedoch bei der Definition der Ressourceninanspruchnahme eines Projektvorgangs. Hier besteht die Möglichkeit, zwischen zwölf Funktionen zu wählen, die die Inanspruchnahme einer Ressource durch einen Vorgang in Abhängigkeit von der Zeit abbilden. Auf diese Weise kann man beispielsweise festlegen, dass gegen Ende eines Vorgangs die zugehörige Ressourceninanspruchnahme pro Zeiteinheit höher ist als zu Beginn eines Vorgangs. Dies ist aber vor allem für die Bestimmung der zeitlichen Struktur der Kosten von Interesse und hat keinen Einfluss auf den Ressourcenabgleich. Primavera Project Management bietet dem Anwender für den Ressourcenabgleich (vgl. Abb. 5.3) die mit Abstand größte Anzahl möglicher Prioritätsregelkombinationen zur Auswahl an. In KUHNS und STARK (2005) wurden unterschiedliche Prioritätsregelkombinationen miteinander verglichen. Es hat sich gezeigt, dass sechs Prioritätsregeln alle anderen untersuchten Regeln dominieren. Im Einzelnen handelt es sich dabei um

- die „Früher Start"-Regel, bei der die Vorgänge in absteigender Reihenfolge gemäß ihres frühesten Startzeitpunktes eingeplant werden,
- die „Später Start"-Regel (LST-Regel), bei der die Vorgänge in aufsteigender Reihenfolge gemäß ihres spätesten Startzeitpunktes eingeplant werden,
- die „Späte Fertigstellung"- Regel, bei der die Vorgänge in aufsteigender Reihenfolge gemäß ihres spätesten Endzeitpunktes eingeplant
- die „Gesamtpuffer"-Regel (MST-Regel), bei der die Vorgänge in aufsteigender Reihenfolge gemäß ihrer gesamten Pufferzeit (TF) eingeplant werden,
- die „Freie Puffer"-Regel, bei der die Vorgänge in aufsteigender Reihenfolge gemäß ihrer freien Pufferzeit (EFF) eingeplant werden, und
- die „Geplante Dauer"-Regel, bei der die Vorgänge in aufsteigender Reihenfolge gemäß ihrer Vorgangsdauer eingeplant werden.

5.2 Testumgebung

Um die Leistungsfähigkeit der drei untersuchten Softwaresysteme zu evaluieren, wurden zufällig jeweils 60 Instanzen des ressourcenbeschränkten Projektplanungsproblems mit 30, 60, 90 und 120 Vorgängen, d.h. insgesamt 240 Probleminstanzen, mit Hilfe des Problemgenerators ProGen/max[5] generiert. Da die untersuchten Programme nicht in der Lage sind, Netzpläne mit Zyklen zu verarbeiten, enthalten die Testinstanzen ausschließlich zeitliche Mindestabstände, jedoch keine zeitlichen Höchstabstände. Ferner enthalten alle 240 Testinstanzen jeweils zwei erneuerbare Ressourcen. Als Zielfunktion wurde (PD) zugrunde gelegt.

---

[5] vgl. http://www.wior.uni-karlsruhe.de

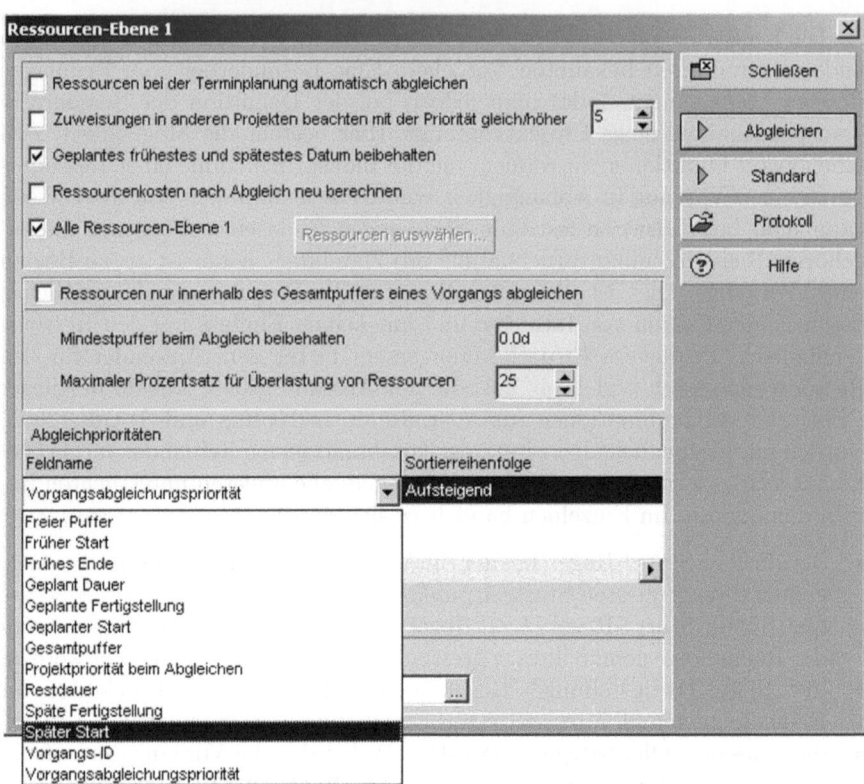

Abb. 5.3. Ressourcenabgleich bei Primavera Project Management

Die verwendeten Probleminstanzen lassen sich im Wesentlichen über die drei Parameter resource strength (RS), resource factor (RF) und restrictiveness of Thesen (RT) charakterisieren. Eine ausführliche Beschreibung dieser und weiterer Charakteristika von Netzplänen findet sich in KOLISCH (1995), SCHWINDT (1996) und SCHWINDT (1998a), so dass wir im Folgenden lediglich die Bedeutung der vorgenannten Parameter beschreiben.

Die *resource strength* gibt den Grad der Ressourcenknappheit an. $RS = 1$ besagt, dass die vorhandenen Ressourcen nicht knapp sind und somit effektiv keine Einschränkung für die Projektplanung darstellen, da alle Vorgänge zu ihrem frühesten Startzeitpunkt eingeplant werden können. $RS = 0$ bedeutet, dass wenigstens ein Vorgang die gesamte Kapazität zumindest einer Ressource in Anspruch nimmt. Ressourcenbeschränkte Projektplanungsprobleme mit einem niedrigen Wert für RS sind somit tendenziell schwieriger zu lösen. Bei der Erzeugung der Testsets mit ProGen/max wurden für die resource strength die Werte $RS \in \{0,25; 0,5\}$ gewählt.

Der *resource factor* gibt die durchschnittliche Anzahl der beanspruchten Ressourcen an. Mit $RF = 0$ beansprucht kein Vorgang irgendeine der Ressourcen. $RF = 1$ bedeutet, dass jeder Vorgang alle Ressourcen beansprucht. Hohe Werte für den resource factor implizieren, dass das zugrunde liegende Problem schwieriger zu lösen ist. Für die betrachteten Testinstanzen wurde $RF \in \{0{,}5; 1\}$ gewählt.

Die so genannte *restrictiveness of Thesen*, die durch die in NEUMANN ET AL. (2003, Kap. 2.8) erläuterte order strength approximiert wird, ist ein Maß für die Komplexität des zugrunde liegenden Netzplans. Ist $RT = 0$, so ist der entsprechende Netzplan parallel, d.h. es existieren keine Zeitbeziehungen zwischen den Projektvorgängen $i, j \in V \setminus \{0, n+1\}$. Gilt hingegen $RT = 1$, so ist das resultierende Netzwerk seriell. Für niedrige Werte von RT ist die Lösung des entsprechenden Projektplanungsproblems daher schwieriger als für hohe Werte, da die Anzahl der an einem Ressourcenkonflikt beteiligten Vorgänge zunimmt. Bei der Erzeugung der betrachteten Testinstanzen wurden die Werte $RT \in \{0{,}1; 0{,}25; 0{,}5\}$ zugrunde gelegt.

In Tabelle 5.1 sind alle untersuchten Kombinationen der drei Parameter RS, RF und RT dargestellt. Die Menge der Testinstanzen enthält somit für jede dieser Parameterkombinationen fünf Probleminstanzen mit jeweils 30, 60, 90 bzw. 120 Vorgängen.

Tabelle 5.1. Untersuchte Kombinationen der Parameter RS, RF, RT

Kombination	RS	RF	RT
1	0,25	0,5	0,1
2	0,5	0,5	0,1
3	0,25	1	0,1
4	0,5	1	0,1
5	0,25	0,5	0,25
6	0,5	0,5	0,25
7	0,25	1	0,25
8	0,5	1	0,25
9	0,25	0,5	0,5
10	0,5	0,5	0,5
11	0,25	1	0,5
12	0,5	1	0,5

5.3 Testergebnisse

Die Tests wurden auf einem Pentium IV Prozessor mit 3.2 GHz unter Microsoft Windows XP durchgeführt. Dazu wurden die von ProGen/max generierten Probleminstanzen mit Hilfe verschiedener VBA-Routinen in MS Project 2003 (MSP) eingelesen und im MPP-Format gespeichert. Als Nächstes wurden die MPP-Dateien in Primavera Project Management (PPM) importiert. Aus diesem Programm ließen sich die einzelnen Testinstanzen im MPX-Format speichern, um sie schließlich in CS Project Professional (CSP) einzulesen. Anschließend wurden die einzelnen Probleminstanzen in jedem der drei Programme gelöst und die Ergebnisse in eine Tabelle geschrieben. Die manuellen Prioritätswerte, die man den Vorgängen in allen Programmen zuordnen konnte, wurden gleichverteilt zufällig erzeugt, wobei für alle Programme dieselben zufälligen Prioritäten verwendet wurden. Da bei allen Programmen grundsätzlich mehrere Prioritätsregeln zur Anwendung kommen können, wurden die einzelnen Probleminstanzen für alle möglichen (MS Project) bzw. für eine größere Anzahl vielversprechender Prioritätsregelkombinationen (Primavera Project Management und CSP Project Professional) gelöst. In der Auswertung wurde dann jeweils nur die beste gefundene Lösung für die zugrunde liegende Probleminstanz berücksichtigt.

Um für die Testinstanzen eine optimale Referenzlösung zu erhalten, wurde die sehr effiziente Implementierung eines auf dem relaxationsbasierten Enumerationsschema beruhenden Branch-and-Bound-Verfahren von SCHWINDT (1998b) verwendet. Für 31 von 240 Probleminstanzen konnte der Algorithmus jedoch keine optimale Lösung in akzeptabler Zeit finden, so dass für diese Probleminstanzen eine in SCHWINDT (1998b) beschriebene workload-basierte untere Schranke für den Zielfunktionswert als Referenzwert angenommen wurde. Außerdem wurden alle Probleminstanzen mit dem in Abschnitt 3.4 beschriebenen klassischen seriellen Generierungsschema (SGS) näherungsweise gelöst. Dabei kamen fünf verschiedene Prioritätsregeln zur Anwendung: die in Abschnitt 2.3 beschriebenen *GRD*-, *GRDT*-, *LST*- und *MST*-Regeln sowie einfach die Nummer der Projektvorgänge, d.h. die Vorgänge mit kleinster Nummer werden zuerst eingeplant.

Unter Microsoft Project wurden die besten Ergebnisse für etwa 80% der Probleminstanzen mit der Prioritätsregel „Standard" (vgl. Abschnitt 5.1.1) erzielt. Als einziges Programm war Microsoft Project bei fünf Probleminstanzen jedoch nicht in der Lage, eine zulässige Lösung zu erzeugen. Bei CS Project Professional wurden die mit Abstand besten Ergebnisse mit dem CARLO-Abgleich erzielt (für ca. 97% aller Testprobleme). Unter Primavera Project Management erwies sich die Prioritätsregel „Später Start" (aufsteigend) in gut 95% aller Fälle als am besten. Für das serielle Generierungsschema wurden die besten Ergebnisse sowohl mit der *MST*- als auch mit der *LST*-Regel in ca. 95% der Fälle erzielt. Sowohl bei Primavera Project Management als auch beim seriellen Generierungsschema erweist sich die Verwendung der *LST*-Regel somit in nahezu allen untersuchten Fällen als die vorteilhafteste Strategie.

Tabelle 5.2 zeigt, aufgeschlüsselt nach der Problemgröße (Anzahl Vorgänge), die prozentuale mittlere sowie maximale Abweichung vom vorgenannten Referenzwert. Da als Referenzwert in einigen Fällen eine untere Schranke und nicht eine optimale Lösung angenommen wurde, ist anzumerken, dass die prozentualen Abweichungen zu einer optimalen Lösung tendenziell ein wenig niedriger als angegeben sind.

In Tabelle 5.3 ist die Varianz der einzelnen Ergebnisse angegeben sowie die Anzahl der Testinstanzen, für die die einzelnen Programme eine Lösung

Tabelle 5.2. Mittlere und maximale Abweichung (in %)

Vorgänge	Mittlere Abweichung					Maximale Abweichung				
	30	60	90	120	∅	30	60	90	120	max
MSP	4,27	4,72	2,80	2,19	3,50	24,69	45,07	29,46	20,69	45,07
CSP	2,42	2,77	0,93	1,10	1,81	22,22	19,44	20,69	15,17	22,22
PPM	1,54	1,50	0,53	0,51	1,02	17,28	16,67	13,79	15,53	17,28
SGS	3,89	3,44	0,68	0,87	2,22	30,86	33,09	19,83	27,48	33,09

gefunden haben, die gerade so gut ist wie die Referenzlösung. Das serielle Generierungsschema ermittelte in 197 von 240 Fällen die Referenzlösung und schneidet damit besser ab als Microsoft Project und CS Project; dafür ist die Streuung der mit Hilfe des seriellen Generierungsschemas ermittelten Lösungen in vielen Fällen sehr groß. Am häufigsten wurde eine optimale Lösung von Primavera Project Management ermittelt.

Tabelle 5.3. Varianz und Anzahl erreichter Referenzlösungen

Vorgänge	Varianz					Referenzlösungen				
	30	60	90	120	∅	30	60	90	120	Summe
MSP	38,78	70,82	29,23	21,46	40,07	30	27	30	36	123
CSP	22,09	25,92	9,69	10,54	17,06	39	39	51	49	178
PPM	15,92	16,80	4,58	5,21	10,63	49	49	55	55	208
SGS	60,92	64,76	8,28	16,86	37,71	41	46	55	55	197

Um für die untersuchten Probleminstanzen den Einfluss der charakteristischen Größen RF, RS und RT auf die Güte der gefundenen Lösungen aufzuzeigen, sind in den Tabellen 5.4, 5.5 und 5.6 die mittleren Abweichungen der durch die einzelnen Programme ermittelten Lösungen vom Referenzwert in Abhängigkeit der genannten Parameter angegeben. Wie zu erwarten war, weichen die gefundenen Lösungen für hohe Werte von RF und niedrige Werte von RS stärker von der Referenzlösung ab als im umgekehrten Fall. Für den Parameter RT lässt sich allerdings keine deutliche Aussage treffen, wie seine Wahl die Güte der gefundenen Lösungen beeinflusst.

Abschließend lässt sich festhalten, dass alle getesteten Programme für die zugrunde liegenden Probleminstanzen ordentliche Ergebnisse erzielt haben, die im Mittel nur wenige Prozentpunkte über der entsprechenden Referenzlösung lagen. Dass das serielle Generierungsschema stellenweise etwas schlechter abgeschnitten hat als das ein oder andere Programm, ist nicht weiter verwunderlich, da sowohl für CS Project Professional als auch Primavera Project Management viele verschiedene Prioritätsregelkombinationen getestet und jeweils die besten Ergebnisse verwendet wurden, während für das serielle Generierungsschema nur fünf verschiedene Regeln in die Untersuchung einbezogen wurden. Durch eine Einbettung des seriellen Generierungsschemas in

Tabelle 5.4. Mittlere Abweichung (in %) in Abhängigkeit von RF

Vorgänge	RF	MSP	CSP	PPM	SGS
30	0,5	3,70	1,73	0,57	1,05
30	1	4,83	3,11	2,51	6,72
60	0,5	4,59	2,13	1,03	1,18
60	1	4,85	3,42	1,98	5,71
90	0,5	2,31	0,42	0,10	0,20
90	1	3,29	1,44	0,97	1,17
120	0,5	2,92	0,83	0,77	0,26
120	1	1,49	1,37	0,25	1,48

Tabelle 5.5. Mittlere Abweichung (in %) in Abhängigkeit von RS

Vorgänge	RS	MSP	CSP	PPM	SGS
30	0,25	7,57	4,23	2,74	7,39
30	0,5	0,96	0,61	0,33	0,39
60	0,25	4,95	2,21	0,80	2,48
60	0,5	1,09	0,27	0,08	0,08
90	0,25	2,64	0,64	0,31	0,31
90	0,5	1,80	0,44	0,36	0,46
120	0,25	1,96	1,18	0,74	0,61
120	0,5	0,73	0,00	0,00	0,00

Tabelle 5.6. Mittlere Abweichung (in %) in Abhängigkeit von RT

Vorgänge	RT	MSP	CSP	PPM	SGS
30	0,1	3,94	2,36	2,35	4,21
30	0,25	3,76	1,00	0,23	2,68
30	0,5	5,10	3,89	2,03	4,77
60	0,1	5,65	2,64	0,99	3,10
60	0,25	3,09	1,97	0,86	2,59
60	0,5	5,41	3,71	2,66	4,63
90	0,1	1,70	0,36	0,00	0,00
90	0,25	2,20	1,26	0,69	0,99
90	0,5	4,51	1,17	0,91	1,05
120	0,1	2,27	1,47	0,93	0,76
120	0,25	1,81	1,05	0,36	0,36
120	0,5	2,48	0,77	0,24	1,48

ein Verbesserungsverfahren wie beispielsweise Tabu Search lassen sich jedoch i.d.R. bessere Ergebnisse erzielen; vgl. KLEIN (2000, Kapitel 5.3). Nachholbedarf besteht bei den professionellen Softwaresystemen jedoch insbesondere in zweierlei Hinsicht: Für den praktischen Einsatz wäre es sinnvoll, dass sowohl zeitliche Mindest- als auch Höchstabstände modelliert werden könnten. Dies unterstützen die verfügbaren Softwaresysteme i.d.R. nicht oder nur in eingeschränkter Form. Weiterhin ist bei den kommerziellen Programmen zur Projektplanung das Ziel der Projektdauerminimierung ein vorherrschendes Ziel-kriterium. Anspruchsvollere Zielfunktionen, z.B. die Zielfunktionen (NPV) oder (RL) (vgl. Abschnitt 2.1.1), werden dem Anwender nicht zur Verfügung gestellt. In ihrer Fähigkeit, allgemeine Zeitbeziehungen sowie eine Vielzahl verschiedener Zielfunktionen berücksichtigen zu können, liegt somit eine we-sentliche Stärke der in diesem Buch beschriebenen Modelle und Verfahren im Vergleich zur aktuell vorhandenen kommerziellen Software. Sie könnten somit als Grundlage für die Erweiterung kommerzieller Softwaresysteme dienen.

Literaturverzeichnis

AHLEMANN F. (2004), Comparative Market Analysis of Project Management Systems. *Technical Report*, Universität Osnabrück, Lehrstuhl für Betriebswirtschaftslehre, Organisation und Informationssysteme

BACHEM A. (1980), Komplexitätstheorie im Operations Research. *Zeitschrift für Betriebswirtschaftslehre* 7, 812–844

BAMBERG G. und BAUR F. (2001), *Statistik.* Oldenbourg, München

BARTUSCH M., MÖHRING R.H. und RADERMACHER F.J. (1988), Scheduling Project Networks with Resource Constraints and Time Windows. *Annals of Operations Research* 16, 201–240

BERTSEKAS D.P. (1998), *Network Optimization – Continuous and Discrete Models.* Athena Scientific, Belmont

BÖTTCHER J., DREXL A., KOLISCH R. und SALEWSKI F. (1999), Project Scheduling Under Partially Renewable Resource Constraints. *Management Science* 45, 543–559

BREUER W. (2001), *Investition II.* Gabler, Wiesbaden

BRUCKER P. (1973), Die Erstellung von CPM-Netzplänen. In: P. GESSNER, R. HENN, V. STEINECKE und H. TODT (Hg.) *Proceedings in Operations Research*, 122–130, Physica, Würzburg

BRUCKER P., DREXL A., MÖHRING R.H., NEUMANN K. und PESCH E. (1999), Resource-Constrained Project Scheduling: Notation, Classification, Models, and Methods. *European Journal of Operational Research* 112, 3–41

BRUCKER P. und KNUST S. (2003), Lower Bounds for Resource-Constrained Project Scheduling Problems. *European Journal of Operational Research* 149, 302–313

BURGHARDT M. (2000), *Projektmanagement.* Publicis MCD, München

BURGHARDT M. (1999), *Einführung in Projektmanagement.* Publicis MCD, München

COENENBERG A. (2003), *Kostenrechnung und Kostenanalyse.* Schäffer-Poeschel, Stuttgart

DE REYCK B. (1998), *Scheduling Projects with Generalized Precedence Relations: Exact and Heuristic Procedures.* Dissertation, Catholic University of Leuven

DE REYCK B. und HERROELEN W.S. (1998), A Branch-and-Bound Procedure for the Resource-Constrained Project Scheduling Problem with Generalized Precedence Relations. *European Journal of Operational Research* 111, 152–174

DEMEULEMEESTER E.L. (1995), Minimizing Resource Availability Costs in Time-Limited Project Networks. *Management Science* 41, 1590–1598

DEMEULEMEESTER E.L. und HERROELEN W.S. (2002), *Project Scheduling – A Research Handbook.* Kluwer, Boston

DIETHELM G. (2000), *Projektmanagement,* Bd. 1. NWB, Herne

DIETHELM G. (2001), *Projektmanagement,* Bd. 2. NWB, Herne

DOMSCHKE W. und DREXL A. (2005), *Einführung in Operations Research.* Springer, Berlin

DORNDORF U. (2002), *Project Scheduling with Time Windows.* Physica, Heidelberg

ELMAGHRABY S.E. (1977), *Activity Networks – Project Planning and Control by Network Models.* John Wiley, New York

ELMAGHRABY S.E. und KAMBUROWSKI J. (1992), The Analysis of Activity Networks Under Generalized Precedence Relations (GPRs). *Management Science* 38, 1245–1263

FRANCK B. (1999), *Prioritätsregelverfahren für die ressourcenbeschränkte Projektplanung mit und ohne Kalender.* Shaker, Aachen

GAREY M.R. und JOHNSON D.S. (1979), *Computers and Intractability: A Guide to the Theory on NP-Completeness.* Freeman, New York

HABERSTOCK L. (2004), *Kostenrechnung I.* Erich Schmidt, Berlin

HABIB M., MORVAN M. und RAMPON J.X. (1993), On the Calculation of Transitive Reduction-Closure of Orders. *Discrete Mathematics* 111, 289–303

HAJDU M. (1997), *Network Scheduling Techniques for Construction Project Management.* Kluwer, Dordrecht

HARTMANN S. (1999), *Project Scheduling Under Limited Resources – Models, Methods, and Applications.* Springer, Berlin

HARTUNG T., MELLENTIEN C. und TRAUTMANN N. (2001), Software zur ressourcenbeschränkten Projektplanung im Vergleich. *Technical Report WIOR–604,* Universität Karlsruhe

HEILMANN R. (2000), *Ressourcenbeschränkte Projektplanung im Mehr-Modus-Fall.* Gabler, Wiesbaden

HERROELEN W.S., VAN DOMMELEN P. und DEMEULEMEESTER E.L. (1997), Project Network Models with Discounted Cash Flows: A Guided Tour Through Recent Developments. *European Journal of Operational Research* 100, 97–121

HEUSER H. (1998), *Lehrbuch der Analysis – Teil 1.* Teubner, Stuttgart

KELLEY J.E. (1961), Critical-Path Planning and Scheduling: Mathematical Basis. *Operations Research* 9, 296–320

KERZNER H. (2003), *Project Management: A Systems Approach to Planning, Scheduling, and Controlling.* Wiley, New Jersey

KIMMS A. (2001), *Mathematical Programming and Financial Objectives for Scheduling Projects.* Kluwer, Dordrecht

KLEIN R. (2000), *Scheduling of Resource-Constrained Projects.* Kluwer, Boston

KLEIN R. und SCHOLL A. (1999), Computing Lower Bounds by Destructive Improvement: An Application to Resource-Constrained Project Scheduling. *European Journal of Operational Research* 112, 322–346

KOLISCH R. (1995), *Project Scheduling Under Resource Constraints.* Physica, Heidelberg

KOLISCH R. (2001), *Make-to-Order Assembly Management.* Springer, Berlin

KOLISCH R. und HEMPEL K. (1996), Experimentelle Evaluation der Kapazitäts-planung von Projektmanagementsoftware. *Zeitschrift für betriebswirtschaftliche Forschung* 48, 999–1018

KOLISCH R. und PADMAN R. (2001), An Integrated Survey of Deterministic Project Scheduling. *Omega* 29, 249–272

KRUSCHWITZ L. (2005), *Investitionsrechnung*. Oldenbourg, München

KUHNS G. und STARK C. (2005), Software zur ressourcenbeschränkten Projektpla-nung im Vergleich. *WiWi-Report No. 5*, Technische Universität Clausthal

LAW A.M. und KELTON W.D. (2000), *Simulation Modelling and Analysis*. McGraw-Hill, Berkshire

LEHNER J.M. (Hg.) (2001), *Praxisorientiertes Projektmanagement – Grundlagen-wissen an Fallbeispielen illustriert*. Gabler, Wiesbaden

LITKE H.D. (1995), *Projektmanagement – Methoden, Techniken, Verhaltensweisen*. Hanser, München

LUCZAK H. (1998), *Arbeitswissenschaften*. Springer, Berlin

MAYER H. (1998), *Projektplanung bei beschränkten Ressourcen – Effiziente Lösungs-verfahren zur Kapitalwertmaximierung*. Peter Lang, Frankfurt

MAYLOR H. (2003), *Project Management*. Pearson, Harlow

MELLENTIEN C., SCHWINDT C. und TRAUTMANN N. (2004), Scheduling the Factory Pick-Up of New Cars. *OR Spektrum* 26, 579–601

MÖHRING R.H. (1984), Minimizing Costs of Resource Requirements in Project Net-works Subject to a Fixed Completion Time. *Operations Research* 32, 89–120

MÖHRING R.H., SCHULZ A.S., STORK F. und UETZ M. (2003), Solving Project Scheduling Problems by Minimum Cut Computations. *Management Science* 49, 330–350

MODER J.J., PHILLIPS C.R. und DAVIS E.W. (1983), *Project Management with CPM, PERT and Precedence Diagramming*. Van Nostrand Reinhold, New York

NEUMANN K. (1975), *Operations Research Verfahren*, Bd. 3. Hanser, München

NEUMANN K. (1987), Graphen und Netzwerke. In: T. GAL (Hg.) *Grundlagen des Operations Research*, Bd. 2, 165–260, Springer, Berlin

NEUMANN K. (1990), *Stochastic Project Networks – Temporal Analysis, Scheduling and Cost Minimization*. Springer, Berlin

NEUMANN K. (1999), A Heuristic Procedure for Constructing an Activity-on-Arc Project Network. In: W. GAUL und M. SCHADER (Hg.) *Mathematische Methoden der Wirtschaftswissenschaft*, 328–336, Physica, Heidelberg

NEUMANN K. und MORLOCK M. (2002), *Operations Research*. Hanser, München

NEUMANN K. und SCHWINDT C. (1997), Activity-on-Node Networks with Minimal and Maximal Time-Lags and Their Application to Make-to-Order Production. *OR Spektrum* 19, 205–217

NEUMANN K., SCHWINDT C. und ZIMMERMANN J. (2003), *Project Scheduling with Time Windows and Scarce Resources*. Springer, Berlin

NEUMANN K. und STEINHARDT U. (1979), *GERT Networks and the Time-Oriented Evaluation of Projects*. Springer, Berlin

NEUMANN K. und ZIMMERMANN J. (1999), Resource Levelling for Projects with Schedule-Dependent Time Windows. *European Journal of Operational Research* 117, 591–605

NEUMANN K. und ZIMMERMANN J. (2000), Procedures for Resource Levelling and Net Present Value Problems in Project Scheduling with General Temporal and Resource Constraints. *European Journal of Operational Research* 127, 425–443

NEUMANN K. und ZIMMERMANN J. (2002), Exact and Truncated Branch-and-Bound Procedures for Resource-Constrained Project Scheduling with Discounted Cash Flows and General Temporal Constraints. *Central European Journal of Operations Research* 10, 357–380

NICOLAI W. (1980), On the Temporal Analysis of Special GERT Networks Using a Modified Markov Renewal Process. *Zeitschrift für Operations Research* 24, 263–272

NÜBEL H. (1999), *Minimierung der Ressourcenkosten für Projekte mit planungsabhängigen Zeitfenstern*. Gabler, Wiesbaden

ÖZDAMAR L. und ULUSOY G. (1995), A Survey on the Resource-Constrained Project Scheduling Problem. *IIE Transactions* 27, 574–586

PERRIDON L. und STEINER M. (2004), *Finanzwirtschaft der Unternehmung*. Vahlen, München

PHILLIPS S. und DESSOUKY M.I. (1977), Solving the Project Time/Cost Tradeoff Problem Using the Minimal Cut Concept. *Management Science* 24, 393–400

PRITSKER A., WATERS L. und WOLFE P. (1969), Multiproject Scheduling with Limited Resources: A Zero-One Programming Approach. *Management Science* 16, 93–108

REFA (Hg.) (1974), *Methodenlehre der Planung und Steuerung – Grundlagen*, Bd. 1. Carl Hanser Verlag, München, Verband für Arbeitsstudien und Betriebsorganisation e.V.

SCHIRMER A. (1999), *Project Scheduling with Scarce Resources: Models, Methods, and Applications*. Dr. Kovač, Hamburg

SCHLITTGEN R. (1998), *Einführung in die Statistik: Analyse und Modellierung von Daten*. Oldenbourg, München

SCHNEIDER W.G. und HIEBER D. (1997), Software zur ressourcenbeschränkten Projektplanung. *Technical Report WIOR–494*, Universität Karlsruhe

SCHWARZE J. (2001), *Projektmanagement mit Netzplantechnik*. NWB, Herne

SCHWINDT C. (1996), Generation of Resource-Constrained Project Scheduling Problems with Minimal and Maximal Time Lags. *Technical Report WIOR–489*, Universität Karlsruhe

SCHWINDT C. (1998a), Generation of Resource-Constrained Project Scheduling Problems Subject to Temporal Constraints. *Technical Report WIOR–543*, Universität Karlsruhe

SCHWINDT C. (1998b), *Verfahren zur Lösung des ressourcenbeschränkten Projektdauerminimierungsproblems mit planungsabhängigen Zeitfenstern*. Shaker, Aachen

SCHWINDT C. (2005), *Resource Allocation in Project Management*. Springer, Berlin

SCHWINDT C. und TRAUTMANN N. (2003), Scheduling the Production of Rolling Ingots: Industrial Context, Model, and Solution Method. *International Transactions in Operational Research* 10, 501–524

SCHWINDT C. und ZIMMERMANN J. (1998), Maximizing the Net Present Value of Projects Subject to Temporal Constraints. *Technical Report WIOR–536*, Universität Karlsruhe

SCHWINDT C. und ZIMMERMANN J. (2002), Parametrische Optimierung als Instrument zur Bewertung von Investitionsprojekten. *Zeitschrift für Betriebswirtschaftslehre* 72, 593–617

SELLE T. (2002), *Untere Schranken für Projektplanungsprobleme*. Shaker, Aachen

SELLE T. und ZIMMERMANN J. (2003), A Bidirectional Heuristic for Maximizing the Net Present Value of Large-Scale Projects Subject to Limited Resources. *Naval Research Logistics* 50, 130–148

SKUTELLA M. (1998a), Approximation Algorithms for the Discrete Time-Cost Tradeoff Problem. *Mathematics of Operations Research* 23, 909–929

SKUTELLA M. (1998b), *Approximation and Randomization in Scheduling.* Dissertation, Technische Universität Berlin

STREICH R., MARQUARDT M. und SANDEN H. (1996), *Projektmanagement – Prozesse und Praxisfelder.* Schaeffer-Poeschel, Stuttgart

TRAUTMANN N. (2001), *Anlagenbelegungsplanung in der Prozessindustrie.* Gabler, Wiesbaden

TRAUTMANN N. und BAUMANN P. (2009), Resource-allocation Capabilities of Commercial Project Management Software: An Experimental Analysis. In: I. KACEM (Hg.) *Proceedings of the 39th International Conference on Computers and Industrial Engineering,* 1155–1160, Troyes

TURNER J.R. (1999), *The Handbook of Project-Based Management.* McGraw-Hill, Berkshire

VANHOUCKE M., DEMEULEMEESTER E.L. und HERROELEN W.S. (2001), An Exact Procedure for the Resource-Constrained Weighted Earliness-Tardiness Project Scheduling Problem. *Annals of Operations Research* 102, 179–196

WEGLARZ J. (Hg.) (1999), *Project Scheduling – Recent Models, Algorithms, and Applications.* Kluwer, Dordrecht

WIEGAND D., MELLENTIEN C. und TRAUTMANN N. (2002), Methoden gegen das Chaos – Projektmanagement-Software im Vergleich. *c't – Magazin für Computertechnik* 7, 194 ff.

WINSTON W.L. (2004), *Operations Research – Applications and Algorithms.* Thomson, Belmont

ZEIDLER E. (Hg.) (2003), *Teubner-Taschenbuch der Mathematik.* Teubner, Wiesbaden

ZIMMERMANN J. (1995), *Mehrmaschinen-Schedulingprobleme mit GERT-Anordnungsbeziehungen.* Dissertation, Universität Karlsruhe

ZIMMERMANN J. (2001), *Ablauforientiertes Projektmanagement.* Gabler, Wiesbaden

Index

MIX
Papier aus verantwortungsvollen Quellen
Paper from responsible sources
FSC® C105338

If you have any concerns about our products,
you can contact us on
ProductSafety@springernature.com

In case Publisher is established outside the EU,
the EU authorized representative is:
Springer Nature Customer Service Center GmbH
Europaplatz 3, 69115 Heidelberg, Germany

Printed by Libri Plureos GmbH
in Hamburg, Germany